KB038052

세상에서 가장 흥미로운 대기과학 안내서

숨쉬는 과학

숨 쉬는 과학: 세상에서 가장 흥미로운 대기과학 안내서

마크 브룸필드 지음 서나연 옮김

초판 1쇄 발행일 2023년 8월 28일

펴낸이 이숙진 펴낸곳 (주)크레용하우스 출판등록 제1998-000024호

주소 서울 광진구 천호대로 709-9 전화 (02)3436-1711 팩스 (02)3436-1410

인스타그램 @bizn_books 이메일 crayon@crayonhouse.co.kr

* 빛은책들은 재미와 가치가 공존하는 ㈜크레용하우스의 도서 브랜드입니다.
* KC마크는 이 제품이 공통안전기준에 적합하였음을 의미합니다.

ISBN 979-11-7121-004-6 04400

세상에서 가장 흥미로운 대기과학 안내서

숨쉬는 과학

마크 브룸필드 지음

EVERY

BREATH

YOU TAKE

빚은
책들

차례

서론

우주여행

이 책은 여행에 관한 것이다. 마음의 여행은 아니지만, 그렇다고 실제 여행도 아니다. 대기를 지나는 이론적 여행이다. 친숙한 지구의 대기만 거치는 여행도 아니다. 우리는 태양계 밖에서 여행을 시작할 것이다. 그리고 여기 담요와 같이 편안한 지구의 대기까지 오는 길에 상당히 기묘하고 마음에 들지 않는 대기들을 방문할 것이다. 따로 언급할 필요도 없겠지만, 대기atmosphere란 '지구나 다른 행성을 둘러싼 기체 혹은 장소나 상황'을 말한다. 혹은 '분위기나 감정'을 말하기도 한다. 당당한 대기과학자로서 나는 '분위기나 감정'보다 글자 그대로 '대기'에 관해 말할 것이다. 혹시 '분위기'에 관한 책을 기대했다면, 이 책을 옆구리에 끼우고 문학비평 코너로 가서 '1 더하기 1' 할인 행사에 해당하는 책이 있는지 살펴보기 바란다.

승선을 환영한다! 우리의 첫 정거장은 외행성Exoplanet GJ1132b가 될 것이다. '외exo'는 태양계 외부에 있다는 뜻이다. 예의 GJ1132는 그것이 중심에 두고 공전하는 별의 흥미로운 이름이다. 그리고 b는 그것이 GJ1132a 주위를 도는 행성 중에 첫 번째로 발견됐다는 뜻이다(a는 중심이 되는 모항성에 붙인다). 이 글을 쓰는 동안, 태양계 밖에는 4000개의 행성이 확인됐다.[1] 그리고 우리 친구 GJ1132b는 다른 3999개보다 아주 약간 더 환영받는다. 지구처럼 대기가 있는 행성으로는 첫 번째로 발견한 행성이기 때문이다. 사실 엄밀히 말하면 두 번째다. 어쨌든 우리가 살고 숨 쉬는 여기 SUNb(지구)의 대기로 가기 전에 우리 태양계 안에 있는 다른 별들의 대기도 들러볼 것이다.

솔직히 우리 태양계 안의 다른 대기는 그리 쾌적하지 않다. 우리 이웃 행성의 대기는 대부분 희박하고 얼음같이 차다. 심지어 현재 애인을 헤어진 옛 애인의 이름으로 불렀을 때보다 더 냉랭하다! 그래도 살펴볼 것이다. 그리고 금성에 잠깐 들러 지구온난화가 완전히 자리 잡으면 어떻게 되는지도 살펴볼 것이다.

그런 다음에는 지구를 둘러싼 매혹적이고, 필수적이며, 그러나 망가지기 쉬운 안전장치를 살펴볼 것이다. 외부 전리층에서 열권, 중간권, 성층권을 거쳐 최종적으로 우리가 집이라고 부르는 장소인 대류권에 도달할 것이다. 한 번도 들어본 적이 없는 단어라도 걱정하지 마라. 대류권은 그저 대기의 맨 아래쪽 몇 킬로미터를 말한다.

비행기를 타고 해외여행 할 때를 제외하면 우리가 늘 생활하고, 오랫동안 숨 쉬어 왔던 곳이다(그리고 심지어 비행할 때도 여전히 재활용한 대류권을 호흡하고 있다). 대류권에서는 전 세계적인 오염 문제와 기후 문제를 지나 지역적이거나 도시적인 대기오염, 그리고 대기오염의 국지적인 효과에 이르기까지, 거쳐야 할 여정이 준비돼 있다. 먼지, 냄새, 그리고 대기오염이 집값에 미치는 영향도 살필 것이다. 혹시 마법 같은 우편번호 한 방으로 주택 가격의 14퍼센트를 절약하는 방법을 알고 싶은가? 계속 읽어보라.

두 가지 수

셀러와 예이트먼의 고전 《1066년과 그 밖의 것들1066 And All That》과 마찬가지로 이 책에는 주목해야 할 숫자가 두 가지 나온다. 여기서 읽은 모든 것을 잊는다고 해도 이것만은 기억하라. 첫 번째 수는 14퍼센트다. 이미 언급했듯이 대기오염은 집값의 14퍼센트를 좌우하는 원인이다. 그리고 두 번째 수는 700만이다. 대기오염은 매년 700만 명이 조기 사망하는 데에 책임이 있다. 둘 중에 무엇이 더 주목할 만한지는 모르겠지만, 무엇이 충격적인지는 안다. 여러 해 동안 그늘 속에서 숨죽이며 살던 끝에 마침내 기후 변화와 대기오염은 마땅히 받아야 할 주목을 받기 시작했다. 우리가 조기 사망의 규모가 얼마나 큰지를 파악하기 시작하면서 일어난 일이다.

도대체 조기 사망이 무엇인가? 좋은 질문이다. 짧게 답하자면 우리도 정확히 모른다. (스포일러 경고!) 하지만 우리는 결국 모두 죽는다. 게다가 대기오염과 같은 환경적 요인이 개인의 사망률을 높이지 않는다(이미 100퍼센트니까). 하지만 환경 요인은 우리의 기대 수명을 단축한다. 이 현상은 다양한 방식으로 설명할 수 있다. 한 가지 방법은 매년 조기 사망으로 추정되는 사망자 수를 추산하는 것이다. 영국에서는 약 4000명이고, 전 세계적으로는 약 700만 명이다. 또 다른 방법은 전체적인 기대 수명에 미치는 영향을 살피는 것이다. 대기오염은 영국에서 모든 사람의 기대 수명을 평균 6개월 단축한다. 모든 사람이 비슷한 수명 단축을 경험하는지, 혹은 일부 사람에게 극적으로 일어나는지는 모른다. 매년 대기오염으로 조기 사망하는 사람이 정확히 누구인지도 모른다. 가족 중 누군가의 건강이 대기오염에 영향을 받지 않았을까? 그렇게 의심하는 것도 당연하다. 그리고 맞을지도 모른다. 하지만 어떤 의사도 사망진단서에 사인을 '대기오염'이라고 적지 않는다. 혹시나 의사들의 기분을 상하게 했을지도 모르니 다시 말하자면, 사망진단서는 외부 요인을 추측하기보다는 개인에게 영향을 주는 질환을 기록하기 때문에 대기오염이 원인이라고 적지 않는다. 설령 그렇게 추측했더라도, 질 나쁜 대기가 개인의 죽음을 유발했다고 확인하지는 못할 것이다. 하지만 이제 곧 상황이 변할 것이다. 우리는 오염이 사람들을 조금 더 일찍 죽게 한다는 것을 안다.

그리고 그것은 정말로 큰일이다. 매년 세계적으로 대기오염은 간접흡연과 비만, 수질오염보다 조기 사망을 더 많이 유발한다. 그것들을 다 합친 수보다 더 많다. 일반적으로 비만과 간접흡연이 더 충격적으로 느껴진다. 둘 다 대기오염보다 눈에 더 잘 보이고, 그래서 피하기도 쉬우니까. 음식점의 튀긴 초코바와 그 옆 가판대의 담배 한 갑은 둘 다 실체가 있는 물리적 물체다. 그리고 우리는 튀김과 담배를 탐닉하든지, 아니면 우리의 동맥과 가족을 그것들이 끼칠 장기적 영향에서 지켜줄지 선택할 수 있다. 반면, 물과 대기오염은 시각화하기가 쉽지 않다. 그리고 개인이 오염을 완화하거나 영향을 피하는 데는 한계가 있다. 그것이 바로 환경적 문제의 특징이다. 환경적 문제는 거의 전적으로 다른 사람에 의해 야기되고, 아주 빈번히 많은 사람에 대한 작은 위험이나 작은 효과로 나타나므로 개인적 수준에서는 확실히 포착할 수 없다. 하지만 대기오염은 비만이나 간접흡연 등 다른 조기 사망 원인보다 더욱 중요하다는 것이 밝혀졌다. 우리는 몇 초에 한 번씩 숨을 쉬어야 한다. 그런데 무엇을 들이마실지는 선택할 수 없다. 오염된 대기는 몸속 깊숙한 곳, 생명을 유지하는 데 필요한 곳으로 들어가 우리 몸에 조금씩 해를 끼친다.

시의적절한 여정

1987년 가을 케임브리지대학교 화학 실험실에서 나오던 내 머릿속에는 그런 생각들이 없었다. 실제로 누군가가 대기오염이 전 세계 사람의 건강에 미치는 영향을 파악하는 데까지는 수십 년이 걸렸다. 화학 전공 3년 차였던 나는 내 재능이 유기화학이나 무기화학(불행하게도 돈이 될 가능성이 가장 큰 영역) 분야에는 없다고 결론지었다. 나는 물리화학이나 이론화학에 훨씬 더 능숙했다. 그래서 학부 마지막 해에 물리화학을 4학점 이수하기 위해 첫 번째 강의로 '대기의 화학'이라는 이해하기 힘든 과목을 선택했다. 브라이언 드러시 교수는 기체 단계에서 반응이 얼마나 빠르게 진행되는지 측정하는 대기 동역학을 강의했다. 이해하기 힘든 주제에다가 이해하기 힘든 부분이었지만, 나는 진정한 1980년대풍으로 차려입은 학생들에 둘러싸여 그 강의실을 나오면서 '이게 바로 내가 하고 싶은 거야'라고 생각했다. 살면서 여러 가지 일들이 있었지만, 그 생각은 진정 오래도록 지속됐다. 나는 그때 이후로 30년 넘게 대기와 함께했다.

이 강의는 실험실 측정을 넘어 지상에서의 광화학 오존과 성층권의 오존을 좌우하는 대기의 반응을 살펴보는 과정으로 이어졌다. 돌이켜보면, 강의의 일부 내용은 성층권의 오존 구멍을 발견한 지 단 2년 뒤인 1987년에 다룬 것으로서는 상당히 최첨단이었다. 1947년 이후로 언제나 똑같다는 인상을 주는 강의도 있는 데 말이다. 언제나 철저하고 재미있는 데이비드 후세인은 다른 행성의 대기를 살펴보는 내용으로 다음 강의를 진행했다. 최종 강의는 대기를 관찰하는 기술을 다루었고, 젊어 보이는 연구원인 존 파일 박사가 맡았다. 케임브리지의 화학과 학과장이 되고, CBE(대영제국 훈장)를 받고 영국왕립학술원 회원이 되는 존 파일 교수와 같은 사람이다.

그게 다다. 사회복지 업무를 해야 할지(그랬다면 끔찍했을 것이다. 그런 생각에서 벗어난 것이 모두에게 행운이었다) 고민하며 한눈을 팔았던 짧은 시기를 제외하면, 나는 곧장 '환원 황화합물reduced sulphur compound'의 범위와 대기의 동역학에 미치는 영향을 측정하는 박사학위 과정에 들어갔다. 이 화학물질은 가장 냄새가 고약한 물질에 속한다. 특히 이황화메틸dimethyl disulphide의 냄새는 쓰러져 죽고 싶어질 만큼 지독하다. 다시 1989년으로 돌아가보자. 예전에 영국의 발전소를 운영하던 영국중앙전력청은 스칸디나비아의 산성비가 북해의 미생물이 방출하는 유기황화합물에 의해 발생하는지 알고 싶어했다. 추측건대 이 미생물들은 아득한 옛날부터 유기황화합물을 방출해왔지만, 어쨌든 영국중앙전력청은 더 많은 정보를 원했다. 그리고 박사과정 학생에게 기본적인 연구에 필요한 약간의 현금을 지원해줄 준비가 되어 있었다. 1980년대에 중부와 북부 유럽의 산성비 문제는 극심했고, 영국중앙전력청은 스칸디나비아와 중부 유럽의 호수들과 숲에서 관측된 것들이 거기에 어떤 영향을 주는지 이해하고 싶어 했다. 그래서 대기에 있는 유기황화합물의 모델을 개발하는 연구 프로그램을 계획했다. 자연적 원인이 산성비를 발생시키는 데 얼마나 기여하는지 추산하는 것이 목적이었다. 여기서 나는 화학적 중간 생성물 일부가 대기에서 어떻게 반응하는지 반응율을 측정했다. 전에는 없던 자료였다.

솔직히 말해, 영국중앙전력청이 모델링 연구를 완료했는지 잘 모르겠다. 내가 박사학위 과정을 시작할 때, 영국중앙전력청은 한창 민영화를 진행하는 중이었다. 그리고 확실치 않은 연구 프로그램과 멀리 떨어진 요크의 하찮은 학생보다 약관 이전과 미래 연금제도 (공정하게 말하자면 영국이 장기적으로 전기를 공급할 수 있는지)에 더 많은 관심을 기울이는 것 같다는 인상을 받았다. 하지만 나는 박사학위를 마쳤고, 영국중앙전력청의 산업 감독관이 때때로 방문했으며, 내 지도교수 크리스 아나스타시와 리소국립연구소에서 나온 (실질적으로 작동이 되는 장치를 제공해준) 덴마크의 협력자들과 함께 약간의 데이터를 발표해 인류가 지식을 쌓는 데 아주 조금 이바지했다. 그리고 학술 논문이 으레 그렇듯이, 자료는 여전히 공개돼 있다.[2] 나사의 권위 있는 《제트추진연구소 출판 15-10: 대기 연구를 위한 화학적 동역학과 광화학 데이터JPL Publication 15-10: Chemical Kinetics and Photochemical Data for Use in Atmospheric Studies》에 인용돼 있어 누구든 대기 중 유기황 반응organic sulphur reaction 경로 모델링에 흥미가 있다면 볼 수 있다.

나는 운이 좋았다. 1980년대 후반, 내가 처음으로 화학과 대기화학에 재미를 느꼈던 때는 마침 대기과학계가 새로운 문제들을 조사하고 새로운 해결책을 발견하던 흥미진진한 시기였다. 실험실에는 흥미로워 보이는 레이저 장치도 있었다. 그러니까 어떤 실험실에는 있었다는 말이다. 나는 자외선램프로 만족해야 했다. 그리고 연이어 새로운 사실이 발견되는 가운데 놀랍지도 않게, 산성비는 화석연료의 연소 때문에 발생한다는 것이 밝혀졌다. 적어도 영국 발전소에서는 부분적으로 그렇다고 했다. 결국 내 유기황화합물 연구는 훈제 청어처럼 지독한 냄새만 사람들에게 피운 셈이었다.

박사학위 과정을 마친 다음, 첫 번째 제대로 된 직업으로 (시간당 1파운드에 팁을 얹어 받는 웨이터 일은 제외하겠다. 내가 웨이터 일을 그렇게 잘했을 리가 없으니, 그것은 거의 날강도질이었다는 것을 나도 안다) 나는 대기질 문제가 전문인 환경 고문이 됐다. 30년이 지난 지금도 나는 여전히 대기에 있는 무언가와 그 무언가가 우리에게 미치는 영향을 다루고 있다. 대기오염에 관한 일을 해서 좋은 점은 사람들이 하나같이 내가 하는 일에 흥미를 보인다는 것이다. 적어도 1분이나 2분 정도는 그렇다. 사람들이 콘월의 황야에서 대기질을 측정하거나(비록 난 그 일을 해봤지만) 겨울 눈보라 속에서 높은 굴뚝에 올라가는 일(이것도 해봤다)보다 책상 앞에 앉아 있는 일이 훨씬 더 많다는 걸 알아채기 전까지는 말이다. 적어도 '나는 대기질 고문이에요'라고 말하면 '나는 경영 고문이에요'라고 말하는 쪽보다 더 긍정적인 반응을 얻는다, 비록 돈을 더 벌지는 못하지만.

상관없다. 내가 경영 고문이 됐다면 웨이터를 할 때만큼 참을 수 없는 실력이었을 테니까. 나는 태양과 바람과 화학적 반응으로 대기에서 일어나는 역동적인 활동을 좋아하고, 대기오염이 건강과 자연의 생태계에 미치는 효과에 매료됐다. 그것이 진짜 현실 세계의 과학이다. 모델 분석을 이용해 소수점 이하 여덟 자릿수까지 농도를 예측할 수도 있지만, 때로는 10배로 틀릴 수도 있다. 측정 기구에 수십만 파운드를 쓰거나 작은 플라스틱 관에 10파운드를 쓸 수도 있다. 때로는 논란이 많고, 자주 불만스럽고, 가끔 반복적이고, 정말 정말 중요한 일이다. 내가 말했던가? 700만 명이 매년 대기오염으로 죽는다고? 하루는 실시간으로 대기오염을 측정하는 최신 장비를 쓰다가, 다음 날은 코를 킁킁거리며 냄새로 알아내려 한다. 우리 모두가 하는 수많은 사소한 결정이 쌓여 대기오염에 큰 부담이 된다. 이따금 내리는 큰 결정이 때로는 많은 대기오염을 불러일으키기도 하지만, 때로는 추가적인 오염이 전혀 없기도 한다.

이 여정

말이 되지 않는다고? 놀랍지 않다. 우리 중 대기에 관해 많이 아는 사람은 별로 없으니까. 나와 함께 우주의 여러 가지 대기와 우리를 살아 있게 하는, 이 층층이 쌓인 지구 대기를 여행해보자. 우리는 400조 킬로미터 떨어져 있는 새로운 친구 GJ1132b의 작은 문제부터 살피기 시작할 것이다. 저 바깥에는 멀리 떨어진 GJ1132b부터 금성의 용광로에 이르기까지 특이하고 낯선 대기가 있다. 그리고 각 장을 지나며 지구에 점점 더 가까워질 것이다. 우리의 지구 대기에는 무엇이 있는지도 알아볼 것이다. 그것은 좋은 것(살아 있게 하는 산소), 나쁜 것(할 수 있다면 우리를 질식시킬 비활성 질소와 비활성 기체) 그리고 추한 것(우리가 그 혼합물에 더한 놀랍도록 적은 양의 다양한 오염 물질)이다. 지구적 규모에서는 대기오염의 큰 형님 격인 기후 변화와의 관계를 조사해보고, 오존이라는 수수께끼도 자세히 살펴볼 것이다. 그리고 대기오염이 우리 건강과 생태계 그리고 우리의 감각에 어떻게 영향을 주는지도 살펴볼 것이다. 몇몇 논란이 많은 질문들을 살펴보고, 대중매체에서 대기오염이 어떻게 보도되고 제시되는지를 살펴볼 것이다. 놀랍게도 신문을 믿어도 될 때도 있다. 8장에서는 마지막으로 대기가 바로 지금 여러분과 나에게 무엇을 하고 있는지 알아보려고 폐 속으로 곧장 들어가볼 것이다. 그리고 방향을 돌려 대기오염을 해결하는 마법을 살펴볼 것이다. 여기에서는 그 모든 끔찍한 오염 물질이 대기에서 어떻게 작용하는지, 그리고 우리가 그것을 어떻게 연구하는지 알아본 후, 대기의 미래는 어떤 모습일지 예상해본다. 대기는 물론이고, 우리가 그 대기에 꾸준히 밀어 넣고 있는 오염 물질을 모두 포함해 고려할 것이다. 이것은 결국 우리가 숨 쉴 때마다 몸으로 들어오는 물질이다.

이 여정은 대기질에 관해 더 많이 알아볼 흥미진진한 시간이다.

지난 반세기 동안 대기질 향상을 이룬 성공담을 토대로, 대기오염 수치가 계속해서 너무 높거나 더욱 상승하는 곳의 앞날을 생각해보는 시간이 될 수도 있다. 이 책을 쓴 목적은 내 생각에 매력적이고 매우 중요한 주제에 대해 내가 느끼는 열정을 조금이라도 전해보려는 것이었다. 대기질을 다루는 일은 과학과 정치와 경제와 심리학, 그리고 다른 몇 가지 '학'을 함께 모으는 것이다. 과학적 측정과 평가라는 정밀한 세계가 우리가 살아가야 하는 지저분한 세계와 만난다. 전 세계 수백만 명에게 미치는 대기오염의 영향은 현실이며 중요한 문제다. 여기에 대해 더 자세히 알아보거나 확인하고 싶은 독자를 위해 주석에 참고 문헌을 표시했다.

"당신이 숨 쉴 때마다, 나는 당신을 지켜볼게요." 1983년 영국 밴드 폴리스의 스팅이 쓴 곡이다. 당시에는 사랑 노래라 생각했는데, 알고 보니 집요한 스토커에 관한 이야기였다. 아마도 관계가 끝나고 뒤따르는 집착인 듯하다. 스팅 자신이 말했듯이 '그것은 질투와 감시와 소유권에 관한 것이다'.[3] 우리가 들이마시는 실제 호흡에는 소유권을 주장할 수는 없다. 적어도 누군가가 대기를 사유화하려고 하기 전까지는 그렇다. 하지만 대기에 무엇이 있는지 감시하는 일에는 확실히 이유가 있다. 그리고 곧 알게 되겠지만, 어쩌면 질투도 있을지 모른다. 우리 중에서 누군가는 숨 쉴 때마다 누리는 양질의 대기를 질투할 수도 있으니까.

1장

다른 세계들, 다른 대기들

400조 킬로미터 이내

집과 비슷한 곳

우리 여정의 출발지는 지구에서 39광년 떨어진 곳이다. 거리로는 겨우 400조 킬로미터에 지나지 않는다. 이론적으로는 39년이면 갈 수 있는데, 다만 우리가 빛의 속도로 움직여야 한다. 사람이 탑승한 운송 수단으로 가장 빠른 기록은 아폴로 10호의 초속 11.1킬로미터다. 분명히 거침없는 속도지만, 빛의 속도에는 한참 못 미친다. 아폴로 10호의 속도로는 100만 년도 더 걸릴 것이다. 〈스타트렉〉의 엔터프라이즈호가 우주를 이동하기 위해 '워프 항법[공간을 왜곡시켜 빛의 속도보다 더 빠르게 이동하는 방법]'을 이용하는 것도 당연하다.

불과 몇 년 전에야 우리는 태양계 밖에서 행성들을 발견하는 데 상당한 진전을 이루기 시작했다. 우리가 아는 외계행성 중에서 4분의 3은 2013년 이후에 발견됐다. 실은 40퍼센트가 2016년 한 해에 찾은 것이다. 자연히 외계행성의 대기를 알아낼 시간도 별로 없었다. 2015년에 발견된 외계행성인 글리제1132b는 작고 단단한 천체다. 멋지게 줄여서 GJ1132b라고 한다. 천문학자들은 정말 이상한 줄임말을 쓴다. 어쨌든 우주에 찍힌 조그만 점 같은 이 행성은 (단단한 고체가 주성분인) 암석행성으로 지구보다 약간 크고 일주일에 약 4회 정도 적색왜성 주위를 공전한다. 2017년 4월, 케임브리지대학교와 막스플랑크천문학연구소의 연구팀은 GJ1132b에 대기가 존재한다고 보고했다. 우리가 지금 숨 쉬고 있는 대기를 제외하고, 지구를 닮은 행성을 둘러싼 대기가 발견된 것은 처음이었다. 물론 신중해질 필요는 있다. 아무도 직접 수백만 년을 날아가 외계행성의 대기 표본을 가져오지는 않았으니까. 대신 행성이 공전궤도 중심에 있는 항성과 칠레의 유럽남천문대European Southern Observatory 사이를 지나갈 때 항성에서 나온 빛이 어두워지는 것을 보고, 대기의 존재를 확인했다. 연구팀에 따르면 "물과 메탄이 풍부한 대기가 있다고 가정해보면, 이런 관찰 결과가 나타난 이유도 잘 설명된다."[4]

따라서 GJ1132b에는 대기가 존재하는 듯하다. 그리고 대기의 성분 중에 그 행성이 뜨겁다고 추정할 만한 물질이 있는 듯하다. 연구자들은 그곳이 아주 뜨거울 것으로 예상하는데, 구체적으로 말하면 표면 온도가 섭씨 370도에 이르러 우리가 아는 지구의 어떤 생명체도 거주할 수 없을 정도다. 온실가스로 이루어진 대기와 시뻘겋게 달아오른 표면 온도를 생각하니 필연적으로 금성이 떠오른다. 금성에는 곧 들를 것이다.

하지만 그보다 앞서, 태양계 밖에 있는 행성의 대기를 살펴보면서 한 번도 생각해본 적 없는 의문이 생겼다. 이 대기 물질은 과연 어디에서 오는 걸까? 주로 행성 자체에서 나온다는 것이 답인 듯하다. 지구나 GJ1132b와 같은 작고 단단한 행성은 처음에 항성 가까이에 있는 먼지가 축적되면서 생성된다. 항성에서 나온 열이 물질 대부분을 증발시키고 나면 뜨거운 광물질만 남는다. 온도가 내려가면서 이 물질들이 천천히 뭉치고, 지열이 격렬한 활동을 일으킨다. 그리고 온갖 기체가 화산에서 쏟아져 나와 대기로 유입된다. 이산화탄소와 황화수소, 수증기는 대기가 생기는 초기 단계에 매우 일반적으로 발견되는 구성 물질이다.

태양계 안으로

목성이나 토성 같은 가스행성은 상황이 다르다. 이런 행성들은 항성에서 더 멀리 떨어져 있고, 온도도 더 낮은 성운의 일부 물질에서 생성됐다. 이는 주성분이 수소와 헬륨이라는 뜻이다. 가스행성은 대부분 내부까지 기체로 이루어져 있다. 달리 말해 이 행성들은 100퍼센트 대기나 마찬가지다. 지구로 향하는 길에 토성에 잠시 들러보자. 토성까지 가는 길은 GJ1132b까지 가는 거리의 50만 분의 1밖에 안 되니, 이미 99.9995퍼센트는 간 셈이다.

태양의 잔여물로 만들어진 토성은 그 자체로 대기와 다름없으며, 93퍼센트가 수소, 7퍼센트가 헬륨이다. 대기 아래쪽으로 내려가면 헬륨이 훨씬 더 많은데, 이는 수소보다 더 무거운 헬륨이 토성의 중심 쪽으로 가라앉는다는 것을 보여준다. 여기서 행성과 대기 사이에는 그 어떤 구분도 없다. 따라서 지구형 행성의 대기와 같은 방식으로 거대 가스행성의 대기를 이야기하려면, 토성과 그 이웃 행성인 목성의 '표면'이 어디인지 정할 필요가 있다. 우리는 지구 표면의 대기압과 같은 지점을 토성과 목성의 표면으로 정의한다. 이를 편리하게 '1기압'이라고 한다. 토성의 대기에는 소량의 얼음 결정과 황이 들어 있고, 시속 1600킬로미터가 넘는 바람이 휘몰아친다. 토성의 적도에 서 있다고 상상해보자. 수소 강풍이 몰아치고, 황 냄새가 진동하고, 온도는 거의 영하 200도에 이른다. 게다가 사실 딛고 설 만한 것은 아무것도 없다.

이번에는 목성에 잠시 가보자. 목성은 가장 가까이 있을 때 지구에서 43광분 정도만 떨어져 있어 접근하기가 수월하다. 토성처럼 춥거나 강풍이 몰아치지는 않지만, '수소적'이고 '헬륨적'인 것은 다를 바 없다. 목성의 적도 남쪽에는 유명한 붉은 얼룩이 있다. 이 대적점은 지독하게 소용돌이치는 폭풍인데, 최소 350년 동안 계속 몰아쳐왔다(우리는 그렇게 추정하지만, 초기 망원경으로 관찰한 결과를 어떻게 해석하느냐에 따라 기간은 달라진다). 하지만 현재로서는 이 대적점이 줄어들고 있는 것처럼 보여서, 폭풍도 향후 수백 년 안에 멈출지 모른다. 목성의 대기에도 토성처럼 미량의 암모니아와 황화수소, 물, 메탄이 포함돼 있다. 이런 성분은 목성 적도면과 나란한 방향으로 어두운색과 밝은색 줄무늬가 나타나는 원인이다. 그중에는 냄새가 아주 고약한 화학물질도 있지만, 우리는 숨을 헐떡이기 바빠서 암모니아나 황화수소의 냄새에 신경 쓸 겨를이 없을 것이다. 목성과 토성의 대기 내 온도 구조는 지구 대기권의 층 구조와 놀라울 정도로 유사하다. 목성의 대기 온도는 '표면'에서 약 50킬로미터까지는 위로 올라갈수록 낮아진다. 반면 50킬로미터에서 200킬로미터 구간에서는 고도가 높아질수록 온도도 높아져 후텁지근한 섭씨 영하 100도가 된다. 그리고 그 지점부터는 차가워질 만한 물질이 줄어드는 데도 다시 고도가 높아질수록 온도가 낮아지기 시작한다. 그 이유는 다음 장에서 알아볼 것이다. 지구에 도착하면, 이러한 온도 변화 현상과 대기질에 관한 굵직한 이야기들 사이에 밀접한 관계가 있음을 알게 될 것이다.

이웃들

지구에 도착하기 전에 화성에 들르자. 불과 13광분 떨어져 있는 곳이다. 우리의 최고 속도인 초속 11킬로미터로는 지구에서 거기까지 가는 데 1년이 안 걸릴 것이다. 이제, 좀 더 가능하게 들리기 시작한다. 그렇다면 우리는 거기에 어떤 대기가 있기를 기대할 수 있을까? 답은 거의 아무것도 없다는 것이다. 화성의 대기 농도는 지구 대기 농도의 약 100분의 1이다. 그래도 우리가 딛고 설 만한 단단한 표면이 있다. 화성의 희박한 대기는 주로 이산화탄소로 구성돼 있고, 아르곤과 질소가 각각 2퍼센트씩 있다. 화성의 대기에는 과거 지열 활동에서 나온 것으로 추측되는 이산화탄소가 훨씬 더 많이 있었던 것 같지만, 소실됐다. 태양의 영향이거나 더 작은 천체와 충돌해서 그렇게 된 것일 수도 있다.

화성의 대기가 우리에게 제공해줄 것이 많지 않아 보이지만, 화성에는 상당히 익숙한 두 개의 대기 현상이 있다. 바로 모래 폭풍과 눈이다. 화성의 익숙한 붉은 먼지(산화철로 이루어져 있어 붉은색이다)가 지구적 규모의 거대한 모래 폭풍으로 거세지기 시작한다. 이것이 몇 달 동안 계속될 수 있다. 그리고 눈은 어떨까? 글쎄, 실망스럽게도 눈이나 안개는 때때로 화성 일기예보에 등장하지만, 우리에게 익숙한 물 같은 물질이 아니라, 고체 이산화탄소 조각들이 떨어지는 것으로 특히 극 지역에 내린다. 화성의 행성 표면 위아래에는 물이 많이 있었던 것처럼 보인다. 따라서 드라마 제목을 빌리자면 한때 '라이프 온 마스'가 존재했던 것이다. 하지만 그 시절은 지나갔고, 아마도 붉은 행성의 수자원을 지켜주었을 대기와 함께 사라졌다. 오늘날 화성에 물이 많이 있더라도 행성의 북극과 남극에 얼음 형태로 남아 있을 것이다. 우리 인간이나 약간 익숙한 다른 형태의 생명체가 그 물을 이용할 수 있을까?

그 질문은 해결되지 않은 상태로 남겨두고, 이제 화성의 척박한 대기를 떠나 지구를 잠시 지나쳐서 수성과 금성을 살펴보자. 수성은 쉬운 곳이다. 태양과 매우 가까워서 대기가 거의 남지 않을 만큼 분해돼버렸다. 수성의 대기는 태양계에서 가장 희박한 대기다. 표면에서 압력이 지구 대기의 1조분의 1보다 더 작다. 그곳에 있는 얼마 안 되는 물질은 태양풍에서 온 것이거나, 표면에 미세운석이 충돌하여 방출된 조각들이다. 별로 중요하지는 않다. 어떤 입자들이 형성되든지 태양풍과 수성 자체의 자기장에 의해 제거되기 때문이다. 수성의 온도 범위는 매우 폭넓은데, 태양에 가까운 위치인 데다 행성에 부딪히는 열의 차이를 줄여줄 대기가 없기 때문이다. 태양을 등지고 있다면 아주 몹시 추울 것이다. 만약 어떤 특이한 사건이 연달아 일어나 우리가 태양을 향하고 있는 수성의 면에 있게 된다면 믿을 수 없이 뜨거울 것이다.

수성에서 깡충 뛰면 금성에 가게 된다. 금성은 얼마나 신비로운 장소인지 모른다. 실은 방문하기에는 끔찍한 장소다. 태양계에서 가장 뜨거운 곳이고, 대기는 거의 전체가 이산화탄소에 몇 퍼센트의 질소로 이루어져 있다. 이산화탄소는 온실가스다. 즉, 금성의 대기는 태양의 에너지를 내보내지 않고 빨아들이기만 한다는 뜻이다. 그래서 금성이 그토록 엄청나게 뜨거운 것이다. 황산 구름이 뜨겁고 숨 막히는 비활성기체inertgas 혼합물에 약간의 매캐한 변화를 준다. 표면 압력은 우리가 수심 3000피트(약 900미터) 해저에서 경험하는 압력의 거의 100배와 같고, 온도는 더 뜨거우니 얼마나 대단한 대기인가. 우리는 아직 금성의 대기가 왜 그런 식으로 발달했는지 확실히 알지 못한다. 어쩌면 행성이 생성된 초기에 표면에서 많은 양의 물이 증발됐을지도 모른다.[5] 수증기 역시 온실가스다. 따라서 이 축축한 대기는 점점 더 뜨거워지기 시작했을 테고, 이에 따라 결국 이산화탄소가 탄산염으로서 지질학적 바위를 형성하지 못했을 것이다. 이 모든 이산화탄소가 대기로 가고, 금성의 생명체가 견딜 수 없을 만큼 더 뜨거워졌다. 그렇다고 금성에 생명체가 있다는 뜻은 아니다. 우리가 지금까지 아는 한 생명체는 없다.

마지막으로 금성에서 모퉁이만 돌면, 우리를 반갑게 맞아주는 행성인 지구에 도착한다. 너무 뜨겁지도 너무 차갑지도 않으며, 산소가 있지만 너무 많지는 않은 대기도 함께 있다. 지구의 대기는 알다시피 매우 이상적으로 보인다. 물론 지금 그렇게 말하는 것은 자기충족적인 말이나 다름없다. 우리가 어떤 행성에서 진화했든 그곳은 우리에게 잘 맞는, 사랑스러운 대기가 있을 것이다. 우리는 확실히 생명체의 집으로서 지구와 유사한 어떤 것도 발견하지 못했다. 저 멀리 어딘가에 무언가가 없다는 뜻은 아니다. 하지만 생명을 주는 대기가 있는 우리의 청록색 집은 정말 정말 특별하다. 이제 우리의 대기를 살펴보자.

2장

우리의 세계, 우리의 대기

4000킬로미터 이내

우리 대기의 대부분

머나먼 여정을 거쳐 마침내 지구에 도착했다. 지구에서는 집에서 2만 킬로미터 이상 떨어질 수 없다. 이렇게 생각하면 안심이 될 것이다. 우리는 완벽히 균형 잡힌, 생명을 유지하게 해주는 대기를 다른 생명체와, 특히 80억 명의 사람들과 공유한다. 그리고 우리는 모두 숨을 쉰다. 들이쉬고 내쉬고 들이쉬고 내쉰다. 우리는 절대로 대기에 질리는 일이 없다. 말 그대로 질리지 않는다. 우리의 이 대기를 이토록 대단하게 만드는 것은 무엇일까?

놀랍겠지만 여기 지구에서 호흡할 때마다 약 45퍼센트의 질소를 마신다. 이때 질소는 그렇게 활동적인 기체가 아니다. 우리는 질소를 들이마시고, 다시 내뱉는다. 질소는 여러 면에서 우리 삶에 중요하다. 예를 들어 질소는 식물이 자라는 것을 돕는다. 하지만 대기에 있으면 그렇지 않다. 대기에는 소량의 아르곤도 있지만, 질소보다도 더 특별하지 않다. 앞으로 살펴보겠지만, 아르곤은 '비활성기체'라는 화학물질류에 속한다. 비활성기체라는 단어는 아르곤을 들이마셨을 때 무슨 일이 일어나는지 말해준다. 즉, 아무 일도 일어나지 않는다는 뜻이다. 우리는 아르곤을 곧장 다시 내뱉는다.

아무 일도 일어나지 않는 일이 너무 많이 이어지고, 대기 안에 있는 것은 눈에 보이지 않는 바람에, 과학자들은 오랫동안 대기에 무엇이 있는지 파악하지 못했다. 즉, 대기는 그저 아무것도 아닌 것 이상이라는 것을 이해하는 데 한참 걸렸다. 정확히 말하면 화학 그 자체는 17세기까지도 부끄러운 삼촌 같은 연금술의 족쇄를 떨쳐내지 못하고 있었다. 하지만 우리 주변의 세계를 분석하는 이 새로운 과학적 방법이 첫 번째 불안한 걸음을 내디디고 불과 약 100년 뒤인 1774년에 이르자 자연과학자들은 대기의 99퍼센트를 차지하는 질소와 산소를 둘 다 밝혀냈다. 대단한 진전이다. 특히 1648년 얀 밥티스트 반 헬몬트의 《의학의 기원Ortus Medicinae》이 출간되기 전까지 기체의 현대적 개념조차 만들어지지도 않았다는 것을 생각해보면 더욱 대단하다. 이러한 기초 사항 정리가 최근에 파악된 대기에 관한 사실을 이해하는 데 중요한 역할을 했다. 모든 작용은 대기의 5분의 1에서 일어나기 때문이다. 우리는 이제 그 5분의 1이 아르곤이나 질소가 아니라 거의 전적으로 산소로 이루어졌다는 것을 안다. 아주 일부 빼고 모두 산소다. 사실은 이 책 전체가 그 짧은 단어 '아주 일부'에 포함되어 있다. 내가 관심 있는 것은 우리 대기의 질소도 아르곤도 산소도 아닌 바로 그 작은 부분이다. 하지만 그것을 다루기 전에 먼저 산소를 잠시 살펴보자. 산소는 우리를 질식시키려 하는 것보다는 더 많은 역할을 한다.

산소는 '불 공기fire air', '생명의 공기vital air' 그리고 이해하기 힘든 이름으로는 타의 추종을 불허하게 만들 '탈플로지스톤 공기dephlogisticated air'라고 불릴 뻔했다가, 결국 '산소oxygen'라고 불리게 됐다. 이는 다소 부정확하지만 '산을 생성하는'이라는 뜻이다. 나는 산소가 '생명의 공기'라고 불리기를 바라지만, 그래도 '탈플로지스톤 공기'는 피했으니 그나마 다행이다. 플로지스톤에 관해서는 9장에서 많이 다룰 것이고, 산소가 이 거추장스러운 이름을 가질 뻔했던 이유도 알게 될 것이다. '생명의 공기'(혹은 '바이탈륨vitalium')은 산소에 딱 들어맞는 이름이었을 것이다. 산소는 우리에게 생명을 주는 것이니까. 산소가 우리에게 생명을 줄 뿐만 아니라, 산소를 만든 것 또한 생명이다. 45억 년 전 지구가 생성됐을 때, 대기에는 산소가 없었다. 사실 우리는 대기에 산소가 있는 다른 행성을 아직 알지 못한다. 대기에 산소가 있을 가능성이 생긴 것은, 5억 년쯤 지나고 나서 단세포 유기체들이 산소를 만들어내기 시작한 뒤부터였다. 하지만 대기는 또 10억 년 동안 무산소 상태로 유지됐다. 원시 식물이 생산한 모든 산소를 수소가 삼켜버렸거나, 철이나 다른 지질학적 물질과 반응하는 데 소모했기 때문이다.[6] 이 상태는 광합성이 시작되기 전에 약 10억 년 동안 지속됐고, 광합성이 진행된 다음에야 산소가 대기에 축적되기에 충분해졌다. 그와 동시에 화산에서 나오는 수소는 줄어들기 시작했다.

약 23억 년 전부터 대기의 산소 농도는 약 3퍼센트까지 꾸준히 상승하기 시작했고, 아주 오랜 기간 같은 수준에 머물렀다. 정말로 아주 아주 오랜 시간, 7억 년 전이나 그 무렵까지 유지됐다. 그 뒤로 산소 농도는 미친 듯이 오르기 시작했다. 눈 깜짝할 사이, 그러니까 불과 5000만 년 동안 가파르게 상승해 13퍼센트까지 올랐고, 약 3억 년 전 석탄기에 사상 최고 수준[7]까지 한 번 더 급격하게 상승한다. 그 무렵 산소 농도는 지금보다 50퍼센트 더 높았다. 이런 산소 농도는 생물의 형태를 주목할 만하게 발달시켰다. 이를테면 갈매기만 한 잠자리, 다리 길이가 거의 0.5미터에 이르는 거미, 몸길이가 1미터까지 뻗은 지네[8] 등이다. 이런 무시무시한 벌레들은 산소를 30퍼센트 이상 포함하는 대기 덕에 큰 몸을 유지할 수 있을 만큼 호흡이 가능했기에 존재할 수 있었다.

3억 년 전 무렵 산소 농도가 증가한 원인은 탄소를 포함한 어마어마한 숲이 급속히 매장됐기 때문으로 보인다. 탄소가 없어졌다는 건 광합성으로 생산된 산소가 대기 외에는 갈 곳이 없다는 뜻이다. 산소는 가장 높은 농도일 때 대기에 약 35퍼센트까지 축적될 수 있었다. 하지만 결코 현재에 만족하지 않는 우리 인류는 부지런하게 지난 200년 동안 이 균형을 바로잡고 있다. 편리하게도 석탄이나 석유로 바뀐 오래된 숲들을 파내, 열과 전기를 생산하기 위해 불태우고 있는 것이다.

우리가 아는 한, 지구는 산소를 생산하는 유일한 행성이다. 우리는 대기에 산소가 있는 다른 어떤 행성도 아직 발견하지 못했다. 생명이 진화할 수 있는 기준을 충족하는 다른 행성이 있을지도 모르지만, 확실히 산소를 기반으로 한 생물의 증거는 찾지 못했다. 만약 산소가 풍부한 다른 대기를 찾는다면, 이것은 그 행성에서 생물이 진화했고 활발히 광합성을 했다는 강력한 징후다.

다시 지구로 돌아와보자. 식물들이 최선을 다해 산소를 대기로 넣고 있는 사이, 우리 동물들은 최선을 다해 그것을 다시 빼내고 있다. 우리가 숨을 쉴 때 대기 중 산소 일부는 우리 폐의 어마어마한 표면적을 통과해 혈류로 이동된다. 성인 폐의 총표면적은 약 50~70제곱미터, 혹은 대략 테니스 경기장의 한편과 같다. 하지만 부디 동네 테니스장에서 확인하려 들지는 마라. 이 넓은 표면적 덕분에 우리 몸은 호흡할 때 들어오는 산소의 약 4분의 1을 얻어낼 수 있다. 따라서 우리가 숨을 내쉴 때 나오는 공기에는 약 15퍼센트의 산소가 포함돼 있다. 즉, 들이쉴 때는 21퍼센트, 내쉴 때는 15퍼센트인 셈이다. 이와 비슷한 일이 연료가 연소할 때도 일어난다. 호흡과 마찬가지로 연료 연소 과정은 본질적으로 연료 안에 있던 탄소와 수소에 산소가 추가되면서 이산화탄소와 물로 변환되는 것이다.

승용차나 화물차의 내연기관이든 거실의 벽난로든 최신 가스 화력 발전소든, 혹은 몸속의 폐와 혈류든 원칙은 같다. 그리고 같은 종류의 과정이 수없이 많이 진행된다. 사실 모든 호흡 행위와 화석연료 연소로 우리는 식물이 대기에 산소를 넣는 속도보다 조금 더 빠르게 대기에서 산소를 뽑아낸다. 대기 중 산소 농도가 현재 매년 약 0.0019퍼센트씩 감소하고 있다는 뜻이다.[9] 이런 속도라면, 500년 안에 대기 중 산소 농도는 21퍼센트에서 20퍼센트로 떨어질 것이다. 아직 걱정할 정도는 아니지만, 주의해서 지켜볼 필요는 있다.

숨을 헐떡헐떡

산소가 적은 환경에서 살면 어떤 느낌일까? 2000년 동안 기다리지 않고, 더 빠르게 경험해보고 싶다면, 산에 오르면 된다. 이 책을 쓰는 동안, 나는 네팔 여행을 가서 히말라야의 마나슬루 북쪽까지 라르케 패스Larke Pass를 건너가는 특권을 누렸다. 라르케 패스는 해수면보다 약 5100미터 높다. 이 정도면 산소 농도의 변화를 경험할 만큼 매우 높은 곳이다.

이 높이에서 기압은 지표면 기압의 절반 정도다. 그러므로 놀라울 것도 없이, 나는 신발 끈을 묶는다거나 가만히 서 있는 동안에도 격렬한 활동을 하듯이 숨을 거칠게 쉬었다. 하지만 조금 고생스럽기는 했지만, 지난 50년을 해수면 200미터 이내의 높이에서 살아온

나 같은 사람도 라르케 패스를 지나갈 만큼 충분히 적응할 수 있었고, 힘없이 숨을 헐떡이는 것뿐 아니라 심지어 카메라를 향해 미소를 지을 수도 있었다. 음, 맞다. 사진 속 그 모습이 웃고 있는 것이다.

저자, 해수면 위 5106미터 라르케 패스, 네팔[10]

나는 이 경험으로 우리 신체가 얼마나 적응력이 좋은지 깨달았다. 그리고 똑같이 대기는 얼마나 망가지기 쉽고 작은지도 깨달았다. 2주에 걸쳐, 나는 익숙하고 편안한 1기압에서 불편하고 때때로 가혹한 절반의 기압으로 걸어갔다가, 다시 이틀 만에 거의 정상적인 조건으로 돌아올 수 있었다. 어쨌든 내게는 정상이었다. 함께 여행한 네팔인 팀은 25킬로그램 짐을 등에 지고, 5100미터 높이의 산길을 지나면서도 기분 좋게 걸었고, 더 육중한 우리 서구인을 위해 차가 든 보온병을 가지고 재빨리 돌아오기도 했다. 모든 것은 무엇에 익숙해져 있는가의 문제다. 우리는 심지어 해수면에서 얻는 산소의 절반밖에 안 되는 산소에도 익숙해질 수 있다.

마나슬루 주위를 걷는 내내, 우리는 특별히 중요한 지점에서 사진에 보이는 것 같은 기도 깃발을 만났다. 깃발은 청, 백, 적, 녹, 황색 순서로 걸려 있고, 하늘(과 우주), 바람, 불, 물, 땅을 나타낸다. 네팔의 불교문화에서는 전통적으로 하늘과 바람을 구분한다. 비록 전에는 이 문제를 생각해본 적이 없지만, 내게는 이 구분이 전적으로 합리적으로 보인다. 하늘은 분명히 파란색이고 손이 닿지 않지만, 바람은 보이지 않으면서도 동시에 종종 매우 실체적으로 만질 수 있다. 세계에서 여덟 번째로 높은 산등성이를 반쯤 오르면, 바람을 만질 수 있다는 말이 사실임을 확인할 수 있다. 그러나 파란 하늘과 보이지 않는 바람은 같은 물질이다. 그런데 왜 하늘은 파랗게 보이는데 대기는 투명한 걸까? 답은 하늘의 파란색이 흩어진 태양 광선에서 나온다는 데 있다. 우리가 태양을 직접 바라보지 않는다면 말이다. 하지만 안전을 위해 그런 일은 하지 않으니까, 하늘의 색은 대기를 통과하는 동안 분산되는 태양광으로만 인식할 수 있다. 산란하는 빛의 세기는 빛의 파장의 네 제곱에 반비례한다. 따라서 파장이 짧은 빛일수록 파장이 긴 빛보다 훨씬 더 많이 분산된다. 청색광은 녹색이나 주황, 적색보다 파장이 짧아 더욱 강하게 분산된다. 적색광에 비교하면 10배까지 더 강하게 분산된다. 따라서 맑은 하늘을 올려다볼 때 우리가 보는 빛은 대부분 파란색이다. 파장이 짧은 파랑과 보라가 더 강하게 산란하기 때문이다. 고도 5100미터에서는 머리 위에 대기가 절반밖에 없다. 따라서 모든 파장의 빛이 산란하는 강도가 아래쪽 해수면에 있을 때보다 더 낮다. 덕분에 하늘은 보통의 환한 봄날보다 더 어두워진다. 그리고 심지어 더 짙은 파란색으로 변하는데, 태양에서 더 멀리 내다볼수록 암청색이나 짙은 보라색에 가까워진다.

대기층

대기의 무게는 약 5500조 톤, 혹은 지구 질량의 100만 분의 1이라고 추산한다.[11] 해수면에서 5000미터 위로 올라가면 대기 물질의 절반이 발밑에 있다. 대기는 어처구니없이 작고, 마치 지구 표면 위에 한 겹 칠한 광택제처럼 퍼져 있다. 대기는 그만큼 작고 연약하다. 게다가 우리 행성의 대기가 없어지지 않아야 하므로, 우리는 정말로 정말로 대기를 잘 돌보아야 한다.

라르케 패스의 정상에서조차 나는 가장 낮은 대기층의 절반 높이에 이르렀을 뿐이다. 대기는 일반적으로 네 층으로 나눈다. 지표면에서부터 차례로 대류권(기상 현상이 일어나는 곳, 사람들이 사는 곳, 새들이 날며 위기를 맞은 중년 남성이 히말라야를 등반하는 곳), 성층권(오존층과 장거리 비행 항로가 포함된 곳), 중간권(유성이 불타는 곳), 열권(북극광과 남극광)이 있다. 층 사이를 나누는 선은 단지 임의적인 경계선이 아니다. 대기의 온도가 갑작스럽게 변화하는 진짜 물리적인 근거가 있다.

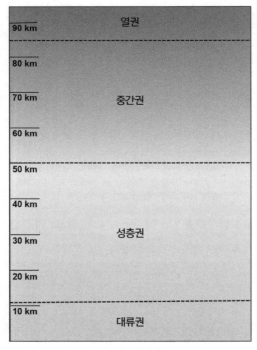

지구 대기의 네 층

바닥에서 시작해보자. 대류권은 대기의 4분의 3을 포함하며, 거의 모든 기상 현상이 일어나는 곳이다. 더 높은 곳은 훨씬 더 잠잠하다. 대류권의 높이는 적도가 가장 높은데, 이곳 지표면 위로 약 16킬로미터 지점이다. 그리고 극 지역으로 갈수록 더 낮아진다. 극지역에서는 지표면 위로 약 8킬로미터까지만 뻗어 있다. 지표면에서 위로 올라갈수록 온도는 킬로미터당 섭씨 약 6.5도씩 내려간다. 이러한 온도 하강은 기체가 대류권으로 올라가면서 팽창하기 때문에 일어난다.

대류권 맨 위에서는 급격한 변화가 일어난다. 대기의 온도 하강이 갑자기 완만해지고, 아래쪽과는 반대로 고도가 높아지면 온도가 올라가기 시작한다. 대류권 최상부(대류권계면)는 높이에 따른 온도 변화율이 킬로미터당 섭씨 2도 이하인 지점으로 정의되고, 이곳 온도는 일반적으로 섭씨 영하 60도 정도다. 이런 온도 분포 변화는 대류권에 효과적으로 뚜껑을 덮는 역할을 한다. 차가운 기체가 따뜻한 기체 위에 있으면 차가운 대기가 가라앉고 따뜻한 대기가 떠오르면서 혼합이 일어날 수 있다. 좀 더 정확하게 말한다면 단열감률을 따라 연직 운동을 일으킨 결과, 더 높은 온도의 기체가 더 낮은 온도의 기체보다 위에 위치하게 된다. 이런 온도 분포가 일부 원인이 되어 대류권은 기단과 구름, 비, 바람, 일몰과 그 밖의 모든 것이 역동적으로 혼합되고 움직이는 환상적인 장소가 된다. 이런 익숙한 현상은 자연스럽게 날씨를 떠오르게 한다. 물론 그 날씨는 우리에게는 중요한 현상이다. 텔레비전에서는 하루에도 몇 차례씩 날씨만 알려주는 프로그램을 방송한다. 거기서 그치지 않고, 날씨는 사람들 대부분이 꾸준히 즐겨 찾는 대화 주제다. 왜 아니겠는가? 내가 사는 약간 축축한 영국은 극단적인 날씨를 겪는 일이 드물긴 하지만, 최근에 나는 에든버러에서 따뜻한 햇볕과 강한 바람, 바람에 날리는 구름과 퍼붓는 비, 쌍무지개, 그리고 마무리로 눈부시게 아름다운 일몰을 하루에 모두 경험했다. 여러분도 아마 그와 비슷한 기억이 있을 것이다. 그러니 대류권을 사랑할 수밖에 없다. 반대로 성층권처럼 따뜻한 기체가 차가운 기체 위에 있는 곳에서는 열 때문에 일어나는 혼합은 없다. 대기의 더 가볍고 더 따뜻한 부분과 더 밀도가 높고 더 차가운 부분은 그 자리에 그대로 머문다. 예상과는 달리 성층권의 일기예보는 뉴스에서 보는 예보에 비해 특별할 것이 없다.

대류권 꼭대기에서 이러한 급격한 온도 변화가 일어나는 원인은 무엇일까? 그것은 오존이라고 부르는 화학물질 때문이다. 이 물질은 대기가 어떻게 작용하는지 이해하는 데 중요하며 우리의 생존에도 직결된다. 오존에 관해 다룰 내용은 많지만 지금 당장 중요한 것은 오존이 태양광선의 훌륭한 흡수체라는 사실이다. 오존은 태양광선을 흡수해 파장이 긴 적외선을 내뿜는데, 이것을 '열'이라고 한다. 따라서 이 과정이 일어나는 곳에서는 태양광의 지속적인 흡수와 열의 방출 현상이 있다. 대류권 맨 위에서는 산소와 자외선이 반응해 오존이 형성된다. 이 구역의 오존은 태양광을 조금 더 흡수하고 열을 조금 내뿜는 순환과정을 거친 뒤에, 최종적으로 화학적 과정에 의해 제거된다. 이것은 오존의 골디락스 지대를 만든다(따라서 나는 '오존층'이 아닌 '오존 지대'라고 부르면 좋겠다고 생각한다). 골디락스 지대는 이 과정이 균형을 맞춘 결과, 적당한 양의 오존이 존재하기에 딱 적당한 곳을 뜻한다. 오존이 자외선을 흡수하고 열을 내뿜는 순환과정은 대류권 최상부와 성층권에서 높이에 따라 온도가 내려가는 데 제동을 건다. 이 갑작스러운 기온 상승 때문에 대류권과 바로 위층인 성층권 사이에는 비교적 이동이 적다. 그러나 대류권 위를 덮는 뚜껑에 빈틈이 없는 것은 아니라서 대류권과 성층권 사이에는 새는 곳이 있다(새는 곳이 없다면 성층권의 오존층에 그 성가신 클로로플루오로카본[프레온가스] 때문에 구멍이 나는 것을 걱정하지 않았을 것이다). 하지만 그것은 매우 국지적이다.

대류권계면을 지나면 성층권으로 들어간다. 성층권에 대기 오존의 90퍼센트가 있다. 오존층은 4장에서 더 많이 다룰 것이다. 상업적인 비행은 대부분 성층권 안에서 일어난다. 난기류가 거의 없고 구름도 별로 없어서 비행이 순조롭고, 아래쪽 대류권에서 구름이 무슨 짓을 하든 시계가 좋다. 다음에 국제선을 타면 창밖을 가리키며 이렇게 말해서 운 좋은 옆자리 승객을 즐겁게 해주자. "저거 보이세요? 저게 바로 대류권계면이에요." 절대 실패하지 않는다.

대기권 내에서 계속 위로 올라가는 동안 기온은 꽤 변함없이 유지되다가, 불현듯 고도에 따라 상승하기 시작한다. 지표면에서 약 50킬로미터 위인 성층권의 맨 위에 도달할 무렵이면, 기온은 다시 찌는 듯한 섭씨 영하 15도까지 올라간다. 하지만 그다지 기분 좋게 느껴지지는 않을 것이다. 성층권 최상부의 기압이 대기의 1000분의 1에 불과하기 때문이다. 이 지점에서 오존과 오존의 보온 효과는 힘을 잃는다. 그래서 중간권으로 올라가면 대기의 온도가 다시 하강하는 것을 경험하게 된다.

중간권은 유성과 운석으로부터 우리를 든든하게 지켜준다. 유성과 운석은 중간권에 진입하면서 타버린다. 게다가 중간권의 극단적으로 낮은 기압도 지구 표면을 향해 떨어지는 물체들을 달구고, 대부분 파괴하기에 충분하다. 중간권에서 불타는 이 천체들을 '별똥별'이라고 부르지만, 두말할 필요도 없이 그것들은 실제로 별이 아니라 그저 증발하는 유성이다. 중간권은 지구 표면 위로 80 혹은 90킬로미터까지 뻗어 있다. 대기질을 다룰 때는 중간권을 언급할 기회가 거의 없으므로, 나는 이번 참에 중간권을 더 살펴보기로 했다. 알고 보니 중간권은 대기에서도 상당히 신비로운 영역이었다. 중간권은 비행기나 풍선으로 닿기에는 너무 높고, 위성으로 관찰하기에는 너무 낮다. 결과적으로 우리는 중간권에 관해, 대기의 어느 부분보다도 아는 것이 적다. 중간권에서 타버리는 유성은 높은 농도의 철 원자를 가져온다. 북극과 남극 위의 몹시 추운 조건에서, 유성이 타고 남은 먼지 주변에 얼음 결정이 형성되고, 이것이 중간권에서 희미한 은청색 구름이 된다. 한편 중간권 지구물리학을 연구하는 과학자들은 그들의 비밀스러운 주제를 기발한 관점으로 다루는 듯하다. 어떤 모순도 느끼지 않고 거리낌 없이 요정과 엘프를 들먹이니 말이다. 알래스카대학교의 2003년 논문을 증거로 제시한다. 〈엘프들과 후광 및 스프라이트 요정 개시의 1밀리세컨드(0.001초) 주기 해상도 시각화〉.[12] 요정과 엘프 및 다른 것들이 나타나는 사건은 대기 아래쪽에 있는 번개 폭풍과 관련된 것으로 순간적으로 번쩍이며 빛이 나는 현상을 말한다. 요정들(한 종류는 '당근 요정'이라고 불린다)은 위아래로 움직이는 데 비해, 엘프들은 중간권에서 밖으로 퍼져나간다. 엘프(엘브스elves)는 "Emission of Light and Very Low Frequency Perturbations Due to Electromagnetic Pulse Souces(전자기 펄스 원천에 의한 빛과 초저주파 배출)"의 앞글자를 정확히 따온 단어는 아니다(ELVLFPEPS가 더 가까웠을 것이다). 대기물리학자들은 우리 생각보다 더 엉뚱한 방식으로 이름을 붙이는 것 같다.

중간권 위로 가면 상황이 매우 이상해진다. 우리는 이제 전리층에 있다. 그리고 이 위에는 별것이 없다. 태양에서 방사된 자외선을 흡수해서 기온은 다시 상승한다. 자외선은 에너지로 가득 차 있어서, 에너지가 없었다면 안정됐을 분자에서 전자를 움직여 이온화한다. 이 과정에서 열로 방출된 에너지가 기압이 낮아짐으로써 생기는 냉각 작용을 상쇄하고, 태양의 활동에 따라 중간권 온도는 섭씨 2000도까지 올라갈 수 있다. 지표면 위 90~130킬로미터 사이에는 나트륨 원자 층이 있는데, 이는 유입되는 유성과 먼지(매일 약 30톤의 먼지가 지구 대기로 들어온다)가 대기의 열과 마찰열에 반응해 생성된다. 전리층 위쪽은 북극광과 남극광이 형성되는 곳으로 태양(소위 태양풍이라고 하는)과 대기의 원자들에서 주기적으로 방출되는 대전입자 간의 상호작용 때문에 발생한다. 이상한 현상들이다. 이 모든 이상한 일이 우리가 사는 곳, 가까이에서 일어난다고 생각하면 더욱더 이상하다. 만약 누군가 직선도로를 발명했다면 우리는 집에서 중간권 맨 위까지 약 한 시간만에 운전해갈 수 있다. 그 시간이면, 대기에 있는 99.998퍼센트의 물질이 우리 아래에 있을 것이다. 그리고 계속해서 두세 시간을 더 위로 가서, 지구 표면 위 400킬로미터인 전리층까지 가면 국제 우주정거장에 머리를 부딪칠 수도 있으니 조심하기 바란다.

우리 대기의 나머지는

다시 지표면으로 내려오자. 대기의 대부분이 비활성 질소이고, 약 5분의 1은 더욱 활발하고 유용하며 생명을 주는 산소로 이루어진 곳이다. 하지만 산소를 5분의 1 포함하고 있는 게 대기를 흥미롭게 만드는 전부가 아니다. 거기에는 미량의 온갖 화학물질이 들어 있다. 냄새나는 것들, 우리를 헐떡거리게 만드는 것들, 멋진 경치를 흐릿한 어둠으로 만드는 것들, 서로 반응하는 것들이 들어 있다. 그리고 대기오염이 매년 700만 명을 조기 사망케 한 원인[13]임을 의미하는 화학물질들도 들어 있다. 그렇다. 700만이다. 세계보건기구WHO는 세계적으로 환경적 요인이 건강에 미치는 효과를 살펴본다.[14] 그리고 사망 4건 중의 약 1건은 건강하지 않은 환경에서 거주하거나 일한 게 원인이라는 사실을 발견했다. 대기, 토양, 수질 오염, 기후 변화와 화학물질과 태양광에 대한 노출, 대기오염을 비롯한 환경적 위험이 사망 요인의 절반 이상을 차지한다. 이것은 대기오염이 담배(역시 매년 약 700만 명이 사망하는 원인이다)만큼 치명적이란 말이다.[15] 그리고 간접흡연(매년 100만 명 이하), 비만(매년 300만 명 사망)[16], 오염된 물(매년 약 50만 명 사망)[17] 혹은 교통사고(매년 130만 명 사망)[18]를 다 합한 것보다 더 심각하다.

그 모든 것이 대기의 5분의 1 중에서도 아주 작은 부분에서 비롯된다! 놀라운 일이고, 더 알아볼 만한 가치가 있는 일이다. 도대체 그토록 적은 양으로 그토록 엄청난 효과를 내는 물질은 무엇인가? 활발하고 유효한 물질들을 알아보기 전에 먼저, 몇 가지 비활성 물질부터 확인해보자.

게으른 아르곤

에든버러대학교의 물리화학자이자 화학원소를 네 개나 발견한 (총 118개 중에서 4개면 한 개인으로서는 상당히 많은 것이다) 화학원소 발견의 전문가인 윌리엄 램지 교수를 만나보자. 19세기 말로 향하던 시기에 램지는 대기의 또 다른 구성 요소를 추적했다. 그는 존 레일리와 함께 일하며, 대기에서 추출한 질소가 화학반응으로 얻은 질소보다 약간 더 무겁다는 사실을 발견했다. 불과 0.5퍼센트 정도의 차이였지만, 대기의 질소에는 무언가 다른 것이 섞여 있다고 암시하기에 충분했다. 그 무언가가 바로 그가 '아르곤'이라고 이름 붙인 비활성기체다. 아르곤은 '게으른'이라는 뜻이다. 게으른 아르곤은 대기의 거의 1퍼센트를 구성하는 것으로 밝혀졌다. 램지와 그의 동료들은 계속해서 헬륨과 네온, 아르곤, 크립톤, 제논, 라돈에 이르는 모든 비활성기체들을 발견했다. 이 새롭고 매우 게으른 원소들을 수용하려면 원소주기율표를 다시 만들어야 할 정도로 큰 사건이었다. 비활성기체가 왜 그렇게 활성이 없는지 궁금하지 않은가? 그것은 화학계chemical system가 그들의 가장 안정적이고 낮은 에너지 배열[바닥상태]을 향해 움직이기 때문이다. 개별 원자의 가장 낮은 에너지 배열은 양전하를 띤 핵 주위에 음전하를 띤 전자가 완전한 층을 이룬 상태다. 원자는 다른 원자로부터 전자를 가져오거나 자신의 전자를 제공함으로써 이 상태에 이를 수 있다. 결과적으로 '이온'이라고 하는 음의 알짜전하 입자 혹은 양의 알짜전하 입자가 된다. 또는 다른 원자들과 전자를 협조적으로 공유해 이 상태에 이를 수도 있다. 그 결과 '공유 결합'이라고 알려진 화학적 결합을 한다. 비활성기체들은 그 어떤 것도 하지 않는다. 그들은 이미 원자핵 주변에 완전한 전자 층이 있으므로 전자를 빌리는 것도 빌려주는 것도 원하지 않으며, 공유하고 싶어 하지도 않는다. 고맙기도 하지! 그들은 완전한 전자 층과 함께 그저 우쭐대며 나앉아서 다른 원소들이 싸우는 것을 구경한다. 말하자면 대기화학에서 스위스와 같은 존재다.

유용한 헬륨

대기에는 또 다른 비활성기체가 있다. 아르곤보다 훨씬 적은 양이지만, 훨씬 유용한 이 기체는 바로 헬륨이다. 헬륨은 (수소 다음으로) 두 번째로 작은 원자이고, 작은 크기와 비활성이라는 특징 덕분에 매우 유용한 동시에 희귀하다. 헬륨은 생일 풍선에 넣어서 들이마시면 꽥꽥거리는 목소리를 나게 하는 데만 쓰이는 것이 아니다. 사실은 강력한 자석을 작동시키는 데 사용되는, 놀랍도록 유용한 물질이다. 그리고 자기공명영상MRI을 찍어본 사람이라면 헬륨을 고맙게 여길 이유가 있다. 진저리 나는 절개와 봉합 없이도 거의 초현실적으로 상세한 MRI 이미지를 만들 수 있게 자석을 움직이는 역할을 헬륨이 맡고 있다. 액체헬륨은 자석 코일을 절대영도보다 겨우 수십도 높은 온도로 냉각시키는 데 사용된다. 섭씨로는 약 영하 250도가 되는, 정말로 몹시 차가운 상태다. 그렇게 낮은 온도에서 코일은 초전도성이 되기 때문에 매우 높은 전류가 코일을 타고 흐른다. 높은 전류는 강력한 자기장을 만드는데, 이것이 의학적으로 매우 유용한 3차원 MRI 이미지를 만드는 데 필요한 자기장이다.

한 가지 재미있는 점은 휘발성 물질인 헬륨이 놀랍게도 광산물이라는 사실이다. 헬륨은 우라늄과 토륨 등 광물의 방사성 붕괴로 생성되는데, 땅으로 스며들었다가 대기로 방출된다. 따라서 상당한 양의 헬륨 공급원이 있음에도 불구하고, 대기에서 단지 500만 분의 1만 차지한다. 헬륨은 워낙 가벼워서 언제라도 지구의 중력을 벗어나 우주 어딘가로 사라질 수 있다. 이것은 더딘 과정이지만, 장기적으로는 헬륨이 대기에서 영구히 사라질 만큼 빠르다. 따라서 비록 헬륨이 우주에서 (수소 다음으로) 두 번째로 풍부한 성분이라고 해도, 대기에는 거의 없는 것이다. 다행히 수백만 년에 걸쳐 형성된 헬륨은 빠져나갈 수 없는 암석에 갇혀 있다. 천연가스가 비축된 것과 비슷한 방식이다. 즉, 우라늄과 토륨이 있는 지역에서 천연가스 생산물의 부산물로 헬륨을 얻을 수 있다는 뜻이다. 미국 남부와 탄자니아[2016년 탄자니아에서 대규모 헬륨가스전을 발견했다]와 같은 일부 지역에서 나는 천연가스에는 상당히 많은 양의 헬륨이 포함돼 있고, 이 가스를 정제하면 헬륨을 분리할 수 있다. 헬륨이 소량 포함된 가스는 더 많이 있지만, 가스 회사가 헬륨을 추출할 만큼의 가치는 없다. 따라서 그런 헬륨은 결국 대기로 방출돼 우주로 사라진다. 탄자니아의 새로운 발견은 좋은 소식이다. 여기서 약 20년 정도 헬륨 공급 분량을 맞춰줄 것 같지만, 본질적으로 비재생 광물자원인

헬륨은 매우 신중하게 사용할 필요가 있다.

물

　내가 헬륨이라는 광물을 기체로서 좋아하긴 하지만, 광물은 이제 그 정도면 충분히 다뤘다. 다시 대기로 돌아가보자. 다들 대기에 상당히 많은 물이 있다는 것을 알 것이다. 이 물은 대기과학자들이 '습성 침착'이라고 부르는 과정, 그리고 보통 사람들에게는 '비'로 알려진 과정을 통해 지구 표면으로 이동한다. 대기에 있는 물의 양은 시간과 장소에 따라 극단적으로 달라진다. 세계의 많은 지역에서 강우는 거두어들이고, 보존하고, 잘 보살피고, 사용해야 하는 소중한 산물로 취급된다. 내가 사는 영국의 축축한 작은 섬을 비롯한 다른 지역에서는 일반적으로 충분한 양의 물이 꾸준히 유지된다. 그래서 물을 조금씩 낭비할 때도 있고, 심지어 강우를 약간의 골칫거리로 생각하기도 한다. 강우가 휴일이나 스포츠 경기를 방해할 때면 특히 성가시게 여긴다. 홍수와 산사태를 일으킬 때는 강우가 대단히 파괴적일 수 있다. 홍수는 수인성 전염병을 전파하거나 지역에 필수품을 공급하는 길을 차단하는 파급 효과까지 낳을 수 있다. 앞으로 보겠지만, 일부 중요한 대기오염 과정에서는 대기의 물이 작용한다. 물방울 내부와 구름 표면에서 일어나는 화학적 과정, 특히 성층권에서 일어나는 오존의 화학반응은 아주 중요한 부분이다. 하지만 이 내용은 4장에서 다시 다룰 테니 그때까지 기다려주기를 바란다.

이산화탄소

그다음으로 대기에서 가장 일반적인 물질은 이산화탄소^{CO_2}다. 기체의 현대적 개념을 인식한 헬몬트는 또한 17세기 초에 나무나 숯을 태울 때 얻는 기체가 발효 음식에도 포함돼 있다는 것을 처음으로 알아냈다. 결국 어딘가로 가야만 하는 이 기체가 대기에도 있다고 생각하는 것은 합리적인 추론이다. 하지만 400년 전에는 이 수수께끼 같은 기체가 무엇인지에 대한 분명한 이해가 없었다. 헬몬트는 그것을 '가스 실베스터' 혹은 '거친 영혼'이라고 이름 붙였다. 훌륭한 이름이다. 그리고 그 과정에서 헬몬트는 '혼돈(카오스^{chaos})'를 뜻하는 그리스어를 이용해 유용한 이름인 '기체(가스^{gas})'를 발명했다. 그가 화분에 버드나무를 키우면서, 들어가고 나오는 모든 물질의 무게를 측정해 나무가 5년에 걸쳐 164파운드 늘었다는 결과를 보여준 실험은 아주 유명하다. 그런데 자신이 수행한 획기적인 연구에서 이 무게 증가의 원인 대부분이 가스 실베스터라는 물질 때문이라는 사실을 밝혀내지 않은 것은 약간 모순적이다. 하지만 주의 깊게 무게를 측정하고 실험 조건을 제어한 과학적 접근법은 과학 실험의 신기원을 이루었다. 다음 세기에 조지프 블랙은 이산화탄소를 더욱 따분한 이름인 '고정된 대기'라고 불렀다. 어쩌면 따분한 쪽이 옳은 방향일 것이다. 이산화탄소는 대기에서 활발히 반응을 일으키는 기체는 아니다. 따라서 '거친 영혼'은 이산화탄소를 실제보다 조금 강하게 표현한 것이리라. 그러나 우리가 지구 기온을 조절하는 일에 관여하는 이산화탄소의 역할을 더 많이 이해하게 되면서 이산화탄소는 최후의 승자가 됐다. 우리가 '기후 변화'에서 '기후 혼돈' 상태로 이행하게 되면서, 그 작명조차 원점으로 돌아왔다. 앞서 언급했듯이 '혼돈'이라는 단어는 이산화탄소를 묘사하려고 헬몬트가 만들어낸 신조어 '기체[가스]'에 영감을 준 말이었다.

이산화탄소는 온실가스로서 지난 20년 동안 많은 언론의 관심을 받아왔다. 더 활동적이고 수명이 짧은 어떤 대기오염 물질보다 더 많이 주목받았다. 기후 변화에서 이산화탄소가 차지하는 역할 탓에 기후 정책의 핵심은 대기에서 이산화탄소 농도를 제한하는 방안을 마련하는 것이 됐다. 산업혁명이 시작된 19세기 이전 수 세기 동안, 대기의 이산화탄소 농도는 280ppm 혹은 대기의 0.028퍼센트(질소, 산소, 아르곤, 물이 각각 약 1퍼센트 혹은 그 이상을 차지한다. 그리고 목록에서 한참 내려가면 30분의 1퍼센트에도 못 미치는 이산화탄소에 이르게 된다)였다. 우리가 화석연료를 태우는 습성을 갖게 된 이래로, 이산화탄소 농도는 2016년까지 꾸준히 증가해, 공식적인 세계 평균 농도가 400ppm, 혹은 0.040퍼센트에 이르렀다. 하나의 종이 대기에 미친 영향으로서는 상당하다. 우리 인간이 다른 누구의 도움도 없이 대기 중 이산화탄소 농도를 불과 200년만에 40퍼센트 이상 올려

놓았다. 이산화탄소 농도는 지구 기후에 심각한 영향을 미친다. 당연히 이 주제에 관해서는 광범위하고, 중요한 글들이 어마어마하게 많다. 우리가 여기서 다룰 것은 기후 변화만큼이나 중요한 대기 오염이다. 이것은 대기와 관련해 매우 색다르고, 익숙하지 않은 측면일 것이다. 따라서 나는 논쟁을 불러일으키는 열역학이란 주제는 멀찌감치 피하기로 하겠다.

기후 변화

기후 용어에서 이산화탄소는 활동적이지만, 화학적으로는 불활동적(비활성)이다. 그 비활성 때문에 이산화탄소가 대기에서 수명이 길고 장기적 기후 변화에 중요한 역할을 하는 것이다. 오늘날 우리가 대기에 방출하는 이산화탄소의 대부분은 100년 후에도 대기에 있을 것이다. 우리 활동이 지구 기후에 미친 영향을 해결하려는 상황에서 그렇게 긴 수명은 나쁜 소식이다. 그리고 대기의 좀 더 활발한 면에서는 이산화탄소가 그리 큰 역할을 하지 않는 안정한 물질이다.

사람들이 대기과학에 관심이 없었던 것은 아니다. 20년 훨씬 넘는 기간 동안, 기후 변화를 이야기할 때 대기의 역할은 가장 먼저 손꼽히는 주제였다. 워낙 주목받아서, 우리처럼 변변치 않은 대기질 전문가들이 기후과학, 감시와 정책 개발에 들어가는 어마어마한 투자에 대해 의견을 내기가 벅찰 정도였다. 온실가스의 역할과 기후 변화에서 대기의 다른 측면을 이해하고 대응하는 단계를 밟으려는 엄청난 정책들이 고안됐다.

예를 들어 미국은 1993년부터 2013년까지 1650억 달러를 기후 변화에 지출했다.[19] 그 정도면 어마어마하게 많은 돈이다. 그리고 나사와 컬럼비아대학교에 재직 중인 제임스 핸슨 교수의 조언대로 이 돈이 대기의 이산화탄소를 350ppm(0.035퍼센트)으로 제한하는 데 쓰였다고 생각하면 안심이 된다. "만일 인류가 지구를 문명이 발전할 수 있고, 생명체가 적응할 수 있는 행성으로 보존하고 싶다면, 고기후(지질시대의 기후)가 남긴 증거와 현재 진행 중인 기후 변화를 토대로 생각해볼 때 이산화탄소는 현재 수준에서 최소한 350ppm까지는 감소해야 한다."[20] 그런데 현재 진행되는 연구와 충격 완화 방안에 대한 투자는 대기의 이산화탄소 농도가 증가하는 걸 제한하는 데에는 전혀 효과적이지 않았다. 지구 평균 이산화탄소 농도는 2016년에 400ppm 수준을 넘어선 뒤로 매년 2ppm씩 증가하고 있다. 수십 년에 걸쳐 연구와 제어 방법에 굵직한 투자가 이루어졌지만 대기의 이산화탄소 수치는 여전히 증가한다.

어떤 의미에서 지구 기후에 우리가 미친 영향을 해결하는 일은 대기오염에서 올 충격을 해결하는 일보다 더 단순하다. 기후 충격은 대부분 대기에 있는 온실가스와 직결돼 있다. 범인은 이산화탄소다. 이산화탄소는 연간 온실가스 배출 원인의 약 4분의 3을 차지하고, 나머지는 메탄(총배출량의 16퍼센트)과 아산화질소(6퍼센트) 그리고 플루오르를 포함하는 냉각가스(2퍼센트) 등이다.[21] 대기에 이런 물질이 더 많을수록, 대기가 열을 가두어둘 가능성이 더 크다고 예상할 수 있다. 그 결과는 온도 상승과 기후 그리고 날씨에 영향을 주는 예상할 수 없는 효과다. 이런 관점에서 기후과학과 (온실가스) 경감 정책은 배출을 관리하는 방향으로 가야 한다. 일단 온실가스가 대기로 방출되고 나면, 온실가스가 대기 중 어디에 있는지는 문제거리가 아니다. 주요 온실가스의 수명은 방출된 장소와 상관없이 대기 전체에 골고루 섞일 만큼 길다. 그래서 우리는 오직 배출된 양(혹은 배출 비율)과 그 결과인 세계 평균 농도에만 관심을 둔다. 단순한 문제다.

반대로 대기오염은 개념상 여러 방면에서 파악하기 어렵다. 물론 온실가스 효과처럼 배출량과 배출 비율, 그리고 결과적인 대기 속 농도가 중요하다. 어떤 경우에는 그 정도 정보만 있어도 문제를 관리하기에 충분하다. 예를 들어 UN의 '대기오염물질의 장거리 이동에 관한 협약'은 조인 국가들을 대상으로 주요 오염 물질 배출 허용치를 설정한다. 이 협약의 목적은 '지역, 국가, 세계 수준에서 대기질을 향상하기 위한' 것이다.[22] 그리고 이를 달성하는 수단이 바로 국가적 차원에서 연간 배출량 허용치를 설정하는 것이다. 역시 단순 명료한 문제다.

하지만 복합적인 환경에서 대기질을 관리하려면, 배출 패턴, 대기에서의 확산, 물리적이고 화학적인 전환 과정, 그리고 그 결과 대기에 포함되는 농도를 좀 더 구체적으로 들여다봐야 한다. 이런 세부적인 분석이 대기오염의 영향을 이해하고 관리하는 데 필요한 정보를 만든다. 이런 종류의 공간적인 세부 사항이 없으면, 우리는 '대기오염물질의 장거리 이동에 관한 협약'에서 정한 배출 허용치와 같은 기준이 대기질 표준을 달성하고, 고농도 대기오염의 영향을 피할 만큼 보장하는 데 충분하고 적절한 수단인지 확인할 길이 없다.

물론 나는 지금 기후과학을 지나치게 단순화하고 있다. 기후과학자들은 대기와 대양, 육지 그리고 생태계와 인간 사이의 복합적인 상호작용을 조사하고 파악한다. 하지만 대기질을 평가하려면 오염물질이 대기로 방출되는 조건의 세부 사항을 고려해야 한다. 즉 위치, 온도, 방출 속도와 비율 등 온실가스의 영향을 평가할 때는 필요하지 않았던 방식이 요구된다. 우리는 날씨와 사람들이 방출된 물질에 노출될지도 모르는 장소도 고려해야 한다. 평가에 관계된 다른 오염 공급원이 포함되지 않은 상태에서 특정 오염 물질의 배경 농도[자연 발생 농도]를 파악해야 할 때도 있다. 이 요인은 온실가스를 다룰 때는 직접 연관되지 않는다. 온실가스를 다루는 일이 복잡하지 않다는 뜻이 아니다. 온실가스 문제를 다룰 때는 모호함 없이 정확한 배출 목록을 확정해야 한다는 어려움이 있다. 그리고 더 중요하게는 온실가스 배출을 관리하는(즉, 줄이는) 행동이 긴급하고 절실하게 필요하다는 점에서 어려움이 있다.

기후 변화와 대기질을 관리하기

여기서 우리는 온실가스 관리와 대기질 관리 사이의 핵심적인 교차점에 직면한다. 기후와 대기질에 영향을 주는 요인을 모두 줄이는 가장 근본적인 방법은 대기에 많은 오염물을 방출하지 않는 것이다. 온실가스 배출량이 조금이라도 줄었다면, 줄지 않았을 때 발생했을 온실가스 농도보다는 조금 더 낮은 농도가 될 것이다. 그렇다면 지구 온도 상승도 아주 조금 낮아질 것이다. 이와 마찬가지로 대기오염 물질이 얼마라도 감소한다면, 감소하지 않았을 때에 비해 대기오염 수치는 더 낮아질 것이다.

여기까지는 다 좋다. 그런데 우리가 대기에 오염물을 방출하는 주된 이유는 삶에 가치를 더하고 혜택을 주는 생산품과 서비스를 만들기 위함이다. 발전소는 전기를 만든다. 자동차, 버스, 기차, 비행기는 우리에게 이동성을 준다. 농업은 우리에게 먹을 음식을 준다. 가정용 보일러와 난방기는 우리에게 열과 온수를 제공하고 요리할 수 있게 한다. 목록은 끝이 없다. 그러므로 '오염을 덜 만들라'고 하는 것이 '전기를 덜 만들라'거나 '여행을 자주 가지 말라'는 뜻이라면 간단한 문제가 아니다. 대기질을 향상하는 행동은 복합적이고, 어떤 경우에는 우선권을 다투는 방대한 영역에서 일어난다.

오염을 얼마나 많이 줄여야 하는지 좀 더 자세히 알아보자. 어떻게 덜 방출할 수 있을까? 이것은 덜함으로써 혹은 더욱 효과적으로 함으로써, 혹은 기술적인 해결책을 적용함으로써 달성할 수 있다.

때로는 배출 조건을 개선해 영향을 줄일 수 있다. 이는 오염 물질을 더 빠르게 배출하거나 더 높은 온도, 혹은 더 높은 지점에서 배출하는 것을 뜻한다. 다만, 이렇게 하면 대기오염 물질의 원천 근처 지역의 대기오염을 줄이는 데는 도움이 될 수 있지만, 온실가스 저감에는 어떤 도움도 되지 않을 것이다.

덜함으로써 배출을 감소하는 방법의 예로 지난 수십 년 동안 영국 제조업에서 실시한 방안을 들 수 있다. 이것은 산업 활동과 관련된 오염 물질의 배출량을 상당히 줄이는 데 기여했다. 특히 이와 관련해 다음 장에서는 오염 물질을 순수하게 줄이는 것이 아니라 오염을 다른 국가에 외주화하는 문제를 살피면서, 이산화황 문제를 들여다볼 것이다. 대기질이 나쁜 시기에는 단기적으로 교통이나 산업 활동에 일시적인 규제를 가하기도 했다. 더 긍정적인 방법은 활동을 계속해야 하는 필요성을 아예 없애는 것이다. 예를 들어 사람들을 사무실을 오가는 대신 집에서 일하게 하는 것이다. 하지만 오염을 줄이려고 활동을 제한하는 방식은 대체로 호응을 얻지 못한다. 단순히 개인이나 기업에 활동을 덜하라고 요구하는 것은 그들의 기회를 제약한다. 활동을 단기적이고, 예측 불가능하게 제한하는 방법은 강요하기 어렵고 일상생활과 생산성에 불균형을 가져온다. 대체로 경제는 법적이고 윤리적이며 환경적으로 한정된 경계 내에서 생산적 활동을 하도록 장려한다. 활동에 규제를 가하면 환경이나 다른 관점에서는 정당화될 수 있을지라도, 필연적으로 통제와 강제할 장치가 필요해진다.

따라서 원칙적으로는 사람들의 활동을 규제하는 것이 아니라, 더욱 효율적으로 하게 함으로써 대기질 향상을 이루는 편이 훨씬 낫다. 여기서 '효율적'이란 단어는 매우 광범위한 선택 사항을 포괄한다. 사람들을 자가용이 아닌 다른 수단으로 이동하게 하는 것은 온실가스와 오염 물질 배출을 줄이는 효과적인 방법이다. 이런 종류의 개입은 이미 대기오염 수치가 높은 도시일수록 효과적이다. 자가용의 대안으로 대중교통이나 자전거를 쉽게 이용할 수 있도록 사회 기반 시설을 개선하는 방안도 있다. 자동차 공유를 권장하는 정책도 대기오염 물질과 온실가스를 적게 배출하는 데 도움이 될 수 있다. 배출량이 많은 차량에 요금을 부과하는 '저공해 구역 정책'은 세계 곳곳의 도시에서 시행되고 있다. 그리고 가정용 보일러나 상업용 난방, 전기 설비에서 효율성을 높이면 연료를 덜 연소할 수 있고, 따라서 대기오염 물질과 온실가스도 더 적게 배출될 것이다.

지금까지는 아주 좋다. 효율성 개선이나 활동 감소로 대기질과 기후를 조화롭게 개선할 수 있다. 잘 통제함으로써 두 배로 보너스를 얻는 것이다. 이런 변화는 비재생 물질을 덜 사용하게 하고 소음도 줄이는 등 여러 가지 다른 혜택도 가져온다. 여러 가지 이익을 확보할 수 있다면 대기질 향상으로 가는 좋은 토대가 된다.

기후 변화에 대응하지만, 대기질에는 도움이 되지 않는 방법

온실가스 저감의 핵심은 대부분 재생 에너지를 사용하라는 것이다. 일부 재생 기술은 대기질의 관점에서도 무공해나 저공해라는 장점이 있다. 바람, 태양, 수력 발전은 순수하게 배출량이 0이다. 그리고 종래의 발전 방식을 이러한 기술로 대체하면 대기오염 물질 배출량을 줄일 수 있다. 그러나 나무, 곡물, 생물 활동으로 발생하는 폐기물의 연소와 관계된 재생 기술을 고려하면 문제가 복잡해진다. 물론 이 경우에 온실가스 측면에서는 배출이 적다. 바이오매스(생물 유기체) 연소는 이산화탄소 배출을 높인다. 하지만 탄소가 화석연료라기보다는 생물학적 원천에서 비롯되므로, 생물학적 물질을 태워서 배출되는 이산화탄소는 온실가스 배출에 기여하지 않는다고 간주한다. 나무의 탄소는 대기의 이산화탄소에서 기원하고, 언젠가는 다시 이산화탄소가 될 것이다. 연소 과정은 단지 이 순환을 더 빨리 일어나게 할 뿐이다. 즉, 우리가 유기물을 태울 때 발생하는 이산화탄소의 양은 전체 온실가스 배출량에 거의 기여하지 않는다.

그러나 이들 친근한 바이오매스 에너지자원은 대기오염 측면에서는 무공해가 아니다. 우리 집 거실에 있는 화목 난로부터 농장과 식품 공장에서 요즘 유행하는 혐기성 소화조anaerobic digestion[미생물을 이용해 유기물을 분해하는 장치]에 이르기까지, 바이오매스 연소는 실제로 대기오염 물질을 발산한다. 그리고 대기오염 면에서 생물학적 원천과 화석 원천을 구분할 수 없다. 바이오매스 연소에서 발생한 오염 물질은 그냥 오염 물질이다. 바이오매스 연소가 아니었다면 일어났을지도 모를 무언가를 줄여주는 교환 작용은 없다. 세계 여러 곳에서 실내와 실외를 가리지 않고, 나무나 동물 배설물과 같은 바이오매스를 가정 내에서 소규모로 연소한다. 이것이 대기오염 물질이 대기로 노출되는 주요한 원인이다. 가정에서 요리와 난방을 하고, 열이나 전기 혹은 열과 전기를 둘 다 생산하는 중소규모 공장에서 나무를 연소하는 일이 세계적으로 광범위하게 일어난다. 바이오매스 연소가 저탄소일 수는 있지만, 저공해는 아니다. 주의가 필요하다.

기후 변화가 아닌 대기질에 대응하는 방법

저감 활동과 효율성을 개선하려는 노력으로서, 지난 20~30년 동안 대기오염을 대부분 기술적 해결책으로 통제하려 했다. 예를 들어 가스를 연료로 사용하는 발전소의 저공해 연소 기술은 대기오염 물질이 덜 발생하도록 고안됐다. 자동차 배기관의 촉매 변환기와 입자상 물질particle matter[정식 명칭은 입자상 물질이나 이 책에서는 이해를 돕기 위해 미세먼지와 초미세먼지로 명명한다] 저감장치는 이미 생성된 대기오염 물질을 제거하는 기술이다. 기술적 해결책과 개선은 훌륭할 때가 많지만, 저탄소 에너지가 반드시 저공해 에너지는 아니듯이, 저공해 해결책이 반드시 저탄소는 아니다.

지난 30년 동안 대기오염을 해결하려고 시행해온 가장 대규모 정책은 휘발유 차량에 대기오염 배출량을 줄이는 3원 촉매 변환기를 적용한 것이었다. 유럽에서는 모든 차량을 대상으로 이를 적용해 배출 기준으로 자리 잡았다. 1993년 이후 제조된 휘발유 자동차에는 이 기준에 맞는 촉매 변환기가 장착돼 있어야 한다. 법률로는 구체적으로 촉매 변환기를 요구하지 않지만, 배출 제한에 맞추려면 다른 방법이 없다. 도표를 보면 이 기간에 차량 이동이 꾸준히 증가했음에도 불구하고, 촉매 기술과 다른 개선책이 도로 교통에서 발생하는 배출량을 줄이는 데 얼마나 효과적이었는지 알 수 있다. 1970년부터 1990년까지 교통량과 도로 교통에서 배출되는 오염 물질의 양은 모두 꾸준히 증가했다. 1990년 이후로도 교통량은 끊임없이 증가해왔지만 배출되는 대기오염 물질의 양은 완전히 반대로 향했다. 1990년 도로 교통의 일산화탄소 배출량에서 일어난 극적인 전환을 보라.

　촉매 변환기는 차량에서 일산화탄소, 질소산화물, 휘발성 유기화합물의 배출량을 실질적이고 지속적으로 줄이는 데 성공한 성공담이다. 2014년 도로를 주행하는 차량의 수는 1970년보다 2.5배 더 많아졌지만, 2014년 이들 차량 전체로부터 배출된 대기오염 물질은 1970년(내가 세 살 무렵, 런던에서 가장 좋은 배기관을 경험할 수 있는 포드 카프리의 고향, 에식스Essex로 이사하던 때)에 비해 절반 이하가 됐다. 정말로 2014년 도로 교통 분야에서 탄화수소 배출량은 1970년 배출량의 5퍼센트에 지나지 않는다. 이는 경제 성장과 오염을 따로 떼어놓고 생각할 수 있다는 뜻으로, 상당히 가치 있는 결과다.

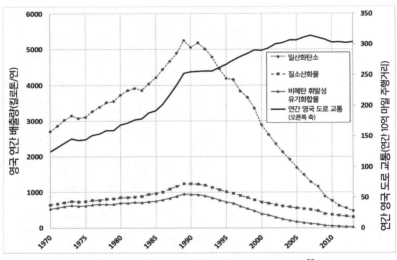

1970년~2013년, 영국 내 도로 교통의 차량 주행거리와 배출량[23]

촉매 변환기 내부에서는 일산화탄소와 탄화수소를 산화시켜 이산화탄소와 물로 만들고, 일산화질소와 이산화질소를 환원시켜 질소를 생성한다. 대기오염의 관점에서 볼 때 모두 비활성 물질들이다.

$$2CO + O_2 \rightarrow 2CO_2 + O$$
$$CxHy + (x+y/4)O_2 \rightarrow xCO_2 + (y/2)H_2O$$

(CxHy는 x 탄소 원자와 y 수소 원자가 있는 탄화수소를 나타낸다)

$$2NO \rightarrow N_2 + O_2$$

$$2NO_2 \rightarrow N_2 + 2O_2$$

촉매는 화학반응의 속도를 증가시키는 물질로, 반응 과정에서 촉매 자체는 변화하지 않는다. 촉매 변환기의 촉매는 표면적이 넓고 정밀하게 분리된 금속체다. 실은 대개 두 가지 금속이다. 하나는 일산화탄소와 휘발성 유기화합물(탄화수소)의 산화를 촉진하고, 다른 하나는 일산화질소와 이산화질소의 환원을 촉진한다. 기체들이 촉매 표면에 붙으면, 금속이 에너지 장벽[화학반응이 일어나려면 에너지가 필요한데, 화학반응이 일어나기까지의 문턱을 에너지 장벽이라 한다]을 낮춰 각 반응이 일어나게 한다.

두 문단 전에 나는 촉매 변환기가 일산화탄소와 휘발성 유기화합물을 이산화탄소로 바꾼다는 말로 넌지시 촉매 변환기의 부작용을 언급했다. 이산화탄소는 물론 온실가스다. 따라서 촉매 변환기는 대기오염을 줄이는 데는 놀랍도록 효과적이었지만, 온실가스 배출이라는 면에서는 부가적인 손실이 생긴다. 그리고 한 가지 더 안 좋은 점은 촉매 변환기를 배기관 끝에 붙이면 배출가스를 내보내기 힘들어지기 때문에 엔진이 조금 더 열심히 작동해야 하므로, 촉매 변환기가 없을 때보다 효율이 낮아진다는 것이다. 낮은 효율성은 온실가스 배출 측면에서는 또 하나의 작은 손실이다. 하지만 전체적으로 볼 때 촉매 변환기는 의심할 여지 없이 말 그대로 생명의 은인이다.

이제는 보편화된 촉매 변환기 사용과 함께, 차량 엔진도 온실가스와 대기오염 물질 배출을 저감하려고 더 효율적이고 더욱 좋은 방향으로 설계한다. 더 나아가(덜 나가게 하려고) 영국과 그 외 다른 여러 나라에서는 2040년까지 휘발유와 디젤 자동차 판매를 중단하기로 약속했다. 여기에 관해서는 10장에서 더 다루겠다. 물론 저공해는 무공해가 아니다. 적어도 아직은 아니다. 게다가 도로 교통은 계속 온실가스와 대기오염의 주요 원인이다. 세계적으로 도로 교통은 연간 온실가스 배출의 14퍼센트를 차지한다. 나머지는 대부분 산업, 전기, 열 생산과 농업에서 온다. 예컨대 런던에서 도로 교통은 미세먼지와 질소산화물을 배출(여기에 관해서는 3장과 4장에서, 그리고 책 대부분에서 다룬다)하는 원인 중 약 절반을 차지하고, 2013년 이산화탄소 배출의 약 30퍼센트를 담당했다.[24] 2030년까지 질소산화물 배출은 거의 80퍼센트가 줄 것으로 예측했다. 실제로 이루어진다면 대단히 좋은 소식이다. 특히 1990년 절정에 비해 이미 76퍼센트가 감소된 상황에서는 더욱 반가운 일이다. 하지만 도로의 차량에서 발생하는 이산화탄소와 미세먼지는 처리하기 더욱 어려워서, 2013년과 2030년 사이에 배출량은 미미하게 개선될 것으로 예측된다. 이런 이유 중 하나는 일부 미세먼지는 배출가스가 아니라 타이어와 브레이크 마모와 도로 표면에서 차량이 일으키는 먼지 등 다른 곳에서 발생하기 때문이다. 이러한 발생원에 대해서는 배기가스 배출을 처리하는 방식과는 완전히 다른 방식의 통제와 접근법이 필요하다.

기후 변화와 대기질이 미래에 끼칠 영향

차량이 배출하는 오염 물질을 줄여 대기를 개선하는 데 필요한 몇몇 방책은 온실가스 배출량을 줄이는 조치와 함께 실행돼야 한다. 에너지 효율이 더욱 좋은 차량이 대기오염 물질과 온실가스 양쪽 모든 면에서 (아마도) 오염 물질을 더 적게 배출할 것이다. 다른 개선책은 30년 전 촉매 변환기처럼 온실가스 배출과 대기오염 물질 저감 사이를 상호 절충할 수도 있다.

단지 차량 엔진의 설계만 중요한 게 아니다. 대기오염은 차량이 어떻게, 그리고 얼마나 주행되느냐에 따라서도 달라진다. 이동의 필요성을 줄이면 지구 기후와 지역 대기질 모두에 도움이 될 것이다. 하지만 이러한 환경적 이득은 더 큰 그림 속에서 고려돼야 한다. 차량 사용은 소비자의 선택 문제다. 차량을 이용함으로써 얻는 이동성은 많은 사람에게 양질의 삶을 영위하는 데 필요한 필수 요소다. 차량은 학교, 직장, 친구, 의료, 여가 활동 등 전반적으로 건강과 행복에 도움이 되는 영역에 접근하게 해준다. 이런 긍정적인 면은 도로 이동의 부정적인 면과 함께 고려해야 한다. 부정적인 측면에는 대기오염과 온실가스와 더불어 소음, 사고 위험, 공동체 단절, 경관 침해 등이 포함된다.

개인이 이동 수단을 이용할 때 드는 비용을 올리는 정책은 차량 사용과 그에 관련된 영향을 줄이는 한 가지 접근법이다. 이 방법은 이미 런던 중심부에서 혼잡 통행료를 징수함으로써 실행되고 있다. 하루에 11.50파운드인 혼잡 통행료 덕분에 나는 교통량이 가장 많은 시간대에 대학교에 있는 아들을 데리러 런던 중심부로 운전해 들어가는 일을 단념했다. 내게는 철저히 효과를 거둔 셈이다. 연간 자동차세 혹은 연료비 인상 등 더 광범위한 비용 증가 정책은 큰 호응을 얻지 못할 것이다. 누구든 이것을 진지한 정책으로 내는 사람은 정치적 자살행위를 한다는 소리를 들을 것이다. 유류세 인상은 거의 모든 사람에게 큰 영향을 미칠 것이고, 선거에서 패배하는 원인이 될 것이다. 하지만 대표성이라고는 전혀 없는 (그리고 재정 정책에도 경험이 없는) 유권자의 한 사람으로서, 내게는 유류세 인상이 원칙적으로는 매력적인 방법으로 보인다. 집행하기 쉬운 방법인 데다, 가장 크고 가장 오염물을 많이 배출하는 차량에 큰 영향을 줄 것이기 때문이다. 그것은 사람들이 자신의 차량을 얼마나 사용하는가와 연관돼 있고, 차량 오염 물질과 온실가스 배출이 발생시키는 다양한 비용과도 연결될 수 있다. 물론, 이 접근법은 차량 사용자 전반에 영향을 미칠 것이다. 자신의 차를 사용하기로 선택한 사람과 어떤 선택권도 없는 사람들 양쪽 모두에게 영향을 준다. 오늘날 영국에서 휘발유 1리터의 비용은 실질적으로 1983년과 거의 같다.[25] 그리고 35년 동안 그 비용은 약 25퍼센트 이상 변화한 적이 없다. 따라서 2000년, 2005년, 2007년에 연료 가격에 반발한 역사가 있긴 하지만, 유류세 인상은 우리가 한 번도 진정으로 시도해본 적 없는 실험이다. 한번 들여다볼 가치가 있지 않을까?

자동차를 운행하는 횟수보다 운행하는 방식의 측면에서 살펴보면, 최근의 오염 저감 계획은 속도 제한에 집중돼 있다. 우리는 고속도로의 다양한 속도 제한에 갈수록 익숙해져 왔다. 그리고 속도를 줄이고, 지나친 가속과 제동을 피하며 혼잡을 줄이는 방법이라면 무엇이든 대기오염을 줄이는 데도 마찬가지로 좋은 방법이다.

저속 구간은 어떤가? 예를 들어 대부분의 에든버러 거리에서 이제 시속 20마일의 속도 제한이 적용된다. 20마일이면 충분하다. 혹은 사람들이 그렇게 말한다. 속도 제한은 도로 안전 면에서 대단히 좋은 방법이다. 하지만 저속 주행은 결과적으로 엔진을 덜 효율적으로 만들고 대기오염 물질과 온실가스의 배출량을 더 높이지 않을까? 증거를 찾아보면 20마일과 30마일 구간 사이에 배출량은 큰 차이가 없다는 것을 알 수 있다. 사실 20마일 구간은 미세먼지 배출량을 낮출 수도 있다.[26] 중요한 것은 제동과 가속을 조장하는 과속방지턱을 피하는 것이다. 과속방지턱은 내 차의 서스펜션에도 안 좋지만, 오염에도 악영향을 준다.

다른 효율적인 대기질과 기후 관리 조치와 마찬가지로, 차량 속도 제한 역시 본래 배출물을 줄이려고 고안된 방법은 아니다. 대기에 이익을 주는 건 도로 안전이나 속도 개선 조치의 부수 효과다. 그렇다 해도 대기질 및 기후에 이익이 될 만하고, 다른 편익과 함께 충분히 활용될 수 있다면 문제될 것은 없다.

아마도 우리는 일단 화석연료를 다 써버린 다음에야, 혹은 그 뒤로 200년쯤 지나서야 마침내 대기오염과 기후 변화라는 한 쌍의 도전을 이겨낼 것이다. 우리에게는 앞으로 수십 년 동안 쓸 화석연료 매장량이 있다. 따라서 화석연료의 종말과 그 사건이 가져올 모든 미지의 현상은 가까운 시간에는 일어나지 않는다. 하지만 그때가 오면 우리는 무엇을 기대해야 할까? 에너지 전쟁? 재생 가능 에너지 기술로의 순조로운 전환? 석기시대 사회로의 회귀? 우리는 새로운 기술 개발, 옛 기술의 재발견이나 응용을 통해, 그리고 값싼 에너지의 이용 가능성을 기대하는 태도를 바꿈으로써 이 전환을 실행 가능한 과정으로 만들 기회가 아직 있다. 500년 후에 돌아와서, 우리가 어떻게 성공했는지 알아보라.

3장

행복한 대기

1000킬로미터 이내

한 해 전에 폴리스가 발표한 노래보다는 덜 인상적이었지만 러스 애벗은 1984년에 "난 행복한 분위기(대기)의 파티가 좋아 I love a party with a happy atmosphere"라고 노래했다. 1980년대 중반에 한 세대가 대기질에 관한 명곡들을 남길 수 있었던 이유는 무엇일까? 우리 인간들이 운 좋게도 숨 쉴 대기가 있는 행성에 살기 때문일 것이다. 행복한 분위기까지는 아니더라도 장기적으로 숨 쉴 수 있는 유용한 대기가 있는 행성 말이다.

여기서 마침내 우리는 흥미로운 부분에 도달한다. 즉, 대기질의 관점에서 흥미로운 것이다. 우리가 앞 장에서 생각했던 기후 문제와는 대조적으로, 대기질 문제는 일반적으로 일부 지역에서 일어난다. 다시 말해 약 1000제곱킬로미터 혹은 그 이하의 범위다. 대기질 문제가 대두되는 지역은 '대기 분수계airshed'라고도 부른다. 우리가 물이 여러 갈래로 갈라지는 경계를 설명할 때 쓰는 '분수계 watershed'에서 유래한 약간 어색한 용어다. 3차원 대기는 지표면 위를 흐르는 물과 똑같은 방식으로 움직이지 않는다는 사실을 알고 있을 것이다. 특히 대기는 밀려서 언덕 위로도 갈 수 있는데, 강은 그럴 수 없다. 그래서 나는 '대기 분수계'라는 용어에 완전히 공감한 적이 없다. 하지만 어쨌든 쓰기로 하자. 그리고 대기 중 미세먼지와 이산화질소라는 덩치 큰 녀석 둘을 먼저 살펴보자.

대기 중 미세먼지

'대기 중 미세먼지'는 대기에 있는 고체 입자를 가리키는 용어지만, 온갖 종류의 물질을 포괄할 수 있다. 미세먼지는 모래나 먼지를 비롯해 맨눈으로 보일 정도로 큰 입자까지 포함한다. 큰 입자들은 가시성에 영향을 미친다는 관점에서 중요하며 건물이나 자동차, 세탁물 등의 표면에 앉아서 골칫거리가 된다. 이런 먼지를 평가하고 대응하는 일은 5장에서 말할 예정이다. 하지만 이 큰 입자들은 우리 건강에 직접적인 영향은 주지 않는다. 부분적으로는 큰 입자들은 대기로 방출된 뒤에 곧 지면에 내려앉기 때문이고, 주된 이유는 입자가 커서 우리가 호흡으로 들이마시지 않기 때문이다.

우리는 보통 아주 미세한 입자를 염려한다. 너무 작아서 보이지 않는 입자는 우리 입과 코의 효과적인 여과장치를 통과해 폐로 들어갈 정도로 작다. 우리는 주로 지름이 10마이크로미터(μm) 이하인 입자들을 다루어왔다. 이것은 '흡입성 미립자'로 불리곤 했지만, 지금은 일반적으로 'PM$_{10}$'이라고 한다. 엄밀히 따지면, PM$_{10}$은 '공기 역학 직경 10마이크로미터에서 50퍼센트를 걸러내도록 설정된 입구를 통과한 입자'를 뜻한다. PM$_{10}$이 무엇인지 궁금하게 여긴 적이 있다면, 그리고 왜 PM$_{10}$이라고 부르는지 궁금했다면 이제 알았을 것이다. 나는 여러분이 묻기를 잘했다고 생각하기를 바란다. 이 입자들은 입과 코를 통해 흡입될 정도로 작지만, 우리 폐에 들어가기에는 크다. 따라서 관심은 PM$_{2.5}$ 혹은 PM$_1$이라고 하는 더욱 작은 입자에게 돌아갔다. 즉, 지름 2.5마이크로미터 이하거나 1마이크로미터 입자들이다. 이 입자들은 우리가 호흡할 때 (숨을 들이마실 때) 곧장 폐로 들어갈 수 있다. 그래서 PM$_{2.5}$를 '호흡성' 입자상 물질(초미세먼지)이라고 부르기도 한다. 그리고 PM$_{0.1}$을 연구하기도 한다. 이것은 지름 0.1마이크로미터 이하인 입자다. 1마이크로미터는 100만분의 1미터, 혹은 1000분의 1밀리미터다. 따라서 자에 표시된 밀리미터 눈금 두 개 사이에 PM$_{2.5}$ 입자 500개를 줄 세울 수 있다. 물론 웬만큼 따분한 오후가 아니고서야 이런 일을 하고 싶지는 않을 것이다. 그림은 사람의 머리카락과 바닷가의 모래알에 비교한 PM$_{10}$의 크기다.

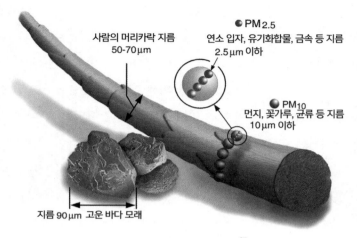

그림으로 표현한 PM₁₀과 PM₂.₅ 입자[27]

    가스상 오염 물질은 부피의 백분율로 나타낼 수 있지만, 미세먼지의 정도는 그렇게 설명할 수 없다. 하지만 질량 농도나 질량의 백분율로 설명할 수는 있다. 해수면에서 1세제곱미터의 공기의 무게는 약 1.2킬로그램이다. 대기 중 PM₂.₅의 양은 보통 1세제곱미터당 약 10마이크로그램이다(㎍/㎥ - 1마이크로그램은 1그램의 100만분의 1이다). 따라서 PM₂.₅는 공기 질량의 0.0000008퍼센트를 차지한다. 이 농도라면 로열 앨버트 홀 안에 있는 공기 중 PM₂.₅의 양은 약 4분의 1티스푼이다. 그리고 작은 종이 클립 정도의 무게가 나갈 것이다. 많은 양은 아니다. 세계에서 가장 오염된 도시의 최고로 높은 PM₂.₅ 수치에서도, 사람들이 들이마시는 공기 질량의 약 1200만분의 1 정도만이 폐에 들어갈 정도로 작은 초미세먼지다. 하지만 이 초미세먼지가 세계적으로 연간 700만 명이 죽는 원인이다. 놀랄 것도 없이 이 미량의 물질은 측정하기 어렵고, 처리하기는 더 어렵고, 일단 일을 저지르고 난 뒤에 무엇을 했는지 입증하기는 더욱더 어렵다.

질소산화물

초미세먼지와 함께, 수많은 대기질 전문가를 바쁘게 만드는 다른 오염 물질은 '질소산화물'이다. NO_x라고 줄여 쓰곤 한다. 질소산화물은 사실 일산화질소(화학식: NO)와 이산화질소(화학식: NO_2), 두 가지 물질로 이루어져 있다. 이 두 물질은 보통 함께 고려되는데, 대기에서 이들 사이에 교환이 일어나기 때문이다. 햇빛을 받으면 이산화질소는 일산화질소를 생성한다. 역반응 또한 일어나서, 일산화질소는 산화해 이산화질소로 돌아간다. 자동차 엔진, 가정용 보일러, 혹은 발전소처럼 연소로 배출되는 대부분의 질소산화물은 일산화질소의 형태다. 오존과 같은 산화제만 주변에 충분히 있으면, 일산화질소는 반응해 이산화질소를 생성한다. 하지만 발전소의 배출처럼 대규모의 플룸[어떤 물질이 다른 곳으로 연속해서 흘러가는 현상을 일컫는데, 여기서는 발전소 굴뚝에서 기둥처럼 치솟는 연기를 말한다]에서는 사용 가능한 산화제가 매우 빠르게 소진된다. 일산화질소가 이산화질소가 되는 추가적인 산화는 플룸이 흩어져서 깨끗한 공기가 발전소의 연도가스에 섞일 때까지 기다려야 한다. 도심에서도 일어날 수 있는데, 많은 차량이 배출하는 가스가 지금 사용 가능한 오존을 다 써버리면 햇빛의 작용을 통해 새로운 산화제가 생성되기를 기다려야 추가적인 산화가 일어날 수 있다. 역반응 과정은 이산화질소를 나누어서 일산화질소를 생성하는 것이다. 이것은 햇빛이 있을 때만 일어나는 현상으로, 밤사이에는 이산화질소로 존재하는 질소산화물의 비율이 높아진다. 어둠 속에서는 일산화질소와 이산화질소 사이의 변환이 일방통행로이기 때문이다. 낮 동안에 대기는 보통 물리적으로나(바람이 더 불고) 화학적으로(햇빛이 더 많은) 더 활발하므로 변환이 양방향으로 일어난다. 결과적으로 낮 동안 일산화질소의 비율이 더 높다. 일산화질소와 이산화질소 사이의 균형은 온갖 종류의 요인에 따라 변화하지만, 일산화질소와 이산화질소를 합한 질소의 총량은 거의 변함없이 유지된다.

그래서 뭐가 어떻다는 걸까? 일산화질소와 이산화질소 사이의 이러한 교환은 몇 가지 중요한 결과를 낳는다. 문제는 이산화질소는 우리 건강에 해로운 데 반해, 일산화질소는 훨씬 덜 해롭다는 것이다. 그래서 이산화질소에 대한 대기질 표준은 있지만, 일산화질소에는 없다. 질소산화물이 대기질에 주는 영향을 평가할 때는 2단계 과정으로 시행한다. 첫째로, 고려하는 모든 원천에서 배출되는 질소화합물의 수치를 계산한다. 이 단계에서는 일산화질소와 이산화질소를 구분하지 않고 한꺼번에 묶는다. 두 번째 단계에서는 일산화질소 형태로 있는 질소산화물의 비율을 계산하거나 예측하거나 추정하거나 짐작한다. 따라서 질소산화물의 10퍼센트가 더 유독한 이산화질소의 형태로 있는지(일반적으로 연소할 때 배출된 경우처럼) 혹은 90퍼센트인지(밤사이 대기의 경우처럼)에 따라 큰 차이가 생긴다. 한 경우가 다른 경우보다 9배 더 나쁘다. 화학적, 물리적 조합은 질소산화물의 두 구성 요소 사이의 균형에 영향을 주어, 대부분의 응용 프로그램으로 분석하기 거의 불가능하게 만든다. 따라서 우리는 보통 추정에 의지하고, 추정이 신중하게 이루어지도록 주의한다. 즉, 이산화질소의 수준을 과대평가할 가능성이 크다는 뜻이다.

일산화질소와 이산화질소 사이의 균형은 도시의 대기질이 예상만큼 빠르게 개선되지 않는 이유를 파악하는 데도 중요한 역할을 한다. 차량에 새로운 배출 제한을 적용함으로써 우리는 이산화질소 수준이 2000년대에 상당히 빠르게 하락할 것으로 기대했다. 그런데 예상과 다른 결과가 나왔을 때 폭스바겐의 문을 두드리고 예의 바르게 혹시 배기가스 검사를 조작했는지 묻는 대신, 최신 촉매 변환기가 차량 배기가스에서 일산화질소와 이산화질소의 균형에 영향을 끼쳤는지 여부를 알아보느라 많은 노력을 했다. 만약 촉매 변환기가 배기가스에서 일산화질소를 우선적으로 제거한다면, 이산화질소의 비율이 높아질 것이다. 영국의 대기질전문가단체(이름에서 예상되는 일과 거의 같은 일을 하는 괜찮은 기관)가 2007년에 만든 보고서에는[28] 디젤 자동차와 미세먼지 여과장치를 장착한 버스의 배기가스에서 상대적으로 이산화질소 수치가 높다는 점이 강조돼 있다. 따라서 의심스러운 배기가스 검사 결과도 중요하지만, 이산화질소 수준이 우리가 기대했던 것만큼 빠르게 떨어지지 않은 또 다른 이유는 차량이 이산화질소보다 일산화질소의 배출을 먼저 줄여서 질소산화물 배출 제한을 준수하는 데에 있었다. 일단 배출되면, 두 가지 형태의 질소산화물은 상호작용해 잠시 후에는 결국 이산화질소와 일산화질소가 동일한 평형상태 혼합물이 된다. 하지만 그 모든 것은 시간이 걸린다. 그리고 특히 도시 지역의 번잡한 도로 가까운 곳에서는 우리가 기대했던 것보다 이산화질소의 농도가 더 높다.

'질소산화물'로 간주할 수 있는 다른 물질도 있지만, 이것들은 일산화질소와 이산화질소의 대기화학만큼 중요하지는 않다. 예를 들어, 아산화질소N_2O는 일산화질소와 이산화질소와는 다른 방법으로 대기에서 형성되고 반응하는 경향이 있다. 아산화질소는 농업과 공업, 연소 과정에서 배출되고, 대기에서 안정적이다. 그 안정성 때문에 아산화질소는 대기의 질소산화물 화학작용에 중요한 원인을 제공하지 않지만, 바로 그 안정성 때문에 지구온난화에는 중요한 원인을 제공한다. 대기에서 100년 이상 남아 있을 수 있는 아산화질소는 오늘 배출된 양 대부분이 우리가 모두 사라지고 나서 한참 뒤에도 여전히 남아 있을 것이다. 이런 설명은 아산화질소를 상당히 따분하게 묘사한 것이다. 여러분도 아마 (특정한 나이라면) 치과나 (특정한 성이라면) 산부인과, 혹은 (다른 연령대라면) 카보스의 거리[그리스 코르푸섬에서 나이트클럽과 술집 등이 모여 있는 곳으로, 아산화질소를 가벼운 환각제로 쓴다는 의미다]에서 웃음 가스를 알게 됐을 것이다. 쉰 살 먹은 남자로서, 천만다행으로 나는 이런 방식으로 웃음 가스를 경험하기에는 각각 너무 젊고, 너무 남성이고, 너무 늙었다. 재미로 흡입한 사람들에게 나타난 효과를 본 터라, 직접 시도해보고 싶은 마음이 간절하지는 않다. '히피 크랙'이나 '노스^{nos}'라고 알려진 아산화질소의 효과는 단시간에 상당히 멍한 쾌감을 준다. 발작적으로 키득거리게 만들기도 한다. 어느 정도는 괜찮을 수 있지만, 사용자들은 일시적으로 통제 불능이 되고 주변에 대한 지각을 잃게 된다. 사용한 풍선과 캡슐 쓰레기를 남겨두는 것은 말할 것도 없고, 기후 변화에 사소하고 개인적이고 아주 직접적으로 일조하는 셈이다.

일산화질소와 이산화질소가 균형을 맞추는 성질 때문에, 대기오염 배출(즉, 대기로 들어가는 것)에 관련된 정책과 계획은 보통 총 질소산화물에 초점을 맞추고 있다. 질소산화물은 측정하고 제어하기 쉬우니 일리 있는 대응이라고 할 수 있다. 그러나 실외 대기질에 관련된 정책과 계획(공공 건강을 지키고자 정해놓은 대기질 기준과 같은 것)은 보통 이산화질소를 언급한다. 이산화질소가 두 물질 중에서 건강에 더 해로우니 이것도 타당하다. 문제는 우리가 이산화질소와 질소산화물에 충분히 주의를 기울이지 않을 때 커지기 시작한다. 질소산화물과 이산화질소 사이의 관계는 장소에 따라, 낮과 밤에 따라, 여름과 겨울에 따라 변할 뿐만 아니라, 질소산화물의 원천이 진화함에 따라 장기적으로는 좀 더 파악하기 어렵게 변화한다. 좋은 소식은 차량 배출가스를 일산화질소와 이산화질소로 나누어 분석한 더 좋은 정보 덕분에 질소산화물의 현재 원천과 미래 관리에 관해 더 잘 이해할 수 있게 됐다는 것이다.

질소산화물은 보통 $PM_{2.5}$와 비슷한 농도로 대기에 존재하고, 이는 대기의 약 0.000001퍼센트에 불과하다. 그리고 이렇게 아주 작은 비율로도 호흡기관의 건강을 해칠 수 있고, 법률적 골칫거리를 유발할 수 있다. 법률적 골칫거리? 그렇다. 예를 들어 유럽에서는 법으로 이산화질소 $40\mu g/\text{m}^3$이라는 대기질 기준이 정해져 있다. 여러 EU 회원국들은 국내 모든 곳에서 이러한 이산화질소에 대한 대기질 기준을 가급적 빠르게 달성한다는 목표에 실패하는 바람에 법적인 절차에 직면하고 있다. 이산화질소에 대한 대기질 기준은 유럽의 거의 모든 곳에서 달성됐지만, 일부 지역에서는 기준을 초과한다. 주로 대도시의 중심 지역과 광역도시권이다. 예컨대 책을 집필하고 있는 현재, 영국은 9개 광역도시권 내 16개 지역이 이산화질소 대기질 기준 위반과 관련해 유럽 사법재판소에 회부돼 있다.[29] 놀라울 것도 없이 런던은 글래스고, 티스사이드, 그레이터맨체스터, 웨스트요크셔, 킹스턴어폰헐, 포터리스, 웨스트미들랜즈, 사우샘프턴과 더불어 높은 이산화질소 농도에 영향을 받는 지역이다.

이와 함께, 영국 정부는 역시 이산화질소 농도와 관련된 별개의 소송 절차에서 패소했으며 가능한 한 짧은 시간 안에 기준을 따라야 할 필요에 직면했다. 짧은 시간 안에 이들 지역에서 대기질을 개선할 방법을 파악하고 실행하려면 엄청난 노력이 필요하다. 그 모든 것이 이들 지역의 이산화질소가 대기의 0.000003퍼센트를 약간 초과하기 때문이다. 이 법적 어려움에서 빠져나가는 한 가지 방법은 유럽연합EU에서 빠지는 것일지도 모른다. 그러면 소송 절차에서 벗어날 수 있을지는 몰라도, 이들 도시에서 대기질을 개선하는 데 실질적인 도움은 되지 않을 것이다. 한편 이것이 영국만의 문제는 아니다. 유럽연합 위원회는 11개 회원국에 법적 조치를 하겠다고 으름장을 놓으며 불길하게 말한다. "다른 회원국에 대한 조치가 뒤따를 것이다."[30] 우리는 경고를 받았다.

유럽 전역의 도시에서 이산화질소와 관련한 광범위한 문제가 일어나고 있으므로, 누군가는 미국에서도 비슷한 문제가 일어나리라고 예상할 수도 있다. 하지만 아니다. 미국 어디에도 이산화질소 기준을 달성하지 못한 구역은 없다. 그 이유는 매우 간단하다. 유럽의 연평균 이산화질소 대기질 기준은 $40\mu g/m^3$인데, 미국에서는 부담이 훨씬 적은 $102\mu g/m^3$이기 때문이다. 영국에서는 몇몇 도로변 장소를 제외하면 어느 지역도 미국 국가 대기질 기준치를 초과하지 않을 것이다. 미국 기준은 1971년에 정해졌고, 그 뒤로 몇 차례 검토되기는 했지만, 기준치는 변하지 않았다. 이와는 대조적으로 PM$_{2.5}$에 대한 미국 대기질 기준은 2012년에 매우 부담스러운 12μg/㎥로 정해졌고, 이는 세계보건기구 지침인 10μg/㎥에 근접한 수치다. 그 결과 미국에는 PM$_{2.5}$ 기준 미달 지역이 9곳 있고, 대부분이 캘리포니아에 있다. 유럽도 PM$_{2.5}$ 기준은 미국을 따라잡아야 할 것 같다. 그러나 세계적 맥락에서는 상황이 그렇게 나쁘지 않다. 세계보건기구의 세계보건통계국$^{Global\ Health\ Observatory}$은 2년마다 자료집[31]을 출간하는데, 여기서 자료를 구할 수 있는 184개국 중에서 단 28개국만이 평균 PM$_{2.5}$ 수치가 12μg/㎥ 혹은 그 이하에 속한다(영국은 12.1μg/㎥로 아깝게 통과하지 못했다). 도시의 평균 PM$_{2.5}$ 수치가 100μg/㎥ 이상으로, 가능하면 피해야 할 나라는 카타르와 사우디아라비아다. 평균 50μg/㎥ 이상인 15개국도 있는데, 이들을 모두 합하면 세계 인구의 거의 절반을 차지한다(도시의 평균 PM$_{2.5}$ 수치가 낮은 국가부터 증가하는 순서로: 미얀마, 차이나, 우간다, 니제르, 파키스탄, 바레인, 리비아, 인도, 아랍에미리트, 네팔, 모리타니아, 카메룬, 쿠웨이트, 방글라데시, 이집트, 카타르, 사우디아라비아). 이 자료는 PM$_{2.5}$가 전 세계 사람들의 건강을 쇠약하게 한다는 단서다. 세계 인구 중 절반은 도시의 평균 PM$_{2.5}$ 수치가 미국 대기질 기준의 4~10배 높은 나라에 사는 것이다. 당연히 문제가 생길 수밖에 없다.

일산화탄소

이 책을 몇 년 전에 썼다면, 나는 일산화탄소와 이산화황에 관해 비슷하게 이야기했을 것이다. 하지만 시간이 흘렀다. 차량에 촉매 변환기를 도입하면서 일산화탄소 수치는 극적으로 감소했다. 대기 중 일산화탄소 농도는 이산화질소 농도보다 약 10배 높게 유지되고 있지만, 대기질 기준에서 일산화탄소의 안전한 기준치는 이산화질소의 안전 기준치보다 50배 높다. 따라서 영국에서 늘 그렇듯이 이산화질소 단기 최고치가 그 지점 혹은 그 근처에 있는 한(다시 말해, 시간당 평균 이산화질소 농도가 대기질 기준에 부합하는 한), 일산화탄소 수치는 대개 걱정할 거리가 아니다.

이산화황

이산화황은 또 다른 성공담이다. 적어도 세계 일부 지역에서는 성공을 거두었다. 다음 도표는 1990년 이후 영국에서 이산화황 측정 수치의 변화 양상을 보여준다.

25년 동안 이산화황은 매우 괄목할 만한 감소세를 보였다. 하지만 그것도 더 오랫동안 이어지는 감소의 꼬리에 불과하다. 그다음 도표는 같은 측정치를 보여주지만, 이제는 문을 닫은 센트럴 런던 측정소의 1974년부터 1989년 사이 수치가 추가돼 있다.

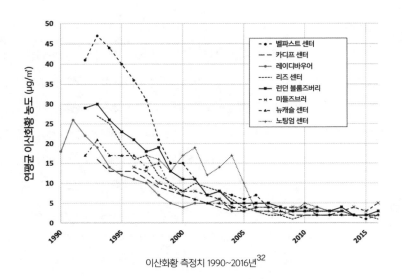

이산화황 측정치 1990~2016년[32]

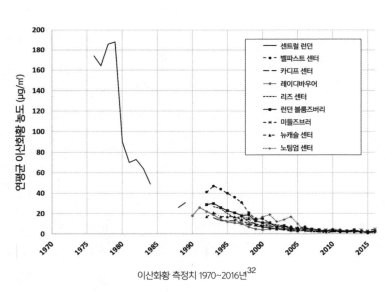

이산화황 측정치 1970~2016년[32]

두 번째 표까지 고려하면 정말로 극적인 대기질 향상을 이룬 것을 알 수 있다. 순수한 성공담이다. 이산화황은 그 유명한 1950년대 중반 런던 스모그를 일으키는 데 기여한 구성 성분 중 하나였다. 1980년대 후반 내가 처음 대기오염에 관심을 가졌을 때는 이산화황 배출로 유발된 산성비가 화제였다. 요즘 우리는 더는 산성비를 이야기하지 않는다. 그리고 공기 중에 있는 이산화황은 적어도 영국에서는 중요한 대기오염원으로 언급되지 않는다. 이 놀랄 만한 개선을 이룬 핵심 요인은 영국과 서유럽 지역의 제조업 감소다.

이산화황의 세계적인 상황을 살펴보면, 일관성을 보이는 한 가지 공급원이 있다. 다른 모든 부문이 감소하거나 최악이라도 거의 꾸준히 유지된 데 비해, 지난 20년 동안 크게 성장한 부분이 국제 해운이다. 1990년에서 2011년 사이, 해운 배출량은 두 배가 됐다. 따라서 이 유형은 2011년까지 세계 이산화황 배출의 7분의 1을 차지했다. 물론 많은 이산화황이 바다 한가운데에서 배출되므로 여객선 승객 외에는 사람들에게 직접적인 영향을 주지 않았지만, 난민들이 보호받아야 하듯이 승객들 역시 환경오염으로부터 보호받을 자격이 있다.

산업 활동 감소와 더불어, 영국은 서비스가 더욱 중심이 되는 경제로 이행했다. 이산화황 감소라는 성공담은 대기오염 물질 공급원이 대규모로 개편된 상황과 함께 효율적인 대기오염방지법^{Clean Air Acts}에 많은 빚을 지고 있다. 여러 산업의 규모가 급격히 축소됐을 뿐만 아니라, 발전소와 가정이 더 청정한 연료에 집중하면서 불타는 석탄과 석유로부터 멀어지게 됐다.

이러한 변화로 1955년부터 2015년 사이 60년 동안 영국에서 석탄 소비는 83퍼센트 감소했다. 요즘 영국에서 소비되는 석탄은 대부분 발전소에서 연소되고, 석탄을 사용하는 발전소는 어디든 연도가스 탈황 시설flue gas desulphurisation system을 운영해야 한다. 대개 미세한 물방울을 뿌리거나 알칼리성 분말을 이용해 이산화황이 대기로 방출되기 전에 흡수함으로써 연도가스에서 제거한다. 이 장치는 90퍼센트 이상 효율로 연도가스에서 이산화황을 제거할 수 있다. 그 결과, 전기 발전에 들어가는 석탄량은 1970년부터 2014년 사이에 절반이 됐는데, 발전소에서 석탄을 연소하면서 배출하는 이산화황은 95퍼센트 감소했다. 이산화황 제거는 특별히 새롭거나 혁신적인 기술이 아니지만, 국가의 기준을 유럽 수준에 맞춰야 하기 전까지는 배출량을 줄일 구체적인 규제나 법적 동인이 없었다. 그리고 이 기준은 인허가 제도를 통해 발전소에 강제됐다. 무언가를 할 수밖에 없는 상황에 처했을 때, 어떤 일을 해낼 수 있는지 알면 놀라게 된다.

영국과 다른 제1세계 국가의 이산화황 수치 개선은 다른 지역과 별개로 일어난 현상이 아니다. 유럽에서 제조업의 강도를 줄임에 따라 다른 국가들, 특히 여러 아시아 국가들을 비롯해 인도와 중국에서는 그에 필적하는 수준 이상으로 산업 활동이 증가했다. 따라서 어떤 의미에서는 영국에서 발생한 오염 물질을 직접 바람에 실어 스칸디나비아와 중부 유럽의 이웃에게 내보내기를 멈춘 대신, 간접적으로 세계의 다른 지역에 내보내기 시작한 셈이다. 그리고 그 결과는 성장하는 국가들에서 오염 수치가 증가하는 것으로 반영됐다. 예를 들어 영국이나 다른 곳에 수출할 상품을 제조하기 때문이든 혹은 다른 이유에서든, 인도에서 측정된 이산화황 수치는 2005년과 2015년 사이에 두 배가 됐다.[33] 2014년에 인도는 미국을 앞질러, 중국 다음으로 세계에서 이산화황을 가장 많이 배출하는 나라가 됐다.

이런 국가들에서는 제1세계 국가들의 탈—석탄화가 거꾸로 일어나면서, 이산화황 배출의 많은 부분이 우리가 예전에 상대하던 석탄의 몫으로 돌아갔다. 산업을 운영하는 사람에게 석탄의 가장 매력적인 특징은 저렴한 가격이다. 그리고 중국(세계 석탄의 거의 절반을 생산한다)과 인도, 인도네시아에는 상당한 매장량이 있다. 결과적으로 인도와 중국 같은 국가들은 석탄에 힘입어 산업이 성장했고, 여기에는 전기 발전에 들어간 석탄도 포함된다. 석탄은 이산화황을 더 대기에 배출하게 했고, 특히 연도가스 탈황 기술로 배출량을 줄일 동인이 없는 국가들(지난 수십 년간 영국의 경우처럼)에서는 더욱 많이 증가했다.

인도의 이산화황 배출은 1990년부터 2012년까지 계속 급격히 상승했으며, 그 후에도 지속됐을 가능성이 있다. 반면 중국(인도보다 총배출량이 약 3배 더 높은)은 2000년대 초반부터 배출량을 제한하기 시작했다.

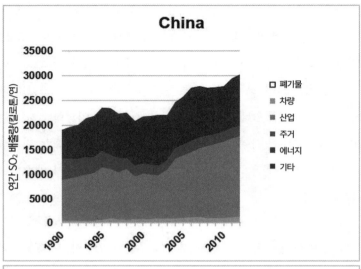

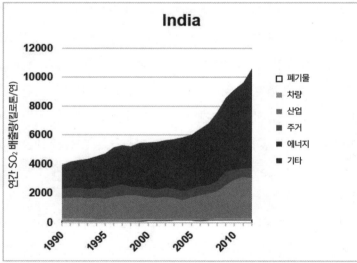

1990~2010년 이산화황 배출 동향[34]

여기에 연도가스 탈황화를 시행하는 계획이 뒤따랐고, 석탄 소비는 계속 증가했지만 2005년부터 이산화황 배출량 추산은 감소하는 결과를 낳았다. 중국의 석탄 소비 증가와 이와 관련된 이산화탄소 배출량, 그리고 다른 환경적 영향에 대해서는 뒷받침할 만한 증거가 많다. 적어도 이산화황 배출은 지속적으로 증가하지 않았고, 이를 낮추는 것이 가능해졌다. 하지만 갈 길이 멀다. 베이징의 연평균 이산화황 농도는 최고 $50\mu g/m^3$까지 유지되고, 이것은 중국의 1등급 대기질 기준치에서 정한 연평균 농도를 초과할 정도로 높은 수치다. 그리고 아마도 더 짧은 평균 기간으로 산정한 국가 기준도 초과할 것이다.

세계적으로 이산화황 수치를 꾸준히 개선하려면 서유럽에서 1950년대 이후로 일어났던 그런 종류의 조치와 변화가 필요하다. 우리가 경험으로 터득한 것은 이산화황 배출량을 저감하려면 소규모 산업 시설과 가정용 난방기부터 대규모 발전소에 이르기까지 광범위한 오염원을 규제해야 한다는 것이다. 여러모로 대규모 산업 현장과 발전소에서 이산화황 배출량을 통제하는 게 가장 간단하다. 배출량을 제한할 수 있고, 경감장치를 설치할 수 있는 한두 개의 큰 굴뚝이 있는 가시적인 원천이다. 작은 벽돌 가마처럼 연소와 배출에 대한 최소한의 규제만 받으며, 어디에든 설치할 수 있는 소규모 오염원에 대처하는 면이 훨씬 더 어렵다. 만연해 있는 가정 내의 고체 연료 연소 역시 중요하다.

이러한 소규모 원천에 대처할 때는 당근과 채찍의 조화가 필요하다. 이 경우에 채찍은 고체 연료 사용 제한이고, 이는 점검과 강력한 시행으로 뒷받침돼야 한다. 당근은 액화천연가스^{LNG}와 같은 저유황연료 사용에 대한 장려책이다. 고체 연료와 비교해 청정한 대체 연료를 쓰는 쪽이 오히려 비용 효율이 높은 장려책이 필요할 것이다. 더욱 근본적으로는 공동체와 산업체가 고유황 석탄이나 석유를 사용하지 않고도 필요한 에너지를 얻을 수 있도록, 대안적 연료를 쉽게 이용할 수 있게 만드는 것이 중요하다. 이것은 힘든 도전이 될 것이다. 특히 시골 지역에서는 더 어려울 것이다. 영국에서는 1960년대부터 꾸준히 천연가스 수송 및 유통 체계를 구축함으로써 이 문제에 대처했다. 요즘 영국 가정의 84퍼센트가 가스 배관을 통해 천연가스를 공급받을 수 있다. 천연가스는 훌륭한 연료다. 석탄처럼 먼지를 날리지 않고, 재를 치울 필요도 없다. 천연가스는 가정에서 사용자가 언제든 가능할 때 받아 쓸 수 있다. 물론 가정과 사업용 사용자에게 배관을 통해 천연가스를 공급하는 건 비용이 많이 들고, 천연가스도 매장량이 한정된 화석연료다. 하지만 공급하는 대상이 분명하기 때문에 천연가스 공급은 이산화황 배출량이 많은 지역에서 고체 연료 사용을 줄이는 효과적인 전략이 될 수 있다. 고려할 만한 다른 선택지도 무수히 많다. 물론 태양열, 지열, 수력 및 지열원 열 펌프 등을 포함해 무공해 에너지원을 개발하고 에너지 효율을 높이는 것이 중요하다. 바이오가스를 생산하는 혐기성 소화 혹은 나무나 폐기물, 연료 작물을 연소시키는 것 같은 바이오매스 기반 에너지원도 이용할 수 있다. 비록 이들 에너지원은 자체적으로 오염에 영향을 주므로 적절하게 관리될 필요가 있지만.

집에 더 가까이

그러니까 대기는 얼마나 뒤죽박죽인가. 별일 하지 않고 빈둥거리고 있는 아르곤과 질소가 아주 많이 있다. 그 비활성기체들과 섞여서, 상당히 많은 산소가, 다름 아니라 숨 쉬는 모든 호흡에 생명을 주는 일을 하고 있다. 그리고 저 위쪽에는 많은 물이 온갖 형태로 존재한다. 매우 잘 보이는 비, 눈, 진눈깨비, 우박, 는개와 안개, 그리고 눈에 보이지 않는 수증기도 있다. 하지만 대기는 주기만 하는 것이 아니라 온실가스 효과와 지극히 소량의 물질을 이용해 빼앗아 가기도 한다. 우리 건강과 생태계, 가시성에 상당한 영향을 주는 이 물질들은 집에 가까워질수록 꽤 골칫거리가 될 수도 있다. 다음 몇 장에서 이 물질들을 자세히 살펴볼 것이다.

4장

지구적으로 유익한 오존, 지역적으로 유해한 오존

여전히 1000킬로미터 이내

오존은 무엇인가?

산소는 우리에게 생명을 주는 성분이다. 반응성이 좋으며 흥미진진하고 역동적이다. 산소는 광포하고, 사악하고, 알고 지내기에 위험하다[캐롤라인 램 부인이 영국 시인 바이런을 처음 만난 뒤, 그를 묘사하며 했던 말로 후에 음악, 소설 등 여러 곳에서 차용됐다].

산소는 주로 수소와 탄소로 이루어진 화학물질을 가져와 수소와 탄소 그리고 산소를 포함한 화학물질로 바꾸는 데 선수다. 이 과정이 끝까지 진행되면, 결국 이산화탄소와 일산화이수소가 남는다. 혹시 일산화이수소가 뭔지 궁금하다면, 그것은 H_2O다. 아마도 더 흔하게는 '물'로 알려져 있으리라. 편리하게도 이 화학적 변형은 에너지 과잉을 초래한다. 이 과정을 대략, 우리가 '생명'이라고 일컫는다. 적어도 광합성이 아닌 호흡으로 활력을 얻는 우리에게는 생명이 된다. 다른 상황에서는 이 과정을 '불'로 지칭할 수 있다. 산소와 탄화수소 사이의 반응으로 열과 빛을 발생시키는 좀 더 극적인 방법이다. 그리고 탄소와 수소의 산화를 이끄는 것이 연소가 아닌 태양광이라면, 우리는 그것을 '광화학'이라고 불러도 될 것이다. 하지만 어떤 일이 일어나든 수소와 탄소와 산소 사이의 반응은 모든 의미에서 근본적이다.

에너지를 주기 때문에 산소는 우리 존재에게 필수적인 요소다. 하지만 생명을 유지하는 데 필요한 산소의 특성이 산소를 위험한 요소로 만들기도 한다. 우리 생존에 필요한 에너지를 발생시키려면 산소가 우리가 먹은 탄수화물과 설탕, 단백질과 반응해야 한다. 하지만 산소는 반응성이 너무 좋다. 그래서 탄소와 수소와 산소로 만들어진 우리 몸의 세포들 역시 산소에 해를 입기 쉽다.

대기에서, 거의 모든 산소는 상당히 안정된 형태인 O_2로 존재한다. 이 화학식에서 숫자 2는 화학적으로 결합한 산소 원자 2개를 나타낸다. 대기에서 오직 한 가지 요소만이 이 안정된 관계를 깰 만큼 활동적이다. 바로 태양광이다. 대기의 높은 곳에서 태양광의 자외선은 이산소$_{O_2}$ 분자와 반응해 산소 원자 두 개를 생성할 정도로 강력하다.

$$O_2 + \text{태양광} \rightarrow O + O$$

태양광이 강할수록, 이 반응은 더 빠르게 일어날 수 있다. 하지만 두 산소 원자는 매우 강하게 결합해 있어, 산소가 여름 낮에 수영복을 입고 일광욕을 한다고 해도 반응은 매우 천천히 일어난다. 그리고 그 강한 결합이 깨지고 나면, 독립된 산소 원자들은 매우 매우 반응성이 좋아진다. 산소 원자가 워낙 불안정하고 거의 어떤 것과도 반응할 준비가 되어 있어서, '라디칼radical[이 단어에는 급진적이거나 과격하다는 의미가 있다]'이라고 부른다. 이 반응에서 생성된 산소 원자는 주로 또 다른 산소 분자와 결합해 오존이라는 이상하고 흥미로운 화학물질을 만든다.

$$O + O_2 \rightarrow O_3 + 열$$

오존은 삼각형을 이루는 산소 원자 3개로 구성되며, 다음과 같은 모습이다.

오존 분자(O_3)

오존은 상당히 불안정한 분자다. 1과 ½이 두 개 결합해 산소 원자 3개가 되는 약간 어색한 삼각형 모양을 이루고 있으려면 엄청난 에너지가 든다. 화학자들은 이 약간 이상한 구조를 설명하려고 '공명 구조resonant structure'라는 용어를 사용한다. 오존의 산소 원자 3개가 각각 완전한 전자쌍을 이루려면 총 3개의 공유결합이 필요하다. 하지만 이것이 특별히 만족스러운 해결책은 아니라서, 오존은 가운데 산소 원자에는 양전하, 양옆에는 음전하가 있는 분자가 된다. 이로 인해 오존은 수많은 다른 물질들과 반응할 준비가 된 물질이 되고, 산소 원자 하나를 내주고 나서 훨씬 더 안정된 산소인, 산소 원자 두 개가 이중결합으로 묶인 구조로 되돌아간다.

성층권의 오존

오존의 복잡한 화학적 성질 때문에 오존은 지역적 규모로 작용한다. 오존이 영향을 끼치는 화학적이고 물리적인 과정이 일어나는 데는 시간이 걸린다. 따라서 오존은 수백 혹은 수천 킬로미터 거리에 걸쳐 변화하고, 결정적으로 대기의 다른 고도에서 매우 다르게 움직인다. 대기권 높은 곳에서 오존에 어떤 화학작용이 일어나는지는 1930년대에 시드니 채프먼이 처음 풀어냈다. 채프먼은 맨체스터와 케임브리지에서 공학과 수학을 공부했고, 두 대학 사이에서 인력과 아이디어를 주고받는 기회를 활용했다. 수학자 존 리틀우드, 이후에 앨런 튜링 역시 양쪽을 오갔다. 케임브리지를 졸업한 뒤, 채프먼은 그리니치왕립천문대에서 일을 시작했지만 천문학에서 영감을 받지 못했다. 그는 곧 태양·지구 간 물리학의 선구자이자 개발자로서 소명을 발견했다. 즉, 태양의 복사와 지구 대기, 기후의 상호작용을 연구하는 것이었다. 내가 어떻게 감히 대기과학이 천문학보다 더 나은 직업이라는 데에 동의하지 않겠는가? 1930년에 출간된 획기적인 논문을 통해 채프먼은 일련의 화학적이고 광화학적인 반응들을 제시했는데, 이것은 대기에서 오존 농도를 좌우하는 과정을 우리가 이해하는 출발점이 됐다.

오존 자체는 자외선에 의해 분해돼, 산소 분자O_2와 산소 원자O로 다시 만들어질 수 있다.

$$O_3 + 자외선 \rightarrow O_2 + O$$

그런 다음에는 산소 원자가 산소 분자와 빠르게 반응하고, 다시 시작했던 오존으로 돌아간다. 음, 그러나 시작점과 똑같은 곳은 아니라 거의 가깝게 돌아간다. 이 과정의 최종 효과는 자외선 흡수와 약간의 열 방출이다. 오존과 산소 원자들 간의 이러한 순환은 산소 원자가 오존 분자나 산소 분자가 아닌 산소 원자와 만날 때까지 계속된다. 혹은 이론상으로는 두 오존 원자가 충돌하고 반응한다. 이 모든 반응은 더 안정된 산소 분자를 만들고, 그렇게 되면 반응성이 좋은 산소 원자들과 오존 분자들은 퇴장한다.

$$O + O \rightarrow O_2$$

$$O + O_3 \rightarrow O_2 + O_2$$
$$O_3 + O_3 \rightarrow O_2 + O_2 + O_2$$

대기 중 산소 원자의 함량은 매우 적어서 우리는 두 산소 원자 사이의 반응은 무시할 수 있다. 그리고 두 오존 분자 사이의 반응 속도 역시 매우 느려서, 이 과정 또한 무시할 수 있다. 복잡하지 않은 듯한 계산 몇 번으로 채프먼은 오존 농도가 하루 중 시간, 연중 시기와 위도에 따라 어떻게 달라지는지 윤곽을 잡았다. 이것은 성층권 오존화학의 기틀을 마련했고, 그에게 필요한 것은 적절한 자료였다.

이 모든 반응은 성층권에서 일어난다. 성층권에서 자외선이 오존을 생성하는 속도와 오존이 제거되는 속도는 오존 농도를 감지할 수 있을 정도의 균형을 이룬다. 더 높은 곳에서는 태양광이 제거하는 속도나 다른 라디칼과의 반응이 워낙 대단해서 오존이 살아남지 못한다. 더 낮은 곳은 오존을 생성할 만한 자외선이 충분하지 않다. 고도가 더 높은 곳에서 성층권의 오존이 자외선을 모두 흡수했기 때문이다. 그래서 성층권의 맨 아랫부분에 오존층이 생긴다. 성층권에 있는 오존의 양은 반응성 높은 산소 원자의 생성과 순환, 제거 사이의 균형에 의해 결정된다.

오존과 자외선

우리는 산소 원자와 산소 분자가 결합해 오존 분자를 만들 때 생산되는 열을 이미 경험한 적이 있다. 이 과정에서 발생하는 열 때문에 대류권계면이 생긴다. 대류권계면은 연직 기온 분포에서 급격한 변화가 일어나는 지점으로, 대류권과 성층권 사이 경계를 나타낸다. 대류권이 끝나고 성층권이 시작되는 지점에서 오존층이 불쑥 나타나는 것은 우연이 아니다. 오존 형성과 대기 온도가 갑자기 바뀌는 현상은 같은 과정 때문에 일어난다. 이 과정에서 생기는 또 하나의 매우 유용한 부산물은 오존 분자가 자외선을 흡수하는 것이다. 앞에서도 본 반응이다.

$$O_3 + 자외선 \rightarrow O_2 + O$$

잠깐 옆길로 빠져보자. 빛의 복사는 '광자'라는 기본 입자에 의해 이루어진다. 빛은 특징적인 세기와 특징적인 파장 범위가 있다. 빛의 세기는 광자가 얼마나 많이 있는지와 상관관계가 있다. 광자가 많을수록 세기도 세진다. 각 광자는 단일한 파장을 갖는데, 이것이 그 광자가 운반하는 에너지의 양을 결정한다. 파장이 짧을수록 더 많은 에너지가 있다. 따라서 단파장인 자색 빛의 광자는 장파장인 적색 빛의 광자들보다 훨씬 많은 에너지를 운반한다. 파장이 너무 짧아서 우리에게 보이지 않는 빛은 '자외선'이라고 부른다. 그리고 자외선 각 광자의 에너지는 우리에게 위협이 될 정도로 크다. 이것은 우리 머리 위 12킬로미터에 있는 오존층이 우리에게 필요한 이유다. 태양은 광범위한 파장에 걸쳐 에너지를 복사한다. 여기에는 물론 가시광선이 포함되지만, 파장이 더 긴 적외선(우리가 열로 느끼는 것)과 더 짧은 자외선도 있다. 우리는 보통 자외선을 느끼거나 감지하지 못하지만, 자외선의 광자들은 에너지로 가득 차 있어서 우리 세포를 손상할 수 있다. 그래서 태양광에 장시간 노출되면 노화가 촉진될 수 있고, 피부암 위험도 증가하는 것이다. 태양에서 나오는 자외선 광자 하나가 성층권의 오존에 흡수되면 일광욕을 즐기는 뒷마당으로 내려올 수 있었던 광자 하나가 줄어든 것이다. 그리고 성층권 오존층에서 위험한 자외선을 거의 모두 흡수한다. 오존 덕분에 자외선 차단 지수 30 이상인 차단제만 바른다면 우리가 자신 있게 일광욕을 할 수 있게 되는 것이다. 하지만 오존층은 망가지기 쉽다. 성층권의 오존을 모두 지표면 높이로 내려보면 겨우 3밀리미터 두께다. 오존층이 거기 없다면 어떻게 할 것인가?

오존 측정

오존은 오랫동안 문제가 아니었다. 성층권 오존은 말없이 일을 시작해 수천 년 동안 우리를 태양에서 오는 자외선으로부터 지켜주었다. 1957년, 핼리베이의 영국남극조사단British Antarctic Survey 소속

과학자들은 매우 기본적인 도브슨분광광도계를 이용해 성층권 오존을 관찰하기 시작했다. 아주 기본만 돼 있는 장치라 제대로 작동시키려면 이불로 감싸야 했다(내가 남극에 갔다면 나 역시 이불을 둘둘 말아야 제대로 작동할 것이다).[36] 도브슨측정기는 연구소 바로 위 대기에서 오존 농도를 측정하면서 15년 동안 특별히 흥미로운 기록을 남기지 않고 돌아갔다. 한편 1970년대에, 파울 크뤼천과 마리오 몰리나, 셔우드 롤런드는 채프먼이 제시한 화학식을 기반으로 오존층 형성에 대한 우리의 이해를 발전시켰다. 그리고 인간이 만든 화학물질이 오존층에 미치는 영향, 특히 프레온가스[CFCs]의 영향을 우려했다. 이 우려는 CFCs의 안정성을 둘러싼 것이었다. 이 화학물질이 냉각제로서 매력적인 이유는 바로 이 안정성이라는 특징 덕분이었다. 하지만 안정성은 CFCs가 대기 중에 남아 있는 수명이 매우 길다는 뜻이기도 하다. CFCs의 수명은 대기권 낮은 부분을 지나 성층권으로 올라갈 만큼 길다. 크뤼천과 동료들은 CFCs가 고에너지 자외선에 노출될 때까지 분해되지 않으리라는 것을 깨달았다. CFCs가 성층권의 오존층과 같은 높이에 닿을 때까지, CFCs와 낮은 고도에서 일광욕하는 사람들 모두를 자외선으로부터 지켜주는 오존층이 더 이상 보호해줄 수 없는 높이까지 올라갈 것이다. 일단 성층권에는 CFCs의 분해 과정이 시작될 만큼 고에너지의 자외선이 충분하다. 따라서 CFCs를 대기로 배출하는 것은 반응성이 높은 염소와 불소 원자들을 성층권 속, 매우 유용한 오존층 사이로 이동시키는 것과 마찬가지였다. 이 원자들은 무엇을 할까? 우려되는 점은 바로 이 원자들이 매우 효율적인 과정을 통해 대기에서 오존을 제거하는 촉매작용을 할 것이라는 사실이다.

$$Cl + O_3 \rightarrow ClO + O_2$$
$$ClO + O_3 \rightarrow Cl + 2O_2$$

최종 결과는 오존 두 분자를 산소 세 분자로 변환하는 것이다. 염소 원자는 돌아와서 이 과정을 다시, 또다시, 또다시 반복한다.

20년 후에, 이 연구는 크뤼천과 몰리나, 롤런드에게 노벨상을 안겨주었다. 하지만 1970년대와 1980년대 초반에는 오존층에 어떤 문제가 있다는 증거가 없었다. 핼리베이의 영국남극조사단 연구소에 있는 장치에서도, 나사가 만든 보다 대규모의 최첨단 위성 기반 측정치에서도 문제가 나타나지 않았다. 이론적 모델도 아직은 오존층에 심각한 문제를 일으킬 만큼 대기에 CFCs가 많지 않다고 말하는 듯했다.

그리고 1982년 남극의 겨울에, 영국남극조사단의 조 파먼이 핼리베이 연구소에 설치한 장비에서 오존 농도가 갑작스럽게 감소했다는 측정 결과를 발견했다. 도브슨측정기는 한 지점에서만 측정했고, 핼리베이에서 나타난 오존 수치의 분명한 감소는 다른 어떤 자료에 의해서도 입증되지 않았다. 그래서 파먼은 아마도 오작동이리라고 생각해 대체할 장비를 주문했다. 이듬해, 오존 수치가 다시 감소해 정상 수치의 약 절반에 가깝게 떨어졌다. 이번에는 두 개의 별개 장비에서 재현됐기에, 오작동이 아닌 것처럼 보였다. 하지만 이런 현상이 광범위하게 퍼진 문제일까? 아니면 단지 핼리베이 연구소 위쪽 대기에 한정된 문제였을까? 1984년, 파먼과 동료들은 더 먼 곳까지 관찰해 같은 결과를 얻었다. 발견한 결과를 쥐고만 있을 수 없었던 파먼과 그의 동료 브라이언 가디너와 (그 자신의 말에 따르면 '말단 직원'인) 조너선 샨클린[37]은 일부의 상당한 반대를 무릅쓰고 1985년 5월 〈네이처〉에 그들이 발견한 내용을 발표했다.[38] 위험부담이 컸다. 그들이 옳다면, 장차 냉각제 사용에 영향을 미치고 오존 홀 아래에 사는 사람들의 암 발생 위험이 증가할지도 몰랐다. 더구나 그들은 이 문제가 얼마나 광범위하게 퍼졌을지 전혀 알지 못했다. 만일 그들이 틀렸다면(아무도 낮은 오존 수치에 대해서 보고한 바가 없으므로 틀렸을 가능성도 매우 컸다), 영국남극조사단과 후원자들이 몹시 난처해질 것이었다.

이 발표는 극심한 동요를 불러왔고, 크뤼천과 몰리나와 롤런드가 이론적으로 예상했던 것을 확인해주었다. 그리고 오존의 감소 측정치를 성층권의 질소산화물 및 염소 수치와 연관 지어 보면, 염소를 포함한 CFCs를 성층권으로 방출한 인간 활동이 영향을 미쳤다는 사실을 분명하게 암시했다.

나사의 님버스 7호 위성에는 두 개의 오존 관찰장치가 있었다.

1978년에 발사된 님버스 7호는 1년 수명으로 설계됐지만, 1985년에도 작동 중이었다. 나사 팀은 님버스 7호의 톰스TOMS: Total Ozone Mapping Spectrometer에서 보내온 자료를 다시 살펴보았다. 그들은 장치가 오존량 예상치에서 너무 많이 벗어난 자료는 받아들이지 않도록 설정되어 있었음을 발견했다.[39] 당시에는 CFCs가 총오존량에 미치는 영향이 매우 적을 것으로 예상했다. 결과적으로, 매년 경종을 울려야 할 만큼 커진 오존홀의 측정치가 장치 설정 때문에 보고되지 않았고, 아무도 소프트웨어에 설정된 자료 제외 범위를 확인하거나 자료가 폐기되고 있는 이유를 조사하지 않고 있었다.

성층권의 오존홀

나사의 자료는 영국남극조사단이 단일 위치에서 측정한 수치를 확인해주었다. 그리고 오존홀이 넓게 퍼져 있고, 대부분 남극 상공 위를 덮고 있다는 것을 보여주었다. 남극의 겨울 동안, 남극 위의 대기는 극 주변을 순환하며, '극 성층권 소용돌이'로 알려진 안정된 기단을 형성한다. 독립되고 안정된 기단 안에서 오존을 감소시키는 순환과정은 극 성층권 구름의 표면에서 기체 형태로 효율적으로 진행된다. 이 차가운 산성 구름은 아주 작은 입자라 표면적이 넓다. 그 표면에서 화학반응이 일어날 수 있어 결과적으로는 성층권에서 오존이 제거되는 현상이 일어난다. 이것은 오존홀이 예상보다 훨씬 더 심각한 이유와 사람이 살지 않는 지역이 오존홀의 중심에 놓인 이유를 설명해준다. 만약 어디에든 오존홀을 두어야 한다면, 아마도 남극이 적당할 것이다. 하지만 사실 오존홀 현상은 남극에 한정된 것이 아니다. 오존층은 전 세계적으로 영향을 받았지만, 다행히도 인구 밀도가 더 높은 지역의 조건이 이 반응이 진행되는 데 덜 유리했다. 덕분에 남극만큼 급격한 감소가 일어나지는 않았다.

영국남극조사단과 나사의 관측은 놀랍게도 대기과학자들의 이론적 예측을 확인해주었고, 세계적인 관심을 얻었다. 이 소식은 진정으로 우려되는 문제(암 위험 증가, 남극의 자연에 인간 활동이 주는 피해)를 익숙한 원인들(냉장고와 에어로졸 통)과 대기과학이라는 낯선 개념('오존? 해변에서 끝내주는 냄새를 풍기는 그거 아냐?')과 이어주는 이야기였다.

이 문제를 해결하려는 행동이 놀라울 정도로 신속하게 뒤따랐다. 오존층 파괴 물질들에 대한 몬트리올 의정서가 불과 2년 뒤에 체결됐다. 여기에 더해 문제를 일으킨 물질의 사용을 금지하고 대체하는 조치가 이어졌다. 어떤 경우에는 금지된 물질을 대체하는 물질이 기존 물질만큼이나 나쁜 것으로 밝혀져, 다시 금지되기도 했다. 몇 가지 요인 덕분에 이렇게 신속한 조치가 가능했다. 첫째, 과학이 상당히 분명하고 모호하지 않았다(오늘날 기후 변화에 대한 인간의 영향과 매우 유사하다). 둘째, 건강에 심각한 영향을 미칠 수 있었고 쉽게 인식할 수 있었다. 셋째, 문제 해결에 필요한 수단을 상품 개발자와 제조업자들이 만들 수 있었다. 에어로졸 분무제나 냉장업계는 대체 화학물질을 상당히 빠르게, 합리적인 가격에 찾아내고 실행했다. 결과적으로 가격 상승이나 다른 행동을 요구하는 등 소비자에게 호응을 얻지 못할 가능성이 있는 대규모 변화는 필요하지 않았다.

따라서 지금 해야 할 일은 우리가 이미 대기에 집어넣은 염소와 불소가 성층권으로 올라가 거기 있어야 하는 오존에 최악의 손상을 입히는 70년 정도를 기다리는 것이다. 그리고 오존층이 회복되기를 바라는 것뿐이다. 2016년에 측정한 오존홀의 크기는 1991년부터 2016년까지의 평균보다 약간 작았다. 2015년에 비해서 면적이 약간 작아졌고, 깊이도 약간 줄었다. 따라서 옳은 방향으로 가고 있는 것이지만, CFCs가 있기 전의 평균보다는 훨씬 작다. 아직 해결되기에는 이르다.

샨클린은 오존홀을 최초이자 획기적으로 측정한 팀의 일원으로, 그냥 그런 말단 직원이 아니었음이 밝혀졌다. 최근 샨클린은 에어로졸 용기에 넣는 물질을 조금 바꿔서 오존홀을 고칠 수 있다는 사실도 중요했지만, 오존홀에서 얻은 가장 중요한 교훈은 그런 것이 아니라고 말했다. 더 큰 그림이 있다. 우리 인간이 얄팍하고 망가지기 쉬운 대기에 상당히 빠르게 중대한 변화를 일으킬 수 있다는 것이다. 일단 우리가 변하더라도, 우리가 발생시킨 문제를 해결하는 데는 긴 시간이 걸린다. 오존홀은 확인하고 해결하는 건 비교적 간단한 문제였다. 그런데도 우리는 지난 30년 동안 일어난 변화가 성층권의 오존에 분명한 차이를 만들어내기를 아직 기다리고 있다. 앞서 말했듯이 아직은 이르다. 기후 변화를 해결하는 건 훨씬 더 힘들다. 문제가 있다는 것을 알지만, 비교적 분명한 해결책이 있었던 오존홀의 경우와 달리 기후 변화에 대해서는 쉽게 얻을 수 있는 해결법이 없다. 우리는 믿을 만한 전략도 없이 이산화탄소와 다른 온실가스를 대기로 계속 밀어내고 있다.

대류권의 오존

지면에 더 가까워지면서, 우리는 다른 방식으로 생성되는 오존을 발견한다. 지면 가까운 곳에서 오존을 형성하는 재료들은 질소산화물과 VOCs라고 표기하는 휘발성 유기화합물이다. 햇빛 한 무더기에 소량의 미세먼지를 더하면, 광화학 스모그를 만드는 데 필요한 완벽한 재료가 갖춰진다. 이 광화학적 사건은 우리가 6장에서 탐구하게 될 어두컴컴한 유럽의 겨울 스모그와는 성격이 매우 다르다. 이 사건이 처음으로 확실히 모습을 드러낸 곳은 멋진 크롬 배기관이 달린 차량이 많고 햇빛이 풍부한 지역이었다. 1950년대 캘리포니아에 온 것을 환영한다.

1940년대 후반, 남부 캘리포니아 주민들이 눈의 염증을 보고하기 시작했다. 농부들은 작물이 원인을 알 수 없는 방식으로 손상을 입은 것을 발견했다. 그리고 얼마 전에 캘리포니아공과대학 생유기화학 교수로 임용됐던 네덜란드 출신 향 화학자(향을 내는 화학물질을 연구하던) 아리 얀 하겐스미트가 등장했다.[41] 하겐스미트는 적시 적소에 있는 적임자였다. 그의 실험실은 로스앤젤레스의 바람이 향하는 패서디나에 있었다. 당시 교통과 연관된 오염 물질은 극적으로 증가하고 있었고, 그에게는 유럽에서 스모그를 겪은 경험과 환경과학에서 커지고 있는 문제에 대한 새로운 관점이 있었다.

1955년 로스앤젤레스의 스모그[40]

냄새를 잘 맡는 사람으로서 하겐스미트는 로스앤젤레스 스모그가 유럽의 스모그 냄새와 같지 않다는 것을 깨달았다. 캘리포니아의 스모그는 특유의 표백제 같은 냄새가 났고 겨울 스모그의 황에 서 유발된 매캐한 냄새와는 전혀 달랐다. 이를 의심스럽게 생각한 하겐스미트는 파인애플에서 향을 내는 구성 성분을 수집하고 분석 할 때 사용했던 기구를 이용해 로스앤젤레스 지역의 스모그를 수집 해 오염 물질을 조사했다. 콜드 트랩cold trap[모든 증기를 액체 또는 고 체로 응축시키는 장치]으로 찾아낸 오염 물질은 부분적으로 산화된 유 기화학 물질들이었다. 이는 어떤 식으로든 점진적으로 진행된 탄화 수소의 산화 과정이 대기오염 문제를 일으켰다는 뜻이었다. 하겐스 미트는 이 화학물질들이 작물에 끼치는 영향을 조사했고, 농부들이 보고한 것과 유사한 증상들을 발견했다. 아마도 약간의 행운이 따 랐던 것 같다. 부분적으로 산화된 탄화수소는 실험실에서 쉽게 구 할 수 있는 산화제와 휘발유를 반응시켜 만들 수 있었기 때문이다. 그것은 오존이었다. 우연이었는지 아니면 고안된 것인지, 이 실험 방법은 대기에서 벌어지고 있던 일을 매우 잘 재현했다.

오래지 않아, 오존과 일부 산화된 탄화수소를 만들고, 작물 피해 와 눈의 염증, 어두컴컴한 연무를 일으키는 원인을 알아냈다. 이미 존재하는 오존과 질소산화물에 대한 태양광의 작용이다.

$$NO_2 + 태양광 \leftrightarrow NO + O$$
$$O_3 + 태양광 \leftrightarrow O_3 + O$$

이것들은 가역반응으로, 산소 원자들이 오존과 이산화질소를 재생성하는 일이 자주 일어난다. 이 반응으로 얻어지는 최종 효과는 약간의 빛 에너지를 약간의 열 에너지로 바꾸는 것이다. 그러나 이 과정에서 생성된 반응성이 좋은 산소 원자는 물 분자와도 반응해 반응성이 높은 하이드록실 라디칼을 만들 수도 있다.

$$H_2O + O \rightarrow OH + OH$$

하이드록실 라디칼은 매우 단순한 녀석이다. 하나의 산소 원자와 하나의 수소 원자로 구성돼 있어 화학식은 OH다. 그것은 수소 하나가 제거된 물 분자, 혹은 수소 원자를 얻은 산소 원자다. 낮은 대기에서 OH 라디칼은 위에 설명한 반응처럼 특별히 활동성 있는 산소 원자와 물의 반응에서 만들어지거나, 유기과산화물의 분해로 만들어진다.

산소 원자처럼, OH 라디칼은 처음 만나는 적당한 분자와 몹시 반응하고 싶어 한다. 아마도 일산화탄소 분자나 유기 분자가 적당할 것이고, 이런 분자를 만나면 지표면에 가까운 대기 아래쪽에서 오존을 만드는 과정을 시작한다. 휘발성 유기화합물은 주로 탄소와 수소 원자들의 연쇄로 만들어진다. 여기에 추가적인 화학물질군이 각 물질의 반응성을 결정한다. 우리의 목적에 맞게 불특정 탄화수소(즉, 어떤 탄화수소 분자라도)는 'R-H'로 표시한다. 핵심적인 반응

단계가 하이드록실 라디칼이 수소 원자를 제거해 물과 반응성 탄화수소 라디칼, 즉 R을 만드는 것과 관련돼 있기 때문이다.

$$R{-}H + OH \rightarrow R + H_2O$$

탄화수소 라디칼은 산소 분자와 반응해 빠르게 과산화 라디칼을 형성한다. 함께 반응할 산소는 주위에 많이 있다.

$$R + O_2 \rightarrow RO_2$$

유기과산화 라디칼의 주요 경로는 일산화질소와 반응해 이산화질소를 만드는 것이다.

$$RO_2 + NO \rightarrow RO + NO_2$$

이제 이산화질소가 태양광과 반응할 수 있게 되고, 과정을 다시 시작한다. RO 라디칼의 운명은 좀 더 복잡하고 다양하지만, 대개 최종 결과는 HO_2 라디칼의 생성이다. 이것은 다시 과정이 시작되면서 아마도 또 다른 OH 라디칼과 또 다른 이산화질소 분자가 될 것이다.

$$RO + O_2 \rightarrow R'CHO + HO_2$$
$$HO_2 + NO \rightarrow OH + NO_2$$

탄화수소와 질소산화물, 태양광이 있는 한 탄화수소는 점진적으로 산화한다. 그 과정에서 OH에서 R, RO_2, RO, HO_2, OH로 그리고 다시 OH로 순환하는 동안 점점 더 많은 오존을 만들어낸다. 이 순환이 일어날 때마다, 일산화질소는 이산화질소로 산화되고, 이것은 상당히 빠르게 또 다른 오존 분자를 만든다.

바로 그 점이 문제다. 조건이 맞으면 순환하면서 매번 오존을 만들어낸다. 그 결과로 오존이 급속히 형성된다. 수많은 탄화수소와 수많은 이산화질소 그리고 약간의 태양광이면 지저분한 연무의 성스럽지 못한 삼위일체가 형성된다. 우리가 광화학적 스모그라고 부르게 되는 바로 그것이다. 이 고삐 풀린 오존 농도 증가는 눈의 염증과 작물 피해를 일으키는 원인이다. 하지만 어떤 조치를 취하기는 어렵다. 오존 노출을 줄이는 가장 좋은 방법은 해가 많이 내리쬐지 않는 곳에 사는 것이다. 하지만 캘리포니아 주민에게 캘리포니아에서 살지 말라고 이야기해보아라. 그렇게 극단적인 방법을 제외하면, 전략은 오존으로 가득 찬 대기 분수계를 만드는 두 가지 주재료인 탄화수소와 질소산화물의 배출량을 줄이는 데 집중된다.

오존이 생성되는 기작이 파악되고 그에 대한 조치가 필요해졌을 때, 다시 하겐스미트가 적임자로 떠올랐다. 캘리포니아대기자원위원회(California Air Resource Board)의 초대 위원장으로서 그는 차량 배출가스를 줄이는 첫 번째 계획을 이끌었다. 1960년대에 이르러 탄화수소 배출량 제한이 적용되기 시작했다. 화학적 기작이 파악되고 10년 뒤였다. 문제를 밝혀내고 조치할 때까지 긴 시간이 걸린 것 같지만, 상업 활동이 환경에 영향을 미치는 사건을 다루어본 경험이 있다면 10년은 사실상 매우 신속한 것임을 알 것이다. 예를 들어, 흡연이 건강에 미치는 영향에 관한 증거는 20세기 전반에 드러났는데, 업계 내부자 탓에 1950년대 중반에 수용됐다.[42] 하지만 비교적 심하지 않은, 담뱃갑에 건강에 주의하라는 경고를 삽입하는 조치는 영국에서 1971년까지도 이루어지지 않았다. 아, 잠깐, 담배는 건강에 어떤 영향을 미치는지 잘 알려졌는데도 아직 구입할 수 있다. 따라서 캘리포니아에서 차량의 질소산화물과 탄화수소 배출량을 줄이는 조치를 하기까지, 증거가 나온 직후부터 10년이 걸렸다는 건 나쁘지 않은 속도다.

1970년대부터 도로에서 차량이 배출하는 양은 천천히 감소하기 시작했다. 그 과정은 3원 촉매 변환기의 도입과 함께 가속됐다. 질소산화물과 탄화수소 총배출량 중에서 도로 교통이 차지하는 비율이 줄어들었다는 점은 우리를 뿌듯하게 만들었다. 우리는 이제 도로 교통의 배출량을 줄이는, 거의 한계 지점에 도달했다. 그리고 우리는 저고도 지상 오존 문제를 해결하려면 배출량을 줄이는 새로운 방법을 찾아야 할 것이다.

그 오존 냄새

저고도 지상 오존의 핵심은 매우 반응성이 높은 화학물질인 오존히 접촉 가능한 많은 물질을 산화시킨다는 점이다. 예를 들어 작물이나 자연 생태계의 특수 식물, 우리의 목과 폐가 있다. 착각하지 마라. 오존은 고약한 것이다. 우리는 때로 사무실 복사기나 프린터 근처에서 오존 냄새를 맡을 수 있다. 복사기에서 사용하는 밝은 빛이나 고압 방전이 첫 번째 반응, 즉 이산소O_2 분자가 산소 원자 둘로 나뉘는 반응을 일으키기 때문이다.

용기만 있다면 번개가 내리친 직후 공기 냄새를 맡아봐도, 같은 냄새가 불쑥 올라올 것이다. 번개를 맞아 까맣게 그을린 골퍼의 향기가 아니라, 전기적 불꽃이 대기를 지나가며 형성한 오존 냄새다. 독일 화학자 크리스티안 쇤바인은 1840년 이 기체를 최초로 분리해 냈고, '냄새'를 뜻하는 '오존'이라는 이름을 붙였다. 당시 질소와 산소를 포함해 대기의 기본 구성은 잘 알려져 있었지만, 오존의 화학식은 1865년까지 규명되지 않았다. 아마도 오존의 독특한 냄새 때문에, 어쩌면 강력한 산화제로서의 소독 작용 때문에 오존은 발견 당시부터 건강에 이롭다고 널리 알려졌다. 사실 내가 경솔하게 추측했던 것과 달리 '오존ozone'이라는 이름에 든 그 모든 O는 산소와는 아무런 관계가 없다. 이 말은 그리스어로 '냄새 맡다'라는 뜻의 'ozein'에서 온 것이다.

내게 오존 냄새는 유쾌한 것이 아니다. 하지만 우리가 19세기로 돌아간다면, 오존은 소독제로서뿐 아니라 건강과 안녕에 좋은 물질로서 대중 의식에 확고히 박혀 있는 걸 발견할 것이다. 사람들은 건강을 주는 오존을 찾아 해변으로 가거나 심지어 크로이던[영국 런던 남부 지역]의 오존 수영장으로 갔다. 해변 특유의 톡 쏘는 냄새는 (적어도 영국 주변에서는) 오존 때문이다. 사람들은 그것이 '냄새' 중의 냄새라고 생각했다. 깨끗하고, 과학적이고 원기를 회복시키는 것이라 여겼다. 오존은 사람에게 아주 좋은 것이고, 19세기의 온갖 질병으로부터 회복하게 도와주는 것이라는 믿음이 있었을 것이다. 요즘은 인기가 덜하니 천만다행이다. 예를 들어 1890년대 라임레지스에는 '오존 테라스'라는 이름의 거리가 바닷가에 건설됐고, 오늘날에도 여전히 있다. 종종 있는 일이지만 도시 설계자들은 반응성 좋고, 독성이 있으며, 불쾌한 냄새를 가진 기체를 따라 신설 거리의 이름을 붙이면서도 그 기체를 제대로 파악하지 못했던 것 같다. 만약 그의 동포들이 수소nitrogen를 명명한 방식을 쇤바인이 따랐다면, 오존은 '기프티히슈토프giftigstoff[독일어로 유독한giftig과 물질stoff을 뜻하는 단어를 합친 것]' 혹은 '유독한 물질'이라고 불렸을 것이다. 그리고 라임레지스 의회는 새로운 해변 길을 기프티히슈토프 테라스라고 이름 짓고 싶어 하지는 않았으리라.

하지만 이미 잘 알고 있다시피, 해변 특유의 냄새 중 대부분은 사실 오존이 아니다. 해변의 특징은 보통 사무실 복사 장비의 상쾌한 향기가 아니다. 해변의 냄새는 주로 부패하는 해초의 유기황화물 때문에 발생한다. 부패하는 해초나 냄새나는 황화물을 강조하기보다는 싱싱하고 신선하게 들리는 '오존'을 내세우는 편이 경쟁적인 20세기 초 해변 휴양지 비즈니스 세계에서 더 나은 영업 전략이었음은 쉽게 이해할 수 있다. 물론 요즘처럼 정보가 풍부한 사회에서는 대기화학과 오존이 건강에 미치는 영향에 대한 이해가 널리 보급돼 있어 오존이 건강에 좋다고 정말로 믿는 사람은 아무도 없다. 하지만 잠깐! 여기에 2008년 〈인디펜던트〉 신문에 맨섬Isle of Man의 즐길거리에 관한 기사가 실렸다. "휴가 때 모래 놀이보다 더 많은 것을 즐기는 사람들, 활동적이면서 오존을 찾는 현대적인 방문객들을 위해 섬은 다시 단장하고 있다."[43] 그리고 2016년 〈선데이 타임즈〉에는 "눈을 감아라. 오존 냄새가 느껴지는가? 머릿결을 흔드는 바닷바람이 느껴지는가? 당나귀 타기를 하고 싶은 이해할 수 없는 욕망을 느끼고 있는가? 내륙에서 바닷가로 떠나는 철이 시작됐다"[44]라는 기사가 실렸다. 정말로 그렇다. 그저 햇빛만 더하면 화학적 과정이 촉발되고, 그 결과 계절성 천식의 기운을 경험할 신나는 기회와 함께 약간의 오존과 약간의 광화학적 스모그가 발생한다. 나는 지금 당장이라도 사우스오스트레일리아주, 빅터하버, 오존가 40A번지에 있으며 쾌적해 보이는 '오존 리트리트'에 휴일 숙박을 예약할 수 있다. 그곳이 보이는 것만큼 좋기를, 그리고 그 이름에는 부응하지 않기를 바랄 수밖에 없다. 공교롭게도, 아마도 오존 리트리트는 휴가지로는 남극의 오존홀에 가장 가까이 갈 수 있는 곳이다. 정말로 30년이 훌쩍 넘는 세월 동안 오존이 휴가 중인 바로 그곳 말이다.

오존에 대응하기

이제는 오해를 바로잡은 것 같다. 오존은 확실히 기분 좋은 화학 물질이 아니며, 가능하면 피해야 한다. 하지만 이 점을 잊지 말자. 비록 우리 가까이에 있으면 나쁘지만, 성층권의 오존은 태양의 유해한 자외선을 대부분 흡수하는 훌륭한 일을 한다. 오존은 파장이 100~300나노미터인 가장 유해한 태양광이 거의 우리에게 닿지 않는 세상에서 살 수 있도록 해주었다. 그 세상이 우리가 사는 세상인 한, 그것은 좋은 일이다. 우리는 성층권의 오존이 계속 우리를 위해 자외선 복사를 흡수해주길 원한다. 그래야 우리가 계속해서 밖으로 나가 햇빛을 받으며 라임레지스나 토키, 빅터하버 혹은 크로이던과 같은 멋진 장소에 갈 수 있다. 그리고 우리는 이미 소중한 오존층을 거의 잃을 정도로 아슬아슬한 상태에 있다.

따라서 이상적으로 우리는 여기 아래쪽 대류권에는 오존 농도를 최소한으로 유지하고, 저 위쪽 성층권에는 충분한 오존이 남도록 최선을 다해야 한다. 우리가 정확히 그 반대를 만들었다니 얼마나 부끄러운 일인가. 저 위쪽 성층권 오존층에는 구멍을 만들고, 동시에 여기 아래쪽 지면 높이에서는 오존 농도를 높였다. 우리가 원하지 않았던 딱 그 상황이다!

저고도 오존의 문제는 오존 자체를 배출하는 어떤 원천도 없다는 것이다. 따라서 다른 몇몇 오염원에 대해 그랬듯이, 배출을 제한할 수 없다. 이것은 인간 활동이 오존 농도에 아무런 기여도 하지 않는 다는 뜻이 아니다. 그것과는 거리가 멀다. 하지만 지상 오존 농도는 대기 중 질소산화물과 휘발성 유기화합물의 양에 의해 결정된다. 그리고 태양광의 세기에 의해서도 결정된다. 이것은 내가 '성스럽지 못한 삼위일체'라고 불렀던 것이다. 낮 동안에는 태양광의 작용 때 문에 오존과 질소산화물과 이산화질소 사이에서 끊임없는 순환이 일어나고, 이것은 오존의 재생성으로 이어진다. 물론 밤에는 태양 광이 없으므로 오존은 일방통행로에 들어서고 가능한 만큼 많은 일 산화질소와 반응한다.

$$O_3 + NO \rightarrow O_2 + NO_2$$

태양광이 없으면 오존의 생성을 유발하는 역반응이 일어나지 않 는다. 따라서 대기에 오존보다 일산화질소가 더 많다면, 오존은 모 두 밤에 사라질 것이다. 만약 일산화질소가 충분하지 않다면, 그때 는 어두워진 후에도 일부 오존이 여전히 있을 것이다. 그러니 무엇 을 호흡하는지 주의하라.

이것은 복잡한 과정이다. 지상 오존은 태양광의 강도와 대기 중에 존재하는 자연 물질과 인공 오염 물질 등을 비롯한 온갖 요인에 좌우되면서 형성된다. 오존 농도 측정은 이런 요인에서 그치지 않는다. 물방울 표면에서 일어나는 반응의 중요성을 고려하거나, 열심히 일하는 가엾은 대기과학자들의 인생을 더 고달프게 만드는 실험 장비를 사용해서 예측해야 한다. 오존 농도를 예측하는 일은 날씨 예측과 비슷하지만, 복잡한 층위가 여러 겹 추가돼 훨씬 어렵다.

대기의 이 복잡한 과정에서 알 수 있는 한 가지 중요한 사실은 이 과정이 진행되는 데는 시간이 걸린다는 것이다. 전구물질 농도가 가장 짙은 곳에서 언제나 오존 농도가 가장 높지는 않다는 뜻이다. 질소산화물과 휘발성 유기화합물은 주로 도로 교통이 많은 도시 지역에서 가장 많이 배출된다. 배출가스가 바람에 실려 가면서, 특히 강한 태양광 아래에서 오존 생성을 유발하는 반응이 일어난다. 그리고 원인 지역에서 바람이 부는 방향으로 오존 농도가 높아진다. 예를 들어 영국에서 오존 농도가 가장 높은 지역은 이스트앵글리아와 웨일스, 사우스코스트다. 반대로 센트럴 런던과 리버풀, 맨체스터, 브래드포드, 리즈 지역 도시들은 상대적으로 잘 비껴간다.[45]

다행히 우리는 이제 컴퓨터 모델을 사용해 합리적인 신뢰도를 바탕으로 이 과정을 전체적인 수준에서 재현할 수 있다. 다른 요인들이 같다면(물론 절대 그럴 리 없지만, 이렇게 해야 시작할 수 있는 조건이 된다), 오존 농도는 질소산화물과 휘발성 유기화합물 모두의 농도에 강하게 의존한다. 다음 도표에 나와 있다.[46]

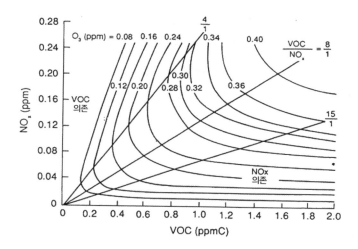

도표에 오존 농도와 질소산화물 그리고 휘발성 유기화합물 농도의 일반적인 관계가 나타나 있다. 만약 휘발성 유기화합물의 농도가 질소산화물(그래프의 중앙에서 대각선 아래로 향하는 선) 농도의 약 8배라면 질소산화물'이나 휘발성 유기화합물, 혹은 양쪽 모두를 줄임으로써 오존 농도를 줄일 수 있다.

그러나 만약 질소산화물에 비해 휘발성 유기화합물이 훨씬 더 많다면, 휘발성 유기화합물를 줄이거나 늘리는 것은 오존 농도에 큰 변화를 주지 않는다. 이것은 표에서 'NOx 의존'으로 표시된 구역이다. 이런 상황에서는 오존 농도를 빠르게 줄이는 방법은 질소산화물 농도를 줄이는 것이다.

이와 비슷하게, 만약 휘발성 유기화합물에 비하여 질소산화물이 훨씬 많다면 질소산화물 농도를 줄이는 것은 오존을 줄이는 데 큰 도움이 되지 않는다. 도시의 환경에서 보이는 전형적인 상황이다. 이 상황에서 오존 농도를 개선하는 가장 효과적인 접근법은 휘발성 유기화합물 농도를 줄이는 것이다.

이런 것들은 과학이 우리에게 알려주는 것이다. 그러나 우리가 대기질을 개선하기 위해 할 수 있는 일을 살펴보고 있는 만큼, 실용성에도 주의를 기울여야 한다. 과학은 우리에게 질소산화물 농도가 상대적으로 낮은 지역(예를 들어 시골 지역)에서 오존 농도를 줄이려면 질소산화물 농도를 더 줄여야 한다고 말한다. 질소산화물 농도가 어떻게 감소하든지, 감소한 오존 농도가 그에 부합하는 이익을 가져다줄 것이다. 하지만 이미 저농도인 오염원의 배출량을 줄이는 것은 언제나 힘든 일(근본적으로는 비용이 많이 든다는 뜻이다)이라는 게 문제다. 배출량을 더 줄이고자 고를 수 있는 선택 사항이 많지 않다. 좋다, 그러니까 우리는 휘발성 유기화합물 농도를 살펴볼 것이다. 더 끌리는 선택일지도 모른다. 하지만 여기서 문제는 오존 농도를 줄이는 면에서 어떤 이득이라도 보려면 그에 앞서 배출량을 상당히 줄여야 한다는 것이다.

반대로, 질소산화물 농도가 높은 지역에서는 질소산화물 배출량을 줄이는, 비용 효율이 높은 선택권이 있다. 예를 들어 사람들에게 자가용 이용을 줄이도록 권장하거나, 고배출 차량에 부담금을 물리고, 도시 개발자에게 전기 차량 충전소 설치를 의무화하고, 난방과 온수 공급에 무공해 기술을 사용하도록 권장하는 일 등이 있다. 모두 훌륭하다. 그리고 배출량을 충분히 줄일 수 있다면, 이것은 결국 오존 농도 개선에도 도움이 될 것이다. 그러나 질소산화물 농도가 높은 지역에서 배출 감소 계획을 시행하더라도 초기 단계에서는 오존 농도에 좋은 변화가 잘 보이지 않는다. 그리고 대기에서 오존을 제거하는 일산화질소의 가용성이 감소하기 때문에 심지어 오존 농도가 증가할 수도 있다.

따라서 지상 오존을 해결하는 쉬운 방법은 없다. 우리를 지키는 동시에 해치기도 하는 오존의 이중적 역할 때문에 대응하기 전부터 대중 홍보의 과제가 됐다. 미국환경보호국은 사람들이 오존에 관해 쉽게 이해하고 기억할 수 있도록, 기억하기 쉬운 문구 "높은 곳에서는 좋고, 가까이에서는 나빠Good up high, bad nearby"를 만들었다. 이상적이지는 않다는 생각이 들었다. 쉽게 뒤집을 수 있기 때문이다. "높은 곳에서는 나쁘고, 가까이에서는 좋아Bad up high, good nearby." 이건 좋지 않다. 내 최선의 제안은 "성층권에서는 당신의 피부를 깨끗하게 지키고, 지상에서는 당신의 눈을 아프게 한다"이다. 나도 이건 환경보호국의 구호보다 더 형편없다는 것을 안다. 그러니 더 간결한 대안을 제안해주기 바란다. 어쨌든 이 이중 역할은 대기권 저 위에 있는 오존을 복구하는 한 묶음의 정책들이 필요하고, 지상의 오존을 줄이는, 초점이 완전히 다른 정책 묶음이 필요하다는 뜻이다. 대중적으로는 오존층 문제가 지상 오존 문제보다 더 잘 알려져 있다. 매년 9월 16일이 '세계 오존층 보호의 날'일 정도다. 2016년의 주제는 '오존과 기후: 단합된 세계가 회복시킨'이었다. 내 생각에는 내 문구가 더 나은 것 같다. 적어도 대구법으로 연결돼 있지 않은가. 게다가 벌써 성공적으로 오존 감소와 기후 변화를 해결했다고 시사하는 것은 조금 과장이다. 어쨌든 '세계 대류권 오존 제거의 날'은 없다. 오존에 대한 노출을 줄이려면, 우리는 서로 다른 여러 오염원의 배출량을 제한해야 한다. 대개는 오존의 영향을 직접 강하게 받지 않는 도시들에서 배출되는 것이다. 심지어 그런 도시가 같은 나라에 있지 않을 수도 있다. 그리고 만약 우리가 어떻게든 오존 형성을 유도하는 오염원의 배출량을 줄인다 해도, 앞서 나온 도표는 우리가 정말로 중요한 개선을 달성하기 전까지는 오존 농도에 큰 변화가 없을 수도 있다는 것을 보여준다.

　이러한 어려움은 지상 오존이 건강에 미치는 영향을 다루는 데 진전이 없었던 이유를 어느 정도 설명한다. 보건지표평가연구소와 보건영향연구소는 오존에 대한 노출이 세계적으로 매년 약 25만 건의 사망을 일으키는 원인이라고 추정했다. 오존은 세계 질병 원인 목록에서 33위로, 일을 하다가 얻은 부상이 건강에 미치는 영향과 비슷하다. 불편한 진실은 오존과 관련된 질병으로 사망한 사람이 1990년 연간 15만 명에서 2015년에는 25만 명으로 꾸준히 증가해 왔고, 완화될 조짐이 보이지 않는다는 것이다.[47] 이 증가의 약 3분의 2가 인도에서 발생했다. 배출량 증가와 강한 태양광의 조합, 그리고 높은 인구 밀도가 광화학적 작용을 한 결과다.

연간 25만 명의 죽음을 유발하고, 그 수가 점점 증가하도록 하는 물질이라면 무엇이든 우려할 문제다. 미세먼지에 관한 관심이 커지면서 도시 대기질을 해결하려는 걸음을 뗄 때도 오존을 잊지 않는 것이 중요하다. 특히 오염원에서 바람이 부는 방향에 자리한, 전 세계의 불운한 시골 지역에 오존이 미치는 영향을 기억해야 한다.

5장

산성비는 어떻게 된 걸까?

수백 킬로미터 이내

대기오염과 자연 보호

서론에서 나는 자연적으로 발생하는 유기황화합물이 중북부 유럽의 삼림 파괴에 미치는 영향을 더욱 잘 이해해보려고 박사학위 프로젝트를 진행했는데, 아무런 영향이 없다고 밝혀졌던 일을 언급했다. 정말로 노르웨이의 환경부는 명백히 이렇게 말했다. "산성비는 주로 화석연료의 연소로 유발된다."[48] 노르웨이는 삼림 손상이 비교적 적었다. 산성비 때문에 벌어진 삼림 황폐화는 중앙 유럽에서 훨씬 더 광범위하게 퍼졌다. 아마도 20세기 중반에 서유럽과 중앙 유럽에서 집중적으로 일어난 대규모 석탄 연소와 연관돼 있을 것이다. 이 숲들은 이제 유럽의 석탄 연소가 꾸준히 감소하면서, 대체로 산성비가 끼친 최악의 영향에서 회복되고 있다. 예를 들어 1990년부터 2014년 사이 유럽 전체에서, 산성비의 핵심적인 원인

제공자인 이산화황 배출량은 거의 90퍼센트 감소했다.[49]

대기를 지나는 우리의 여행을 계속해보자. 우리는 세계 기후를 훑어보았고, 오존이 너무 많고, 또 너무 적은 지역적 범위의 문제도 살펴보았다. 집에 수백 킬로미터 이내로 가까워지면 산성비 문제가 다가온다. 산성비는 노르웨이를 비롯해 사실상 유럽 전역에 걸쳐 삼림보다 강과 호수에 더 오랫동안 영향을 끼쳤다. 산성 퇴적물은 계속해서 영국 전체의 민감한 자연 서식지에 주요한 영향을 끼친다. 물론 지금은 수십 년 전에 일어났던 광범위한 삼림 파괴에 비하면 미약하다. 요즘의 문제는 발전소의 이산화황보다 우리의 오래된 적인 질소산화물과 더 관련돼 있다. 우리 모두 잘 아는 것처럼, 질소산화물은 발전소, 상업용 및 가정용 연소뿐만 아니라, 도로 교통 때문에도 발생한다. 이들 배출원은 일반적으로 감소하고 있지만 (이것은 좋은 소식이다), 아주 더디게, 이산화황 감소에도 못 미치는 속도로 진행되고 있다. 이산화황은 90퍼센트 감소한 반면, 유럽의 질소산화물 배출량은 1990년에서 2016년 사이 절반을 조금 웃도는 양으로 감소했다.

내가 1989년부터 1992년까지 박사과정에 있을 때, 자연 생태계에 대기오염 물질이 미치는 영향이 이후 25년 동안 나와 함께할 줄은 미처 몰랐다. 나는 우리 정원에 있는 잡초와 귀한 화초가 다르다는 것을 겨우 아는 정도다. 질소산화물 배출량이 더디게 감소한다는 의미는 산성비와 대기에서 직접 초목으로 전달된 산성 퇴적물이 주요 문제로 남는다는 뜻이다. 오히려, 이런 영향들에 대한 우리의 지식과 이해가 발전하면서, 대기오염이 생태계에 미치는 영향을 해결하는 것이 더 중요해졌다. 사실 영국에서는 자연 서식지 문제를 매우 심각하게 받아들여서, 사람 보호보다 서식지 보호를 위해 개발을 제한하기도 한다. 소중한 생태계에 큰 영향을 주는 일들은 대기권의 공기오염과는 그리 관계가 없다. 물론 대기권 오염이 중요할 수는 있다. 하지만 오염 물질이 지면에 닿은 뒤에 일어나는 일과 더 관계가 깊다. 생태계에 큰 영향을 미치는 것은 바로 질소 퇴적물과 산성 퇴적물이다.

너무 많은 질소, 너무 많은 산

그러니까 문제가 무엇인가? 질소 퇴적물은 파악하기가 약간 쉽다. 적어도 수학의 범위에서는 쉽게 이해할 수 있다. 여기서 출발점은 생물 다양성이다. 생물학적 체계가 전 세계의 다양한 환경을 견디고 활용하면서 진화해온 놀랍도록 다채로운 방식이 생물 다양성이다. 모든 식물은 질소가 있어야 잘 자란다. 그래서 정원의 꽃과 작물이 잘 자라도록 흙에 비료를 넣는다. 하지만 일부 자연 세계는 질소 함량이 매우 낮다. 이런 환경에서 어떤 식물은 필요한 질소를 얻는 특별한 전략을 발전시켜왔다. 예를 들어 미국 남부의 파리지옥풀, 전 세계의 끈끈이주걱과 식물은 곤충을 잡아 소화해 필요한 질소와 다른 영양분을 얻는다. 맛있는 방법으로 말이다.

파리지옥(노스캐롤라이나와 사우스캐롤라이나 자생식물이지만, 사진은 케임브리지대학교 식물원에 식재된 것)[50]

끈끈이주걱 같은 식물은 다른 식물은 질소가 없어서 살 수 없는 틈새 환경에서 살 수 있도록 진화해왔다. 따라서 돼지 배설물이 정기적으로 공급되는 사육장 근처에서는 끈끈이주걱을 찾지 못할 것이다. 문제는 우리 인간들이 지난 100여 년 동안 상당히 많은 화석연료를 태우기 시작했다는 것이다. 설령 우리가 이 연료를 질소가 부족한 지역과 멀리 떨어진 곳에서 오븐과 보일러, 자동차, 발전소로 태운다 해도 질소산화물은 대기라는 좋은 경로를 타고 배출된 곳에서 멀리 떨어진 서식지로 옮겨간다. 끈끈이주걱에 비가 내릴 수 있다(끈끈이주걱을 볼 수 있는 스코틀랜드 습지 같은 곳은 비가 상당히 많이 내린다). 이때 약간의 이산화질소가 비에 녹아 질소가 적은 환경에 내려앉는다. 따라서 사용 가능한 질소가 증가하면서 다른 식물도 그곳에 살 수 있는 환경이 된다. 이제 잔디는 더 자라고 끈끈이주걱은 사라진다. 이것이 '부영양화'라는 현상이다.

산성 퇴적물도 어떤 면에서는 비슷하다. 대기 중에 있는 이산화황, 이산화질소, 암모니아, 염화수소 등 화학물질에서 산성 퇴적물이 발생한다. 이 화학물질들은 초목에 곧바로 쌓일 수도 있고, 역시 빗물에 녹아 식물과 흙에 내려앉기도 한다. 그 결과, 산도를 높이고 생태계에 해를 끼친다. 특히 이끼와 지의류[균류와 조류의 공생체], 삼림지를 손상한다.

다행히 우리는 이제 이 문제들을 인지했다. 그리고 문제를 해결하려고 조치하고 있다. 산성 퇴적물로 인한 손상을 인식한 지는 약 150년이 됐고, 이산화황 배출량이 상당히 감소한 게 최근의 피해를 줄이는 데 도움이 됐다. 그러나 질소산화물과 암모니아는 여전히 민감한 서식지에 장기적인 영향을 줄 정도로 산과 질소 퇴적물 농도를 높인다.

자연 서식지는 대기오염에 간접적으로 영향받고 일부 대기오염 물질에는 직접적으로 영향받을 정도로 취약하다. 그중에서도 암모니아는 매우 치명적이다. 특히 서식지에 그렇다. 첫째로 많은 식물이 이 화학물질로부터 성장에 영향을 받을 수 있고, 특히 일부 이끼와 지의류는 유난히 큰 영향을 받는다. 지의류는 특히 대기오염에 민감한데, 뿌리가 없어서 공기로부터 모든 영양소를 직접 얻기 때문이다. 영국에서 지의류를 보호하려고 정해놓은 공기 중 암모니아 안전 기준치는 인간에 적용되는 안전 기준치보다 180배 낮다. 정말로 예민하기 짝이 없는 지의류가 있는 모양이다. 암모니아가 그렇게 큰 영향을 주는 두 번째 이유는 농업 활동과 폐기물의 처리 과정에서 암모니아 배출이 일어나는데, 주로 보호 서식지에서 그리 멀지 않은 시골 지역이기 때문이다. 이런 환경에서는 암모니아 농도가 조금만 증가해도 문제가 될 수 있다.

생물 다양성에 미치는 영향에 대응하기

서식지에 대기오염 물질이 끼치는 직접적이고 간접적인 영향을 해결하는 방법은 주로 오염원을 제한하는 데 초점을 맞춘다. 우리가 주요 오염원 근처나 바람이 가는 방향에 사는 사람들을 위해 도로 교통과 다른 오염원의 배출량을 줄이는 조치를 한다면, 자연히 민감한 서식지의 대기질 역시 개선될 것이다. 비록 서식지가 더 멀리 떨어진 곳이라 해도 혜택이 갈 수 있다. 민감한 생태계와 서식지를 위해 환경을 개선하는 것은 대기질을 광범위하게 개선하는 주된 동력은 되지 않겠지만, 건강과 대기질에 대한 규정을 준수함으로써 얻는 부수적인 혜택은 될 수 있다. 한 가지 문제는 민감한 서식지에 대기오염 물질이 영향을 미치는 걸 감지하기 어렵다는 점이다. 생태학자도 서식지에 가서, 바로 대기오염의 작은 변화와 추세로 손상이나 개선이 일어났다고 가려내기가 쉽지 않다. 따라서 대기오염의 영향과 혜택에 대한 어떤 입증이나 평가도 간접적일 수밖에 없다.

이 문제를 해결하는 방법은 부분적으로 새로운 개발과 관련이 있다. 이제 지역 계획 당국과 영국환경청과 같은 환경 규제 기관은 특별 지정 서식지에 대한 영향을 고려해 의사를 결정해야 한다. 이러한 평가에 요구되는 방법과 기준은 지극히 엄격할 수밖에 없다. 좋은 일이다. 영국에서 가장 소중한 자연 서식지 일부에서 대기오염을 더 심화하는 사적 개발을 막는 보호장치를 가동하고 있다는 뜻이기 때문이다. 물론 균형이 있어야 한다. 환경보호와 유익한 개발 사이의 균형추는 서식지 환경보호 쪽으로 훨씬 더 많이 기울어지는 듯이 보인다. 이 지점에서 지역민의 건강보다 서식지 보호가 오히려 더 강력하게 개발을 제한하는 요인이 된다.

콘월의 세인트데니스에 있는 폐기물 에너지 생산 시설을 예로 들어 보자.

이곳은 중형 폐기물 에너지 생산 시설로 연간 약 24만 톤의 잔여 폐기물을 처리하도록 설계됐다. 하지만 중형 굴뚝은 없다. 120미터 높이의 굴뚝이 두 개 있다. 빅 벤보다 세 배나 높다. 굴뚝이 왜 그렇게 높을까? 지역 주민들을 배출가스로부터 보호하기 위함이 아니라, 꼭 보호해야 하는 서식지에서 가깝기 때문이다.

콘월 에너지 재생 센터[51]

굴뚝이 매우 높아서, 굴뚝에서 200미터 이내에 있는 보호지조차 영향을 극히 적게 받을 것이다. 굴뚝이 이렇게 설계된 덕분에 더 상세히 평가할 필요도 없이 위험을 차단할 수 있다. 하지만 정말로 호두를 깨려고 쇠망치를 쓰는 격이다. 쇠망치는 멀리 떨어진 곳에서도 보이는 120미터 높이의 굴뚝 한 쌍이고, 호두는 근처 브레니커먼, 고스무어, 트레고스무어에 폐기물 소각로의 배출가스가 어떤 영향도 미치지 않도록 방지하는 것이다. 이들 서식지는 아름답고 외딴곳으로, 섬세한 늪표범나비^{Marsh fritillary}와 같은 종들이 서식한다. 문제는 이 120미터 쇠망치가 이들 서식지가 직면하고 있는 더욱 긴급한 다른 위협에 대해서는 아무런 도움도 되지 않는다는 것이다. 이를테면 서식지에 인접한 A30(간선도로)의 배출가스나 침입종, 동물 먹이와 배설물로 인한 부영양화, 비료와 농약 사용과 같은 것들⁵²을 해결하는 데는 소용이 없다. 오해는 하지 말기 바란다. 나는 습지가 보호되는 것이 매우 기쁘다. 하지만 필요보다 더 값비싸고 더 눈에 잘 띄는 가시적인 굴뚝을 짓는 것은 적절한 시작점이 아니다.

보호 지역에서 대기오염의 영향을 관리하려고 할 때 만나는 곤란한 문제는 실제 서식지에서 대기오염 때문에 피해를 본 증거를 찾기가 상당히 어렵다는 점이다. 너무 많이 방목되거나 수질오염, 사람이나 개의 방문 등 서식지에 여러 위협이 공존하는 가운데, 감지하기 미묘한 대기오염의 배후 효과를 분리해서 파악하기는 어렵다. 아마도 질소가 없거나 부족한 환경에 특별히 적응한 종의 개체가 약간 적어지는 결과를 불러올 것이다. 따라서 우리는 적절히 계산해 이러한 영향을 처리한다. 영향에 관한 수치를 서식지의 민감도를 나타내는 수치로 나누는 것이다. 하지만 이런 방법은 민감한 생태계에 대기오염이 직접 어떤 영향을 미치는지 모르게 만들 수도 있다.

현장 연구 영역

하지만 어느 정도든지 간에 대기오염은 여러 민감한 부문에서 생물 다양성에 계속 영향을 끼친다는 건 확실하다. 현장과 연구실 실험을 통해 대기오염이 다양한 식물에 미치는 영향을 파악한 덕분에 이런 사실을 알 수 있었다. 그리고 영국 내의 모든 서식지의 대기오염 수치에 대한 충분한 정보를 가지고 있다. 사실 가장 민감한 종을 지표로 이용해 대기오염 수치를 추측할 수 있다. 나무 몸통과 가지에 서식하는 지의류의 존재를 기록하는 것이다. 지의류는 질소 민감성과 질소 내성이 있다. 이 관찰 결과는 대기 중 질소 수치를 평가하는 지수로 변환할 수 있다. 전원 지역을 좋아하는 사람으로서, 하지만 열네 살 이후로 생물학과는 담을 쌓은 사람으로서, 나는 걱정스럽게 현장연구위원회Field Studies Council[야외에서 배우기를 추천하는 교육자선단체]가 발행한 잡지를 들고 지의류에 기초한 지수를 이용해 대기질을 평가하려고 집 근처 숲으로 나갔다. 나침반과 돋보기, 줄자를 가지고 시도해보았다. 첫 번째 관문은 떡갈나무와 너도밤나무를 살펴보는 것이었다. 약간 어려운 일이었지만, 나는 오직 떡갈나무만 찾는 단순한 해결책을 써서 제대로 해냈다. 나조차 떡갈나무가 어떻게 생겼는지는 안다. 그 뒤로 상당히 여러 그루의 떡갈나무 몸통과 가지에서 지의류를 식별할 수 있었다. 그리고 그것을 대기 중 '반응성이 좋은 질소'의 존재 여부를 알려주는 기준으로 삼아 대기질을 구분할 수 있었다. 여기서 '반응성이 좋은 질소'란 곧 질소산화물과 암모니아를 뜻한다.

　나무 몸통은 좋은 소식을 알려주었다. 그 숲의 대기질은 '깨끗했다.' 나무 몸통에는 수많은 질소 민감성 종이 있었다. 질소 내성 종은 그리 많지 않았다. 그다음 나뭇가지는, 훨씬 더 좁은 부분에 더 적은 지의류를 보이며 대기질이 '오염됐다'고 말하는 듯했다. 가이드에 따르면 이것은 그 장소의 대기질이 나빠지고 있다는 뜻이라고 한다. 만약 새로 자란 부분에 질소 민감성 종이 많지 않다면 일리가 있는 해석인 듯하다. 나는 영국 대기질 기록 보관소에서 볼 수 있는 암모니아 대기 관찰 기록과 이 결과를 교차검토 해보았다. 놀랍게도, 가장 가까운 관찰 위치(약 30킬로미터 떨어진 곳)에서 측정된 암모니아 농도는 1997년 이후로 연간 약 2.3퍼센트씩 제법 꾸준히 증가하고 있었다. 연평균 암모니아 농도는 현재 대부분의 초목의 생장에는 영향이 별로 없는 아직 안전한 수치지만, 민감한 지의류와 관련한 안전 수치는 넘어서는 그 어딘가에 잠복하고 있다. 현재 추세라면 2040년에는 이 숲에서 특정 식물의 안전치를 넘어설 것이다. 따라서 일을 바로잡으려고 한다면 서두르는 편이 좋을 것이다. 지의류와 전국의 측정치는 같은 이야기를 하고 있는 듯하다. 그리고 딱히 즐거운 이야기가 아니다. 내가 있는 지역에서 암모니아 농도는 현재 그리 나쁘지 않지만, 나빠지고 있다. 영국 내의 다른 곳에서는 암모니아 농도가 이미 서식지에 직접적인 영향을 줄 정도로 높다.

암모니아에 대응하기

암모니아는 특별히 다루기 힘든 오염 물질이다. 식물에 직접 해를 주는 것은 물론이고, 산성화와 부영양화에 모두 일조한다. 일부 측정소에서는 수치 변화가 거의 없는 반면, 다른 곳에서는 암모니아 수치가 서서히 상승하는 듯하다. 약간 이상한 현상이다. 우리는 대기에서 암모니아를 측정하는 동시에 영국 전체에서 대기로 배출되는 암모니아의 양을 추산한다. 1997년부터 2015년까지 약 20년 동안을 추정해보면 연간 약 1퍼센트 정도 암모니아 배출량이 꾸준히 줄었다. 이 다소 미미한 감소는 주로 농업 부문에서 발생한 것이다. 우리가 대기에서 측정하는 결과에는 이 점이 반영되지 않는 것 같다. 수치는 거짓말을 하지 않으므로 이 추측을 다시 들여다볼 필요가 있다. 이 문제는 법적으로 중요하다. 우리는 UN의 '대기오염 물질의 장거리 이동에 관한 협약'에서 비롯된 '배출가스 상한 명령'을 준수해야 하기 때문이다. 영국이 이 협약에 서명했으니 배출가스 감소 의무를 완수해야 한다. 더 큰 그림에서 보면 법적으로 의무화한 것은 사람과 자연 생태계 모두를 위해 환경을 개선해야 한다는 목적이 있기 때문이다.

그런데 암모니아가 왜 그렇게 까다로운 것인가? 이 특이한 화학 물질은 대기오염 문제를 일으킨다고 알려진 오염원인 교통, 발전소, 산업 활동 등에서 배출되지 않는다. 대신 영국의 국내 조사 기록에 따르면 암모니아 배출가스의 유일한 원천은 농업이다. 농업 배출량은 대기로 배출되는 전체 암모니아 양의 5분의 4를 차지한다. 농장은 보통 전원 지대에 위치한다. 그래서 암모니아에 영향을 받을 수 있는, 가치 있고 민감한 서식지가 근처에 있을 가능성이 크다. 이미 말했듯이 암모니아는 특이한 화학물질이다. 화학식은 NH_3로 질소 원자 하나와 수소 원자 셋이다. 암모니아를 물에 녹이면 알칼리성 용액이 된다. 그래서 내가 암모니아가 산성비에 어떻게 일조하는지 알아내려다가 실망한 것이다. 하지만 암모니아는 알칼리성 암모니아가 산화해 산성의 질산염이 되는 생화학적 과정을 통해 산성비를 만드는 데 일조한다. 우리가 대기에서 만나는 암모니아보다 훨씬 더 높은 농도의 암모니아는 매우 자극적인 냄새를 풍긴다. 이 냄새 때문에 애거서 크리스티의 추리소설에서는 기절한 여성을 깨우는 방향 각성제[탄산암모늄이 주원료]로 등장한다. 크리스티의 단편 〈파란색 제라늄〉(《열세 가지 수수께끼》, 황금가지, 2003)에는 프리처드 부인의 방향 각성제가 붉은 꽃 그림 벽지의 색을 바꾸는 이야기가 나온다. 그렇다. 벽지는 리트머스 종이로 활용할 수 있다(그렇게 함으로써 점쟁이 재리다의 예언을 실현한다). 벽에 리트머스 시험지를 감쪽같이 붙일 수만 있다면 말이다.

다시 현실 세계로 돌아오자. 농업에서 암모니아는 동물 배설물을 퇴비로 처리하는 과정에서 배출되고 토양에서 직접 배출되기도 한다. 반은 동물을 기르는 데서 나오고 반은 작물을 기르는 데서 나오는 셈이다. 이런 활동에서 나오는 배출가스는 정확하게 양을 측정하기 힘들다. 그리고 그렇게 광범위한 원천에서 나오는 배출가스를 줄이는 일은 시작하기 더욱 힘들다. 대기질 측정, 현장 실험, 서식지 조사를 해보면 우리가 농업에서 배출되는 암모니아를 줄이기 위해 정말로 무엇인가 해야 한다는 걸 느낀다. 하지만 영국에는 20만에 가까운 다양한 농장이 있다.[53] 내가 지난 25년간 서식지에 대기오염이 어떤 영향을 주는지 연구하다가 배운 게 있다면, 농민들은 그들이 원하는 대로 한다는 것이다. 관청에서 나온 어떤 얼간이의 지시에 따르지 않는다. 게다가 작물을 기르고 가축을 사육하는 일은 거의 자연적인 활동이므로, 언제나 대기로 배출되는 암모니아가 있다. 동물 배설물로 배출되고, 배설물이 작물을 키우는 비료가 되고, 비료에서 작물로 옮겨가고, 작물이 다시 동물의 먹이가 되는 과정에서 질소가 계속 순환하는 한 암모니아는 늘 배출된다. 그렇기는 해도 농업에서 배출되는 암모니아를 줄이는 방법은 있다. 가장 확실한 방법은 동물 먹이를 관리하는 것이다. 퇴비와 동물의 분변이 저장되고 비료로 땅에 쓰이는 방식과도 관련이 있다.[54] 그 밖에도 줄일 기회는 아주 많다. 1997년 이후 추산치로, 전년 대비 암모니아 배출을 1퍼센트 줄인 당본인은 다름 아닌 농부들이었다. 따라서 20년에 걸쳐 농업 부문의 암모니아 배출 20퍼센트가 감소한 것이다. 다들 잘했다. 하지만 지난 20년 동안은 다시 상승 추세다. 그리고 20퍼센트 감소는 근본적인 변화라기보다 미미한 개선이다. 좀더 근본적으로 개선하려면 장려책과 재정 지원, 기술 지원, 광범위한 오염원을 다스릴 수 있는 규제가 뒷받침해야 한다. 그리고 모든 산업이 오늘날 농민들이 해내는 최대치와 같은 기준에 따라 운영되도록 해야 한다.

산성비는 1980년대에 나를 대기과학의 길로 인도해준 문제였다. 당시에는 모든 영향이 명백했다. 그 이후로 산업체와 도로 위 차량의 배출량을 극적으로 개선했음에도 불구하고, 대기오염은 우리의 가장 소중한 생태계 여러 곳에, 감지하기 어렵지만 중대한 영향을 꾸준히 끼치고 있는 듯하다. 오존층을 다루며 보았듯이, 이런 결과는 우리 세계와 대기가 얼마나 망가지기 쉬운지를 깨닫게 해준다. 그리고 우리의 의도와는 상관없이 우리가 가장 가치 있게 여기는 것을 쉽게 잃을 수 있다는 사실도 잘 드러내준다.

6장

도시 규모의 대기오염

수천 킬로미터 이내

대기질은 걷잡을 수 없다고는 말 못 하지만, 장소에 따라 극단적으로 다양하게 나타난다. 대기질에 영향을 끼치는 가장 분명한 두 가지 요인은, 오염이 어디에서 오는지와 어디로 가는지다. 오염원의 '위치'와 '특징'은 대기오염을 해결하는 출발점이다(예를 들어, 오염 물질의 초당 증가량은 얼마인가? 배출량은 꾸준한가? 혹은 변화가 있는가? 오염원은 얼마나 높은 곳에 있는가?). 다른 한편으로 특정한 원천에서 나오는 배출가스가 어디로 가는지는 기상 조건과 바람 방향, 속도에 영향을 받는다. 그것이 전부는 아니지만 중요한 부분이다. 예를 들어 냄새는 원천에 가까울 때 가장 강할 가능성이 높다. 그곳이 아래층 화장실이든, 농민이 돼지 분변을 대기 중에 투척하고 있는 들판이든, 가까울수록 냄새도 심하다. 고체 연료를 태우는 모닥불과 가정의 요리용 화구에서는, 실내와 실외를 가리지 않고 상당히 위험한 화학물질을 포함한 고농도 미세먼지가 부유하고 있을 가능성이 크다. 도로 교통 때문에 발생하는 대기오염 농도는 대개 도시 지역에서 높다. 특히 도로가 혼잡하고 차량 배기가스를 만족스럽게 관리하지 못하는 도시의 오염도가 높다. 대도시에서는 모든 방향에 도로와 또 다른 오염원이 있는 경우가 많다. 그래서 바람이 어느 방향으로 불든 오염 수치가 높아진다.

17세기 도시의 대기질 관리

대기오염은 수 세기 동안 과학자의 흥미를 끌어온 주제다. 비록 비금속을 금으로 바꾸는 데 쏠린 관심이나 체액의 불균형이 일으킨 질병을 거머리를 사용해 치료하는 데 쏠린 관심에는 못 미치더라도 대기오염 역시 상당한 이목을 끌어왔다. 사람들은 수 세기 동안 자신들이 무엇을 호흡하는지 전부 파악하지는 못했어도, 많이 의식해왔다. 1661년에 출간된 논설에서 작가 존 이블린은 런던의 대기오염을 고찰한다.《매연대책론, 혹은 런던 공기와 연기의 불편함 소멸하기. 존 이블린이 국왕 폐하와 현재 소집된 의회에 삼가 제안하는 몇 가지 해결책과 함께Fumifugium, or, The inconveniencie of the aer and smoak of London dissipated. Together with some remedies humbly proposed by J. E. esq. to His Sacred Majsetie, and to the Parliament now assembled》는 대기오염의 원인을 분석하고 대기질을 개선하기 위한 의견을 제시한 최초의 보고서에 속한다.

FUMIFUGIUM:

O R

The Inconveniencie of the AER

A N D

SMOAK of LONDON

D I S S I P A T E D.

T O G E T H E R

With fome REMEDIES humbly

P R O P O S E D

By *J. E.* Efq;

To His Sacred MAJESTIE,

A N D

To the PARLIAMENT now Affembled.

Publifhed by His Majefties Command.

Lucret. 1. 5.

Carbonúmque gravis vis, atque odor infinuatur
Quam facile in cerebrum ? ――――

L O N D O N,
Printed by *W. Godbid* for *Gabriel Bedel*, and *Thomas Collins*,
and are to be fold at their Shop at the *Middle Temple* Gate
neer *Temple-Bar. M. DC. LXI.*

존 이블린의 1661년 소논설 《매연대책론, 혹은 런던 공기와 연기의 불편함 소멸하기.
존 이블린이 국왕 폐하와 현재 소집된 의회에 삼가 제안하는 몇 가지 해결책과 함께》[55]

이블린이 화학이라는 과학 자체가 이제 막 연금술의 족쇄를 떨쳐 낸 시기에 대기오염 문제에 대처하기 시작한 것은 아마도 불운이었을 것이다. 연금술은 우리 주변 세계의 구성을 이해하는 신비주의적이고 비체계적인 접근법으로 수 세기 동안 화학의 발전을 저해했다. 연금술사들이 금이 아닌 것을 금으로 바꾸는 데 큰 진전을 이루기가 힘들다는 것을 깨닫는 동안 물리학과 생물학, 수학이 우리 주변 세계에 대한 통찰을 발전시키고 확장했다는 것은 놀라운 일이 아니다. 이블린이 대기오염에 관심을 가졌던 시기에, 화학은 학문의 초창기에 있었다. 실제로 로버트 보일의 화학과 연금술을 구분하는 최초의 서적 《회의적 화학자The Sceptical Chymist》는 이블린의 저서와 같은 해인 1661년에 출간됐다.

이블린은 단순히 산업공해를 시각과 후각에 의존해 분석하고 있었다. 보고 냄새 맡을 수 있는 것부터 시작한 것이다.

이블린은 시대를 너무 앞질러 분석하는 바람에 대기의 화학적 구성을 이해할 수 없었다. 그의 분석은 100년쯤 일렀다. 그는 석탄이 대기 중 먼지와 검댕을 일으킨 주요 원인이라고 밝혀냈다. 그리고 잡화상과 정육점에서 나는 수지[여기서 잡화상은 양초나 비누 등을 팔던 곳으로, 수지는 제품 원료인 동물 기름을 말한다]와 피 냄새에 관심을 보였다. 이블린이 제안한 해결책은 석탄을 태우고 심한 냄새를 풍기는 유해 산업을 템스강 동쪽 아래로 옮기자는 것이었다. 이곳은 효과적으로 편서풍이 부는 방향에 있다. 따라서 유해 산업을 옮기면 연기와 냄새가 사람들이 대부분 모여 살던 런던의 대기질에 영향을 훨씬 덜 줄 것이다. 그리고 일자리를 창출하는 좋은 기회도 될 것이었다. 연기 나고 냄새나는 산업에서 만들어내는 온갖 유용한 물품을 운반하려면 뱃사공이 필요하기 때문이다. 그는 왕정복고를 이룬 찰스 2세에게 이러한 조치를 취해서 도시를 깨끗하게 해달라고 요청하며, 이런 조치는 예루살렘의 성전에서 상인들을 내쫓은 예수의 역할을 하는 것이라는 암시를 주었다.[56]

21세기의 17세기 해결책

만일 이블린의 해결책이 실행됐다면, 런던의 대기오염 문제는 어떻게 달라졌을까? 런던 중심부의 중공업이 내 옛 관할 지역(아홉 살 때까지는 내 관할지였다)인 에식스의 혼처치Hornchurch와 켄트Kent의 다트퍼드Dartford 같은 지역으로 이전했을 것이다. 포드자동차가 대거 넘Dagenham으로 이전하는 데 수백 년이 걸리긴 했지만, 결과적으로는 대략 그런 일이 일어났다. 런던 중심부에 가장 마지막까지 남은 주요 산업 공정은 차터하우스가Charterhouse Street에서 시티젠Citigen이 운영하던 열병합발전소였다. 이 발전소는 2014년 문을 닫았고, 규모가 훨씬 작고 오염이 적은 공장으로 대체됐다. 이제 런던 중심부에는 환경청에서 규제할 정도로 규모가 큰 공정은 없다. 마침내 이블린이 찰스2세에게 바친 탈-산업 환경의 미래상이 실현됐다.

이제 런던 중심부에는 대규모 산업 활동이 없지만, 런던 전체로 보면 최근 들어 전력 수요를 충족하려고 디젤 전기 생산 시설을 늘리고 있다. 이블린에게 배운 것을 잊은 것이 아닌지 우려된다. 이러한 예상하지 못한 변화는 전기 발전이 대규모 발전에서 벗어나 간헐적으로 소용량을 생산하는 방향으로 가는 추세를 반영한 결과다. 일반적으로는 긍정적인 추세다. 특히 재생 가능 에너지는 이제 영국에서 생산되는 전기 총량의 약 4분의 1을 차지한다. 그러나 때때로 에너지 수요가 급증할 때가 있다. 이를테면 〈코로네이션 스트리트Coronation Street〉[1960년 첫 방송 후 현재까지 이어져 세계에서 가장 오랜 기간 방영 중인 영국 드라마]의 광고 시간이나 축구 경기의 중간 휴식 시간에, 텔레비전을 시청하던 팬들이 차 한 잔으로 슬픔을 달래려고 자리를 뜰 때 수요가 급격히 증가한다. 재생 가능 에너지원은 이렇게 급증하는 수요를 감당할 정도로 용량을 충분히 늘리지 못할 때도 있다. 그리고 정말로 수요가 급등할 때 작동하지 않을 수도 있다. 따라서 단기로 믿을 만하게 에너지를 공급할 사업자를 찾는 시장이 있다. 이러한 단기 공급자에 대한 수요는 도시에 많다. 매력적인 사업 기회를 본 공급자들은 값싸고 믿을 만한 디젤 발전기를 도시 중심지에 설치한다. 이것은 단기 수요를 충족시키는 데는 좋지만, 도시 대기질 면에서는 뒷걸음질이라고 할 수밖에 없다.

문제를 더 심각하게 만드는 것은 전기 자동차의 시장점유율이 꾸준히 증가함에 따라 전기 수요도 증가하기만 할 것이라는 사실이

다. 도로의 전기 차량이 대기오염을 일으키지 않는 것은 좋은 일이
지만 전기는 어디선가 와야 하고, 그런 전기가 전부 청정하고 환경
친화적인 것은 아니다. 한편 런던 동부 주민들은 상대적으로 좋지
못한 대기질을 계속 견뎌야 한다. 부분적으로는 교외 지역에서 계
속 진행 중인 산업 활동 때문이지만, 그들의 지역과 런던 전체의 도
로 교통에서 비롯된 오염 물질이 더 큰 원인이다.

19세기와 20세기의 도시 대기질 관리

한두 세기 전으로 돌아가보자. 우리는 20세기 중반에 처음으로
대기오염이 어떻게 우리 건강에 영향을 끼치는지 이해하기 시작했
다. 오글거리는 팝송이 담긴 레코드판과 함께 20세기 중반에 우리
와 함께 있었지만 종종 잊히곤 하는 건 산업화가 진행되던 유럽 여
러 지역에 영향을 준 지독한 스모그smog다. 혼성어인 '스모그'는 연
기smoke와 안개fog의 불쾌한 혼합물을 생각나게 한다. 스모그는 날씨
가 춥고, 바람이 없고, 눅눅하며 대체로 구질구질한 날 광범위하게
석탄을 연소할 때 발생한다. 이블린도 광범위한 석탄 연소로 유발
된 런던 스모그를 묘사한 것을 보면 스모그는 여러 해 동안 어쩔 수
없는 현실이었다. 그 뒤로 200년이 지나도 상황은 별로 개선되지
않았다. 《황폐한 집Bleak House》에서 찰스 디킨스는 짙은 스모그를 가
리켜 '런던의 명물'이라고 표현했다.

"모퉁이만 돌면 됩니다." 거피 씨가 말했다. "챈서리 거리를 돌아서 홀본을 따라가면, 4분 만에 아슬아슬하게 도착하지요. 이건 이제 거의 런던의 명물이에요. 그렇지 않나요?" 그는 내 설명에 상당히 만족하는 듯 보였다.

"안개가 정말 짙어요!" 내가 말했다.

"그래도 당신에게 영향을 주지는 못하는 것이 분명하군요." 거피 씨가 계단을 오르며 말했다. "오히려 당신에게는 도움이 되는 것 같아요. 당신 모습을 보니 말이에요."

(찰스 디킨스, 《황폐한 집》 1권)

아서 코넌 도일은 20세기로 접어들 무렵의 짙고 누런 안개를 여러 셜록 홈스 단편에서 묘사한다('왓슨, 내 친구여, 간단하네elementary my dear Watson'와 함께 '농무pea-souper'라는 용어도 코넌 도일이 직접 쓴 적은 없다). 인상주의 화가 클로드 모네는 1904년 런던을 방문해 안개 속의 국회의사당을 그렸다. 그가 머물던 숙소에서 보이는 햇빛과 안개의 효과를 포착해 극적이고 (교육받지 않은 내 눈에는) 때로는 어두컴컴한 작품들을 연작으로 그렸다.

이런 추운 날씨의 스모그는 원래 상업과 산업 공정에서 석탄을 연소함으로써 발생한 입자와 이산화황이 특징이다. 19세기 무렵에는 이블린이 서술한 산업적 원인과 더불어 가정에서 때는 석탄도 스모그가 발생한 주요 원인일 정도로 런던 인구가 많았다. 겨울에는 특히 가정에서 많은 석탄을 땠고, 이것이 바람이 없는 날씨와 겹치면서 그 결과는 연기와 이산화황 그리고 안개의 상당히 불쾌한 조합이 됐다.

1950년대의 스모그

영국에서 1950년대 초반에 발생한 일련의 스모그는 이러한 겨울 스모그 사건을 해결하는 조치를 취할 수밖에 없도록 만들었다. 내 형수는 1950년대에 레스터에서 집으로 가는 길을 찾던 중에 아름다운 흰색 털모자가 스모그 때문에 지저분한 회색으로 변해버린 일을 기억한다(흰색 털모자는 지금은 잊혔지만 20세기 영국을 나타내는 또 하나의 특징이다). 스모그의 불쾌한 특성도 대책을 마련하게 한 이유 중 하나였다. 사실 1952년 12월의 스모그 이후로 대중의 관심은 스모그가 발생한 동안 일어나는 범죄의 위험, 스포츠 경기의 짜증스러운 취소(화이트시티에서 열린 그레이하운드 경주에서는 참가한 개가 정말로 토끼를 볼 수 없었다), 그리고 얼스코트Earls Court에서 열린 스미스필드 쇼[가축 품평회]에서 상을 받을 만한 소들이 죽은 사건에 훨씬 더 집중됐다.[57] 만약 스모그가 소를 죽음에 이르게 한 원인이라면, 사람에게도 비슷한 영향을 끼치지 않을지 의심하는 의견이 없었던 점이 놀랍다. 아마도 트위터가 등장하기 60년 전이라서 대중이 격렬하게 반응할 수단이 없었던 것 같다. 적어도 처음에는 그랬다.

그러나 오래 지나지 않아, 일반등록청[영국통계청의 전신]은 스모그가 약 4000명을 조기 사망케 한 원인이라는 추산을 발표했다. 이 추산은 1952년 12월 5일에서 9일까지의 스모그 기간 사망률을 그 전후 기간 사망률과 1951년의 같은 기간 사망률에 비교해 얻은 결과다.[58] 4000명이라는 수는 아마도 과소평가한 것이리라. 특히 스모그 기간만 조사했고, 사망률이 여러 날 동안 평균 이상으로 올라간 스모그 직후 기간은 고려하지 않았기 때문이다. 이 하나의 사건이 실제로는 1만2000명의 사망을 유발했을 수도 있다.[59] 런던 스모그는 더는 무시하거나 런던 날씨의 귀여운 변덕이나, 안색을 좋게 보이게 하는 특성으로 취급할 수 없었다.

1950년대 초반의 런던 스모그

144

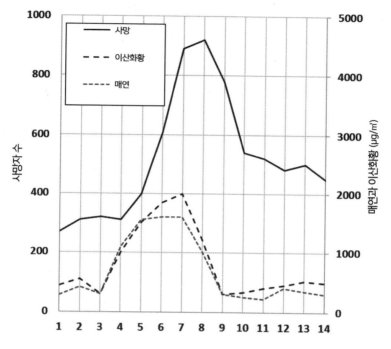

1952년 스모그 기간 런던의 공해와 사망자 수[60]

　리처드 돌과 오스틴 브래드포드 힐이 1950년과 1954년에 흡연이 건강에 미치는 영향에 관한 유력한 연구를 발표하면서, 이 시기에는 역학(질병의 분포와 원인에 관한 연구)이 발달하고 있었다. 두 연구 사이에, 1952년 사건과 이어진 획기적인 역학적 연구가 발표됐고, 이는 1956년 청정대기법Clean Air Act 제정을 이끌었다. 이 법은 여러 차례 개정됐지만, 핵심 조항은 그대로 유지된다. 특정한 도시 지역에서 고체 연료 사용 제한, 상업용지에서 검은 연기 배출 금지, (1968년부터) 산업용 굴뚝의 최저 높이 기준 등이다. 이 조치의 효력이 발생하기까지는 시간이 걸렸다. 1962년에 750명을 조기 사망에 이르게 한 또 다른 사건이 있었지만, 마침내 청정대기법이 도입한 규제가 영국에서 심각한 겨울 스모그 발생을 줄이고, 결국은 제거했다. 맨체스터 중심부의 오래된 매연 및 이산화황 관측소에서 2005년 기록된 이산화황 농도는 1962년 측정치의 단 2.4퍼센트에 지나지 않았다.

대기오염이 건강에 미치는 영향

일반적인 인식 변화와 청정대기법의 효과적인 방책에 더해 대기오염원 자체에 더 큰 폭의 변화가 일어났다. 도시 중심부와 영국 전역의 산업 활동이 점진적으로 감소했다. 이것은 제조업과 발전소, 상업용 및 가정용 부문에서 석탄과 석유를 연소하는 데에서 탈피해 천연가스와 재생 가능 에너지원을 사용하는 쪽으로 가는 움직임이 확산되는 것으로 뒷받침되었다. 이런 연료는 이산화황과 매연을 훨씬 덜 배출하거나 아예 배출하지 않는다. 이와 동시에 1952년과 1984년 사이 30년에 걸쳐 차량 주행거리는 5배로 증가했다.[23]

런던 스모그 연구는 대기오염 사건이 수천 명의 조기 사망을 유발할 수 있음을 보여주었다. 그리고 우리는 반세기 전에 그에 관해 많은 것을 알게 됐다. 하지만 그렇게 단기간 지속하는 오염 사건은 극적일 수는 있지만, 대기오염이 건강에 미치는 영향 중 가장 대단한 건 아니다. 지난 수년간, 대기오염이 건강에 미치는 영향에 관한 새롭고 충격적인 시각을 제공하는 어마어마한 수치들이 발표됐다. BBC에서 2016년 한 해에만 다음과 같은 기사들을 보도했다.

> "영국 대기오염 '연간 4만 명 조기 사망과 관련돼'"
> "대기오염 '유럽에서 연간 46만7000명 조기 사망 유발'"
> "오염된 대기가 연간 사망자 5500만 명을 초래한다는 새로운 조사 결과"
> "WHO에 따르면 오염된 대기가 전 세계 인구의 92퍼센트에게 영향 미쳐"

조기 사망자가 엄청나다. 하지만 '대기오염증'이라는 질병은 없다. 그렇다면 이 사람들은 모두 무엇 때문에 사망하는 걸까? 이 추산은 사망률의 통계적 분석에 근거한다. 따라서 이들 분석이 대기오염 물질이 우리 건강에 미치는 실질적 영향에 대한 어떤 통찰을 주는 것은 아니다. 분석은 단지 더 높은 농도의 오염에 노출된 사람들이 더 높은 사망률을 나타낸다는 것을 알려줄 뿐이다. 우리는 대기오염 때문에 사망한 사람 대부분은 초미세먼지, $PM_{2.5}$ 탓인 것을 알고 있다. 이는 오염이 우리 건강에 어떻게 영향을 미치는지에 관한 단서를 제공한다. 이산화질소와 그보다 정도는 덜하더라도 오존 역시 대기오염에서 비롯된 조기 사망에 일조한다.

이러한 오염 물질이 우리 건강에 미치는 영향을 설명할 별도의 조사가 그 이후로 시작됐다. 우리가 3장에서 본 대로, $PM_{2.5}$는 정의 자체가 폐 깊숙이 흡입될 수 있는 입자다. 이러한 입자는 폐의 내벽을 자극하고 염증을 일으킨다. 이것들은 폐의 기능을 저하시키고 호흡을 조금 더 힘들게 만들기 때문에 대부분 고통스럽거나 불편한 정도로 여길 것이다. 하지만 기저질환이 있거나 노약자는 호흡기관과 심장에 가해지는 추가적인 부담이 훨씬 더 심각하게 작용할 수 있다. 대기오염 탓에 병에서 생존하지 못할 수도 있는 취약한 사람들은 사망 위험이 조금 증가한다. 어떤 개인의 죽음이 대기오염으로 촉진됐다는 강한 의심을 가질 수는 있지만, 이를 확신할 수는 없다. 하지만 다른 집단의 사람들과 비교해 더 높은 농도의 대기오염에 노출된 사람들의 사망률이 전반적으로 증가하는 현상을 통해 알아챌 수는 있다.

문제가 얼마나 큰가?

문제가 얼마나 큰가? 유럽의 조기 사망에 초점을 맞춘 BBC 기사에서 간단히 언급한 대로 '매우 심각하다.' 위험은 개인에게 특정되거나 확인될 수 없지만, 모집단 차원에서는 증가한 위험을 추측하는 것이 가능하다. 영국대기오염의의학적영향위원회COMEAP는 공기 중 PM2.5 농도가 연평균 10μg/㎥ 변할 때 모든 원인에 의한 사망률 all-cause mortality은 1.01~1.12배 증가하리라고 추정했다.[61] COMEAP 의 최적 추정치는 PM2.5 농도 10μg/㎥당 사망률이 1.06배 변화한다 는 것이었다. 다시 말해 10μg/㎥당 모든 원인에 의한 사망률은 6퍼 센트 증가한다는 것이다.

숫자가 난무한다. 이 수치들이 무엇을 의미하는지 이해하려면 약 간 노력이 필요하다. 큰 그림은 매년 전 세계에 수백만 명의 조기 사망자가 계속 쌓인다는 것이다. 영국에서는 전체 사망의 거의 5퍼 센트가 PM2.5 노출 때문이고, 세계적으로는 10퍼센트가 넘는다. 지 역 규모에서 위치에 따른 차이는 매우 적다. 사망률이 6퍼센트 증 가하려면 연평균 PM2.5 농도가 10μg/㎥의 변화해야 하기 때문이다. 사실 농도 변화로는 상당한 수치다. 2016년 영국의 73개 측정소의 기록 중 가장 높은 수치는 버밍엄 A450 간선도로 옆의 17μg/㎥, 가 장 낮은 수치는 스코티시보더스에 있는 오헨코트모스의 3μg/㎥였 다. 영국 전역에서 기록된 최고치와 최저치의 차이가 단 14μg/㎥인 것이다. 다른 말로 하면 어느 한 곳의 PM2.5 농도와 다른 곳의 농도 차이가 매우 작다는 것이다. 따라서 PM2.5 노출이 원인인 사망률의 장소별 차이도 매우 작다. 그렇지만 전 세계 모든 사람에게 미치는 PM2.5의 영향을 더하면 대기오염은 세계에서 가장 영향이 큰 환경 적 요인이 된다. 영국 내에서는 수만 명, 세계적으로는 수백만 명이 조기에 사망한다. 세계의 다른 지역, 특히 넓은 도시 지역에서는 훨씬 더 높은 $PM_{2.5}$ 농도가 기록된다. 그래서 사망률에 더 영향을 끼친다.

COMEAP의 발표와 2009년의 선행 자료는 일종의 분수령 같은 것이었다. COMEAP은 우리가 $PM_{2.5}$를 진지하게 살펴보아야 한다는 것을 알려주었다. 단지 이산화질소와 PM_{10}, 오존에 대한 대기질 기준을 지키는 데만 집중해서는 안 된다는 뜻이다. 이것은 $PM_{2.5}$측정을 상당히 확대하게 한 계기다. 2008년까지, 영국에서 $PM_{2.5}$를 측정할 수 있는 측정소 수는 한 자릿수에 불과했다. 2008년에는 이것이 44개로 껑충 뛰었고, 계속해서 증가해 2018년에는 79곳이 됐다. 우리가 $PM_{2.5}$를 심각하게 받아들이기 전에, 대기질 정책과 대책의 많은 부분은 PM_{10}과(2000년대에 PM_{10}를 측정하는 국가 측정소는 약 50개 있었다) 이산화질소 그리고 오존에 집중돼 있었다. 이제 우리는 대기오염이 건강에 미치는 영향 대부분이 $PM_{2.5}$ 때문이라는 사실을 알거나 알고 있다고 생각한다. 이산화질소가 건강에 부담을 주는 문제를 바라보는 시각은 새로운 연구가 나올 때마다 변한다. 주된 어려움은 대기오염 물질들이 함께 상승하고 감소한다는 것이다. 대기오염이 건강에 미치는 영향을 측정하도록 고안된 연구를 수행하다 보면 어떤 물질, 혹은 어떤 물질들의 조합이 관찰 대상에 영향을 주는지 모를 때가 많다. 그러나 이제는 거의 $PM_{2.5}$가 대기오염 때문에 발생한 사망 중 많은 부분을 차지하고, 이산화질소와 오존은 그보다는 책임이 적다는 합의에 이르렀다.

우리는 인구 전체에 그러한 영향을 어떻게 끼치는지 정확히 알지 못한다. COMEAP은 인간이 발생시킨 $PM_{2.5}$가 우리 수명을 평균 6개월 단축한다고 추정했다. 하지만 일부 사람에게 더 크게 영향을 주었을 수도 있다. 나머지 사람은 상대적으로 영향을 덜 받을 수도 있다. 이 불확실성은 엄밀히 말해, 사망률에 미치는 영향을 '영국에서 연간 4만 명이 조기 사망'한다고 기술하는 정도라는 것을 의미한다. 그래서 우리는 건강에 미치는 영향을 인구 전체에 어떻게 분배할지 확실히 알 수 없다. 많은 사람의 수명이 약간 단축될 수도 있고, 소수의 사람이 심각하게 영향받을 수도 있으며, 그 둘 사이의 어딘가일 수도 있다.

심장질환과 폐 문제는 가장 일반적으로 대기오염과 연결되고, 건강에 광범위한 영향을 준다. 대기오염 물질이 사망률에 미치는 영향 중 약 60퍼센트는 허혈성 심장질환으로 나타난다. 심혈관질환, 폐암과 만성폐쇄성폐질환 역시 사망률을 높이는 원인이다.[62] 게다가, 간, 비장, 중추신경계, 뇌, 생식기계 역시 대기오염에 노출됨으로써 손상될 수 있다.

건강에 급성으로 영향을 주기

우리는 아마도 대기오염 사건에서 경험한 것과 같은, 대기오염이 급성으로acute 건강에 영향을 주는 사건만 익히 들어왔을 것이다. 급성은 '단기적'이라는 의미고, 반드시 '심각하다'는 뜻은 아니라는 점을 유념하자. 단기적인 영향도 물론 매우 심각할 수 있다. 대기오염이 급성으로 건강에 영향을 끼치는 종류는 여러 가지이고 심각성도 다양하다. 가장 심각한 영향을 주는 종류는 고농도 자극성 오존과 이산화질소가 유발하는 천식 발작이 있다. 단기적 사건은 이런 오염 물질이 매우 고농도로 발생하는 기간에 일어날 수 있다. 조금 덜 심각한 광화학적 오염 물질은 눈을 가렵고 아프게 하거나, 콧물이 나게 하거나, 숨쉬기 힘들게 할 수 있다. 모두 대기오염의 고약한 영향이다. 대기오염이 일으키는 사건은 비가 잦은 북유럽에서는 피할 수 없는 현실이다. 그리고 도시, 산업, 농업용 연소에서 나오는 배출가스가 약간의 태양광을 만나 오염 물질이 만들어지는 지역에서는 더욱 흔하다. 대기오염의 범주에 냄새도 포함할 수 있다. 대개 간헐적이고 단기적인 문제지만 악취는 파급 효과를 낳는다. 음식물이 부패하거나 부실하게 처리된 하수처럼 달갑지 않은 냄새를 맡으면 메스꺼울 수 있고, 두통이나 스트레스, 불면증과 같은 이차적인 문제도 일으킬 수 있다.

그리고 고초열hay fever[꽃가루에 의한 눈·호흡기질환], 혹은 알레르기성 비염이 있다. 나는 엄밀히 말해서 꽃가루를 오염 물질에 포함해야 할지 확실히 모르겠다. 하지만 꽃가루는 확실히 인간 활동에 강하게 영향을 받는다. 예를 들어 인간은 식물을 심고, 잘 자라도록 가꾼다. 나 자신도 고초열로 고통받는 사람이지만, 그래도 심각한 건강 문제라기보다 불편한 수준이다. 나는 역사 시험을 보던 열여섯 살 때 처음으로 고초열을 경험했다. 다행히 시험은 통과했지만, 나뿐 아니라 운이 나쁘게도 내 양쪽 옆자리에 앉았던 친구들에게 유쾌한 경험은 아니었을 것이다. 특히 난 열여섯 살이었으니 손수건 없이 시험을 치러 갔다. 고초열은 매년 6월 초 즈음 전원 지역으로 향할 때면 여전히 나를 곤란하게 만든다. 나는 눈알 안쪽을 긁으려고 애쓰면서 며칠 동안 약을 먹어야 했다는 사실을 기억한다. 영국에서 고초열 발병률은 1970년대, 1980년대, 1990년대에 걸쳐 급격히 증가했다.[63] 대략 내가 역사 시험을 치르던 무렵이다. 그때 이후로 추세는 안정됐지만 영국에서 고초열로 고통을 겪는 성인은 10~30퍼센트나 되므로 눈에 띄게 높은 발병률이다.[64]

우리는 지난 수십 년에 걸쳐 대기오염이 급성으로 건강에 미치는 영향을 잘 파악하고 지식을 확립해왔다. 하지만 지난 몇 년 사이에 대기오염에 장기 노출될 때, 훨씬 더 중대하고 암암리에 건강에 부담을 준다는 것이 드러났고, 널리 인정되고 있다.

신설된 도로의 대기오염

내가 1992년 처음으로 제대로 된 일을 시작했을 때, 영국에서는 새로운 도로 건설이 거의 끝나가고 있었다. 영국에서 환경 관련 컨설팅 회사가 처음 설립되고 20년 뒤였다. 당시 대기오염은 환경 산업의 첫 번째 의제가 아니었다. 오염된 토지, 수자원, 폐기물 관리와 관련해 처리해야 할 기초 작업이 많았다. 1980년대와 1990년대 초반, 대기질 분야는 새로운 도로 공사와 관련해 신생 환경 컨설턴트들이 수행하는 환경 평가 작업 중 작은 부분으로서 두각을 나타내기 시작했다. 도로 건설을 시작하기 전에 대기질 분석을 비롯한 상세한 환경 평가가 필요해졌다. 그리고 교통부는 이러한 연구들의 수행 방법론을 규정했다. 이 방법론이란 언제나 새로운 도로는 훌륭할 것이며, 그 이익에 비하면 어떤 환경적 영향도 사소하다고 환경 평가를 해주는, 방대하고 상세한 서류였다.

아마도 〈예스 미니스터Yes Minister〉[1980년대에 방영된 영국의 정치 풍자 시트콤]에 등장하는 도로 건설 정책에 관한 묘사는 일부 진실인 듯하다. 공무원인 버나드 울리는 장관인 짐 해커에게 런던에서 옥스퍼드로 가는 멀쩡한 고속도로가 왜 두 개인지 설명한다. 답은 모든 부서의 사무차관들이 옥스퍼드에서 공부했고, 대학의 훌륭한 저녁 식사를 즐기러 가기 때문이라는 것이다. 그러면 왜 (항구나 다른 더 실용적인 목적지는 말할 것도 없이) 케임브리지로 가는 M11 도로보다 몇 해 먼저 옥스퍼드로 가는 M4와 M40 도로가 완성된 것일까? 간단하다. 교통부에는 케임브리지 출신의 사무차관이 한 명도 없었기 때문이다.

대학 식당의 그럴듯한 저녁 식사의 가치가 새로운 고속도로를 건설하는 비용과 환경적 영향을 능가한다는 드라마 속의 주장이 사실이든 아니든, 그럴지도 모른다는 생각이 드는 것은 어쩔 수 없다. 영국에서 가장 최근에 2건(옥스퍼드에서 버밍엄까지 M40 도로를 연장한 건과 현재는 A14의 일부인 A1과 M1의 연결도로)의 도로가 개통된 때는 내가 일을 시작하기 한 해 전이었다. 이제 윈체스터 근처 트위퍼드다운^{Twyford Down}의 무성한 초원에서 그랬던 것처럼 언덕을 새로 깎는 신나는 공사는 거의 없을 것이다. 나는 대형 토건 기업에 소속된 컨설팅 회사에서 일했는데, 당시 엔지니어들은 그런 현실을 받아들이느라 애쓰고 있었다. 이제 엔지니어들은 두 자동차도로의 흐름을 각 방향에서 유지하면서 고속도로 유지 개선 작업을 할 수 있도록 설계하는 일 같은, 덜 극적인 업무를 하며 미래의 삶을 보내게 될 것이었다. 내 일도 처음 몇 년간은 대부분 고속도로를 개선하는 데 집중돼 있었다. 하지만 전체적인 방향은 새로운 도로를 건설할 때 기존 기반 시설에 적용되던 기준을 개선해서 적용하는 쪽으로 확실한 변화가 있었다. 내가 참여한 몇몇 계획은 매우 유익했는데 특히 현재 맨체스터를 돌아가는 M60 고속도로 개선 사업은 대단히 훌륭했다. 좋았다. 하지만 계획이 실현되지 않아서 오히려 다행스러웠던 경우도 종종 있었다.

맨체스터 순환고속도로 개선 사업의 일부로서 내가 맡은 일은 맨체스터 남부에서 대기질을 측정하고 조사하는 것이었다. 어느 날 아침 우리 측정소 한 곳에 도착한 나는 예기치 않게 현장 연구의 스트레스를 경험했다. 그곳은 세일워터파크^{Sale Water Park}의 보트 창고로, 선반에 호리바^{Horiba}사의 장비 두 대가 설치돼 있었다.

호리바 질소산화물, 황산화물, 산소 모니터 1992년경[65]

매주 측정소에 장비를 교정하러 가던 나는 벽에 뚫린 큰 구멍과 경찰을 발견했다. 경찰은 전날 밤에 일어난 절도 사건을 조사하고 있었다. 도둑들은 우리 장비가 있는 선반 아래 벽을 뚫고 들어왔고, 성공적으로 배에 달린 모터 두 개를 가지고 떠났다. 그들은 아마도 머리 위에서 윙윙거리는 장비 두 대를 보았을 테지만, 모니터들이 아직 멀쩡히 작동하고 있는 것을 보니 아마도 거기서 멈추기로 마음먹은 모양이었다. 남부 맨체스터의 술집에서는 대기 측정 장비보다 모터를 더 비싸게 쳐주었을 것이다. 그 사건은 장비의 견고함을 보여주었지만, 불행하게도 내가 경찰에게 줄 수 있는 증거라고는 습격 시간 동안의 이산화질소와 일산화탄소 측정치가 전부였다.

도시 대기질에 대응하기

1990년대 초반 영국에서 도로 교통 공사가 줄어들면서 환경오염 규제에 근본적인 변화가 찾아왔다. 1990년의 환경보호법은 환경 규제의 핵심적인 전환점으로서, 오염된 토지와 폐기물을 폭넓게 통제했고 산업 공정을 규제하기 시작했다. 이는 규모가 큰 산업의 운영자가 모든 환경적 매개, 즉 공기와 땅과 물에 무엇인가를 배출할 때의 잠재적 영향을 고려해 운영 허가를 받아야 한다는 뜻이다. 그래서 이 허가 체계의 이름이 '통합 오염 통제'다. 자연히 산업 공정의 배출물 평가에 관심 있는 대기질 전문가는 일하기 좋은 시기가 됐다. 나는 우리 기술자와 전직 광산 기사인 루이스 발로를 대동하고 영국 전역의 다양한 굴뚝과 환기구를 오르는 특별한 기회를 즐겼다. 시속 50마일로 진눈깨비가 날리는 가운데 사다리 꼭대기의 작은 금속 발판에 서서, 계획서에 엄격히 부합하는 방식으로 손재주가 요구되는 기술적 업무를 수행하는 일은 특별한 형태의 고통을 안겨주었다. 나는 특히 티스사이드의 티옥사이트 페인트 공장에서 보낸 행복한 날을 선명히 떠올릴 수 있다. 흰 눈 속에서 하얀 입자로 덮인 작고 하얀 여과지를 잃어버리지 않으려고 애쓰는 와중에 내 안경은 자욱하게 끼는 하얀 김과 그보다 더 많은 흰 눈 덕분에 번갈아 흐릿해졌다.

그리고 컴브리아의 화이트헤이븐에서 측정을 하고 허더스필드에 있는 집으로 돌아오는 지독한 밤도 있었다. 1995년 1월 25일이었다. 어떻게 날짜까지 확실히 기억하냐고? 그날은 크리스탈 팰리스의 팬들 때문에 저녁 내내 흥분한 에릭 칸토나가 퇴장당해 경기장을 나가던 길에 그중 한 명에게 날아차기를 한 날이었다. BBC 〈라디오 파이브 라이브〉의 20주년 회고전에 나올 뉴스는 아니지만, 그날 저녁 다른 뉴스가 없었다면 그 일은 조금쯤 흥미로운 사건이었을 것이다. 하지만 그날 저녁 다른 뉴스가 있었다. 나는 수백 명의 다른 여행자들과 함께 맨체스터에서 요크셔 방향의 도로 M62로 가는 움직이지 않는 차들의 긴 줄 틈에 있었다. 랭커셔를 지나 돌아갈 때 눈이 내리기 시작했고, M62 도로의 교통 흐름은 점점 더 느려지더니 마침내 페나인산맥을 반쯤 올라갔을 때 서서히 멈춰버렸다. 나는 괜찮을 것이라 확신했다. 라디오에서 M62는 아직 열려 있다고 말했고, 어쨌든 날씨 때문에 폐쇄되는 일은 결코 없을 고속도로라고 했기 때문이다. 하지만 아니었다. 아주 많은 눈은 아니었지만, 아주 좋지 않은 시기에 내린 눈 때문에 맨체스터에서 나가는 고속도로가 폐쇄됐다. 그리고 나를 포함해 많은 운전자가 완전히 갇혀버렸다. 물론 나는 긴급구조대가 이 겨울밤 동안 산기슭에서 우리를 살아 있게 해줄지 궁금해, 최신 소식을 들으려고 라디오에 계속 귀를 기울였다. 제설차? 식품 꾸러미? 헬리콥터 구조? 하지만 아니었다. 모든 라디오 방송사가 남부 런던에서 온 녀석에게 발차기를 날린 프랑스 남자의 소식을 전면적으로 보도하고 있었다.

결과적으로 우리 모두 죽지 않았다. 우리는 마침내 방향을 돌려고속도로를 반대 방향으로 타고 휴게소로 돌아갔다. 거기서 나는 베이크드빈과 블랙푸딩[선지 소세지]을 먹을 수 있었고(돈도 내야 했다! 거의 죽을 뻔했는데!) 다음 날 아침 집으로 향하기 전까지 눈을 붙일 수 있었다. 그 자리에 있어 보지 않고서는 상황의 진정한 혹독함을 알 수 없을 것이다.

산업적 대기오염을 감시하는 업무가 주는 기쁨에 대해서는 그쯤 이야기해두자. 영국의 대기질 관리 분야에서 조금 더 중요하게 취급해야 할 것은 1995년 정부가 발표한 '대기질: 도전에 대응하기Air quality: meeting the challenge'라는 제목의 주목받지 못한 문서다. 영국에는 이미 대기질 기준과 지침이 있었지만, 이 문서에서 처음으로 대기오염에 대한 통제가 기준을 준수하기에 충분한지 확인하는 체계적이고 전략적인 정책을 제시했다. 감히 말하자면 보수당 정부가 생산한 문서라기에는 상당히 보수당답지 않다. 이 문서는 대기질 평가에서 지방정부 당국이 더 많은 역할을 해야 한다고 제안한다. 대기오염 물질이 관련 기준을 넘을 가능성이 있는 지역을 확인하고, 규정을 준수하도록 조치하는 역할이 그것이다. 그렇다. 환경적 목표를 달성하기 위해 고안된, 지방정부의 증대된 역할과 새로운 행정상 절차를 담고 있었다. 구체적인 의무에 대한 내용이 다소 부족하긴 했지만, 보수당의 1992년 성명서에는 이런 내용이 전혀 없었다(그렇다, 솔직히 내가 다 읽어봤다). 그리고 이것은 영국이 대기질을 관리하는 20년의 시작이었다. 나는 대기질에 대처하는, 이렇게 꼭 필요하고 혁신적인 전략적 접근법이 어떻게 등장하게 됐는지는 정치적으로 잘 모른다. 하지만 이런 정책을 도입하는 데는 1991년 12월에 발생한 심각한 오염 사건과 지금은 데븐 경이 된 존 검머의 공이 큰 듯하다. 1991년에는 이산화질소 농도가 800μg/m³까지 치솟아 자동 관측 네트워크에서 전무후무한 최고 수치를 4일간 계속 기록하는 사건이 있었다.[66] 1950년대와 1960년대의 스모그 이후 처음으로 대기오염이 뉴스 1면에 오른 사건이었다.

이 협의 문서가 발표되고 얼마 후, '1995환경법Enviroment Act 1995'이 법률로 제정됐다. 그렇다. 1990년대 영국의 환경 관련 규제에 또 다른 근본적 변화가 일어났다. 격동의 시기였다. 환경청과 스코틀랜드환경보호청, 국립공원공사 설치와 더불어, 환경법은 국가 대기질 전략과 '대기질: 도전에 대응하기'에서 예견한 대기질 관리 체계를 구축하도록 했다. 대기질에 대한 단편적 접근법에서 국가 전체가 대기질 기준 달성을 목표로 절차를 관리하는 방향으로 나아가고자, 그 단계를 구체화하고 실행 가능하게 하는 정책이다. 대기질 평가는 더는 개별 도로 계획과 산업 장소를 평가하는 데에 그치지 않았다. 지방정부 당국은 관할 지역의 대기질을 관찰하고 평가하며, 계속 확인하고, 인접 지역과 협의해 문제를 발견하면 조치해야 한다. 품질 관리 접근법으로서 정말로 흠잡을 데 없다. 1990년, 영국 국가 측정 네트워크에는 이산화질소를 측정하는 대기질 측정소가 13개 있었지만, 2000년에는 지방 대기질 절차를 도입함으로써

87개로 증가했다.

대기질 관리가 준비되고 제대로 운영될 무렵, 때마침 유럽연합이 나서서 더욱 부담이 크고 법적 구속력이 있는 대기질 기준을 세우고, 대기질 감시에 대한 최소 요건을 정했다. 이 요건들이 오래도록 계속되기를……. 그 덕분에 2000년대 초반에 이르러 우리는 대기질을 단지 트위퍼드다운과 뉴베리 우회도로라는 측면에서만 생각하지 않게 됐다. 전국의 대기질 문제를 측정하고 평가하고 대처하는 지역 대기질 관리 절차가 시작되었다.

대기질 관리 경과 보고

대기질 문제를 밝히고, 해결책을 만들고, 지역공동체와 협의하고, 요구되는 조치를 이행하고자 20년에 걸쳐 수행된 모든 일이 매우 만족스럽게 대기오염을 해결한 덕분에 더는 어떤 문제도 없다고 보고할 수 있다면 얼마나 좋겠는가. 슬프게도 현실은 그렇지 않다. 대기오염이 위험한 지역에 대해서는 성공적으로 대처한 반면, 영국의 43개 보고 구역 중 37개 구역이 아직 기준에 미치지 못했다.[67] 20년 계획에서 나온 결과 치고는 썩 좋지 않다. 긍정적인 점은 6개 구역(스코티시보더스, 하이랜드, 블랙풀, 프레스턴, 브라이튼, 북아일랜드)은 이미 상황이 좋아 보이고, 2027년까지 기다리기만 하면 된다는 것이다. 그 무렵이면 우리가 이미 실행한 조치의 결과로 런던 중심부를 제외한 43개 구역 전체가 기준에 적합해질 것이다. 물론 단지 앉아서 기다리면 되는 것은 아니다. 유럽연합의 지침이 부과한 의무는 대기질 기준을 가능한 최단 기간에 달성하는 것이다. 여기에 대해서는 10장에서 더 다루겠다.

영국과 다른 국가가 빠르게 기준을 달성하는 데 실패해 법적 절차에 직면할 정도로 도시 대기질이 끊임없이 문제가 되는 데는 두 가지 이유가 있는 것 같다. 첫째, 대기질 관리 절차에 따르면 의무적인 대기질 기준(체크)과 대기질 측정과 평가(체크) 방법이 있었고 필요한 경우 대기오염의 산업적 원천이 스스로 오염을 정화하도록 요구(체크)할 수 있었다. 하지만 교통오염에 대처하는 방법에는 이와 유사하게 효과적인 수단이 없었다. 특히 고속도로와 간선도로를 관리할 수단은 거의 없었다. 다양한 속도 제한을 적용해 고속도로 혼잡을 줄이는 몇몇 방법이 취해졌지만, 이것은 안전과 이동 시간 개선이라는 도로 관리 당국의 목적에 맞게 추진된 것이지 대기질 개선이라는 요건을 충족하기 위한 것이 아니다. 두 가지 목적이 일치하면 편리하지만, 대기질 문제만을 목적으로 행동하게 만드는 데는 성공적이지 못했다. 둘째, 도로공해의 영향을 줄이는 방안은 주로 규제를 도입하거나 운전자에게 추가적 비용을 요구한다. 둘 다 필요할 때도 있다. 민주적인 사회에서 모든 운전자는 유권자이고, 유권자 대부분은 운전자다. 운전할 수 있을 때, 운전할 수 있는 곳에서, 운전에 규제가 가해지는 것을 좋아할 운전자는 거의 없다. 특히 이런 희생을 대기질 개선과 같이 무형의 어떤 것을 위해 요구하는 경우에는 더욱 그렇다. 따라서 지금 대중의 인식이 변화하고 있다지만, 선출직에 있는 사람이 도로 교통의 대기질을 개선하는 효과적인 방안을 채택하려면 굉장한 용기가 필요하다.

굉장한 용기를 낸 도시가 아마도 런던일 것이다. M25[런던을 순환하는 고속도로] 내의 대부분 지역이 '저공해 구역'이고(300제곱킬로미터 넓이로 세계에서 가장 넓은 저공해 구역이다), 중심에는 '혼잡 통행료 구역'이 있다. 이런 방안들이 대기질에 어떤 이익을 주었는지 꼭 집어서 말하기는 어렵다. 효과가 없어서가 아니라, 그 방안들이 없었다면 어떤 일이 일어났을지 평가하기 어렵기 때문이다. 사디크 칸 런던 시장은 대기질 관리를 임기 중 최우선 목표로 정했고, 디젤 차량에 대한 추가적인 부담금과 '초저공해 구역' 실행 계획을 발표했다. 계획이 통하기를 바라자. 런던 중심부는 현재 영국 내에서 가장 높은 농도의 오염에 시달리고 있다. 2017년, 런던 대기질 측정소들의 거의 절반이 이산화질소 농도에 대한 연평균 대기질 기준을 초과했다. 런던 시민들이 경험한 최고 농도는 대기질 기준의 약 2.5배에 이르렀다. 따라서 아직도 갈 길이 멀다.[68]

도시 대기질과 관련해 성공담과 진행 중인 도전을 각각 하나씩 살펴보자.

성공담: 유연 연료

4성 유연 휘발유^{four star petrol}를 기억하는가? 납이 포함된 자동차 연료다. 납 첨가제는 엔진의 압축비를 높이고, 이를 통해 이상연소를 제어하여, 노킹을 제거하고 출력과 연비를 개선하기 때문에 수년 동안 휘발유에 넣어왔다. 문제는 납이 건강에 광범위한 영향을 주는 독성 물질이라는 것이다. 아동에게는 주의력 결핍 장애, 공격 행동, 지능 저하 등을 포함해 신경계 발달 장애를 줄 수 있다. 게다가 발암물질이기도 하다. 납 첨가제를 포함한 자동차 연료를 연소하면 어린이가 쉽게 흡입할 수 있는 코 높이로 납을 배출하는 셈이다. 어린이들이 사는 지역 근처에서 배출될 수도 있다. 생각만 해도 끔찍한 일이다. 납 첨가제 사용 초기에도 분명히 테트라-에틸 납 (CH₃CH₂)₄Pb의 유독성을 일부 알았을 것이다. 납 첨가제의 이득을 처음 발견한 토머스 미즐리는 1924년 기자 회견에서 손에 테트라-에틸 납을 붓고 꼬박 1분 동안 그 생생한 냄새를 들이마셨다. 그렇게 초기 단계임에도 미즐리는 이미 납 중독으로 고통받고 있었다. 제조업 공장의 노동자 사이에서는 '미치광이 가스'로 통할 정도로 테트라-에틸 납의 위해성은 잘 알려져 있었다. 하지만 노동자가 일하면서 접하는 노출보다 더 큰 문제는 '납이 든 휘발유 사용이 확산되면서 반드시 일어나게 될 느리고, 꾸준한 저농도 노출'이었다. 정말로 그랬다. 나를 비롯해 1930년대부터 1990년대 사이에 납이 가득한 대기에서 자라나면서 영향을 받은 아이들이 얼마나 많을지 누가 알겠는가. 빌 브라이슨이 영감을 주는 저서 《거의 모든 것의 역사》[까치, 2020]에서 지적했듯이, 미즐리는 최초의 염화플루오린화탄소^{CFC} 냉매를 개발한 팀의 일원이 됐다. 이제는 우리가 지구온난화와 오존층 파괴 모두의 원인임을 알고 있는 바로 그 화학물질 말이다. 뭐 이런 앙코르가!

1990년대에 나는 어소시에이티드 옥텔이라는(지금은 이노스펙으로 알려진) 회사에 제공할 대기질 연구를 수행했다. 비록 당시에 유럽 대부분 국가에서는 납을 더는 사용하지 않았지만, 어소시에이티드 옥텔은 테트라─에틸 납의 세계적인 선도 제조업체였다. 우리가 살펴보던 주제는 연료에서 납을 제거하는 과제가 촉매 변환기 사용과 병행돼야 한다는 것이었다. 유연 연료를 사용하는 자동차의 배기가스에 포함된 납은 촉매를 오염시켜 작동하지 못하게 한다. 따라서 촉매 변환기가 장착된 자동차는 반드시 무연 연료를 사용해야 한다. 동시에 연료의 옥탄가를 유지하려면 무연 연료에 벤젠이나 톨루엔 같은 방향족^{aromatic} 화합물을 높은 농도로 포함해야 하는데, 그 결과로 차량 배기가스에 고농도 벤젠이 포함된다. 벤젠은 발암물질로 잘 알려져 있다. 따라서 무연 연료를 사용하는 차량에는 촉매 변환기가 꼭 필요하다. 결과적으로 촉매 변환기의 도입은 유연 연료의 종말을 촉진하는 추가적인 이익을 가져왔다.

우리가 어소시에이티드 옥텔을 위해 수행한 연구는 차량에 촉매 변환기가 장착되지 않은 국가에 무연 연료를 도입하면 어떤 효과가 있을지 살펴보는 것이었다. 대기에서 납을 줄여서 얻을 수 있는 이익은 잘 파악됐지만, (당시에는) 촉매 변환기가 없는 방콕과 같은 도시에서 벤젠 농도가 어떤 영향을 끼칠까? 당연히 우리는 촉매 변환기 없이 무연 연료만 도입하면 결과적으로 높은 농도의 벤젠을 배출한다는 사실을 발견했다. 우리는 납 노출에 따르는 신경계 손상이 벤젠 노출에 따르는 암 발생률 증가보다 나은 것인지를 조망하려던 것이 아니다. 연구 목적은 유연 연료는 촉매 변환기를 적절히 도입하면서 벗어나야 한다는 걸 확인하는 것이지, 유연 연료에서 무연 연료로의 전환이 나쁘다는 게 아니다.

전 세계적으로도 유연 연료는 점차 폐지됐다. 2016년, UN 환경 계획에 따르면 알제리, 예멘, 이라크 세 곳만 아직도 유연 연료를 일상적으로 사용하는 국가다.[70] 유의미한 수준에서 계속 유연 연료를 사용하는 국가는 예멘이 유일한 것 같다. 차량 연료에서 납을 제거하는 과정은, 우리가 1920년대에 환경 문제를 처음 인식하게 된 이후 고통스러울 정도로 더디게 진행됐지만, 마침내 거의 완성 단계에 이르렀다. 최종적으로 연료에서 납을 제거하게 된 계기는 아동의 인지 발달에 끼치는 유해성이나, 다른 건강 문제 때문이 아니었다. 촉매 변환기를 장착한 자동차에 납을 제거한 연료가 필요하기 때문이었다. 일단 도로 위의 모든 차에 촉매 변환기가 장착되자, 납 문제는 거의 해결됐다.

차량 연료에서 납을 제거함으로써 얻는 이익은 대기 중 납 농도 측정치에서 확인할 수 있다. 유연 연료는 1998년 최종적으로 판매 금지됐고, 그 시기 납 측정치는 기본적으로 아무도 유연 연료를 사용하지 않았다는 증거였다.

맨체스터 남부의 M56 고속도로 옆에서 측정한 납 농도는 1980년대 중반 이미 감소하고 있었다. 그리고 2010년 이후로 기록된 농도는 1984년과 1985년에 측정한 농도의 1퍼센트를 한참 밑돌았다. 더구나 측정된 농도는 이제 유럽과 세계보건기구의 지침에서 정한 기준치에 비해도 상당한 여유가 있다. 좋은 소식이다.

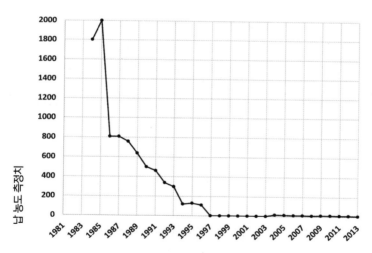

대기 중 납 농도 측정치, 맨체스터 위센쇼

진행 중인 도전: PM2.5

우리가 오존홀을 해결하고 납이 든 연료를 없애버렸다고 한다면, 대기질 문제에서 남은 문제는 무엇일까? 초미세먼지(PM2.5)와 이산화질소, 오존은 지속적으로 건강 문제와 조기 사망을 유발하는 오염 물질이다. 이 중에서 가장 나쁜 것은 초미세먼지다. 2017년 〈인디펜던트〉에 실린 '영국 대기오염 서유럽의 절반보다 더 치명적, WHO 보고서에서 밝혀'와 같은 기사를 보면, 대개 대기 중 PM2.5 노출이 장기적 관점에서 유발하는 건강 부담을 가리키는 어떤 수치가 인용된다. 때로는 이 수치에 질소와 오존도 포함되는데, 질소와 오존이 사망률에 미치는 영향은 PM2.5의 약 10퍼센트에 불과하다.

영국에서 지난 몇 년 동안 PM2.5 농도가 어떻게 변화했는지 살펴보자. PM2.5가 건강에 미치는 영향에 관한 증거는 비교적 최근에 나타났기 때문에, PM2.5 측정치의 장기 기록은 없다. 국가 대기질 측정 네트워크에서 제공하는 자료는 2009년 측정치부터 시작된다.

지난 9년 동안의 PM2.5 측정 자료에서 어떤 경향을 찾기는 어렵다. 아마도 아주 미세한 감소가 있을지 모르지만, 자신 있게 말할 수 있는 것은 없다. 다행히 PM10의 경우에는 훨씬 오랫동안 측정해온 자료가 있다. 같은 측정소에서 측정한 PM10 농도는 두 번째 그래프다.

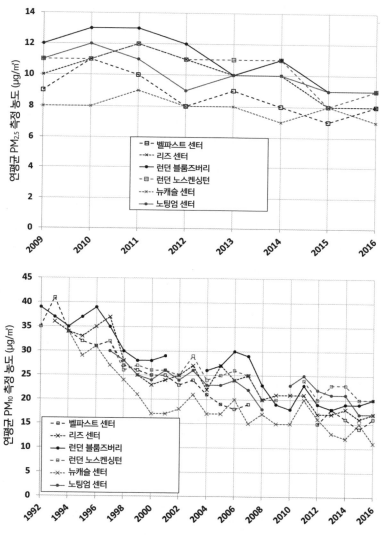

영국의 PM₁₀ 측정 농도 경향

이는 영국 도시 측정소의 PM₁₀ 농도가 1992년에서 2016년에 걸쳐 대략 절반이 됐고, 최근의 감소세는 완만해졌다는 것을 보여준다. $PM_{2.5}$ 농도 역시 이와 비슷한 경향을 따라갔을 가능성이 크지만, 확신할 수는 없다.

$PM_{2.5}$는 조금 골치 아픈 오염 물질이다. 다른 오염 물질은 훨씬 쉽게 포괄적으로 일반화할 수 있다. 예를 들어 이산화황은 대부분 고체와 액체 연료의 연소에서 배출된다.

반대로 초미세먼지는 훨씬 더 이질적인 오염원을 포함한다. 2014년 전국 대기 배출물 목록에서 $PM_{2.5}$를 가장 많이 배출한 오염원 범주는 무엇일까? 한번 맞혀보라. 나도 시도해봤지만 완전히 틀렸다. 배출량의 4분의 1 이상을 차지하는 것은 가정용 나무 연소였다. 그렇다. 내 거실에 있는 작은 벽난로와 다른 집들 벽난로가 월등한 차이로, 초미세먼지를 가장 많이 배출하는 오염원이었다.

다음으로 가장 비율이 높은 오염원은 선박과 농업용 밀짚 연소(둘 다 총배출량의 6퍼센트)였다. 그리고 내가 가장 큰 원인일 것이라 예상한 자동차가 5퍼센트로 뒤를 이었다. 상위 10개의 오염원은 총 $PM_{2.5}$ 배출의 절반을 약간 넘는 양을 차지했고, 나머지는 거의 400개에 달하는 각기 다른 원인으로 구성되어 있다. 확실히 $PM_{2.5}$ 문제를 해결하기는 쉽지 않을 것이다. $PM_{2.5}$ 배출물을 한 뭉텅이씩 없애줄 쉬운 방법은 많지 않다. 그렇지만 도표에서 보듯이 1992년 이후로 초미세먼지를 거의 반으로 줄이는 진전이 있었다. 영국 전체 $PM_{2.5}$ 배출량이 1992년에는 21만1000톤으로 추산됐는데, 2014년에는 13만 톤으로 줄어 상당히 지속적으로 감소한 것이다. 그 기간 $PM_{2.5}$ 배출이 감소한 가장 큰 원인은 발전소와 가정에서 석탄을 덜 사용하는 데 있었다. 동시에 가정용 나무 연소에서는 $PM_{2.5}$ 배출이 비슷하게 증가했다. 이 세 가지 변화를 합산한 최종 효과는 대기로 배출되는 $PM_{2.5}$가 연간 2만1000톤씩 감소한 것이다. 나머지 6만 톤의 배출 감소량은 산업용 석탄과 석유 연소, 기계 장비, 주조, 디젤 차량의 배출 감소를 포함해 수많은 소규모 개선을 통해 달성됐다. 더욱 광범위한 규모에서 일어난 산업 부문의 변화, 즉 석탄과 석유 사용에서 벗어나려는 움직임이 이러한 변화의 동인이었다. 물론 장기적으로는 영국 내 산업 활동이 감소했다는 요인도 있다.

무엇보다 최소한 한 곳의 자동차 제조사가 (우리 모르게) 최선을 다해 배출량을 늘렸음에도 불구하고, 국제적으로 디젤 차량 배기가스 배출 제한을 실시함으로써 지난 25년간 꾸준히 감소했다. 우리는 이제 모든 차량에서 나오는 전 세계적 배출량, 특히 폭스바겐이 2009년부터 2015년 사이에 생산한 차들의 배출량은 배출가스 검사 결과나 차량 사양이 제시하는 양보다 많다는 것을 안다. 이 차이는 합법적인 이유와 불법적인 이유 양쪽 모두에서 기인한다. 폭스바겐에서 생산한 일부 차량은 차량 검사를 받을 때만 배출가스 제어장치가 작동하도록 의도적으로, 그리고 불법적으로 프로그램됐다. 폭스바겐은 디젤 차량의 배출 규제에 맞추려고 질소산화물 포집장치

LNT를 사용했다. 이 장치는 두 가지 방식으로 작동한다. (산소보다) 연료가 적은 희박 상태lean mode일 때는 배기가스에서 질소산화물을 포집한 다음, (산소보다) 연료가 많은 농후 상태fuel-rich mode로 전환했을 때 포집해둔 질소산화물과 다른 배기가스를 질소, 물, 이산화탄소로 환원한다. 그런데 농후 상태일 때는 연비가 낮아지기 때문에 폭스바겐은 주행 중인 차량에서 이 기능이 작동하지 않게 조작했다. 저장소에 질소산화물이 가득 차면, 더 이상 저장할 수가 없고, 엔진에서 발생한 질소산화물은 결국 배기관에서 어떤 정화도 거치지 않고 방출된다. 악몽이다. 폭스바겐은 소위 '임의 조작장치'를 개발해, 차량이 검사를 받을 때를 감지하고, 정기적으로 농후 상태를 사용해 질소산화물 저장소를 비워 검사에 통과할 수 있도록 했다.[71]

명백하고 특수한 이 폭스바겐의 불법 행위는 2015년에 드러나 중단됐다. 그러나 더 일반적인 차원에서 (단지 폭스바겐만이 아닌) 많은 차량이 검사를 받을 때보다 실제 주행 조건에서 배출량이 더 많은 것으로 밝혀졌다. 이것은 제조사가 주장하는 배출 성능과 실제 측정된 환경 지수 사이의 차이를 이해하려고 수년 동안 노력해온 대기질과학자들에게는 크게 놀라운 일이 아니다. 더구나 이런 현상이 반드시 불법적인 조치 때문에 일어나는 건 아니다. 차량 제조사들은 변함없이 그들의 엔진 시스템이 배출가스 검사의 특정한 상황과 요구 조건을 준수하도록 설계한다. 하지만 자동차가 어떤 조건에서도 이 기준에 부합하도록 설계하지는 않는다. 이를테면 자녀를

등하교시킬 때는 배출가스를 최소화하도록 설계하지는 않는다. 사실 그렇게 할 수도 없다.

이것은 차량이 합법적으로나(실제 배출량이 시험장에서의 배출량을 초과한다고 해서 꼭 불법은 아니다) 불법적으로나(이런 일이 일어나도록 특정한 장치를 장착하는 것은 명백히 허용되지 않는다), 검사 자료보다 더 높은 수치의 대기오염 물질을 수년째 배출하고 있다는 뜻이다. 더 많은 배출량이 환경과 건강에 불러온 결과도 수년째 함께 뒤따르고 있다. 폭스바겐이 장착한 '임의 조작장치' 때문에 미국과 유럽에서 증가한 오염 비용은 최소한 40억 달러로 추산됐다.[72]

실제로 차량 배출가스 때문에 어려움을 겪고 있기는 하지만, 현재로서는 영국에서 PM$_{2.5}$ 농도를 추가로 줄이는 방안을 강력히 추진할 만한 동인은 없다. 잉글랜드와 웨일스, 북아일랜드에서 PM$_{2.5}$에 대한 대기질 기준은 25μg/m^{3}인데, PM$_{2.5}$ 측정 자료에 따르면 이 기준은 도시 중심지에서도 쉽게 달성될 수 있는 수치다. 스코틀랜드에서는 더욱 부담되는 10μg/m^{3}가 적용된다. 심지어 이 기준에 비교해도 2014년 운영을 중단한 글래스고 중심지의 도로변 측정소를 제외한 스코틀랜드의 모든 측정소에서 적합한 수치를 보여왔다. 도로변 측정소는 말 그대로 호프가의 가장자리, 글래스고 중앙역 옆에 있다. 이곳의 측정치는 일반 대중이 노출되는 PM$_{2.5}$ 수치가 아니며, 사실상 누구의 노출도 대표하지 않는다고 말하는 것이 타당하다.

그러니까 영국에는 더욱 농도를 줄이는 추가 조치에 대한 강력한 장려책이 없다. 우리는 이미 기준을 달성했다. 영국은 또한 $PM_{2.5}$ 노출 감소 목표와 함께 2010년부터 2020년까지 도시 이면의 농도도 15퍼센트 감소한다는 목표를 채택했다. 국가 측정 네트워크에 보고된 측정 자료에 따르면 이 목표 역시 어려움 없이 달성해가고 있다. 2010년, 도시 이면 측정소의 평균 측정치는 10.0µg/㎥이었고, 2016년에는 7.8µg/㎥로 줄어 22퍼센트 감소했다. 물론 좋은 소식이지만, 어두운 그늘은 $PM_{2.5}$을 추가로 줄이는 데 필요한 장려책이 없다는 것이다. 그러니까 현재 $PM_{2.5}$ 농도는 상당히 좋아 보인다. 다만 기준치에 적합하게 유지되는 이 농도가 매년 약 2만9000명의 조기 사망을 유발할 만큼 높은 수준이라는 것이 문제다.[64] 여기에 더해 이산화질소 노출은 매년 추가로 1만1000명이 조기 사망하는 원인이다.

도로 교통에서 배출되는 $PM_{2.5}$

왕립내과의사협회와 왕립소아과·아동보건협회는 '우리가 숨 쉬는 모든 호흡Every breath we take'이라는 인상적인 제목이 붙은 조기 사망 관련 보고서에서, 이 실외 대기오염 노출, 특히 건강에 부담을 주는 초미세먼지 노출에 대처할 14개 방안을 권고했다. 이 권고는 사람들이 생각하고 행동하는 방식을 변화시킬 유용한 제안이다. 보고서는 오염 물질에 대한 노출을 줄이는 구체적인 방법으로 휘발유와 디젤 연료 차량의 대안 촉진, 오염 유발 당사자에게 배출 감소 책임 부과, 국민보건서비스[NHS]의 솔선수범을 제안한다. 보고서는 또한 차량 이용 줄이기와 가정용 기기의 효율 개선 등 개인이 할 수 있는 행동을 강조한다.

도로에서 움직이는 모든 형태의 차량을 더하면, 휘발유 차량의 배출량은 2014년 영국 $PM_{2.5}$ 배출량의 0.2퍼센트를 차지한다. 우리가 진지하게 $PM_{2.5}$를 줄이고자 한다면, 다른 곳을 찾아봐야 한다. 휘발유 차량 운전자에게 자동차 이용을 멈추도록 촉구하는 것은 거의 의미가 없다. 반면 디젤 차량의 배출량은 5퍼센트를 차지한다. 따라서 디젤 차량을 제한해야 할 이유는 충분하다. 디젤 차량이 배출한 $PM_{2.5}$의 절반은 승용차에서 나온다. 중기적으로 이 원인은 확실히 피할 수 있다. 오염 물질을 덜 배출하는 대체 기술이 있기 때문이다. 우선은 소비자가 디젤 차량에 호감을 느끼지 않도록 유도하는 것으로 첫걸음을 떼어야 한다. 5~10년의 차량 교체 주기를 지나는 동안 디젤 자동차 사용을 없애나가면 영국 전체 $PM_{2.5}$의 2.5퍼센트를 줄일 수 있다. 도로 교통이 대기오염의 큰 부분을 차지하는 도시 지역에서는 감소 폭이 더 커질 수도 있다. 2퍼센트는 그리 크지 않은 숫자 같지만, $PM_{2.5}$만 따로 떼어놓고 보면 훌륭한 시작이다.

가정용 나무 연소에서 배출되는 PM2.5

지난 7~8년 동안 작은 벽난로를 즐겨 써온 나로서는 몹시 힘든 일이지만, 가정용 나무 연소도 들여다볼 필요가 있는 부분이다. 2014년 영국 전체 PM2.5 배출의 4분의 1 이상을 차지하여, PM2.5 농도에 진정한 변화를 가져올 수 있는 오염원이다. 다만 한 개의 오염원이 아니라, 개별 오염원 수백만 개라는 점이 문제다. 가정용 나무 연소에서 나오는 배출량을 추산하기는 어렵다. 가정용 가열 기구에서 나무를 태울 때 얼마나 많은 양의 미세먼지가 배출되는지 계산해주는 일부 자료가 있지만, 사람들이 벽난로를 얼마나 잘 다루는지 막연히 짐작해야 하는 문제점이 있다. 예컨대 마르지 않은 나무를 태운다면, 연소 과정은 매우 비효율적이고 PM2.5를 증가시킬 뿐만 아니라 상당히 고약한 다른 화학물질을 배출할 수도 있다. 최근 영국에서 나처럼 취미 삼아 불을 피우는 사람들에게 제대로 건조된 고체 연료를 구매하도록 장려하는 '불 지필 준비Ready to Burn' 캠페인을 하는 이유 중 하나다.

심지어 가정용 벽난로가 제대로 운용될 때조차, 가정용 굴뚝을 들여다보고 냄새를 맡아보면 눈에 보이고 냄새도 나는 연기 입자가 나타날 것이다. 추정컨대 워낙 작아서 보이지 않아도, 건강에 좋지 않은 PM2.5 입자도 동반될 것이다. 그리고 이러한 벽난로들은 대부분 필수품이라기보다 여가용품이다. 우리 집을 비롯해 벽난로가 있는 집들은 대체로 이미 중앙난방장치가 완전히 갖춰져 있다. 대기오염으로 발생하는 조기 사망자 수를 확연히 줄이는 한 가지 방법은 가정용 건물에서 벽난로 사용을 금지하거나 규제하거나 조절하는 것이다. 특히 굴뚝에서 나오는 것이 무엇이든 그것에 영향을 받을 사람들이 매우 많은 도시 건물에는 이런 규제가 필요하다. 최근 영국은 청정한 대기를 만들려고 정말로 가정의 난로와 모닥불 사용에 주목하는 전략을 편다. 가정용 나무 연소를 금지까지는 하지 않지만, 연료와 난로를 등급을 나눠 '가장 청정한 것the cleanest'과 '최고로 청정한 것the very cleanest'으로 판매를 제한하는 계획이 진행 중이다. 그러나 가장 청정한 연료라도 여러분 집에 이미 지저분한 난로가 있다면, 그것으로 계속 불을 피울 것이다. 더욱 엄격한 제한은 틀림없이 취미로 불을 피우는 사람들에게 좋은 반응을 얻지 못하겠지만, 바로 그들이 한 해에 7000명까지 목숨을 구할 수 있을지도 모른다. 그 정도면 대가를 치를 만한 가치가 있지 않은가?

산업에서 배출되는 PM2.5

산업 공정과 발전소 역시 영국에서 배출되는 $PM_{2.5}$의 거의 4분의 1을 차지한다. 연료 연소 과정과 제조 과정 모두에서 배출되기 때문이다. 대규모 산업 시설은 환경 인가 규제로 통제된다. 이 절차를 통해 달성 가능한 배출량의 기준이 정해지고, 허가증에는 각 현장에 특정되는 구체적 제한이 명시된다. 배출 제한 수치는 시간이 흐름에 따라 낮아지는 추세라서 우리는 산업 공정에서 발생하는 양이 천천히 감소하리라고 기대할 수 있다. 하지만 PM$_{2.5}$을 흡입하기 싫더라도, 숨을 참고 기다리지는 말자. 변화는 매우 미미하고 더디게 진행될 것 같다.

선박과 항공에서 배출되는 PM$_{2.5}$

앞에서 국가 간 수송 수단인 선박과 항공 오염원에 대해 짧게만 언급한 것은 사실 나의 태만한 처사였다. 선박은 앞으로 수년 내에 대기를 오염시키는 더 중요한 원인이 되리라 예상되기 때문이다. 이런 현상은 배출량이 증가하기 때문이라기보다 감소하지 않기 때문에 일어난다. 다른 오염원들은 대부분 점진적으로 엄격해지는 통제의 대상이기에, 선박과 항공기에서 나오는 PM$_{2.5}$가 지금과 거의 같은 양을 유지하더라도, 전체에서 차지하는 비율은 상승할 것이다. 가정에서 나무를 태우며 배출하는 PM$_{2.5}$ 증가와 같은 예외가 있지만, 대부분의 오염원에서 배출되는 오염 물질은 꾸준히 감소한다. 그런데 국제 운송은 배출 통제에 관한 국제적 합의를 얻기 어렵기 때문에 이런 감소 추세에서 멀어진다. 국제적 공동체는 온실가스를 통제하려고 수년 동안 항공기의 이산화탄소 배출을 제한하고자 시도해왔다. 문제는 일단 항공기가 이륙하면 어떤 국가도 그 항공기가 대기에 배출하는 물질에 대해 책임을 지거나, 통제하지 않는다는 것이다. 온실가스 배출과 관련해 항공기에 추가 요건을 단독으로 부과하고 싶어 하는 국가는 어디에도 없다. 설령 배출을 통제하고 규제하는 목적이라 해도 달라지지 않는다. 국제적 협정이 없는 상태에서 어느 한 국가가 단독으로 행동한다면, 결국 국제 항공편은 그 국가를 피해 규제와 비용이 덜 부담스러운 다른 국가들로 향하고 말 것이다. 따라서 국제 항공에서 배출을 줄이는 방법은 자발적인 국제 협정으로 귀결된다. 대기오염만 고려하면, 높은 곳에서 방출하는 항공기의 오염 물질은 지상에서 경험하는 오염도에 크게 영향을 미치지 않을 가능성이 크기 때문에 시급한 걱정거리는 아닐 수도 있다. 물론 온실가스 배출은 이와 다르다. 온실가스는 히드로공항 활주로에서 방출되든, 아니면 JFK공항으로 향하는 대서양 상공에서 방출되든 상관없이 지구온난화에 일조한다.

국제 해상 운송에서의 배출이 대기질 면에서 더욱 우려되는 요인이다. 선박은 해수면에 상당히 가까운 곳에서 오염 물질을 방출하는 경향이 있다. 선박은 항해 기간 중 대부분 육지에서 어느 정도 떨어져 있지만, 그럼에도 대기를 오염시키는 중대한 역할을 할 수 있다. 예를 들어, 광화학 과정을 통해 오존을 생성하는 혼합물에 다른 물질을 더하거나, 항구 또는 해안 근처에 있을 때 직접적인 영향을 끼침으로써 대기오염을 악화시킬 수 있다. 우리가 살펴본 대로 국제 선박의 이산화황 배출은 1990년에서 2011년 사이에 두 배가 됐다. 따라서 이 부문은 이제 전 세계 배출의 7분의 1을 차지한다.

국제 선박의 PM$_{2.5}$ 배출량은 영국 배출량의 거의 10분의 1이고, 전세계 PM$_{10}$ 배출량의 2퍼센트를 차지한다. 대략 도로 교통에서 배출한 양과 같은 수준이다. 최근 연구에 따르면 세계에서 가장 큰 선박은 전 세계에서 7억6000만 대의 자동차가 배출하는 양과 같은 양의 이산화황을 배출한다. 놀라운 발견이다. 선박에서 배출되는 양이 많기 때문이기도 하겠지만, 오늘날 자동차에서 배출되는 이산화황의 배출량이 극히 적은 이유도 있을 것이다.

그래도 선박의 배출량이 많은 것은 사실이다. 비록 공해상에서만 배출을 제한하는 걸 감안하더라도 육지 기반 오염원에 적용되는 제한에 비해 놀랍도록 느슨하다. 국제해사기구는 선박에 사용되는 연료유의 황 비율을 3.5퍼센트로 제한했다. 무려 3.5퍼센트라니! 엄청난 양이다. 선박이 연소하는 연료 중 한 뭉텅이가 순수한 황이다. 그 결과 선박에서 많은 양의 이산화황을 배출하는 것은 놀라운 일이 아니다. 대조적으로, 유럽 전역에서 디젤 연료의 황 비율을 0.1퍼센트로 제한한 것과 비교하면 35배나 높은 것이다. 다른 오염 물질도 마찬가지다. 선박에서 배출하는 수준은 내수면이나 육지라면 허락되지 않았을 수준이다. 선박에서 그렇게 많이 배출할 수밖에 없는 기술적 제약이 있다거나 그런 것이 아니다. 선박이 주요 오염 물질을 보다 적게 배출하면서 운항할 수 있도록 하는 대안은 이미 마련돼 있다. 문제는 연료 가용성과 보다 까다로운 배기가스 배출 제한에 들어가는 비용이다. 변화가 진행 중이다. 앞으로 수년 내에 선박용 연료의 황 성분을 엄격하게 제한할 것이다. 그리고 새로 건조된 선박의 질소산화물 배출 제한은 더욱 합리적이다. 하지만 여전히 육지 기반 디젤 엔진에 적용하는 제한 수치보다 한참 높다. 국제 운송에서 발생하는 미세먼지 배출을 구체적으로 제한하는 규정은 선박용 연료의 황 함량 외에는 없다. 게다가 컨테이너선의 평균 수명은 25년에서 30년 정도로, 새로운 질소산화물 배출 제한이 모든 선박에 적용되려면 상당한 시간이 걸릴 것이다.

원격 감시 기술은 개별 선박의 배출량을 확인할 수 있게 해주며, 이를 이용해 해상 운송 활동에서 발생하는 배출량을 보다 엄격히 제한할 것이다. 배출량 제한을 강화하면 얻는 것이 많다. 유럽환경청은 2013년 영국 대부분 지역의 대기 중 $PM_{2.5}$ 농도에 국제 해상 운송이 차지하는 몫을 5~10퍼센트로 추정했다. 이 오염원을 제거한다면, 매년 3000명 정도가 죽음을 피할 수 있을 것이다. 그 때문에 우리가 중국에서 지퍼나 남미에서 바나나를 수입할 때 돈을 조금 더 내야 한다면, 그럴 만한 가치가 있을 것이다.

농업에서 배출되는 $PM_{2.5}$

다음은 농업으로, 영국에서 나오는 $PM_{2.5}$ 배출량의 약 10퍼센트를 차지한다. 이것은 가정용 나무 연소 상황과 유사점이 있다. $PM_{2.5}$ 배출량에 농업이 기여한 양의 절반 이상은 열과 전기를 생산하려고 짚을 때우기 때문에 발생한다. 이는 1992년 이후 두 배 이상 증가해 농업에서 $PM_{2.5}$를 배출하는 주요 원인이 되고 있다. 짚은 농업지역에서 저렴한 연료 공급원으로서 매력적인 선택지이지만, 관리가 어려운 연료이며 에너지 단위당 미세먼지가 연료유를 연소할 때보다 약 40배 많이 배출된다.[73] 소형 보일러에서 짚을 태우는 방식에서 벗어나 보다 청정한 연료를 사용하는 방향으로 관심을 돌려야 한다. 짚을 연료로 사용하는 농업용 보일러는 분명 저탄소로 열을 공급하는 수단이지만, 이 때문에 대기 중 $PM_{2.5}$ 농도가 증가해 연간 약 1500명이 조기 사망한다. 다시 말하지만, 그런 대가를 치를 만한 가치가 있는 걸까? 현재 우리에게는 짚에서 에너지를 얻는 것이 합리적인지, 아니면 짚을 더 생산적으로 이용할 수 있는지를 고려하면서 균형 잡힌 행동을 할 수 있게 해주는 체계가 없다.

그래서 몇 가지 제안한다. 디젤, 가정용 벽난로, 짚을 연소하는 농업용 보일러는 더는 쓰지 말자. 해상 운송의 배출물을 더 잘 통제하자. 이 두 가지를 합치면 그리 큰 비용을 들이지 않고 영국 $PM_{2.5}$ 배출량의 거의 절반을 줄일 수 있다. 그리고 더욱 중요한 것은 매년 약 1만2000명의 조기 사망자가 안 나오도록 할 수 있다.

세계에서 배출되는 $PM_{2.5}$

영국이 아닌 세계의 다른 곳에서는 $PM_{2.5}$ 배출량 감소가 우선순위가 아니다. 영국에서 이룬 향상에 비하면, 많은 나라의 미세먼지 배출 감소 노력은 진척이 더디다. 도표는 1970년과 2008년 사이 전 세계 PM_{10} 배출량에 큰 변화가 없었다는 것을 보여준다. 몇 차례 증가와 감소, PM_{10} 배출량을 가장 많이 늘리는 국가들과 활동 사이의 변동은 있었지만, 그 모든 변화가 2008년까지 끼친 최종적인 효과는 1970년과 거의 같았다. $PM_{2.5}$의 경우도 마찬가지일 것이다.

2010년 전 세계 $PM_{2.5}$ 배출량에서 1퍼센트 이상을 차지하는 12개 국가는 미국, 브라질, 나이지리아, 에티오피아, 남아프리카, 인도, 파키스탄, 중국, 미얀마, 태국, 베트남, 인도네시아다.[35]

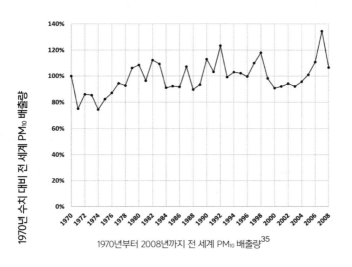

1970년부터 2008년까지 전 세계 PM_{10} 배출량[35]

이 국가들이 전 세계 배출량의 70퍼센트 이상을 차지한다. 중국한 나라에서만 전 세계 총배출량의 30퍼센트를 담당한다. 아프리카와 아시아 국가에서는 주거용 연소가 $PM_{2.5}$를 배출하는 가장 큰 원인이다. 나이지리아와 에티오피아, 파키스탄에서 배출되는 양의 80퍼센트 혹은 그 이상, 남아프리카와 인도, 중국, 베트남에서는 배출량의 약 절반이 주거용 연소에서 비롯되는 것으로 추정된다. 농업용 폐기물 연소 역시 꾸준히 높은 배출량을 보인다. 브라질과 미얀마의 배출량 절반이 여기에 해당한다. 산업용 오염원은 미국과 인도, 중국에서 더 큰 비중을 차지한다.

이 결과는 전 세계에서 가정의 고체 연료 연소 문제에 맞서는 것이 얼마나 중요한지 잘 보여준다. 특히 사람들이 난방과 조리에 저공해 연료를 사용하기가 쉽지 않은 곳이 있다. 세계보건기구는 약 30억 명의 사람들이 난방과 조리를 하려고 나무와 석탄, 동물 배설물, 작물 폐기물을 개방된 화톳불이나 단순한 화로에서 태운다고 추정한다. 실외 대기오염은 물론이고, 집 안에서 고체 연료를 연소하면 그곳에 거주하는 사람들의 건강에 직접적인 영향을 끼친다. 대기오염을 고려하기 전에, 개방된 불꽃과 한 공간에 있는 것 자체가 위험한 일이다. 특히 어린이와 노인에게 더 위험하다. 그렇다면 대기오염에는 얼마나 영향을 줄까? WHO는 '400만 명 이상의 사람이 고체 연료로 조리하면서 발생하는 대기오염 탓에 질병에 걸려 조기 사망한다'라고 한다.[74] 이들은 폐렴, 뇌졸중, 심장병, 폐색성 폐질환, 폐암으로 사망한다. 가정에서 발생하는 연기에 직접 영향을 받는 사람과 더 광범위한 범위에 있는 사람들에게 일어나는 수백만 건의 사망에 대처하려면, 이 30억 명의 사람들에게 식사를 조리하고 집을 난방할 대안을 제공해야 한다. 이는 장기적인 과제이지만, 전 세계 사람들에게 진정한 건강과 양질의 삶을 가져다줄 것이다.

농업 폐기물 연소 역시 여러 국가에서 주요한 $PM_{2.5}$ 배출원으로 들불처럼 번지고 있다. 말장난이 아니다. 많은 농부들이 폐기물을 태우고 싶어 하지만, 반드시 필요한 것은 아니다. 예를 들어, 중국은 농업 규모가 상당한데도 과거에는 농업 폐기물 연소가 국가 $PM_{2.5}$ 배출 중 차지하는 몫이 거의 없었다. 전통적으로 잔여 농작물을 농가에서 수거하고 건조해 가정에서 연료로 사용했다. 남은 것은 퇴비를 만들거나 흙을 일굴 때 넣어 양분을 되돌려줄 수도 있었다. 그러나 중국에서도 이러한 노동집약적인 방법이 너무 비싸져서, 이제는 작물을 태운 연기가 매년 오염 원인이 되고 있다.

농산 폐기물을 재활용하는 전통적인 수단과 더불어, 오늘날 널리 이용할 수 있는 또 다른 방법은 농업 잔여물의 혐기성 소화다. 이 과정에서 비료로 밭에 뿌릴 수 있는 액체 성분[혐기소화액], 바이오가스 생성물을 함께 얻는다. 바이오가스로 열과 전기를 발생시키거나, 지역 가스망에 잠재적으로 추가할 수 있다. 농업 폐기물 연소를 막는 한 가지 방법은 많은 수의 지역 농민이 이용할 수 있는 혐기성 소화 시설을 지역에 조성하고, 농민과 지역 주민에게 혜택을 주는 상품을 개발하는 것이다.

도시 대기질 경과 보고

일부 오염 물질과 오염원, 몇몇 지역의 성공담을 알아보았다. 우리는 오존층을 구하는 일을 잘 해냈다. 실은 잘 해냈기를 바라지만, 확실히 알려면 몇 년은 걸릴 것이다. 우리는 자동차 배기가스에서 납을 제거했고, 이는 아동이 잘 성장하는 데도 여러모로 유익한 효과가 있다. 영국과 유럽 전역에서는 연기와 이산화황 탓에 발생하는 숨 막히는 스모그에 대처해왔다. 세계의 다른 지역에서 이산화황은 여전히 문제로 남아 있다. 촉매 변환기 역시 대기질 측면에서 좋은 소식이다. 전 세계에서 일산화탄소를 제거하고 이산화질소와 탄화수소 농도를 낮춰 결과적으로 오존을 줄이는, 많은 일을 하고 있다. 지상 오존이 해결하기 어려운 문제인 만큼, 휘발유 엔진 차량에 촉매 변환기가 없었다면 상황은 훨씬 더 나빠졌을 것이다.

이 모든 좋은 소식은 대기오염이 이제 매년 불과 700만 명의 조기 사망에만 책임이 있다는 뜻이다. 불과! 물론 700만은 너무 많다. 그리고 더 심각한 것은 그중에서 많은 죽음이 피할 수 없는 죽음이라는 것이다. 다음 장에서는 대기오염을 이해하는 데에 이용할 수 있는 도구와 방법을 살펴볼 것이다. 그리고 마지막 장에서는 미래가 어떤 모습일지 살펴본다. 우리는 이제 대기오염이 매년 수백만 명을 사망에 이르게 한 원인임을 안다. 대기오염에 대처하려는 노력도 온실가스 배출량을 줄이려는 우리의 미약한 시도와 마찬가지로, 몹시 비싼 값을 치르고도 겨우 하찮은 성공만을 얻게 될까? 아니면 차량 연료에서 납을 제거하고, 에어로졸 용기에서 프레온가스를 제거하려고 벌인 캠페인의 성공을 재현할 수 있을까? 우리가 프레온가스, 천연두, 식당 내 흡연, 안전띠 미착용 주행을 해결했던 것처럼 대기오염을 케케묵은 옛날이야기로 만들어버릴 수 있다면 얼마나 좋을까? 설령 내 직업적 미래에는 고약한 일이 되더라도, 그런 희생이라면 기꺼이 치를 준비가 되어 있다.

뉴스 속 대기오염

요즘에는 적어도 나쁜 대기질에 영향을 받는 사람들이 그에 관해 조금이나마 알고는 있는 것 같다. 대기질처럼 복잡하고 기술적인 주제를 폭넓은 독자에게 흥미롭고 매력적으로 알리려면 어떻게 해야 할까? 다음은 2017년 5월 〈더 선The Sun〉에 실린 기사다.

> **대기에 무언가가 있다. 유독성 대기오염은 무엇인가, 런던 최악의**
> **스모그 지역은 어디인가, 당신의 폐에는 어떤 영향을 줄까, 실내**
> **에 머물러야 할까?**
> **전문가들은 대기오염이 폐 성장을 저해하고 암을 비롯한 심각한**

건강 문제를 일으킬 수 있다고 말한다.

그렇다면 무엇이 유독한 대기를 만들고, 이를 해결하려면 무엇을 해야 하나?

유독성 대기오염은 무엇이고, 원인은 무엇인가?

산업용 시설에서 위험한 오염 물질이 대기에 방출되면서 건강에 심각한 부정적 영향을 미칠 수 있다.

선진국과 급속도로 산업화하는 국가 모두에서 주된 오염 문제는 고농도의 매연과 이산화황이었다. 이는 석탄처럼 황을 함유한 화석연료를 연소하면 배출된다.

휘발유와 디젤 엔진 차량은 일산화탄소, 질소산화물, 휘발성 유기화합물, 미세먼지 등 여러 종류의 오염 물질을 배출한다.

전반적으로 산업에서 발생하는 오염은 변함없거나 시간에 따라 개선되고 있지만, 교통에서 유발되는 오염은 시간이 흐르면서 악화되고 있다.

2017년 1월 19일부로 런던은 이미 유독성 대기에 대한 연간 법적 허용치를 돌파했다.

런던의 대기오염도는 매년 약 9000명의 사망에 책임이 있다고 평가된다.

기사는 대기오염 물질이 우리에게 주는 영향, 대기오염 경보 단계의 의미, 대기질을 개선하려고 런던에서 내린 조치 등, 매우 기술적인 주제들을 다루며 이어진다. 이 책을 읽는 어떤 독자든 수월하게 받아들일 만한 주제들이다. 그리고 〈더 선〉은 서슴없이 자료를 재활용해 2018년 7월에 증보판 기사를 발표했다(이 기사는 메건 마클[미국의 전직 배우로 영국의 왕자인 해리 공작과 결혼했다]의 경호원 문제에 관한 흥미로운 기사 옆자리에 있었다. 따라서 어떤 독자들은 당연히 주의를 빼앗겼을 수도 있다). 이번에는 '폭염은 건강에 어떻게 영향을 주었을까?'라고 묻는 표제와 함께 실렸다. 우리 모두 날씨에 관해 이야기하기 좋아하기 때문이다. 그렇지 않은가?

한두 가지 논평과 사용된 용어는 사소한 트집을 잡을 수도 있지만, 대체로 이 기사에서 제공한 정보는 상당히 정확하다. 게다가 대기오염의 정도에 관한 설명과 몇 가지 역사, 오염원, 런던 시민의 건강에 미치는 영향 등 놀라운 수준의 세부 사항도 있다. 신문 기사다운 아주 짧은 문단으로, 필자들은 느슨하게 연결된 사실과 논평만을 목록처럼 적어넣었다. '이건 이해되지 않았어? 아니면 마음에 들지 않아? 여기 다른 것도 있어.' 기사는 계속해서 사람들이 대기오염이 일으킬 최악의 영향을 피하려면 무엇을 해야 하는지, 또 장기적으로 대기질 향상에 도움이 되려면 무엇을 해야 하는지를 이야기한다. 마지막으로 정치적 각도에서 (보수당) 총리 테리사 메이와 (노동당) 런던 시장 사디크 칸의 견해를 모두 논평 없이 광범위하게 인용한다. 아마도 이 기사가 과학과 밀접하게 연관된 주제가 아니었다면, 마지막 부분은 좀 더 정치적 편향을 가미했을지도 모른다.

하지만 기사는 독자들이 스스로 마음을 정하도록 두 정치인의 견해와 방안을 모두 인용한다.

이 기사에서 가장 흥미로운 점은, 심지어 메건 마클의 가정사까지 꿰뚫어 보게 해주는 와중에도 이런 기사가 거기 존재한다는 사실이다. 다시 말하자면 이 기사는 우파 타블로이드 신문인 〈더 선〉에 실렸다. 좌파 성향으로 환경에 중점을 두는 〈가디언〉이 아니다. 영국의 다른 모든 주류 언론과 더불어 〈더 선〉도 이제 대기오염에 관한 새로운 기사를 며칠에 한 번씩 싣는다. 한때는 대기질에 관한 기사가 실린 신문을 발견하면 조심스럽게 기사를 오려내 스캔한 다음, 경외감에 차서 우리 환경과학 분야에 관심을 가진 누군가가 있다고 말하며 동료들에게 돌리곤 했다. 요즘은 대기질에 관한 기사가 끊이지 않고 나오는 바람에 새 이야기들을 따라가기도 벅차다. 기사는 주로 최근의 법률적 진전이나 대기질 문제에 대한 정부의 성의 없는 반응을 설명해준다. 〈더 선〉의 웹사이트를 잠깐 검색해보면 2017년의 첫 넉 달 동안만 해도, 대기질에 관한 44건의 별도 기사가 있음이 드러난다. 그리고 〈더 선〉은 새롭게 확정된 영국의 2040년 휘발유와 경유 차량 판매 종료를 '카마겟돈[자동차car와 요한 계시록에 나오는 세계 종말의 상황에 선과 악이 맞설 전쟁터인 아마겟돈 Amageddon을 합성한 말]'으로 묘사해 나를 즐겁게 해주었다. 특별히 환경에 신경 쓴다는 평판도 얻지 못한 타블로이드 신문 단 한 곳에서 단 넉 달 만에 기사가 무려 44건이다. 세상이 변했다.

광고 속 대기오염

대기질에 또 다르게 접근하는 방법이 있다. 화장품 소매업체인 '더바디샵'은 런던 중심부의 버스 정류장 여러 곳에 대기오염 제거 장비의 설치를 후원했다. 광고는 '에어포칼립스airpocalypse[공기air와 대재앙apocalypse을 합성한 신조어로 대기오염으로 인한 재앙을 뜻한다]'라는 단어를 이용한다. 이 말은 중국에서 심각한 대기오염 사건을 일컫는 말로 널리 퍼졌다. 우리는 시의적절한 카마겟돈으로 에어포칼립스를 피할 수 있기를 바라자. 버스 정류장에 이산화질소와 미세먼지를 제거하는 기능을 추가해 그 안에서 버스를 기다리는 사람들에게 더 나은 미기후[지면에 가까운 곳의 기후]를 제공한다는 발상이다. 기억에 남고 호감이 가는 방식으로 대기질에 관한 관심을 높이면서 제거 기술을 보여주고, 어쩌면 더바디샵의 유해 성분 차단 제품인 '시티 스킨'도 어느 정도 판매하는 좋은 방법이다.

하지만 광고에 있는 문구는 무엇을 말하는가? "올해 런던 중심부의 이산화질소 수치는 해당 기간의 99퍼센트 동안 법적 허용치를 초과했다." 과감한 주장이다. 하지만 언급하고 있는 내용이 상당히 막연하고, 특별히 그럴듯하지도 않다. 만약 이산화질소의 법적 허용치와 오염 수치를 어떻게 비교하는지 안다면 말이다. 나는 오염 제거 기술이 있는 기업인 에어랩스와 간단히 이메일을 주고받다가 눈길을 사로잡는 99퍼센트라는 수가 어떻게 계산됐는지 알게 됐다. 그들은 근처 측정소 5곳의 일평균 농도를 살펴보았고, 4개월에 걸쳐 일간 평균 농도의 99퍼센트가 연간 평균 농도의 대기질 기준을 웃도는 것을 발견했다는 것이다. 계산을 검토해보니 상당히 정확했다. 하지만 여기서 그들이 잘못한 일은 더 짧은 기간의 평균을 더 긴 기간의 평균에 비교한 것이다. 1년이 안 되는 기간의 자료만 보았을 뿐만 아니라, 서로 다른 측정소의 결과를 합해 하나의 값으로 만들어버렸다. 따라서 '법적 허용치'라는 용어를 사용했지만, 그 계산에는 어떤 법적 의미도 없다. 충분히 오랫동안 연간 평균 농도를 초과하면 1년 동안 연간 평균 농도를 초과할 가능성이 있는 것은 확실히 사실이다. 그리고 이것은 법적 의미가 있다. 하지만 버스 정류장에 걸릴 문구로서 "올해 런던 중심부의 이산화질소 농도는 법적 허용치를 초과할 것 같다"라는 문장은 광고주가 선택한, 눈길을 사로잡는 문장과 비교하면 상당히 미약하다. 우리의 관심을 끌려는 경쟁은 수없이 일어난다. 따라서 사람들이 몸을 바로 세우고 대기오염에 주목하게 만들려면 '법적 허용치를 초과할 것 같다'는 문구보다는 조금 강한 충격이 필요하다. 그러니 여기서 진실을 왜곡한 광고주를 탓하지 않겠다. 광고는 대기오염에 대한 인식을 높이는 데 도움이 되리라고 확신한다. 아마도 이 광고는 대기질에 관한 메시지에 신경 쓰지 않고 버스를 타고 화장품을 사용하는 사람을 대상으로 대기오염에 대한 의식을 고취하는 데 도움이 됐을 것이다.

대기오염 캠페인

대기질 문제에 관한 젊은이들의 의식을 고취하는 목적으로 진행하는 청소년 주도 캠페인에서는 충격 요법이 사용되고 있다. 여기서는 광고판을 이용해 '이것이 우리가 원하는 미래인가?'라고 물으며 의도적으로 대기오염의 도시 집중과 런던 젊은이들이 오염된 환경에서 자라고 있다는 사실을 강조한다.

클린에어 나우 캠페인 포스터[75]

셰필드대학교의 물리화학자 토니 라이언과 언어학자 조애너 개빈스가 이끈 협업에서는 이와는 다르게 접근했다. 셰필드대학교의 건물 외벽에는 3년 동안 대기오염을 '먹는' 시가 전시됐다. 정확히 말하면 오염을 먹는 것은 4행 자유시가 아니라 시가 인쇄된 천이다. 대학 측에서는 천으로 이 기간에 2톤 이상의 이산화질소를 제

거했다고 추정한다. 1년에 1톤이 안 되는 양이다. 영국에서 매년 배
출되는 수백만 톤의 이산화질소에 비하면 많지 않지만, 버스 정류
장과 마찬가지로 이 계획은 실제 제거량보다 공공의 이목을 대기오
염에 집중시킨다는 데에 가치가 있다. 그리고 사이먼 아미티지의
훌륭한 시도 가치가 있다.[76]

대기를 찬미하며

나는 대기를 찬미하며 쓴다. 여섯 살 아니면 다섯 살이던
그때 마술사가 내 말아쥔 주먹을 폈다
그리고 나는 손바닥에 온 하늘을 쥐었다.
그때부터 나는 하늘을 지니고 다닌다.

대기가 우월한 신이기를, 그 존재
그리고 감촉, 대기의 모유는 언제나 비스듬히
입술로 기울었다. 잠자리도 보잉기도
속이 다 비치는 대기의 공허에 매달린다……

뒤죽박죽 섞인 잡동사니 사이에서 나는
텅 빈 보물상자를 자물쇠를 채워 보관한다
스모그로 생각이 몽롱하거나

문명이 길을 건너는 날에는,

하얀 손수건을 입에 대고
차들이 입술에 키스를 날리는데
나는 키를 돌리고 뚜껑을 닫고 심호흡을 한다.
내 첫 단어, 모든 사람의 첫 단어는 대기였다.

더바디샵의 혁신적이고 눈길을 사로잡는 메시지 '클린 에어 나우'
와 셰필드대학교의 진취적 계획은 몇 년 전만 해도 대기질에 전혀
관심이 없었던 많은 사람에게 대기질이 중요하다는 메시지를 확실
히 전달하고 있다. 좀 더 전통적인 캠페인 기법 역시 정치인과 다른
결정권자들이 대기질에 관한 핵심 안건에 주목하도록 하는 데 중요
한 역할을 한다. 예를 들어 영국폐재단British Lung Foundation은 대기오
염으로부터 어린이들의 폐를 지키는 행동을 요청하는 청원을 2016년
12월 정부에 제출했다. 그런데 이렇게 말하기는 괴롭지만, 이제 청
원서와 보고서는 할 말을 다 한 것 같다. 캠페인과 로비 활동의 미
래는 트위터와 버스 정류장에 있다.
　대기질은 전국적인 캠페인의 대상이기도 하지만, 지역적 현안이
기도 했다. 예컨대 폐기물 소각로를 새로 계획하거나, 지방정부 당
국이 대기질을 개선하고자 시내 중심가에서 교통을 제한하려 하면
예외 없이 문제가 된다. 더욱 분명히 말해서, 대기질은 지방정부 당

국이 책임을 회피하는 듯 보일 때 지역적 관심사가 될 수 있다. 지역공동체가 스스로 고농도의 대기오염에 노출되고 있다는 것을 깨닫게 되면, 분노하고 변화를 원하게 된다. 예를 들어 브린스워스와 셰필드의 캣클리프 지구에서 '이스트 엔드 삶의 질 행동East End Quality of Life initialtive'이 오랫동안 해온 것처럼, 지역의 적극적인 압력단체가 나서서 고농도 오염이 지속되는 일에 관한 우려나 분노를 더 광범위한 대중 사이에 불러일으킬 수 있다.

사회관계망 속 대기오염

지역이나 전국 규모의 캠페인도 중요하지만, 지난 수년 동안 대기질은 간헐적으로 나타나는 문제나 장기간 지속되는 지역의 난제 수준을 넘어 주류 뉴스 의제가 됐다. 이제는 법률 사건을 다루는 제대로 된 기사들도 있다. 특히 영국은 대기질 기준을 신속히 준수하지 못해 유럽연합으로부터 벌금을 부과받을 위기이고, 이 일은 영국과 유럽연합의 관계에 관한 이야기로 확장된다. 소규모 활동가들의 단체인 클라이언트어스ClientEarth가 영국 정부를 상대로 제기한 소송에서 승소함으로써 이 사건을 뒷받침해주었다. 그 덕분에 (이야기에는) 다윗과 골리앗이나 로빈 후드 같은 요소가 들어오고, (사람들은) 약자가 거물에게 들이대는 이야기를 즐기게 됐다. 여기에는 거액의 돈이 연관돼 있다. 대기질 기준을 준수하는 데 필요한 개선 사항을 이행하려면 수백만 파운드의 투자가 필요하다. 실은 영국 정부는 '대기 정화와 자동차 배출가스 저감을 위한 30억 파운드 프로그램'을 홍보하고 있다. 이 프로그램에는 2021년까지 자전거 타기와 걷기에 12억 파운드, 초저공해 차량에 10억 파운드를 투자하겠다는 계획이 포함된다. 이와 동시에 보도돼야 할 주요 건강 문제에 관한 새로운 정보가 꾸준히 들어온다. 환경 기사라면 넘겨버리는 사람이 많겠지만, 그 사람들도 자신이나 가족의 건강에 관련된 기사라면 손을 멈추고 읽어볼 것이다. 그리고 무엇보다도 '디젤게이트'가 터졌을 때 우리는 폭스바겐이라는 매우 유명하고 가시적인 형태의 악당을 경험했다. 영국 거리에는 300만 대가 넘는 폭스바겐 차량이 있으니,[77] 폭스바겐이 배기가스 검사를 통과하려고 벌인 불법적 수단을 생각나게 하는 신호는 결코 멀리 있지 않다. 지난 몇 년 동안 진정으로 의미 있고, 흥미로우며, 누구나 쉽게 볼 수 있는 주류 뉴스 기사가 꾸준히 나오고 있다.

순수하게 대기오염이 최근에 더 많이 다루어지고 있는지 알아보려고, 잘 알려진 인터넷 검색 엔진의 '뉴스' 부문에서 얼마나 많은 결과가 나오는지 검색해보았다. 다음은 2018년 12월 검색으로 내가 발견한 것들이다.

- 대기오염air pollution : 검색 결과 900만 건
- 수질오염water pollotion. : 검색 결과 12만 6000건

- 토양오염soil pollution : 검색 결과 8500건

- 소음공해noise pollution : 검색 결과 9만 건

- 비만obesity : 검색 결과 1300만 건

- 간접흡연passive smoking: 검색 결과 1만2000건

- 브렉시트Brexit : 검색 결과 2억1000만 건 — 물론 브렉시트 협상
  이 한창 진행 중이지만, 그렇다고 해도 상당히 많은 뉴스다.

- 아임 어 셀러브리티I'm a celebrity[영국의 리얼리티 TV 프로그램]: 2000
  만 건 — 나도 2018년 시리즈의 정글 소동을 한창 보고 있다. 최
  근에는 노엘 에드먼즈가 탈락하고 해리 레드냅이 의기양양하게
  나타났는데, 이런 것이야말로 2000만 건의 뉴스 가치가 있는 이
  야기가 아니겠는가.

대기오염은 뉴스 의제로서 중요성이 '아임 어 셀러브리티'의 절
반에 불과한 듯하다. 하지만 나는 그것이 일시적인 현상이라고 예
상하고 있다. 노엘과 해리와 나머지 출연자들이 관심에서 멀어지면
대기오염은 다시 1면 뉴스가 될 것이다. 수질오염과 토양오염과 소
음공해에 관한 뉴스 보도가 대기오염보다 훨씬 적다는 점은 흥미롭
다. 아마도 수질과 토양은 정화가 가능하고, 소음은 방음할 수 있는
데, 대기에는 이런 방법들을 쓸 수 없기 때문일 것이다. 불행하게도
5년 전에는 내가 이런 검색을 하지 않아서 뉴스 보도 상황이 그 기
간에 어떻게 변했는지는 말할 수 없지만, 18개월 전인 2017년 6월 영

국의 총선거 다음 날에는 뉴스를 검색했었다. 심지어 그때도 대기오염에 대한 보도는 훨씬 적었다. 물론 그래봤자 단 이틀밖에 되지 않는 조사이기에, 통계학적으로 의미 있는 관찰은 아니다.

사회관계망은 어떨까? 놀랍게도 대기오염은 많은 사람에게 광범위하게 영향을 미치는 환경적 문제인데도 사회관계망에서 비교적 주목을 받지 못하는 편이다. 아마도 '아임 어 셀러브리티'는 여기서 주목을 끄는 것 같다. 사회관계망에 핵심 정보를 제공하는 공급자 중에 세계보건기구WHO가 있다. WHO의 트위터 계정에는 370만 팔로워가 있다. 물론 WHO는 대기오염뿐 아니라 매우 광범위한 영역의 건강과 환경 주제를 다룬다. 하지만 대기오염을 '보이지 않는 살인자'라고 묘사한 2017년 6월의 트윗은 1400건의 반응(댓글, 리트윗, 좋아요)을 만들어냈다. 영국 정부의 대기질 경보 트위터 피드 @DefraUKAir의 팔로워는 실망스럽게도 7000명으로, 영국 인구의 약 1만분의 1이다. 법률 관련 단체인 클라이언트어스는 2만3000 팔로워에게 적극적으로 대기오염에 관한 트윗을 올리고 있다. 헬시에어Healthy Air, 클린에어 인 런던Clean Air in London, 런던에어LondonAir(그렇다, 같은 곳이 아니다)처럼 대기질에 집중하는 다른 단체는 팔로워 수가 3만5000에 이른다. 그리고 나는? 지금 @BroomfieldAQ 계정에는 거의 40명에 가까운 헌신적인 팔로워가 있다. 나는 양보다는 질이라고 생각하고 싶다. 비록 사회관계망의 세계에서는 그것이 명백히 틀렸다고 해도.

잘 자리 잡은 환경운동단체의 계정에는 수많은 팔로워가 있다. 그들은 대기질에 관한 쟁점 정보도 제공한다. 기후 변화에 관한 트윗이 훨씬 대규모로 이루어져서, 대기질에 관한 내용은 약간 찾기 어려운 경향이 있는 것은 사실이다. 물론 대기질에 관한 정보를 알리는 전문가와 관심 있는 개인들이 있다. 모두 좋은 현상이다. 하지만 솔직히 말하면, 사회관계망에서 들끓는 여론이 우리가 대기오염에 대처하며 변화의 방향으로 흔들림 없이 꾸준히 나아가도록 이끌어주는 것 같지는 않다. 그보다는 관심을 가진 사람과 활동가들이 제한된 네트워크에서 끼리끼리 이야기한다는 느낌이 더 많이 든다. 주류 언론이 대기질에 보이는 관심은 아마도 국가 정책과 공공의 의식에 영향을 끼치는 면에서 보면 더욱 중요할 것이다. 대기질은 진정으로 중요하고 흥미롭고 충격적이고 유의미한 주제이고, 그 덕분에 복잡한 뉴스 의제 사이에서도 부각될 만큼 생명력을 갖는 것이다. 바로 그래서 이번 기회에 우리가 숨 쉬는 대기에 관해 조금이나마 알아보면 좋을 것이다. 어느 것이든 마찬가지지만, 약간의 배경 지식만 알아도 우리는 반쪽짜리 진실이나 편견, 혹은 순전한 거짓말이 무엇인지 눈치챌 수 있기 때문이다.

진짜 자료

지금은 인터넷만 연결하면 누구든 방대한 정보를 이용할 수 있으니 대기질을 조사하기에도 좋은 기회다. 대기오염에 관한 수많은 의견이 있다. 대기오염이 중요한 문제인지, 누구의 책임인지, 무엇을 해야 하는지, 누가 비용을 감당해야 하는지에 관한 의견이 분분하다. 하지만 의견은 제외하고, 누구든 원하면 이용할 수 있는 대기질 자료도 있다. 비할 데 없이 정확한 자료다. 영국 대기질 자료 보관소에는 1961년부터 어제까지 전국 1500여개 측정소에서 기록한 자료들이 있다.[78] 또 다른 550만 건의 수치도 매년 수집되니,[79] 실로 어마어마한 자료가 저장돼 있다. 내가 10장에서 분석한 측정 자료도 여기서 얻었다. 그뿐 아니라 스코틀랜드, 웨일스, 북아일랜드 데이터베이스와 지역적 공급처, 개별 지방정부 웹사이트의 데이터베이스에서 더 많은 자료를 얻을 수 있다. 글을 쓰는 지금 이 순간에도 영국을 포함한 유럽연합 소속 국가의 대기질 측정 기록은 유럽환경청의 에어베이스 시스템에 저장된다. 물론 많은 국가가 각자의 데이터베이스를 운영한다. 나는 파리의 자료를 이용할 수 있는지 잠시 찾아보았는데, 부도심의 라데팡스를 비롯한 측정소의 대기질 자료를 다운로드 받을 수 있었다. 그곳에서 측정된 수치는 런던 중심부의 렐레펑테샤토[엘리펀트앤드캐슬]에서 측정하고 런던에어 웹사이트를 통해 보고된 수치와 상당히 비슷했다. 자유롭게 이용 가능한 정보가 이토록 풍족한데 그것을 최대한 활용하지 않는 건 조금 부끄러운 일이다. 자료를 이용하면 지역사회의 오염원이나 오염 현황을 알 수 있다. 대기오염의 특성을 파악할 수 있고, 대기오염 수치가 절정에 이르는 기간에 대처할 방법도 알 수 있다. 주택을 구매하거나 자녀가 다닐 학교를 선택하는 과정에서 대기질을 확인해볼 수도 있다. 물론 대기질이 중요한 결정을 좌지우지하는 가장 큰 요인이 되지는 않겠지만, 예를 들면 14퍼센트나 뭐 그 정도는 고려할 가치가 있을지도 모른다.

말하는 것이 좋다

아주 가끔씩 사무실 밖으로 나가서 사람들에게 직접 대기질에 관해 이야기할 때가 있다. 새로운 개발 관련 업무를 맡으면 자주 있는 일이다. 짐작했겠지만, 특히 폐기물을 에너지화하는 시설 개발에 관여할 때 이런 기회가 많다. 새로운 제안을 받은 사람들의 견해와 우려를 직접 듣는 데는 이게 가장 효과적이다. 만일 사람들이 집값에 미치는 영향이나 새로운 시설의 외관을 걱정한다면, 내가 도울 수 있는 일은 거의 없다. 하지만 사람들은 새로운 폐기물 소각로가 지어질 예정이란 말을 들으면, 그것이 암을 유발하거나 근처에 거주하는 공동체의 아기에게 유해하리라고 걱정한다. 이들에게는 진심 어리며, 끔찍한 걱정이다.

일대일 대화에서, 가장 먼저 하는 일은 사람들이 하고 싶은 말을 듣는 것이다. 대개 나 같은 전문가는 무엇이든 아는 것을 먼저 이야기하고 싶어 한다. 하지만 언제나 입을 다물고 듣는 것으로 시작하는 편이 낫다. 누구든 화가 나거나 두려워하거나 혼란스러워하거나 냉소적이거나 혹은 협조적일 수도 있다. 그리고 만약 주의 깊게 듣지 않는다면, 모두에게 유용하고 생산적일 수 있는 대화에 참여할 기회를 놓치는 것이다. 일단 우리가 사람들이 염려하는 바를 이해하면, 우리가 그것을 어떻게 처리할지 설명할 수 있을 것이다. 지역 사회 구성원은 새로운 개발계획이 대기오염이나 건강 문제에 관한 어떤 고려도 하지 않고 허가를 받았을 것이란 인상을 쉽게 받는다. 폐기물 소각로 제안서에 종종 '부주의한'이라는 단어가 사용되지만, 그것은 완전히 부적절한 묘사다. 우리는 새로운 제안을 할 때 대기 질과 건강에 어떤 영향을 미칠지 신중하게 평가되도록 철저히 확인한다. 필요한 경우에는 유럽의 폐기물 소각로 배출에 대한 법적 허용치보다 더 농도를 낮추도록 조치하기도 한다. 다른 것은 몰라도 절대로 부주의하지는 않다. 사람들에게 우리가 어떻게 지역 환경을 고려해 연구하는지 설명하면 관계자 모두 새로운 눈을 뜨게 되기도 한다. 나 역시 이런 기회가 아니었다면 인식하지 못했을 인근 지역의 특색을 알게 된다. 그리고 지역 주민이 설령 내 설명을 좋아하거나 받아들이지 않는다고 해도, 대기질과 건강 위험이 평가되고 있다는 사실과 기꺼이 일의 세부 사항에 대한 의견을 듣고 터놓고 말하는 사람들이 연구하고 있다는 사실을 인식할 수 있다.

대면 논의는 모두에게 유익하다. 반면 대규모 회의는 피할 수 없지만, 철저히 비생산적일 때가 많다. 나와 동료들은 순수한 분노에 빠져 이야기하는 회의에서 그저 아무 탈 없이 빠져나온 사실에 안도한 적도 두 번이나 있다. 고맙게도 과학적인 주제를 다루는 소통에서 '하얀 가운을 입은 사람'의 권위를 내세우거나 '날 믿어요, 내가 의사거든요'라고 말하는 접근 방법이 통하는 시대는 완전히 끝났다. 따라서 아무리 빈틈없는 파워포인트 발표를 준비했다 하더라도, 회의장 앞에 나가서 말을 하다 보면 분위기가 이상해지면서 설교는 듣고 싶지 않다고 반발하는 사람들이 생기기 시작한다.

게다가 대규모 회의는 주로 효과적인 몇 마디만을 중요하게 여기는데, 대기질과 건강 문제는 이렇게 요약하기에 너무 복잡한 쟁점이다. 만약 내가 "우리가 제안하는 폐기물 소각로는 안전할 것입니다"처럼 말하면 즉각 온갖 지적이 나올 것이다. 그중 대부분은 지면에 옮기기 부적절한 말일 테고, 일부는 정당한 것도 있을 것이다. 그렇다고 해서 "우리가 수행한 대기질 평가는 폐기물 에너지화 시설이 대기질이나 공중 보건에 관해 관련된 역학 연구 결과와 일치하는 어떤 유의미한 부정적 효과도 끼치지 않을 것임을 보여줍니다"와 같이 미묘한 차이를 보이는 완곡한 언급도 통하지 않는다. 문장의 절반도 말하기 전에 야유를 받고 퇴장당할 것이다. 정말로 나는 런던과 서리, 요크셔에서 야유를 받고 거의 쫓겨날 뻔한 적도 있다. 내 말이 틀렸기 때문이 아니라 내가 틀린 방식으로 말했기 때문이다. 그런가 하면 어떤 여성이 특별히 오랜 시간 동안 상세하게 질문한 적도 있다. 그녀는 "글쎄요, 여전히 마음에 들지는 않지만 더는 다른 이유를 생각해낼 수 없네요. 고맙습니다"라고 끝을 맺었다. 그것은 내게 영국의 예의가 여전히 잘 살아 있다는 것을 확인해준 '고맙습니다'였다. 그리고 아무리 많은 양의 서면 보고서나 파워포인트 발표로도 얻을 수 없는 어떤 것이었다. 그러므로, 내게 매번 대면 대화의 기회를 달라.

이런 종류의 대화에서는 상당히 많은 세부 사항을 다룰 수 있고, 대규모 회의와 (감히 내가 제안하는) 140자 혹은 심지어 280자 트윗에서 방향을 잃곤 하는 일부 미묘하고 불확실한 점까지 파고들 수 있다. 내 전문 분야를 다루고, 잃을 것이 거의 없는 이런 논의에 들어가는 것이 내게는 쉬운 일이라고 생각할지도 모른다. 하지만 상대에게 익숙하지 않은 주제를 설명해야 할 때, 바로 그 순간 내가 그 주제를 얼마나 잘 이해하고 있는지 정확히 알게 된다. 이러한 대화를 계기로 나는 몇 가지 생각을 정리할 수 있었다. 특히 우리가 어떻게 지역의 기상 조건에 대처해야 할지, 그리고 일이 잘못됐을 때 어떻게 산업 설비나 폐기물 설비에서 나오는 배출가스를 처리해야 할지 더 분명히 파악하게 됐다. 그리고 나를 포함한 사람들 대부분은 이러한 대화를 마친 다음 생각에 잠긴 채 떠나게 된다. 모두 나와 동의하거나, 내 이야기를 듣고 마음을 바꾸는 일은 일어나지 않는다. 나 역시 마음을 거의 마음을 바꾸지 않는다. 하지만 사람들은 설령 마음에 들지 않거나 옹호하지 않더라도 다른 관점이 있다는 것을 이해한 채 떠난다. 그리고 개인적 접촉이라는 측면도 있다.

나와 상대가 모두 염려하는 어떤 문제를 앞에 두고 상세한 대화를 나누고 나면, 서로 한 명의 사람을 상대했다는 인식을 가지고 자리를 뜨게 된다는 뜻이다. 어떤 미치광이 과학자나 자격 없는 어릿광대, 말쑥하게 차려입은 경영자가 아닌 그냥 한 명의 사람, 나는 살인청부업자가 아니고 그들은 편견에 사로잡히거나 편협한 반대자가 아닌, 인간이라는 인식을 갖게 된다. 적어도 그런 일을 여러 차례 경험했다. 솔직히, 대화하고 나서 매번 상호 존중이라는 결과를 얻는다고 말하지는 못하겠다. 그리고 이런 대화를 통한 경험은 소규모로 일어나는 반응이라고 인정할 수밖에 없다. 필요한 경우에는 중요한 역할을 하지만, 광범위한 규모의 사회적 변화를 이끌어내는 동력은 아니다. 모두를 위해 대기질을 괄목할 만하게 개선하려면 대규모의 변화가 필요하다.

우리에게는 중요한 과학적 발상을 희극이나 연극으로 선보이는 고결하고 유구한 전통이 있다. 2017년 에든버러 프린지 페스티벌[스코틀랜드 에든버러에서 매년 여름 열리는 세계적인 공연예술 축제]에는 〈코끼리 치약 폭발〉에서 〈반중력과 슈뢰딩거의 고양이〉에 이르기까지 과학을 주제로 한 공연이 40편이나 올랐다. 나는 나의 필살기 농담을 끌어내 대기오염에 관한 1인 코미디를 써보려고 했지만, 솔직히 말하자면 에든버러 술집의 축축한 위층 객실에서 일하고 있는 앙투안 라부아지에[프랑스의 과학자. 현대 화학의 아버지라 불린다]에 관한 농담 한 마디도 생각해낼 수가 없었다. 최초의 대기질 개그 마라

톤를 보려면 사람들은 계속해서 기다려야 하리라.

결국 사람들에게 대기오염에 대해 이야기하는 건 1인 코미디로는 안 되고, 수십억 번의 개별적인 밀담으로도 안 된다. 아무래도 내가 책이든 뭐든 써야 할 것 같다.

7장

당신의 거리, 당신의 이웃, 당신의 집

1킬로미터 이내

지역의 대기질을 조사하는 건 내 삶의 의무였다. 첫 걸음은 대기질이 좋지 않은 지역에서 대기오염에 기여하는 모든 원인을 파악하는 것이었다. 늘 그런 것은 아니지만, 대기질이 나쁜 지역이란 보통 복잡한 도로 분기점과 혼잡한 거리를 뜻한다.

역동적인 대기

대기는 매력적이게도 한 장소가 얼마나 다양하고 역동적인지 보여준다. 그저 창문 밖을 바라보기만 해도 되고, 혹시 용기가 난다면 밖으로 나가도 된다. 그러면 태양, 바람, 비, 눈, 구름, 안개, 천둥, 번개, 무지개 그리고 성 엘모의 불[천둥과 번개가 치는 밤에 돛대나 첨탑 등 높고 뾰족한 곳에 방전이 일어나 불꽃이 나타나는 현상]에 이르기까지 온갖 종류의 다양한 대기를 경험할 수 있다. 웨일스에서 캠핑하는 동안, 나는 그 모든 것을 한꺼번에 경험했다. 눈부시게 아름다운 일몰과 대기의 변화무쌍한 특성은 더욱 즐거운 경험을 하게 해준다. 똑같은 일몰을 두 번 볼 수 없다. 태양이 지평선에 가까이 가라앉는 동안 빛과 구름의 상호작용은 끊임없이 변하며, 태양 빛은 점점 더 많은 대기를 통과해야 한다.

대기권 내 공기의 움직임은 각 요인 중에서도 대기오염에 핵심적인 역할을 한다. 우리는 오염원에서 멀어질수록 (더) 신선한 공기를 마실 수 있다는 것을 안다. 전혀 놀라운 일이 아니다. 경험에 비추어 볼 때 도시에서 시골로 이동하면 쉽게 느낄 수 있다. 하지만 여기에 작용하는 수많은 다른 요인이 있다. 즉, 오염원에 가장 가까운 곳이 가장 높은 오염 수치를 언제나 보이는 것은 아니라는 뜻이다.

우선 한 가지 예로 우리에게 굴뚝이 있는 이유를 생각해보자. 굴뚝은 대기오염 물질을 오염원의 바로 턱밑에서 멀리 떨어뜨린다. 따라서 굴뚝은 배출되는 오염 물질의 양을 줄이는 것과 아무런 상관이 없지만, 오염 물질을 더 넓은 지역으로 분산시켜 특정한 누군가가 과도한 오염을 참지 않아도 되게 해준다. 굴뚝에서 배출된 오염 물질은 대략적인 경험으로 보아, 바람이 부는 방향으로 굴뚝 높이의 5~10배 거리 떨어진 곳에서 수치가 가장 높다. 30미터 높이의 굴뚝이 있는 공장 근처에 산다면 굴뚝에서 나오는 것이 무엇이든, 지표면 높이에서 바람 부는 방향으로 약 150~300미터 지점이 그 물질의 농도가 가장 높다고 할 수 있다.

이렇게 높은 오염원에서 배출된 물질은 분산 과정을 거친다. 그뿐만 아니라 어떤 오염 물질은 대기에서 형성되는 데 시간이 걸린다. 이를테면 오존은 대기에 곧바로 배출되는 것이 아니라 (우리가 4장에서 보았듯이) 주로 도로 교통에서 배출되는 다른 물질과 반응해 대기에 형성된다. 이런 반응은 시간이 걸리기 때문에, 오존은 교통이 빈번한 지역과 전구물질을 생성하는 지역에서 멀리 떨어진 곳이 농도가 가장 높다. 만약 오존에 특히 민감한 사람이라면, 가장 살기 안 좋은 곳은 대도시 지역에서 바람이 부는 방향에 있는 외곽 지역이다.

탁월풍

영국에서는 탁월풍[어느 한 지역에서 일정 기간 동안 우세하게 나타나는 바람]이 서쪽에서 남서쪽으로 분다. 따라서 영국에서 대개 바람은 대서양에서 불어와 대기오염과 먼지, 냄새, 쓰레기, 헐렁한 모자를 동쪽과 북동쪽으로 흩날린다. 이것은 대기오염뿐만 아니라, 우리가 사는 집의 가치에도 중요한 영향을 준다. 그렇다. 우리는 마침내 거의 집 현관까지 온 것이다. 여러분의 코앞에, 그리고 코안에 곧 들이닥칠 공기에 대해 알아보자.

집값에 대해 이야기하기 전에, 주의 사항이 있다. 나처럼 탁월풍

방향만 골똘히 생각하며 오랜 시간을 보내면, 바람이 언제나 탁월풍 방향에서 오는 것은 아니라는 사실을 잊기가 쉽다. 단지 그 방향에서 자주 부는 것뿐이다. 특히 영국처럼 바람이 많은 섬에서는 사실상 바람이 사방에서 불 때도 있다. 예를 들어, 여기 버밍엄공항에서 2005년과 2017년 사이에 오전 7시부터 오후 7시까지 기록한 바람장미|wind rose[특정한 지점에서 정해진 기간에 관측한 방위별 풍향의 빈도를 나타낸 그래프]가 있다. 그래프의 선은 바람이 그 방향에서 얼마나 오랫동안 불었는지를 나타낸다.

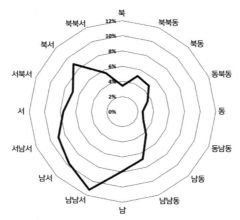

버밍엄공항 각 방향에서 분 바람의 시간을 백분율로 보여주는 바람장미[80]

이 바람장미를 보면 가장 흔한 바람 방향은 서남서와 남남서 사이임을 알 수 있다. 그레이트브리튼섬의 실외에 있어 본 사람이라면 놀라운 일도 아니다. 하지만 탁월한 남서풍과 더불어 상당히 강력하게 퍼져 있는 북서풍과 꽤 잦은 빈도로 북동쪽에서 오는 바람도 보인다. 이러한 바람은 어디서든 불어올 수 있다. 이 탁월하지만 독점적이지는 않은 남서풍은 영국 대부분 지역의 매우 전형적인 바람 패턴이다. 하지만 지역적 변형은 있을 수 있다. 예를 들어 해안에서는 해풍과 육풍에 영향을 받을 가능성이 높다. 또한 계곡을 따라 부는 산골바람처럼 구릉과 산이 바람의 흐름에 강한 영향을 줄수 있다. 다음은 2000년부터 2017년까지의 자료를 바탕으로 그린 에든버러공항의 바람장미다. 동서쪽으로 난 계곡에 있는 공항의 위치에 영향을 받아, 서남서쪽과 북동쪽에서 부는 바람이 훨씬 더 우세한 반면에 북서쪽과 남동쪽 바람은 거의 영향을 주지 않는다.

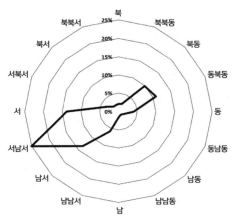

에든버러공항 각 방향에서 바람이 분 시간을 백분율로 보여주는 바람장미[85]

우리는 우세한 한 방향에서 부는 강한 바람을 수년간 맞고 한쪽으로 구부러진 나무에서 탁월풍 방향에 대한 물리적 증거를 확인할 수도 있다. 그런데 오염의 효과를 생각할 때는 이 증거가 약간 오해를 불러일으킬 수 있다. 나무와 관목에 미치는 효과는 가장 강한 바람이 지배할 가능성이 크기 때문이다. 당당히 서 있는 나무라면 설령 미풍이 한 방향에서 분다 해도, 크게 영향받지는 않을 것이다. 나무와는 달리 대기오염은 종종 산들바람이 가장 심한 결과를 낳는 경우가 있다.

우세한 바람이든 아니든, 모든 바람은 대기권에서 가장 낮은 부분인 대류권에서 일어난다. 사실 우리는 대류권을 둘로 구분하는데, 이 경우에는 온도가 아니라 대기와 지표면 사이의 상호작용에 기초해 구분한다. 대기경계층은 대기권에서 고도가 가장 낮은 부분이다. 대기권에서 지구 표면으로부터 직접 영향을 받는 부분으로, 풍속과 지면 위 고도 사이에 상관관계가 있다. 일반적으로 경계층 위쪽은 풍속이 지면에 가까운 곳보다 더 빠르다. 지면에 인접해 있을 때는 나무나 건물과 같은 표면 지형에 의한 마찰저항이 개입하기 때문에 풍속은 기본적으로 0까지 내려간다. 이때 '인접'해 있다는 뜻은 바람이 전혀 불지 않는 상태를 경험하려면 풀이나 조약돌처럼 지면에 딱 붙어 있어야 한다는 것이다.

울퉁불퉁의 중요성

당연히 지구 표면이 울퉁불퉁할수록 풍속에 미치는 영향이 크다. 말하자면 바다는 맨해튼보다 바람의 흐름에 영향을 덜 미친다. 이 것은 뉴욕보다 북해에 풍력발전기가 더 많은 이유를 설명해준다. 대기질을 모델링하는 연구를 수행할 때는 이 효과를 감안해야 한 다. 고도에 따른 풍속 증가는 유용할 수 있다. 높이가 그리 높지 않 은 굴뚝으로도 지상의 배출 물질 농도를 상당히 줄일 수 있다. 다른 것은 고려하지 않을 때, 굴뚝에서 배출된 물질의 농도는 풍속에 대 략 반비례한다. 굴뚝 높이를 약간 높이면 배출 지점의 풍속이 빨라 지므로, 결과적으로 배출 농도를 낮춘다.

표면 지형은 바람을 잔잔하게 만들 뿐만 아니라, 대기가 수직 운 동하도록 한다. 수직 운동은 배출물을 분산하는 데 기여한다. 도로 의 차량과 같은 지표면에 가까운 오염원에 약간의 수직 분산이 있 으면 해로운 영향을 덜 받을 대기 위쪽으로 배출물을 퍼뜨리기 때 문이다. 그 결과 여러분과 어린이 혹은 주변의 노인들이 살고 있는 지표면의 오염 농도는 낮아진다. 그러나 공장이나 발전소의 굴뚝처 럼 높은 곳에 있는 오염원이라면 대기의 활발한 수직 운동이 배출 된 물질을 더 빠르게 지표면으로 끌어내리는 경향이 있다. 따라서 높은 건물과 나무가 있는 곳에서는 오염원에 가까운 곳의 오염도가 지형이 균일한 곳보다 높을 수 있다.

사이클론과 고기압

대기경계층 위쪽, 대류권 윗부분에서는 바람의 흐름이 주로 대기권의 압력 변화도 때문에 일어난다. 우리는 일기예보에서 저기압과 고기압 지역을 보여주는 기상도를 익히 보아왔다. 저기압이나 고기압이 강한 지역, 그리고 기상도에서 등압선이 촘촘한 지역은 강풍을 예상할 수 있다. 저기압권은 낮은 곳에서 위로 올라가는 따뜻한 공기에 의해 발생한다. 이것은 공기 흐름을 모든 방향에서 저기압권으로 향하게 하고, 공기는 안쪽과 위쪽으로 흐르면서 반시계 방향으로 회전한다. 이 반시계 방향 회전은 지구 자전에 의해 일어나고, 남반구에서는 이와 반대다.

카리브해에서 온 다소 약한 사이클론의 저기압 잔해가 대서양을 건너 유럽을 향해 다가오면, 저기압 주변의 공기 흐름은 반시계 방향으로 움직인다. 사이클론이 영국에 접근하면서, 이 반시계 방향 공기 흐름은 대개 서풍이나 남서풍으로 바뀐다.

고기압권에 들 때는 이 과정이 거꾸로 진행된다. 이것을 '반사이클론'이라고도 하는데, 저기압의 사이클론 지역과 거의 반대이기 때문이다. 고기압 주변의 공기 흐름은 시계 방향(사이클론 주변의 바람이 반시계 방향으로 움직이는 것과 반대다. 헷갈릴 것 없지 않은가?)으로 움직인다. 고기압권이 바람의 방향에 어떤 영향을 주는지는 고기압을 기준으로 우리가 어디에 있는지에 따라 달라진다. 영국에서 볼 때 만약 우리가 고기압의 동쪽에 있다면 온화하고 따뜻한 남풍을 즐길 수 있다. 반대로 고기압의 서쪽에 있다면 훨씬 더 차가운 북풍을 경험하게 될 것이다.

고기압은 따뜻한 여름과 차갑고 맑은 겨울날을 불러올 때가 많지만, 외로운 섬에서 우리가 가장 자주 경험하는 것은 저기압권이다.

마당에서 바람이 부는 방향의 반대쪽에 있는 농가81

우리가 서쪽이나 남서쪽에서 부는 바람을 더 자주 경험한다는 뜻이다. 그리고 이러한 탁월풍 방향은 우리가 사는 주택의 가치를 좌우한다. 사람들이 태곳적부터 자신이 사는 동네의 바람이 어디로 부는지 매우 잘 알고 있었다는 것은 놀라운 일이 아니다. 풍향에 관한 지식은 농장의 설계에 반영돼, 농가를 농장 마당의 남쪽과 서쪽에, 냄새나는 축사와 거름 더미는 멀리 바람이 불어가는 방향으로 배치하는 경향이 있다. 나는 집에서 가장 가까운 농장을 살펴보았는데 (그들이 농장에 골프 연습장을 지었다는 사실은 차치하고) 당연하게도 집이 농장 마당의 남서쪽에 있었다. 이와는 대조적으로 골퍼들이 농장 건물에서 바로 바람이 부는 방향에 있는 것을 보니 기분이 좋았다.

대기오염과 집값

산업적 오염이 심해지기 전에, 가장 살기 좋은 곳은 일반적으로 시내 중심가였다. 런던의 웨스트민스터, 바스의 로열크레센트, 에든버러의 뉴타운. 이런 곳들은 왕과 신하 그리고 사회의 상류층이 살만한 곳이었다. 그러나 산업혁명이 진행되면서 신흥 부유층은 농민들이 수 세기 동안 쌓아온 탁월풍의 원칙을 재빨리 알아차렸다. 많은 산업 공정은 위험한 것은 말할 것도 없고, 냄새와 연기가 났다. 이런 산업 공정을 진행하는 기업가와 관리자는 자신의 사업체가 독한 기운을 내뿜는 영역 안으로 가족을 데려와서 살길 원하지 않았다. 그들은 뛰어난 통찰력과 자기 방어력을 발휘해 마을과 도시에서 바람이 부는 반대 방향에 크고 화려한 집을 지었다. 도시 중심부와 바람이 부는 방향에 위치한 지역은 대체로 거주지를 선택할 수 있는 여지가 많지 않고, 어차피 일하는 곳에 가까이 있어야 하는 노동자들에게 남겨졌다. 내가 사는 동네 동쪽 가장자리에는 12세기에 세워진 나환자 병원이 있다. 아무런 기록도 없지만, 나는 수도사들이 병원에서 나오는 독한 기운이라고 생각했을 그 무언가를 탁월풍이 도시에서 멀리 날려주리라고 기대해 병원을 그곳에 세운 것이 아닐까 추측한다.

요즘 우리 도시에는 일반적으로 대규모 오염 산업이나 한센병 병원이 들어차 있지 않다. 공장은 마을 외곽의 산업 단지로 옮겨갔고, 아예 폐쇄되는 경우도 많았다. 그럼에도 오래된 습관은 좀처럼 사라지지 않고, 큰 저택들은 오랫동안 유지된다. 산업혁명은 마을과 도시의 사회적 구조에 장기적 효과를 미쳤고, 이것은 오늘날 집값에 반영된다. 당연히 집값에 영향을 주는 요인은 많이 있다. 알다시피 그중에서 가장 큰 영향을 주는 세 가지는 위치, 위치, 위치다. '위치'에는 주차 가능성, 좋은 학교 인접성, 시내로 걸어갈 수 있는 접근성, 근처 공원/전원지대/상점/술집과의 거리(술집에 가까운 것은 장점일 수도, 단점일 수도 있다) 그리고 가시적이고 비가시적인 더 많은 요인이 있다. 그중 하나로 오늘날 집값의 약 7분의 1을 좌지우지하는 요인이 '탁월풍과 관련한 위치'다.

이것이 진정으로 오늘날까지도 쟁점 사항인지를 조사하고자, 나는 2016년 10월부터 2017년 3월 사이에 잉글랜드 여러 도시의 평균 부동산 판매 가격을 확인해보았다.[82] 우선 '산업적'이라고 생각하는 여러 도시를 선택했다. 18세기와 19세기 동안 산업 활동과 인구 성장을 경험한 결과를 바탕으로 선정한 도시들은 뉴캐슬, 할리팩스, 더비, 맨체스터, 노샘프턴, 허더즈필드, 볼턴이었다. 나는 산업혁명 이전에 잘 자리 잡은 세 곳의 도시 케임브리지, 윈체스터, 슈루즈버리 또한 포함했다. 그리고 마지막으로, 산업화 이후 새롭게 형성된 도시를 대표하는 곳으로 밀턴케인스를 선택하였다. 그다음 각 도시의 우편번호 지도를 살펴보고, 도시 중심부의 서쪽과 남서쪽 우편번호 구역(탁월풍 방향의 반대인 곳)과 도시 중심부의 동쪽과 북동쪽 구역(탁월풍이 부는 방향)을 구분했다. 개인적 입장을 적어보자면, 우리 가족은 탁월풍 반대 방향 두 곳과 탁월풍 방향 한 곳에 살아보았다.

'통제군' 역할을 하는 도시인 밀턴케인스는, 우편번호상 바람의 반대 방향인 구역의 평균 집값(31만2000파운드)이 바람이 가는 방향(29만3000파운드)의 집값보다 6퍼센트 차이로 약간 높았다. 따라서 후기 산업화 시대에 (공사는 1967년에 시작했다) 설계하고 지은 도시에서 바람의 역방향 집값은 순방향 집값과 비슷하다. 내가 살펴본 모든 도시 중 오직 맨체스터만이 바람 역방향 구역보다 순방향 구역의 집값이 더 높았다. 나머지 9개 도시에서 집값은 바람 역방향 구역이 적게는 뉴캐슬의 5퍼센트에서 많게는 케임브리지의 50퍼센트 이상까지 더 높았다. 가격 차의 중앙값은 14퍼센트였다. 따라서 우편번호상 바람 역방향 구역의 주택 판매가는 순방향 지역에 있는 집의 판매가의 약 114퍼센트에 해당했다.

아마도 이 차이가 모두 탁월풍 때문이라고 말하는 것은 조금 과장일 것이다. 하지만 나는 다른 어떤 이유가 있을지는 모르겠다. 〈인디펜던트〉 신문의 기사는 냄새가 집값에 계속해서 큰 영향을 끼친다고 시사한다. 기분 좋은 냄새는 런던의 주택 가치에 5퍼센트를 더한다고 한다.[83] 좋은 냄새에 따르는 5퍼센트 보너스보다 더 놀라운 것이 나쁜 냄새에 대한 불이익이다. 기사는 불쾌한 냄새는 주택 가치의 거의 절반을 앗아갈 수 있다고 말하며 골드스미스대학의 알렉스 리스 테일러 박사를 인용한다. 그리고 계속해서 "고전주의 시대 이래로 이것은 일반적으로 사실이었다. 탁월한 서풍은 한쪽은 향기롭게 다른 쪽은 구린내가 나게 유지한다. 이 도시계획의 양상은 고대 로마의 무두질 공장과 퇴비 야적장까지 거슬러 올라가서도 발견할 수 있다고 리스 테일러는 말한다. 그리고 동부 지역이 적어도 북반구에서는, 더 가난한 경향은 끈질기게 유지되어 왔다"라고 서술한다. 나의 초보적인 주택 가격 분석은 동부 지역이 더 가난한 경향이 있다는 관점이 옳다는 것을 증명한다. 그리고 나는 행동했다. 이제 더는 학교 통학 가능 거리는 내 관심사가 아니니, 나는 도시 중심지의 동쪽에 산다. 탁월풍 이론에 따르면 싼값에 살 수 있는 곳이다. 이 정교한 계획에 따라 우리는 어쩌면 집 가격의 14퍼센트를 절약했는지도 모른다. 그것이 집이 놀랍도록 적당한 가격이었던 이유를 설명해줄지도 모르겠다. 적어도 우리가 마당 아래를 파기 전까지는 그렇게 생각했다.

과거의 냄새

만약 19세기에 어떤 큰 도시를 거닌다면, 바람이 부는 방향이나 반대 방향이나 혹은 그 중간이든 상관없이 우리를 첫 번째로 강타하는 건 냄새라고 확신한다. 물론 오늘날 우리에게 익숙한 따뜻한 음식 냄새도 있을 것이다. 설령 빅맥의 시대가 아니었다고 해도 말이다. 하지만 다른 다양한 냄새들의 혼합은 얼마나 강력한지! 무두질 공장과 도축장 같은 소규모 산업과 말 배설물과 하수 냄새에다 바르는 소취제 발명 이전의 수백만 개의 암내를 합친 효과는 말할 것도 없다. 19세기 말 무렵, 뉴욕의 말들은 하루에 1000톤의 배설물을 만들어 매일같이 도시의 거리 여기저기에 번거롭게 뿌려 놓았다. 1894년에 〈타임스〉 신문은 자신 있게 예견했다. "50년 안에 런던의 모든 거리가 9피트[약 2.7미터] 배설물 아래에 파묻힐 것이다."[84] 결국, 말 배설물 문제는 (그리고 관련된 죽은 말의 공중 보건 문제는) 내연기관과 동력 이동 수단의 시대가 열리며 해결됐다.

하수 냄새

하지만 하수처리는 어떻게 됐는가? 19세기에, 가장 긴급한 대기오염 문제는 하수 냄새였다. 하수처리는 오늘날에도 때때로 냄새 문제를 일으킬 수 있지만, 1858년의 대악취에 비하면 아무것도 아니다. 문제는 런던의 하수가 별다른 처리 없이 템스강에 버려졌다는 것이다. 런던이 성장하면서 모든 오수를 감당하기에는 템스강으로 부족했다. 배설물을 내보내는 곳과 같이 있는 수원에서 식수를 가져오는 행동이 얼마나 위험한지는 논외로 하더라도, 19세기 중반 템스강은 참을 수 없는 냄새 때문에 더는 방치할 수 없었다. 대악취 사건은 수십 년 동안 터지기를 기다려왔던 것이나 다름없다. 1858년 여름, 템스강의 느린 유속이 따뜻한 날씨와 만나 너무나 끔찍해서 결국은 어떤 조치를 취할 수밖에 없는 냄새를 만들어냈다. 의회가 그 얼마 전에 템스강 바로 옆 호화로운 새 건물로 이전한 것은 행운이었다. 그곳은 냄새가 가장 심한 곳이었다. 정부가 마침내 런던 하수 문제를 해결하는 데 필요한 근본적인 조치를 취한 것은 정치인과 공무원에게 냄새가 직접 영향을 가한 덕분이 아니었을까?

런던의 하수도망을 설계하고 건설하는 책임을 맡은 기사는 조지프 배절제트였다. 그 일에 적임자였던 그는 빠르게 임무를 완수했다. 1865년, 결정이 내려지고 7년 뒤에 런던 전역에 하수도가 건설됐고 영국 황태자가 하수도 시스템이 시작됨을 알렸다. 7년! 하수를 하류로 이동시키는 망을 건설하는 작업은 계속됐고, 폐수를 강으로 배출하기 전에 하수를 처리하는 개선 작업도 더해졌다. 19세기 후반에는 영국 전역의 도시에서 폐수 유입과 처리에 어마어마한 투자가 이루어졌고, 우리는 아직도 이 사업의 혜택을 받고 있다. 훌륭하고 선구적인 공학자였던 베절제트는, 150년 뒤에도 여전히 기능하는 런던 하수도 체계를 설계했다. 그는 여섯 개의 주 차집관거[여러 개의 관거를 합해 하나의 큰 관로로 만드는 것]와 수천 마일에 이르는 간선 하수관과 지선 하수관을 함께 설치해 매몰된 강의 지류를 이용해서 하수를 런던 동부의 방류 지점까지 운반했고, 나중에는 처리 시설로 운반했다. 차집관거 중 하나는 템스강 북쪽을 따라 이어지는 첼시와 빅토리아 제방에 건설됐다. 오늘날 이곳에서 산책을 하며 템스강과 런던아이, 클레오파트라의 바늘, 그리고 A3211 고속도로를 오가는 차들의 경관을 즐길 수 있다. 그러니까 만약 하수도에서 때때로 냄새 문제가 있다 해도 적어도 대악취는 아니다. 아니기를 바란다. 그리고 그 기반 시설은 건설된 지 100년이 훌쩍 넘었을 수도 있다는 점을 잊지 말자.

냄새는 무엇인가?

냄새는 그 특성상, 누군가의 코에 감지될 때만 문제가 된다. 쓰러지는 나무 소리에 관한 유명한 질문처럼 냄새에 관한 철학적 논의가 있을지도 모르겠다. 만약 냄새를 맡을 사람이 아무도 없는 숲속에서 냄새가 발생한다면, 그것은 냄새일까?

반대로 우리가 지금까지 다룬 오염은 대부분 그냥 믿을 수밖에 없다. 어떤 기계는 특정한 장소와 시간에 한두 가지 오염 물질이 대기에 존재하는지 말해준다. 컴퓨터로 만든 모델은 더 넓은 지역의 오염 수치를 나타내는 데 사용될 수 있다. 그리고 대기질을 개선하고자 취해진 조치에 따라 미래에 어떤 일이 일어날지 살펴보는 데 사용될 수도 있다. 하지만 직접 대기오염을 보거나 느끼는 일은 거의 없다. 그런 일이 있더라도, 상황이 나빠져 오염 수치가 높은 경우에나 일어나는 일이다.

확연하게 감지할 수 있는 대기오염은 냄새다. 국지적인 냄새는 피할 수 없는 일상이다. 내가 1980년대에 학교에 다닐 때 말하곤 했듯이, 냄새를 맡은 사람이 방귀 뀐 사람이다(그런데 연륜 있는 대기질 전문가로서, 나는 이제 그것이 절대로 실패하지 않는 원인 돌리기 전략은 아니라고 확인해줄 수 있다). 좀 더 긍정적인 냄새로는, 내가 가장 좋아하는 갓 구운 빵 냄새, 커피 내리는 냄새, 소시지 굽는 냄새가 있다. 이것은 이 냄새의 특정한 가치보다 나를 자극하는 것이 무엇인지에 관해 말해준다. 다른 사람들은 장미나 프리지어, 새로 깎은 잔디, 훌륭한 와인, 샤넬 넘버5, 담배 연기, 초콜릿 향기에 자극받을 수 있다.

적절한 장소에 적절한 냄새는 기쁨이 될 수 있고, 기분 좋은 냄새는 추억을 불러오며 익숙한 음악과 비슷한 방식으로 연상 작용을 일으킬 수 있다. 반대로 잘못된 냄새, 혹은 기분 좋은 냄새라도 잘못된 시간이나 잘못된 장소라면 참을 수 없을 수도 있다. 스물한 살 때 나는 노숙자에게 제공하는 야간 쉼터에서 1년 동안 일한 적이 있다. 가끔 대마초의 독특한 냄새가 우리가 머무는 오래된 교회 건물에 스며들곤 했다. 대마초를 이용하는 사람이 대마초의 효과에 대해 뭐라고 변명하든, 야간 쉼터에서 나는 그 냄새는 언제나 문제로 이어진다는 것을 알게 됐다. 스물한 살 시절은 이제 까마득한 과거가 됐지만, 지금도 대마초 냄새라면 내 머릿속에 즉각 스트레스와 짜증이 떠오른다. 대마초는 내가 생각하는 한 절대로 이완제가 아니다. 심지어 내가 가장 좋아하는 음식 냄새도 속이 좋지 않을 때는 불쾌하다. 내가 요크에 살 때, 근처에 초콜릿 공장이 두 곳 있었다. 저녁에 이따금 풍겨오는 초콜릿 냄새는 상당히 기분 좋은 냄새였다. 하지만 같은 냄새가 아침부터 풍길 때도 있었다. 내 기분이 내키지 않는 아침에는 초콜릿 냄새가 전혀 기분 좋지 않고 역겨웠다.

그러니까 냄새는 무엇일까? 냄새는 대기에 존재하는 휘발성이나 반휘발성의 화학물질로 유발된다. 이 화학물질은 코에 있는 특수화된 감각세포를 자극한다. 이 후각 신경세포에는 각각 냄새 수용체가 있다. 냄새가 감지되면, 신경세포는 뇌에 메시지를 보내고, 뇌는 수용체 메시지의 조합을 분석해 냄새를 식별한다.

냄새를 감지하는 능력은 기분 좋은 냄새를 인지하게 해주는 기능 외에도, 필수적인 생존 도구 역할을 한다. 우리는 본능적으로 불쾌한 냄새가 나는 것을 피한다. 불쾌한 냄새가 유해한 물질과 연관되곤 하는 것은 우연이 아니다. 냄새의 유쾌도를 +4(가장 기분 좋은 냄새)부터 −4(가장 불쾌한 냄새)까지 등급으로 표현할 수 있다. 냄새의 유쾌함에 대한 기술적 용어는 '기호척도'라고 하지만, 일단 불쾌한 냄새 쪽으로 가면 기호란 거의 없다. 가장 불쾌한 냄새로 보고된 것은 악의 축과 같은 것이다. 기호척도에서 −3과 −4 사이에는 동물 사체, 썩은/상한/부패한 것, 하수 냄새, 고양이 오줌, 배설물, 토사물, 소변, 산패한 것, 탄 고무가 포함된다.[85] 의심할 필요도 없이, 무엇이든 이런 냄새가 나는 것은 피해야 한다. 우리의 본능적인 반응은 이 모든 냄새로부터 물러나는 것이다. 그리고 이 본능이 우리를 부패한 것이나 배설물, 그리고 그와 연관된 감염 위험과 접촉하지 않도록 보호해준다.

냄새 감지는 긍정적인 생존 도구이기도 하다. 동물계에서 냄새는 포식자가 먹이를 감지할 때 이용하고, 먹잇감이 포식자를 감지할 때도 이용한다. 아마도 아프리카 평원에서 가젤이 아주 희미하게 풍기는 사자 냄새를 맡고 먹기를 멈추는 장면을 본 적이 있을 것이다. 가젤은 그런 뒤에야 '아무것도 아닐 거야'라고 생각하고 맛있는 가시나무를 아작아작 먹는다. 물론 요즘 우리는 후각 사용이 필요하지 않은 대형마트에서 먹이를 사냥한다.

우리는 보통 냄새를 일상생활의 한 부분으로 받아들인다. 집에서는 요리 냄새가 나리라 생각한다. 싱싱한 꽃이나 새로 깎은 잔디, 온갖 화장품도 마찬가지다. 또 꼭 즐기는 것은 아니더라도 땀에 젖은 신발, 사춘기 아이의 침실, 아기의 기저귀 냄새가 삶의 각각 다른 단계에서 나리라 예상하고 받아들인다. 환경적 냄새 역시 매일 우리와 함께한다. 도시에서 우리는 패스트푸드 냄새나 하수구 냄새, 쓰레기차 냄새, 혹은 복잡한 전철에서 다른 사람들의 체취와 맞닥뜨릴 수 있다. 시골에서는 냄새가 주로 농업에서 발생한다. 거름을 뿌리는 행동은 매우 강력한 냄새를 대기로 퍼뜨려 최대한 넓은 지역에 영향을 주는 효과적인 방법이다. 하지만 그것은 농업 활동의 일환으로 농민들이 쉽게 이용 가능한 유기물을 잘 활용하는 것이고 농업 환경에서는 때때로 받아들일 수 있는 것이다. 물론 동물 축사와 거름 더미 역시 지속적인 악취의 지역적 원천이 될 수 있다.

냄새가 문제가 될 때

냄새 문제는 흔히 도시 지역에서 요리 냄새, 하수 작업, 쓰레기 매립지의 부패하는 냄새와 관련돼 일어난다. 환경보건연구소CIEH는 2011년 잉글랜드의 지방정부에 냄새에 관한 민원이 약 1만9000건 들어왔다고 추산했다.[86] 이것은 인구 100만 명당 약 400건꼴이다. 전반적으로는 큰 문제가 아니지만, 스며드는 냄새에 영향을 받아본 사람이라면 누구든 그것이 삶의 질에 중대한 영향을 미친다는 것을 알 것이다.

요리 냄새, 특히 패스트푸드점에서 나는 냄새는 문제를 일으킬 수 있다. 이런 식당은 아파트와 주택에 인접한 주거 지역에 위치하는 경우가 많기 때문이다. 여기에 형편없이 설계되고 설치된 환기 구가 달려 있을 가능성을 더하면 (예컨대 누군가의 침실 창문 바로 아래에 달려 있다면 이상적이지 않다), 그리고 환기 시스템이 음식 찌꺼기와 기름으로 더러워질 잠재성까지 생각하면 냄새 문제는 나와 그리 멀리 떨어져 있지 않다.

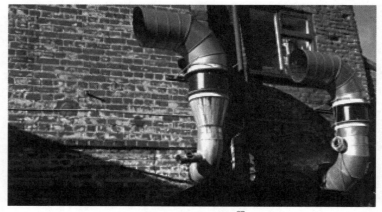

주방 연통의 문제적인 위치[87]

하수처리장은 냄새에 관한 민원을 유발하는 가장 광범위한 원천이다. 하수처리장 대부분은 어떤 냄새 문제도 일으키지 않고 조용히 일을 처리한다. 자신이 사는 지역 하수처리장이 (있다면) 어디에 있는지 모르는 사람이 정말 많다. 이것은 운영자와 공동체 모두에게 좋은 결과다. 그러나 때로는 일이 잘못되기도 하고, 지저분한 냄새가 날 수도 있다. 하수 냄새는 때로는 하수처리장에 유입되는 하수 때문에 발생한다. 예를 들어 유입 유속이 느려 하수가 처리 시설로 들어가는 시간이 오래 걸리면 냄새가 나는 화학물질이 하수에 고농도로 축적될 수 있다. 하수가 하수처리장이나 펌프장에 도착할 때 이 냄새나는 화학물질이 방출될 수 있다. 그러면 냄새를 효율적으로 처리하는 일이 운영자의 문제가 되고, 그 사이에 하수처리장으로 들어가는 물질과는 아무 상관이 없는 상류 하수관에서 냄새가 난다는 불평을 들을 수 있다. 그러나 때로는 냄새가 하수처리장 때문에 유발되기도 한다. 특히 하수처리장이 냄새를 방지하기에 충분하도록 설계되거나 운영되지 않았을 때 문제가 생긴다. 가장 흔한 문제는 하수 침전물 관리가 어렵다는 데서 발생한다. 침전물은 빠르게 처리돼야 하고, 침전지나 배수관에 남아 있으면 안 된다. 냄새가 고약한 황화물의 형성과 함께 분해가 시작될 수 있기 때문이다.

일단 처리장에서 지역 주민이 맡을 정도의 냄새를 풍기고 나면 문제는 그때부터 시작일 뿐이다. 우리의 냄새 경험이 냄새의 강도에만 달린 것이 아니기 때문이다. 다른 여러 요인이 작용한다. 냄새의 온갖 특성, 냄새의 기호척도(하수 냄새의 경우에는 상당히 고약하다), 빈도, 강도, 지속 시간 등이 있다. 그리고 냄새를 맡은 사람과 관련된 요인이 있다. 개인의 민감도, 냄새가 예상 가능했는지 혹은 관리 가능한지 여부가 여기에 포함된다.

덜 가시적인 요인도 있다. 이를테면 냄새에 영향을 받는 사람이 냄새 원인을 무엇이라고 인식하는가 하는 것이다. 냄새를 일으키는 활동이 우리에게 가치 있는 서비스를 제공하고, 책임자가 우리의 우려에 귀 기울이고 조치를 취한다고 느낄 수도 있을 것이다. 그런 상황에서는 냄새 문제를 처리하는 운영자의 능력을 확신하는 한 합리적으로 앞으로 날 냄새를 용납할 가능성이 크다.

반대로 냄새의 원인이 자신에게 어떤 혜택도 주지 않는다고 느끼거나, 자신의 우려가 잘 전달되지 않거나, 냄새를 관리하는 운영자의 능력에 어떤 확신도 없다면 사람들은 훨씬 덜 호의적일 수 있다. 사람들은 또한 냄새가 익숙하지 않고, 냄새를 유발하는 화학물질이 가족과 자신에게 어떤 영향을 미치는지 알 수 없는 경우에 불안해한다. 우리는 지역적 혜택이 없는 사업은 특히 달갑게 여기지 않는다. 예를 들어 냄새나는 폐기물 처리 시설, 그것도 멀리 떨어진 곳에서 가져온 물질을 처리하는 시설이라면 누가 그 근처에 살고 싶어 하겠는가? 이런 상황에서는 시설이 냄새 문제를 얼마나 많이 개선하든지 간에 근처에 사는 사람들은 어떤 냄새라도 견디기 어려워할 가능성이 크다. 심지어 일반적으로 어떤 문제도 일으키지 않는 냄새조차 사람들은 매우 안 좋게 느끼고 강하게 반응할 수 있다.

냄새 측정

따라서 냄새를 다루는 일은 과학과 공학과 심리학의 기이한 조합이다. 게다가 냄새를 측정하는 데 히스 로빈슨의 접근법을 선택할 수밖에 없기 때문에 더욱 그렇다. 환경적 냄새는 대개 화학물질이 복잡하게 섞여서 발생하기에 측정이 어렵다. 우리는 환경적 냄새를 일으키는 화학물질을 상당히 많이 안다. 예를 들어 부패하는 달걀과 채소에서 나는 썩은 달걀 냄새는 황화수소 때문이다. 디메틸설파이드(디메틸황화물)와 메틸메르캅탄과 같은 다른 유기황화합물도 함께 작용했을 수 있다. 나는 그 부분에 대해서는 상당히 자신 있다. 내 박사학위 연구가 디메틸설파이드와 메틸메르캅탄의 반응에 관한 것이었기 때문이다. 덕분에 나는 꽤 오랫동안 화학과에서 가장 인기 없는 구성원이었다. 적어도 나는 그 화학물질들 때문이었다고 생각한다. 곤란한 점은 이 화학물질이 휘발성이 강해 내 실험 장비에서 꾸준히 배출된다는 것이다. 내 연구실은 전문 기술자 휴게실 옆에 있었는데, 나는 곧 기술 지원 직원의 공감을 잃었다. 일단 그렇게 되면 경기는 끝난 것이나 다름없다. 그리고 가끔, 내가 수도꼭지를 잘못된 방향으로 돌리거나, 액화 질소를 콜드 트랩에 채워놓는 것을 잊으면 모두가 그 모든 일을 알았다. 만약 당신이 1989년에서 1992년 사이에 요크대학교 화학과 혹은 그 근처에서 일하고 있었다면, 이번 기회에 미안하다고 말하고 싶다. 그리고 당신의 옷에서 냄새가 **빠졌기**를 바란다.

어쨌든 황화물은 가장 흔한 환경적 냄새의 원인이다. 이와 비슷하게 우리는 분변 냄새가 스카톨이나 인돌과 같은 방향족aromatic 아민^{amine}화합물에서 기인한다는 것을 안다(여기서는 '방향'이 '달콤한 냄새가 난다'는 뜻이 아니다. 전혀 아니다. '방향'이란 용어의 화학적 의미는 훨씬 더 따분하다. 그것은 한 개나 두 개의 벤젠고리를 포함하는 화학물질이라는 뜻인데, 이 괄호 안은 벤젠고리가 무엇인지 설명하기에는 적당하지 않다). 반면 생선 비린내는 트리메틸아민과 같은 지방족^{aliphatic} 아민 화합물 때문에 발생한다('지방족'은 단순히 방향족이 아니라는 뜻이다. 다시 말해 벤젠고리를 가지지 않은 화학물질이라는 말이다).

몇몇 냄새에 원인이 되는 주요한 화학물질에 대한 지식에 더해, 우리는 일반적으로 발생하는 여러 화학물질이 얼마나 냄새가 나는지를, 대략 어느 정도 농도면 인구 절반이 감지하거니 인식할 수 있는지 수준에서 측정해보았다. 대단히 훌륭한 방법은 아니다. 모든 개인이 다르고 이 측정된 '냄새 역치' 농도가 수십, 수백, 심지어 수천 배의 비율로 폭넓게 달라지기 때문이다. 하지만 이 정도가 우리가 할 수 있는 최선이다.

이 모든 정보를 갖추고, 냄새나는 화학물질의 농도를 측정해 환경적 냄새를 분석할 수 있으면 좋을 것이다. 우리는 대기 중에서 냄새나는 각 화학물질의 농도를 측정할 수 있다. 각 화학물질로 인해 냄새가 얼마나 강해지는지 알아내고, 그렇게 해서 화학물질의 혼합물에서 기인하는 냄새는 얼마나 강한지 계산할 수 있다. 아, 열심히 일하는 가엾은 대기질과학자에게 인생이 그렇게 간단하기만 하다면 얼마나 좋겠는가. 몇 가지 냄새의 원인에 대해서는 이렇게 할 수 있다. 예를 들어, 한 가지 화학물질을 배출하는 화학적 과정이라면 대기에 방출된 화학물질 농도를 측정하거나 모델링해 그것의 냄새가 주는 영향을 합리적으로 평가할 수 있을 것이다. 하수처리장 냄새처럼 황화수소의 썩은 달걀 냄새가 특징인 경우에는 황화수소를 측정해 냄새를 평가하고 측정할 수 있다. 하지만 그 정도가 전부다.

다른 모든 종류의 냄새에 개별 화학물질의 기여를 합산해서 냄새 강도를 평가하려고 한다면, 우리는 변함없이 실제로 감지되는 냄새 대부분을 설명하지 못할 것이다. 첫째로 우리가 복잡한 냄새의 원인이 되는 모든 화학물질을 알지 못하기 때문이다. 예를 들어 식품 가공 공장, 비료처리장, 하수처리장에서 나는 냄새는 화학물질의 혼합물로 이루어져 있고, 이 혼합물은 두 번 다시는 없을 혼합물이다. 따라서 화학적 구성에 관한 정보를 통해 대기에 얼마나 냄새가 나는지 알아내려고 하면 곤경에 처한다. 두 번째로 냄새를 잘 측정하는 것은 어렵고 비용이 많이 들기 때문이다. 그 결과 우리가 이용할 수 있는 개별 화학물질의 냄새 역치에 관한 정보는 양질의 정보가 아닐 수도 있다. 너그럽게 말해도 쓰레기라고 묘사할 만한 정보도 있다. 그리고 마지막으로, 냄새는 단순히 개별 화학물질의 합이 아니기 때문이다. 우리 코는 그보다는 훨씬 더 정교하다. 냄새에 대한 우리의 경험은 우리 코에 있는 감각세포와 냄새 수용체에 복잡한 화학물질의 혼합물이 접촉한 사건에 대한 반응이다.

이것은 냄새를 감지하는 유일하게 믿을 만한 방법은 인간의 코라는 뜻이다. 비록 모든 사람의 코는 냄새에 다르게 반응하고, 냄새에 대한 우리의 경험은 실제 냄새 이외의 요인에 강하게 영향을 받지만, 그것이 우리가 가진 최선이다. 인간의 코를 이용한 냄새 측정, 혹은 '킁킁거리기'보다 훨씬 더 전문적으로 들리면서 우리가 선호하는 말인 '후각 측정olfactometry'은 유럽표준위원회CEN 유럽표준 13725 '대기질: 동적 희석 후각 측정에 의한 냄새 농도 측정'의 근간이다.

거창하게 들리지만 후각 측정은 그저 우아하게 킁킁거리는 것이다. 최대 10명까지의 참여자에게 공기 시료를 제시하면, 참여자는 각자 한껏 냄새를 맡는다. 그런 다음 참여자는 냄새를 감지할 수 있는지 밝힌다. 만약 반 이상이 냄새를 구분한다면, 정해진 양의 냄새 없는 공기로 희석해 과정을 반복한다. 계속 되풀이하다가 참여자의 절반만 냄새를 감지할 수 있을 때 원본 공기 시료가 얼마나 희석됐는지 계산해본다. 예를 들어 만약 용량 1의 원본 공기가 깨끗한 공기 150으로 희석됐다면 우리는 냄새 강도가 '1세제곱미터당 150냄새 단위'라고 말한다. 참여자 전원이 냄새를 감지하는 전형적인 능력을 가지고 있는 것이 중요하다. 너무 민감하지도, 너무 둔감하지도 않고 일치하는 결과를 줄 수 있어야 한다.

그것이 후각 측정법이다. 상당히 저차원적 기술에, 그리 정확하지도 않고, 결과를 내기까지 오래 걸리는 방식이다. 말할 필요도 없이 비용도 매우 많이 들고, 매우 강한 냄새를 수량화하는 데만 사용할 수 있다. 그리고 냄새에 대한 개인적 반응을 고려할 수 없다. 냄새에 대한 개인적 민감성, 그리고 냄새를 인식하고 반응하는 방식에 영향을 줄 수 있는 모든 심리적 요인은 제외된다. 하지만 우리가 가진 최선의 방법이고, 냄새 측정에서는 금본위제나 마찬가지다. 만약 금이 높은 가격을 유지하면서도, 조금 허름하고 불편하며 만족스럽지 못한 물질로 변화된다면 말이다.

냄새 측정의 출발점으로 이 기법을 사용하는 것은 세제곱미터당 냄새 단위 1의 강도를 가진 냄새가 매우 희미한 냄새이기 때문이다. 그것은 실험실 조건에서 인구의 단 50퍼센트만이 감지할 수 있는 냄새다. 만약 우리가 집에서, 혹은 거리를 산책하다가 세제곱미터당 냄새 단위 1의 냄새와 마주친다면? 실은 늘 마주치겠지만, 틀림없이 알아차리지도 못할 것이다. 사실 실외 공기는 뚜렷하게 냄새가 나지 않을 때조차 일반적으로 냄새 단위 수십 정도의 강도다. 이런 냄새들은 자동차, 정원, 불, 농업, 요리, 반려동물, 체취, 향수, 담배, 어젯밤에 마신 맥주 등에서 나온다. 냄새는 우리가 세제곱미터당 수백, 수천 또는 (간혹) 수백만 냄새 단위를 다룰 때 흥미로워지기 시작한다. 나는 개인적으로 동물 사체 가공 과정에서 처리되지 않은 냄새를 다룬 경험이 있다. 이 냄새는 세제곱미터당 수천만 냄새 단위로 기록할 수 있다. 그 정도는 돼야 냄새지!

금본위제 후각 측정법과 함께, 냄새를 측정하고 추정하는 다른 여러 보조 방법이 있다. 개별 측정자가 냄새의 근원지나 지역공동체를 돌아다니며 지정된 기준 목록을 기록하는 방법도 있다. 일반적으로 목록은 강도와 지속성, 불쾌함 등의 기준으로 냄새를 기록한다. 이것은 유용한 정보일 수 있지만, 후각 측정법과 혼동돼서는 안 된다. 골칫거리 냄새나 거주자 경험를 나타내는 지표가 아닌 것은 말할 것도 없다. 때로는 화학적 수치가 냄새의 평가를 뒷받침하는 데 쓰일 수 있다. 특히 냄새의 원인이 특징적인 화학물질의 조합이라고 추정할 때 그렇다. 최근 들어 '전자 코'라는 시스템을 이용할수 있게 됐다. 이것은 개별 화학물질에 대한 반응을 제공함으로써 인간 코의 작동을 모사하도록 고안된 기구다. 실제 사람과 기구에 다른 종류의 반응을 유발하는 냄새의 종류에 관한 패턴을 인식하고 학습하는 과정을 통해 작동한다. 이것은 연기 감지기와 같은 일부 용도에는 유용하지만, 내가 보기에 우리의 생각과 몸이 냄새에 어떻게 반응하는지에 대해 더 많이 알기 전까지는 이러한 접근법에는 언제나 무언가 불만족스러운 점이 있다. 우리는 그 기계가 모사하고자 하는 과정을 아직 완전히 파악하지 못한 것 같다.

이 모든 이유 때문에 냄새에 대한 평가와 관리는 과학, 공학, 심리학 그리고 (때때로) 어림짐작의 적당히 자극적인 혼합물이다. 심지어 냄새 분석에 사용할 공기 시료를 채취하는 것도 약간의 부조리함이 있다. 시료를 채취할 때는 꼭 맞는 뚜껑이 있는 파란 플라스틱 통처럼 크고 단단한 밀폐 용기를 사용해야 한다. 이 특정한 장비는 기밀 상태를 만드는 특별한 기술을 요구한다. 냄새 측정 기술자들 사이에서는 '통 위에 앉기'로 알려진 기술이다. 나는 헐Hull의 코코아 공장 근처에 있는 여덟 곳의 거리 모퉁이에서 공기 시료를 채취하느라 한 번에 30분씩 통 위에 앉아가며 상당히 당혹스러운 오후를 보낸 적이 있다. 그 시간 내내, 아무도 내게 도대체 무슨 짓을 하는 것인지 묻지 않았다. 클립보드를 들고 돌아다니며 코코아 공장의 냄새가 얼마나 강한지 기록하는 편이 훨씬 덜 창피했겠지만, 그렇게 하면 수치로 표현된 후각 측정 자료를 얻지 못한다. 시료를 모두 얻고 난 뒤에도 얼간이처럼 보이는 일은 멈추지 않는다. 공기가 가득 찬 25리터짜리 투명한 비닐봉지들을 들고 있을 테니까. 이것들을 실험실로 보내 36시간 내에 분석하지 않으면 측정은 유효하지 않다. 세상에는 기꺼이 익일 배송을 보장해주는 택배 회사들이 많으니, 잘된 일이다. 하지만 놀랍지도 않게, 공기가 가득 든 봉지는 아무리 여덟 개나 된다고 해도 무게가 그리 많이 나가지 않는다. 기본적으로 전혀 무게가 나가지 않는 커다란 종이 상자 세 개를 들고 택배 회사 지점에 가면 수상쩍다는 표정을 만나게 된다. "안에 뭐가 든 거예요?" "공기요." 그렇다. 배송 목적지에 공기가 충분하지 않아서 내가 약간의 여분을 보내는 것이다.

우리는 이렇게 냄새를 평가한다. 환경에서 냄새를 측정할 수도 있지만, 후각 측정 시료 추출과 분석을 굴뚝과 건물의 냄새 배출 측정에도 이용할 수 있다. 심지어 그 기법을 하수 침전조나 쓰레기 매립지 혹은 거름 더미와 같은 표면에서 배출되는 냄새 측정에도 적용할 수 있다. 표면 배출을 측정하려면 '린드발 후드Lindvall Hood'라는 실용적인 장비를 사용해야 한다. 이것은 납작한 직사각형 상자로, 넓은 한쪽 면이 뚫려 있다. 이 상자를 표면에 놓고, 가능한 곳까지 틈을 막은 채, 깨끗한 공기를 정해진 속도로 상자를 통해 주입한다. 상자 안의 냄새 농도와 상자를 통해 들어가는 공기의 속도를 조합하면 덮인 면적의 냄새 방출률을 알 수 있다. 이것은 분산 모델링 기법을 이용해 어떤 활동의 냄새 영향 평가를 할 수 있게 해주는 매우 유용한 기술이다. 냄새 문제를 조사하고, 다른 유사한 활동에서 유발될 가능성이 큰 냄새를 예측하는 한 가지 도구다. 이것도 완벽하지는 않고 어려움이 많지만, 역시 우리가 가진 최선의 방법이다.

거름 더미에 린드발 후드 사용하기[88]

냄새 해결하기

굴뚝과 표면에서 나오는 냄새 배출 속도에 관한 정보는 적어도 이론상으로는, 어떤 활동에서 발생하는 냄새가 주변 지역에 미치는 영향을 예측하는 컴퓨터 모델에 사용될 수 있다. 이론상으로는 문제 현장에서 냄새를 처리하는 방법을 조사하는 좋은 방식이다. 골칫거리는 냄새 측정이 아주 정확하지는 않다는 것이다. 그리고 이미 보았듯이, 냄새가 인식되는 방식에는 단순히 냄새의 강도와 불쾌함뿐 아니라 여러 다른 요인이 영향을 미친다.

대개 냄새 문제의 해결책은 기술과 관리 방법 그리고 개선된 의사소통의 조합이다. 냄새가 발생하는 활동은 대부분 적절한 접근법으로 통제할 수 있다. 모든 하수처리장이 냄새를 풍기는 것은 아니다. 모든 농장이 배설물 냄새를 멀리까지 퍼뜨리는 것은 아니다. 모든 거름 처리장이 매년 수백 건의 민원을 만들어내는 것은 아니다. 기술적 차원에서 냄새는 대체로 관리할 수 있다. 설령 운영자의 기대치보다 조금 더 많은 비용이 들지 모르지만 불가능하지는 않다. 하지만 운영자는 냄새 문제를 해결하는 데 잠재적으로 많은 돈을 쓰면서도 과거의 기록 때문에 여전히 계속되는 민원과 나쁜 평판을 받을 수 있다. 예컨대 레딩의 새 하수처리장은 옛 하수처리장에서 오랫동안 지속된 냄새 문제('휘틀리 악취'로 알려진)를 해결하고자 2004년 신설 당시 8000만 파운드를 투자했다. 12년이 지난 후 레딩에 다시 냄새가 발생하자, 첫 번째 용의자로 지목된 것이 바로 휘틀리 악취였다. 하수처리장이 범인이었을까? 무죄가 증명되기 전까지는 확실히 책임이 있다. 물론 옛 하수처리장은 오래전에 사라졌고, 확실히 그것 때문은 아니었지만, 편리한 이름 '휘틀리 악취'가 있으니 기사 제목을 뽑는 기자는 쉽게 가져다 쓴다. 2016년 악취를 떠올리게끔 한 원인은 아마도 우리의 오랜 친구인 농업용 거름 살포로 보인다.

> 8000만 파운드 공사로 지역의 악취를 끝낼 수 있다.
>
> — BBC 웹사이트, 2004년 3월 23일
>
> 휘틀리 악취, 다시 돌아왔나?
>
> — 겟 레딩, 2016년 5월 4일

그리고 현장 운영자가 지역공동체와 만나고, 그들의 경험과 의견에 귀 기울이고, 문제와 냄새가 발생한 원인에 관해 논의하고, 냄새를 해결하는 대책을 설명하지 않으면 상황은 더 나빠진다. 생각하기에는 매우 간단하지만, 운영자가 사람들이 원하는 것을 모두 줄 수 없는 상황에서, 화가 나 있을지도 모르는 이웃과 관계를 맺는 것은 시간과 의지가 필요한 일이다.

분진에 대처하기

대기오염을 냄새로 알 때도 있고, 눈에 보여서 알 때도 있다. 공중에 부유하는 분진은 지속적인 냄새만큼이나 큰 문제가 될 수 있다. 다음 사진은 카트만두에서 분진 농도가 얼마나 심각한지 보여준다. 그리고 그 혼란스러운 도시에서 며칠을 보낸 경험으로 미루어 이 사진은 과장이 아니다.

서쪽에서 카트만두로 가는 간선도로의 부유 분진[89]

분진은 주로 중세 표준에 맞춰 건설된 도로를 지나가려고 애쓰는 21세기 교통 (어쩌면 20세기) 때문에 발생한다. 카트만두에서 서쪽으로 포카라, 안나푸르나, 마나슬루 트레킹 노선을 향하는 주요 경로는 도시 대부분을 지나는 비포장도로다. 그 결과, 길이 젖어 있을 때는 진창이 되고, 건조할 때는 분진이 날린다. 그리고 분진은 사방으로 간다. 집과 차, 상점, 어린이, 음식에도.

물론 카트만두가 결코 유별난 건 아니다. 분진은 전 세계에서 피할 수 없는 일상이다. 하지만 특히 충분한 도로 기반 시설이 없는 도시에서, 그리고 건물과 도로 건설이 급속도로 무분별하게 진행되고 있는 곳에서는 더욱 심할 것이다. 사막에서 먼지가 휘몰아칠 수도 있고, 어디든 바람이 강하고 겉흙이 탄탄하게 다져지지 않은 곳에서는 모래 폭풍 혹은 '하부브'haboob[이집트, 수단 지역의 모래 폭풍]가 일어날 수 있다. 이런 일들은 자연적 현상이긴 하지만, 농업 활동으로 더 심화될 수도 있고, 특히 세계적으로 진행 중인 사막의 확장 때문에 일어날 수도 있다.

분진은 골칫거리에다가 시야를 가리므로 안전을 위협한다. 이외에도 식물의 기공을 막고 광합성을 방해할 수 있다. 좋은 소식은 우리 호흡기는 눈에 보이는 입자를 제거하는 데 상당히 효과적이라는 것이다. 따라서 우리가 대기 중에서 볼 수 있는 것은 우리에게 그리 해를 끼치지 않는다는 역설적인 상황이 생긴다. 그리고 작은 덤으로 머리카락과 콧속 점액에 갇히는 입자는 우리에게 대기오염에 대한 유용한 지표를 제공한다. 악명 높은 검은 콧물이 바로 그것이다. 분진과 미세먼지에서 멀리 떨어진 지역에서 살다가 매연이 있는 도시에 가면, 우리의 콧물은 더는 아름답고 깨끗한 녹황색이 아니라

갈색이나 검은색으로 변한다. 대기 중에 익숙하지 않은 부유 먼지와 매연이 많다는 증거이자, 우리의 호흡계통이 할 일을 제대로 하고 있다는 것을 보여주는 증거다. 오염된 지역에 사는 사람이라면 변색된 콧물은 피할 수 없는 일상일 가능성이 크다.

그렇다면 분진에 어떻게 대처해야 할까? 인간이 만든 오염원이라면 할 수 있는 일이 많다. 자연적 오염원에 대해서도 역시 할 수 있는 일이 많지만, 이 경우 해결책은 수자원 관리와 농업 관행의 변화에 관련되기 때문에 훨씬 더 장기적이고 광범위하게 접근해야 한다.

인간이 만든 분진 오염원으로 흔한 것은 차량 통행과 건설, 철거, 광물의 저장과 처리, 농업이다. 분진을 일으키는 물질을 떨어뜨리는 높이를 최대한 낮추고, 공사 자재에 물을 뿌리는 것처럼 간단한 방법이 공사장과 채굴 현장에서 발생하는 분진을 줄이는 데 큰 도움이 된다. 많은 경우, 분진 관리에 가장 적절하고 좋은 방법을 파악하는 것보다 실행하도록 제안하는 것이 가장 어렵다. 실제 상황에서 분진을 줄이는 행동을 해야 할 사람은 공사 현장의 감독과 노동자들이다. 분진을 줄이는 일이 그들의 최우선 과제일 것 같지는 않지만, 공사 현장 운영에서 빼놓을 수 없는 중요한 부분이다.

비포장도로를 통행하는 차량에서 발생하는 분진을 줄이는 해결책 역시 개념상으로는 간단하다. 도로를 포장하는 것이다. 물론 도로 포장에는 온갖 비용이 들고 현실적 영향도 고려해야 한다. 하지만 기존의 비포장도로를 포장하는 것은 여러모로 효율적인 투자다.

도로 안전과 이동 시간 단축, 응급 서비스에 대한 접근성 향상, 소음 감소와 더불어 분진도 줄일 수 있다.

분진은 눈에 워낙 잘 보이기 때문에 분진 측정이 시급한 일은 아니다. 실제로 우리가 새로운 개발계획을 세우며 분진 제어장치를 구축할 때는 분진 농도를 정량적으로 측정하고 예측하기보다 사용할 제어장치에 초점을 맞춘다. 대규모 건설 작업에서는 분진 관리 계획의 일환으로 분진을 관찰해야 한다.

일반적으로 분진 측정은 분진이 장기적인 쟁점이 될 만한 현장에서 분진 관리를 돕는 목적으로만 수행한다. 또는 특정한 문제가 있는 장소에서는 유용하다. 나는 헤일즈오원의 자재 보관소 옆 뒤뜰에서 며칠을 보내며 법적 절차를 뒷받침하려고 분진 퇴적 수치를 측정한 적이 있다. 내가 기억하기로는 웨스트미들랜즈의 녹음이 우거진 지역에 비가 몇 차례 내리는 바람에 측정 결과가 썩 흥미롭지 않았고, 확실히 카트만두의 기준에는 못 미쳤다.

부유 분진은 주로 광 산란식 장치로 측정한다. 이 장치는 전체 입자는 물론 지름이 0.1마이크로미터 미만인 초미세먼지($PM_{0.1}$)에 이르는 범위까지 분 단위 농도를 제공할 수 있다. 여기까지는 최첨단 기술이다. 하지만 집, 자동차, 음식 또는 어린이가 있는 곳 같은 표면에 먼지가 쌓이는 속도를 측정하는 기술은 상당히 기초적인 것뿐이다. 출발점은 '프리스비 측정기'로 알려진 오래된 도구다. 왜 프리스비 측정기라고 부를까? 프리스비를 들고, 뒤집어 보면, 그것이 바로 측정기다. 거의 그렇다. '강화된 영국 표준 BS1747 1부 분진 퇴적 측정기Enhanced British Standard BS1747 Part 1 Dust Deposition Gauge'는 상당히 상세하게 설계안을 명시하고 있지만, 거꾸로 뒤집은 프리스비 가운데에 구멍이 뚫린 것과 거의 흡사하다.

분진 퇴적 측정기[90]

우리가 하는 일이라고는 쓸 만한 곳 어딘가에 측정기를 세워두고, 한 달 동안 떠나 있다가 돌아와서 거기에 쌓인 먼지를 (잔가지와 딱정벌레 등을 제거하고) 병 속에 쓸어 넣는 것이다. 그리고 수분을 모두 증발시키고 남은 분진의 양을 측정하면 된다. 그런 다음 이것을 1개월 동안 제곱미터당 퇴적된 분진의 양으로 환산해 분진 퇴적률로 변환할 수 있다. 간단하고, 더디고, 특별히 정확하지는 않지만 심각한 분진 문제를 밝히기에는 충분히 괜찮은 방법이다. 만약 필요하면 분진의 물리적 특성이나 화학적 조성, 또는 둘 모두를 분석해 분진의 근원지를 밝히는 데 도움이 될 수 있다.

조금 더 발전된 방법으로는 지향성 분진 유량 측정 기술이 있다. 이 방법은 세로로 긴 원통을 감싼 끈적끈적한 패드를 사용해 바람에 날려 지나가는 먼지 입자를 포집한다. 이는 방향에 따른 부유 분진 농도 변화를 나타낸다. 이 기법을 기상학적 수단과 결합하면 부유 분진 농도에 기여하는 원인을 조사하고 파악하는 유용한 방법이 될 수 있다. 그리고 궁극적으로는 분진 문제를 해결하는 데 도움이 되기를 바란다.

거의 깨닫지도 못하는 사이에, 우리는 종종 떠다니는 분진을 측정하는 우리만의 고유하고 실용적인 기술을 개발하곤 한다. 우리를 둘러싼 세계를 볼 수 있는 깨끗한 시야는 삶의 질을 결정하는 중요한 부분이다. 그리고 대기 중에 존재하는 분진과 미세먼지는 가시성을 심각하게 훼손할 수 있다. 만약 우리가 매일 특정한 전망을 본다면, 혹은 그것이 우리에게 특히 중요하다면, 고농도 미세먼지(먼지, 매연, 에어로졸)가 그 전망을 가릴 때 무척 괴로울 것이다. 그 입자는 자신과 전혀 관계 없다고 생각할지도 모르지만, 그것들은 우리가 환경을 향유하는 기쁨을 방해하고 있다. 얼마나 멀리까지 볼 수 있는지, 혹은 얼마나 자주 특정한 전망이 흐릿해지는지에 주의를 기울이는 것은 부유공해를 측정하는 하나의 방법이다. 이런 비공식적인 지표는 특히 추세를 파악하는 데 도움이 된다. 문제가 나아지는가? 혹은 나빠지는가? 하루의 시간에 따라 혹은 한 해의 계절에 따라 어떻게 변화하는가? 주말에, 아니면 학교 방학 기간에 좋아지거나 나빠지는가? 만약 주변 풍경을 누리는 것이 중요한 사람이라면, 굳이 애쓰지 않아도 틀림없이 이런 질문을 떠올릴 것이다. 이 생각이 흥미로운 생각거리나 이야깃거리에 머무르지 않고 한발 더 나아가려면, 관찰한 내용을 기록하면 된다. 그렇게 하면 대기오염을 질적으로 측정하는 셈이다.

부유 분진과 냄새는 사람들이 매일 경험하는 매우 가시적이고 실질적인 두 가지 대기오염 문제다. 공동체가 누리는 삶의 질에 진정한 영향을 끼치는 이런 오염 문제에 대처하려면 실질적 통제와 과학적 분석, 불완전한 자료, 그리고 사람들의 경험과 불만을 조합한 독특한 접근법이 필요하다. 이런 여러 요인을 다양하게 조합하는 것이야말로 하수와 쓰레기 혹은 먼지를 분석하는, 잠재적으로 불쾌한 작업을 흥미롭고 (우리가 문제를 해결할 수 있다면) 보람 있는 도전으로 격상시키는 것이다.

8장

당신의 가족, 당신의 몸, 당신의 건강

당신의 몸속

대기오염에 대처하는 면에서 발생하는 한 가지 문제는 오염이 눈에 보이지 않을 때가 많다는 것이다. 그리고 우리 인간에게는 오염을 알려주는 어떤 타고난 수단이 없다. 1970년대에 내 어머니가 누이들과 나에게 (어쩌면 오직 내게만) 도회지로 나가 세상의 신선한 공기를 마시라고 말씀하셨지만 돌이켜보면, 사실 전혀 신선하지 않았을 것이다. 우리는 냄새를 맡거나 볼 수 있지 않은 한, 일반적으로 대기오염 수치가 높은지 낮은지 알 수 없다. 그리고 우리 건강에 가장 큰 영향을 미치는 오염은 눈에 보이지 않고 냄새도 없다. 그럼에도 우리는 대기 중에 큰 먼지 입자의 농도가 높은 경우를 알 수 있는데, 연무나 먼지구름이 보이거나 코와 입으로 먼지 입자를 느끼기 때문이다.

7장에서 본 카트만두로 진입하는 길 사진과 같은 고농도 분진은 삶의 질에 영향을 미친다는 점에서 중요하다. 먼지가 자욱한 환경에 살거나, 치아 사이로 모래 먼지를 느끼고 싶어 하는 사람은 아무도 없다. 하지만 이런 종류의 먼지는 건강에 영향을 미치는 가장 심각한 원인이 아니다. 입과 코로 느낄 수 있다는 사실은 호흡계통이 고농도 먼지를 잘 걸러내고 있다는 것을 보여준다.

대기오염은 우리 건강에 어떻게 영향을 미치는가?

우리가 6장에서 만났던 이블린은 그의 저서에서 '건강에 좋고 탁월한 공기'를 즐겼을 런던 주민들이 대기의 검댕 때문에 질병에 시달린다고 말했다. 특히 잘못된 장소에서 수상한 석탄을 태울 때 나오는 연기는 기침과 낮은 출생률, 높은 사망률, 오늘날까지도 대기오염과 관련된 건강 문제를 일으키는 원인으로 간주됐다. 최근에는 공중 보건 전문가들의 주목을 덜 받는 것 같은 '분노'와 재미없어진 유머 문제는 말할 것도 없다. 내가 화날 때마다 하루 일을 쉴 수 있다면 좋을 텐데.

그러니까 분노나 재미없어진 유머가 아니라면, 대기오염이 우리의 방어 체계를 지나 우리 몸 안으로 들어갔을 때 도대체 어떤 일이 일어나는 걸까? 우리는 대기 중에 오존이나 이산화질소와 같은 옥시던트(산화제) 농도가 높은 경우에 이따금 이를 감지할 수 있다. 오염 사건이 발생하면, 이런 고농도의 오염 물질이 목과 폐의 반응을 촉발해 쌕쌕거리거나 숨이 가쁜 느낌이 들 수 있다. 농도가 매우 높으면 오존과 이산화질소는 기존에 천식을 앓고 있는 사람에게 천식 발작을 일으킬 수 있다. 그리고 우리는 때때로 대기 중에 있는 화학물질을 느낄 수도 있다. 뚜렷한 냄새가 있는 화학물질이 우리 코가 감지할 만큼 고농도로 존재하면 가능하다. 이런 식으로 감지할 수 있을 만큼 냄새가 심한 화학물질은 많지 않지만, 그런 물질이 나타나면 (예를 들면 배수관이나 하수에 있는 유기성 폐기물이 황화수소로부터 분해될 때) 우리는 확실히 알 수 있다.

하지만 누구도 매년 수많은 사망의 원인이 되는 '장기적으로 높은 농도로 유지되는 이산화질소'나 '아주 미세한 입자'를 감지할 수는 없다. 영국에서만 수천 명, 세계적으로 수백만 명이 이 때문에 사망한다. 우리가 행복한 공기 속에서 파티를 즐기며 웨일스에 있든, 오염된 도시에 있든, 혹은 아래층 화장실에 있든, 확실히 하고 있을 한 가지는 호흡이다. 나는 여러 해 동안 합창단원으로 활동해왔다. 노래를 하려면 무엇보다도 호흡에 신중하게 집중해야 한다. 나는 오랫동안 한 여성에게 가창 수업을 받은 적이 있는데, 그녀는 내가 평생 호흡을 잘못해왔다고 말해주었다. 우리가 숨을 깊이 들이쉴 때는 폐로 공기를 끌어들이기 위해 횡격막이 내려가야 한다. 무슨 이유에서인지 나는 깊은숨을 들이마시려 하면서, 오히려 심호흡에 방해가 되는 동작으로 횡격막을 올리고 있었다. 위키피디아가 확인해준 바에 따르면 '복식호흡은 노래를 잘하려면 필수적으로 갖

취야 할 호흡법으로 널리 간주된다.' 그러니까 나는 그동안 내내 기준 미달의 노래를 해왔던 것이다. 그래서 성악가로서 내 이력에 큰 발전이 없었던 것 같다. 하지만 나는 대체로 긴 음을 유지할 만큼은 충분히 힘을 낼 수 있고, 호흡 습관을 근본적으로 바꾸기에는 내 방식이 너무 굳어져 있어서, 그녀에게 고맙다는 인사를 하고 가창 수업은 계속하지 않기로 했다.

어떤 방식으로 하든지, 호흡은 우리 모두 몇 초마다 하는 일이다. 어쩔 수가 없다. 호흡은 우리가 통제할 수 없는 비자발적 반사다. 물론 짧은 시간 동안 숨을 참을 수 있지만, 얼마 지나지 않아 목숨을 구하려고 반사작용이 일어난다. 그렇긴 해도, 숨 참기 세계 기록이 무려 24분 3초라니, 믿기지 않을 정도다. 알레이 세구라 벤드렐, 아직 일어설 수 있다면 박수를 받으세요.

숨을 들이쉴 때 우리는 대기에 있는 모든 것을 받아들인다. 그 모든 비활성기체와 모든 산소, 그리고 좋은 대기질과 나쁜 대기질의 차이를 만드는 미량의 오염 물질도 함께 들이마신다. 어떻게 그렇게 미미한 양의 오염 물질이 우리 건강에 그토록 많은 해를 끼칠 수 있을까? 나는 생리학자도 의사도 아니지만, 간단히 말하면 우리가 이 입자들을 우리 몸의 가장 민감한 부분으로 불러들이기 때문이다. 숨을 들이쉬는 단순한 행동으로 우리는 폐와 혈류를 공기와 그 안에 있는 모든 것에 직접 노출시킨 것이다. 각 호흡에 들어간 적은 양의 대기오염 물질은 모든 사람의 신체가 대처해야 하는 추가적인 부담을 준다. 심장은 혈액을 순환하려고 조금 더 열심히 일해야 한다. 폐암에 걸릴 가능성이 아주 조금 증가한다. 염증이 생기거나 감염될 위험성이 아주 조금 추가된다. 개인은, 특히 건강한 사람은 이런 작은 부담이 별로 영향을 주지 않는다. 하지만 나쁜 대기질에 영향을 받는 사람을 수십억 명으로 늘려 생각해보면 개별적으로는 심장 발작 위험이 미미하게 증가한 것이라도 지역 차원에서는 매년 몇 명이 추가로 입원하는 결과를 낳을 수도 있다. 대도시에서는 수백 명, 국가에서는 수천 명, 세계에서는 수백만 명이 될 수도 있다.

대기오염을 담배만큼이나 치명적이고, 간접흡연이나 비만, 오염된 물, 교통사고보다 더 심각하게 만드는 원인이 바로 호흡이다. 게다가 담배나 튀긴 음식은 줄일 수 있지만, 호흡은 줄일 수 없다. 몇 초에 한 번씩 생명을 유지해주는 산소가 듬뿍 들어 있고, 잠재적으로 해로운 오염 물질도 아주 조금 첨가된 공기가 몸속으로 들어간다. 우리는 호흡을 멈출 수 없다. 따라서 장기적으로 오염 물질을 줄이는 유일한 방법은 공기가 더 깨끗한 어딘가에서 더 오랜 시간을 보내는 것이다. 어떤 사람들은 정확히 그렇게 한다. 예를 들어 결핵으로 고통받는 환자는 깨끗한 공기의 혜택을 받으려고 산속 요양원에서 휴양한다. 하지만 대기오염의 결과로 고통받을지도 모르는 많은 사람에게 갑자기 공기 좋은 어딘가로 가는 방법은 재정 상황이든 가족 문제든 법적 이유에서든 실행 가능한 선택지가 아니다.

수명 단축은 슬프게도 현실이지만, 보통은 대기오염 탓에 죽음을 재촉하게 된 개인이 누구인지 정확히 지목할 수는 없다. 우리는 단지 공공의 건강에 대기오염이 끼치는 극적이고 어마어마한 영향을 6장에서 본 것처럼 병원 입원과 사망률에 PM$_{2.5}$ 노출을 연관 지은 복잡한 통계적 분석을 통해 알 뿐이다. 하지만 아홉 살 어린이 엘라 키시 데브라의 죽음에 대한 심리가 진행됨에 따라, 상황은 곧 변할 지도 모른다. 심리에서는 엘라의 병원 방문과 고농도 대기오염 사건 사이의 '충격적인 연관성'을 고려해, 대기오염이 그녀의 천식 발작에 원인이 됐는지 조사할 것이다[영국의 아홉 살 소녀 엘라 키시 데브라는 런던 남부의 순환고속도로에서 25미터도 떨어지지 않은 곳에서 살다가 천식 발작 증세로 27차례나 응급실에 실려간 끝에 사망했다. 유족들은 엘라의 사인을 '급성호흡부전'이 아니라 '대기오염'으로 정정해달라고 요구했고, 7년간의 공방 끝에 사상 처음으로 사인이 대기오염임을 인정받았다].[91]

엘라의 죽음을 둘러싼 상황은 비극적이고 이례적이다. 일반적으로는 대기오염이 내 아이나 연로한 친척에게 영향을 끼쳤다는 의심이 가더라도, 확신하기는 매우 어렵다. 바로 이 점이 대기오염이 우리 건강에 미치는 영향의 현실을 전달하고, 설명하고, 받아들이게 하는 일, 그리고 대책을 실행하겠다는 약속을 얻어내는 일을 더 어렵게 만든다. 적어도 최근까지는 그러했다. 어떤 사람들은 대기오염과 그 영향에 관해 여러 해 동안 깊은 관심을 보인 반면, 다수 대중 사이에서는 아주 최근에야 널리 공감을 얻기 시작했다. 대기오염에 관한 과학과 대기오염이 건강에 미치는 영향에 대해 전보다 잘 전달되고, 세계 여러 지역에서 고농도 대기오염이 일어남에 따라 대기오염에 관한 인식과 관심이 훨씬 더 높아졌다. 이는 대중도, 환경의 질을 평가하고 개선하는 책임을 맡은 사람들도 모두 대기오염 물질이 건강에 미치는 효과를 심각하게 받아들이면서, 오염 농도가 높은 지역의 대기질을 개선할 효과적인 대책을 수립할 가능성이 열린다는 뜻이다. 법정에서 펼쳐진 드라마는 영국이 가능한 한 짧은 시간 안에 이산화질소 문제를 해결할 개선책을 처음부터 다시 세우게 만들었다. BBC는 이 일의 중요성을 알아차리고, 2017년에 〈내가 숨 쉴 수 있게(So I Can Breathe)〉라는 대기질에 관한 연작을 방영했다.[92] 아시아개발은행은 5년 동안 중국 북동부의 대기질을 개선하는 사업에 25억 달러의 차관을 제공하고 있다. 이것은 단지 대기질 문제에 관한 기삿거리가 아니다. 이 정도 금액이면 진짜 변화를 만들기에 충분한 돈이다.

대기오염에 관한 소통

장기적으로 높은 농도로 유지되는 이산화질소나 아주 미세한 입자는 매년 수많은 사망의 원인으로, 영국에서만 수천 명, 세계적으로 수백만 명을 사망에 이르게 하지만, 측정장치가 없으면 아무도 감지할 수 없다. 나는 바로 이런 점이 대기오염이 의제로 떠오르기까지 이렇게 오래 걸린 이유 중 하나라고 확신한다. 하지만 대기오염 문제는 이제 의제로 부상했고, 마침내 사람들은 비만과 흡연에 관해 이야기하는 것과 같은 태도로 대기오염을 이야기한다. 대기오염은 너무나 성가시게도 눈에 보이지 않기 때문에, 때로는 문제를 파악하기 어렵다. 이런 오염 물질의 수치를 알려면 대기질 측정과 모델링 연구에 의지해야 한다. 담배나 튀긴 음식은 건강 문제를 유발하는 원인이지만 훨씬 더 가시적이다. 우리는 9장에서 대기오염 물질의 수치를 측정하고 예측하는 방법을 살펴볼 것이다. 하지만 이 측정에서 나오는 수치와 도표는 우리가 물리적으로 보거나 만질 수 있는 것이 아니다. 2015년, 언론인 차이 징은 중국의 대기오염을 분석하는 다큐멘터리를 만들었다(〈돔 지붕 아래: 중국의 스모그 연구〉). 여기에서 그녀는 자신이 호흡했던 베이징 대기의 미세먼지가 단 하루 만에 여과지를 시커멓게 만드는 모습을 보여준다. 이 다큐멘터리는 유튜브에서 볼 수 있다. 좀 더 가시적이고 충격적이지만, 여전히 특정한 장소와 시간대에 존재한 한 가지 오염 물질의 사례일 뿐이다. 대기오염에 대응하다 보면 결국 필연적으로 일련의 숫자들이 남는다. 측정치, 기준치, 모의 결과, 예측……. 우리는 도표와 도해를 이용해 이 숫자들을 보여주려고 하지만, 숫자에 능숙하지 않다면 상황을 이해하기 어려울 수 있다.

그리고 건강에 미치는 지대한 영향을 나타내는 수치도 마찬가지다. 세계적으로 매년 발생하는 그 700만 명이라는 사망자 수는 그 자체로 상상도 할 수 없을 만큼 큰 수다. 나는 700만 명의 사람들이 어떤 모습인지 상상이 가지 않는다. 내가 할 수 있는 일이라고는 이 통계를 '많음'이라고 표시한 내 마음속 범주에 넣는 것밖에 없다. 나는 그 수가 런던 전체 인구, 혹은 우리가 해마다 숨 쉬는 호흡의 수나 '해리 포터 시리즈' 일곱 권 일곱 질의 단어 수에 가깝다는 것을 알려줄 수 있다. 매년 세계적으로 5500만 명이 사망한다. 따라서 이 수가 말해주는 것은 총사망자의 8분의 1이 대기오염의 영향으로 조기에 사망한다는 사실이다. 맞다. 간접흡연과 비만과 수질오염을 해결하자. 하지만 이 모두를 합친 것을 넘어서는 단 하나의 환경적 위험 요인도 직시하자.

불확실성에 대처하기

대기질 문제를 다루는 것은 과학과 기술, 경제, 정치, 심리의 복잡한 상호작용이다. 공중 보건에 막대한 영향을 주는 과학적 조사가 활발하다는 것은 곧 그 영역에서 새로운 발전이 있을 것이라는 조짐이다. 그 결과로 확고하게 자리 잡은 정설도 자주 변하게 된다. 또한 대기질과 관련성이 높은 새로운 기술도 활발히 개발되고 있다. 하지만 어떤 기술이 대기질을 개선할 진정한 희망을 보여줄지, 싱클레어 C5[영국의 발명가 싱클레어 클라이브가 만든 3륜 전기 자전거, 이동수단의 혁신을 일으키겠다는 의도로 만들었지만, 여러 가지 문제로 시장에서 크게 실패했다] 정도의 영향력을 갖게 될지 누가 말할 수 있을까? 뭐?

싱클레어? 맞다. 바로 그것이다.

과학자들, 경제계의 일부, 환경 전문가들, 그리고 정치인과 기업을 향해 뭔가 해야 할 필요가 있다고 말하고, 그들에게 점점 더 목소리를 높이는 대중까지 섞인 어떤 힘센 세력이 있다면, 결과적으로는 의문스러운 결정을 내리게 될 수도 있다.

때로는 불충분한 정보를 바탕으로 신속한 결정을 내리라고 심하게 압력을 주는 경우도 있다. 최적의 결과를 확인하고 시행하려는 바람에서 결정이 이루어지고 시기가 정해지는 것이 아니라, 그 외의 여러 요인이 작용할 수 있다. 이를테면 정치인과 규제 기관은 확고한 정보를 구하기 전에 조속히 조치해야 할 수도 있다. 혹은 결단력 있게 행동하듯이 보여야 할 수도 있다. 2001년 영국에서 발생한 구제역 바이러스는 영국 경제에 90억 파운드의 비용 부담을 가져왔다.[93] 그것은 잘 쓰인 돈일 수도 있지만, 질병 자체를 관리하는 비용과 함께 지역 관광 손실 30억 파운드까지 반영한 어마어마한 금액이다. 혹시 대체 가능한 다른 접근법이 있었을까? 더 낮은 비용으로 같은 수준의 결과를 내는 방법, 혹은 거의 비슷한 결과를 내는 방법, 아니면 심지어 더 나은 결과를 내는 방법이 있었을까? 어쩌면 그럴 수도 있었을 것이다. 하지만 이것은 복잡하게 뒤섞인 과학, 수의학, 환경, 정치, 사회적 요인을 바탕으로 질병 관리에 관한 결정을 내린 상황의 한 예다. 이렇게 다양한 요인이라는 혼합물에 불확실성을 잔뜩 끼얹어보자. 그러면 아마도 100억 파운드 미만으로 유지한 것도 나쁜 결과는 아니었다고 결론지을지도 모른다.

이 상황이 대기오염과 어떻게 연관되는 걸까? 우리에게 (아직은) 구제역이나 광우병, 지카 바이러스, 또는 에볼라 발생 상황과 같은 정도의 긴박감은 없다. 어쩌면 그런 위급함을 느껴야 할지도 모르겠다. 매년 700만 명의 죽음을 유발하는 원인이라면 무엇이든 틀림없이 절박하게 생각해야 한다. 어쨌든 전염병 관리를 책임지는 사람들과는 달리 우리는 불완전한 정보를 가지고 긴급한 결정을 내려야 하는 위치에 있지는 않다. 하지만 조치를 이행할 절박한 필요성이 있고, 변화를 일으키는 최선의 방법이 무엇인지에 대한 의견 불일치는 있을 수도 있다. 대기오염의 주된 원인은 무엇인가? 이런 원인을 줄이거나 제거하는 데는 얼마나 많은 비용이 들까? 기술적 해결책에 중점을 두어야 할까? 아니면 사회와 행동 변화에 집중해야 할까? 차량 이용을 홀수 번호판과 짝수 번호판으로 나누어 2부제로 제한하거나, 대기오염 사건 발생 기간에는 산업체의 조업을 정지하는 것처럼 개인이나 기업을 규제해야 할까? 기존 법률을 집행하는 데 더 많은 자원을 쏟아야 할까? 아니면 새로운 통제가 필요할까? 오염 수치는 상대적으로 낮지만, 여전히 오염 때문에 매년 수만 명이 사망하는 영국 같은 국가들이 있는가 하면, 대기오염이 연간 100만 명 이상의 조기 사망을 유발하는 인도 같은 국가들도 있다. 그 사이에서 대응과 투자의 균형을 잡으려면 어떻게 해야 할까? 대기질을 개선하는 데 얼마나 투자해야 할까? 그 비용은 누가 감당해야 할까? 너무 많은 질문이 있지만, 완전한 답은 없을 때가 많다.

또한 대기질과학과 정책의 세계는 신념에 의해 작동되곤 한다는 것을 놀라울 정도로 자주 발견한다. 나를 비롯한 많은 사람이 확고한 증거나 과학적 논리가 아닌 신념에 이끌린 견해를 갖는다. 최근까지도 디젤 차량이 휘발유 차량보다 연비가 더 좋으니(연료 부피로 측정했을 때는 그렇지만, 부피가 아닌 연료 질량으로 고려하면 연비는 비슷해진다), 환경적으로도 더 나은 선택이라고 생각했다. 그런 생각이 기후 변화의 관점에서 경유 차량을 더 선호하게 만들었다. 디젤 엔진은 일반적으로 휘발유 엔진보다 내구연한이 길다는 점이 또 하나의 선호 요인이다. 하지만 몇 년 전에, 우리는 미세먼지와 질소산화물 배출이 우리 건강에 미치는 영향에 눈을 떴다. 디젤 차량, 특히 오래된 차량은 휘발유 차량에 비해 두 가지 오염 물질을 모두 더 많이 배출한다. 그리고 (우리가 이미 잘 정리했듯이) 대기오염은 오늘날 사람들에게 해를 끼치고 있는 반면, 온실가스가 지구 기후에 최대 수준의 영향을 끼치기까지는 조금 여유가 있다. 따라서 요즘에는 대부분 휘발유 차를 운전하는 쪽이 환경적으로 더 책임감 있어 보인다. 혹은 하이브리드 차량이나 전기차 아니면, 선택이 가능하다면 차를 가지고 다니지 않는 편이 더 낫다. 영국에서는 2017년부터 매년 휘발유 차량과 디젤 차량에 부과되는 자동차 세금이 어느 정도 같아지면서 세금 체계도 서서히 따라가고 있다. 단순히 휘발유와 디젤의 두 방향 사이에서 내리는 선택으로 본다면, 예전의 지혜와 신념은 지난 몇 해 동안 디젤에서 멀어져 다시 휘발유로 향하고 있다. 그리고 볼보가 하이브리드자동차나 완전한 전기 자동차만을 제조해 모든 차량에 전기 엔진을 장착하는 첫 번째 주요 제조사가 되겠다는 의사를 밝힘에 따라, 조류는 이제 (조류에 두 가지 이상의 방향이 있을 수 있다면) 다른 방향으로 바뀌고 있다. 2019년부터 모든 신형 볼보 차량에는 순수 전기차나 하이브리드 형태로 전기 엔진이 탑재된다. 이는 영국과 프랑스 정부가 2040년부터 휘발유와 디젤 신차 판매를 금지하기로 한 약속과 관련이 있다. 금세기 중반에는 도로의 모습도 소리도 매우 달라질 것이다.

의심의 여지 없이, 이런 일은 대기질을 개선하는 옳은 방향으로 전진하는 것이다. 전기로 작동하는 자동차는 사용 시점에는 직접적으로 오염 물질을 배출하지 않기 때문이다. 하이브리드 자동차는 다른 방식으로 작동하지만, 가속과 오르막을 주행할 때 커다란 엔진이 가동하는 정도를 줄임으로써, 기존 휘발유나 경유 차량에 비해 훨씬 더 낮은 농도의 오염 물질을 배출한다. 전기 자동차는 직접적인 배출가스가 없다. 대기오염 물질을 배출하는 오염원이 도로 근처에서 더 잘 통제될 수 있는 지점으로 옮겨진다. 우리는 그곳에서 오염 물질이 더 잘 통제되기를 바란다. 발전에 사용하는 저공해 혹은 무공해 배출 기술이 많이 있고, 이는 전기 자동차가 일으키는 전반적인 대기오염을 줄이는 데도 도움이 된다. 전기와 하이브리드 기술이 도로 교통 때문에 발생하는 배출을 피하는 결정적인 열쇠는 아니다. 전기는 어딘가에서 공급돼야 하고, 배기가스가 아닌 (브레이크와 타이어의 미세먼지) 배출도 계속될 것이기 때문이다. 소위 '유정에서 바퀴까지' 연구는 서로 다른 차량 동력 기술이 전반적으로 환경에 미치는 영향을 파악한다는 목적이 있다. 이 연구는 연료와 에너지 생산과정의 모든 단계를 고려해, 이동 거리에 따른 오염 물질 배출량을 비교한다. 이때 고려할 변수는 매우 많다. 몇 가지만 예를 든다 해도 자동차 종류, 엔진 기술의 종류, 주행 장소, 주행 방법, 전기 생산에 사용된 기술의 혼합 등등 끝도 없다. 그다음으로는 오염 물질이 자동차 자체에서 배출되는지, 아니면 다른 어딘가의 발전소에서 배출되는지, 그리고 그 상황이 대기오염에 어떻게 영향을 미칠지 생각하게 된다. 하지만 포괄적으로 뭉뚱그려보면 종래의 방식에서 하이브리드와 전기 자동차로 옮겨가는 것은 개별 차량의 배기관 배출을 줄이거나 없애는 것이므로 도시의 대기질을 개선할 것이다. 비록 전기를 더 많이 생산해야겠지만, 그래도 이것은 진전이다.

자동차에서만 의견이 갈리는 것은 아니라 심지어 가끔 언급되는 배기가스 배출에 관해서조차 의견이 분분하다. 하지만 이런 의견들은 〈탑기어Top Gear〉 출연자들의 이야깃거리 정도다. 훌륭한 자동차 쇼의 전임 진행자 제레미 클락슨은 우주에 존재하는 수소와 많은 양의 저공해에 관한 자료를 인용하며 수소 연료 전지에 대해 호의적으로 발언했다. 약간 모호한 것은 1500광년 떨어진 말머리성운의 수소를 어떻게 날쌔고 작은 현대 ix35의 엔진에 넣는가 하는 것이다. 좀 더 이성적으로, 지구 행성으로 돌아오더라도 수소를 생산하고 운반하는 비용에 관해 풀어야 할 어려운 문제들이 있다. 수소전지가 배터리 동력 전기차를 이기는 영역은 연료 재충전 속도다. 일부 전기 시스템에서는 재충전 시간이 한 시간 미만으로 줄어들고 있지만, 전기차가 충전에 몇 시간씩 걸리는 데 비해 수소 탱크는 단 몇 분이면 찬다.

소각로에서 나오는 대기오염에 대응하기

신념이 변함없이 확고히 자리 잡고 있는 다른 중요한 질문들이 있다. 나는 지난 15년 동안 많은 시간을 폐기물 소각로가 대기질과 건강에 미치는 영향을 조사하는 데 쏟았다. 그 기간에 이보다 더 많은 논쟁과 부족한 지식에서 비롯된 주장을 다룬 주제는 없는 것 같다. 우리가 자동차를 성간가스로 운행해야 하는지에 대한 질문도 포함해서 말이다. 나는 단지 대기질이라는 좁은 세계만을 가리키는 것이 아니라, 모든 주제를 다 말하는 것이다. 정말로 내가 폐기물 소각로를 둘러싼 대기질 문제, 그중에서도 특히 건강에 관한 쟁점을 처음 들여다보기 시작했을 때, 폐기물 소각로에 호의적인 쪽이든 적대적인 쪽이든 가리지 않고 그들이 제기하는 몇몇 주장은 믿기가 어려울 지경이었다.

예를 들어 나는 폐기물 소각로가 실제로 대기를 깨끗하게 한다고 주장하는 폐기물업체의 대리인 바로 옆에 서 있었던 적도 있다. 소각로 굴뚝의 오염 농도가 실제 대기오염 농도보다 낮다는 주장이었다. 의혹을 방지하기 위해 말해두자면, 이것은 결코 사실이 아니다. 만약 사실이라면 우리는 그 모든 진부하고 값비싼 굴뚝을 걱정할 필요가 없을 것이다. 이를테면 이산화질소는 일반적으로 대기 중에 있는 이산화질소보다 천 배는 더 높은 농도로 배출된다. 어쩌면 만 배 더 높을 수도 있다. 그래서 굴뚝이 필요한 것이다. 폐기물을 에너지화하는 시설이 근처에서 생활하고 일하는 사람들의 대기질에 영향을 주지 않게 하려고 말이다.

이와는 반대로 공청회에 갔을 때 우리 지역 의원이 우리 동네에 신설될 소각로가 암 발생률과 영아 사망률을 높일 것이라고 설명하는 걸 들은 적도 있다. 그것도 똑같이 오해의 소지가 있는 주장이다. 솔직히, 나는 그가 한 말로 그를 비난할 수는 없다. 그는 단지 소위 전문가 자문이라는 사람들이 그에게 해준 주장을 되풀이한 것뿐이었다. 그리고 어떤 정치인이든 시류에 편승할 수 있다. 그는 나중에 소각로 건설을 막기 위해 '도로에 드러누울 것'이라고 말했다. 더 이해하기 어려운 것은 소각로 계획이 허가된 후에 "이제 계획이 진행되리라는 것을 받아들일 때입니다"라고 말하는 그의 입장이었다. 그렇다. 그가 이전에 주장했던 암을 유발하고, 아기를 해치는 소각로를 받아들여야 할 때라는 말이다. 나는 그가 무슨 이유에서든지 소각로가 진행되는 것을 원하지 않는 사람들에게서 전달받은 그 주장들을 더는 믿지 않기를 바랄 뿐이다.

그럼 처음부터 시작해보자. 첫째, 나는 폐기물 소각로와 폐기물 에너지화 시설, 폐기물 처리 에너지 시설 등의 용어를 구분하지 않을 것이다. 이제 유럽의 모든 가정용 폐기물 소각로는 에너지를 재생해야 하므로, 단순히 쓰레기를 태우기만 하는 소각로는 존재하지 않는다. 업계에서는 '폐기물 에너지화'라고 말하고, 시설 근처에 사는 사람들은 '소각로'라고 말한다. 따라서 나는 용어들을 서로 대체할 수 있게 사용하려고 한다.

다음으로, 나는 폐기물 에너지화 시설이 좋은 것인지 혹은 원칙적으로는 좋지 않은 것인지에 관한 질문은 다루지 않을 것이다. 폐기물 처리 시설은 복잡한 요인들의 조합에 근거해 결정되고, 무엇보다 중요한 것은 소각이 영국의 '폐기물 처리 체계'에서 가장 하위에 가까운 방법이라는 것이다. 즉, 에너지 재생을 고려하기 전에, 폐기물이 적게 나오도록 해야 하고 재활용을 극대화하는 선택을 이미 했어야 한다는 뜻이다. 만약 폐기물 소각 시설이 필요하다면, 폐기물 처리 체계는 시설의 규모가 얼마나 커야 하는지, 어떤 폐기물 분류를 사용해 처리해야 하는지에 대한 정보를 얻는 데 도움이 된다. 그것은 폐기와 재활용 동향을 신중히 고려하고, 폐기물 전략이 잘 설계되고 이행돼야 하는 포괄적인 범위의 결정이다. 내가 참여했던 모든 폐기물 에너지화 시설은 에너지 재생이 (재활용 불가능한) 잔여 폐기물을 처리하는 가장 적절한 기술인지, 그리고 만약 적절하다면 미래를 변화시키고 폐기물이 증가하는 추세에 따라 수용 시설의 규모는 얼마나 커야 하는지를 철저히 검토했다. 나는 이런 문제들은 여기에서 다루지 않을 것이다. 사람들이 '소각로'라는 말을 들으면 처음으로 떠올리는 것은 소각로의 규모가 적당한지, 아니면 그것을 어떻게 불러야 할지와 같은 문제가 아니라, 지역공동체의 건강에 어떤 영향을 끼칠지도 모른다는 의구심이다. 많은 사람에게 이것은 본능적이고, 깊은 곳에서 나오는 반응이다. 심지어 폐기물 에너지화 시설에 관한 어떤 지식이나 특별한 경험이 없는 사람들도 다르지 않다. 일부 사람들에게 깊숙이 자리 잡은 공포는 현실이고, 그 두려움 자체도 건강에 영향을 줄 것이다. 잠 못 이루는 밤, 스트레스, 메스꺼운 느낌 등을 겪을 수 있다. 하지만 이렇게 폐기물 소각로에 대한 거의 본능적인 반응이 합리적인가? 그리고 왜 그토록 많은 사람이 이런 식으로 느끼는 걸까?

걱정해야 하는 걸까?

'폐기물 소각로가 건강에 끼치는 영향을 두려워하는 마음이 합리적인가?'라는 질문에 대한 답을 찾는 내 여정은 나와 내 동료들이 지난 2004년 영국 정부의 환경식품농무부를 위해 수행한 연구에서 출발한다. 연구 목적은 다양한 폐기물 관리 기반 시설을 살펴보고 건강과 환경에 미치는 영향에 관한 증거를 독립적으로 평가하는 것이었다. 돌이켜보면, 우리가 작성한 보고서는 많은 유익한 정보를 한곳에 모아, 다양한 폐기물과 자원 관리 방법을 비교하고, 환경과 건강에 나타날 결과를 우리가 매일 겪는 다른 위험과 함께 어떤 맥락 안에 위치하게 해주었다. 나는 우리가 유용한 결론을 이끌어 낼 만하다고 생각한다. 우리는 종류가 다른 폐기물 시설에서 대기와 땅과 물에 배출되는 환경적 배출물을 수량화했고, 폐기물 시설에 제기되는 환경적 쟁점에 관한 증거를 강조했다. 예컨대 매립지와 퇴비화 과정의 냄새, 매립지에서 발생하는 지하수오염 등이 그런 쟁점들이다. 우리는 매립지가 건강에 끼치는 (경미하지만 0은 아닌) 부정적 영향에 대한 근거를 평가했다. 폐기물 에너지와 시설이 건강에 미치는 영향에 주목하는 많은 보고서 역시 평가했다. 그리고 수많은 증거가 있다. 우리가 발견한 특징 중 하나는 폐기물 에너지화 시설에서 무엇이 발생하는지 안다는 것이다. 공정은 지속적으로 감시되고, 배출된 물질은 굴뚝으로 방출된다. 따라서 폐기물을 처리하는 그 모든 활동 중에서 정말로, 거의 어떤 산업적 활동 중에서도, 폐기물 소각은 최고로 잘 파악됐다.

건강에 관한 모든 증거를 모으면, 패턴이 나타나기 시작한다. 그리고 그것은 우리 보고서(《폐기물 관리가 환경 및 건강에 미치는 영향 검토: 지방자치단체의 고형 폐기물과 동종 폐기물》)가 발표된 이래로 변하지 않은 패턴이다. 뉴스의 머리기사는 되지 못하는 그 메시지는 현재 기준에 맞게 폐기물을 소각하면 건강에 감지할 만한 영향을 주지 않는다는 것이다. 그렇다고 해서 전혀 영향이 없다는 뜻은 아니지만, 어떤 영향이 있다 해도 현재 이용 가능한 기술로 알아내기에는 너무 미미하다는 뜻이다. 다른 말로 하면, 혹시 폐기물 에너지화 시설에서 아주 가까운 곳에 산다 해도 소각로에서 벌어지는 일보다는 온갖 종류의 다른 요인이 건강에 훨씬 더 많이 영향을 준다는 것이다. 이러한 복합적인 요인에는 생활 방식(예를 들면 개인의 운동량과 같은 것), 특정한 질병에 대한 민감성을 비롯한 유전적인 요인, 식습관, 기존의 건강 조건(천식이나 기관지염, 비만 등) 그리고 당연히 흡연이 포함된다. 내가 공공 보건에 관한 보고서를 읽은 바로는, 누구든 흡연을 즐기는 사람이라면 건강에 영향을 미칠 수 있는 다른 어떤 환경적 요인도 그다지 걱정할 필요가 없다. 흡연이 건강에 미치는 영향은 다른 모든 것을 너끈히 넘어선다. 따라서 어떤 환경적인 요인보다 먼저 흡연이 건강을 해칠 것이 거의 확실하다.

건강에 영향을 주는 이 복잡하고 매우 개별적인 요인은 각각 어떻게 환경적 문제에 영향을 주는지 구분하기 어렵다. 그렇다고 불가능한 것은 아니다. 어떤 역학 지식과 통계학적 기법은 다양한 원인이 건강 문제에 얼마나 기여하는지 알아내려고 특별히 고안됐다. 이 기법들은 20세기 전반, 폐암 발생에 흡연이 상당한 책임이 있음을 밝히는 데 사용됐다. 그리고 1950년대 런던 스모그가 사망률에 미친 영향을 규명하는, 훨씬 더 난이도 높은 분석에도 사용됐다. 좀 더 최근에는 $PM_{2.5}$와 이산화질소가 사망률과 호흡기질환 발생에 미치는 전반적인 영향을 수량화하는 데 적용됐다. 하지만 아무리 발전된 기술이라도 소각로 근처에 사는 것만으로 공공 보건에 영향을 받았는지 감지할 만큼은 강력하지 않다. 임페리얼컬리지의 '소규모 지역 보건 통계부'에서 발표한 최근의 영국 국가 연구에서도 소각로 배출물이나 현재 규제에 맞춰 운영되는 소각로 근처에 거주하는 영아의 건강이 위협받았다는 어떤 증거도 찾아내지 못했다.[94] 이 모든 결과는 비록 사람들의 시선을 사로잡는 머리기사에 실리지는 못하더라도, 불안한 마음은 없애줄 수 있다.

중요한 '만약'

혹시 이렇게 대체로 안심되는 결론 안에도 상당히 큰 변수가 숨어 있다는 것을 알아차렸을지도 모르겠다. 이 결론은 폐기물이 '만약' 현재 기준에 맞춰 소각된다면 맞는 것이다. 즉, 폐기물 소각이 적절히 설계되고, 적절한 위치에서, 적절히 운영되고 유지되는 경우라는 뜻이다. 그렇다면 과거의 소각은? 기준이 지금처럼 엄격하지 않았던 때는? 그리고 무언가 잘못돼 더는 기준에 부합하지 않게 작동되는 상황이라면? 합리적인 질문들이다. 그리고 여기 조금 다르게 보이기 시작하는 증거가 있다. 1950년대와 1960년 영국의 소각을 돌아보면, 당시 시설 운용이 감지할 수 있을 만큼 암 발생률을 증가시켰다는 증거가 있다. 당시의 시설 운용은 설계와 작동, 감시 측면에서 오늘날 영국과 유럽 전역에서 운영되는 폐기물 에너지화 시설과는 전혀 유사성이 없다. 공정에서 대기로 배출되는 물질을 관리하거나 규제하지도 않았다. 따라서 당시 배출물은 오늘날보다 수백 배 더 농도가 높았으리라고 예상된다. 1980년대와 1990년대에 영국에서 폐기물 소각 공정이 규제되기 시작한 뒤에는 건강에 영향을 준 사례가 관찰된 적 없지만, 심지어 그때도 가장 유해한 오염 물질은 지금보다 훨씬 더 많이 배출됐다.

1980년대 이후 폐기물 에너지화 시설은 강화된 환경 기준에 따라야 했다. 2000년에 시행된 유럽 폐기물 소각 지침에 따른 핵심 규제도 지켜야 한다. 지침에는 배출 허용치와 더불어, 연도가스는 최저 온도 섭씨 850도 이상으로 최소 2초간 유지되어야 한다는 조건을 비롯해 작동과 감시 요건이 설정돼 있다. 배출 제한치와 운용 요건, 감시와 보고가 어우러진 덕분에 1980년대부터 현재까지 폐기물 소각 분야에서 극적인 변화가 일어났다.

좀 더 시야를 넓히면, 세계 곳곳에 흩어진 시설들이 건강에 미치는 부정적인 영향을 분석한 그럴듯한 보고서들을 발견할 수 있다. 나는 이 보고서들을 매우 주의 깊게, 혹시 현재 유럽의 좋은 소식과는 다른 그림이 보이는지 살펴보았다. 하지만 상황은 거의 같다. 예를 들어 2004년 탄고Toshiro Tango와 동료들이 발표한 '일본의 지방 고형 폐기물 소각로에 관한 연구[95]는 다이옥신과 퓨란이 특히 고농도로 배출된 72개 소각로에 집중하고 있다. 다이옥신과 퓨란은 비슷한 부류의 유기화학 물질로 염소와 산소를 포함하고 있는데, 학계에 알려진 가장 유독한 물질에 속한다. 이 연구는 소각로에서 1~2킬로미터 반경 내에 거주하는 가족의 영아 사망률이 더 높고, 소각로에서 더 멀리 떨어진 곳에 거주하는 가족의 사망률이 감소했다는 증거를 발견했다. 이 경우, 다이옥신과 퓨란의 '고농도' 배출이란 소각로에서 80ng/m³[세제곱미터당 나노그램] 이상의 다이옥신과 퓨란을 배출한다는 뜻이다. 어떤 물질이 됐든 80ng/m³은 극히 적은 양이지만, 단지 숫자가 작다고 해서 많지 않다거나 건강에 유해하지 않다는 뜻은 아니다. 그리고 실제로 이 연구와 수많은 다른 증거가 이정도의 다이옥신과 퓨란 수치가 건강상 위험한 수치라는 것을 확인해준다. 유럽의 폐기물 에너지화 시설에서는, 최소 2005년부터 0.1ng/m³ 이하로 배출이 제한돼 온 이유가 바로 그것이다. 그 정도면 정말로 미미한 농도다. 우리는 앞서 앨버트 홀 안의 공기에 존재하는 미세먼지의 양은 작은 종이 클립 정도 무게라는 사실을 확인했다. 아주 적은 양이다. 하지만 다이옥신과 퓨란은 워낙 독성이 강해서 그 정도로 미미한 농도조차 매우 신중하게 다뤄야 한다. 최근 유럽의 시설에서는 대부분 이 기준치의 10퍼센트 이하로 배출된다. 따라서 탄고와 동료의 연구는 매우 의미가 있지만, 이 연구의 대상은 영국과 유럽 전역의 폐기물 소각 시설과 비교하면 가장 유독한 화학물질을 약 8000배 더 많이 배출하는 시설들이었다. 영국보다 8000배 더 많은 유독 물질을 배출하는 시설에서 건강에 미치는 영향을 발견했다는 사실은, 발견할 만큼 큰 영향이 있을 때는 역학적 분석을 할 수 있다는 것을 보여준다.

이러한 발견은 우리의 결론이 타당하다는 자신감을 준다. 즉, 폐기물 소각 시설이 적절히 설계되고, 적절한 위치에서, 적절히 운영되고 유지되는 것이 정말로 중요하다는 결론 말이다. 만약 이 기준이 느슨해진다면, 건강에 미치는 영향이 증가할 수 있다. 작지만 감지 가능한 위험이다. 비록 일본의 연구에서 나온 증거는 상황이 정말로 심각하게 잘못된 뒤에야 건강에 미치는 영향을 감지한 것이지만 말이다. 반대로 만약 이렇게 잘 확립된 기준에 맞춰 유지된다면 감지 가능할 만하게 건강에 영향을 줄 일은 없다. 최근에는 폐기물 소각 지침 요건을 준수한 폐기물 에너지화 시설을 거의 20년 동안 운영해온 경험과 효과적인 규제 체제가 더해져 상황이 정말로 심각하게 잘못되지는 않는다. 그렇다고 해서 앞으로도 절대 잘못되지 않으리라는 말은 아니다. 폐기물 에너지화 시설 운영은 어렵고 힘든 일이며, 전문성과 지속적인 투자가 필요하다. 하지만 나는 우리가 폐기물 소각로를 안전하게 운영할 수 있는 지식과 전문성, 일이 심각하게 잘못되기 전에 어떤 문제든 포착할 수 있는 규제와 감시 체계를 갖추었다고 생각한다.

다이옥신과 퓨란

사실이 그렇다면, 사람들은 왜 폐기물 에너지화 시설을 건강을 이유로 계속해서 반대하는 것일까? 한 가지 답은 많은 사람이 더는 반대하지 않는다는 것이다. 예를 들어 '지구의벗'Friends of Earth[세계적인 규모의 환경보호단체]'은 소각의 벗이 아니다. 지구의 벗 웹사이트[96]에는 폐기물 소각에 반대하는 6가지 이유를 제시하고 있지만, 여기에 건강 위험은 포함되지 않았다. '소각 없는 영국 네트워크UK Without Incineration Network'는 폐기물 소각이 "재활용을 부진하게 만들고…… 가치 있는 자원을 파괴하며, 온실가스를 배출하고, 돈 낭비"이기 때문에 반대한다고 밝힌다.[97] 여기에도 건강에 미치는 영향에 대한 언급은 없다. 하지만 더욱 상세하게 입장을 밝힐 때는 '합리적인 대기 오염 우려'와 관련해 건강이 위협받을 수 있다고 강조하기는 한다. 심지어 이 분야에서 활발하게 활동하고 이념적으로 탄탄한 환경단체인 그린피스도 건강 우려를 근거로 하는 소각 반대를 멈춘 듯하다. 그린피스 웹사이트에는 여전히 "소각로는…… 학계에 알려진 가장 유독한 화학물질 중 하나인 다이옥신의 가장 큰 근원지다"라는 주장이 있지만, 이 내용에는 과거 게시물을 기록한 보관용이라는 표시가 돼 있다. 어쨌든 주장은 여전히 있지만, 확실히 영국의 상황에서는 소각로가 다이옥신의 큰 근원지라는 말은 사실이 아니다. 그리고 1990년대에 유럽 폐기물 소각 지침이 자리 잡은 이후로는 내내 사실이 아니었다. 다음 도표를 살펴보자.

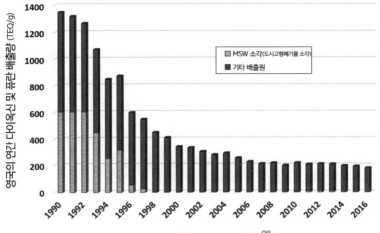

영국의 연간 다이옥신 및 퓨란 대기 배출량[98]

이 도표는 왜 소각에 대한 평판이 그토록 좋지 않은지 이유를 알려준다. '다이옥신'이라고 알려진 화학물질군은 1976년 대대적으로 대중의 주목을 받았다. 당시 이탈리아의 도시 세베소의 한 공장에서 다이옥신 중에서도 가장 독성이 강한 종류인 2, 3, 7, 8-테트라클로로다이벤조-파라-다이옥신이 약 1킬로그램 유출됐다. 이 화학물질은 건강에 매우 유해하다고 알려져 있었고, 유출 탓에 많은 수의 야생동물과 가축들이 죽은 채 발견됐다. 후속 연구가 지역 주민의 건강에 미친 영향에 대한 결론을 내리지 못했지만, 지극히 심각하고 잠재적으로 해로운 사건이었음에는 의심의 여지가 없다. 세베소 사건에 이어 유럽 전역에 산업 안전 규제 체계가 시행됐다. 이 사고의 결과로 다이옥신과 이와 밀접히 관련된 화학물질인 퓨란에 대한 대중의 인식이 매우 높아졌고, 비록 소량이더라도 염소를 포함한 연료가 불완전연소하면 다이옥신과 퓨란을 상당히 배출할 수 있다는 것이 분명해졌다. 그래프의 수치는 1990년에 폐기물 소각이 영국의 다이옥신과 퓨란 배출량의 거의 절반을 차지한다는 것을 보여준다. 영국에서 대기 중으로 배출되는 다이옥신과 퓨란의 가장 큰 단일 공급원이 폐기물 소각이란 걸 정확히 가리킨 것이다. 무언가 조치가 필요했다.

　동시에 유럽연합집행위원회는 폐기물 소각을 처음 통제하기 시작했다. 1989년의 '유럽 도시 폐기물 소각 지침'은 다이옥신과 퓨란의 배출 제한치를 명확하게 규정하지 않았지만(회원국 스스로 정하는 것은 허용), 폐기물 소각로가 다이옥신과 퓨란 배출을 최소화하는 기본적인 단계를 보장해야 한다는 기술적 요건은 설정했다. 기존 시설은 이 요건을 1995년 말까지 충족하도록 했다. 바로 그런 이유에서 1992년에서 1995년 사이에 폐기물 소각으로 인한 다이옥신과 퓨란 배출이 가파르게 감소하고, 1996년에 급격히 하락한 것이다. 1996년에는 폐기물 소각에서 나온 배출량이 1990년의 10분의 1 이하로 줄었다. 거기서 그치지 않고 불과 2년 만에 추가로 10배 감소하였으며, 2003년 이후로 폐기물 소각으로 인한 배출량은 10배 이상 감소했다. 1990년 배출량의 약 1000분의 1에 해당하는 양이다. 다른 산업 공정 중에서 15년 안에 배출량을 99.9퍼센트 줄인 예가 있다면 내게 알려주기 바란다. 아마 없을 것이다. 소각로 배출량이 놀랍게도 99.9퍼센트나 감소하는 동안, 다른 모든 근원지에서 배출된 다이옥신과 퓨란의 양은 70퍼센트 감소했다. 귀중한 결과지만 소각로의 경우보다는 덜 인상적이다. 2016년, 가정용 폐기물을 소각하면서 배출하는 다이옥신과 퓨란의 양은 영국 전체 배출량의 0.4퍼센트를 차지한다.

내가 다이옥신과 퓨란을 좋아하는 것은 아니다. 그것들은 몇 년 동안이나 체내에서 배출되지 않고 머무르는 끔찍한 화학물질이다. 다이옥신류가 과학계에서 알려진 가장 유독한 화학물질 중 하나라는 그린피스의 말은 옳다. 도표에서 알 수 있듯이, 폐기물 소각은 영국에서 가장 큰 다이옥신 배출원이었다. 하지만 대단히 놀라운 기술적 해결책으로 폐기물 에너지화 시설은 이제 영국의 다이옥신과 퓨란 배출에서 매우 작은 부분만을 차지한다. 다이옥신의 가장 큰 배출원이란 오명에서 탈피한 지 20년이 넘었다. 따라서 소각로에서 나오는 다이옥신은 걱정할 필요가 없다. 그렇다면 다른 배출원에서 나오는 다이옥신과 퓨란은 계속 걱정해야 할까? 그래야 할지도 모르겠다. 위험 평가와 비용–편익 분석을 통해 우리가 계속해서 다이옥신의 대기 배출량을 줄이는 조치를 하는 것이 공중 보건 상황을 향상하는 비용 효율성 측면에서 좋은 방법인지 알 수 있을 것이다. 실은 다이옥신과 퓨란은 오직 부분적으로만 대기오염 문제에 해당한다. 대기는 상당히 많은 다이옥신이 이동하는 통로다. 하지만 우리가 노출되는 다이옥신과 퓨란은 호흡하는 공기에 포함된 약 2퍼센트만이다. 먹이사슬을 통한 노출이 훨씬 더 중요하다. 이 것은 대기 중 다이옥신이 결국 지면에 내려앉으면서 일어나는 다단계 과정이다. 다이옥신은 인간이 소비할 음식이 자라는 들판에 내려앉을 수 있다. 혹은 방목지나 동물에게 먹이로 주려고 경작하는 작물에 앉을 수도 있다. 또한 하천에 떨어질 수도 있고, 그곳에서 사람이나 가축에게 제공되는 용수나 급수 시설에 들어갈 수 있다. 어쨌든 환경과 동물 신체, 인간 신체 내부에서 매우 오랫동안 머무르는 다이옥신이 결국 먹이사슬에 들어갈 수 있다는 것이다. 다이옥신과 퓨란을 대기오염 문제로 생각하는 경우가 많지만, 가장 최근에 발생한 다이옥신과 퓨란 오염 사건은 대기와 아무 상관 없다. 예를 들어 2010년 독일에서는 어느 공장의 실수로 다이옥신이 달걀 가공 제품에 들어간 적이 있다. 바이오연료 제조용 오일이 실수로 사료를 만드는 데 쓰인 것이다. 영국에서 일어난 가장 악명 높은 사건은 뉴캐슬의 폐기물 소각로에서 나온 재를 사람들이 채소를 기르고 닭을 치는 주말농장의 길을 까는 데 사용한 것이었다. 이것은 직접적인 대기오염 문제는 아니지만, 간접적인 연관은 확실히 있었다. 이 재는 다이옥신과 다른 오염 물질이 대기로 방출되지 않도록 소각로 연도가스에서 미리 빼내는 시스템에서 나온 것이다. 소각로 재를 이렇게 사용한 일은 물론 어처구니없는 실수였다. 다이옥신과 퓨란이 포함된 물질로 할 수 있는 최악의 일을 생각해보자. 그 물질을 주말농장의 땅에 섞는 것보다 더 어리석은 일을 생각해내기도 어려울 것이다. 건강과 환경에 대한 어떤 위험이든, 일단 그 재를 공공장소에 뿌린 다음에는 누구도 통제할 수 없다. 뉴캐슬 주말농장에서 소각로 비산재 사용으로 장기적 건강 문제가 발생했다고 말하는 것이 아니다. 우리가 말할 수 있는 한에서는, 어떤 문제도 없을 것이다. 이 유감스러운 사건에서 배워야 할 교훈은 폐기물 흐름을 적절히, 지속적으로 통제해야 한다는 것이다. 소각로 재의 대안적 용도에는 도로 건설 골재와 콘크리트 블록 제조가 포함된다. 이 두 경우에는 재에 존재하는 다이옥신이나 다른 오염 물질이 고체 틀 안에 교정되고, 채소나 닭 혹은 뛰노는 아이들과 직접 접촉하지 않는다. 그것이 올바른 방식이다.

다이옥신과 퓨란은 매우 위험한 발암물질로 체내 수명이 길어 약 7년 정도 몸속에 머무른다. 우리가 믿을 수 없을 만큼 적은 양에 노출됐다고 해도 다이옥신과 퓨란은 건강에 위험할 수 있음을 매우 심각하게 받아들여야 한다. 하지만 한 가지는 확실하다. 폐기물 소각로의 다이옥신과 퓨란을 추가적으로 통제해봐야 얻을 것은 사실상 없다. 최근 다이옥신과 퓨란의 가장 큰 단일 배출원은 가정의 고체 연료 연소다. 여기에는 석탄과 코크스, 나무가 포함되며, 이것이 영국 배출량의 약 3분의 1을 차지한다. 개방된 폐기물 연소(예를 들면 모닥불)는 약 10퍼센트를 차지한다. 그곳이 출발점이다. 사실 쓰레기를 밖에서 태우는 행동은 어떤 중대하고 실질적인 어려움 없이

도 개선할 수 있는 영역이다. 단지 사람들이 폐기물을 개방된 곳에서 태우지 않도록 하는 행동 변화가 필요할 뿐이다. 쓰레기를 개방된 곳에서 태워야 할 이유는 전혀 없다. 평범한 재활용과 쓰레기 수거 서비스를 통해 처리하면 된다. 우리가 안전띠 없이는 어린이를 절대로 차에 태우지 않는 것처럼, 쓰레기를 모닥불에 태우는 일도 상상할 수 없는 일로 만들 수 있다면 다이옥신과 퓨란 배출량의 10분의 1을 단숨에 해결할 수 있을 것이다. 낮은 비용으로 첨단 기술을 사용하지 않고도, 영국의 모든 소각로를 즉각 폐쇄하여 얻는 혜택의 30배를 얻을 수 있다(게다가 소각로를 닫으면 그 모든 재활용 불가능한 쓰레기를 어떻게 하겠는가?).

1990년과 그 이전을 돌이켜보면, 폐기물 소각로는 다이옥신과 퓨란의 주요한 배출원이었다. 폐기물업계에서 매우 효과적으로 대처하여 소각 수용량을 상당히 확대하고 더불어 99.9퍼센트 배출 저감을 이루었지만, 이 저감 시기를 유럽 지침을 도입한 시기와 나란히 놓고 보면 업계는 법률로 강제되지 않은 것은 어떤 것도 하지 않았다는 결론을 얻을 수 있다. 각 공정은 법적 요건에 대응하느라 개선됐다. 업계에서 처리해야 할 문제가 있다는 것을 스스로 인지했기 때문이 아니다. 1989년 폐기물 지침이 발표된 뒤에도 여러 해 동안 폐기물 소각로의 배출 저감에는 눈에 띌 만한 진전이 없었다. 1995년 12월이라는 최종 기한이 가까워진 1993년이 돼서야 마침내 배출량이 줄어들기 시작했다. 공평하게 말하자면, 1980년대와

1990년대 초반에는 환경은 개선하지만 가용량이나 처리량 향상에는 도움이 되지 않는 기술에 투자할 돈이 폐기물 업계에 넘쳐난 것이 아니었다. 따라서 아마도 입법부가 나선 다음에야, 필요한 투자가 이루질 수 있었을 것이다. 진실이 무엇이든, 이것은 업계가 환경을 개선하는 방향으로는 전혀 서두르지 않는다는 인상을 준다. 때때로 발생하는 불만족스러운 운영과 더불어, 이것이 바로 업계를 오늘날까지 일반 대중이 잘 믿지 않는 이유일 것이다. 하지만 그런 이유에서 극적인 개선이 이루어졌다고 해도, 결국 업계는 의무를 이행했고 성공을 거두었다. 나는 여전히 우리가 폐기물 소각로에서 배출되는 다이옥신과 퓨란을 걱정할 필요가 없다고 확신한다.

건강에 미치는 영향에 대응하기

이 정도가 전체적인 그림이다. 최소한 내 의견은 그렇다. 만약 폐기물 소각로 시설이 운영되거나 계획된 곳 근처에 거주한다면, 소각로 일반에 대한 광범위한 설명보다 그 개별 시설이 자신의 건강이나 가족의 건강에 미치는 영향에 관심이 있을 것이다. 따라서 우리가 개별 시설들을 평가할 때는, 대기질과 건강에 대한 각 시설의 영향이 허용할 수 있는 수준인지 확인한다. 우리는 높은 신뢰도로 이 작업을 수행할 도구들을 가지고 있다. 시설들이 다른 산업 공정과 마찬가지로, 혹은 그보다 더 월등히 잘 관리되고 파악돼 있기 때문에 가능한 일이다. 우리는 어떤 오염 물질이 얼마나 배출되는지에 대한 충분한 정보가 있다. 연구의 신뢰도가 높은 또 다른 이유는 대기질 모델이 인근 건물의 영향을 크게 받지 않는 높은 단일 지점 오염원이기 때문이다. 대부분 (콘월 공장처럼 100미터가 넘는 수준은 아니지만) 높은 굴뚝이 있는 폐기물 에너지화 시설이 그렇다.

그리고 현재의 폐기물 소각 지침에 명시된 오염 배출량 제한 덕분에 대기질 평가자의 삶은 훨씬 수월해졌다(혹시 관심이 있다면 제한 기준치는 '2010/75/EU 산업 배출 지침 부속 Ⅳ'에 있다). 이것은 다이옥신과 퓨란, 금속과 같은 물질의 배출량이 너무 낮은 수준이라 대기질에 의미 있는 영향을 끼치리라고는 거의 예상되지 않는다는 뜻이다. 사실 나는 계획된 폐기물 에너지화 시설 중에서 대기질에 미치는 영향이 너무 큰 것으로 확인된 사례는 단 하나밖에 모른다. 에식스의 폐기물 에너지화 공장에 대한 계획안이었는데, 연간 60만 톤의 폐기물을 처리하는 대규모 시설로 원안에 따르면 35미터 높이의 굴뚝이 설치될 예정이었다. 환경청은 이것이 너무 낮다고 판단했다. 그들의 견해는 더 높은 굴뚝이 대기질에 주는 영향을 상당히 줄일 수 있다는 것이었다. 더 낮은 굴뚝 높이라도 대기질 기준을 초과하는 것은 아니고, 다만 더 잘할 수도 있다는 것이었다. 처음에는 나도 이 견해에 동의했다. 내가 참여한 모든 폐기물 에너지화 시설은 대기질에 사소한 영향만 미치는 것이 명백했다. 그리고 우리가 폐기물 에너지화 시설에서 나오는 대기오염 물질이 건강에 위험할 정도로 노출되는지를 후속 조사할 때도, 예상대로 같은 답을 얻는다. 건강에 의미 있는 영향을 주지 않는다. 물론 대기질과 건강에 미치는 영향이 0은 아니다. 대기오염 물질 농도의 바탕선 위로 언제나 조금 더해지는 부분이 있다. 하지만 우리는 이러한 증가가 대기질 기준과 다른 독립적인 기준에 비교하면 중요하지 않다는 것을 언제나 입증할 수 있다. 어쨌든 그 에식스 공장은 꽤 높아진 58미터 굴뚝으로 마침내 허가를 얻었다.[99]

건강에 대한 영향은 매우 효과적으로 해결되었지만, 어떤 경우에는 보호해야 할 서식지의 공기에 얼마나 영향을 주는지가 폐기물 에너지화 시설을 신설하는 데 가장 큰 제약이 되기도 한다. 그에 따른 결과물은 더 높은 방출 위치(콘월 시설의 경우처럼)나 더 낮은 배출량이다. 보호해야 할 서식지에 잠재적 영향을 미칠 수 있는 핵심 오염 물질은 질소산화물이고, 생태계에 미치는 영향을 완화하는 데 필요하다면 유럽 지침에서 정한 제한 이하로도 배출량을 줄이는 범위가 마련돼 있다. 자연 생태계에 미치는 영향을 줄이고자 이루어지는 변화 역시 지역공동체의 건강과 대기질에 추가적인 작은 이득을 준다. 폐기물 에너지화 프로젝트를 계획하는 일에 참여하면서 나는 지역공동체 및 결정권자들과 건강과 대기질에 미치는 영향에 대한 복잡한 사안을 논의할 기회를 얻었다. 폐기물 에너지화 시설 예정지에 가까이 사는 사람들은 지역 환경에 미치는 영향과 자신을 비롯한 가족과 친구의 건강에 미치는 영향을 매우 염려했다. 시설

계획과 어떠한 영향을 주는지에 관한 소문과 부분적 진실(혹은 완전한 거짓)이 이 염려에 기름을 끼얹어, 분노로 번지기도 했다. 우리는 새롭고 달갑지 않은 것을 만나면 최악의 경우를 믿는 경향이 있다. 폐기물 시설을 제안하면 거의 항상 그렇다. 신규 폐기물 시설에 반대하는 사람들은 재빨리 이것을 알아차리고 그럴듯하게 들리는 건강 관련 정보를 제공한다. 그리고 깊숙이 자리 잡은 공포를 이용한다. 논쟁의 다른 편에는 흔히 나와 같은 사람들이 있다. 건강에 관련해 감지할 만하거나 중대한 영향이 발생하지 않는지 확실히 파악하려고 기술적 분석을 수행하는 사람들이다. 하지만 우리는 당연히 개발자에게 돈을 받고 평가하는 입장이기 때문에 우리 말은 사람들에게 매우 공허하게 들릴 수 있다.

사람들은 이따금 내게 새로운 개발이 대기질 문제를 일으킨다는 평가를 해본 적이 있는지 물어보곤 한다. 그 비판은 (암시적이든 명시적이든) 우리가 고용된 총잡이처럼 증거와 상관없이 돈을 받고 하기로 한 말만 할 사람들이라는 편견이다. 하지만 답은 '그렇다'이다(그렇다. 우리는 때로 문제를 보여주기도 한다. 돈을 받고 하기로 한 말만 하는 사람들은 아니다). 때때로 우리는 대기질 문제가 있을 것이라는 사실을 보여주기도 한다. 그러나 그러한 상황에서는 단지 문제가 있다는 결론만으로 보고서를 발표하지 않는다. 그런 보고서를 일부는 환영할지 몰라도, 프로젝트에 대한 사실상의 유서가 될 것이다. 대신 다시 처음으로 돌아가 문제를 해결할 방법을 알아내고, 수정한

다음 대기질의 관점에서 효과적인 설계를 찾을 때까지 다시 시도한다. 그런 하나의 제안서를 작성하려고 우리는 질소산화물과 이산화황, 암모니아가 배출되는 수많은 가능성을 조합해본 끝에 근처의 보호 습지와 원시림에 영향을 주지 않는 효과적인 계획을 찾아냈다. 당연히 그 계획이 승인되도록 노력한 것이고, 진행하지 않은 프로젝트도 50개나 있다. 그리고 신뢰의 문제에 대해서는, 나는 결코 내가 거짓이라고 믿는 정보를 제시한 적이 없다. 그동안 나와 함께 일한 어떤 대기질 전문가도 그런 일은 하지 않았으리라 생각한다. 대기질 전문가는 관계된 대기질 기준과 지침에 부합하고 진행 가능한 제안서를 만드는 일을 할 때가 많다. 하지만 답을 얻으려고 결과를 조작하거나 왜곡하는 경우는 한 번도 본 적이 없다.

'의미 있는'의 의미

우리 말이 공허하게 들리는 한 가지 이유는 '의미 있는'이라는 한마디 때문이다. 신규 폐기물 소각로는 지역의 대기질 측면에서 보면 언제나 나쁜 소식이다. 얼마나 적은 양이든 대기오염과 건강 위험은 언제나 증가한다. 따라서 대기질 전문가로서 나는 언제나 지역공동체에 나쁜 소식을 전해주는 사람이다(그리고 오염을 관리하려면 돈을 더 많이 써야 한다고 말할 때는 개발자에게도 나쁜 소식을 전해주는 사람이다). 내가 대기질을 개선하는 입장에 서 있는 경우는 극히 드물다. 내가 바랄 수 있는 최선은 사람들에게 자신 있게 건강에 '의미 있는' 영향은 미치지 않을 것이라고 말하는 것이다. 새로운 개발을 달갑게 여기지 않은 우리 이웃은 아무리 하찮은 영향이라도 받고 싶지 않다고 반박할 것이다. 나도 그 의견을 전적으로 이해하지만, 잠시만 생각해보면 세상은 그렇게 돌아가지 않는다. 우리가 하는 모든 일은 다른 사람에게 영향을 준다. 만약 여러분이 차를 운전하기로 마음먹는다면, 여러분은 다른 사람에게 자동차가 생성할 소음과 공해로 영향을 줄 것이다. 그리고 교통 체증에도 한몫하게 되며, 가까운 곳에 있는 보행자의 사고 위험도 높이게 된다. 그러한 위험과 영향은 미미하지만, 0은 아니다. 우리는 다른 사람들이 하는 일로 발생하는 그 작고 사소한 위험을 삶의 일부로 받아들인다.

폐기물 에너지화 시설처럼 크고 복잡한 것은 다른 사람들에게 의미 있는 영향을 끼칠 수 있다. 예를 들어 소음, 오염, 건강에 대한 위험 같은 것들이다. 이 경우에, 위험과 영향은 일상에서 겪는 것보다 훨씬 더 클 수 있다. 그래서 우리에게는 그러한 개발을 진행해야 할지 말아야 할지 결정하는 체계가 있다. 계획과 허가 체계는 민주주의 사회에 새로운 개발의 위험성을 그것이 가져올 이익과 대비해 가늠해볼 수단을 제공한다. 예를 들어 재활용할 수 없는 잔여 폐기물을 처리해야 한다는 요구에 부응한다는 점은 이익이다. 이런 맥락에서 대기질과 건강에 명백하게 어떤 의미 있는 영향이 없는 개발 제안서를 제시하는 것은 상당히 합리적이다. 여기서 말하는 것은 토지 사용 계획의 이익과 그 영향을 비교할 때, 대기질과 건강에 미치는 영향이 이 저울의 '영향' 쪽에 가중치를 더해서는 안 된다는 것이다. 우리는 아주 사소한 위험과 영향까지 피한다는 편향을 가지고 큰 결정을 내려서는 안 된다. 그것은 끔찍한 의사 결정 방법이다. 그렇게 되면 어떤 환경적 이익도 보장할 수도 없으면서 상당한 유익함을 놓치는 결과가 발생한다. 폐기물 소각로와 다른 대규모 투자 계획에 관한 결정은 사소하고 의미 없는 것이 아닌, 중요하고 의미 있는 것에 초점을 맞추어야 한다.

물론 더 작은 범위에서 우리는 늘 이런 판단을 한다. 대형마트에서 유명 상표의 제품을 살지, 아니면 마트 자체 제작 제품을 살지 고민하다가, 20펜스[약 330원] 가격 차이는 의미 없다고 생각하고 유명 상표 제품을 살 수도 있다. 혹은 맛의 차이가 의미 없다고 생각해서 마트 상표를 사고 20펜스를 아낄 수도 있다. 어느 쪽이든 구매의 한 가지 측면이 의미 없거나, 덜 중요하다고 판단하고 그에 따른 결정을 내리는 것이다. 따라서 결정 과정에서 계획 당국이 중요하지 않은 측면에 많은 가중치를 두는 것은 정도를 벗어나는 태도일 것이다. 만약 대기질과 건강에 의미 있는 영향을 주는 수준이 아니라면, 어떻게 결정하더라도 대기질이나 그 결과로 발생하는 지역 주민의 건강 변화에는 어떤 차이도 생기지 않을 것이다.

따라서 확실히 '의미 없음'으로 설명될 만한 위험이나 영향에 가중치를 주는 행동에는 논리적 근거가 없다. 그리고 많은 사람이 본능적으로 아무리 사소한 위험이라도 증가하는 건 거부해야 하고 받아들일 수 없다고 생각하지만, 실제로 이런 근거를 기반으로 결정하지 않는다. 대기질에 대한 것이 계획에 영향을 미칠 때는, 대기질과 건강의 상관관계에 대한 증거가 신뢰할 만한지 아닌지의 문제일 때가 많다. 우리가 폐기물 에너지화 시설의 대기질과 건강 위험을 평가하는 데는 어떤 중대한 어려움이 거의 없다. 평가 기술은 잘 확립돼 있고, 폐기물 소각 공정과 그에 관련된 배출 과정은 매우 상세하게 잘 파악된다. 그리고 배출량은 이제 매우 낮은 수준이어서 대기질과 건강에 주는 영향은 명백하게 미미하다. 결과적으로, 폐기물 에너지화 시설에 대한 평가는 소각로에서 예상되는 건강 위험에 대한 대안을 살펴보는 것이다. 이미 언급한 대로, 내 견해는 문제가 일어날 수 있는 잠재성은 있지만, 폐기물 소각로가 현재 기준을 준수하여 설계되고, 위치를 잡고, 운영되고, 유지되는 한 건강에 감지할 수 있을 만한 위험은 없다는 것이다. 놀라울 것도 없이, 개별 폐기물 에너지화 시설에 대한 대기질과 건강 위험 연구는 정확히 우리가 기대하는 답을 줄 테지만, 다른 사람들은 다른 견해를 가지고 있을 것이다.

불확실성에 대한 불확실성

아마도 불확실성에 대한 질문이 남아 있을 것이다. 대기질과 건강 위험 연구는 모델에서 도출된 결과에 의존한다. 그리고 모델은 소각로에서 배출될 것을 추정할 뿐이다. 따라서 이런 연구의 결론은 불확실할 수밖에 없다. 그렇지 않은가? 그렇다. 맞다. 통계 전문가 조지 박스는 유명한 말을 남겼다. "모든 모델은 틀리지만, 일부는 유용하다."[100] 나는 단호하게 폐기물 에너지화 시설에 대한 대기질 연구를 '틀리지만 유용한' 범주에 넣을 것이다. 모델은 탄탄한 이론적 토대 위에 만들어지고, 실험 자료를 이용해 검증한다. 모델에 사용되는 오염원 정보는 확실한 자료다. 우리는 이런 종류의 시설에서 나오는 배출물 정보에 대한 훌륭한 데이터베이스를 가지고 있고, 이 자료는 배출 제한 규정이 뒷받침해준다. 따라서 우리는 공정이 허가된 기준치에서 운영되리라고 상정하고 모델을 진행한다. 그리고 다른 운영 공정에서 측정된 자료와 비교함으로써 이를 뒷받침해, 실질적으로 제한 규정을 준수할 수 있음을 입증한다. 또한 모델은 필연적으로 부정확하지만, 우리는 얼마나 부정확한지 알고 있다. 그 점이 특히 유용한데, 모델을 설정할 때 지나치다 싶을 정도로 신중히 처리함으로써 이런 불확실성을 감안할 수 있기 때문이다. 그렇다. 불확실성은 있다. 하지만 거의 어떤 종류의 대기질 연구보다 적은 불확실성이다. 그리고 우리는 대기질 모델을 설정하고 연구 결과를 해석할 때 이 불확실성을 고려한다. 그렇지만 누군가가 새로운 개발에 반대할 이유를 찾겠다고 마음먹는다면, 깔끔한 대기질 영향 평가를 진흙탕 속으로 끌어들이려 한다면, 어떤 불확실성이든 트집잡을 수 있다.

힘든 결정

나는 폐기물 에너지화 공장 같은 새로운 시설을 허가할지 말지 결정하는 과정에서 기술적이고 과학적이며 복잡한 쟁점을 다루어야 하는 지역 정치인들이 안됐다고 생각한다. 갑자기 어떤 특별한 과학적 배경이 없는 사람들이 몸무게 1킬로그램당 다이옥신 0.018 피코그램을 흡입해도 괜찮은지 아닌지 결정하라는 요청을 받는다. 때때로 계획위원회 구성원들이 지역 주민과 신청자, 그들의 자문들이 팽팽히 대립할 때 대기오염과 건강에 어떤 영향을 줄지 노심초사하는 모습을 볼 수 있다. 의원들이 쟁점과 씨름하고 균형 잡힌 견해에 도달한다면, 설령 나와 생각이 맞는 견해는 아니라고 해도, 그 자체로 매우 만족스러운 일이다. 반면, 위원회 회의에서 단 한 건의 폐기물 소각로 신청안을 두고 이틀 내내 일반인 200명이 지켜보는 가운데, 광범위한 쟁점에 대해 상세한 질문을 주고받던 일이 생각난다. 나는 민주주의가 작동한다고 생각했다. 둘째 날이 끝날 때, 제안된 시설의 모든 측면을 피곤하고 신중하게 논의한 끝에 허가 여부를 투표했다. 이때 위원회 구성원들은 모두 정확히 당의 방침에 따라 투표했다. 신경 쓸 필요가 없었던 것이다.

대기질과 건강

대기오염 물질이 폐 깊숙이 침투해 호흡과 심혈관계에 작은 부담을 더 주면 몸에서 무슨 일이 일어나는지 살펴보는 동안, 우리는 많은 분야를 다루었다. 대기오염이 우리 건강에 미치는 이러한 영향은 개개인의 수준에서 식별하기 어렵거나 불가능하다. 하지만 전체 인구 수준에서 영향이 얼마나 증가하는지 추정할 수 있다. 그리고 그 증가세는 어마어마하다. 자동차와 소박한 가정용 난로를 비롯해 광범위한 오염원 탓에 매년 700만 명의 조기 사망자가 발생한다. 한편, 우리는 대기오염의 가장 악명 높은 원인 중 하나인 폐기물 소각을 좀 더 자세히 살펴보았다. 여기서 오늘날에는 우리가 걱정할 만할 정도로 건강에 의미 있는 영향을 주지 않는다는 증거를 보았다. 여러분은 아마도 자동차, 난로, 발전소가 대기질에 미치는 영향에 대한 증거가 어디에서 왔는지 좀 더 알고 싶을 것이다. 그렇지 않은가? 그럴 줄 알았다. 그렇다면 계속 읽어보자.

9장

너트와 볼트

여기까지 읽었으니 심호흡을 한번 하자. 이제 대기오염을 측정하고 예측하는 방법을 좀 더 자세히 살펴볼 시간이다. 대기질 관련 자료를 얻는 방법을 왜 신경 써야 하는 걸까? 나는 우리가 어마어마하게 중요한 결정을 내릴 때 의지하는 자료가 얼마나 탄탄한지 혹은 그렇지 않은지 아는 것이 중요하다고 생각한다. 대기질이 유일하게 중요한 화제는 아니지만 기술적 자료를 토대로 중요한 결정을 내려야 하는 영역인 것은 맞다. 그러니 대기질 측정과 모델링이라는 신비로운 세계의 뚜껑을 열어보자. 최첨단 과학과 기술이 현실 세계와 만나는 일은 언제나 매혹적이다. 우리는 대기질에 관해 다른 어떤 영역보다 정밀한 자료를 만들 수 있다. 수질이나 소음에 관한 자료보다 상세하고 기후 변화에 관련된 자료와 동등한 수준이다. 하지만 이 모든 정밀함은 가짜 위안일 수도 있다. 우리의 모델은 고작해야 약 30퍼센트 이내 범위에서 정확하다. 그리고 상황은 훨씬 더 나빠진다. 10배 더 낮은 수치로 예측하는 모델의 무시무시한 이야기를 읽어보자.

대기화학, 첫 번째 장면

대기에 관한 가장 초기 이론 중 하나는 기원전 4세기 아리스토텔레스가 제안한 것으로, 약간 기묘한 '에테르'에 관련된 것이다. 여기서 에테르를 화학물질 '에테르'나 '에테르류'와 혼동해서는 안 된다. 에테르는 빛이 이동하는 매질이지만, 물질은 통과시키지 않는 것이라고 여겼다. 이것은 놀랍게도 어떤 근거도 없음에도 2000년 동안이나 지속된 개념이다. 제임스 마이컬슨과 에드워드 몰리가 1887년 자신들의 이름과 동일한 실험(마이컬슨–몰리 실험)을 하기 전까지는 이를 믿었다.

대기화학, 두 번째 장면

보일이 1661년에 출간한 저서 《회의적 화학자》는 과학적 방법을 도입하려는 불안정한 첫걸음이었다. 그 뒤 18세기에 과학으로서 화학이 발달하기 시작했다. 실험 절차가 발전됐고, 과학자들은 원자가 반응해 복잡한 화학적 화합물을 형성하는 방식을 이해하기 시작했다. 프랑스의 박식한 귀족 앙투안 라부아지에는 연금술이 수백 년 동안 남긴 혼란에 처음으로 질서를 가져온 사람이다. 그는 동시대 영국의 목사이자 과학자인 조지프 프리스틀리보다 열 살 젊었다. 라부아지에의 불행은 프랑스 귀족이 곧 가장 위험한 직업이 될 시기에 프랑스 귀족으로 태어난 것이다. 프리스틀리의 불행은 당시의 중요한 과학적 질문에 대해 잘못된 답을 가졌던 것이다.

라부아지에는 귀족인 덕에 누린 기회와 교육을 이용해 생물학과 화학, 지리학, 수학, 기상학, 철학에 관한 흥미를 발전시켰다. 그가 법을 공부하러 간 것도 놀라운 일은 아니었다. 다만 라부아지에는 다른 일을 더 잘했다. 과학, 특히 대기화학의 미래에 다행스럽게도 그는 변호사 활동을 하지 않았다. 대신 상당히 놀라운 과학적 돌파구를 만드는 데 집중했다. 그는 당시까지 파악된 원소의 목록을 작성했다. 산소와 질소, 수소, 인, 수은, 아연, 황이 포함됐다. 이것은 최초로 집필된 화학 교과서에 실려 있었고(누구든 중등교육과정 화학 때문에 고생하고 있다면 바로 그를 원망하면 된다), 오늘날에도 읽을 수 있다.[101] 결정적으로, 라부아지에는 산소와 수소가 그 자체로 원소라고 인식했고, 약 100년 동안 지속된 플로지스톤Phlogistone 설에 반대했다.

헛수고 하기

18세기에는 연소 과정이 가연성 물질에서 '플로지스톤'이라는 물질을 제거하는 과정이란 생각이 널리 퍼져 있었다. 따라서 연소는 '탈플로지스톤화'이고, 쉽게 타는 물질은 '플로지스톤화된 것'이라고 설명할 수 있었다. 플로지스톤으로 가득 차 있고, 불로 제거할 준비가 되어 있는 것이었다. 식물은 일종의 역연소로 플로지스톤을 흡수한다고 생각했다. 그래서 목재가 편리하게도 쉽게 타는 것이다. 나무였을 때 흡수한 플로지스톤 덕분이다. 라부아지에는 이 이론이 거꾸로라는 것을 깨달았다. 연소는 무언가를 제거하지 않았다. 연소는 무언가를 더하는 과정이었다. 그는 그 무언가가 산소라고 밝혀냈다. 식물이 자라면서 흡수하는 것은 플로지스톤이 아니다. 식물은 광합성을 통해 이산화탄소를 흡수하고, 에너지가 풍부한 당류를 만들어내고, 대기에 산소를 배출한다. 산소 배출로 식물과 나무는 탄소, 수소, 산소를 포함하는 당질 유기화합물을 형성한다. 식물(나무를 포함한) 조직은 주로 셀룰로스와 헤미셀룰로스, 리그닌으로 이루어져 있다. 건조 과정을 통해 물을 제거하면 이 유기화학 물질들은 잘 연소되는데, 그 과정에서 산소를 흡수하고 많은 에너지를 방출하면서, 결국은 이산화탄소와 물로 남는다.

프리스틀리는 과학에 지속적으로 공헌했지만, 불행하게도 플로지스톤 이론의 신봉자였다. 플로지스톤에 대한 확신은 몇 가지 이상한 결론을 이끌어냈다. 예를 들어, 산소를 물질로 인정하지 않고, '탈플로지스톤 공기'라고 설명했다. 즉, 가연성 물질에서 플로지스톤을 빼내려고 하는 기체라는 것이다. 프리스틀리는 1774년에 산소를 분리한 (아마도) 최초의 과학자였지만 불행히도 그는 자신이 다루고 있는 것을 완전히 파악하지 못했다. 그 틈은 라부아지에와 스웨덴의 과학자 칼 셸레가 메웠다. 너무 늦게 새로운 원소 발견하기의 달인인 셸레는 1772년, 헨리 캐번디시와 다니엘 러더퍼드와 거의 같은 시기에 최초로 대기 중 질소를 발견하고 확인한 사람들에 속했다. (아이작 아시모프가 불렀던 대로) '애석한' 셸레는 산소와 질소를 밝혀냈을 뿐만 아니라, 독립적으로 바륨, 몰리브덴, 텅스텐, 염소를 발견했다. 그는 망간이 있다는 것도 알았지만, 업적에 대한 공로를 인정받지 못했다.

대기화학의 토대

프리스틀리는 자연철학에 폭넓은 관심이 있었고, 유니테리언 교회의 설립자로서 새로운 과학인 화학에 대한 그의 이론을 바탕으로 실험에 계속 힘썼다. 한편, 라부아지에는 화학 이론을 개발하며 실습도 지속했다. 그는 화학반응 중에는 물질의 총량이 변하지 않는다는 것, 즉 '질량 보존'의 원리를 보여주는 최초의 정량적 실험을 수행했다. 그리고 화학원소 주기율표 완성으로 가는 첫걸음을 떼었고, 화학물질 명명법과 미터법을 발명했다. 그가 또 무엇을 성취했을지 아무도 모르겠지만, 불행하게도 1794년 50세의 나이에 명목상으로는 세금 때문에 (그는 구체제의 세금 징수원이었다) 혁명 정부에 의해 참수형을 당했다. 정확히 말하자면 그는 1년 반 후에 사면됐지만, 뭔가 하기에는 이미 1년 반이나 늦은 때였다. 프리스틀리 역시 프랑스 혁명으로 문제가 생겼다. 프랑스와 미국에서 일어난 혁명을 지지했다는 이유로 너무 평판이 좋지 않아서, 그의 집은 불타버렸고 결국 가족과 함께 북미로 피신해야 했다.

어쨌든 화학의 기초가 마련됐고, 1774년까지 화학이 아직 초기 단계에 있는 동안, 자연철학자들은 이미 대기의 99퍼센트인 질소와 산소를 확인했다. 라부아지에는 질소가 질식성 기체이기 때문에 생명이 없다는 뜻인 '아조테azote'란 이름을 제안했다. '아조테'라는 이름은 여러 언어, 눈에 띄게는 프랑스어에서 사용되는데 '질산칼륨nitre을 생성하는'이라는 뜻의 평범한 '질소nitrogen'보다 더 나은 이름처럼 보인다. 질산칼륨은 무기초석 또는 질산포타슘의 다른 이름이다. 두 이름보다 더 나은 것은 질소의 독일어 이름인 스틱슈토프Stickstoff다. 독일어 이름은 '질식시키는 물질'을 의미하는데, 라부아지에의 아조테와 같은 개념이다. 산소는 셸레가 '불 공기'로 명명했고, 라부아지에는 원래 '생명의 공기'라고 했다. 둘 다 다소 부정확하긴 하지만 '산을 생성하는'을 의미하는 '산소oxygen'보다는 더 역동적인 이름이다. 산소는 라부아지에의 생각이었다. 그가 잠시 산소는 모든 산의 구성 성분이라고 잘못 생각했기 때문이다. 산소가 모든 산에 들어 있지 않다는 것이 분명해졌을 때는 산소의 이름을 다시 짓기에 너무 늦었다.

이블린은 도시의 대기질 문제와 씨름하느라, 대기 중에 무엇이 있는지 이해하지 못하고 있었다. 그가 할 수 있는 것이라고는 상식을 이용해 오염이 어디에서 오는지를 살펴보고, 오염원을 다른 곳으로 옮길 계획을 세우는 것뿐이었다. 17세기 궁전의 신하들에게 사회적 형평성은 별로 문제가 되지 않았기 때문에, 귀족에게 영향을 미치지 않는 가난한 지역으로 산업 활동을 옮기자고 제안해도 괜찮았다. 그 당시에는 농업뿐만 아니라 가정에서 태우는 석탄과 산업 활동이라는 오염원에 의해 미세먼지가 발생했고, 산업혁명 기간에는 더 심해졌다. 그 결과 연기, 먼지, 그리고 공기 중에 떠다니는 입자들은 오늘날에는 상상하기 힘든 방식으로 모든 사람에게 피할 수 없는 현실이 됐다. 역사가 션 애덤스는 제임스 파튼이 1867년에 쓴 말을 인용한다. "신시내티의 모든 집에 연기가 자욱하다. …… 연기는 카펫을 더럽히고, 커튼을 검게 물들이고, 페인트를 훼손하고, 여성들을 걱정시킨다."[102] 19세기 도시의 음침한 대기를 바라보는 태도는 양면적이었다. 연기는 의심할 여지 없이 성가신 것이지만, 정직한 노력과 진보의 증거였으며, 건강에 이롭다고 생각했다. 물론 이롭지 않았다. 하지만 걱정하는 여성들에게 좋은 소식은, 요즘 우리는 마을과 도시에서 석탄을 많이 태우지 않는다는 것이다. 대신 21세기판 연기인 초미세먼지($PM_{2.5}$)가 매우 다양한 자연과 인공의 오염원에서 나온다.

장소별 차이

PM₂.₅의 오염원이 다양하다는 것은 영국 전역의 농도 수치가 고르다는 걸 의미한다. 우리가 본 바와 같이, 2016년 영국에서 측정된 $PM_{2.5}$의 연간 평균 농도는 아주 시골 지역의 $3\mu g/㎥$에서 버밍엄 중심부의 $17\mu g/㎥$까지 다양했다. 따라서 최고 농도와 최저 농도는 약 6배 차이다. 반면 질소산화물은 주로 연소 과정에서 생성된다. 질소산화물의 자연 발생원은 많지 않다. 하지만 교통, 가정 난방 및 요리, 상업용 건물과 공공 기관(학교, 병원, 수영장 등)의 보일러, 산업 공정의 연료 사용, 전기 생산 등, 인간 활동에서 발생하는 오염원은 수없이 많다. 이러한 오염원은 주로 번화가와 도시에 집중되는 경향이 있고, 또한 지상에서 가까운 곳이다. 따라서 질소산화물의 수치는 훨씬 더 큰 차이가 나타날 것으로 예상한다. 과연 2016년에 영국 국가 대기질 측정 네트워크의 147개 측정소에서 측정된 수치 중 가장 낮은 것은 스코틀랜드 국경 에스크데일뮤어의 $2.7\mu g/㎥$이었다. 그리고 최고 농도는 런던 중심부 메릴본 로드에서 측정된 $297\mu g/㎥$으로 100배 이상 높았다(참고로 이것은 시간당 또는 일평균 농도가 아니라 메릴본 로드의 연평균 농도다). 질소산화물의 두 성분 중 하나인 이산화질소도 에스크데일뮤어의 $2.0\mu g/㎥$부터 런던 중심부의 89μg/㎥까지 다양했다. 메릴본 로드 측정소는 도로 바로 옆, 높은 농도의 대기오염에 계속 노출되는 사람이 없는 곳에 있다. 따라서 오염 수준이 얼마나 높은지가 반드시 중요하지는 않다. 하지만 이것은 질소산화물처럼 인간이 만든 오염 물질의 수치가 장소마다 얼마나 다를 수 있는지를 보여준다.

런던 중심부의 메릴본 로드 도로변 대기 측정소[103]

2016년 훨씬 적은 측정소에서 측정된 이산화황 수치는 0.6μg/㎥과 7.7μg/㎥ 사이로 14배 차이가 나서 질소산화물보다 변동이 훨씬 적었다. 이산화황은 질소산화물과 같이 인공적인 오염원에서 방출되지만, 주로 높은 굴뚝이 달린 산업 및 상업적 연소 과정에서 방출되는 경향이 있다. 이러한 방출 지점에서 나오는 이산화황이 지면에 도달할 때는 농도가 상대적으로 낮아진다. 따라서 측정된 농도 간의 변화 폭도 좁다. 또한, 영국의 이산화황 측정소는 농도가 높을 가능성이 큰 석탄과 석유 화력발전소 근처 지역보다 도심에 주로 집중되어 있다. 따라서 2016년의 가장 높은 수치는 기록되지 못했을 수도 있다.

대기질 및 환경 규제 정책은 원칙적으로 대기질 표준과 지침을 준수하는 데 무게를 두고 구축된다. 이는 국가 및 지방정부 공무원, 산업 공정 운영자 및 규제 기관, 주거와 상업 및 기반시설 개발을 맡은 사람들을 포함하는 대기질 관리 책임자들이 대기오염 농도의 차이에 대해 알아야 한다는 뜻이다. 대기질을 관리하고자 우리는 대기오염 농도가 대기질 기준을 넘어서는 지역이 어디인지 파악하려고 노력한다. 이산화질소를 예로 들어보자. 2016년에 측정된 이산화질소의 수치는 $2.0\mu g/m^3$에서 $89\mu g/m^3$ 사이였다. 대기질 기준은 $40\mu g/m^3$이다. 그것은 엄청난 차이다. 특히 기준치인 $40\mu g/m^3$를 달성하지 못하면 영국에서는 벌금이 부과될 수 있다는 것을 기억한다면 말이다.

영국 대기질 측정 네트워크의 정보는 주로 대기질 표준 및 지침을 준수하는지 평가할 목적으로 설계됐다. 하지만 우리가 산업 공정이나 신규 개발이 대기질에 미치는 영향을 살펴볼 때는 목적이 약간 달라진다. 그때의 목적은 대개 관심이 있는 오염원 부근의 '기본 대기질'을 이해하는 것이다. 즉, 산업 공정이나 새로운 개발이 없을 때 발생할 수 있는 대기오염 수준을 말한다. 그런 다음 신규 또는 기존 오염원에 의해 추가되는 기여도를 산출해 대기오염 물질의 허용 기준이나 지침과 비교해 평가한다. 기본 대기질을 평가하는 게 간단하지는 않다. 많은 대기질 연구가 이렇게 기본적인 단계에서 실패한다. 그 이유 중 하나는 기본 수준이 다르기 때문이다. 예를 들어 주택가, 도심, 산업단지, 자동차 전용도로의 분기점이 있는 지역에서 대기질에 영향을 미칠 수 있는 개발을 한다면, 이 네 구역의 기준 대기질이 매우 다르다는 것을 발견할 것이다. 도시 중심부는 하나의 구역인데도 대부분 장소에서 대기오염 농도가 괜찮은데, 고층 건물들이 있는 좁고 혼잡한 거리에서는 훨씬 더 높을 수 있다. 이러한 차이가 대기질 평가에 반영돼야 한다. 물론 그렇게 하면 필요한 작업은 더욱 복잡해진다. 그래서 대기질 전문가의 삶이 쉽지 않다.

대기질 모델링

그렇다면 우리는 어떻게 그토록 복잡한 세계의 대기오염 정도를 알 수 있을까? 답은 분산 모델링이다. 완전한 답은 아니지만, 대기질 관리에 매우 유용한 (그리고 잘못 다루면 위험한) 도구이기 때문에 나는 답이라고 감히 말한다.

분산 모델은 오염원에서 방출된 물질이 대기 중에 어떻게 분산될지 추정하는 수단이다. 대기 중으로 방출되는 오염 물질은 바람을 타고 이동하면서 대기 중에 희석된다. 그래서 오염원에서 멀리 떨어질수록, 물질의 농도는 낮아진다.

우리는 이 과정이 어떻게 작동하는지 꽤 잘 알고 있다. 굴뚝에서 배출되는 오염 물질이 이 과정을 거치는 전형적인 예는 다음과 같다.

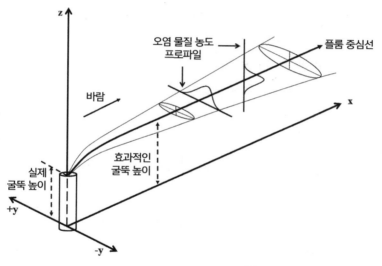

굴뚝에서 방출된 대기오염 물질의 분산[104]

오염원에서 바람이 부는 쪽의 오염 물질 평균 농도는 회색 원뿔을 사용해 나타낸다. 바람은 x라고 표시된 축을 따라 불고 있으며, 굴뚝에서 배출된 오염 물질을 이 축을 따라 양의 방향으로 실어간다. 평균 농도는 회색 원뿔의 중심에서 가장 높으며, '플룸 중심선'으로 표시된 선을 따라 나타난다. 플룸이 바람을 타고 이동함에 따라, 농도는 점점 낮아진다.

또한 이 중심선으로부터 수직(z로 표시된 방향)과 수평(+y와 −y로 표시된 방향)으로 이동하며 멀어질 때, 즉 바람 방향에 수직일 때 농도가 낮아진다. 농도는 수평의 y에서 음의 방향과 양의 방향 모두 낮아진다. 수직 방향에서도 마찬가지다. 플룸 중심선의 위와 아래에서는 농도가 더 낮아진다. 이것은 그림에서 보이는 '오염 물질 농도 프로파일'로 설명된다.

초보자를 위한 가우스 모델

이 작은 그래프 형태는 가우스곡선이라고 알려져 있다. 뛰어난 수학자이자, 한 세기 늦게 태어났지만 르네상스형 인간인 칼 프리드리히 가우스의 이름을 딴 것이다[가우스는 18세기 사람으로 르네상스 시대보다 약 1세기 늦게 태어났다]. 이 곡선 그래프는 가우스가 수행한 통계 분포 연구에서 나온 것인데, 이름에는 크게 의미를 둘 필요 없다. 그의 이름을 딴 것들만 모아둔 위키피디아 페이지가 있다고만 말해두겠다. 그 페이지에는 과학적 발견, 방법, 법률, 발명품뿐만 아니라 상, 건물, 지형지물과 '학교'를 포함한 100개가 가우스란 이름을 사용한다고 나와 있다.

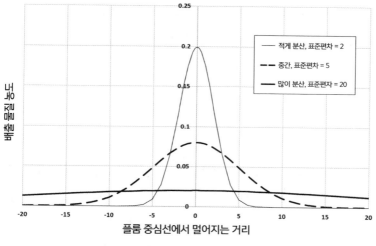

다양한 표준편차의 가우스 곡선

잠깐 멈추고, 다이어그램에 표시된 오염 물질 농도 프로파일이 평균값임을 상기하자. 오염원에서 방출된 물질은 어느 때든 바람이 부는 방향으로 흩어지고, 옆 바람을 타고 흩어지고, 수직 방향으로 흩어진다. 농도의 평균을 내면, 가장 높은 농도는 바람이 부는 방향의 중심선 근처에 있고, 바람이 부는 방향으로 더 나아가고 중심선에서 멀어질수록 농도가 낮아진다.

가우스곡선은 평균과 표준편차가 특징이다. 가우스곡선의 표준편차는 곡선이 얼마나 뾰족하거나 평탄한지를 나타낸다. 표준편차의 값이 작은 가우스곡선은 뾰족한 바늘처럼 보인다. 그래프에서는 가는 선으로 표시된 곡선이다. 반대로 표준편차값이 큰 가우스곡선은 평평한 팬케이크의 단면처럼 보인다. 그래프에서는 굵은 선으로 표시돼 있다. 이 경우에 농도는 중심선에서 멀어지면서 천천히 감소한다.

안정성의 중요성

분산 모델링은 어떻게 활용되는가? 대기가 매우 차분하고 고요할 때, 개별 오염원에서 나온 플룸은 빠르게 퍼지지 않는다. 플룸 중심선을 따라 농도가 상당히 높으며(표준편차 σ=2, 가는 선), 중심선에서 멀어지면 0과 구별할 수 없을 때까지 빠르게 떨어진다. 반대로 대기가 격렬하게 혼합될 때 오염 물질은 중심선으로부터 매우 빠르게 퍼져나간다(표준편차 σ=20, 굵은 선).

가장 높은 농도는 여전히 플룸 중심선을 따라 있지만 훨씬 더 낮으며, 플룸 중심선에서 훨씬 더 멀리 떨어진 곳에서 오염 물질 농도가 0을 웃돈다.

안정한 대기와 불안정한 대기에서의 분산[105]

첫 번째 사진은 차분하고 안정된 대기 조건에서의 분산을 보여준다. 여기에서 플룸은 많이 분산되지 않기 때문에 플룸 중심선을 따라 농도가 상대적으로 높고, 플룸 중심으로부터 떨어진 곳의 농도는 매우 낮다. 일단 플룸에서 떨어지면 (굴뚝에서 가까운 곳의 지면 높이도 포함하여) 기본적으로 0이 된다. 두 번째 사진은 불안정한 대기 조건에서 분산을 보여준다. 플룸은 수직 방향으로 강력하게 혼합된다. 이 사진에서는 플룸이 옆 바람 방향으로 얼마나 섞이는지 알 수 없지만(오염원의 옆 바람 방향에서 찍은 사진이기 때문에), 확실히 수직 방향에서 빠른 혼합을 나타내는 높은 표준편차값을 가질 것이다.

이러한 조건에서는 오염원에 상당히 가까운 위치의 지면 높이라도 농도가 상당할 것이다.

만약 우리가 어떤 물질의 방출 속도, 풍속, 그리고 옆 바람과 수직 방향의 분산을 나타내는 표준편차를 안다면, 우주의 어느 지점에서라도 방출된 물질의 평균 농도를 알아낼 수 있다. 이 농도는 풍속 및 두 가지 표준편차값(σy와 σz로 표시한다)으로 표현되는 기상 조건의 특정한 조합과 연관있다. 하지만 정확하지는 않다. 기상 조건에 대한 정확한 자료란 없고, 기상 관측으로부터 표준편차값을 추론해야 하기 때문이다. 이것은 결코 정확한 과학이 아니다. 또한, 모델링 분산에 대한 이러한 접근법은 현실에서 일어나는 일에 대한 근사치일 뿐이다. 그래도 많은 상황에서 그것은 나쁘지 않은 근사치다.

좀 더 자세한 가우스 모델

여기 가우스 분산을 나타내는 기본 방정식이 있다. 수학을 좋아하지 않는 사람, 그게 여러분이라면 여기까지 오느라 수고했고, 편하게 몇 단락 앞으로 넘어가도 좋다. 약속한다. 이것이 이 책의 유일한 방정식이다. 하지만 좋은 방정식이다.

$$c = \frac{Q}{2\pi u \sigma_y \sigma_z} \exp\left(-\frac{1}{2}\frac{y^2}{\sigma_y^2}\right) \exp\left[-\frac{1}{2}\frac{(z-h)^2}{\sigma_z^2}\right]$$

여기서 $\exp(n)$은 e의 n제곱을 의미하며, e는 값이 2.718281828인 숫자 상수이다.

c는 오염원에서 바람 부는 방향으로 x미터 떨어지고, 바람 방향에서 수직 방향으로 y미터 떨어져 있으며, 지면에서 z미터 올라간 위치에서의 방출 물질 농도다(x, y, z).

Q는 물질의 방출 속도다. 보통 초당 그램 단위다.

σ y와 σ z는 각각 옆 바람과 수직 방향에서 분산 정도를 표현하는 표준편차다.

h는 플룸 중심선의 높이다.

이 아름다운 방정식을 자세히 파고들지 않더라도, 방정식에서 비쳐 보이는 몇 가지 흥미로운 점들이 있다. 첫째, 플룸 중심선을 따라 농도를 확인함으로써 문제를 단순화할 수 있다. 즉, y=0 및 z=h인 선이다. 이 값을 방정식에 대입하면 중심선을 따라 두 항 exp(n)가 모두 1이 되므로 방정식은 방출 속도를 2π, 풍속, σy, σz로 나눈 값으로 단순화된다. 플룸 중심선에서 벗어나자마자 y는 더이상 0이 아니다. 그리고(혹은) z는 더이상 플룸 높이 h와 같지 않다. y^2와 $(z-h)^2$가 이제 0보다 크므로 exp(n)은 1보다 작아진다. 즉, 농도가 플룸 중심선에서 멀어질수록 낮아진다. 이는 타당한데, 가장 농도가 높은 지점은 실제로 오염원에서 바람이 곧바로 부는 방향이어야 하고, 플룸 중심선에 있어야 한다.

둘째, 다른 요인들이 동일할 때, 특정 물질의 농도는 방출 속도에 정비례하고 풍속에 반비례한다. 방출되는 물질이 많을수록 당연히 농도가 높아진다. 바람이 방출된 물질들을 빠르게 실어갈수록, 농도가 더 낮아진다. 다시 말하지만, 여러분이 예상한 것과 거의 비슷하다. 하지만 이것이 가우스 분산 방정식을 사용할 때 발생하는 어려움 중 하나다. 풍속이 0일 때, 방정식은 무너진다. 그러면 방정식은 농도가 무한하다고 예측한다. 사실 그렇지 않다. 만약 풍속이 정말로 0이라면, 오염원에서 곧장 위로 배출되거나 그냥 그대로 있을 것이다. 실제로 풍속은 0이 될 수 없다. 그래서 낮은 풍속에서 가우스 방정식을 사용하면 신뢰성이 떨어진다. 이것은 부분적으로 대기 분산 과정의 특성이기도 하다. 풍속이 낮으면 풍속과 방향에 따라 농도가 크게 달라진다. 풍속의 작은 차이가 농도에 상당한 변화를 가져온다. 더 복잡한 요인은 우리가 이 접근법을 적용할 때 사용하는 기상 관측 자료가 대개 공항에서 관측된 것이란 점이다. 공항 기상학자들은 항공기 안전 때문에 높은 풍속에 매우 관심이 있지만 낮은 풍속에는 별로 관심이 없다. 반대로, 대기오염 수준은 풍속이 낮을 때 높은 경향이 있다. 나는 누군가가 강풍 중에 이렇게 외치는 소리를 들어본 적이 없다. "공중에 떠다니는 이산화질소의 양이 너무 많아서 걱정이에요!" 반면에 나는 강풍 수준의 옆 바람 때문에 에버딘공항에서 옆으로 착륙한 적이 있다. 이것은 내가 높은 풍속에도 신경 쓴 이유가 됐다. "스코틀랜드에 오신 것을 환영합니다." 공항 운영자는 주로 중풍과 강풍을 우려하기 때문에, 공항에서 풍속을 측정하는 데 사용되는 장비는 높은 풍속에서 신뢰할 수 있는 데이터를 제공하도록 설계되는 경우가 많고, 낮은 풍속에는 그다지 좋지 않을 수 있다. 우리가 할 수 있는 것은 낮은 풍속에서 신뢰할 수 없는 데이터를 생산해내는 기상 관측치를 무시하는 것이다. 예를 들어 초속 0.5미터 이하(시속 1마일 또는 보퍼트 풍력계급Beaufort wind force scale의 최대 1급, '연기가 움직이는 건 보이지만 풍향계로는 보이지 않는 풍향.' 이 말은 풍속이 낮은 상황에서 한 날씨 측정 결과를 신뢰할 수 없을 가능성에 대한 내 요점을 보여주는 것이다)는 고려하지 않는 것이다. 그런 다음 모델 결과를 해석할 때 가우스 분산 모델의 이런 단점을 인정해야 한다.

이것은 지면 높이의 오염원에서 특히 큰 문제인데, 그중 전형적인 예가 물론 도로 교통이다. 사람들이 의심스러운 배기관 가까이에 있기 때문에, 지역 교통에서 나오는 배출물은 그들이 대기오염에 노출되는 중요한 요소다. 결과적으로, 이러한 배출물이 어떻게 분산되는지에 대한 불확실성은 개개인이 노출되는 오염 수준에 큰차이를 만들 수 있다. 반면에, 산업용 굴뚝의 핵심은 사람들로부터오염을 제거하는 것이다. 굴뚝에서 나온 오염 물질이 어떻게 분산될지 똑같이 불확실하다고 해도, 지상의 어느 개인에게 미치는 영향은 일반적으로 훨씬 덜하다.

그리고 셋째, 옆 바람과 수직 방향의 표준편차값(σy, σz)은 이방정식에 고정돼 있다. 그것들이 무엇인지 모르면 방정식을 이용할 수 없다. 시그마값은 오염원으로부터 바람이 부는 방향의 거리에 따라 달라진다. 바람이 부는 방향으로 더 갈수록 확산 정도가 커지므로 σy 및 σz 값이 더 커진다. 어떤 오차든 모델에서 얻은 결과에 상당한 편차를 불러올 수 있으므로 이 값을 최대한 정확하게구하는 것이 중요하다. 불행히도 분산의 표준편차를 측정하는 '시그마미터' 같은 건 없다. 여러분이 해야 할 일은 알고리즘, 즉 요리 레시피와 같은 설명 목록을 개발하는 것이다. 이 알고리즘은 널리 이용 가능한 기상 관측을 사용해 σy, σz 값을 계산한다. 그것이 대기질 모델을 개발하는 사람들이 한 일이다. 현재 분산 모델에 사용되는 알고리즘은 추적 물질을 대기 중으로 방출하고 기상 조건과 함께 하강풍 농도를 측정하는 '현장 실험'과 기상 조건을 보다 안정적으로 제어할 수 있는 '풍동 장치 실험' 등 상당히 오래된 실험에서 파생되었다.

가우스 모델 이용하기

따라서 이 책에 나오는 오직 하나밖에 없는 (방정식이라고 보기 어려운 화학식은 제외하고) 방정식이 컴퓨터 기반 분산 모델링을 돌리는 엔진이다. 컴퓨터 모델링 연구가 하는 일은 이 분산의 기본 그림을 약간씩 개선하고, 오염원에 영향을 미칠 가능성이 있는 서로 다른 날씨 조건을 모두 반영하기 위해 아주 여러 번 실행하는 것이 전부다. 모델은 오염원, 기상 조건 조합, 농도를 계산할 위치에 대한 정보(흔히 '수용체'라고 하는데, 오염원 근처에 사는 사람들의 역할이 오염을 받는 것이라는 함의가 있어서 나는 이 용어가 마음에 들지 않는다. 하지만 편리한 약칭이라는 점은 부인할 수 없다)를 한데 모은다. 기상 조건 조합에 따라 분산 변수를 계산해 오염원의 배출에 모델을 적용하고, 이를 이용해 오염원으로부터 방출되는 오염 물질의 농도를 수용체의 위치에서 산출한다. 그런 다음 계산을 반복해 모든 수용체의 위치에서, 모든 오염원에서 방출되는, 모든 물질의 농도를 평가한다. 지루한 작업지만, 지루하고 반복적인 계산은 컴퓨터가 원래 잘하는 일이다.

우리는 미래의 특정한 시간에 날씨가 어떨지 모르지만, 과거의 날씨 상태가 어땠는지에 대한 꽤 좋은 정보를 가지고 있다. 그래서 우리가 하는 일은 1년 또는 5년 동안 매 시간마다 대표적인 기상 관측소에서 관측한 결과의 조합을 모델에 적용해 실행하는 것이다. 5년간의 기상 데이터를 조합해 모델을 실행하면 일반적으로 우리가 관심 있는 모든 장소에서, 모든 오염원에서 배출되는, 모든 오염 물질에 대해 4만 개 이상의 모델링된 농도 수치를 얻을 수 있다. 이렇게 모델링된 농도 수치를 저장하고 이를 처리해 평균 농도 또는 중간값 또는 4만 가지 이상의 기상 조건 집합에 대해 최대 계산값과 같은, 설명 가능한 값을 제공한다.

이 평균화 과정은 컴퓨터 모델링 접근법의 진짜 강점이다. 특정 기상 조건에서 모델링된 개별 농도 수치는 모든 불확실성의 영향을 받는다. 날씨 자료는 얼마나 대표성을 띠고 있는가? 모델은 기상 관측치에 기초한 분산 표준편차값을 얼마나 잘 계산하는가? 오염 물질 방출률이 그 특정 기간에 적절했는지 사전 지식이 있을까? 이런 이유로 특정한 조건하에서 농도를 모델링하는 게 어려워진다. 개별적인 환경 조합에 대한 대기질 모델링 결과(예를 들어, 특정 시간에 발생한 강한 냄새에 어떤 오염원이 기여했는지 알아내는 것)는 아무 가치가 없는 경우가 대다수다. 이와 대조적으로, 우리에게 서로 다른 기상 조건에 대한 4만 개의 계산된 농도 수치가 있다고 하면, 개별

값의 불확실성은 훨씬 덜 중요해진다. 실제로 평균화 과정은 매우 훌륭해서, 이상적인 조건이라면 컴퓨터 모델을 사용해 격리된 단일 오염원에서의 방출로 인한 연간 평균 농도를 계산할 수 있다. 잠깐만 기다려보자. 좋은 결과가 나올 것이다. 그러니까 정확도는 약 30퍼센트일 것이다. 30퍼센트라고? 이는 연구실 실험이나 엔지니어링 설계처럼 더 잘 통제된 체계를 다루는 데 익숙한 사람들에게는 그다지 정확하지 않은 결과로 들릴 것이다. 하지만 복잡하고 지저분한 현실 세계에서 자기 일을 열심히 하는 환경과학자에게는 좋은 결과다. 잘 풀리는 날에도 우리가 바랄 수 있는 정확성은 대략 30퍼센트 정도이기 때문이다. 나는 분산 모델을 사용하는 동료가 고의로 혹은 실수로 수없이 많은 수치들을 인용함으로써 그럴듯한 과학적 타당성을 만들려고 하는 것을 보면 화가 난다. 예를 들어, 나는 방금 모델링된 이산화질소의 농도가 $634.5\mu g/m^3$이라는 보고서를 보았다. 마치 634.4도 아니고 634.6도 아니라고 확신할 수 있다는 듯이 말이다. 우리는 '약 600' 혹은 잘하면 '약 630' 수준보다 더 정확할 수 없다. 모델링이란 그렇게 정확하지 않다.

우여곡절

나는 우리가 이상적인 조건에서 약 30퍼센트 이내의 정확성을 얻을 수 있다고 말했다. 하지만 곧, 우리는 도표에 나타난 이상적인 상황과 맞지 않는 오염원들을 발견하기 시작한다. 대기오염의 원천이 모두 평평한 들판에 홀로 서 있는 굴뚝은 아니다.

일단은 굴뚝에 더 집중해보자. 분산에 영향을 미치는 가장 큰 문제 중 하나는 굴뚝 근처에 존재하는 건물이다. 굴뚝의 핵심은 대기오염 물질을 땅으로부터 멀리 떨어뜨려 낮은 농도로 흩어지게 하는 것이다. 강한 바람이나 꽤 부드러운 바람이 불 때 큰 건물을 지나쳐본 적이 있다면 알겠지만, 건물은 바람의 흐름을 방해한다. 건물은 주변에 난기류 지역을 만든다. 건물 가까이에 지어진 굴뚝이 건물에 비해 너무 낮으면, 굴뚝에서 나온 배출물이 제대로 분산될 기회를 얻기 전에 난기류에 갇혀 지상으로 끌어 내려진다. 그러면 애초에 굴뚝을 세운 목적이 사라지는 것이다. 심하면 굴뚝이 주거용 고층 건물이나 병원 건물에 인접해 있다. 그러한 건물 근방에 높이가 충분하지 않은 오염원을 두는 건 말썽을 자초하는 일이다. 건물에 거주하는 사람은 굴뚝에서 나온, 거의 희석되지 않은 배출가스에 노출될 위험에 처해 있다. 이런 불행한 상황을 피하는 아주 간단한 지침이 있지만, 항상 제대로 지켜지지는 않는다.

다행히 우리는 바람이 건물과 상호작용을 일으킬 때, 대기가 어떻게 움직이는지 잘 이해하고 있다. 특히 풍동 실험이 도움이 된다. 덕분에 오염원에서 나오는 배출물을 평가할 때 이러한 영향을 고려할 수 있다. 그러나 다소 절충적인 측면은 있다. 모델은 건물의 효과를 고려하도록 해주지만, 이 때문에 모델링에 얼마간의 불확실성이 추가된다. 가능하면 건물을 피하는 것이 좋겠지만, 항상 가능한 것은 아니다. 그리고 굴뚝과 건물이 이미 자리 잡고 있는 곳에서 기존의 오염원 배출을 다룰 때도 많다.

또한 방출의 특성도 고려해야 한다. 사실상 관심이 있는 것은 '효과적인' 방출 높이다. 굴뚝에서 나오는 모든 것은 약간의 운동량이 있는 상태에서 방출된다. 굴뚝에서 밖으로 밀려 나올 때 생기는 일종의 에너지다. 이 운동량은 굴뚝에서 나오는 가스의 총량과 방출 속도와 관련이 있다. 적당한 운동량을 가지고 방출되면 운동량이 소진될 때까지 계속 상승한다. 동일한 양의 가스가 더 빠른 속도로 방출되도록 굴뚝의 지름을 줄이면 실제로 작은 효과를 덤으로 얻을 수 있다. 비록 공짜는 아니지만, 지면 높이에서 최고 농도를 줄일 수 있다. 이 공정은 더 제한된 연도로 가스를 밀어내려면 더 많은 힘이 필요하기 때문에 에너지 비용이 들 수 있고 큰 송풍기가 필요할 수 있다.

효과적인 방출 높이에 영향을 미치는 또 다른 요인은 온도다. 많은 산업 공정에서 연소해서 나오는 배출가스는 고온이다. 외부 온도보다 높은 배출가스는 방출 시 플룸 상승을 일으킨다. 실제 방출 높이가 높아지기 때문에 분산과 지면에서의 농도 감소 측면에서 이익을 얻을 수 있다. 오늘날에는 연소 공정에서 나오는 연도가스의 열을 대기 중으로 방출하기 전에 한 번 더 사용함으로써 공정을 보다 효율적으로 만들려고 한다. 일반적으로 유용한 열과 전기를 모두 생산하는 '열병합발전Combined Heat and Power' 또는 CHP라고 하는 시설이다. 물론 이것은 합리적으로 보인다. 하지만 이렇게 되면 가스는 굴뚝에서 더 낮은 온도로 더 천천히 나온다는 뜻이다. 두 가지 모두 지역 대기질에 미치는 영향에는 나쁜 소식이다. 이 시설이 운영 중에 문제를 일으키지 않는지 확인하는 건 간단하지만 대도시 지역에 많은 CHP가 더해지면 실제 도시의 대기질에 매우 나쁜 소식일 수 있다.

이제 굴뚝에서 벗어나, 다른 오염원이 배출한 것의 농도를 모델링하기 시작하면, 우리는 훨씬 더 많은 불확실성을 만난다. 여러 지역에서 도로 교통은 수많은 오염 물질의 가장 큰 공급원 역할을 하고 있다. 이미 도로에 있는 차량은 지역 사람들이 경험하는 대기오염에 영향을 주고 있으며, 이에 더해 주거용 건물이나 상업용 건물이 새로 지어지면 지역 교통 흐름에 영향을 준다. 차량 배출이 왜 그렇게 중요할까? 차량 배출물의 영향은 도로 위의 차량 수, 각 차량이 오염 물질을 방출하는 속도, 그리고 수용체와 오염원의 근접성을 조합한 것이다. 나는 자동차 배기관이 유모차에 앉아 있는 유아와 거의 같은 높이에 배치돼 있는 것을 모른 척할 수 없다. 의도적으로 이렇게 배치하지는 않았을 것이다. 하지만 우리가 도로 교통에서 발생하는 대기오염 정도를 모델링하는 데 관심을 두는 이유다. 그리고 차량 배기가스 배출은 굴뚝과는 매우 다른 특성이 있다.

도로 교통 방출 모델링

원칙적으로는 차량 배출량 모델링에도 굴뚝에서 한 방식과 정확히 같은 접근 방식을 사용한다. 방출된 물질은 바람을 타고 이동하며, 플룸은 옆 바람 및 수직 방향으로 퍼지는, 같은 원리가 적용된다. 그러나 우리에게는 현장에서 실험한 표준화된 데이터 세트가 없다. 그 말은 모델의 유효성을 검증할 수 없다는 뜻이다. 따라서 영국 교통 배출을 모델링할 때는 모델을 부분적으로 수정한다. 우리는 실제 측정이 이루어진 한 곳 이상의 장소에서 관심 대상 오염물질(대개 이산화질소)의 농도를 추정하는 연구를 수행하며 모델을 수정했다. 측정된 농도를 모델링된 농도와 비교함으로써 모델 결과에 보정계수를 적용해 측정된 농도를 재현할 수 있었다.

흥미롭게도 이 과정에서 우리는 수정되기 전의 대기질 모델이 이산화질소 농도를 측정치에 비해 과소 추산하는 경우가 많다는 걸 발견했다. 보통 보정계수 2나 3을 적용해야 했다. 이 관찰은 차량의 질소산화물 배출 데이터베이스가 배기가스를 더 적게 기록하고 있음을 암시하는 지표 중 하나였다. 예컨대 자동차 제조업체가 조작 장치를 광범위하게 사용했을 때 예상되는 방식으로 말이다. 모델이 과소 예측하게 되는 다른 요소로는 낮은 풍속에서 사용하는 어려움이 있다. 앞서 살펴보았듯이, 이런 어려움은 공장 굴뚝 배출물의 모델링보다 도로 교통처럼 지면 높이의 오염원을 모델링할 때 더 문제가 된다. 따라서 주로 도로 교통처럼 낮은 높이의 오염원 배출물에 초점을 맞추는 도시 대기질 연구가 과소 추산의 영향을 많이 받는다.

보정계수 2나 3인 경우가 흔하지만, 나는 9나 10으로 '조정'이 필요한 모델링 결과를 본 적도 있다. 다른 말로 하자면, 그 모델은 거의 무용지물이다. 큰 보정계수가 필요할 때는 대개 예측 불가능한 방법으로 공기 흐름을 방해하는 고층 건물이 많은, 매우 혼잡한 도심에서 오염 수준을 계산하는 경우다. 또한 모델링 연구에서는 가다 서기를 반복하는 정체 상황에서 차량 배출을 과소 추산할 수 있다. 이러한 상황에서는 단지 모델 결과에 10을 곱하는 것이 아니라 다시 처음으로 돌아가 모델의 문제점을 살피고 수정하거나, 분산 모델을 사용하려는 시도를 포기하고 아예 다른 접근 방식을 시도해야 한다.

그러나 대체로 분산 모델을 조정해 사용하면 교통 배출에 의한 대기오염 농도의 현재 수준을 재현할 수 있다. 그런 다음 분산 모델의 진정한 장점을 살려, 미래의 개발과 개입이 대기질에 미치는 영향을 살펴볼 수 있다. 신규 개발이 새로운 대기질 문제를 일으킬까? 만약 오염된 도심 주변의 교통 체계를 바꾼다면 대기질을 개선할 수 있을까? 만약 도시의 버스를 저공해 또는 무공해 차량으로 대체한다면 이산화질소와 $PM_{2.5}$ 농도 개선에 어떤 이익이 있을까? '저배출 구역LEZ[런던의 디젤 차량 규제 조치]'은 도심 대기질에 어떤 영향을 미치며, 어떤 차량을 대상으로 해야 할까? 대기질 기준을 확실히 달성하려면 운전자에게 요금을 얼마나 부과해야 할까? 이것들은 중요한 질문이다. 모든 사람이 깨끗한 공기를 접할 수 있도록 보장하려면 그에 대한 답이 필요하다. 대기 분산 모델링이 (일부) 해답을 가지고 있다. 그리고 이것은 다시 질문을 던진다. 영국과 유럽에서 지역 대기질 관리 절차가 시작된 지 약 20년이 지났는데도 왜 여전히 영국의 수많은 도시 지역은 대기질 기준에 뒤처져 있는 것일까? 여기에는 많은 이유가 있는데, 주로 국가 전체의 기준 확립에 필요한 조치를 취하는 데 드는 비용 문제, 그 방법에 대한 비호감과 관련돼 있다. 20년간 대기질 모델링과 평가 연구를 해온 나는 우리가 대기질 기준을 어떻게 달성해야 할지 모른다고 말할 수는 없다. 우리는 무엇을 해야 하는지 알고 있다. 진전을 이루고 있으며, 남은 할 일이 무엇인지 알고 있다. 하지만 아직 도달하지는 못했다.

가우스 분산 모델은 내 오랜 친구다. 분산 모델은 여러 해 동안 대기질과학자들의 일꾼이었다. 대기의 분산을 나타내려고 가우스 모델을 사용한 기원은 1936년에 보상케와 피어슨이 발표한 〈굴뚝에서 나오는 연기와 가스의 확산〉이다.[106] 이 이론적 논문은 1947년 그레이엄 서튼이 발표한 포튼다운연구소의 실험 데이터에 기초한 분석으로 이어졌다.[107] 고도로 기술적인 이들 논문은 1961년 프랭크 파스퀼이 개발한 '대기 안정성의 특성화'와 함께 실용적으로 적용할 수 있는 영역에 진입했다. 파스퀼의 혁신은 대기 안정성을 6가지 등급(후에 7가지로 변화)으로 정의한 것으로, 매우 불안정한 대기부터 중립적인 상황, 매우 안정적인 상황까지 있었는데, 비교적 적은 수의 측정치를 바탕으로 대기 안정성 등급을 확인할 수 있었다. 또 이를 통해 각 안정성 범주의 σy와 σz 값을 표로 만드는 모델을 개발할 수 있었다. 이와 함께 컴퓨터 연산 능력을 이용할 수 있게 되면서 대기질과학자들은 마침내 분산 모델을 거의 일상적으로 운용하기 시작했다. 오늘날 대부분의 모델링 연구는 파스퀼 안정성 범주를 사용하지 않는다. 대기 안정성을 설명하는 유용하고 실용적인 방법이지만, 대기물리학이 이룬 최근의 발전은 대기의 구조를 보다 확실하게 묘사할 수 있게 해주었다. 그리고 공장 굴뚝으로부터의 분산이라는 원래 개념은 굴뚝뿐만 아니라 배기관, 가정용 석탄 불, 매립지 또는 물 표면처럼 광범위한 지역에 흩어지거나 분산된 모든 오염원의 배출을 모델링하는 전문가 시스템으로 개발됐다. 하지만 원리는 같다. 모든 것이 요한 칼 프리드리히 가우스와 그의 귀엽고 유용한 공식으로 되돌아온다.

가우스를 넘어

비록 내가 가우스 분산 모델을 25년 동안 사용해왔고, 그것들이 많은 대기질 모델링 연구의 기초가 됐지만, 결국 다른 대기오염 모델도 사용할 수 있다는 것을 인정해야만 했다. 예를 들어, 가우스 분산 모델은 오염원별 특성이 중요한데, 그렇지 않은 지역의 대기질 평가에는 '지역사회 다중–규모 대기질Community Multi–scale Air Quality, CMAQ' 모델링 시스템이 널리 사용된다. CMAQ는 일련의 경계 조건, 날씨 조건 및 방출을 기반으로 대기를 통한 물질의 이동을 나타내는 광범위한 모델 묶음 중 한 가지로 사용된다. 대기가 지나가는 공간의 위치에 초점을 맞춘 이러한 종류의 모델은 18세기의 다재다능한 수학자인 레온하르트 오일러의 이름을 따서 오일러 모델이라고 명명됐다.

대기질 측정

세계 최고의 모델도 대기 중 오염 농도를 실제로 측정한 확실한 데이터가 결과를 뒷받침해주지 않으면 소용이 없다. 하지만 대기질 측정은 쉽지 않다. 1장에서 보았듯이, 대기오염 물질은 대기의 약 0.000001퍼센트에 해당하는 미세한 수준으로 존재한다.

확산관

이런 맥락에서 가장 놀라운 측정 기술 중 하나는 생산과 분석에 약 10파운드[약 1만6700원]가 드는 단순한 플라스틱 시험관이다. 관의 내부는 트리에탄올아민이라는 화학물질이 코팅돼 있다. 이 플라스틱 관을 건물 벽이나 가로등 기둥에 한 달 정도 고정해두었다가,

떼어내 실험실로 보내면 된다.

가로등 기둥에 부착한 확산관[108]

그러면 실험실에서는 관에 든 잔여물을 분석해, 관이 현장에 있었던 기간의 평균 이산화질소 농도를 알려줄 수 있다. 무척 저렴하고 간단한 기술임에도, 측정 결과는 상당히 정확하다. 특히 같은 장소에 두세 개의 관을 설치해두면 더 정확해진다. 여러 지방 당국에서 이산화질소에 대한 값싸고 효용성 있는 지표를 마련하고자 자치구 전역에 이런 확산관을 설치한다. 내가 사는 지역 당국도 확산관 측정 프로그램을 실시하는데, 2016년에는 우리 집에서 수백 미터 이내에 있는 확산관 6개가 국가 대기질 기준을 넘는 이산화질소 수치를 기록했다. 결국 도시 동쪽에 있는 집을 산 것이 그리 영리하지 못한 일이었는지도 모르겠다. 필요한 곳에는 확산관과 함께 더 정확한 기술을 이용한 표적 감시를 진행하고 모델링해 측정 조사의 결과를 확장하면, 대기질의 특징을 규정하는 귀중한 증거를 많이 얻을 수 있다.

확산관은 저렴하고 사용하기 간단하며, 지역사회가 대기질 감시에 보다 폭넓게 참여할 기회를 열어준다. 확산관이 적절한 위치에서 적절히 다루어지고 적절히 분석된다면, 지역공동체가 관심 지역을 조사한 결과도 대기질에 대한 유용한 정보일 수 있다. 하지만 확산관을 제외하면, 대기질 감시와 측정은 상당히 비용이 많이 들고 기술적인 사업이다. 이런 점이 공동체에서 위탁하는 방식으로 실시하는 대기질 측정 조사에 실질적 제약으로 작용한다. 공동체에서는 대기질 조사가 잘 설계되고 수행되는지 확인하는 작업을 지역 당국의 전문성에 의지해야 하는 경우가 많을 것이다.

이산화질소 측정

내가 대기질 분야에서 일하기 시작한 1992년, 영국의 국가 측정 네트워크에는 이산화질소 측정소가 단 18곳뿐이었다. 1990년의 13곳에 비하면 진전이 있었지만, 정부는 이 정도 수준의 감시는 충분하지 않다는 일부 비판을 받아야 했다. 불합리한 비판은 아니었다. 상당히 빠르게 대기 측정은 지역 대기질을 관리하는 필요 요건이 됐고, 거의 동시에 유럽위원회는 대기질 지침에 최소 측정 요건을 첨가했다. 덕분에 1990년대에 영국 전역에서 대기질을 측정하는 범위가 극적으로 늘어났다. 항공 측정은 2000년대에 계속 확대됐지만, 최근 몇 년 동안 감시 프로그램이 속도를 늦추기 시작했다. 혹은 2000년대 후반 이후 정부가 예산을 광범위하게 삭감하며 초점을 좁혔다고 말할 수 있을 것이다. 그럼에도 전국 도시 및 외곽의 자동 측정 네트워크에는 136개의 측정소가 남아 있어 전국의 대기질을 충분히 파악할 수 있다. 근처에 측정소가 없다고 해도, 지역 당국이 대기오염이 문제가 될 가능성이 있는지 아닌지를 판단할 만큼의 충분한 정보는 있다.

이산화질소의 농도는 수년 동안 'NOx 상자'로 알려진 기구를 사용해 측정해왔다. 이 과정의 첫 단계는 오존을 생성하는 것이다. 오존은 대기 시료에 노출되고, 대기 시료의 일산화질소^{NO}와 반응하여 이산화질소^{NO_2}를 형성한다. 하지만 이것은 보통의 이산화질소가 아니다. 여분의 에너지를 약간 가진 이산화질소다. 이산화질소는 특정 파장의 빛에서 그 에너지를 잃는다. 이것이 바로 화학적 루미네선스$^{chemical\ luminescence}$다. 조금 짧게는 화학발광^{chemiluminescence}이라고 한다(절대로 기술적 용어 두 개를 연달아 쓰지 말자. 둘을 합쳐서 초기술적 용어로 만드니까). 이 강력한 이산화질소가 방출하는 빛의 강도를 측정함으로써, 대기 시료에 있는 일산화질소의 농도를 계산할 수 있다. 맞다. 그것은 일산화질소이고, 우리는 아직 이산화질소를 측정하지 못했지만, 지금 가까워지는 중이다. 다음 단계는 대기 시료를 촉매에 통과시켜 존재하는 모든 이산화질소를 일산화질소로 변환하는 것이다. 변환된 대기 시료는 같은 분석 과정을 거친다. 변환된 시료의 일산화질소는 원래 대기 시료의 일산화질소와 이산화질소로부터 나왔기 때문에 이 두 번째 측정 결과는 일산화질소와 이산화질소의 총농도로, 질소산화물이라고 알려진 물질류다. 따라서 기구는 일산화질소와 질소산화물을 번갈아 측정한다. 1시간 동안 각각의 평균값을 계산하면 시간당 평균 일산화질소와 질소산화물 농도를 얻을 수 있다. 그리고 질소산화물에서 일산화질소를 빼면 마침내 이산화질소 농도를 얻을 수 있다.

다른 여러 측정 기기와 마찬가지로 NO_x 상자는 일반적으로 시간당 평균 농도를 산출하는 데 사용되지만, 적절하게 사용하면 더 길거나 더 짧은 평균 시간을 측정하는 데 모두 사용할 수 있다. 그러나 이산화질소에 대한 대기질 기준은 시간당 평균 농도에 기초하고 있으며, 과거에는 더 짧은 평균 시간에 대한 농도를 고려해도 별로 이익이 없었다. 하지만 지금은 새롭고 더 효율적인 저장과 분석 방식이 있고 측정 기록에서 부가가치를 얻을 수도 있기 때문에 상황이 변할 수 있다. 기구는 주기적으로 보정하며 측정된 농도에 어떤 변화가 나타나는지 판단해 그에 따라 수치를 조정해야 한다. 영국국가 측정 네트워크에는 가능한 한 완전하고 정확하며 탄탄한 측정치를 보장하고자 설계된 데이터 검증 절차가 있다.

이산화질소 측정치 조사

질소산화물 분석기가 제공하는 정보는 다음과 같은 것들이다.

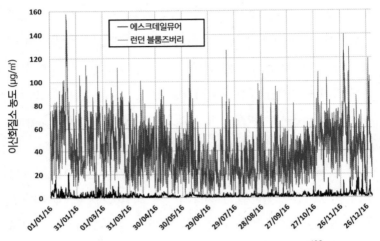

2016년 도시 측정소와 전원 지역 측정소에서 측정한 이산화질소 농도[109]

이 그래프는 2016년 한 해 동안 도시와 전원 지역에서 측정된 이 산화질소의 수치가 어떻게 변화했는지 보여준다. 이산화질소 수치에는 분명히 많은 변화가 있다. 이런 큰 폭의 변화를 일으킬 만한 무언가 큰일이 벌어지고 있다. 2016년 동안, 러셀스퀘어의 런던 블룸즈버리 측정소의 시간당 평균 수치는 최저 $8\mu g/m^3$이었고, 최고 농도는 40배 높은 $322\mu g/m^3$였다. 예를 들어 12월 6일에는 시간당 평균 농도가 아침 11시에서 12시 사이에 $126\mu g/m^3$에서 다음 시간,

즉 점심시간에는 61μg/㎥으로 곤두박질쳤다. 불과 한 시간 사이에 엄청난 변화가 일어났다. 그렇다면 이산화질소 수치에 그렇게 극적이고 급속한 변화를 일으킨 요인은 무엇일까?

이렇게 상세한 측정치가 있다면 (기상 조건 및 교통 흐름과 같은) 다른 정보와 함께 측정된 농도를 살펴 구체적인 질문에 답할 수 있다. 또한 매우 신속하게 데이터를 분석해 대기질 기준을 준수했는지(혹은 안 했는지)를 확인할 수 있다는 장점이 있다.

그래프에 나타난 측정 농도를 간단히 살펴보자. 우리의 첫 번째 관심사는 측정치가 대기질 기준에 부합하는가 하는 것이다. 간단하다. 연평균 이산화질소 농도의 대기질 기준은 40μg/㎥이다. 2016년 에스크데일뮤어(스코틀랜드 국경의 작은 마을)에서 측정한 평균 농도는 2.0μg/㎥으로 상당한 여유를 두고 대기질 기준에 부합한다. 그러나 2016년 블룸즈버리(런던 중심부의 화려한 지역)에서 측정한 평균 농도는 40.9μg/㎥으로 대기질 기준에 부합하지 않는다.

그러면 일이 좀 더 복잡해진다. 시간당 평균 이산화질소 농도를 200μg/㎥로 제한하는 대기질 표준도 있다(40μg/㎥는 연간 평균 농도다). 상당히 단순하지만, 1년에 18시간 동안 이산화질소 농도가 기준치를 초과할 수 있다는 추가 규정이 있다. 우리는 보통 연간 18시간이 연간 시간의 0.205퍼센트를 차지한다고 해석한다. 따라서 이산화질소의 수치가 1년의 100퍼센트 동안 200μg/㎥ 미만이고, 여기에서 원하는 시간 0.2퍼센트를 제외하면 된다. 이 0.2퍼센트는 기준 초과 여부에 영향을 미치지 않는다. 즉, 이산화질소는 연간 99.8퍼센트 동안 200μg/㎥ 미만이어야 한다. 대기질 기준을 준수했는지 확인하는 방법은 측정된 농도를 분석해 99.8퍼센트 중 가장 높은 농도를 알아내는 것이다. 이 과정을 거치면 기준을 준수했는지 여부를 판단할 수 있으며, 얼마나 아슬아슬하게 기준을 넘지 않았는지도 파악할 수 있다.

2016년 에스크데일뮤어에서 시간당 평균 이산화질소 수치의 99.8번째 백분위 수는 17μg/㎥으로 제한치인 200μg/㎥를 여유 있게 밑돈다. 에스크데일뮤어에 사는 265명의 주민들이 걱정할 게 별로 없다.[110] 블룸즈버리 주민들에게 좋은 소식도 있다. 이곳의 99.8번째 백분위 농도는 133μg/㎥으로 역시 상당한 여유를 두고 기준에 부합했다. 기준이 200μg/㎥으로 정해진 이유는 신뢰할 수 있는 실험실 실험에서 이미 천식을 앓고 있는 사람들의 호흡기 건강에 감지할 만한 영향을 주는 최저 농도가 375μg/㎥으로 확인됐기 때문이다, 여기에 안전 범위 50퍼센트를 적용하면 약 200μg/㎥이 된다.[111] 따라서 수치가 133μg/㎥ 이하였던 99.8퍼센트의 시간에는 어떤 부작용도 발생하지 않았을 것이다. 그리고 사실상 수치가 322μg/㎥까지 상승했던 2016년의 나머지 18시간 동안 눈에 띄는 영향이 있었을 가능성은 적다.

2016년의 한 주를 간단히 살펴보자.

여기서 우리는 일간 및 주간 사건에 대응해 이산화질소의 수치가 출렁이는 것을 볼 수 있다. 블룸즈버리 측정소에서 이산화질소 수치는 낮 시간과 비교해 일반적으로 밤사이에 더 낮다. 두 가지 이유가 있다. 첫째, 밤에는 질소산화물을 배출할 교통량이 훨씬 적다. 둘째, 태양광이 일산화질소를 이산화질소로 산화하는 현상이 일어나지 않는다. 어떤 날에는 아침, 특히 월요일과 수요일에 이산화질소 수치가 증가하는 것을 볼 수 있다.

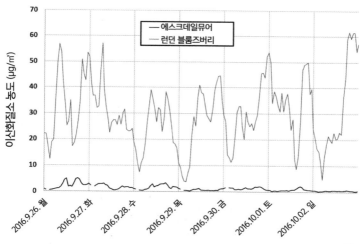

도시 측정소와 전원 지역 측정소에서 측정한 이산화질소 농도, 2016년 9월 26일~10월 2일[113]

지역 교통에 대한 더 확실한 지표를 알려면 이산화질소보다 질소산화물을 살피고, 도로 교통에 더 직접적 영향을 받는 인근 측정소를 보아야 한다. 그럼 그렇게 해보자. 러셀스퀘어에서 모퉁이를 돌면 훨씬 더 붐비는 도로를 만날 수 있다. 다음은 이 메릴본 로드 측정소에서 같은 기간에 측정된 총질소산화물 수치다.

여기서 월, 화, 수, 금요일 아침 가장 바쁜 혼잡시간대에 질소산화물 수치가 높은 것을 볼 수 있다. 월, 화, 목요일 저녁 퇴근 시간에는 이산화질소의 농도가 최고조에 이른다. 교통 지표인 질소산화물 수치는 주중보다 주말에 낮았으며, 일요일 아침에는 한 주 중 가장 낮은 질소산화물 수치가 기록됐다.

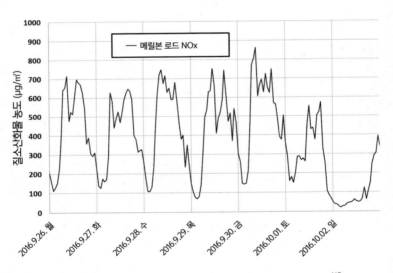

메릴본 로드 측정소에서 측정한 질소산화물 농도, 2016년 9월 26일~10월 2일[113]

여기서 보여주는 건 단지 일주일이다. 매주 시간별 평균 농도를 보면 더 나은 그림을 얻을 수 있다. 다음은 메릴본 로드에서 평일 동안(월~금) 측정된 데이터다.

평균적으로 오전 7시에서 10시 사이에 수치가 가장 높다. 교통 흐름이 가장 많은 시간과 상대적으로 바람이 약한 시간이 겹쳤을 때다. 메릴본 로드 근처에 가본 사람이라면 이곳의 대기오염 수치가 평일 낮 근무 시간에도 그다지 많이 떨어지지 않는다는 사실에 놀라지 않을 것이다. 하루 내내 교통량이 거의 줄어들지 않기 때문이다. 저녁 퇴근 시간에 해당하는 오후에는 질소산화물의 측정치가 약간 증가하는 것을 볼 수 있다. 그 뒤로 밤과 이른 아침에는 농도가 떨어진다.

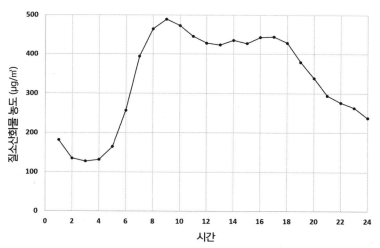

2016년 메릴본 로드에서 측정한 평일 시간별 질소산화물 농도[113]

다시 블룸즈버리의 이산화질소 측정치로 돌아가보자. 가장 높은 이산화질소 농도인 1월 하반기에 160μg/㎥로 측정됐다. 정확히 말하면 놀랍게도, 1월 20일 새벽 2시에서 3시 사이에 농도가 가장 높다. 이것은 혼잡시간대 교통과는 전혀 상관이 없다. 따라서 상황을 파악하려면 이 기간을 좀 더 자세히 살펴봐야 한다.

이 절정기의 앞뒤 며칠을 보면 이산화질소의 수치가 특히 높았던 기간이 3일(1월 19일, 20일, 21일) 있었다는 것을 알 수 있다. 이렇게 높아진 오염 수준이 장기화되는 건, 지역 오염원 자체보다 기상 조건과 관련이 있다. 1월 19일 화요일과 1월 20일 수요일, 런던의 풍속은 시속 2~3킬로미터 정도로 매우 낮았다. 기온 역시 낮았다. 1월 21일 아침 내내 영상으로 상승하기 전까지 0도를 넘나드는 날씨였다. 이렇게 좋지 않은 날씨 상황 탓에 런던 전역에서 대기오염 수치가 높아졌고, 풍속과 기온이 올라가기 시작하자 평소 수준으로 돌아갔다. 블룸즈버리의 이산화질소 수치가 높은 편이었지만, 데프라Detra 대기오염 지수[COMEAT에서 권고하는 대기오염 수준을 알려주는 지수. '저공해'부터 '매우 높음'까지 10단계로 구성돼 있다]로는 '저공해' 구간이었다. 인근 메릴본 로드 측정소에서 측정된 수치는 이 사건이 지속된 두 시간 동안 '중간 오염' 구간에서 가장 낮은 수준이었다.

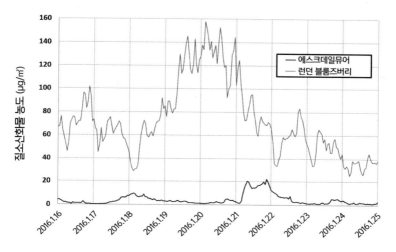

런던 블룸즈버리와 에스컬레뮤어에서 오염 기간 동안 측정된 이산화질소 수치[113]

2016년 1월에 에스크데일뮤어에서 측정된 이산화질소 수치를 살펴보면, 이곳에서도 역시 1월 21일 이산화질소 수치가 20.4μg/㎥까지 상승하는 작은 오염 사건이 발생했다. 이 정도면 무시무시한 수치는 아니다. 소규모에서 이산화질소 농도가 절정을 이룬 건 지난 며칠 동안 영국 전역에 영향을 준 더 큰 규모의 사건에서는 바닥 정도라 할 수 있다. 그렇지만 20.4μg/㎥은 2016년 에스크데일뮤어에서 기록된 수치로는 네 번째였다. 비록 지역공동체의 건강과 복지에 어떤 영향을 주지 않았더라도, 스코틀랜드의 해당 지역에서 보통 경험하는 수준과 비교해 대기오염 사건으로 간주해야 한다.

이산화질소 측정치 시각화

수치뿐 아니라, 우리는 시각적인 기법으로 대기질과 기상학적 데이터 세트를 분석할 수 있다. 대표적으로 자유롭게 이용 가능한 오픈에어OpenAir 패키지가 있다.[112] 이 시스템은 측정된 대기오염 물질 수치에 영향을 미치는 요소를 조사할 수 있게 해준다. 예를 들어, 2016년에 메릴본 로드에서 측정된 질소산화물의 수치에 '이변량 플롯bivariate plot'이라는 것을 적용해 풍속과 풍향에 따라 어떻게 달라지는지 조사할 수 있다.

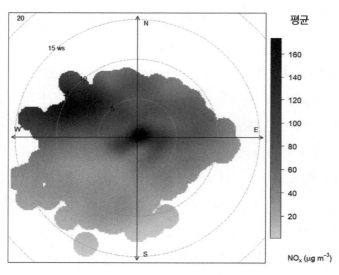

2016년 런던 블룸즈버리 질소산화물 측정치 이변량 플롯

플롯에 나타나는 명암은 풍속과 풍향의 여러 가지 조합에 대한 질소산화물 농도다. 플롯 중심에 가까운 곳은 낮은 풍속에서 측정한 농도를 나타내고, 중심에서 멀어질수록 초속 20미터(시속 70킬로미터)까지 더 빠른 풍속에서 측정한 농도다. 부정확한 보퍼트 풍력계급을 아직 선호하는 사람을 위해 말해두자면 8급의 큰바람에 해당한다. 따라서 풍속이 시속 몇 킬로미터에 불과했던 1월 사건 동안 측정된 농도는 플롯의 중앙에 짙은 검은색으로 나타나는데, 매우 높은 오염 수준이다. 플롯 전체에서 위치는 바람이 불어오는 곳을 나타낸다. 예를 들어, 4분면에서 왼쪽 상단은 북서쪽에서 바람이 불어올 때 측정된 수치다.

이 플롯은 우리에게 무엇을 보여줄까? 첫째, 매우 낮은 풍속 조건에서 기록된 높은 수치는 지역 오염원이 러셀 스퀘어 측정장치에서 측정된 대기오염 물질 수치에 얼마나 기여했는지 보여준다. 대기질 측정장치 근처의 교통뿐만 아니라 런던의 인근 지역에서 방출되는 질소산화물도 2016년 1월 사건에서 보았듯이 풍속이 매우 낮을 때는 측정치에 상당히 기여할 가능성이 있다. 둘째, 측정소의 북서쪽에 위치한 오염원이 질소산화물 농도에 상당한 영향을 미치는 것으로 보인다. 초속 약 6미터의 중간 풍속(이는 시속 13마일의 풍속으로 건들바람이라고 부를 수 있다)에서 질소산화물의 측정치에 가장 큰 영향을 미친다. 이것은 높이가 높은 곳에서 대기에 배출되는 오염원의 특징이다. 따라서 나는 측정소의 북서쪽에 있는 굴뚝을 찾아볼 것이다. 상업용 보일러나 기관용 보일러일 수도 있고, 별로 효율적이지 않은 보일러에서 예상보다 높은 수준의 질소산화물을 방출하고 있을 수도 있다. 널리 이용 가능한 항공 지도를 이용해 재빨리 둘러보니 이 방향에서 측정 농도가 높게 나타난 원일일 수 있는 교육기관들이 여러 개 나타났다.

오픈에어 시스템의 강점 중 하나는 2015년에 기록된 데이터와 2017년 첫 4개월 동안 기록된 데이터의 이변량 플롯을 빠르게 확인할 수 있다는 점이다. 질소산화물 오염원은 2015년에 존재했지만 2017년에는 명확한 표시가 없었다. 또한, 나는 유사한 장소에 이산화황이나 PM_{10}의 오염원이 있는지 금방 확인할 수 있었다. 오염원은 없었다. 나는 오염원이 아마도 질소산화물은 배출하지만, PM_{10}이나 이산화황은 배출하지 않는 천연가스와 관련돼 있을 것으로 짐작했다. 이 알려지지 않은 오염원은 아마도 방문 조사를 해야 정확해질 텐데, 내가 환영받을 것 같지는 않다. 특히 2017년 측정치에 따르면 오염원이 사라진 것처럼 보인다. 잊지 말자. 대기오염 데이터는 거짓말을 하지 않는다. 적어도 타고난 편견은 없다. 측정은 잘못 해석될 수 있고, 어떤 의제를 뒷받침하는 관점에서 좋게 해석될 수 있지만, 측정치는 그대로다. 예컨대 측정치가 북서부 어딘가에 대기오염의 원인이 있다고 나타내거나, 모든 자동차 제조사들이 배출 제한을 꼼꼼히 준수한다면 빠르게 줄었을 자동차 배출량이 그렇게 되고 있지 않다면, 그것은 틀림없이 우리가 귀 기울여야 할 목소리일 것이다.

지금까지 우리는 화학발광 분석기를 사용한 질소산화물 측정을 살펴보았다. 이 방법은 40년 전부터 아주 잘 정착된 기술이다. 그렇다면 다른 오염 물질은 어떻게 측정할까?

이산화황 측정

영국에서는 1950년대부터 이산화황을 측정해왔다. 이것은 1950년대에 일어난 스모그 기간 동안 이산화황 노출이 어떤 영향을 줬는지 파악하는 면에서 중요했다. 수년 동안, 영국의 대기질 감시 시스템에서 '매연과 이산화황 네트워크'라고 불리는 것이 많은 역할을 해왔다. 이산화황은 거품을 일으키는 과산화수소 용액으로 측정했다. 이산화황은 과산화수소와 반응해 용액에서 황산을 형성한다. 실은 대기 시료에 존재하는 모든 산이 용액에서 산을 생성하겠지만, 대기 중 산은 대부분 이산화황 때문에 발생하므로 공기 중에 떠다니는 이산화황의 수준을 측정하는 상당히 좋은 지표였다. 그런 다음 실험실에서 산의 양을 판단해 대기 중 이산화황의 농도를 합리적으로 측정했다. 그리고 24시간 동안 시료 8개를 채취할 수 있는 기구가 개발됐다. 이 기구를 현장에 두고 일주일 간격으로 방문해 시료를 채취하고 과산화수소 용액을 교체하면서 사용할 수 있다. 거품 용액의 윗부분에 필터를 추가하면 대기 시료의 매연량도 측정할 수 있었다. 이 방법은 값싸고, 잘 작동하고, 탄탄했으며 1950년대부터 2005년까지 영국 대기질 보관소에 등록된 2000개 이상의 현장에서 실시됐다.

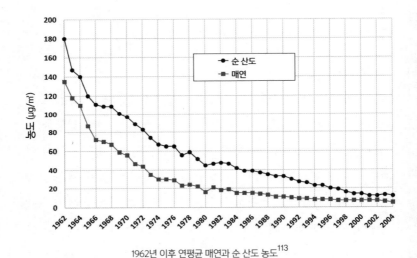

1962년 이후 연평균 매연과 순 산도 농도[113]

도표는 1962년과 2004년 사이에 산도 농도가 93퍼센트, 매연은 96퍼센트 떨어진 것을 보여준다. 이 네트워크는 2004~2005년 측정 이후 중단됐다. 할 일을 다 했고, 더 중요한 것을 측정해야 했다.

오늘날 이산화황을 측정하는 표준 방법은 이산화황 분자의 자외선 형광 발광법이다. 이산화황은 214나노미터 파장의 자외선을 흡수한다. 따라서 첫 번째 단계는 대기 시료에 이 파장의 자외선을 비

338

추는 것이다. 그러면 이산화황은 낮은 에너지 상태가 돼 350나노미터 파장에서 자외선을 방출한다. 원래 광원에서 직각으로 설치된 감지기를 사용해 대기 시료에서 이산화황이 방출한 형광 자외선을 측정한다. 이 빛의 강도는 이산화황 농도에 비례한다. 어떤 면에서는 이산화질소 분석기와 비슷하지만, 원리로는 더 간단한 도구다. 다른 화학물질과 반응하는 게 아니라 자체로 발광하기 때문이다.

황화수소 측정

이산화황 분석기를 변형하면 황화수소를 측정할 수 있어 유용하다. 황화수소는 큰 문제가 아니기에 이 물질을 국가 차원에서 감시하는 프로그램은 없다. 하지만 가장 냄새나는 화학물질에 속한다. 아주 낮은 농도에서도 강한 냄새를 풍기는 황화수소를 안정적으로 측정할 수 있는 기기는 악취 문제를 식별하고 처리하는 데 매우 유용하다. 이산화황 분석기를 황화수소 측정에 이용하려면 이산화황에 존재하는 황화수소를 산화시키는 촉매제를 추가한다.

$$2H_2S + 3O_2 \rightarrow 2SO_2 + 2H_2O$$

기기로 먼저 이산화황을 측정한 다음, 황화수소(새롭게 이산화황으로 산화된 것)와 이미 시료에 있던 이산화황을 번갈아 측정한다. 하나를 다른 하나에서 **빼면** 황화수소 농도를 합리적으로 측정할 수 있다. 황화수소는 특유의 썩은 달걀 냄새가 난다. 매우 뚜렷하며, 특히 폐수처리 과정이 제대로 작동하지 않거나, 하수처리 또는 기타 산업 공정에서 발생할 수 있다. 황화수소의 지속적인 측정은 이러한 문제의 특성을 이해하고, 발생할 수 있는 악취 문제를 수량화하는 데 유용하다.

금^{gold} 센서를 사용하는 휴대용 기기는 아주 낮은 농도의 황화수소와 다른 유기황화합물을 측정하는 데 사용할 수 있다. 다시 말하지만, 악취 문제를 조사하는 데 유용할 정도로 낮은 농도를 뜻한다. 이러한 장치는 오염을 일으킬 가능성이 있는 주변 냄새를 조사하는 데 사용할 수 있을 만큼 다루기 쉽고, 잘 관리하면 현장에 두고 자료를 수집할 수도 있다.

일산화탄소 측정

일산화탄소는 보통 적외선 흡수 기술을 사용해 측정한다. 하지만 요즘에는 실외에서 일산화탄소를 측정하는 데 많은 공을 들이진 않는다. 적어도 영국 내에서는 어디든 대기질 기준을 초과할 위험이 없을 정도로 수치가 낮다. 그렇다고 해서 집에 있는 일산화탄소 경보기를 버려도 된다는 뜻은 아니다. 가정에 일산화탄소가 축적되는 일은 늘 그랬듯이 오늘날에도 여전히 위험하므로 건전지를 계속 점검하기 바란다!

무기물 측정

두 종류의 물질을 더 살펴봐야 한다. 무기화합물과 휘발성 유기화합물이다. 무기화합물은 금속과 검댕처럼 전형적인 대기 온도에서 고체로 존재하는 물질이다. 보통 필터로 대기의 시료를 추출해서 공기 중 부유 농도를 측정한다. 고체 입자는 필터에 남아 있고 기체 화합물은 멈추지 않고 통과한다. 필터를 분석해 금속이나 검댕 또는 다른 무언가를 측정한다. 필터로 얼마나 많은 공기를 걸렀는지만 알면 대기 시료의 무기물 농도를 알아내는 것은 무척 간단하다.

유기물 측정

많은 유기화합물이 대기 중에 기체로 존재하는데, 이것들은 보통 매우 넓은 표면적을 가진 물질에 포착해 측정한다. 물질과 오염물을 적절히 조합하면 문제의 부유 화학물질을 고체 물질의 표면에 매우 쉽게 포집할 수 있는데, 이 과정을 '흡착'이라고 한다. 이러한 표면적이 높은 물질은 작은 결정이나 가루처럼 보인다. 실리카 겔 (새 여행용 가방이나 그와 비슷한 제품에 들어 있는 습기 제거제)은 이러한 목적으로 사용하는 재료 중 하나다. 흡착제가 들어 있는 관에 공기를 넣고, 다음에 실험실에서 그 흡착 물질을 분석해 화학물질과 그 농도를 확인할 수 있다. 특정 현장의 환경을 조사할 때는 그런 방법을 쓰지만, 국가 측정 네트워크에도 일부 유기화합물의 시간별 측정치를 제공하는 측정소가 조금 남아 있다. 1990년대에는 영국에 13곳의 탄화수소 측정소가 있었지만, 지금은 런던과 지방에 각각 2곳씩 총 4곳만 남았다. 그곳에서는 매시간 29개의 개별 유기화학물질이 측정되고 있다. 이러한 측정장치는 '유럽 대기질 프레임워크 지침'에 따라 오존 전구체의 농도를 측정하는 의무를 이행하고 있는 것이다. 많은 데이터를 수집하지만, 유럽위원회에 보고하는 일말고는 그 수치를 가지고 실제로 뭔가를 하는 사람을 본 적이 없다. 어쩌면 언젠가 누군가에게 유용하게 쓰일지도 모른다.

극소수의 저휘발성 유기화합물은 고체 물질과 기체 물질을 모두 포착해야 하므로 여과와 흡착 기법을 조합해 측정한다. 이런 물질에는 매우 불쾌한 다이옥신과 퓨란(우리가 8장에서 폐기물 소각과 관련해 살펴본 것)을 비롯해 그에 못지않게 고약한 다환방향족탄화수소(다핵방향족탄화수소) 같은 또 다른 화학물질이 포함된다.

미세먼지 측정
이제 남은 것은 공중에 떠다니는 미세먼지다. 과거에는 대기에 부유하는 미세먼지 대부분이 석탄과 석유를 연소하면 나오는 연기 때문에 발생했다. 영국에는 상업 공정, 산업 공정, 발전소뿐 아니라 가정에서도 석탄을 수년 동안 매우 널리 사용했다. 석탄은 현재 몇몇 건물과 지역, 특히 석탄 채굴이 널리 행해지던 일부 지역에 국한돼 연소하고 있다. 이들 지역의 일부 전직 고용인은 보조금으로 지급된 석탄을 가정용으로 사용할 수 있어서, 고체 연료를 계속 사용할 강력한 유인이 있다. 과거에는 석탄을 연료로 많이 사용했기 때문에, 떠다니는 미세먼지는 대부분 검은색이었다. 이는 시료와 접촉한 여과지가 변색된 정도를 보고 미세먼지를 측정할 수 있었다는 뜻이다. 이때 여과지에 빛을 비추고 반사되는 빛을 측정하는 방식으로 수행한다. 이 방법은 매연 및 이산화황 네트워크에서 수거한 여과지를 분석하는 데 사용됐다.

집에서 석탄을 태우기를 멈추기 전 20~30년 동안은 괜찮은 측정 방법이었다. 전기 가열기와 가스 조리기를 도입하면서 대부분 검은색을 띠던 미세먼지의 양상이 달라졌다. 따라서 더는 색깔 변화만 보고 입자의 양을 측정할 수 없게 됐다. 입자의 무게를 좀 더 직접적으로 측정해야 했다.

오늘날에는 떠다니는 미세먼지를 측정하는 두 가지 시스템이 상당히 널리 사용되고 있다. 두 방법 모두 첫 단계는 원하는 크기의 입자를 선택하는 샘플러를 사용하는 것이다. 이것은 기본적으로 구부러진 파이프다. 공기가 파이프의 모퉁이를 돌 때, 예를 들어 PM$_{10}$

보다 큰 입자는 구부러진 곳을 돌지 못하고 채취된 공기 흐름에서 빠져나간다. $PM_{2.5}$ 또는 PM_1을 선택하려면 구부러진 곳을 약간 더 조이거나 파이프를 약간 좁힌다.

가장 널리 사용되는 측정 시스템은 '점감성 진동 미량저울Tapered Element Oscillating Microbalance,TEOM'이라고 한다. 역시 대기질과학자들이 말솜씨가 없다는 걸 확인해주는 이름이다. 다행히 보편적으로는 TEOM으로 통한다. 이 기기에 공기 시료를 통과시키면, 필터에 입자가 쌓인다. 이 필터가 놓인 작은 지지대는 침전된 모든 물질을 포함한 필터의 질량에 부합하는 주파수로 진동한다. 기기는 측정된 진동 주파수를 필터 자체 질량에 추가된 질량의 측정치로 변환한다.

TEOM이 처음 도입됐을 때는 괜찮은 방식이었다. 하지만 곧 표준적인 방법과 비교해보니 TEOM의 측정치가 낮게 나온다는 것이 분명해졌다. 너무 뜨겁기 때문이었다. 기준이 되는 방법(필터 중량 측정을 기반으로 하는 비자동 시스템)과 달리 TEOM은 공기 시료를 섭씨 50도까지 가열해야 한다. 즉, 반semi휘발성 입자는 시료에서 사라지고, 측정치에 반영되지 않는 것이다. 우리는 섭씨 50도에서 숨을 쉬는 것이 아니므로 입자의 총량을 알아야 한다. 그래서 휘발성 입자와 비휘발성 입자를 별도로 측정하도록 수정된 시스템이 도입됐다. '필터 역학 측정 시스템Filter Dynamics Measurement System'이라고 하는 이 장치는 공기 시료를 가열해서 수분을 제거하는 방식 대신 건조 장치의 선별막으로 수분을 제거한다. PM_{10}과 $PM_{2.5}$를 측정하는 이 시스템은 이제 TEOM FDMS라는 멋들어진 이름을 갖게 됐다.

지난 1990년대 중반에 나는 영국에 배치될 최초의 대안적 미세먼지 측정기를 설치하고 사용할 수 있는 특권을 누렸다. 내가 원해서 '베타선 흡수 측정기BAM'라는 완전히 새로운 방식의 PM$_{10}$ 측정기의 얼리어답터가 된 건 아니었다. 하지만 제대로 하려고 열심히 노력했다. 어떤 신기술이든 시장에 출시되는 첫 번째 시스템은 비싸고 예상치 못한 문제가 발생하기 쉽다. 기술이 발전하고 시스템에 대한 경험이 쌓이면서 비용이 내려가고 신뢰성이 향상된다. 그러나 초기에는 아직 공기 시료를 채취하는 현실적인 문제를 배우는 중이었다. 덕분에 나는 북부 맨체스터 M60 도로 옆 작은 들판에 있는 비좁은 트레일러 뒤에서 초기 BAM을 잘 작동하려고 애쓰며 행복한 시간을 보냈다.

BAM은 필터에 있는 미세먼지의 베타 입자 흡수량을 측정하는 원리로 작동한다. 많이 흡수할수록 미세먼지의 농도는 높다. 매우 간단한 원리이고 현실에서도 통한다. 그래서 결국 나는 BAM을 좋아하게 됐다. 우리가 사용하던 'NOx 상자'가 더 잘 정립된 기술이었지만, BAM이 훨씬 더 마음에 들었다. 우리 기기에는 내가 매주 교체해야 하는 먼지 필터가 있었는데, 편리하게 전면부에 부착돼 있었다. 하지만 불행히도 제조사에서는 이렇게 필터가 수직으로 들어가면, 드라이버로 나사를 돌려 덮개를 다시 끼우기 전에 필연적으로 60번 정도는 필터가 떨어지리라는 것을 알아차리지 못했다.

하지만 가장 큰 문제는 자초한 것이었다. 트레일러에 도착해서야 열쇠나 핵심 연장인 드라이버를 맨체스터의 반대편에 있는 사무실에 두고 왔음을 깨닫는 그런 것 말이다. 어쨌든 그런 일은 딱 대여섯 번밖에 없었다. 그러니까 아직은 경험에서 배우지 못했다고 할 정도는 아니다.

영국 국가 대기질 측정 네트워크는 PM_{10}과 $PM_{2.5}$측정에 대부분 TEOM FDMS 기기 및 BAM을 사용한다. 이들 장치는 PM_{10}과 $PM_{2.5}$ 입자의 질량 측정치를 제공한다. PM_{10}과 $PM_{2.5}$ 측정 농도를 세제곱미터당 마이크로그램($\mu g/m^3$)으로 얻고 싶다면 이 방법을 따라야 한다. 하지만 공기 중에 떠다니는 미세먼지가 건강에 미치는 영향이 입자의 질량보다 (혹은 질량과 더불어) 우리가 들이마시는 입자 수와 관련이 있다는 증거가 있다. 입자의 수는 입자의 질량과 밀접한 관련이 있겠지만, 반드시 그렇지만은 않다. 지름 10마이크로미터 입자 1개의 무게는 1마이크로미터 입자 1000개에 이른다.

따라서 PM_{10}의 측정 농도는 지름이 약 10마이크로미터인 큰 입자 몇 개나 지름이 약 1마이크로미터인 입자 수천 개, 또는 지름이 약 0.1마이크로미터인 입자 수백만 개로 이루어질 수 있다. 혹은 크기가 다른 입자의 조합일 가능성이 더 크다. 만약 미세먼지가 건강에 미치는 영향이 입자 수와 밀접하게 연관된다면, 우리는 당연히 입자 수를 측정해야 한다. 하지만 현재로서는 입자의 질량이나 입자 수, 또는 어떤 조합이 건강에 더 크게 영향을 주는지 정보가 충분하지 않다. 우리가 분명히 아는 것은 입자의 질량과 연관성이 있다는 것이다. 그리고 입자의 질량에 대한 기준이 있으므로, 현재 정책과 감시 노력을 여기에 집중하는 것이다. 소규모 측정 네트워크가 런던과 버밍엄 측정소 그리고 지방 두 곳에서 입자 수 자료를 수집한다. 언젠가는 이 네크워크가 활약할 시기가 올 수도 있다.

특정한 현장에서는 다른 기법을 사용해 평가할 수 있다. 필터는 24시간 동안의 평균 미세먼지 농도를 측정할 수 있고, 최대 14일까지 현장에 설치해둘 수 있다. 최첨단 기술은 아니지만, 간단하고 신뢰할 수 있다. 광 산란 기술을 이용하면 크기가 다른 미세먼지 농도를 측정할 수 있다. 이 방법은 빠르게 관찰할 필요가 있는 연구에 매우 유용할 수 있지만 결과가 TEOM 또는 BAM 방식의 측정치 수준에는 못 미친다. 나는 광 산란 측정기 하나를 사무실 바로 바깥에서 연기 속에 넣어본 적이 있는데, 그 뒤로 이 기기를 신뢰하지 않게 됐다. 측정기가 그 자욱한 연기구름 속에서도 아무 수치를 기록하지 않았던 것이다. PM_{10}과 $PM_{2.5}$, PM_1 모든 크기에서 0이었다. 내가 기계를 제대로 설정하지 않았던 것일지도 모르지만 모든 것이 정상으로 작동되는 듯했고, 창밖으로는 풀밭을 가로질러 떠다니는 연기 입자들이 보였기에 의구심을 가질 수밖에 없었다. 어쨌든 그 일은 내 경험일 뿐이고, 한층 엄격한 검증 연구에서는 중량 측정 방법과 좋은 상관관계를 보이고 있다.

위성 원격 감지

오늘날에는 인공위성을 이용한 측정기기로 대기오염 농도 정보를 얻을 수 있다. 이 흥미롭고 새로운 데이터 공급원은 이전에 고정된 측정 장비를 사용할 없었던 광범위한 영역을 포괄해, 값지고 새로운 정보를 제공해준다. 아래 그림은 나사의 '우주에서 본 대기질' 웹사이트의 데이터다.

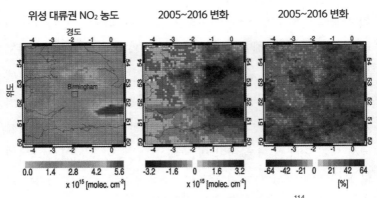

위성에서 측정한 잉글랜드와 웨일스의 이산화질소 농도, 2016[114]

이러한 측정치는 광범위한 지역의 대기오염 농도에 대한 귀중한 추세 자료를 제공한다. 하지만 몇 가지 단점도 있다. 위성 자료는 수백 미터 또는 수 킬로미터에 걸쳐 거친 해상도로만 이용 가능한데, 우리는 몇 미터 범위의 농도 변화를 걱정할 때가 많다. 또한 측정치가 위성에서 지상에 이르는 대기에 있는 오염 물질의 총량을 나타내므로 반드시 지상에 있는 사람들이 노출되는 농도는 아니다. 마지막으로 나는 이 자료가 대기질 정책과 개선에 영향을 미치는 데 전혀 도움이 되지 않으리라 확신한다. 과학자들이 계속 '×10^{15}[molec. cm^{-2}]'와 같은 단위를 사용하면서 이 모든 놀라운 자료가 실제로 무엇을 의미하는지 평범한 말로 설명하지 않는 한은 말이다. 이산화질소의 수치는 1제곱센티미터의 지구 표면마다 그 위 대류권에 있는 분자의 총 수로 나타낸다. 그것이 실제로 중요한 측정치와 어떤 관련이 있을까? 우리가 호흡하며 들이마실지도 모르는 1세제곱미터의 공기마다 들어 있는 이산화질소의 양과 같은 것일까? 위성 데이터가 수집되고 제시되는 방식은 여전히 난해하다. 그리고 내가 감히 짐작하건대 이런 숫자들은 환경화학자로 일하는 사람 대부분에게 큰 의미가 없을 것이다. 대기오염에 대한 대응책을 직접 결정해야 하는 정치인들과 정책 입안자에게는 더 말할 것도 없다. 이런 자료는 상황이 나아지고 있는지 나빠지고 있는지 확인하고, 대기 중 이산화질소량에 대한 추세를 배출 추세와 연관 지어볼 때 더 유용할 것이다. 예를 들어 우리는 2005년과 2014년 사이에 유럽 전역의 도시에서 대류권의 이산화질소 농도가 개선됐는지 확인할 수 있다. 특히 이탈리아 북부, 마드리드 지역, 네덜란드 및 잉글랜드 남동부 전역에서 두드러지게 진전됐다. 한편 방글라데시, 파키스탄, 앙골라, 중동의 상황은 훨씬 더 나빠졌다. 그러니까 내가 제곱미터당 분자 수에 대해 사소한 불평을 늘어놓긴 했지만, 앞으로 더 좋아지고 더 많아질 위성 데이터를 눈여겨보도록 하자.

우리는 무엇을 할 수 있을까?

여기까지 대기오염 농도 정보를 얻는 방법을 알아보았다. 이제 우리는 거기에 무엇이 있는지 측정할 수 있고, 모델을 이용해 측정치가 없는 곳의 공백을 메우고 미래에 어떤 일이 일어날지 예측할 수도 있다. 지금까지는 수동적이었다. 이제는 대기질을 개선하는 뭔가를 시작해야 할 때다. 1990년대에 대기질 관리가 도입되기 직전까지, 대기오염 물질 배출에 대한 통제와 이러한 통제가 대기질에 미치는 영향 사이에는 직접적인 연관이 없었다. 우리는 대기에 올라가는 것을 항상 통제해왔다. 멀리 1306년까지 거슬러 올라가면, 에드워드 1세는 배로 운반한 석탄을 런던에서 태우지 못하게했다(그렇다. 이블린이 1661년에도 여전히 시도했던 것과 같은 방식이다. 대기질을 개선하는 일은 800년 넘도록 계속 절망적으로 더디게 진전되어왔던 것 같다). 산업혁명이 일어나면서, 1863년 제정된 알칼리법은 산업 공정에서 일으킬 수 있는 대기오염을 통제하려 한 최초의 법이었다. 오늘날의 환경청에 해당하는 알칼리 조사단이 이 통제를 뒷받침했다. 뒤이은 한 세기 반 동안 이 입법 프로그램은 대기오염뿐만 아니라 토양오염과 수질오염, 폐기물 처리까지 산업적 과정에서 발생하는 오염을 관리하는 통합적 접근법을 제공하는 방향으로 발전됐다. 1952년의 대스모그 사건 이후에는 대기청정법으로 소규모 공정에, 더 광범위하게 이와 유사한 통제를 도입했다. 이미 보았듯이, 도로 차량의 배기가스 배출에 대한 통제는 1970년대에 시작됐고, 때때로 교활하고 원칙 없는 자동차업자들이 일으키는 문제와 함께 꾸준히 강화돼왔다. 그리고 토지 이용 계획 체계로 대기오염을 제어할 세 번째 가닥이 생겼다. 제2차 세계대전 이후, 도시 및 국가 계획법은 지방의회가 세우는 지방계획에 따라 영국의 재건과 개발을 통제하는 안을 도입했다. 시간이 지나면서 환경에 관한 통제는 계획 체계 안에서 점점 더 중요한 구성 요소가 됐다. 특히 환경 측면 중에서도 대기질이 중요한 요소였다. 매우 드물게는 대기질에 미치는 영향 때문에 신규 개발이 허가되지 않는 일도 일어난다. 이런 일이 자주 일어나지 않는다고 해서 계획 체계가 대기질을 보호하지 않는다는 뜻은 아니다. 그보다는 개발자들이 미리 자신들의 신청안이 대기질에 관한 국가와 지역의 요구 사항에 부합하는지 확인하기 때문이라고 할 수 있다.

따라서 우리는 산업용 배출물, 소규모 상업용과 가정용 배출물, 자동차 배출가스, 그리고 새로운 개발을 통제하고 있다. 잘된 것 같긴 하지만, 대기오염을 해결하고 대기질 기준을 달성하기에 충분할까? 지역 대기질 관리를 진행하기 전까지는, 이 통제들이 제 역할을 잘할 수 있을지 아무도 확실히 몰랐다. 그러나 시간이 흐르면서 각기 다른 배출원에 대한 단편적인 통제로는 충분하지 않다는 것이 분명해졌고, 이에 따라 지역 차원의 대기질 관리 프로그램이 영국 전역에 도입됐다. 처음으로 우리는 한 발짝 물러서서 대기오염의 원인과 그것이 대기질에 미치는 영향, 그리고 우리가 아무것도 하지 않는다면 닥칠 미래 상황을 파악하려고 노력했다. 모든 종류의 오염원에서 대기로 방출되는 물질의 정보와 대기오염 측정치가 그 과정에서 함께 이용됐다. 정보의 공백은 분산 모델을 사용해 보충했다. 하지만 상세하고 비용이 많이 드는 모델링 연구에 그렇게 공들일 필요가 없는 경우도 많다. 문제가 생길 가능성이 있는지 확인하는 더 간단한 방법도 있다. 확인한 다음에는 문제가 많은 영역에 관심을 집중할 수 있다.

컴퓨터 모델링은 대기질 측정소 사이를 이어줄 뿐만 아니라, 우리가 대기질을 개선하는 데 필요한 조치들을 조사하고 설계할 수 있게 해준다. 이것은 중요한 단계다. 우리는 충분히 잘하고 싶다. 하지만 지방의회는 대개 대기질 기준을 가까스로 지키는 최소한의 수준을 넘어설 의향이 없다. 혹은 실제로 권한이 없는 경우도 많다. 그렇다면 문제가 있는 지역에서 대기질 기준을 달성하는 가장 좋은 방법은 무엇일까? 지역마다 각자의 우선순위가 있다. 예를 들어 지역 대기질 관리가 시작됐을 때 아직도 기준치를 웃도는 이산화황 수치를 보이는 몇몇 곳이 있었다. 그런 곳에서는 허가 절차를 통해 지역의 산업적 오염원에서 나오는 배출물을 개선하는 데 초점을 맞추었다. 혼잡한 도시 중심부를 지나는 도로는 영국에서 대기질 문제를 일으키는 더 흔한 요인이다. 이 부분에서는 도로를 개선해 교통 흐름을 원활하게 할 방법에 초점을 맞추거나, 도심 교통량을 줄이는 '파크 앤 라이드'[대중교통 환승주차장]와 같은 계획에 투자할 수 있다. 간선도로의 교통량이 많아 대기질 문제가 발생하는 경우는…… 솔직히 우리는 이 문제를 해결하는 일을 많이 하지는 않았다. 개선된 배기가스 기술이 자동차 안에서 제대로 작동하기를 기다린 것을 제외하면 별로 없다. 예를 들어, 그레이터맨체스터의 지방 당국 10곳은 도시 전체의 대기질을 평가하고 개선하는 일에 협력한다. 그들은 연례 경과 보고서를 통해 맨체스터의 대기질에 영향을 주는 도로 교통의 중요성을 강조하며, 특히 M60 고속도로를 언급한다. 이 도로는 도시를 관통하는 구간이 58킬로미터이고, 일부 지역에서는 학교와 주택에 인접해 있다. 하지만 대기질 개선에 필요한 69개의 개별적인 계획안을 개괄하는 이 보고서에 M60 고속도로에 초점을 둔 계획은 단 하나에 불과하다. 계획에는 고속도로의 혼잡을 줄이겠다는 칭찬할 만한 목표가 있지만, 애처롭게도 욕심이 없는 '대기질 중립'을 겨냥하고 있다. 따라서 맨체스터는 대기오염을 눈에 띄게 줄이려면 간선도로 교통량을 해결해야 하는 전형적인 도시지만, 간선도로 교통 문제를 해결하는 것을 빼고 모든 일을 하는 듯하다. 문제는 주요도로는 국가 부처의 책임이라는 것이다. 지방정부는 고속도로 교통에 관한 어떠한 발언권도 없다. 게다가 맨체스터에 있는 몇몇 집을 위해 나라의 이쪽과 저쪽을 오가는 교통을 규제하겠다는 사람이 그 집에 사는 사람들 말고 누가 있겠는가?

맨체스터와 다른 지역에 대한 대기질 측정과 모델링 연구는 우리에게 문제가 무엇인지 알려준다. 아직은 이를 악물고 참아야 할 정도로 대응을 많이 하지 않았지만, 적어도 문제는 알게 됐다. 대기질 모델링 기법을 사용하면, '맨체스터가 내놓은 69개 조치'와 같은 조치가 대기질에 어떤 영향을 미칠지 예측할 수 있다. 더불어 이러한 조치의 비용을 추산할 수 있고, 목표를 달성하려면 가장 효율적으로 비용을 지출하는 방법이 무엇인지 알 수 있다. 우리의 목표가 대기질 기준을 준수하는 것이든, 아니면 매년 대기오염으로 조기 사망하는 4만 명의 수를 줄이는 것이든 모두 가능하다. 과학은 할 수 있다. 비용이 많이 들지 않고, 사람들이 좋아하면서, 심지어 대기질을 개선하고 함께 추가적인 혜택을 가져다주는 방법이 많이 있다. 하지만 우리가 그 방법을 실행할까? 미래에는 무슨 일이 일어날까?

10장

미래, 내 삶, 내 차, 내 동네, 내 세계

그리고 4만 킬로미터로 되돌아가다

긴 안목

미래의 대기는 어떤 상태일까? 30년 후에도 우리 아이들과 그들의 아이들이 숨을 쉴 수 있는 공기가 남아 있을까? 아니면 500년? 우리는 지구 기후나 오존층을 걱정하고 있을까? 대기오염은 여전히 매년 수백만 명의 목숨을 조기에 앗아가버릴까? 아니면 가끔 발생하는 냄새를 더 걱정하게 될까? 나는 대기가 어떻게 되든 간에, 26세기에도 여전히 사람들은 자기 집이 마을 반대편에 있는 존스네 집보다 더 가치 있는지를 걱정할 것이라고 굳게 믿는다.

전 세계적으로 보면 산소는 여전히 주변에 많을 것이다. 그러니까 좋은 시작이다. 현재의 추세로는 500년 후에 대기 중 산소 농도가 21퍼센트에서 20퍼센트로 떨어질 수 있다. 우리가 산소를 현재 속도로 계속 소비해, 수십억 호흡자들이 숨 쉬는 산소와 연소 과정에서 사용하는 산소, 그리고 광합성으로 생산하는 산소를 더하고 빼서 지금과 같은 최종 잔고가 남는다는 가정이 전제된다. 우리는 산소 20퍼센트를 포함하는 대기에서 숨을 꽤 잘 쉴 수 있을 것이다. 그리고 상황이 절박해지기 시작하면, 더 많은 식물을 기르고 연료를 덜 태워서 다시 잔고를 21퍼센트로 올리기 시작할 수 있다. 만약 산소 농도가 약간 떨어진다면, 26세기의 우사인 볼트가 2520년 올림픽에서 100미터 기록을 깨는 데 영향을 줄 수 있으니, 주의해야 한다.

평상시처럼 가정해본 것이다. 하지만 솔직히 말해, 미래에 우리가 지구 기후에 영향을 주는 어떤 일을 할지 누가 알겠는가? 수백 년의 기간에 걸쳐 우리는 접근 가능한 화석연료를 거의 다 소비하게 될 테고, 다른 에너지원에 의존하게 될 것이다. 그렇게 한 다음에는, 그리고 우리가 대기로 밀어 넣은, 긴 수명의 온실가스가 마침내 제거된 다음에는, 어쩌면 지구 기후가 회복되는 길로 접어들지도 모르겠다. 그런데 불행하게도 그렇게 되지는 않을 것 같다. '기후 변화에 관한 정부간 패널'[115]은 다음과 같이 말한다. "이산화탄소 배출이 멈추더라도 기후 변화의 양상은 대부분 수 세기 동안 지속될 것이다. 이는 과거와 현재와 미래의 이산화탄소 배출이 만들어낸, 여러 세기에 걸친 상당한 기후 변화라는 약속이다." 그러니까 우리는 변화된 기후에 갇힌 모양새다. 그리고 더 높은 해수면과 예측 불가능한 날씨처럼 기후 변화에 수반되는 그 모든 것에서 앞으로 오랫동안 벗어날 수 없을 것 같다.

화석연료에서 멀어지는 장기적인 변화를 어떻게 관리할 것인가? 이것이 향후 200년 동안 삶의 질을 결정하는 요소 중 하나가 될 것이다. 뒷걸음질 쳐서 1000년 전에 했던 것처럼 바이오매스에 의존할 수도 있고, 아니면 기존 재생 가능 에너지 기술과 어쩌면 새로운 기술을 가지고 앞으로 나아갈 수도 있다. 화석연료의 가용성이 앞으로 수십 년, 수백 년 내에 감소하면서, 좋든 싫든 화석연료의 사용은 머지않아 줄어들 것이다. 에너지 가격과 세계적인 긴장이 상승하며, 우리는 열, 전력, 물, 음식, 이동성을 공급하려고 안간힘을 쓸 것이고, 위안이 되지 않겠지만 화석연료의 종말은 적어도 대기오염 측면에서는 좋은 소식이 될 것이다. 만약 우리가 에너지 효율이 높고 배출이 적은 기술과 생활 방식을 개발한다면 그렇게 될 것이다. 그러지 않고 나무와 동물의 배설물을 태워 요리하고 난방하는 방식으로 돌아간다면, 심신을 쇠약하게 만드는 대기오염의 영향에 계속 시달릴 것이다. 하지만 그렇게 된다면, 인류는 아마도 더 긴급한 문제를 걱정해야 할 것이다.

여전히 도시 대기질을 파악하는 과정

도시 범위에서 보자면, 영국의 대기질 개선 방식은 도시 중심부의, 비교적 작은 규모의 문제 해결에 집중될 것이다. 정부의 최근

평가는 잉글랜드와 스코틀랜드 전역의 도심에서 이산화질소가 계속 문제가 되고 있음을 보여준다.[116] 이것은 국지적인 문제다. 전 지역에서 이산화질소가 기준치를 초과하는 것은 아니다. 이를테면 버밍엄에서 농도가 너무 높은 지역은 주요 도로와 가까운 곳이고, 특히 교통이 혼잡하고 길가를 따라 건물들이 즐비한 곳들이다. 이런 곳에서는 사람들이 오염을 배출하는 차량에 더 가까울 뿐만 아니라, 도로 양쪽에 늘어선 건물들 때문에 오염 물질이 도로에서 빠져나가 더 넓은 지역으로 분산되기 어려워진다. 우리는 이런 곳을 약간 낭만적으로 거리 협곡이라고 부른다. 아리조나 콜로라도 협곡과 비슷해서가 아니라 건물의 수직면이 오염에 주는 영향을 반영해서 붙은 이름이다. 도시 환경에서, 거리 협곡은 없을 때와 비교해 상당히 높은 수준의 대기오염 물질을 발생시킬 수 있다. 거리 협곡은 고상한 옥스퍼드셔의 마을인 헨리와 월링포드 같은 작은 마을에 소규모지만 놀랍도록 심각한 대기오염 문제를 일으켰다.[117] 에어포칼립스 수준의 오염이 아니었다면 널리 알려지지 않았을 지역이다. 현재 이들 도심 지역의 대기질을 최대한 빨리 개선하는 대책을 찾고자 많은 일을 하고 있다. 하지만 '대기질 관리 지역'을 지정하는 기존 절차는 이용하지 않는다. 대신 영국 전역의 도심에 일련의 '청정 대기 구역'을 설계해 시행하고 있다. 청정 대기 구역은 교통에서 나오는 배출물에 집중하고, 요금 부과 구역과 비부과 구역을 지정할 수 있다. 시행된 지 15년 동안 대기오염 문제를 해결하지 못한 '대기질 관리 지역'은 은유적인 의미에서 우회하는 것이 좋은 생각일 수 있다. 신설한 '청정 대기 구역' 정책은 아마도 대기질에 대한 대중의 새로운 관심을 일으켜 '대기질 관리 지역' 정책이 실질적으로 성공하지 못한 지역에 개선을 가져올 수 있을 것이다.

사실, 기존 정책으로도 런던을 제외한 거의 모든 구역에서 대기질 기준을 준수할 수 있다. 가장 최근에 수립된 대기질 계획과 청정 대기 구역 등은 이것을 가능한 한 빨리 실행하려고 고안됐다. 빠른 실행은 우리가 유럽의 입법과 여기에서 비롯된 국가 입법에 맞추라고 요구받기에 필요한 것이다. 혹시 우리가 유럽연합을 탈퇴한다면 어떻게 될까? [이 책을 집필할 당시에는 아직 영국이 유럽연합을 탈퇴하기 이전이었다] 우리는 똑같은 대기질 기준을 유지하려 하겠지만, 우리가 지침의 요건을 준수하지 않는다고 해서 유럽위원회가 대응하지는 않을 것이고, 그에 따른 부담도 없을 것이다. 대기질 기준은 여전히 위력적일 수 있고, 영국 법원에서 이를 뒷받침할 수도 있다. 하지만 그것이 단지 국내 문제라도 전처럼 심각하게 받아들일까? 나는 이런 우려가 쓸데없는 것이 되기를 희망한다. 시대에 뒤떨어진 대기질 기준을 준수하기 위한 행동이 아니라, 모든 곳에서 오염을 줄임으로써 대기오염이 주는 막대한 건강 부담을 최소화하기 위한 행동이 되어야 한다. 우리가 이런 행동을 이끄는 시대에 접어들면, 우려는 무의미해질 것이다. 이제 우리는 대기오염으로 인한 장기적인 건강 부담을 잘 알고 있고, 대기질 관리에 필요한 도구도 손에 들고 있다. 그저 대기질 기준을 준수하려고 주변을 정리하는 도구가 아니라, 모든 사람의 건강을 개선한다는 기본 자세로 대기질을 세심히 살피고 예산을 세울 도구다. 대기질 기준의 역할은 여전히 있다. 누구도 과도한 대기오염을 경험하지 않도록 하는 최소한의 경계다. 하지만 우리는 단지 결승점을 통과하듯 기준을 달성하고 거기서 멈추려고 하면 안 된다. 게다가 대기오염 물질의 수치가 대기질 기준을 충족하기 어려운 먼 세계의 일부 지역이라면 더욱 그렇다.

차량 배출물

2027년까지 런던을 제외한 모든 곳에서 대기질 기준을 달성할 것으로 기대하지만, 지난 20년간의 대기질 관리 경험으로 보면 앞일을 100퍼센트 확신할 수 없다. 6장에서 보았듯이 이러한 예측을 불확실하게 만드는 영역은 도로를 주행하는 차량에서 발생하는 배출물이다. 합법적이든 불법적이든 차량 검사에서 측정되는 배출량과 실제 도로에서 운행되는 차량의 배출량을 비교하면 차이가 있기 때문이다. 나는 어느 정도 희망적인 면이 있다고 생각한다. 미래를 볼 때, 검사소가 아닌 현실 세계에서 자동차 배기가스 배출량을 기준에 맞게 줄이면 여전히 많은 것을 얻을 수 있다. 그리고 향후 수십 년 동안 계속 개선해나갈 것이다. 이것이 우리가 2027년까지 영국의 거의 모든 곳에서 이산화질소에 대한 대기질 기준을 달성하리라 예상하는 한 가지 이유다.

이러한 차량 배기가스를 개선하면 일부는 온실가스 배출 감소와 연계될 것이다. 에너지 효율이 더 높은 차량은 (아마도) 대기오염 물질과 온실가스를 포함한 모든 오염 물질을 낮은 수준으로 배출할 것이다. 다른 개선 사항은 30년 전 촉매 변환기에서 겪었던 것처럼 온실가스 배출 감소와 대기오염 물질 감소 사이에서 절충해야 할 것이다. 볼보의 최근 약속, 즉 하이브리드 자동차든 순수 전기 자동차든 상관없이 자사의 모든 자동차에 전기 엔진을 장착하겠다는 선언은 중기적으로 도시 교통의 미래를 시사한다. 물론 전기 자동차는 전기 공급이 필요하지만, 전기는 확실히 도시 대기오염 위험 지역의 대기질을 개선하는 올바른 방향이다. 도시 교통으로 인한 오염을 제거하는 마지막 단계는 이동성에 대한 우리의 접근 방식에 근본적인 변화를 요구한다. 도시 여기저기로 사람들을 이동시킬 필요가 있을까? 하지만 우리에게 이동성이 꼭 필요하고 원한다면, 사람들을 이곳에서 저곳으로 이동시키는 수단으로서 자가용을 없앨 방법을 찾을 수 있을까?

우리가 살펴본 바와 같이, 전 세계에서 건강에 영향을 가장 많이 주는 원인은 초미세먼지다. 영국에서는 1992년 이후로 초미세먼지 배출량을 약 절반으로 줄였다. 이 수치는 그 기간에 감소한 대기 중 농도와 일치했다. 따라서 대기오염에 노출돼 사망하는 조기 사망자 수도 25년 동안 매년 약 4만 명씩 줄었을 것이다. 반가운 소식이 틀림없다! 하지만 더 잘할 수 있을까? 대부분은 앞으로 $PM_{2.5}$의 배출량이 크게 줄지 않으리라고 예측한다. 곧이곧대로 받아들인다면 놀라운 예측이다. 더 개선할 여지가 있고, 이를 통해 조기 사망도 더 줄일 수 있기 때문이다. 하지만 영국에서 대기질 개선 정책을 움직이는 힘은 대기질 기준과 지침 준수라는 동력이다. $PM_{2.5}$는 이미 거의 모든 곳에서 대기질 기준을 달성했다. $PM_{2.5}$을 추가로 줄이라는 강력한 요구 없이는 필요한 조치를 취하는 모습을 보기 어려울 것이다. 물론 1년에 수만 명의 생명을 구하는 일은 행동을 부르기에 충분히 강력한 동인이다.

이익의 가치 평가

$PM_{2.5}$ 배출량 감소에 드는 비용과 그 결과로 구할 수 있는 인원을 어느 정도 추정할 수 있을 것이다. 그런 다음 생명을 구하기 위해 고려할 만한 다른 개입 방식을 살펴볼 수 있다. 이를테면 새로운 의학적 치료법, 도로 안전 개선 또는 식생활과 생활 방식에 대한 대중의 인식 재고를 들 수 있다. 이렇게 하면 힘들게 번 돈을 $PM_{2.5}$ 배출량을 추가로 줄이는 데 쓸 가치가 있는지, 합리적 결정을 내릴 수 있을 것이다.

문제는 이런 종류의 평가를 할 틀을 찾는 것이다. 우리는 연료를 바꾸고, 배출가스 부담금 제도를 도입하거나 공공 정보 캠페인('주목해주세요! 집에 화목 난로를 설치하지 마세요!')을 벌이는 것처럼 대기질 개선에 개입하는 데 드는 비용을 계산할 수 있다. $PM_{2.5}$ 배출 저감에 개입하는 데서 오는 이익과 그 덕분에 사람들의 $PM_{2.5}$ 노출이 줄어드는 데서 오는 이익도 추정할 수 있다. 나아가 이런 이익의 경제적 가치도 계산할 수 있다. 이러한 편익과 관련한 경제적 가치는 실질적일 수 있지만, 이것이 행동의 유인이 되지는 않을 것이다. $PM_{2.5}$를 더 잘 통제했거나 더 많이 통제해 조기 사망을 피한 구체적인 사례를 드는 것은 불가능하다. 따라서 개별적으로 비용 절감이 어디에서 발생했는지 식별하는 것은 불가능할 수 있다. 그러나 대기질 모델링 연구로 편익이 발생할 수 있는 지리적 영역을 알아내는 건 가능하다. 합리적인 의사 결정을 하는 마지막 조각은 과학적이지 않다. 그것은 회계상의 문제다. 대기질을 개선하는 데 드는 비용은 지역 당국, 기업, 자동차 운전자, 소비자, 주민과 같은 이해당사자가 지불할 것이다. 이와는 대조적으로, 그 혜택은 보건과 응급 서비스 기관이 볼 것이다. 호흡기질환과 심혈관질환으로 고통받을 가능성이 있는 많은 사람을 치료할 필요가 없어지기 때문이다. 고용주와 기업은 더 건강하고 생산적인 노동력으로부터 이익을 얻을 것이다. 그 혜택은 대기질 개선 덕분에 폐렴과 심장마비를 피하는 사람들이 가장 직접적으로 느낄 것이다. 하지만 물론 누가 혜택을 보는지 당사자도 알지 못할 것이다. 비용과 편익이 서로 다르고, 잘 정의되지 않은 이해관계자 사이에서 발생하므로, 대기질 개선에 투자해서 발생하는 이익의 재정적 근거를 제시하기는 어렵다.

전략적인 차원에서 대기질 개선을 장려하려고 도입됐지만 잘 알려지지 않은 한 가지 계획은 '공공 보건 성과 프레임워크'라는 것이다. 이 알려지지 않은 계획은 2013년 잉글랜드의 지방정부 당국이 공공 보건에 대한 책임을 넘겨받았을 때 도입됐고 2016년에 갱신됐다. 지방정부가 측정하고 기준을 정할 수 있는 공중 보건 성과에 대해 총 66개의 목표가 설정됐다. 지표 중 하나는 '공공 보건 지표 3.01 입자상 물질 대기오염에 기인한 사망률'로서 대기오염과 관련이 있다. 지방 당국은 이 모든 지표와 관련해 그들의 성과를 개선하고자 노력하고 있다. 물론 3.01은 65개 중 하나일 뿐이다. 공중 보건 당국이 책임지고 있는 많은 지표는 제쳐두고라도, 이 접근법은 대기질을 개선해 순수하고 측정 가능한 공중 보건 편익을 제공하고 이를 적절하게 세부적으로 정량화하는 훌륭한 수단으로 보인다.

하지만 문제가 하나 있는데, 이는 지표가 작동하는 방식과 관련이 있다. 이 지표는 하나의 지방자치단체가 관할하는 지역 전체에서 계산된 $PM_{2.5}$ 농도에 기초한다. 이 수치는 대기질 측정 데이터와 국가 대기 배출물 목록에 기초한 모델링 분석을 조합해서 결정한다. 문제는 지방정부 당국이 $PM_{2.5}$ 수치를 줄이기 위해 취할 수 있는 조치와 모델링된 $PM_{2.5}$ 농도를 감소하기 위해 취할 수 있는 조치 사이에 심각한 단절이 있고, 그에 따라 대기오염으로 인한 사망률

감소량 목표에도 상당한 단절이 있다는 것이다. 예를 들어, 지방 당국은 건축 현장의 미세먼지 배출을 줄이는 캠페인을 할 수 있지만, 건축 현장 근처에 대기질 측정기가 없으면(아마도 없을 것이다), 그리고 국가 목록을 작성하는 사람이 이러한 종류의 지역계획을 반영하는 목록을 작성하지 않으면(확실히 불가능할 것이다) 그것은 수치로 나타나지 않을 것이다. 그리고 $PM_{2.5}$ 농도를 개선하는 많은 조치는 모두 지방 당국의 권한 밖에 있으며, 지표에는 그것과 관련된 구속력 있는 목표가 없다. 사실, 공공 보건 성과 프레임워크는 성과 관리에 사용되는 것이 아니라, 단지 지방정부 당국이 다른 지역과 비교해 자신들의 실적 기준을 정할 수 있게 하려고 존재하는 것이다. 단지 그런 목적 치고는 실로 엄청난 노력이 들어간 것 같다. 그리고 감히 말하자면 프레임워크에 따라 수집된 광범위한 데이터를 최대한 활용할 기회를 놓친 것이다. 그렇다고 해도 이것은 시작이고, 만약 대기질이 뉴스와 정치적 의제로 계속 부상된다면, 대기질을 개선하는 추가적인 조치는 단지 염원이나 목표, 합리적인 것이 아니라 피할 수 없는 것이 될 것이다. 그렇게 되면 공공 보건 지표 3.01은 추상적 기준을 달성하는 데에서 그치지 않고, $PM_{2.5}$를 진정으로 줄여 가능한 한 낮게 유지하는 마지막 분투로서 조정되고 강화될 수 있다.

전 세계의 대기질

그러나 세계 차원에서는 상황이 조금 다르다. 세계의 많은 지역, 특히 대도시의 대기 중 미세먼지 수치는 북서유럽의 바람이 많이 부는 지역의 전형적인 수치보다 훨씬 높다. 1장에서 우리는 평균 $PM_{2.5}$ 수치 $50\mu g/m^3$를 넘는 17개국을 보았다. 이들 국가는 세계 인구의 거의 절반을 차지한다(이 인구의 5분의 4가 인도와 중국에 있다). 이것은 오염된 도시에 거주하며 일하는 사람들에게 나쁜 소식이지만, 부유하는 미세먼지에 대중이 노출되는 빈도를 상당히 줄일 수 있다는 뜻이기도 하다. 그렇게 함으로써, 우리는 호흡기 건강을 개선하고 수백만 명의 불필요한 조기 사망을 예방할 수 있다. 이와 관련해 정당한 질문이 있다. 이러한 개선을 이행하는 데 드는 비용은 누가 치를 것인가? 그리고 이러한 종류의 투자가 전 세계 도시에 필요한 다른 조치 중 우선순위 어디에 위치해야 하는가? 하지만 좋은 답도 있다. 가장 먼저, 그리고 가장 중요하게는 대기질을 개선하면 실제적이고 수량화할 수 있는 건강상의 이점이 있다는 것이다. 앞서 언급했듯이, 대기질 개선으로 혜택을 받는 개인을 구별할 수는 없지만, 지역사회 차원에서 이러한 편익을 수량화할 수 있다. 그리고 열악한 곳에서 대기질을 개선하는 많은 방법은 로켓 과학처럼 어렵지도 않고 비용도 많이 들지 않는다. 간단한 조치만으로도 큰 차이를 만들 수 있다. 아마도 일부 도로를 포장하거나, 건설 현장에서 먼지를 더 잘 통제하거나, 난방 및 취사용 석탄과 목재의 대체제를 사람들에게 제공하는 일일 것이다. 그러한 조치는 세계 많은 지역에서 최소한의 비용으로 실행할 수 있다. 그리고 물론, 가장 저렴하고 쉬운 단계를 밟아 가장 낮게 매달린 열매를 따고 나면, 더 비용이 많이 들고 더 어려운 방법들이 많이 남아 있다. 그러나 이러한 조치 중에서 가장 간단한 것조차 정치인, 규제 당국 및 지역사회 지도자의 헌신과 지원이 있어야 한다. 이런 일이 일어나지 않는 곳이 너무 많다. 기득권, 다른 우선순위, 전문 지식의 부족 또는 개별적 실패는 모두 대기오염을 다루기에 너무 어렵게 만들거나 우선순위에서 밀려나게 할 수 있다.

진정한 변화가 진행되고 있다는 희망을 주는 사실은 사람들이 대기오염에 대해 잘 알고 분노한다는 것이다. 대기질에 대한 인식과 관심은 그 어느 때보다 높다. 나는 앞서 BBC의 〈내가 숨 쉴 수 있게〉 캠페인을 언급했다. 요즘은 대기오염에 관한 기사가 며칠에 한 번씩 TV와 라디오 뉴스에서 나오고, 최고 인기 프로그램의 한 자리를 차지한다. BBC 라디오4의 〈우먼 아워Woman's Hour〉는 최근 대기오염으로부터 자녀를 보호하기 위해 부모들이 무엇을 할 수 있는지 묻는 기사를 내보냈다. 그리고 6장에서 언급했듯이 라디오4 청취자들만 대기질에 관심 있는 것이 아니다. 영국 타블로이드 신문 〈더 선〉은 2017년 첫 4개월 동안 '대기질'에 대한 44개의 개별 기사를 게재했는데, 일부는 개인과 대중의 건강에 경유 폐기물과 대기오염이 미치는 영향에 대해 진정으로 중요한 질문을 던졌다. 물론 〈더 선)에는 B급 유명인들과 잉글랜드 축구팀에 관한 기사도 많았다.

대기오염에 관한 관심이 영국에서만 사상 최고인 것은 아니다. 나는 몇 번 '에어포칼립스'라는 용어를 사용했는데, 겨울 동안 석탄을 태워서 생기는 연기와 이산화황의 조합으로 우리가 1950년대에 사라졌다고 생각하는, 일종의 질식 스모그를 만드는 현상을 묘사하려고 중국 북부에서 흔한 쓰는 말이 됐다(바디샵 역시 버스 정류장 캠페인에서 '에어포칼립스'라는 용어를 사용했다는 것이 기억날 것이다. 반면 헨리와 월링포드의 대기질과 관련해 그 용어를 사용한 사람은 모두 나다). 중국의 대기오염은 더는 몇몇 환경운동가들의 전유물이 아니다. 영국에서와 마찬가지로, 중국에서 대기질은 1면 뉴스가 됐다. 지금 이 글을 쓰면서 잠시 살펴봐도 관영 신화통신사가 '오존공해로 고통받는 베이징-톈진-허베이 지역'을 보여준다. 여러분이 이 책을 읽을 때쯤에는 더 최근의 사례가 있을 것이다. 일반 대중, 기업가와 사업자들, 투자자, 관광객이 대기질을 개선하라는 압력을 넣는다. 그리고 장관들과 심지어 중국 총리까지 대기오염 문제에 대해 발언하기 시작했다.

이제 정치인들은 중국의 대기질 개선과 관련된 복잡한 과학, 기술적, 사회적 문제에 직면하게 됐다. 예를 들어 아시아개발은행은 5년 기간에 걸쳐 중국 북동부의 베이징-톈진-허베이 지역의 대기질 개선에 25억 달러(그렇다, 2500만이 아니라 25억 달러다)를 투입한다. 2017년 2월 신화통신의 한 기사는 북동부의 대기질을 개선하려는 다양한 조치를 강조했다.[119] 기사는 계속해서 이 지역의 일부 시 당국이 시행과 규제에 실패했다고 언급하며, 약속을 이행하지 않은 사람들을 폭로한다. 이것은 대기오염을 다루는 성숙한 접근법이다. 중국은 대기오염에 대처할 토대를 구축하고자 해외 원조를 구하는 것(내가 1995년 중국에 갔던 이유다)에서 벗어나, 이제 통제장치를 고안하고 시행하는 중이다. 이것이 바로 중국의 이산화황 배출량이 고비를 넘어서고, 3장에서 보았던 것처럼 마침내 감소하기 시작한 이유다.

베이징의 꿈과 현실, 2016년 12월[118]

산업오염 통제와 함께, 중국은 차량 배기가스를 통제하기 시작했고, 청정 차량의 생산과 대중교통 제도로 이를 뒷받침했다. 예를 들어 선전(인구 1200만 명의 도시)에서는 1만6000대의 버스와 2만2000대의 택시가 모두 전기 자동차로 운행되고 있다. 이는 소리도 없이 사람들 뒤에서 슬금슬금 다가오는 대기오염의 위험을 효과적으로 대체한다. 그렇지만 중국의 대기오염은 아직 통제되지 않고 있다. 세계보건기구는 중국의 평균 PM2.5 수치가 세계보건기구 지침의 6배인 60μg/㎥에 육박한다고 추정한다. 중국의 일부 지역에서는 상당한 대기질 문제가 남아 있는데, 점점 더 정교한 분석과 통제가 필요하고, 이제 관심이 집중되기 시작하는 부분이다. 바로 그런 이유에서 나는 중국의 대기오염이 앞으로 수십 년 동안 계속 감소하리라고 예상한다. 물론 꽤 천문학적인 출발점에서 시작했기에 중국 자국민이 받아들일 수 있는 수준에 근접하게 만들려면 여러 해가 걸릴 것이다.

흥미롭게도, 보건지표평가연구소와 보건영향연구소가 작성한 〈지구 대기 상태 보고서〉에 따르면, 인도는 2017년에 중국을 따돌리고 세계에서 가장 오염된 대기를 가진 국가가 됐다.[120] 여기에서 '오염된' 공기란 PM2.5 노출로 인한 조기 사망자 수로 측정된다. 따라서 '가장 오염된 공기'라는 오명은 높은 PM2.5 수치와 많은 인구의 조합이 있어야 얻을 수 있다. 인도는 명백히 심각한 대기오염 문제를 안고 있으며, 인구도 물론 증가하고 있다. 하지만 현재는 중국에서 보았던 것과 같은 수준으로 인도에서 대기질 개선 요구가 고조되는 것 같지는 않다. 그래도 언젠가 그런 날이 올 것이다. 특히 중국이 대기질을 꾸준히 개선하면 인도에서도 그런 일이 일어날 수 있다. 아시아와 세계의 다른 도시에 사는 사람들이 중국에서 이루어낸 개선을 목격하고 자신들의 도시도 행동하기를 원하게 될 것이다.

한편 인도에서는 대기질 개선에 매우 제한적인 진전이 있었다. 차량 배기가스 배출 기준이 마련돼 있지만, 유럽 및 아시아의 기준보다 한참 뒤처져 있으며 제대로 시행되지 않고 있다. 그런데 인도의 자동차 보유율은 1951년 이후 매년 약 12퍼센트씩 늘어 경이적인 증가율을 보였으며 줄어들 기미도 없다.[121] 도로 교통량이 꾸준히 크게 증가하면서 도시 대기질이 세계에서 가장 열악한 나라에 인도가 속하는 것은 놀라운 일이 아니게 됐다. 인도는 또한 석탄 화력발전 용량을 늘리고 있다. 이렇게 생산된 전기를 다른 청정 연료와 함께 사용해 가정용 난로에서 바이오매스(목재 및 동물 배설물) 사용을 줄이는 경우, 이는 실제로 대기질에 순이익을 가져올 수 있다. 2011년 인도에서 출라chulha 난로[인도의 전통적인 요리용 스토브, 소똥과 진흙을 짓이겨 만든다] 사용으로 발생한 가스는 거의 50만 명의 사망자를 낸 것으로 추정된다. 하지만 그것은 어디까지나 가정일 뿐이고, 석탄 화력발전소가 늘어나고 인도가 산업오염을 효과적으로 규제하지 못할 우려는 여전하다. 지속적 원인 외에도, 매년 인도의 많은 도시에서 열리는 디왈리 축제에서 촛불과 모닥불, 폭죽이 사용돼 반갑지 않은 PM_{10}과 $PM_{2.5}$ 수치를 한껏 끌어올린다. 2016년 10월의 디왈리 축제 때는 $PM_{2.5}$이 $890\mu g/m^3$으로 절정이었고, 뉴델리 주민은 다음 날 아침 정체된 공기와 짙은 스모그 속에서 잠을 깼다.[122] 인도에서 디왈리 축제 방식을 재고해야 한다는 요구가 있고, 물론 그것도 중요하다. 하지만 더 큰 그림은 세계보건기구가 $66\mu g/m^3$으로 추정한 부유 미세먼지가 끼치는 장기적 영향이다. 세계보건기구 지침의 무려 6.5배다.

약간의 투자와 정치적 의지, 그리고 대중의 지지만 있다면 세계에서 가장 오염이 심한 도시에서 상당한 개선을 이루어낼 수 있을 것이다. 수백만 명의 생명을 구하고 수십억 명의 사람들의 삶의 질을 개선할 기회가 있다. 가장 기본적인 변화는 대부분 막대한 재정 지원이 필요하지 않다. 예를 들어 건설 현장에서 먼지를 제대로 관리하고 차량 및 산업용 배출물에 대한 기존 규제를 더 잘 시행하는 데는 큰 비용이 들지 않는다. 할 만한 가치가 있지 않을까? 나는 그렇게 생각한다.

깨끗한 도시

일단 세계 최악의 도시를 우리 이웃 도시와 동등하게 만들 아주 기본적인 단계들을 수행하고 나면, 대기질을 광범위하게 더 많이 개선하는 건 훨씬 더 어려워질 것이다. 이를 위해서는 도시에서 이동성과 에너지를 제공하는 방법에 근본적인 변화를 주어야 한다. 우리는 더 폭넓은 사회적 변화와 열망에 부합하는 방식으로 대기질을 개선하는 길을 찾아야 한다. 대기오염을 줄이는 데 규제 중심의 해결책을 도입하는 것은 인정할 수 있고, 필요한 조치다. 하지만 그런 방식은 여기까지만 가능하다. 진정으로 개선하려면 더 큰 그림을 그려야 한다. 정례적이고 일상적인 이동을 줄여주는 기술이나 생활 방식의 변화는 상당히 환경을 개선할 가능성이 있다. 물론 인터넷 연결은 이동의 필요성을 줄일 가능성을 제공한다. 나는 일주일에 한 번만 사무실까지 60마일을 이동하므로 일주일에 480마일의 차량 이동 거리를 절약할 수 있다. 제대로 된 대중교통 수단이 없어서 얼마나 다행인지! 있었다면 차량 이동 거리를 480마일이나 절약하지 못할 뻔했다. 내가 원격으로 근무하는 이유는 첫째로 그렇게 할 수 있기 때문이고, 둘째로 하루 세 시간씩 차 안에서 보내고 마침내 집에 돌아왔는데 연료비와 주차장 사용료 청구서가 기다리고 있는 상황을 원치 않기 때문이다. 확실히 재택근무는 누구에나 가능한 것은 아니지만, 현재 원격으로 일하는 14퍼센트의 영국 노동인구보다는 더 많은 사람이 선택할 수 있을 것이다. 목적에 맞는 대중교통 체계는 또한 혼잡한 거리에서 도로 교통으로 고통받는 도시에 실질적인 변화를 가져올 수 있다.

일부 유럽과 북미 도시는 효율적이고 신뢰할 수 있으며 저렴한 대중교통 수단과 높은 자전거 이용률, 인터넷 연결 그리고 아마도 배출물을 분산하고 깨끗한 공기로 바꾸는 데 도움이 되는 서늘하고 바람이 많이 부는 기후 등 여러 가지 요소가 조합된 덕분에 낮은 오염도를 달성할 수 있었다. 세계에서 가장 깨끗한 도시는 최근 다음과 같이 보고됐다.[123]

- 캐나다 앨버타 캘거리
- 캐나다 온타리오 오타와
- 핀란드 헬싱키
- 스웨덴 스톡홀름
- 스위스 취리히

원래 목록에서 반은 인구가 100만 명에 훨씬 못 미치는 도시(캐나다의 화이트호스, 에스토니아 탈린, 그리고 미국의 도시들인 뉴멕시코의 산타페, 하와이의 호놀룰루, 몬태나의 그레이트폴스)였는데 여기서는 제외했다. 상위 10개 도시를 결정하는 방법론은 의심스러울 정도로 불투명했지만, 여러분이 대기질이 좋은 곳을 찾고 있다면 전체 목록이 도움이 된다. 원래 목록에서 화이트호스는 인구가 3만 명 미만이고 산타페와 그레이트폴스도 그리 크지 않다. 반면에 스톡홀름의 인구는 200만 명이 넘고 캘거리, 오타와, 헬싱키, 취리히 모두 100만 명이 넘는데, 상당히 큰 도시도 대기질이 좋을 수 있다는 것을 보여준다. 이 모든 도시는 고도로 발달한 대중교통 시스템이 있으며, 스톡홀름과 헬싱키는 자전거 타는 사람들을 환영하는 것으로 잘 알려져 있다.

좋은 대기질을 제공하는 요인 중 일부는 쉽게 이식할 수 없다. 작은 크기 외에도 바닷가에 가깝고, 다른 도시와 멀리 떨어져 있는 위치도 유용한 요인이다. 목록의 5개 도시 모두 온화한 지역에 있으며 연평균 기온은 섭씨 4도에서 9도 사이이다.[124] 인구 약 2500만 명, 평균 기온 25도, 그리고 바다까지 1250킬로미터 떨어져 있는 뉴델리 같은 도시가 할 수 있는 일은 많지 않다. 강력한 도시계획 및 설계와 같은 다른 요소를 적용할 수 있지만, 대기질이 의미 있을 정도로 바뀌려면 출발점부터 오랜 시간이 걸린다. 효과적인 대중교통 시스템이나, 통근자들이 자전거를 선택할 수 있는 문화와 기반시설 없이 유기적으로 성장한 도시가 대기질 향상에 필요한 근본적인 변화를 만든 사례를 만나기는 어렵다. 대기질을 개선하는 비용 효율적인 방법에 초점을 맞추는 쪽이 더 가능성이 높다. 세계에서 가장 오염된 여러 도시에 적용할 수 있는, 비용이 적게 들거나 아예 들지 않고도 대기질을 개선할 수 있는 일들이 많이 있다. 기존 법안을 강화하는 것은 항상 좋은 시작이다. 대기오염의 가장 중요한 원인인 발전소, 도로 차량은 배출 제한이 있지만, 아무도 굴뚝과 배기관에서 실제로 무엇이 나오는지 측정하거나 점검하지 않는다면, 배출 제한을 준수하지 않는다고 해도 놀랄 일이 아니다. 규제는 자금 지원이 부족하거나, 공정 운영자나 규제자의 역량과 전문 지식이 부족하거나, 더 나쁜 경우에는 부패가 발생할 수 있어서 비효율적일지도 모른다. 배출과 계획을 강제로 통제하면 기득권자가 계속해서 오염을 눈감도록 뒷거래를 할 틈을 준다. 관리 책임자가 적절하지 않은 개발을 허용하거나, 실수로 오염 연료의 사용을 알아차리지 못하거나, 배기가스 배출량이 많은 시간을 피해 점검 일정을 잡을 수 있다. 따라서 이미 시행되고 있는 대기오염에 대한 규제를 강화하고 뒷받침할 제도를 마련하는 것이 중요하다. 기본이 갖춰지지 않는다면 더 정교한 대기질 관리 전략을 개발해도 별 소용이 없다. 유럽과 미국에서 경유 엔진 차량이 의심스럽게 높은 농도의 질소산화물을 배출하는 이유를 파악하려고 했을 때 깨달았던 것과 마찬가지다.

중기적으로 볼 때, 대기오염 수치가 높은 도시들이 대기질을 개선할 수 있는 과제는 훨씬 더 많다. 예를 들어 출라 난로, 석탄을 연소하는 소규모 벽돌 가마와 같은 오염원을 해결하고, 더 크고 더 좋은 대중교통망에 투자할 수 있다. 이 모든 작업에는 비용과 시간이 소요되며, 성공적으로 구현하려면 비용을 누가 부담하느냐에 대한 합의가 이루어져야 한다.

대기질이 가장 나쁜 도시를 세계 다른 곳과 같은 기준으로 맞추거나 그보다 더 기준을 높일 수 있을까? 할 수 있다. 하지만, 최종적으로 대기오염을 막는 데 필요한 급진적인 변화는 기다림이 필요하다. 무엇을 기다리는 것인가? 혁명을 기다리나? 아마도 그럴 것이다. 머지않아 화석연료가 고갈되고 가격 상승을 거듭하면서 에너지 혁명이 일어날 것이다. 만약 그때까지 변화하는 에너지 환경을 수용할 수 있는 생활 방식과 기술로 전면적이고 근본적인 변화를 이루지 못했다면, 강제로 해야 할 것이다. 우리에게는 비재생 에너지가 고갈되기 전에 변화할 시간이 있다. 물론 오래 기다리면 기다릴수록, 더 많은 사람이 화석연료 사용에 필연적으로 뒤따르는 대기오염에 영향을 받게 될 것이다. 그러나 화석연료 이후의 세상으로 전환하는 데는 시간이 필요하며, 그 모든 잠재적 이점과 불가피함을 고려해야 한다.

상상해보라, 이런 세상을

집에서 걸어서 갈 수 있는 거리에 살고, 일하고, 쇼핑하고, 여가를 보내는 것이 일반적인 세상을 상상해보자. 그뿐만 아니라 우리는 세계 여기저기로 식량을 이동하지 않을 것이다. 물론 우리 문 앞에서 재배하고 만들 수 있는 경우에 한정된 것이다. 장거리 운송이 불가능하다는 것은 아니다. 현재 우리를 이동하게 해주는 기술을 잊지는 않을 것이다. 단지 케냐의 깍지완두를 동네 마트까지 항공 운송하는 것은 너무 비싸서 그런 곳에 돈을 낭비하고 싶지 않을 것이다. 그래서 나는 더욱 한정된 자원인 재생 가능 연료와 전기가 이동성보다 연결성에 사용되는 세상을 상상한다. 아마도 최첨단 저에너지 기술과 산업화 이전의 생활 방식으로 회귀라는 흥미로운 조합이 생길 것이다. 우리는 자전거를 타거나 걸어서 이동할 것이다. 멀리 떨어진 해변에서 휴가를 보내지 않고, 친구와 가족과 더 많은 시간을 보낼 것이다. 우리가 어떤 일을 하게 될지는 잘 모르겠지만, 채소밭에서 잡초를 뽑는 일 외에도 고도의 기술적 작업은 계속 이루어져야 하리라고 확신한다. 내가 마치 와이파이로 《5월의 사랑스러운 꽃봉오리The Darling Buds of May》[영국 작가 허버트 어니스트 베이츠의 1958년 소설]를 예견하고 있는 것 같다.

내가 히말라야의 간다키 계곡을 걸어 올라갔을 때 화석연료 이후의 세계에 대한 예감이 약간 들었다. 첫날밤 숙소에서 불과 200야드[약 182미터] 올라갔는데, 갑자기 동력을 이용하는 운송 수단을 이용할 수 없게 됐다. 산을 드나드는 운송 수단은 말, 당나귀, 야크, 또는 인간이었다. 계곡의 더 높은 곳에서 우리는 사마르가운 마을로 다가갔는데, 그날은 쟁기질을 하는 날이었다. 마을 전체가 야크 한 쌍과 함께 밭에 나가 감자와 보리를 심으려고 분주히 쟁기질하는 풍경은 수 세기 동안 거의 바뀌지 않은 풍경이었다. 그리고 점심시간이 되자, 노인들은 수다를 떨며 쉬었고, 스물다섯 살 미만의 사람들은 모두 휴대전화를 꺼내 캔디 크러쉬 소다 게임과 인스타그램을 했다. 어쩌면 네팔이 우리보다 훨씬 앞서 있을지도 모른다.

모두 추측이다. 하지만 미래가 어떻든, 일단 화석연료 중독에서 벗어난다면 대기오염 측면에서는 더 좋을 것이다. 기대되는 일이지만, 여느 중독과 마찬가지로, 200년 동안 익숙했던 일에서 벗어나기는 쉽지 않을 것이다. 우리는 전기 자동차와 재생 가능한 기술로 올바른 방향으로 걸음을 내딛기 시작했다. 하지만 그것보다 더 멀리 가야 하지 않을까? 화석연료를 사용하는 여행, 이동성, 상품에 대한 우리의 열망을 포기하는 데까지 말이다. 나는 다른 누구 못지않게 중독돼 있다. 우리가 경제의 끈질긴 힘과 화석연료의 유한한 속성에 의해 밀려가기 전까지는 지속 가능한 생활 방식으로 나아가기 힘들 것이다.

그때까지는 아직 할 일이 많다. 우리 대기질 문제를 해결하는 방법으로서, 정신 나간 사람의 위험한 도박에 가깝긴 하지만, 거주 가능한 대기를 가진 태양계 너머의 행성에 대해 더 많이 알아낼 수 있을 것이다. 이제 전 세계가 대기질을 심각하게 받아들이고 있는 만큼 전 지구적 문제, 도시나 지역 대기질 문제, 나의 호흡기질환 문제만이 아니라 이 모든 문제를 함께 해결하고, 더 공정하고, 더 즐겁고, 더 지속 가능한 삶의 질을 제공하는 법을 찾으리라 예상한다.

그런 한편으로 나는 내 가족과 나 자신이 올해 대기오염으로 조기 사망하는 700만 명에 속하지 않기를 바라면서 시간을 보내고 있다. 혹은 내년의 700만 명에도. 또는 그다음 해에도. 아니면 그다음 해에도. 우리는 갈 길이 멀다.

주석

1   The Extrasolar Planets Encyclopaedia at http://exoplanet.eu/cata- log/

2   Anastasi, C.; Broomfield, M.; Nielsen, O. J.; Pagsberg, P. "Kinetics and mechanisms of the reactions of CH2SH radicals with O2, NO, and NO2," J. Phys. Chem. 1992, 96, 696-701.

3   Interview with Sting carried out by Richard Cook in a December 1983 issue of New Musical Express magazine http://www.sting. com/news/article/76

4   Max Planck Institute, "Atmosphere around low-mass Super-Earth detected." https://www.mpia. de/news/science/2017-03-GJ1132b

5   Eric Chassefière, J.-J. Berthelier, F. Leblanc, A. Jambon, J.-C. Sabroux, O. Korablev, "Venus atmosphere build-up and evolution: where did the oxygen go? May abiotic oxygen-rich atmospheres exist on extra- solar planets? Rationale for a Venus entry probe." Abstract available at: http://www.ims.demokritos.gr/IPPW-3/index_files/Book%20 of%20abstracts.pdf

6   Carl Zimmer in the New York Times, 3 October 2013, "The Mystery of Earth's Oxygen" http://www.nytimes.com/2013/10/03/science/earths-oxygen-a-mystery-easy-to-take-for-granted.html

7   https://en.wikipedia.org/wiki/Atmosphere_of_Earth, citing Martin, Daniel; McKenna, Helen; Livina, Valerie (2016). "The human physiological impact of global deoxygenation". The Journal of Physiological Sciences. 67 (1): 97–106

8   From Peter Ward. 2006. Out of Thin Air: Dinosaurs, Birds, and Earth's Ancient Atmosphere. Washington, DC: Joseph Henry Press, p116.

9   Scripps O2 Program, Global Oxygen Measurements, http:// scrippso2.ucsd.edu/

10   Photograph: Simon Matthews, 2017

11   Encyclopaedia Britannica blog, 5 January 2012, http://blogs.britannica.com/2012/01/how-much-does-earth-atmosphere-weigh/

12   Martin Fullekrug, Yukihiro Takahashi, "Sprites, Elves and their Global Activities", Journal of Atmospheric and Solar-Terrestrial Physics Volume 65, Issue 5, Pages EX1-EX8, 495-660 (March 2003)

13   World Health Organization, "7 million premature deaths annually linked to air pollution," 25 March 2014, http://www.who.int/mediacentre/news/releases/2014/air-pollution/en/

14   World Health Organization, "Preventing disease through healthy environments: a global assessment of the burden of disease from environmental risks", March 2016 https://www.who.int/quantifying_ehimpacts/publications/preventing-disease/en/

15   World Health Organization, "Tobacco key facts," 9 March 2018. http://www.who.int/mediacentre/factsheets/fs339/en/

16   European Association for the Study of Obesity, "Obesity Facts and Figures," http://easo.org/education-portal/obesity-facts-figures/

17   World Health Organization, "Drinking water key facts," 7 February 2018, http://www.who.int/mediacentre/factsheets/fs391/en/

18   World Health Organization, "Global Health Observatory Data", http://www.who.int/gho/road_safety/mortality/en/ (data for2013)

19 Climate Depot, "On Global Warming, Follow the Money: U. S. Spent $165 Billion on climate change," 15 July 2014, http://www.climatedepot.com/2014/07/15/on-global-warming-follow-the-money/

20 J. Hansen, M. Sato, P. Kharecha, D. Beerling, R. Berner, V. Mas- son-Delmotte, M. Pagani, M. Raymo, D. L. Royer, J. C. Zachos, "Tar- get atmospheric CO2: Where should humanity aim?" Open Atmos. Sci. J. (2008), vol. 2, pp. 217-231

21 NASA, "Global Greenhouse Gas Emissions Data", https://www.epa.gov/ghgemissions/global-greenhouse-gas-emissions-data

22 United Nations Economic Commission for Europe, "Clean Air," https://www.unece.org/env/lrtap/welcome.html

23 Data taken from Department for Transport (December 2016)/, "Transport Statistics Great Britain 2016"; Department for Business, Energy and Industrial Strategy, "National Atmospheric Emissions Inventory", http://naei.beis.gov.uk/

24 Greater London Authority, "London Atmospheric Emissions Inventory 2013" https://data.london.gov.uk/dataset/london-atmospher-ic-emissions-inventory-2013

25 Peter Edwardson, SpeedLIMIT Petrol Prices, http://www.speed-limit.org.uk/petrolprices.html

26 Transport and Environmental Analysis Group, Centre for Transport Studies, Imperial College London (April 2013), "An evaluation of the estimated impacts on vehicle emissions of a 20mph speed restric- tion in central London," https://www.cityoflondon.gov.uk/business/environmental-health/environmental-protection/air-quality/Documents/speed-restriction-air-quality-report-2013-for-web.pdf

27 United States Environmental Protection Agency, "Particulate Matter (PM) Basics", https://www.epa.gov/pm-pollution/particu- late-matter-pm-basics

28 Air Quality Expert Group (2007), "Trends in Primary Nitrogen Dioxide in the UK", https://uk-air.defra.gov.uk/assets/documents/reports/aqeg/primary-no-trends.pdf

29 European Commission Press release (17 May 2018), "Air quality: Commission takes action to protect citizens from air pollution," http://europa.eu/rapid/press-release_IP-18-3450_en.htm

30 European Commission Press release (15 February 2017), "Commission warns Germany, France, Spain, Italy and the United Kingdom of continued air pollution breaches," http://europa.eu/rapid/press-release_IP-17-238_en.htm

31 World Health Organization, Global Health Observatory data repository, http://apps.who.int/gho/data/node.main.152?lang=en

32 Data extracted from Department for Environment, Food and Rural Affairs, "UK-Air: Air Information Resource," https://uk-air.defra. gov.uk/

33 Krotkov, McLinden, Li, Lamsal, Celarier, Marchenko, Swartz, Bucsela, Joiner, Duncan, Boersma, Veefkind, Levelt, Fioletov, Dickerson, He, Lu and Streets, "Aura OMI observations of regional SO2 and NO2 pollution changes from 2005 to 2015", Atmos. Chem. Phys., 16, 4605-4629, 2016. http://www.atmos-chem-phys.net/16/4605/2016/

34 Data from European Commission "Emissions Database for Global Atmospheric Research," http://edgar.jrc.ec.europa.eu/

35 NASA Ozone Watch, "What is a Dobson Unit?," https://ozonewatch.gsfc.nasa.gov/facts/dobson.html

36 The Independent 21 May 2013, "Joe Farman: Scientist who first uncovered the hole in the ozone layer", . http://www.independent.co.uk/news/obituaries/joe-farman-scientist-who-first-uncovered-the- hole-in-the-ozone-layer-8624438.html

37 The Guardian, 18 April 2015, "Thirty years on, scientist who discovered ozone layer hole warns: 'it will still take years to heal'". https://www.theguardian.com/environment/2015/apr/18/scientist-who-dis- covered-hole-in-ozone-layer-warns

38 JC Farman, BG Gardiner and JD Shanklin, "Large losses of total ozone in Antarctica reveal seasonal ClOx/NOx interaction," Nature 315, 207 - 210 (16 May 1985)

39 NASA, 10 December 2001, "Research satellites for atmospheric sciences 1978 - present" https://earthobservatory.nasa.gov/Features/RemoteSensingAtmosphere/remote_sensing5.php

40 Photograph courtesy of Los Angeles Times, 9 September 2015, "'Smog sieges' often accompanied September heat from the 1950s to '80s", http://www.latimes.com/local/california/la-me-heat-smog- 20150910-story.html

41 JN Pitts and ER Stephens, "Arie-Jan Haagen-Smit 1900 – 1977," 1978 Journal of the Air Pollution Control Association pp516-517

42 Proctor RN, "The history of the discovery of the cigarette–lung cancer link: evidentiary traditions, corporate denial, global toll," Tobacco Con- trol 2012;21:87-91

43 The Independent, 10 May 2008, "The complete guide to: the Isle of Man," https://www.independent.co.uk/travel/uk/the-complete-guide-to-the-isle-of-man-824988.html

44 The Times, 19 June 2016, "Nautical stripes and shipshape accessories equal summery seaside chic," https://www.thetimes.co.uk/article/ the-cold-sea-rns8fk7m0

45 Air Quality Expert Group, 2009, "Ozone in the United Kingdom", https://uk-air.defra.gov.uk/library/aqeg/publications

46 Source: http://www.ems.psu.edu/~brune/m532/m532_ch4_trop- osphere.htm

47 State of Global Air 2017, "A special report on global exposure to air pollution and its disease burden," https://www.stateofglobalair.org/report

48 Norwegian Environment Agency, 9 April 2018, "Acid Rain," http://www.environment.no/Topics/Air-pollution/Acid-rain/

49 European Environment Agency, 16 October 2018, "Emissions of the main air pollutants in Europe," https://www.eea.europa.eu/data-and-maps/indicators/main-anthropogenic-air-pollutant-emis- sions/assessment-4

50 Photograph: the author

51 Photograph: http://www.geograph.org.uk/photo/5092802 licensed for reuse under a Creative Commons Licence.

52 Natural England, "Views About Management: A statement of Eng- lish Nature's views about the management of Goss and Tregoss Moors Site of Special Scientific Interest (SSSI)," https://necmsi.esdm.co.uk/PDFsForWeb/VAM/1001443.pdf

53 Eurostat, "Archive: Agricultural census in the United Kingdom," https://ec.europa.eu/eurostat/statistics-explained/index.php?title=Archive:Agricultural_census_in_the_United_Kingdom

54 Defra (2002), "Ammonia in the UK," http://adlib.everysite.co.uk/resources/000/109/544/ammonia_uk.pdf

55 Image from Wikimedia https://commons.wikimedia.org/wiki/File:%22Fumifugium%22,_

Evelyn_Wellcome_L0009664.jpg Copyrighted work available under Creative Commons Attribution only licence CC BY 4.0 http://creativecommons.org/licenses/by/4.0/

56   Mark Jenner, "The politics of London air: John Evelyn's Fumifugium and the Restoration," The Historical Journal, 38, 3, pp. 535-551, 1995

57   "The Big Smoke: Fifty years after the 1952 London Smog", 2005, ed- ited by: Virginia Berridge and Suzanne Taylor, © Centre for History in Public Health, London School of Hygiene & Tropical Medicine

58   Wilkins ET, "Air pollution aspects of the London fog of December 1952," Q J R Meteorol Soc 1954;80:267–71.

59   Bell, M.L.; Davis, D.L. & Fletcher, T. (2004). "A Retrospective Assessment of Mortality from the London Smog Episode of 1952: The Role of Influenza and Pollution". Environ Health Perspect. 112 (1; Janu- ary): 6–8

60   Adapted from Richard P. Turco, "Earth Under Siege: From Air Pollution to Global Change," Oxford University Press, 1997

61   COMEAP, "The Mortality Effects of Long-Term Exposure to Particulate Air Pollution in the United Kingdom," 2010

62   Royal College of Physicians and Royal College of Paediatrics and Child Health, "Every breath we take: the lifelong impact of air pollution," February 2016

63   Pharmacy Magazine 2017, "Trouble ahead as hayfever incidence rockets", https://www. pharmacymagazine.co.uk/trouble-ahead-as-hay-fever-incidence-rockets

64   Allergy UK, "Statistics," https://www.allergyuk.org/information-and-advice/statistics, accessed January 2019

65   Photograph source: http://www.ebay.ca/itm/HORIBA-Analyzer- Unit-NOx-SO2-O2- /112383251759?hash=item1a2a90552f:g:N8AAA- OSw65FXuP9n

66   Department for Environment, Transport and the Regions (undated), "UK Air Pollution: Winter smog episodes," https://uk-air.defra.gov.uk/assets/documents/reports/empire/brochure/winter.html

67   Defra (May 2017), "Draft UK Air Quality Plan for tackling nitrogen dioxide: Technical Report," https://consult.defra.gov.uk/airquality/air-quality-plan-for-tackling-nitrogen-dioxide/ supporting_documents/Technical%20Report%20%20Amended%209%20May%20 2017.pdf

68   King's College London (November 2018), "London Air Quality Net- work: Summary report 2017"

69   The Nation (2 March 2000), "The Secret History of Lead," https:// www.thenation.com/article/ secret-history-lead/

70   United Nations Environment Programme, "Leaded Petrol Phase Out: Global Status as at June 2016," http://staging.unep.org/Trans-port/new/PCFV/pdf/Maps_Matrices/world/lead/ MapWorldLead_June2016.pdf

71   Mother Nature Network, 5 October 2015, "Here's how VW's diesel 'defeat devices' worked," https://www.mnn.com/green-tech/ transportation/blogs/heres-how-vws-diesel-defeat-devices-worked

72   Oldenkamp, van Zelm, Huijbregts, "Valuing the human health damage caused by the fraud of Volkswagen", Environmental Pollution Volume 212, May 2016, Pages 121-127, http://www. sciencedirect. com/science/article/pii/S0269749116300537

73 Information taken from Defra "National Atmospheric Emissions Inventory," http://naei.defra.gov.uk/

74 World Health Organization Regional Office for Africa, "Air pollution," https://afro.who.int/health-topics/air-pollution

75 Photograph: Clean Air Now, http://cleanairnow.org.uk/home/[PERMISSION OUTSTANDING]

76 "In Praise of Air" used by permission of the author. Non-exclusive world rights in perpetuity, only within the volume as described, not to be reproduced separately without further agreement, full author credit, copyright to remain with the author.'

77 How Many Left, statistics about every make and model of vehicle registered in the UK, https://www.howmanyleft.co.uk/make/volkswagen, accessed January 2019

78 UK Air Data Archive, available at https://uk-air.defra.gov.uk/data/

79 Environment Analyst (2015), "Ricardo-AEA to quality control UK air monitoring network" https://environment-analyst.com/30161/ricar-do-aea-to-quality-control-uk-air-monitoring-network

80 Figures from Windfinder.com, used by permission. Accessed from: https://www.windfinder.com/windstatistics/birmingham and https://www.windfinder.com/windstatistics/edinburgh

81 Figure taken from Google Maps

82 Information derived from Land Registry data taken from the rightmove website http://www.rightmove.co.uk/

83 The Independent (13 October 2015), "Can a street's smell significantly reduce its house prices?", http://www.independent.co.uk/property/ house-and-home/property/can-a-streets-smell-significantly-reduce-its-house-prices-a6692831.html

84 Ben Johnson for Historic UK, "The Great Horse Manure Crisis of 1894," http://www.historic-uk.com/HistoryUK/HistoryofBritain/Great-Horse-Manure-Crisis-of-1894/

85 Dravnieks A, Masurat T, Lamm R A, "Hedonics of Odours and Odour Descriptors": in Journal of the Air Pollution Control Association, July 1984, Vol. 34 No. 7, pp 752-755

86 Chartered Institute of Environmental Health, "Analysis of Defra's statutory nuisance survey results by CIEH," December 2011. Available from http://randd.defra.gov.uk/Default.aspx?Menu=Menu&Module=More&Location=None&ProjectID=16101&FromSearch=Y&- Publisher=1&SearchText=cieh&SortString=ProjectCode&Sor- tOrder=Asc&Paging=10#Description

87 http://www.brecklandindustrial.co.uk/Cleaning-Services/ Ductwork-Cleaning/ [TBC]

88 Photographs by permission of Agriculture & Horticulture Development Board (www.ahdb.org.uk)

89 Photograph: the author

90 Photograph used by permission of i2 Analytical UK Ltd (https://www.i2analytical.com/services/i2-hanby-gauge/dry-foam-frisbee-2/)

91 Hodge, Jones and Allen Solicitors (11 January 2019), "Attorney-General moves to quash inquest of nine-year-old girl", https://www.hja.net/ press-releases/attorney-general-moves-to-quash-inquest-of-nine- year-old-girl/

92 BBC "So I Can Breathe," https://www.bbc.co.uk/news/science-environment-38853910

93 P. M. Depa, Umesh Dimri, M.C. Sharma, Rupasi Tiwari, "Update on epidemiology and control of Foot and Mouth Disease - A menace to international trade and global animal enterprise," Vet.

World, 2012, Vol.5(11): 694-704

94 Rebecca E.Ghosh, Anna Freni-Sterrantino, Philippa Douglas, Bran- don Parkes, Daniel Fecht, Kees de Hoogh, Gary Fuller, John Gulliver, Anna Font, Rachel B.Smith, Marta Blangiardo, Paul Elliott, Mireille B. Toledano, Anna L.Hansell "Fetal growth, stillbirth, infant mortality and other birth outcomes near UK municipal waste incinerators; retrospective population based cohort and case-control study," Ghosh et al., Environment International, Volume 122, January 2019, Pages 151-158

95 Tango T, Fujita T, Tanihata T, Minowa M, Doi Y, Kato N, Kunikane S, Uchiyama I, Tanaka M, Uehata T, "Risk of adverse reproductive outcomes associated with proximity to municipal solid waste incin- erators with high dioxin emission levels in Japan," J Epidemiol. 2004 May;14(3):83-93.

96 Friends of the Earth, http://www.foeeurope.org/incineration, ac- cessed August 2017

97 UK Without Incineration Network, quoted by Global Alliance for Incinerator Alternatives, http://www.no-burn.org/europe-mem- bers/

98 Based on data from National Atmospheric Emissions Inventory, http://naei.defra.gov.uk/

99 Letsrecycle.com (11 September 2017), "Rivenhall EfW granted Environmental Permit", https://www.letsrecycle.com/news/latest-news/rivenhall-efw-granted-environmental-permit/

100 Box, G. E. P. (1979), "Robustness in the strategy of scientific model build- ing", in Launer, R. L.; Wilkinson, G. N., Robustness in Statistics, Ac- ademic Press, pp. 201–236

101 Antoine Lavoisier translated by Robert Kerr (1790), "Elements of chemistry in a new systematic order, containing all the modern dis- coveries", https://books.google.co.uk/books?id=4B8UAAAAQA- AJ&dq=editions:__o3stkbE5EC&hl=de&pg=PR3&redir_esc=y#v=onepage&q&f=true

102 Sean Adams (2014), "Coal Rolling is the New Old Black" https://energypast.com/2014/08/11/coal-rolling-is-the-new-old-black/ quoting The Atlantic Monthly, August 1867, "Cincinnati", James Parton

103 Photograph: The author

104 Adaptedbytheauthorfrom:Briggs,G.A.(1965).Aplumerisemodel compared with observations. JAPCA, 15, 433–438. Briggs, G. A. (1968). CONCAWE meeting: Discussion of the comparative con- sequences of different plume rise formulas. Atmospheric Environ- ment, 2, 228–232.

105 Photographs: (a) Philip Lambert http://www.choppedonion.com, used by permission; (b) The author

106 Bosanquet,C.H.,andPearson,J.L.,"TheSpreadofSmokeandGases from Chimneys," Trans. Faraday Soc, 32, 1249 (1936).

107 Sutton, O. G., "The Theoretical Distribution of Airborne Pollution from Factory Chimneys," Quart. J. Roy. Meteorol. Soc, 73, 426 (1947).

108 Photograph: the author

109 DatatakenfromUKAirInformationResource,https://uk-air.defra.gov.uk

110 Population of Eskdalemuir in 2001 taken from Wikipedia, https://en.wikipedia.org/wiki/Eskdalemuir

111 World Health Organization Regional Office for Europe, Copenhagen (2000), "Air Quality Guidelines for Europe" Second Edition

112 Air quality data analysis tools available at The OpenAir Project, http://www.openair-project.org/

113 Adapted from Netcen for UK Government (2006), "UK Smoke and Sulphur Dioxide Network 2004"

114 NASA "Air Quality Observations From Space," https://airquality.gsfc.nasa.gov/

115 IPCC,2013:SummaryforPolicymakers.In:"ClimateChange2013:The Physical Science Basis. Contribution of Working Group I to the Fifth As- sessment Report of the Intergovernmental Panel on Climate Change," T.F. Stocker, D. Qin, G.-K. Plattner, M. Tignor, S.K. Allen, J. Boschung, A. Nauels, Y. Xia, V. Bex and P.M. Midgley (eds.), Cambridge University Press, Cambridge, United Kingdom and New York, NY, USA.

116 Defra, "Draft UK Air Quality Plan for tackling nitrogen dioxide," Technical Report, May 2017

117 Oxfordshire Air Quality, Local Air Quality Management – South Oxfordshire, https://oxfordshire.air-quality.info/local-air-quality-management/south-oxfordshire

118 AP Images used by permission [TBC], http://www.apimages.com/metadata/Index/China-Polluti on/38403c6188824338adf197311339c5a7/41/0

119 Xinhuanet (20 February 2017), "China criticizes several cities' response to air pollution," http://news.xinhuanet.com/english/2017-02/20/c_136068637.htm

120 Health Effects Institute (2018), "State of Global Air," https://www.stateofglobalair.org/report

121 Digital India, "Road Transport Year Book : 2013-14 and 2014-15," available from https://data.gov.in/catalog/road-transport-year-book-2013-14-and-2014-15

122 Hindustan Times (1 November 2016), "Delhi records worst air quality in three years this Diwali", http://www.hindustantimes.com/del- hi-news/delhi-records-worst-air-quality-in-three-years-this-diwa- li/story-OuqsDMSUiKT9HxOlm9yTyN.html

123 Care2 (5 July 2017) "10 Cities With the Cleanest Air in the World," http://www.care2.com/causes/10-cities-with-the-cleanest-air-in- the-world.html

124 Information taken from records compiled by Weatherbase, http://www.weatherbase.com/

감사의 글

이 책은 내가 ICI 테크놀로지의 고 마틴 태스커를 위해 일하던 20년 전에 시작됐다. 마틴이 공동 저술을 제안했던 '분산 모델링 가이드'가 결국 이 책으로 발전했다. 시간이 좀 걸리긴 했지만, 아이디어의 씨앗을 뿌리고 산업 공정의 배출 물질을 다루는 방법을 알려준 마틴에게 깊은 감사를 전한다. 그 이전부터, 또 그 후로도 언급하기 벅찰 정도로 많은 동료가 전문성과 정통한 지식으로 도움을 주었다. 대기질에 관한 조금은 집착에 가까운 나의 관심을 참아주고, 환경과학의 다른 모든 분야에서 내 이해의 빈틈을 채워주었다. 오랜 시간 고통받은 동료들 모두에게 고마운 마음을 전한다.

오랜 고통 이야기가 나온 김에 말하자면, 나는 이 책을 쓰기 위해 리카도에너지앤드인바이론먼트에서 4개월의 안식 휴가를 받았다.

션 크리스천슨과 베스 콘란, 그리고 내가 없는 동안 당연히 느꼈을 억울함을 숨긴 채 맡은 일에 더하여 내 업무까지 해주고, 내가 생각했던 것보다는 덜 필요한 존재라는 것을 증명해준 모든 사람에게 감사드린다. 물론 이 책의 단점은 모두 내 책임이다.

신비롭고 낯선 출판계에서 나를 이끌어주고, 내 농담 중에서도 가장 몹쓸 것은 이 세상의 빛을 보지 못하게 지켜준 에이전트 조안나 스웨인슨과 출판인 애비 헤든, 맷 캐스본에게 고마움을 표한다.

마지막으로 여러 해 동안 대기오염에 대한 모호한 이야기를 견디고, 굴뚝을 살피느라 길을 돌아가는 일을 참아준 내 아들 맷, 조니, 벤에게 고마움을 전한다. 그리고 내 아내 엠마, (내가 불확실한 책을 쓰는 동안, 생활비를 감당하기 위해 나가서 일한 것과는 별개로) 끊임없이 격려하고 지지해주며, 내 농담에 웃어주고, 나와 마찬가지로 자신에게도 대기질이 매력적이고, 책으로 쓰기에 좋은 주제라고 느끼게 해준 그녀에게 진심으로 고맙다.

The Bridge at the Edge of the World :
Capitalism, the Environment, and Crossing from Crisis to Sustainability

미래를 위한 경제학

자본주의를 넘어선 상상

제임스 구스타브 스페스 지음 | 이경아 옮김

모티브북

차례

에디스토 강은 사우스캐롤라이나의 저지대를 굽이굽이 흘러간다. 시커먼 강물은 강둑을 뒤덮으며 아름다운 활엽수림으로 흘러들어 가 키 큰 사이프러스, 미국 니사나무, 북미산 소합향이 자라는 늪을 이룬 다. 늪에는 스페인 이끼를 망토처럼 두른 나무들 말고도 개복치와 왜 가리가 살며 종종 악어와 늪살무사도 볼 수 있다.

나는 1940~1950년대에 에디스토 강가의 작은 도시에서 어린 시절 을 보냈다. 우리 집은 시에서 강가의 높은 절벽 아래에 정한 수역 구역 에서 1.6킬로미터가량 떨어진 곳에 있었다. 우리는 여름이면 강가에 서 헤엄을 치며 놀았다. 절벽은 꼭대기에서 바닥까지 계단처럼 층이 져 있어서, 여자 아이들은 원피스 차림으로 테라스 같은 그 풀밭에 담 요를 펼치고 누워 선탠을 즐겼다. 절벽 아래 강둑에는 키 큰 사이프러스 나무들 사이로 벤치가 늘어서 있어, 엄마들은 그곳에 앉아 아이들이 얕은 물가에서 노는 모습을 지켜보곤 했다. 절벽 꼭대기에는 휴게소가 있어서 사람들은 오락을 즐기거나 핫도그를 사먹었다. 우리는 핀볼 게임기에 붙어서 점수를 올리거나 주크박스에서 연주되는 '식스티 미니트 맨Sixty Minute Man'을 들으며 소년 시절의 환상을 한없이 부풀리곤 했다.

나이를 먹으면서 어린 시절의 추억이 기억 깊은 곳에서 불쑥불쑥 떠오른다. 이 책을 쓰는 동안 유독 에디스토 강에서 헤엄치고 놀던 기억이 종종 떠올랐다. 어릴 때는 강의 물살을 거스르며 헤엄칠 수가 없었다. 하지만 자라면서 힘이 세지자 물살을 거스를 수 있었다. 나는 지난 40년간 환경 운동을 하는 내내 미국의 환경 운동도 그 시절의 나와 마찬가지라는 생각을 했다. 점점 힘이 세지면서 반대편으로 밀어내려는 물살을 거스를 수 있게 된 것이다. 하지만 지난 몇 년간 상황을 보면 내 생각이 틀린 것은 아니었을까 하는 의문이 든다. 환경 부문은 질과 양 모두 성장했지만 환경은 계속 파괴되고 있기 때문이다. 나는 이 책에서 (환경오염의) 물살이 이토록 거센 이유와 물살을 거슬러 헤엄치는 것 외에 또 무슨 할 일이 있는지 모색해 보고자 한다.

환경에 대한 새로운 접근법을 한시바삐 찾아내야 한다. 지금 지구의 환경이 그만큼 심각한 몸살을 앓고 있기 때문이다. 미국은 나 자신을 비롯해 수많은 사람들이 안락한 삶을 구가할 수 있는 나라이다. 하지만 우리는 이 안락한 삶에 기만당하고 있다. 앞으로 살펴볼 노도와 같은 환경 위기는 이제까지 아무도 경험하지 못했던 환경의 비극이 다가오고 있음을 알려준다. 나는 그런 미래가 너무나 걱정스러워 나만 걱정할 것이 아니라 모두가 걱정하도록 이 책을 쓰게 되었다.

환경의 숨통을 틀어쥐는 위기는 얼마나 심각한가? 문제의 심각성을 이렇게 표현할 수도 있다. 기후와 생물군을 파괴하고, 후손들에게 폐허가 된 세상을 물려주고 싶은가. 그러면 하던 대로만 하라. 굳이 경제 규모를 키우고 인구를 늘리지 않아도 된다. 즉, 지금과 같은 양으로 온실가스를 계속 방출하고, 지금과 같은 속도로 생태계를 파괴하며 유독성 화학물질을 방출하면, 21세기 후반의 지구에는 아무런 생명체도 살 수 없을 것이다. 그런데 인간의 경제 활동은 절대로 이 수준에서 멈추지 않을 것이다. 오히려 급속도로 증가하고 팽창할 것이다. 인류가 지구에 출현한 후, 1950년대까지 이룩한 경제 규모는 7조 달러였다. 그런데 지금은 세계의 경제 규모가 10년마다 7조 달러씩 증가하고 있다. 이 정도 속도라면 14년 후 지구의 경제 규모는 지금의 2배가 될 것이다. 다시 말하면, 우리는 엄청난 환경 파괴가 지속될 지도 모르는 상황에 처해 있다. 그러므로 지금이야말로 우리는 물살을 강하게 거스를 필요가 있다.

나는 우리가 직면해 있는 엄청난 환경 위기를 서술하는 것으로 이 책을 시작하려고 한다. 하지만 오늘날의 환경 분야는 심화되는 사회적 불평등, 민주적 통치, 대중의 통제를 무시하고 훼손하는 현실의 다양한 측면과 연관되어 있다. 나는 이 책에서 다음 두 가지 사실을 보여주려 한다. 첫째, 전혀 관계없어 보이는 위의 세 가지 분야가 어떻게 힘을 모으고 있는가. 둘째, 이 세 분야에서 우리 시민들은 혁신적인 변화를 이끌어낼 영적·정치적 자원을 어떻게 동원해야 하는가.

의학에서 말하는 위기는 환자가 회복되거나 악화될 수 있는 전환점을 의미한다. 미국은 바로 지금 그러한 위기에 직면해 있다. 그런 점에서 나는 이 책이 회복의 길을 찾는 데 조금이나마 도움이 되었으면 한다. 이 책은 절망이 아니라 희망이며, 내가 이 글을 쓰는 지금도 미국 전역에서 캠퍼스로 돌아오고 있는 미국인들, 특히 젊은이들에 대한 믿음이다.

오늘날의 환경보호주의

지금까지 자연에 미치는 기업의 영향을 통제하는 주된 접근법들이 오늘날의 환경보호주의라고 생각할 수 있다. 나는 이 분야에서 교수 경력을 쌓았다. 다른 사람들처럼 나도 환경단체의 발족을 도왔고, 연방환경법의 강력한 시행을 위해 법정에서 싸웠으며, 하원에서 로비 활동과 증언을 하기도 했다. 나는 환경 분야의 두뇌집단을 이끌며 정부와 각종 단체들을 위해 온갖 권고안을 쏟아냈다. 전 세계를 돌아다니며 국제회의와 협약 체결 협상에 참여했다. 그동안 지미 카터Jimmy Carter 전 대통령의 백악관 환경 문제 보좌관과 유엔 산하 국제개발기구 UNDP의 사무총장을 역임하기도 했다. 나의 전작 『아침의 붉은 하늘 : 환경 위기와 지구의 미래Red Sky at Morning: America and the Crisis of the Global Environment』에 대한 서평을 실은 《타임Time》은 나를 "최고의 내부자"라고 부르기도 했다.[1] 내부란 아마도 오늘날 환경보호주의의 내부를 뜻하리라.

이제 나도 일선에서 물러날 때가 다 되어 간다. 그런데 이제 와서 내가 이룬 것들을 되돌아보니 조금도 행복하지 않다. 물론 중요한 성과도 많이 거두었다. 공기와 수질 오염과 같은 지역 환경 문제에서 거둔 성과를 포함해 몇 가지는 앞으로 살펴볼 것이다. 하지만 전반적으로 오늘날의 환경보호주의는 제대로 굴러가고 있지 않다. 우리는 전투에 서는 이겼다. 그중에는 꽤 대단한 승리도 있었다. 하지만 전쟁에서는 지고 있다.

기후 변화에 대한 미국 대중의 관심이 나날이 높아져 가면서 상황은 다시금 희망적으로 보인다. 그런 모습을 보면 흐뭇한 마음을 금할 길 이 없다. 미국은 기후 문제의 정치에서 중요한 정점을 통과했다. 이제 부터는 아무도 기후 문제를 무시할 수 없을 것이다. 2006년 선거와 앨 고어Albert Arnold Gore Jr.의 『불편한 진실An Inconvenient Truth』이 나온 후부터 하원에는 기후 변화를 해결하려는 법안들이 봇물 터지듯 쏟아지고 있 다. 개중에는 환경 문제를 위해 의욕을 불태우는 인상적인 법안들도 있다. 미국의 여러 주와 도시는 그 어느 때보다 기후 변화와 에너지 문 제에 관심을 쏟고 있다. 대체 가능한 에너지를 사용하고, 시민들이 동 참하며, 재계가 환경 문제에서 솔선수범을 보이고 있다. 환경운동가들 이 최근에 힘을 모아 처음으로 전국적인 기후 법안을 요구하고 나섰 다.[2] 미국의 산업과 금융 부문에서도 전에 없던 속도로 친환경 조치를 취하기 시작했다.

이 순간을 그 얼마나 염원했던가. 그러므로 이런 성과를 폄하하려는 생각은 조금도 없다. 오히려 한껏 고무되어 있다. 이 순간에 빠져들어 만끽하기는 쉽다. 하지만 미국이 효과적인 전국 기후 프로그램과 지속 가능한 에너지 정책의 틀을 추진하려면 얼마나 더 많은 노력을 기울여 야 할지 잊어서는 안 된다. 게다가 교토 기후 협약을 대체할, 새로운 협약을 위한 국제적인 합의를 도출해 내기 위해 국제 공동체가 또 얼마나 오랫동안 회의에 회의를 거듭해야 할지도 잊어서는 안 된다. 온실가스 방출량을 줄이려는 현실적인 노력은 아직 시작조차 되지 않았다. 지금과 같은 위기가 찾아오기까지 얼마나 걸렸는지 잊어서는 안 된다. 무시로 일관한 지 겨우 25년 만에 세계는 지구 파멸의 위기에 봉착했다. 재앙에 가까운 기후 혼란climate disruption이 마침내 사람들의 인식을 바꾸기 시작한 것 같지만 이 문제에 버금가는 심각한 문제들은 여전히 사람들의 관심 밖에 내팽개쳐져 있다.

감히 말하건대 뭔가 잘못되고 있다. 지금까지 환경운동가들은 대부분 체제 내에서 활동했다. 그런데 이 체제가 제대로 작동하지 못하고 있다. 주류 환경단체는 대체로 "최고의 내부자"였다. 하지만 환경단체가, 아니 우리 모두가 체제를 박차고 나와 현재의 상황을 철저하게 검토해 보아야 할 때가 되었다.

우리 모두는 파괴하기도 하고 보상하기도 하는 복잡한 체제에 의해 틀이 잡힌 삶을 살고 있다. 앞으로 설명하겠지만, 그 체제는 환경적 · 사회적 · 정치적으로 바람직하지 않은 현실을 만들어내고 있다. 이 체제를 개선하려면 체제가 예측할 수 있는 삶의 방식을 버리고 변화의 전도사가 되어야 한다. 변화하려면 우선 우리에게 영향을 미치는 구조들을 이해하고, 새로운 방향을 정립하고, 그 방향으로 사회를 이끌어 갈 힘을 길러야 한다. 조지 버나드 쇼George Bernard Shaw는 '모든 진보는 이성적으로 되지 않는 것에 달려 있다.'는 유명한 말을 남겼다. 이제 세계의 시민들이 전혀 이성적이지 않은 일을 시작할 때가 되었다.

이정표들

지금 당장 해야 할 일과 그 일을 해야만 하는 이유를 살펴보기 전에, 내가 왜 이 책을 쓰게 되었는지부터 설명하겠다. 먼저 이 책에서 소개하는 방안들 중에는 논란이 될 만한 것들이 많으며, 최소한의 성공에 만족하는 경향이 있는 정부가 보기에 못마땅한 것도 있을 것이다. 하지만 미국은 지금 여러 측면에서 깊은 곤경에 빠져 있다. 미국이 앓고 있는 중병을 치유하고 싶다면 강력한 약을 써야만 한다. 그렇다면 효과적인 정부 개입을 결코 배제할 수 없다. 환경과 사회적으로 해로운 결과를 바로잡을 수 있는 민주적 방편들을 스스로 포기하는 것은 말이 안 된다. 영리한 정부는 파괴적이고 거만하지 않다. 오히려 진정한 의미의 통치를 한다.

오늘날의 환경 정책과 정치는 너무 약한 약만 처방하고 있다. 그러므로 전반적인 환경 분야에 대한 적절한 시각이 매우 절실하며 이 시각을 바탕으로 더 근본적인 변화를 위한 방안을 마련해야 한다. 이런 방안들이 비현실적이거나 정치적으로 너무 순진한 발상이라고 하는 사람이 있다면 나는 이렇게 응수할 것이다. 우리는 비현실적인 해답이 필요하다고 말이다. 비현실적인 해답들은 우리가 처한 조건을 반영한 것에 지나지 않는다. 일부 해답들은 과격하거나 억지스럽게 여겨질 수도 있다. 그렇다면 내일까지 기다려보라. 그러면 유토피아적인 것이 일상적인 것이고, 오히려 완전히 새롭고 다른 것을 창조하는 것이 현실적으로 필요한 일이라는 것이 확실해질 테니 말이다.[3]

원래 책을 쓰려면 주제에 대해 철저하게 공부한 후에 써야 한다. 미리 실토하지만 나는 그렇지 못하다. 나는 지금도 해답을 찾고 있으므로 독자들도 나와 함께 해답을 찾아보기 바란다. 특히 젊은이들이 이 해답을 찾는 일에 적격이다. 왜냐하면 이 문제는 신선한 시각과 참신한 사고방식, 심지어 신조어까지 필요하기 때문이다.

이 책이 다루는 내용은 무척 광범위하다. 이 책에서 다루는 분야를 모두 아우를 수 있는 전천후 전문가가 과연 있을까. 그래서 나는 깊이 대신 폭을 선택했다. 이 책의 주제가 요구하는 관점을 다른 방식으로는 도저히 전할 수 없을 것 같아서다. 어쨌든 나로서는 그렇게 광범위한 분야를 자유자재로 넘나든다는 것이 대단한 도전이었다. 분명 어떤 부분에서는 실수도 저질렀을 것이다. 그러니 그런 부분은 너그럽게 넘어가 주기 바란다.

나는 수많은 학자들의 글을 이 책에 인용하고 발췌했다. 수많은 학자들과 논평가들의 글을 읽고 해답을 찾는 것이 헛수고라고 생각하는 사람도 있을 것이다. 오히려 현실에서 답을 찾아야 한다고 말이다. 이런 생각도 일리는 있지만 핵심을 제대로 짚었다고 할 수 없다. 일반적으로 현실은 부정적인 변화가 얼마나 많이, 그리고 빨리 다가오고 있는지 제대로 알지 못한다. 그렇기 때문에 도처에서 진행되는 소규모 실험들을 제외하면 아직도 찾아야 할 해답이 많다. 우리는 지금 현실을 탈피해 (실행하기) 힘들고 까다로운 아이디어를 내 놓고 혁신적인 변화를 제안하는 사람들의 의견에 귀를 기울여야 한다.

어떤 경우에도 아이디어의 힘을 잊으면 안 된다. 케인스John Maynard Keynes는 『고용 · 이자 및 화폐의 일반이론The General Theory of Employment, Interest and Money』에서 이렇게 지적했다. "경제학자들과 정치 사상가들의 아이디어는 옳고 그름에 상관없이 일반적으로 이해되는 아이디어보다 훨씬 강력하다. 자신만은 지성인들의 영향을 전혀 받지 않는다고 생각하는 현실적인 사람도 대개는 폐기 처분된 경제학자의 노예이다."[4]

밀턴 프리드먼Milton Friedman은 위대한 경제학자이자 대단한 변호사였다. 그의 의견 중에는 내가 동의하지 않는 것도 많다. 하지만 그의 아이디어의 중요성과 아이디어를 설파하던 방식 덕분에 많은 사람들의 관심을 받을 수 있었다. 그는 이렇게 썼다. "진짜든 허구든 위기만이 진짜 변화를 이끌어낸다. 위기가 발생했을 때 어떤 행동을 취할지는 주변의 아이디어에 달려 있다. 그것이 바로 우리가 해야 할 일이다. 기존의 정책을 대체할 수 있는 대안을 개발해야 한다. 정치적으로 불가능한 일이 정치적으로 필연적인 일이 될 때까지 그 대안을 생명력 있고 언제든지 적용할 수 있도록 유지해야 한다."[5]

지금 젊은 세대가 앞으로 이 세상을 물려받을 것이다. 내가 제일 좋아하는 옷깃 단추에는 이런 글귀가 새겨져 있다. "온순한 사람이 준비되어 있다." 지구를 물려받을 사람이 온순한 성격인지는 모르겠지만, 지금의 젊은이들인 것만은 확실하다. 이 책이 그들의 준비에 도움이 됐으면 좋겠다.

책 한 권에 모든 내용을 담을 수는 없다. 그래서 이 책에는 개발도상국보다 선진국에 닥친 문제를 훨씬 더 많이 실었다. 나는 평생을 유엔 산하기구와 여러 단체를 통해 국제 개발과 빈곤 문제 해결을 위해 활동했다. 그러므로 선진국만큼이나 개발도상국의 상황에도 눈을 뗄 수 없지만 이 책만큼은 아니다. 『아침의 붉은 하늘』에서 나는 개발도상국에 지속 가능하고 인간이 중심이 된 개발이 절박하게 필요하며, 가난과 인구의 압박을 한시바삐 낮추어야 한다고 주장했다. 또한 이러한 과제를 해결하기 위한 노력과 환경 문제를 해결하는 노력 사이의 관계를 조명해 보았다. 하지만 이 책에서는 다르다. 가령 소비를 설명한다면 가난한 사람들의 과소 소비가 아니라 부자들의 과잉 소비에 초점을 맞춘다. 케인스가 예측한 "경제 문제"가 해결되는 시점에 도달했는지에 대해 분석할 때도 가난한 사람이 아니라 부자들의 문제를 물을 것이다.[6]

나는 이 책에서 매우 부유한 국가인 미국의 문제를 집중적으로 다룬다. 미국은 단순한 강대국이 아니라 전 세계에 강력한 영향력을 미치는 국가다. 미국 정부와 기업들은 국제 교역과 경제의 세계화를 이끌고 있다. 미국과 선진국들이 자국의 문화와 기준을 확산시키고, 국내외에서 경제 성장을 이끌며 나머지 세계에 대한 삶의 조건을 정하고 있다. 세계는 우리가 문제의 해답을 제시해주기를 기대한다. 하지만 우리 미국인들에게는 그럴 만한 역량이 없다. 게다가 여기서 살펴볼 여러 문제들에 대한 미국의 현실은 다른 개발도상국과 별반 다르지 않다. 미국의 개인주의, 소비주의, 시장의 힘 인정, 자본주의와 세계화에 대한 집착, 사회와 공공복지의 부족 등 여러 면에서 미국은 현재 극단적인 자본주의를 향해 나아가고 있다. 지금 나열한 것들에서 답을 찾을 수 있다면 답은 어디서든 찾을 수 있을 것이다.

『아침의 붉은 하늘』에서도 전 지구적 규모의 환경 문제를 살펴보았다. 이때는 초점을 국제 사회가 해야 할 일, 특히 미국이 국제 사회의 책임 있는 일원으로 해야 할 일에 맞추고 강력한 협정과 세계환경기구 World Environment Organization와 같은 국제 환경단체를 설립하라고 촉구했다. 이 책에서는 거기서 더 나아가 이 세상을 이끄는 세력과 시급한 조치를 더 깊고 날카롭게 분석해보았다. 국제 협정과 협력으로도 많은 문제를 해결할 수 있겠지만, 국가와 지역의 수준에서도 유익한 해결책을 모색해 볼 수 있다. 지구적 규모의 환경 위협은 국가와 지역에서 그 원인을 제공하기 때문이다.

　마지막으로, 사람들은 자신의 가치관에 따라 행동하기 마련이다. 간혹 가치관에 맞지 않게 행동할 때도 있지만 어쨌든 나도 나만의 가치관이 명확하다. 사회 문제에 있어서 사람들의 가치관을 개선하기는 쉽지 않다. 그러나 사람들이 건전한 가치관을 세우고 그 가치관의 적용 대상을 점점 확대해 나가다보면 미래 세대와 이곳에서 우리와 함께 살아 온 생명들에 대한 환경윤리를 위한 근거가 된다. 미래 세대에 대한 사회의 의미는 다음 문장이 잘 표현했다. '우리는 이 지구를 조상으로부터 물려받은 것이 아니라 후손으로부터 빌려온 것이다.' 지구상의 다른 생명체에 대한 인간의 의무는 내가 학장으로 있는 학교가 배출한 가장 유명한 졸업생인 알도 레오폴드Aldo Leopold의 글에 확실하게 나와 있다. 그는 『모래 군의 열두 달A Sand County Almanac』에서 이렇게 썼다. "생태계 본래의 상태, 안정성과 아름다움을 보존하려는 것은 옳다. 이와 다른 것을 추구하는 것은 그르다."[7] 후손에게 폐허가 된 세상을 물려주고 다른 생명체의 보금자리이기도 한 세상을 파괴하는 행위는 환경윤리학의 두 가지 핵심 규칙을 위반하는 것이다. 우리의 의무는 위의 두 가지와 정반대되는 것이다. 즉, 현대의 삶을 지배하는 동시대 중심주의contempocentrism와 인간 중심주의anthropocentrism에서 벗어나기 위해 투쟁하는 것이다.

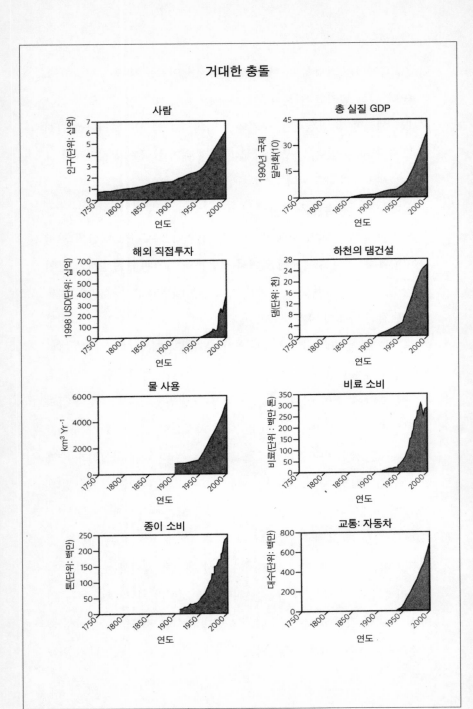

거대한 충돌

사람
인구(단위: 십억)

총 실질 GDP
1990년 국제 달러화(10)

해외 직접투자
1998 USD(단위: 십억)

하천의 댐건설
댐(단위: 천)

물 사용
$km^3\ Yr^{-1}$

비료 소비
비료(단위 : 백만 톤)

종이 소비
톤(단위: 백만)

교통: 자동차
대수(단위: 백만)

연도

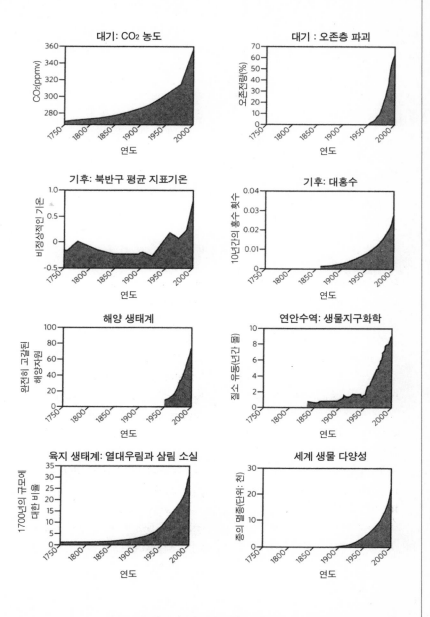

대기: CO2 농도

대기 : 오존층 파괴

기후: 북반구 평균 지표기온

기후: 대홍수

해양 생태계

연안수역: 생물지구화학

육지 생태계: 열대우림과 삼림 소실

세계 생물 다양성

(출처: W. 슈테픈 외, 『지구적 변화와 지구 시스템*Global Change and the Earth System*』, 2005)

두 세계 사이에서

이 책에 실은 그래프들은 인류가 자연에 무슨 짓을 하고 있는지 적나라하게 보여준다.[1] 양상은 명확하다. 우리가 속도를 높이면 아마 세계 경제는 지구에 부딪혀 결국 대충돌이 발생할 것이다. 운석이 떨어진 것처럼 그 충격은 상상을 초월할 것이다. 경제 성장이 제공하는 물질적 축복을 위해, 질병과 빈곤을 피하기 위해, 우리들의 최고의 문명에 빛나는 모든 영광을 위해 자연을 희생한 비용, 자연의 영광을 내팽개친 비용은 엄청날 뿐 아니라 비극적인 손실이다.

세계의 열대우림과 온대림의 절반이 사라지고 없다.[2] 열대지방에서 삼림이 사라지는 속도는 초당 1에이커에 육박한다.[3] 습지의 반과 홍수림의 3분의 1이 사라졌다.[4] 대형 어류의 90퍼센트가 멸종했으며, 해양 수산자원의 75퍼센트가 남획되거나 한계에 다다를 정도로 어획되고 있다.[5] 산호초의 20퍼센트가 사라졌고 20퍼센트는 멸종 위기에 처해 있다.[6] 동식물종이 평소보다 1천 배나 빠르게 멸종되고 있다.[7] 공룡이 멸종된 이후 6,500만 년 동안 이렇게 많은 동식물이 멸종된 때는 없었다.[8] 건조한 지역의 농경지 절반이 토질 악화와 사막화에 시달리고 있다.[9] 우리는 잘 분해되지 않는 유독성 화학물질 수십 종에 둘러 싸여 있다.[10]

인간은 자연계 전반에 걸쳐 영향을 주고 있다. 지구의 오존층은 변화가 감지되기 전에 이미 심하게 고갈되어 있었다. 인간은 지구에서 생성되는 이산화탄소의 3분의 1 이상을 대기로 방출하고, 이로 인해 위험한 온난화와 기후 혼란이 이미 시작되었다. 전 세계에서 빙하가 녹고 있다.[11] 산업화 과정은 질소를 고정해서 생물학적 활성 상태로 만드는데, 자연에서 일어날 때와 같은 속도로 일어난다. 그로 인한 과영양화로 바다에는 아무도 살 수 없는 데드존dead zone이 200곳이 넘는다.[12] 인간은 자연의 광합성 산물의 40퍼센트를 매년 소비하거나 파괴해서 다른 종들이 쓸 것마저 빼앗고 있다.[13] 담수 취수량은 1960년에서 2000년 사이에 전 세계적으로 2배나 증가했다. 사용할 수 있는 유거수流去水의 반 이상에 해당된다.[14] 콜로라도 강, 황하 강, 갠지스 강과 나일 강 등은 건기에는 강물을 따라가도 더 이상 바다에 도착하지 못한다.[15]

현재 여러 나라가 두 세계를 연결하는 길을 따라 재앙의 한가운데까지 들어와 있다. 뒤로는 우리가 잃어버린 세계가, 앞으로는 우리가 만들어 나갈 세계가 기다리고 있다.

우리가 잃어버린 야생의 세계가 얼마나 풍요로운지는 이루 헤아릴 수 없다. 과거의 미국에 대해 무엇을 생각할 수 있을까? 1492년 콜럼버스가 아메리카 대륙을 발견하기 전의 세계, 루이스Meriwether Lewis와 클라크William Clark가 서부를 개척하던 세계, 제임스 오듀본James Audubon이 박물학자로 활동하던 세계. 당시 자연은 거대했지만 우리 인간은 왜소했다. 태곳적부터 존재했던 거대한 삼림이 대서양에서 미시시피까지 뻗어 있었고, 대양은 물고기로 가득하며, 맑은 하늘은 말 그대로 새떼로 까맣게 뒤덮였다. 윌리엄 매클리시William MacLeish는 『미국 이전의 세상The Day before America』에서 1602년에 한 영국인이 자신의 일기에 물고기가 너무 많아 자신들이 바다 밑바닥에 와 있는 것이 아닐까 생각했다고 썼다고 했다.[16]

오듀본은 엄청나게 많은 나그네비둘기 떼의 이동과 자연의 천적들과 인간의 탐욕을 생생하게 묘사했다.

"동이 트기 전에는 비둘기가 거의 보이지 않았다. 하지만 말과 마차를 타고 총과 탄약을 챙긴 엄청난 수의 사람들이 이미 야영지를 만들었다. …(중략)… 갑자기 '저기 온다!'라고 외치는 함성이 터져 나왔다. 먼 곳에서 들리는 비둘기 소리는 포효하는 바다의 파도 소리 같았다. …(중략)… 새떼가 도착해 내 머리 위를 날아갔다. 순간 공기의 흐름이 생생하게 느껴져 섬뜩했다. 순식간에 비둘기 수천 마리가 장대를 든 사람들에 의해 후두둑 땅에 떨어졌다. 그래도 새들의 급류는 여전히 불어나고 있었다. …(중략)… 수천 마리씩 도착하는 비둘기들이 사방에 차례로 내려앉았다. 거대한 덩어리가 된 듯한 비둘기 떼가 사방에 나무마다 보였다. …(중략)… 비둘기들의 우렁찬 소리가 ……. 밤새 들렸다. …(중략)… 아침이 밝아오자 소리는 잦아들었다. …(중략)… 마침내 늑대의 울음소리가 들렸다. 여우, 스라소니, 쿠거, 곰, 너구리, 주머니쥐, 긴털족제비 등이 은신처에서 슬그머니 기어 나왔다. 한편 하늘에서는 다양한 종류의 독수리와 매가 떼 지어 나타나 사냥을 하고 포식을 했다. 이 약탈을 시작한 주동자들이 죽은 비둘기, 죽어가는 비둘기, 난도질당한 비둘기들 사이로 입장하기 시작한 것은 바로 이때였다. 사람들은 비둘기를 주워 쌓아올렸다. 각자가 주울 만큼 주운 후 돼지들을 풀어 남은 것을 먹어치우도록 했다.”[17]

나그네비둘기는 1914년 신시내티 동물원을 마지막으로 지구상에서 자취를 감추고 말았다. 그로부터 몇십 년 후 삼림학자이자 철학자인 알도 레오폴드는 어떤 행사에서 이 일에 관해 이런 연설을 했다.

“우리는 비탄에 잠겨 있습니다. 이제 그 누구도 다시는 숲과 평원에서 도망치는 겨울을 쫓아 3월의 봄 하늘을 의기양양한 모습으로 맹렬하게 날아오는 새들의 무리를 볼 수 없기 때문입니다. …(중략)… 아직도 살아 있는 사람들은 어릴 때 본 비둘기를 기억합니다. 아직도 살아 있는 나무들은 과거에 살아 있는 바람으로 온 몸을 떨었을 겁니다. …(중략)… 책과 박물관에는 언제나 이 비둘기가 있겠지요. 하지만 그것은 모두 박제이며 그림일뿐입니다. 모든 역경과 즐거움을 겪고 이제는 죽은 비둘기 말입니다. 책 속의 비둘기는 구름에서 불쑥 튀어나와 사슴이 놀라 도망가게 만들거나 숲 속에서 날개를 퍼덕거려 천둥 같은 소리를 낼 수도 없을 겁니다. 또한 미네소타에서 갓 거둔 밀로 아침을 먹고 캐나다에서 블루베리를 저녁으로 먹을 수도 없습니다. 그들은 계절의 변화도 모르지요. 햇살의 입맞춤도 매서운 칼바람과 악천후도 알리가 없습니다.”[18]

인간 사회는 두 세계를 빠르게 이동하고 있다. 움직임은 느려지기 시작했지만 여전히 눈앞에 놓인 세계를 향해 허겁지겁 달려가고 있다. 과거의 자연 세계는 계속 있지만 우리는 그 세계와 인연을 완전히 끊었다. 이제 그 세계는 예술 작품과 상상 속에나 존재하며 그나마도 사라지고 있다.

경제역사가인 앵거스 매디슨Angus Maddison에 따르면 1000년에 지구의 인구는 고작 2억 7,000만 명이었다. 현재 미국의 인구보다도 적은 숫자이다. 세계 경제의 생산량은 1,200억 달러에 지나지 않았다. 그로부터 800년 후에도 사람이 만든 세계는 여전히 작았다. 1820년 즈음 세계 인구는 10억으로 늘었지만 경제의 생산량은 6,900억 달러에 불과했다. 800년 동안 1인당 소득은 1년에 겨우 200달러 정도 늘었다. 하지만 그후부터 비약적인 성장이 시작되었다. 2000년에 인구는 50억이 더 늘었으며 놀랍게도 경제 생산량은 40조 달러가 넘었다.[19] 성장은 계속되고 있다. 세계 경제의 규모는 1960년 이후로 2배로 성장했고 곧 다시 2배로 늘어날 것이다. 세계의 경제 활동은 50년 후면 다시 4배가 될 것이다.

역사가인 J.R.맥닐McNeil은 20세기 인간 활동의 비약적인 확대를 강조했다. 인류가 과거와 단절하고 미증유의 속도로 달리기 시작한 것은 20세기에 들어, 특히 2차 대전이 끝나고부터다. 맥닐은 이러한 기하급수적인 세기가 "경제, 인구 및 에너지 분야에 가해진 제약과 위태로운 안정을 날려버렸다."고 주장한다. 그는 또 "환경의 역사에서 20세기는 생태계의 변화를 유발하는 수많은 과정이 미친 듯한 속도로 일어났다는 점에서 특별한 세기"라고 했다.[20] 우리는 지금 1900년의 세상과도,

심지어는 1950년의 세상과도 완전히 다른 풍요의 세상에서 살고 있다.

물리학자들은 운동량에 대한 정확한 개념을 가지고 있다. 그들에게 운동량이란 질량 곱하기 속도이다. 속도는 단순히 빠르기가 아니라 방향의 개념도 포함한다. 현재 세계 경제에는 엄청난 운동량이 결집되어 있다. 규모도 엄청나지만 속도도 점점 빨라지고 있다. 그런데 그 엄청난 힘이 어느 방향으로 가고 있을까?

나는 서재에 앉아 이 책을 쓰면서 60센티미터 높이로 쌓여 있는 책더미를 물끄러미 바라보았다. 모두 같은 주제의 책인데, 그 주제는 별로 깊이 생각하고 싶지도 않다. 이 책들의 제목만 봐도 무슨 주제인지 알 수 있다.[21]

저자 - 보수적 법학자, 리처드 A. 포스너Richard A. Posner, 『대재앙 : 인류는 대재앙의 위험에서 살아남을 것인가? Catastrophe : Risk and Response』

저자 - 영국 왕립학회 회장, 마틴 리스Martin Rees, 『우리에게 남은 마지막 한 시간 : 공포, 실수와 환경재난이 어떻게 인류의 미래를 위협하는가Our Final Hour: How Terror, Error and Environment Disaster Threaten Humankind's Future』

저자 - 유명한 미국 학자, 제레드 다이아몬드Jared Mason Diamend, 『문명의 붕괴 : 과거의 위대했던 문명은 왜 몰락했는가? Collapse : How Societies Choose to Fail or Succeed』

저자 - 영국 과학자, 제임스 러브록James Lovelock, 『가이아의 복수 : 가이아 이론의 창시자가 경고하는 인류 최악의 위기와 처방전Revenge of Gaia : Earth's Climate Crisis & the Fate Humanity』

저자 – 미국 전문가, 제임스 하워드 컨슬러James Howard Kunstler, 『기나긴 비상 사태 : 석유 고갈, 기후 변화와 21세기의 온갖 재앙에서 살아남기*The Long Emergency: Surviving the End of Oil, Climate Change, and Other Converging Catastrophes of the Twenty-first Century*』

저자 – 미국 분쟁전문가, 마이클 T. 클레어Michael T. Klare, 『자원의 지배 *Resource Wars : The New Landscape of Global Conflict*』

저자 – 호주의 외교관 겸 역사가, 콜린 메이슨Colin Mason, 『2030 멸망 : 지구 멸망 카운트다운*The 2030 Spike: The Countdown to Global Catastrophe*』

모두 시중 서점에 나와 있는 "붕괴" 관련 책들이다. 저자들은 이 세상이 붕괴, 재앙 혹은 파멸의 길로 가고 있다고 생각한다. 이들은 인구 증가, 석유 고갈과 에너지 공급 문제, 경제와 정치적 불안, 테러리즘, 핵 확산, 21세기 기술의 위험성과 같은 다양한 위기 상황으로 인한 스트레스와 더불어 기후 변화와 각종 환경 위기를 악마가 만드는 맥주의 주요 연료로 생각한다. 어떤 이들은 우리가 지금이라도 변하면 미래는 더 이상 암울하지 않을 것이라고 생각한다. 반대로 새로운 암흑시대가 펼쳐질 것이라고 생각하는 사람들도 있다. 마틴 리스 경卿은 "인류 문명이 이번 세기 말까지 생존할 가능성은 반반에도 못 미친다."고 했다.[22] 개인적으로 나는 그 정도로 최악은 아닐 것이라고 생각한다. 하지만 리스 경은 사려 깊은 분이다. 그러므로 어떤 경우든 위와 같은 책에 제시된 의견을 무시하는 것은 바보 같은 짓이다. 그들은 앞으로 일어날 수 있는 사태에 대해 솔직하게 경고하고 있기 때문이다.

수십 년 동안 전문가들의 경고와 각고의 노력에도 불구하고 기후 혼란, 생태계 황폐화와 유해물질의 축적이 급속도로 진행되는 상황은 엄중한 징벌이다. 그렇다면 무엇에 대한 징벌이란 말인가? 오늘날의 파괴적인 경향을 되돌리고 더 이상의 대규모 손실을 막아 풍요로운 세상을 후손에게 물려주고 싶다면, 우리는 기본으로 돌아가서 이러한 파괴적인 경향을 뒤에서 조종하는 근원과 이 근원이 마음껏 날뛰도록 조장하는 경제와 정치 시스템을 정확하게 파악해야 한다. 그런 후에야 이 시스템을 바꾸기 위해 무엇을 해야 할지 생각해 볼 수 있다.

현재 환경 파괴를 유발하는 근본 원인은 확실하게 밝혀져 있다. 인구의 급격한 성장과 경제 생활에 활용하는 최신 기술과 같은 직접적인 원인부터 우리의 행동을 형성하고 인생에서 소중한 것을 판단하게 하는 가치관처럼 좀 더 심오한 것까지 다양하다. 기본적으로 우리는 환경오염이 인류의 경제 활동에서 비롯되었다는 사실을 잘 알고 있다. 현재 세계 인구의 절반이 극빈층이거나 그에 가까운 힘든 생활을 하고 있다. 이들의 하루 소득은 2달러도 채 되지 않는다. 가난한 사람들의 살기 위한 몸부림은 환경에 영향을 미치고 거꾸로 가난한 사람들 자신이 환경 파괴에 주요 피해자가 된다. 이를테면 농사 외에는 다른 생계 수단이 없는 사람들의 수가 급증하면서 건조 토양과 반건조 토양의 토질은 더욱 악화된다.

하지만 훨씬 더 대규모이며 심각한 영향은 점점 더 풍요로워지는 현대의 세계 경제에 참여하고 있는 우리의 경제 활동에서 비롯된다. 이 활동은 엄청난 양의 자연 자원을 소비하고 그 과정에서 발생하는 막대한 양의 폐기물을 자연에 돌려준다. 그로 인한 피해는 이미 어마어마한 수준이며 급기야 우리의 미래를 파멸로 이끌고 있다. 그러므로 오늘날 세계 각국이 직면한 근본적인 문제는 바로 이것이다. 현대 세계 경제를 운영하는 원칙들이 어떻게 바뀌어야 자연을 보호하고 이전 상태를 회복할 수 있을까?

거의 예외 없이 세계 경제를 운영하는 체제는 현대 자본주의다. 나는 이 책에서 "현대 자본주의"라는 표현을 이상적인 모델이 아니라 현재 우리가 운용하는 정치 경제 시스템이라는 광의의 의미로 사용할 것이다. 현재의 자본주의는 민간 고용주가 노동자를 고용해서 재화와 용역을 생산하며, 고용주는 생산품을 소유하고 이를 팔아 이윤을 올리는 핵심적인 경제 개념을 포함한다. 하지만 그 외에도 경쟁이 일어나는 시장, 가격 메커니즘, 자본주의의 주요 제도인 현대 기업, 소비자 사회와 그것을 지탱하는 물질 만능주의 가치관, 다양한 이유로 경제력 강화와 성장을 적극적으로 추구하는 행정 당국 등이 포함되어 있다.

자본주의의 역학에는 이윤을 올리고, 그것을 투자하고, 혁신해서 경제를 기하급수적인 규모로 성장시키려는 강력한 동인이 내재되어 있다. 그 결과 자본주의 시대의 특징은 누가 뭐라 해도 세계 경제의 급격한 성장이 되었다. 자본주의 운영 체제는 여러 단점도 있지만 무엇보다 성장을 일구는 데는 일등공신이다.

오늘날의 자본주의를 만든 위와 같은 특성들은 바퀴처럼 맞물려 환경에 극도로 피해를 주는 경제와 정치적 현실을 만들어내고 있다. 온 사회가 경제 성장이라면 모든 것을 희생한다는 묻지마 식의 올인, 환경에는 도움이 안 되는 기술 개발에 퍼붓는 막대한 자본, 자신들이 창출한 환경 비용을 물지 않으면서까지 이윤을 챙겨 성장을 도모하는 것을 지상 과제로 삼는 거대 기업의 탐욕, 정부가 바로잡지 않으면 환경 비용을 끝내 인정하지 않을 시장, 기업의 이익과 성장 목표에 놀아나는 정부, 신상품을 숭배하고 교묘한 광고에 놀아나는 소비자 중심주의, 그 규모가 너무 거대해서 지구의 기본적인 생물 물리학적 작용들마저 바꿔 놓은 경제 활동 등이 맞물려서 성장밖에 모르고 지구의 생명 유지 능력을 훼손하고 있다.

그러므로 우리의 근본적인 과제는 지금 이대로의 자본주의를 혁신하는 것이다. 과연 그것이 가능하기는 할까? 가능하다면 구체적으로 무엇을 어떻게 해야 할까? 가능하지 않다면 어떻게 해야 할까? 이 책에서는 경제와 환경이 충돌하는 비극을 막을 수 있는 예방조치들을 다양하게 소개하는 데 지면을 많이 할애하고 있다. 이러한 예방책들은 기존의 환경 운동의 틀을 벗어난다.

1장에서 3장까지의 1부에서는 방금 설명한 근본적인 변화를 이끌어 낼 수 있는 토대를 설명했다. 핵심 결론들을 아주 간결하게 다음과 같이 정리해 보았다.

• 20세기부터 지금까지 계속되고 있는 경제 활동의 막대한 확장은 작금의 환경 파괴의 압도적인 (하지만 유일한 것은 아닌) 원인이다. 그런데 세계 경제는 이제 통합과 세계화에 박차를 가하며 미증유의 성장을 준비 중에 있다. 이러한 성장의 동력은 현대 자본주의, 더 정확히 말하자면 다양한 형태의 자본주의들이다.

• 오늘날의 자본주의와 결합하여 서로 상생하고 있는 세력들은 환경의 지속 가능성을 훼손하는 경제 활동을 자행하고 있다. 이는 정치적 실패의 결과이기도 하다. 즉, 실패한 정치 때문에 아무도 지불하려 들지

않는 시장 외nonmarket 환경 비용을 발생시키는 시장의 실패가 전 세계로 확산되고 있으며, 환경에 극히 해로운 보조금이 지불되면서 시장의 실패를 더욱 가중시키고 있기 때문이다. 그 결과 자본주의의 시장 경제는 엉터리 시장 신호를 바탕으로 운영되며 이를 바로잡을 제도마저 미비해 환경은 더욱 파괴될 뿐이다.

• 결론적으로 각국은 지금, 규모와 정도 면에서 한 번도 경험하지 못한 환경 위기에 처해 있다. 또한 다양한 재앙, 파멸과 붕괴가 발생할 가능성이 높아지고 있으며, 특히 환경 문제는 사회적 불평등과 긴장, 자원의 희소성과 각종 사회 문제와 연결되어 있다.

• 오늘날의 주류 환경 운동의 특징은 점진적이고 실용적인 "문제 해결" 방식이라 말할 수 있다. 그런데 이 접근법은 현재의 위기 상황을 해결하기 힘들며, 앞으로 다가올 더 심각한 문제에 대처할 수 없다는 사실이 증명되었다. 여러 한계에도 불구하고 현대 환경 운동이 추구하는 접근법은 여전히 주효하다. 즉, 그들은 지금 쥐고 있는 도구를 활용해 시급한 여러 문제들을 한시바삐 해결해야 한다.

• 2004년을 기준으로 55조 달러에 육박한 생산량, 급속도로 성장하며 환경 재앙으로 돌진하는 현재 시스템의 기세는 너무나 대단하기 때문에 보통의 힘으로는 도저히 운동 방향을 변경할 수 없다. 그러므로 오늘날 파괴적인 성장을 유발하는 근본 원인을 뿌리째 뽑아내고, 경제 활동을 환경 친화적이고 환경을 복원할 수 있는 방향으로 바꿀 조치 마련이 시급하다.

내가 수없이 탐구한 끝에 도달한, 결코 마음에 들지 않는 결론은 이렇다. 환경 파괴의 주범은 현대 자본주의의 철저한 실패의 결과이며 장기적인 자본주의의 주요 특성을 혁신적으로 바꾸어야 한다.

2부에서는 현대 자본주의의 기본적인 특징을 서술하며 각각의 특징에 따라 시급한 혁신적인 변화를 규명해 보았다.

4장 〈시장〉에서는 역사적 패턴을 거꾸로 훑어가면서 시장을 환경에 이롭게 작용하도록 변화시켜야 할 필요성을 알아보았다. 특히 신고전주의 환경경제학을 진지하게 고찰해야 할 필요성을 강조했다. 그리고 경제학에서 강조하는 환경 비용을 고려한 정확한 가격과 그 외의 시장 신호 바로잡기를 살펴보고, "시장 제국주의"와 과도한 상품화를 억제해야 할 필요성도 알아보았다.

5장 〈경제 성장〉에서는 "성장 숭배주의"와 생태경제학 분야를 집중적으로 조명했다. 이와 함께 끝없는 경제 성장 추구에 대한 비판과, 이미 적정한 수준 혹은 지속 가능한 수준을 넘어섰을지도 모르는 선진 산업 경제에 대해서도 살펴보았다. 자연도 공동체도 우선적인 성장을 위해 희생되지 않는 "후기 성장 사회"에 대해서도 알아보았다.

6장에서는 오늘날 선진국의 경제 성장이 물질적으로 인간의 행복과 삶의 대한 만족도를 증진시키지 않으며, 심화되는 사회적 욕구와 문제의 해결책을 제시하는 데도 역부족이라는 주장들에 대해 알아보았다. 하루빨리 관심을 기울여야 할 이러한 사회적 문제를 직접적으로 해결할 수 있는 (물질적 부의 증가를) 대체하는 방안들이 시급하다.

7장 〈소비〉에서는 현대 선진국에 팽배한 물질 만능주의와 소비자 중심주의를 살펴보고, 녹색 소비와 더 단순한 삶을 장려할 수 있는 방법을 모색해 보았다.

8장 〈기업〉에서는 현대 기업이 휘두르는 지배와 권력에 도전을 시도했다. 또한 소위 반세계화 운동의 활동과 기업 역학을 전환할 수 있는 방안을 모색했다.

9장 〈자본주의의 핵심〉은 앞부분에 비해 좀 더 사변적이다. 자본주의와 사회주의를 뛰어넘는 체제가 존재할까? 존재한다면 현대의 자본주의를 뛰어넘는 비사회주의nonsocialist 체제의 특징은 과연 무엇이 있을까?

3부에서는 혁신적인 변화를 이끌어낼 수 있는 잠재적인 원동력 두 가지를 살펴보았다.

10장 〈새로운 의식〉에서는 사회의 가치관, 문화와 세계관에 전면적인 변화의 가능성을 점쳐보았다. 오늘날 우리 사회를 지배하는 가치관이 어떻게 사회와 환경을 고립시켰으며, 비물질적인 삶과 사람 대 사람 그리고 사람 대 자연의 친밀한 관계를 무엇보다 중시하는 새로운 인식을 이끌어낼 방법은 무엇인지 살펴보았다.

11장 〈새로운 정치〉에서는 필요 불가결한 새로운 민주주의 정치를 모색했다. 이 새 정치는 미국의 증가하는 정치적 불평등을 해결하고 무시되어 온 환경과 사회적 욕구를 포용하며 시급한 조치들을 지속적으로 진행할 수 있는 유일한 전제이다. 새로운 환경 정책을 수립하기 위해 시급한 조치들과 함께 강력한 민주주의라는 장기적 목표를 살펴보았다. 이러한 맥락에서 실질적인 변화를 꾀할 수 있는 대중 운동이 반드시 탄생해야만 한다.

종합해 볼 때, 이 책에서 제시한 방안을 실제로 실천할 수 있다면 우리는 현재의 자본주의를 뛰어넘을 수 있다. 자본주의의 재탄생인 자본주의가 아닌 다른 운영 체제를 만들어낼 것인가 하는 문제는 정의定義에 관한 문제이다. 결국 그 문제의 해답은 별로 중요하지 않다. 나 자신으로 말할 것 같으면 그게 사회주의이든, 중앙 집중 경제이든, 과거의 다른 패러다임이든 별로 관심이 없다. 로버트 달Robert Dahl이 조롱했듯이, "시장 자본주의를 대체하는 사회주의 계획은 역사의 쓰레기통으로 떨어지고 말았다."[23] 미래의 경제적인 측면에 대해 우리는 이러한 질문을 제기해야 한다. 어떻게 하면 경제적 힘이 지속 가능성과 자족을 추구하도록 만들 수 있을까? 활발한 민간 부문의 독창성, 혁신, 기업가 정신은 미래를 설계하고 건축하는 데 필수적이다. 이것들 없이 맨손으로 경제 위기와 사회적 문제들을 해결할 수 없을 것이다. 성장과 투자는 전반적으로 필요하다. 개발도상국의 성장은 지속 가능하고 인간 중심으로 이루어져야 한다. 미국에서는 너무나 적게 가진 사람들의 소득이 성장해야 한다. 다양한 차원에서 인간의 행복이 성장해야 한다. 그린 칼라(Green collar, 친환경사업을 주도할 노동자 – 옮긴이) 직업을 포함해서, 의미 있고 소득이 높은 일자리가 늘어야 한다. 천연자원과 에너지 생산성이 증가하고 자연자본의 재생산 투자도 늘려야 한다. 사회 및 공공 서비스와 공공 기반시설에 대한 투자도 늘려야 한다. 이외에도 성장이 필요한 곳은 많다. 이것들은 모두 우리가 성장을 추구해야 하는 분야이다. 그러므로 시장의 힘을 이러한 목표를 성취하는 데 쓰일 수 있도록 바꾸어야 한다. 5장에서 살펴보겠지만, "성장 이후 사회"조차도 여전히 성장이 필요한 부문들이 많다.

나는 폴 호큰Paul Hawken, 애모리 로빈스Amory Lovins와 헌터 로빈스 Hunter L. Lovins가 공동으로 쓴 『자연 자본주의Natural Capitalism』에서 주장한

새로운 경제를 위한 전략에 동감한다.

- 가치사슬Value Chain의 한쪽 끝에 위치한 자원 고갈 속도를 늦추고, 그 반대쪽에 위치한 오염을 줄일 수 있도록 자원의 생산성을 급격하게 증가시킨다.
- 산업 체제를 생물학적 체제와 흡사하게 바꾸어 폐기물이라는 개념조차도 아예 사라지도록 한다(이것이 산업생태학이라는 신생 학문의 연구 분야다).
- 제품의 구입보다 서비스의 조건에 기반을 둔 경제.
- 자연자본의 재생산에 신규 투자를 늘려서 세계적인 자원 감소와 생태계의 기능 감퇴 과정을 역전시킨다.[24]

　요즘 들어 희망적인 소식이 들리고 있다. 환경 문제에 대해 새로운 인식과 모범이 될 만한 운동이 출현했다. 각종 제안이 쏟아지고 있으며 대부분 장래성이 뛰어나다. 변화를 위한 운동이 속속 등장하고 있는데, 젊은이들이 주도적인 역할을 하는 경우도 늘고 있다.[25] 이러한 발전을 보고 있으면 희망이 샘솟고 미래를 향한 다리의 윤곽이 서서히 잡히는 것만 같다. 시장은 환경을 복구하는 도구로 변모할 수 있다. 인류의 생태학적 족적을 환경을 보존할 수 있는 수준으로 줄일 수 있다. 기업이 스스로 행동을 관리하도록 유인책을 마련할 수도 있다. 성장이 정말로 필요한 부분에 집중되고 소비 성향을 '더 많이'가 아니라 '충분하게'로 바꿀 수도 있다. 우리들의 후손과 다른 생물들의 권리가 존중될 수 있다는 희망이 말이다.

미국은 현재 환경 위기 말고도 심각한 사회적 문제와 욕구에 직면해 있다. 하지만 쉼 없는 경제 성장을 추구하는 것만으로는 사회 문제를 해결할 수 없고 때때로 더 악화시키기도 한다. 우리는 이런 문제들을 충분한 공감과 관대함을 가지고 직접적이고 사려 깊게 해결할 방법이 필요하다. 완전히 새롭고 더 강력한 정책이 필요한데, 바로 가족과 공동체의 유대감을 강화하고 사회적 유대감의 붕괴를 막을 수 있는 것이어야 한다. 또한 소득이 좋은 일자리를 보장하고 해고와 고용 불안을 최소화하는 정책이 필요하다. 직장에 가족 친화적인 정책을 도입하고, 여가 활동을 위해 더 많은 자유 시간을 보장하는 정책, 모두를 위한 건강 보험과 정신 질환이 유발하는 참혹한 결과를 경감시킬 수 있는 정책, 모두가 좋은 교육을 받고 미국에서 가난을 없애고 소득 분배 구조를 혁신적으로 개선할 수 있는 정책이 필요하다. 증가하는 경제와 사회적 불평등을 해소하고, 빈곤에 허덕이는 지구 인구의 절반에 대한 책임을 인정하는 정책이 필요하다.

만약 당신이 주요 환경단체의 회의에서 이런 문제들을 제기한다면 분명 "이건 환경 문제가 아니잖아요."라는 반응을 들을 것이다. 하지만 이것들은 환경 문제가 맞다. 앞으로 설명하겠지만, 이 문제들을 해결해야 지금 우리가 가고 있는 파괴의 길을 벗어나기 위한 9부 능선을 넘었다고 할 수 있다. 나는 현재의 환경 운동이 공동체와 좋은 사회를 보살피기 위해 가장 시급하고도 중요한 이 문제들까지 보듬을 수 있기를 희망한다.

그렇게만 되면 날이면 날마다 쏟아지는 나쁜 소식에도 불구하고 우리는 긍정적인 결론을 내릴 수 있다. 우리도 월리스 스티븐스Wallace

Stevens처럼 "마지막으로 '노'라고 하면 이제 '예스'가 온다."라고 말할 수 있다. 그렇다. 우리는 지금 남아 있는 것들을 구할 수 있다. 그렇다. 우리는 잘못된 것을 수리하고 수정할 수 있다. 우리는 자연을 다시 찾고 우리 자신을 회복할 수 있다. 이 세상 끝에 다리가 서 있다. 하지만 기후 변화와 같은 수많은 위기를 해결할 시간은 별로 없다. 한 위대한 미국인이 이런 말을 남겼다.

"우리는 내일이 곧 오늘이 된다는 사실에 직면해 있습니다. 우리는 지금이라는 절박함과 대결하고 있습니다. 삶과 역사로 이루어진 수수께끼에는 '너무 늦었다'는 개념이 있습니다. 미루는 버릇은 시간을 훔치는 것입니다. 삶은 종종 우리를 헐벗고 무방비한 상태로 내버려두고 기회를 빼앗아 우리를 낙담시킵니다. '인간사의 조류'에는 밀물이라는 것이 없습니다. 그저 썰물처럼 빠져나갈 뿐입니다. 우리는 시간에게 잠시만 멈춰달라고 필사적으로 애원하지만, 시간은 우리의 간청을 듣지 못한 채 내달립니다. 지나간 수많은 문명의 폐허와 백골에는 애처로운 말 한마디가 새겨져 있습니다. '너무 늦었다.'"—1967년 4월 4일, 뉴욕 리버사이드 교회에서 마틴 루터 킹Martin Luther King, Jr.

이제 너무 늦은 대가를 치러야 할 때이다.

제1부
시스템의 실패

1장
심연을 들여다보면

선입견을 버리고 오늘날 환경에서 벌어지는 파괴적인 경향을 살펴보라. 그러면 인류의 번영은 고사하고 지금과 같은 삶을 계속 영위할 수 있을지도 의심스럽다는 결론을 내리게 될 것이다. 그것이 바로 우리 앞에 아가리를 벌린 심연深淵이다. 로버트 제이 리프턴Robert Jay Lifton은 이렇게 말했다. "그 심연을 들여다보지 않는 사람은 진실과 대면하기 싫은 사람일 뿐이다. …… 하지만 그 심연에 갇히지 않도록 뭐라도 하지 않으면 안 된다."[1] 현재 환경의 상태와 변화 경향에 대한 진실을 목도할 때 비로소 이 문제를 해결하기 위해 제대로 된 걸음을 내디딘 셈이다.

나는 예일 대학 2학년이던 1961년에 또 다른 심연을 보았다. 그 일을 계기로 리프턴의 주요 주제에 한 걸음 더 다가가게 되었다. 그것은 바로 열핵 전쟁 발발의 가능성이었다. 내 지도교수는 브래드 웨스터필드Brad Westerfield라는 훌륭하신 분으로, 당시 예일에서 냉전에 관한 강의를 진행하셨다. 교수님에게는 학생들이 소련과의 핵전쟁 가능성을 심각하게 받아들이도록 알리는 일이 의무였다. 나는 교수님의 말씀대로 생각해보려 했지만 도무지 그럴 가능성이 실감이 나지 않았다. 그러던 1962년 어느 날, 케네디John Fitzgerald Kennedy 대통령이 텔레비전에 나와 쿠바와의 미사일 위기에 대해 국민에게 밝혔다. 그 순간, 그전까지는 꿈만 같았던 핵전쟁의 공포가 현실로 다가왔다.

지금 나는 웨스터필드 교수님이 당시 느끼셨을 위기감 같은 것을 어느 정도 느끼고 있다. 나는 마치 최후의 심판 박사라도 된 것처럼 카터 행정부에 몸담으며 〈글로벌 2000 리포트Global 2000 Report〉[2]를 발간했던 1980년부터 기후 변화와 대규모 환경 재앙에 대해 경고를 멈추지 않았다. 그런 보람도 없이 〈글로벌 2000 리포트〉의 예측은 현실로 나타나고 있다. 당시의 예측은 경고의 성격을 띠고 있었지만 언제나 그렇듯 제대로 된 관심을 받지 못했다.

물론 항상 홀대만 받은 것은 아니었다. 카터 대통령의 임기 말기와 그 뒤를 이은 몇 년간은 나와 같은 사람들이 앞으로 전 지구적 규모의 환경 변화로 관심을 모을 수도 있는 정책 분석에 참여하기도 했다. 당시 우리를 한껏 들뜨게 했던 희망찬 분위기는 로버트 레페토Robert Repetto의 저서 『지구적 가능성The Global Possible』에 잘 나타나 있다. 나는 이 책의 머리글에 이렇게 썼다.

"이 책은 전 세계의 정부, 기업가와 시민들이 연이어 몰려오는 골치아픈 환경 위기를 피해갈 수 있다는 근거 있는 낙관주의를 확실하게 제시할 것이다. ······ '이 책의 권고안들'은 공공과 개인이 솔선수범할 수 있는 동기를 부여한다는 점에서 중요한 발걸음을 내디딘 것이며, 이로 인해 현재의 세계와 우리가 원하는 세계 사이에 가로놓인 심각한 비관주의를 약화시킬 수 있을 것이다."[3]

하지만 그로부터 20년이 지난 지금도 지속 가능한 세계로 가는 길은 여전히 사람들의 관심 밖이다. 〈글로벌 2000 리포트〉에서 예고한 혼란스러운 경향들이 계속되었다. 이제 우리가 어디쯤 와 있는지 다시 생각해 보아야 할 때이다.

우리가 살고 있는 세계

현재까지의 환경 성과를 평가하려면, 환경 위기를 두 부류로 분류하는 게 편리하다. 그중 한 가지는 주로 지역적이고 국지적으로 관심을 불러일으킨 위기들로, 1970년 제1차 지구의 날Earth day을 제정하는 계기가 되었다. 당시 문제점으로 부각된 대기 오염, 수질 오염, 노천굴, 개벌皆伐, 댐 건설과 하천 수로화, 핵발전소, 습지와 농지 그리고 천연지의 소실, 고속도로 건설 계획, 도시 확대, 파괴적인 광산 개발과 방목, 유독성 폐기물과 화학비료 사용 등은 누가 봐도 문제라는 것을 알 수 있을 만큼 심각하고 명확했다. 미국은 지구의 날을 맞아 집중 부각된 제1세대 환경 문제를 어느 정도 해결하는 성과도 거두었다. 그것을 두고 어떤 사람들은 전향적인 결과로 생각할 것이다. 반대로 주요 환경단체를 비롯해 이 문제들이 여전히 심각하다고 지적하는 사람도 있을 것이다. 1970년대에 제정된 법안으로는 완전하지 않으며 새로운

세계 환경의 위협 요소들

경 향	재생 가능한 자원의 과도한 사용	공해		
결 과	생물자원 고갈과 자원 희소성	유독화와 공중보건 위험	대기 성분의 변화	생태계의 화학 불균형
문제점	수산자원 감소 사막화 삼림 파괴 담수계 파괴 생물 다양성 감소	잔류성 유독 화학 물질	오존층 파괴 기후 변화	산성비 질소 과잉

출처 : 제임스 구스타브 스페스와 피터 M. 하스, 『국제 환경 통제Global Environmental Governance』, 2006

위협이 속속 등장하고 있다고 말이다. 사실 미국의 환경오염 정도는 놀랄 만큼 심각하다(3장 참조).

그로부터 10년이 지나자 〈글로벌 2000 리포트〉를 비롯해 여러 곳에서 새로운 의제가 등장했다. 새로운 의제에서 다루는 문제들은 더욱 전 지구적이고, 잠재적이며 그래서 더욱 위협적이다(표 1 참조).

소위 "전 지구적 변화global change"를 일으키는 문제들을 보면 언제나 문제의 원흉은 진보였다. 내가 『아침의 붉은 하늘』에서 지적했듯이 우리 세대는 위대한 언변가들의 세대이다. 그래서인지 지나치게 회의를 좋아한다. 우리는 전 지구적 문제점들을 끝도 없이 분석하고, 토론하고, 협상했다. 하지만 수많은 회의로 도출한 결과를 실행에 옮기는 데는 그만큼 적극적이지 않았다.

그 결과 25년 전부터 전 지구적인 규모로 위협적인 현상들이 발생하기 시작하여 오늘날까지 이어지고 있다. 이 현상들은 점점 더 심각하고 해결하기 어려운 수준으로 발전하고 있다. 오존층을 보호하기 위한 국제적인 노력이라고는 없었으며, 산성비 문제를 해결하기 위한 노력도 제대로 이루어지지 않았음은 말할 것도 없다. 이제 와서 시간이 없다는 말로는 부족하다. 기후 변화, 삼림 감소와 생물학적 다양성 감소와 같은 심각한 문제들은 상당히 오래전부터 이미 시간이 부족한 상태였다. 적절한 조치는 예전에 취했어야 했다.

그럼 이제부터 해결의 기미가 도무지 보이지 않는, 전 지구적 규모로 일어나는 문제 여덟 가지에 대해 우리가 어떤 상황에 처해 있는지부터 알아보도록 하자.[4] 이 여덟 가지 분야의 상황과 변화 경향에 대한 설명에는 어려운 부분도 있겠지만, 지구에서 일어나는 일들에 관심을 기울이고 조치를 취해야 한다는 사실을 이해하기에는 어렵지 않을 것이다.

기후 혼란

환경 문제 중에서 가장 위협적인 문제가 바로 지구 온난화이다. 지구 온난화로 발생할 수 있는 상황이 너무 불안하다보니 영국 정부의 수석 과학자인 데이비드 킹David King 경 같은 사람들은 이 문제야말로 지구가 직면한 최악의 상황으로 여길 정도이다.[5]

과학자들에게는 "온실가스 효과"가 현실이다. 자연적으로 발생해 지구 대기에 열을 붙잡아 놓는 가스가 없었다면 지구의 평균 기온은 지금보다 30도는 낮을 것이기 때문이다. 그래서 지구는 생명 유지 시스템이 아니라 우주에 뜬 얼음 공이 되었을 것이다. 문제는 인간의 활동으로 대기 중 온실가스가 급격하게 증가하고 있다는 것이다. 온실가스 때문에 지구의 복사열이 우주로 빠져나갈 수 없다. 상식적으로 생각해봐도 온실가스가 축적될수록 더 많은 열기가 지구에 남을 것이다.

인간 활동으로 발생하는 주요 온실가스인 이산화탄소의 대기 중 농도는 화석연료(석탄, 석유, 천연가스)의 사용과 대규모 벌목으로 인해 산업혁명 이전 수준보다 3분의 1이상 증가했다. 대기 중 이산화탄소는 최소 지난 65만 년 동안 지금이 최고조이다. 또 다른 온실가스인 메탄의 농도는 산업혁명 이전에 비해 150퍼센트나 증가했다. 메탄은 화석연료 사용, 가축 사육, 쌀 재배, 매립지 등으로 발생한다. 일산화질소도 열을 붙잡아 두는 온실가스인데, 비료 사용, 가축 사육장과 화학 산업으로 인해 농도가 증가하고 있다. 오존층 파괴의 주범으로 알려져 있는 염화불화탄소(일명 프레온가스)를 포함하는 할로겐화 탄소족의 특수 원소들도 잠재적인 온실가스에 속한다.

기후 변화를 이해하고 무엇을 해야 하는지 연구하기 위해 과학계에서 국제적인 움직임이 이루어지고 있는데, 바로 기후 변화 정부 간 위원회IPCC, Intergovernmental Panel on Climate Change이다. 지난 2007년에 발간된 제4차 정기 보고서에는 인간 활동으로 지구가 변화하는 상황이 자세하게 나와 있다.

- 기후 온난화는 명백한 사실이다. 그 증거로 지구 평균 기온과 해수 온도의 증가, 눈과 빙하의 해빙解氷 확대 및 지구 해수면 상승을 들 수 있다.
- 1995년부터 2006년까지 12년 중에 11년이 (1850년 이래) 지구 표면 온도를 기록한 이래 가장 더웠던 열두 해에 모두 들어간다.
- 20세기 중반부터 관측된 지구 평균 기온의 증가는 대부분 인간 활동으로 증가한 온실가스가 원인일 가능성이 매우 높다. 인간의 영향은 해수 온도, 대륙 평균 기온, 극한 기온과 바람의 패턴에까지 미치고 있다.
- 산악 빙하와 만년설이 남반구와 북반구 모두에서 평균적으로 감소했다. 광범위한 지역에서 빙하와 만년설이 사라지면서 해수면이 상승했다. 새로운 데이터를 보면 …(중략)… 1993년에서 2003년 사이에 해수면이 상승한 것은 그린란드와 남극의 빙하가 녹았기 때문일 가능성이 매우 높다.

- 1970년대 이후, 전보다 훨씬 극심하고 장기간 지속되는 가뭄이 더 많은 지역에서 관찰되기 시작했다. 특히 열대와 아열대 기후에서 가뭄이 심각하다. 기온 상승과 강수량 감소로 건조 기후가 늘어나면서 가뭄의 경향을 바꾸어 놓았다.
- 온난화와 대기 중 수증기의 증가로 육지에서는 집중 폭우가 잦아졌다.[6]

IPCC의 4차 보고서에는 기후 변화가 다양한 상황에서 '미래에' 어떤 영향을 미칠지 나와 있다. 즉, 온실가스가 증가할수록 그 영향은 더욱 심각해질 것이다. IPCC는 다음과 같이 예측했다.[7]

담수의 가용성도 지역에 따라 급격하게 변화하고 있다. 이전보다 강수량이 증가한 지역이 있는 반면 더 건조해진 지역도 있다. 전반적으로 가뭄과 홍수가 더 빈번하게 일어날 것이다. 빙하와 만년설에 저장된 물이 줄어 수십 억에 달하는 사람들이 물 부족 사태를 겪을 것이다.

기후 변화는 토지 사용 변화, 공해와 과도한 자원 개발처럼 지구에 대규모 변화를 초래하는 원인들과 맞물려 전에 없이 생태계에 큰 피해를 끼치고 있다. 지금까지 연구로 밝혀진 동식물 종의 20~30퍼센트가량이 멸종 위기에 처해 있다. 대양이 대기에서 흡수하는 이산화탄소의 양이 증가하면서 갑각류와 산호초도 생존의 기로에 설 것이다. 대양은 지구에서 배출되는 이산화탄소를 상당량 흡수한다. 그 결과 해수에 탄산량이 증가하면서 증가된 산성이 갑각류가 외피를 만드는 능력을 떨어뜨린다. 장기적으로 결과는 참담할 것이다. 무엇보다 수온이 상승해 산호의 백화白化 현상이 증가하고 결국 산호는 바다에서 사라지게 될 것이다.

　해안 지역과 저지대는 엄청난 타격을 받게 될 것이다. 해수면이 상승하면서 해안 지역은 침식작용, 홍수와 습지 손실이라는 삼중고에 시달리게 될 것이다. IPCC 4차 보고서에 따르면, "2080년까지 매년 수백만 명에 달하는 사람들이 해수면 상승으로 홍수에 시달리게 될 것이다. 적응 능력adaptive capacity이 상대적으로 낮은 인구 밀집 지역과 저지대, 이미 열대성 폭풍이나 해안 침수와 같은 위협에 직면한 지역이 가장 위험하다. 아시아와 아프리카의 거대한 삼각주 지역에서 가장 많은 피해자가 나올 것이며 특히 소규모 섬들이 위험에 노출되어 있다."[8] IPCC는 "가장 최근에(약 12만 5,000년 전) 북극지역이 장기간에 걸쳐 기온이 상당히 올라갔던 시기에 극지방의 얼음이 녹으면서 해수면은 4~6미터 가량 상승했다."며 우려를 표명했다.[9]

　인류의 건강도 다양한 측면에서 위협을 받고 있다. IPCC의 4차 보고서를 다시 보자.

　"앞으로 나타날 변화된 기후 조건에서는 수백만 명에 달하는 사람들의 건강이 다음과 같은 영향을 받을 것이다. 특히 적응 능력이 낮은 사람들의 피해가 클 것이다.

- 영양 부족의 증가와 그로 인한 각종 질병의 발생. 특히 아동의 발육과 성장에 관련한 질병의 심각화
- 폭염, 홍수, 폭풍, 화재와 가뭄으로 인한 사망률, 질병과 상해 증가
- 설사병 발병률 증가
- 기후 변화로 인해 오존 농도가 증가함으로써 심장호흡기 질환 증가

• 전염병 매개 곤충들의 분포 지역 변화"[10]

IPCC의 4차 보고서에 언급되지 않은 위험에 대해 특별한 관심을 기울인 보고서들도 있다. '북극'의 기온 상승 속도는 다른 지역에 비해 거의 2배에 달한다. 전문가들은 북극의 빙하는 계속 사라지고 있으며, 빠르면 2020년 여름이면 모두 녹을 것이라고 예상하고 있다.[11] 북극 주변에 위치한 국가의 정부들은 얼음이 녹은 자리에 생겨난 새로운 뱃길에 대한 주권을 선언하기 위해 전략적으로 행동하기 시작했다. 어처구니없게도 이 국가들은 이 지역에 매장되어 있는 화석 연료 자원을 개발할 방안들을 모색하고 있다. 그린란드의 빙하 유실 속도는 20세기의 마지막 20년 동안 2배나 빨라졌으며, 2005년 무렵이면 다시 2배나 더 빨라질 것이다.[12]

세계보건기구WHO는 2004년 매년 15만 명이 기후 변화로 인해 목숨을 잃을 것이라고 추정했다. 세계보건기구의 최근 보고서에 따르면, 기후 변화로 발생하는 인명 손실은 2030년에는 앞선 수치의 2배가 될 것이며 주요 원인으로는 설사 관련 질병, 말라리아, 영양 부족이 있다. 게다가 인명 손실은 대부분 개발도상국에서 발생할 것이다.[13]

진행 중인 기후 변화의 실상을 직접 볼 수 있는 주요 지역으로 북미 서부가 있다. 그곳에서는 수천만 에이커에 달하는 삼림이 나무좀을 비롯해 온갖 해충으로 황폐화되고 있다. 미국 서부, 캐나다 서남부의 주와 알래스카에서 자라는 소나무, 전나무, 가문비나무를 공격한 해충들은 일반적으로 극심한 추위가 시작되면 사라진다. 그런데 이 지역의 기후가 온난해지면서 해충들의 번식이 늘어나 마구잡이로 확산되고

있다.[14]

　미국의 자연은 막대한 타격을 받을 가능성이 있다. 21세기 동안 기업들이 온실가스 방출을 당연하게 여긴다면 단풍나무, 박달나무, 떡갈나무가 무성한 뉴잉글랜드의 숲은 완전히 사라질지도 모른다. 한편 남동부 지역은 대부분 광활한 사바나 초원으로 변할 것이다. 나무가 자라기에는 너무 건조하고 기온이 높아질 것이기 때문이다.[15] 인간이 야기한 기후 변화는 조만간 남서부 전역에 극심한 가뭄을 일으킬 것이라고 경고하는 연구 결과도 있다.[16] 기후 변화로 오대호도 극심한 변화를 겪을 것이다. 수온이 상승할 뿐만 아니라 저수량이 줄어들고 어류에 질병이 만연할 것이다.[17]

　전문가들은 '해수면 상승'에 첨예한 관심을 쏟고 있다. 특히 그린란드와 남극 대륙의 얼음이 녹아 대양에 유입되면 해수면이 상승해 대재앙이 일어나지 않을까 촉각을 곤두세우고 있다. 두 지역에서 빙하의 움직임은 무척 혼란스러우며 예측 또한 쉽지 않았다. 1만 년 전 대륙의 빙하가 녹아서 해수면이 500년 동안 18미터 이상 증가하기도 했다. IPCC는 21세기에는 해수면의 증가분이 90센티미터에 약간 못 미칠 것으로 예상하지만, 일부 과학자들은 온실가스 배출량이 지속적으로 증가함에 따라 해수면은 100년에 몇 야드씩 높아질 것이라고 주장한다.[18]

　설령 해수면이 급격하게 증가하지 않더라도 작은 도시 국가와 이집트, 방글라데시, 루이지애나를 비롯한 저지대에 사는 사람들은 삶의 터전을 잃을 것이다. 지금도 알래스카의 영구 동토층이 녹고 있어서 이누이트 족Innuit의 정착촌이 내륙으로 이동하고 있는 실정이다. 미국에서도 해변, 산호초 습지, 해안가 개발지 등이 심각한 타격을 입을 것이다. 수온 상승과 수증기 증가로 점점 더 강력한 허리케인이 발생한다는 증거가 계속 쌓이고 있는 상황도 이런 예측에 힘을 실어준다.[19]

기후 변화로 인해 '수많은 사람들이 강제 이주'를 해야 하는 이유는 해수면 상승만이 아니다. 빙하 녹은 물을 사용하던 지역에서 수자원이 고갈되고, 우기가 변하고, 가뭄이 확산되면서 대규모 기후 난민이 발생할 소지가 있다. 21세기 후반이 되면 이런 이유들로 살 터전을 잃을 사람들이 8억 5,000만에 달할 것이라는 연구 결과도 있다.[20] 이런 연구 결과들을 보면 기후 변화는 환경만이 아닌 경제 문제이기도 하다. 사회 정의와 국제적 평화 및 안보 문제와도 직결될 수 있는 도덕적이고 인간적인 문제라는 점도 간과해서는 안 된다.[21]

사람들은 지구의 기온이 서서히 상승하듯이 기후 변화의 결과도 서서히 나타날 것이라고 생각한다. 하지만 온실가스 축적으로 인한 변화가 불현듯 우리의 뒤통수를 칠지도 모른다. 국립과학원National Academy of Sciences의 2002년 보고서에 따르면, 전 지구적 기후 변화 결과가 곧 들이닥칠 수 있다. "최근의 과학적 증거를 볼 때 대규모이며 광범위한 기후 변화가 놀라운 속도로 발생했다. …… 온실가스로 인한 온난화와 인간의 지구 생태계 교란으로 인해 달갑지 않은 기후 변화가 대규모로 갑작스럽게 지역적 혹은 전 세계적으로 발생할 가능성이 점점 커지고 있다."[22]

갑작스러운 기후 변화로 인해 "양성 피드백positive feedback"이라는 골치 아픈 사태가 빚어질 수도 있다. 즉, 일단 온난화가 시작되면 점점 더 많은 온난화 요인들이 꼬리를 물고 나타나는 것은 충분히 가능한 이야기이다. 첫째, 탄소를 저장하는 토양의 능력이 약화된다. 그러면 토양과 숲이 메마르고 화재가 나 다시 탄소를 배출하게 된다. 그 결과 식물이 제대로 성장하지 못하면 공기 중 탄소를 흡수하는 자연의 능력도 감소하게 된다. 둘째, 해수의 수온 상승을 비롯한 여러 요인으로 해양의 탄소 흡수량이 줄어든다. 셋째, 지구 온난화가 지속되면서 잠재적인 온실가스인 메탄이 토탄지, 습지와 영구 동토에서 더 많이 방출될 것이다. 심지어 해수의 메탄하이드레이트methane hydrate에서도 메탄이 발생할 것이다. 마지막으로 빙하와 만년설이 녹거나 지표면이 해수에 잠기면 지구의 반사율, 즉 지표면의 태양광선 반사율이 수많은 지역에서 감소할 것이다. 이러한 현상들은 거꾸로 온난화를 더욱 가속화할 것이며 온실가스의 효과를 더욱 가중시킬 수 있다.

과학계의 일부 석학들은 이런 가능성에 큰 우려를 표하고 있다. 나사NASA의 용기 있는 기후학자인 제임스 한센James Hansen은 점점 더 우울한 결말을 암시하는 연구 결과들을 널리 알리는 데 더 많은 노력을 기울이고 있다. 그는 2007년에 다음과 같은 예측을 발표했다.

"지구는 이제 거의 '정점'에 다다랐다. 인간이 만든 온실가스는 기후 변화가 스스로의 동력으로 진행될 정도로 축적되어 있다. 그 결과 상당수의 동식물 종의 멸종, 물의 순환이 증대됨으로써 기후 지대의 변화와 그로 인한 담수 유용성freshwater availability과 인간의 건강 악화, 폭풍과 지속적인 해수면 상승으로 인한 해안 지역의 상습적인 재난과 같은 결과가 발생할 것이다…….

현재 문명은 1만 2,000년 동안만 비교적 기후가 안정적인 충적세에 들어 발전했다. 지구의 기온은 북미와 유럽에서 빙하가 녹을 정도로 상승했지만, 그린란드와 남극 대륙의 빙하를 다 녹일 정도는 아니었기 때문에 균형을 잡을 수 있었다. 그런데 지난 30년 동안 평균 기온이 0.6도씩 급속도로 상승함으로써 지구의 기온은 충적세에서 가장 높은 수준을 기록하고 있다.

이러한 지구 온난화로 우리는 거대한 '정점' 직전의 낭떠러지로 내몰렸다. 우리가 낭떠러지를 건너면 그 건너편에는 지금과 완연히 '다른' 지구가 나타날 것이다. 인류가 이제껏 경험하지 못했던 환경 말이다. 그 어떤 세대도 살아 있는 동안 반대편으로 되돌아올 수 없으며, 결국 그 여행에서 수많은 동식물 종이 사라질 것이다.

각종 과학 이야기에서는 전 지구적인 위기가 곧 닥칠 것이라고 한다. 우리는 전 지구적인 수준에서 정점에 도달했다. 돌이킬 수 없는 결과를 가져올 기후 변화의 시작을 막을 기회를 잡기 위해 10년 안에 새로운 노력을 기울여야만 한다.

우리는 전체의 의지를 대변하는 민주주의와 민주 정책으로 다스려지는 사회에 살고 있다. 그러므로 남에게 탓을 돌릴 수 없다. 우리 지구가 이 정점을 지나가도록 내버려 둔다면…… 미래를 물려받을 후손에게 면목이 없어질 것이다. '이렇게 될 줄 몰랐다.'는 말을 차마 할 수 없을 것이다."[23]

다시 말해 인간의 활동으로 유발된 지구 온난화 과정이 이미 시작되었으며, 그 결과는 지금도 충분히 심각하고, 온실가스가 계속 쌓이면 재앙이 될 것이라는 데는 한 점 의혹도 없다.[24] 하지만 온실가스 배출을 줄이려는 노력은 좀처럼 시작되지 않고 있다. 전 세계의 이산화탄소 배출량은 1980~2000년 사이에 22퍼센트나 증가했다. 2000년 이후 배출량 증가율은 1990~1999년의 평균 증가율의 3배를 넘어섰다.[25] 국제에너지기구the International Energy Agency는 2004~2030년 사이에 각국이 지금처럼 온실가스를 배출한다면 전 세계적으로 이산화탄소는 55퍼센트나 증가할 것이라고 예측했다. 환경을 보호하기 위한 조치가 취해진다는 가장 낙관적인 시나리오에서도 전 세계의 배출량은 31퍼센트나 증가할 것이다.[31] 의회는 마침내 이 문제의 심각성에 눈을 떴지만 너무 늦었다.

현재까지 산업 국가들은 개발도상국보다 훨씬 더 많은 양의 온실가스를 배출하고 있다. 지금 축적되어 있는 이산화탄소 양의 75퍼센트 이상이 세계 인구의 20퍼센트가 거주하는 선진국에서 배출되었다. 선진국들의 배출량은 현재 전체의 60퍼센트를 차지한다. 미국 혼자 배출하는 양은 개발도상국 150개 국가의 26억 명이 배출하는 양과 맞먹을 정도이다. 부자 나라가 온실가스를 배출하는 과정에서 막대한 경제적 이윤을 얻고 있다. 한편 중국과 인도 같은 개발도상국의 배출량도 급속도로 증가하고 있다. 2004년 들어 이산화탄소 배출량이 급격하게 증가하는 지역이 경제 성장 일로에 있는 국가들이었다. 하지만 기존의 산업 국가들이 온실가스를 감축하는 모범을 보이는 것은 물론이고 강력한 유인책, 기술 및 각종 지원이 없으면 개발도상국이 자발적으로 온실가스를 감축할 리는 만무하다.

동시에 개발도상국은 기후 변화에 훨씬 더 취약하다는 점에 유의해야 한다. 왜냐하면 이런 지역일수록 자연자원에 대한 의존도가 높고 극심한 날씨에 더 자주 노출되며, 경제적으로나 기술적으로 필요한 적응 조치를 취하기 어렵기 때문이다. 물 공급이나 농업의 혼란, 봄과 여름의 해빙수 유입 중단, 해수면 상승, 생태계 기능의 쇠약과 같은 문제들이 사회적 긴장, 폭력 사태의 발생, 인간성 상실 및 기후 난민의 발생 등으로 이어질 가능성이 매우 농후하다. 만약 북쪽과 남쪽의 격차를 세심히 보살피지 않는다면 국제 긴장을 유발할 것이다.

각국 정부는 구체적이고 대규모인 국제적 대응을 위해 시급히 뜻을 모아야 한다. 이러한 대응만이 효과적이며 공평하고, 경제적으로도 이득이기 때문이다. 한센과 같은 기후학자들 중에는 지구의 평균 기온이 산업혁명 이전보다 2도만 올라가도 엄청난 위험에 직면할 수 있다고 믿는 사람들이 많다.[27] 유럽연합EU은 평균 기온 상승을 2도 이내로 유지한다는 목표를 세웠다. 그러나 지금 측정 수치만 보더라도 이미 1.5도나(기존의 공해를 정화하면 더 올라갈지도 모른다.) 상승했는데, 이는 이미 배출한 가스들 때문이다.[28] 각국이 온실가스 농도의 증가 속도를 지금과 같은 속도로 유지하려는 노력조차 기울이려 하지 않는 점을 고려해 볼 때, 온난화는 위험한 수준까지 지속될 가능성이 매우 높다. 사실 이러한 소식만으로도 사태가 얼마나 급박한지 강조하기에 부족할 정도이다.

〈기후 변화 경제학에 관한 스턴 보고서Stern Review on the Economics of Climate Change〉는 대기 중 온실가스 농도가 이산화탄소 환산 기준으로 450~550ppm 정도로 안정되면 기후 변화로 인한 위험은 상당량 줄어들 것이라고 주장했다.[29] 이 보고서에 따르면, 현재 수치는 430ppm이며 매년 2ppm 이상 증가하고 있다. 수많은 과학자들이 스턴Nicholas Stern이 제시한 범위에서 낮은 쪽을 더 선호할 것이다. 왜냐하면 그들은 곧 지구의 온실가스 배출량이 정점에 다다른 후 감소하기 시작할 것이라고 생각하기 때문이다.

　세계 곳곳이 기후 변화의 영향을 피하기에는 너무 늦은 것 같다. 다행히도 최악의 상황만은 피할 수 있다. 우리가 현재 보유한 과학 기술을 바탕으로 신속하고 과감한 조치를 취한다면 말이다. 지금 우리는 대기 중 온실가스의 농도가 산업혁명 이전 수준의 2배를 뛰어넘으며 기온이 4~5도나 상승하려는 시점에 와 있다.

　온실가스의 배출량을 안정적으로 유지하려면 배출량을 얼마나 줄여야 할까? 스턴 보고서를 다시 살펴보자. "안정화를 위해서는 연간 배출량을 현재 수준보다 80퍼센트 이상 줄여야 한다. …… 부유한 국가들이 2050년까지 현재 배출량에서 60~80퍼센트까지 감축한다고 해도 개발도상국도 그에 상응하는 양을 줄여야만 한다."[30] 최근 중국이 배출하는 온실가스의 양은 미국을 뛰어넘어 명예롭지 못한 순위에서 당당히 1위를 차지했다.

　주목해야 할 점이 한 가지 있다. 바로 2050년까지 온실가스 배출량을 80퍼센트까지 감축하겠다는 목표는 캘리포니아와 뉴저지가 이미 세워 놓은 목표이다. 많은 분석에는 동일한 척도가 사용된다. 특히, 미국의 에너지 체계의 변화가 없으면 목표를 달성할 수 없다고 한다. 미국이 다음과 같은 조치를 취한다면 2050년까지 80퍼센트 감축 목표도 달성할 수 있다. (1) 전력 생산 및 사용 그리고 교통 수단에서 에너지 효율을 증가시킨다. 저연비 자동차 보급도 한 가지 방법이다. (2) 풍력과 태양력 등 대체 에너지 개발에 박차를 가한다. (3) 주거용 · 상업용 건물의 개선 등 여타 분야에서 에너지 효율을 올린다. (4) 저탄소 연료 사용을 늘린다. (5) 이산화탄소를 지층 저장(격리)한다. (6) 여타 온실가스의 배출량을 감축한다. (7) 삼림과 토양 관리를 더욱 강화한다. 아마도 더 심각한 우려가 현실화될 경우에는 대기에서 이산화탄소를 직접 제거하는 방법을 강구해야 할 것이다. 그러기 위해서는 식물 성장 강화나 인간공학, 혹은 이 둘을 모두 활용하는 방법 등 여러 방법이 있다. 하지만 일부 방법에는 심각한 부작용이 따를 것이다.[31]

삼림 감소

지구상의 온대와 열대에 위치한 삼림의 절반이 이미 사라졌다. 대부분 농지 개간을 위해서였다. 삼림 개간으로 생물 종 멸종, 기후 변화, 경제적 가치 손실, 산사태, 홍수와 토양 유실이 발생했다. 삼림 감소는 지구의 동식물 종의 3분의 2가 서식하는 열대 지방에서 심각하다. 최근 몇십 년간 열대 지방의 삼림 개간 속도는 초당 1에이커로, 2000~2005년에도 속도는 변함이 없다.[32] 한편, 친親산업적인 국제열대목재기구International Tropical Timber Organization의 보고서에 따르면, 열대 삼림의 3분의 2가 관리 체제로 들어갔지만 고작 3퍼센트만이 지속 가능한 방식으로 관리되고 있다.[33]

개발도상국에서 삼림이 줄어드는 이유는 다양하다. 목재를 위한 벌목, 수출을 위해 대규모 농장과 농업의 확대, 광물 개발 등이다. 열대 삼림은 만성적인 부패, 정실주의情實主義와 불법적인 벌목의 희생물이기도 하다.

삼림 개간은 전 세계로 확산되고 있으며 특히 브라질, 인도네시아와 콩고 강 분지에서 심하다. 인도네시아의 삼림 지대는 지난 50년 동안

40퍼센트나 사라졌다. 매년 약 2만 3,400평방킬로미터에 달하는 열대 우림이 사라지고 있으며 이대로 가다가는 수마트라와 보르네오섬의 저지대 삼림은 몇십 년도 더 버티지 못할 것이다.[34] 인도네시아는 벌목, 산불과 토탄 지형의 붕괴 등으로 미국과 중국 다음으로 온실가스를 가장 많이 배출하는 국가라는 오명을 안고 있다.[35] 콩고 강 분지도 사정은 크게 다르지 않다. 지금과 같은 수준으로 벌목과 광물 개발이 계속된다면 이 지역에서도 반세기 후면 삼림이 대부분 사라질 것이다.[36] 세계에서 삼림 훼손이 가장 극심하다고 알려진 곳은 아마존 강 유역인데, 최근 연구 결과는 그마저도 과소평가된 것이라고 주장하고 있다. 왜냐하면 아마존 유역에서는 원래 삼림 소실 면적을 개벌지의 면적으로 측정하는데, 측정 대상에 들어가지 않는 선택적 벌목으로 사라지는 면적도 이에 맞먹기 때문이다.[37] 그래서 2000~2005년에 독일 면적만큼의 삼림이 지구에서 사라졌다.

토양 유실

삼림이 사라지면 사막이 확대되는 부작용 외에도 많은 피해가 발생한다. 즉 토양 침식, 염류화, 식생 퇴화, 토양의 압축현상처럼 토양의 지력이 떨어져서 결국에는 쓸모없는 황무지로 변해버리는 작용이 발생하기 때문이다. 이러한 작용은 건조와 반건조 지역에서 가장 활발하게 벌어지는데, 이런 지역이 지표면의 40퍼센트를 차지하고 있다. 이러한 토지는 세계 식량 생산의 20퍼센트를 담당하고 있다. 개발도상국 국민들의 25퍼센트에 해당하는 총 13억 인구가 이러한 건조한 토양이나 부실한 토양에 기대 생활하고 있다.

국제연합은 캐나다나 중국보다 더 넓은 면적에서 여러 단계의 사막화가 진행되고 있으며, 매년 5,000만 에이커가 작물 생산에 적합하지 않게 되거나 도시에 잠식당하고 있다고 추정하고 있다. 이 정도 면적은 네브래스카 주의 면적과 맞먹는다.[39] 아프리카는 특히 사막화의 피해 지역이다. 하지만 아시아와 미국의 남서부와 멕시코 북부를 포함한 서반구 지역에서도 사막화가 광범위하게 진행되고 있다. 사막화가 진행되면 식량 생산이 감소하고, 가뭄과 기아에 취약해지며, 생물학적 다양성이 훼손되고, 기후 난민이 발생해 결국 사회적 혼란으로 이어진다.

사막화는 주로 과도한 경작, 방목과 빈약한 관개 시설 등이 원인이 되어 진행된다. 그러나 개발도상국에서는 표면적인 원인을 더 파고들면 인구 증가, 빈곤과 대안 생계 수단의 부재, 토지 소유의 집중과 같은 더 심각한 원인들이 잠재해 있다.

담수 감소

에너지는 대체할 수 있는 에너지원이 있다고 오래전부터 이야기되어 왔다. 하지만 물을 대체할 수 있는 것은 어디에도 없다. 세계가 직면한 물 위기를 정확하게 설명하려면 여러 차원에서 상황을 조망해 보아야 한다.[40]

첫째, 현재 천연 수로와 주변의 습지가 큰 위기를 맞고 있다. 자연계에서 인간 활동으로 가장 심하게 훼손당한 부분이 바로 수자원이다.

천연 수로와 그곳에 살고 있는 다양한 생명체들은 댐, 제방, 물길 바꾸기, 수로 건설, 습지 매립, 공해 등으로 광범위하게 훼손되고 있다. 전 세계에서 강 유역의 60퍼센트가 댐이나 다른 구조물의 건축으로 경중을 달리하며 구획화되었다. 1950년에 5,700개에 달하던 대형 댐은 이제 4만 1,000개가 넘는다. 원래 수자원에 대한 접근을 용이하게 하기 위해 댐을 건설했지만, 그 이후로 전력 생산, 홍수 통제, 항법과 간척 사업도 중요시되었다. 담수는 천연적인 수원에만 의존할 수밖에 없기 때문에 수생 생태계, 습지와 삼림처럼 물이 절실한 생태계가 큰 고통을 받고 있다. 전 세계 습지의 반이 사라졌으며, 알려진 담수 생물종의 20퍼센트 이상이 이미 멸종했다.[41]

두 번째 위기는 담수 공급에서 발생한다. 20세기에 인간의 물 수요는 6배나 증가했다. 물에 대한 수요는 지금도 계속 늘어나고 있다. 인류는 현재 지구에서 사용할 수 있는 물의 약 50퍼센트를 사용하고 있다. 2025년까지 취수량은 70퍼센트까지 증가할 수 있다.[42] 전 세계 인구의 물 수요를 만족시키는 것은 보통 문제가 아니다. 이미 전 세계 인구의 40퍼센트가 "물 부족" 국가에서 생활하고 있다. 이는 가용 담수의 20~40퍼센트를 인간이 소비하고 있다는 것을 의미한다. 물 부족 국가에 살게 된 인구는 2025년에는 65퍼센트까지 증가할 것이라는 예측도 나오고 있다.[43]

인간이 사용하는 담수의 70퍼센트가 농업에 쓰인다. 1960년부터 관개 시설이 설치된 면적은 2배로 늘어났다. 특히 수천만 개의 펌프 우물을 설치해 지하수를 끌어다 쓰는 인도, 중국과 아시아 일부 지역에서 심각한 문제가 발생하고 있다. 《뉴 사이언티스트New Scientist》에 따르면 "수억 명의 인도인들이 자신들의 땅이 사막으로 변해가는 모습을 지켜보게 될 것"이라고 보고한 바 있다.[44] 전 세계의 물 전문가들의 연구 자료에 의하면, 세계의 물 수요는 2050년까지 2배로 뛸지도 모른다.[45] 《뉴욕 타임스The New York Times》는 "최악의 경우 물 위기가 심화되면서 무력 충돌이 발생하고, 강이 말라붙고 지하수 오염이 더 심해질 것"이라고 보도한 바 있다. "이런 상황이 발생하면 가난한 농민들은 식량을 생산하기 위해 더 많은 초지와 삼림을 개간하려 들 것이며, 그 결과 더 많은 사람들이 굶주림에 시달리게 될 것이다."[46]

마지막으로 오염 문제를 빼놓을 수 없다. 모든 종류의 오염이 전 세계의 수원에서 발생하고 있다. 그 결과 수생 생태계와 인간의 생명을 유지할 수 있는 수체body of water의 능력이 감소하고 있다. 오염으로 인해 전 세계의 수많은 사람들이 깨끗한 식수를 마실 수 없게 되었다. 전 세계 인구의 20퍼센트인 10억 명이 깨끗한 식수를 마실 수 없는 형편이다. 또한 지구 인구의 40퍼센트가 위생 시설이 없는 곳에서 살고 있다. 세계보건기구는 매년 160만 명의 아동이 더러운 식수와 물의 위생 불량으로 인한 질병으로 사망한다고 추산하고 있다.[47]

물 공급 문제는 미국에서도 점점 첨예해지고 있다. 미국에서는 1인당 지상과 지하의 물을 쓰는 양이 OECD 국가들을 다 합친 양보다 2배나 많다. 환경보호청은 미국인들이 앞으로도 지금처럼 하루에 380리터씩 물을 쓴다면 2013년에는 36개 주가 물 부족 사태에 직면할 것이라고 추정한다. 결과적으로 인류는 "최고의 생필품"을 사유화하려 들 것이다. 2010년 무렵이면 투자자들은 미국에서 최소 1,500억 달러 규모인 물 관련 시장으로 이동할 것이다. 골드만삭스Goldman Sachs의 물 분석가는 2006년 "물은 우리 눈에 보이는 한 언제까지나 성장 동력" 이라고 《뉴욕 타임스》에 기고하기도 했다.[48]

해양 수산자원 감소

인간이 해양 생태계와 대양과 강에 미치는 부정적인 영향은 아무리 말을 해도 부족하지 않다. 1960년에는 해양 수산자원의 5퍼센트만 잡 아도 충분했다. 그 정도면 남획하는 수준이었다. 그런데 현재는 75퍼 센트를 낚아 올리고 있다. 그러다보니 1988년부터 전 세계의 어획량 은 서서히 감소하기 시작했다(어분의 주요 공급원인 페루산 안초비 어획 량은 변동이 극심해 계산에서 제외했다).[49] 2003년에는 황새치, 청새치, 참치처럼 인기가 많은 대형 어종은 이미 전체 수량의 90퍼센트가 감 소해 이제 10퍼센트만이 남아 있다는 연구 보고서가 발표되기도 했 다.[50] 그로부터 3년 후 해양 과학자들은 어획이 현재와 같은 상태로 지 속된다면, 2050년 무렵 전 세계 어업은 모두 붕괴할 것이라고 예측했 다. 이 예상은 많은 논란을 낳고 있지만 적어도 문제가 얼마나 심각할 지는 상상해 볼 수 있을 것이다.[51]

가장 심각한 문제가 수산자원 남획이다. 막대한 산업적 이익과 정부 의 뿌리 깊은 지원 정책으로 남획은 지속되고 있다. 해양 환경은 홍수 림과 해양 습지의 파괴, 공해와 육지에서 밀려온 토사물, 각종 요인들 에 영향을 받고 있다. 해양 오염원의 80퍼센트가 육지에서 시작된 것 이다. 특히 하수 오물, 농업 폐기물과 각종 폐기물로 해양 환경은 심한 몸살을 앓고 있다.[52] 특히 산호초의 피해가 극심하다. 산호초는 전 세

계적으로 이미 20퍼센트가 사라졌으며, 20퍼센트 정도가 사라질 위협에 처해 있다.[53]

삼림자원처럼 수산자원도 규제가 약하거나 아예 존재하지 않는 실정이다. 이로 인한 불법 어로 작업과 낭비나 환경을 파괴하는 관행(어획량의 대부분인 잡어들은 다시 바다로 버리는데, 대부분 죽었거나 죽어가는 상태이다. 이런 원양어업이 해양 생태계를 파괴하고 있다.), 남획으로 해양 생태계는 파괴되고 있다. 미국에서는 1990년대에 고갈되고 있는 67종의 어종을 특별 관리 대상으로 지정했다. 현재 64종이 희귀종이 되었지만 이 중에서 30종이 넘는 어종들이 여전히 남획의 대상이 되고 있다.[54] 양식업이 증가하고 있지만 어분용으로 야생에서 잡은 어자원에 대한 의존도가 극심하다.[55]

유독성 오염물질

우리 주변의 환경에는 수많은 종류의 잔류성 유기 오염물질Persistent Organic Pollutants, 일명 POP를 비롯해 인간 건강에 심각한 위협이 되는 물질들이 많다. 특정 제초제와 각종 POP는 암과 기형아 출산을 야기할 뿐만 아니라 호르몬과 면역 체계의 기능을 교란시키기도 한다. 뉴욕에 위치한 마운트 시나이 의대의 아동 보건 전문가들은 현재 지구상의 거의 모든 사람들이, 감지할 수 있는 수준보다 수십 배나 높은 수준의 POP와 각종 유독물질 속에서 살게 될 수도 있다는 연구 결과를 발표했다.[56] 캐나다인들을 대상으로 유해 화학물질 88종이 인체에 있는지를 실험으로 알아본 결과, 개인당 평균 44종의 유해 화학물질이 신체에서 발견되었다. 토론토에 사는 한 여성의 혈액과 소변 샘플에서는 생식과 호흡 유해물질 38종, 호르몬 분비를 교란시키는 화학물질 19종, 발암성 물질 27종이 발견되기도 했다. 허드슨 만의 벽촌에 사는 북미 원주민 자원자의 샘플에서는 88종 중에서 51종의 화학물질이 나왔다.[57] 연구원들조차도 화학물질들이 체내에 축적될 경우 장기적으로 인체에 어떤 영향을 미치는지 정확하게 파악하지 못하고 있다. 다만 프탈레이트, 비스페놀A, 폴리브롬화 디페닐 에테르, 포름알데히드, 카보푸란, 아트라진, 다환방향족탄화수소를 비롯한 수많은 화학물질이 실험 연구에서 매우 위험한 것으로 밝혀졌다. 특히 태아나 신생아에게 위험하다.[58]

또 하나 눈여겨보아야 할 화학물질이 내분비교란물질EDS, endocrine disrupting substances이다. EDS는 인체의 자연적인 호르몬 기능을 교란해서 여성화, 정자 수 감소와 자웅동체를 유발한다. EDS에 대해서는 아직도 알아내야 할 점들이 많이 있지만 마운트 시나이 의대 연구진은 "이 물질이 환경에 확산되는 것을 적극적으로 막아야 할 증거들은 충분히 확보되었다."고 확신한다.[59]

중금속으로 대표되는 무기물질도 심각한 문제를 유발할 수 있다. 잠재적인 신경독인 수은이 대표적이며, 대부분 석탄을 연료로 하는 발전소에서 나온다. 수은뿐만 아니라 유해 폐기물, 방사능 폐기물, 납과 비소 같은 중금속도 환경을 위협하고 있다. 유해 폐기물의 경우 1990년대에는 매년 3억~5억 톤이 배출되었는데, 현재까지 미국이 세계 최대의 유해 폐기물 배출국이다.[60]

생물 다양성 훼손

생물 다양성은 세 가지 차원에서 검토해야 한다. 즉, 해당 종의 유전적 다양성, 식물 · 동물 · 미생물의 수백만 개의 종, 그리고 산악 툰드라, 남부 저지 활엽수나 열대우림 같은 서식지 생태계의 다양성으로 말이다. 생물 다양성의 균질화와 단순화는 전 세계적으로 세 가지 수준으로 발생하고 있다. 매사추세츠 공대의 스티븐 메이어Steven Meyer 교수는 다음과 같은 삭막한 예측을 했다.

"앞으로 100년이면 지구에 서식하는 동식물 종의 절반, 즉 지구의 유전자 자원의 4분의 1이 완전히는 아니더라도 기능적으로 사라질 것이다. 육지와 해양에는 여전히 생명체들이 번성할 것이다. 그러나 그 생명체들이라는 것은 오로지 하나의 힘, 즉 인류와 양립할 수 있도록 부자연스럽게 선택된 동질화된 유기물의 조합에 불과하다. 국내법이나 국제법, 전 지구적인 생물권 보호, 지역 지속 가능성 계획이나 심지어 '황무지' 그 무엇도 이 미래를 바꿀 수 없다. 생물의 진화가 이루어질 넓은 길이 미래의 수백만 년을 위해 닦여져 있다. 그런 점에서 볼 때 종의 멸종 위기, 즉 현재와 같은 수준으로 생물 다양성의 구성과 구조 그리고 조직을 보호하려는 노력은 이제 아무런 소용이 없다. 우리가 패배한 것이다."[61]

안타깝게도 메이어의 예측이 일부 현실로 드러나고 있다. 유엔에서 실시한 주요 조사에서도 이런 결론에 도달했다.

"1970~2000년에 야생 생물 종 약 3,000종의 개체 수가 평균 40퍼센트가량 꾸준히 감소했다. 담수 생물 종의 경우 50퍼센트나 감소한 반면 바다와 육지에 사는 종은 약 30퍼센트 감소했다. 전 세계에 분포한 양서류, 아프리카 포유류, 농경지의 조류, 영국 나비, 카리브 해·인도·태평양의 산호초와 일반적으로 잡히는 어류의 종들도 대부분 감소하고 있다.

멸종 위기에 처한 종들이 점점 증가하고 있다. 지난 20년 간 전 세계의 생물군계에서 조류의 종이 지속적으로 감소했으며, 양서류와 포유류에 대한 예비 조사에서도 상황은 조류보다 더 나을 것이 없었다. 연구가 잘 진행된 상위 분류군의 종들도 12~15퍼센트가 멸종 위기에 처해 있다."[62]

현재로서는 토지 용도 변경과 인간의 각종 활동으로 서식지가 파괴되는 것이 가장 큰 원인이다. 과학자들은 지구 수종樹種의 대부분이 서식하고 있는 열대우림의 반이 소실되면서 이 지역에 서식하는 종의 15퍼센트가 멸종했을 것이라고 추측한다.[63] 해양과 습지 서식지 파괴도 생물 다양성 파괴에 큰 역할을 하고 있다. 서식지 감소 다음으로 생물 다양성을 파괴하는 요인은 외래종의 습격이다. 미국에서 목록에 올라 있는 멸종 위기에 처한 종의 40퍼센트는 외래종의 습격을 이겨내지 못했다. 하지만 대구, 마호가니 혹은 열대 조류 등 특정 동식물 종을 과도하게 잡아들이고 채취하는 행위도 생물 다양성 파괴를 유발한다. 유독성 화학물질, 오존층 파괴로 인한 과도한 자외선, 산성비로 인한 산성화도 생태계가 피폐해지는 데 한몫하고 있다. 현재로서는 기후 변화가 생물 다양성 파괴의 주범은 아니지만 그렇게 될 날이 멀지 않았다고 생각하는 과학자들이 많다.[64]

위의 모든 요인들이 결합된 결과, 현재 동식물 종의 멸종 속도는 자연 혹은 정상 속도에 비해 1,000배나 빠른 것으로 알려져 있다.[65] 많은 과학자들이 이제 곧 지구상에서 여섯 번째이자 유일하게 인간이 원인인 대규모 종의 멸종 위기에 직면해 있다고 확신한다. 종을 기록하고 있는 국제자연보호연맹International Union for Conservation of Nature and Natural Resources에서는 다섯 종 중에 두 종이 멸종 위기에 처해 있다고 추정하고 있다. 더 자세히 살펴보면, 조류는 여덟 종에 한 종, 포유류는 네 종에 한 종, 양서류는 세 종에 한 종이 멸종 위기에 처해 있다.[66] 태평양에 서식하는 장수거북의 약 95퍼센트가 지난 20년 동안 사라졌다.[67] 1980년 이래로 122종의 양서류가 멸종했으며,[68] 야생호랑이는 멸종 위기에 처해 있다.[69] 전 세계에 서식하는 물새의 거의 반이 개체 수가 줄어들고 있으며, 북미산 메추라기와 들종다리와 같은 미국 초원에 서식하는 조류는 이미 지난 40년 동안 개체 수의 반 이상이 사라졌다.

질소로 인한 과영양화

지구의 대기는 대부분 질소이다. 그러나 이 기체는 생물학적으로 활성이 아니다. 콩류에 서식하는 박테리아는 대기 중의 질소를 식물이 이용할 수 있는 활성 상태로 바꾸어 "고정"한다. 그런데 인간들도 질소를 고정하기 시작했다. 현재 인간의 활동으로 만들어진 질소는 비료에서 75퍼센트, 화석 연료 원소에서 25퍼센트가 만들어진다. 현재 인간은 자연과 같은 양의 질소를 고정하고 있다. 한번 고정된 질소는 생물권으로 확산되며 오랫동안 활성 상태를 지속한다.

물속의 질소는 과잉 영양으로 이어진다. 질소가 과도하면 조류가 번성하고 부영양화가 발생한다. 다시 말해 수생 생물들은 산소 부족으로 죽어버린다. 해양에는 과영양화로 인해 데드존dead zone이 된 곳이 200곳이 넘는다. 특히 미시시피 강 하구에는 거대한 데드존이 형성되어 있다. 하지만 질소 과잉으로 부정적인 결과만 발생하는 것은 아니다. 질소가 풍부하면 숲의 성장과 탄소 흡수에 큰 도움이 되기 때문이다.[71]

여덟 요인들의 관계

앞에서 살펴본 환경 문제와 더불어 산성 강하물acid deposition과 오존층 파괴는 개별적으로 존재하지 않는다. 이 문제들은 서로 연관되어 있으며 일반적으로 상황을 더 악화시키고 있다. 예를 들어, 삼림 감소는 생물 다양성 감소, 기후 변화와 사막화로 이어진다. 기후 변화, 산성비, 오존층 파괴와 담수 감소는 거꾸로 전 세계의 삼림에 해로운 영향을 미친다. 변화하는 기후는 모든 것에 영향을 미친다. 무엇보다 사막화를 더 가속화하고, 홍수와 가뭄을 증가시키며, 생물 다양성과 삼림자원에 악영향을 미치고, 해양 생태계를 파괴한다.

이 모든 변화의 끝은 어디일까? 뛰어난 과학자들이 이 모든 경향이 무엇을 의미하는지 알아내기 위해 매달렸다. 1998년에 생태학자인 제인 루브첸코Jane Lubchenko는 미국과학진흥협회The American Association for the Advancement of Science의 회장으로 한 연설에서 다음과 같은 결론을 내렸다. "결말은…… 피할 수 없습니다. 지난 몇십 년간 인간은 자연의 새로운 힘으로 부상했습니다. 우리는 새로운 방식으로 물리적·화학적ㆍ생물학적 체계를 개조하고 있습니다. 그 속도는 그 어느 때보다 빠르며 지리적 범위 또한 더 넓어졌습니다. 인류는 무책임하게 지구에 대한 거대한 실험을 계속해 왔습니다. 이 실험의 결과는 아직 알 수 없습니다. 하지만 지구상의 모든 생명체가 심각한 영향을 받을 것임에는 틀림없습니다."[72]

1994년에 노벨상을 수상한 과학자들 대부분을 포함해 세계적인 과학자 1,500명이 환경 문제에 더 많은 관심을 가져달라는 성명서를 발표했다. "지구는 유한하다." 그들은 이렇게 운을 뗐다. "쓰레기와 유해 폐기물을 흡수할 수 있는 능력도 유한하다. 식량과 에너지를 제공하는 능력도 유한하다. 수많은 사람들을 먹여 살릴 수 있는 능력도 유한하다. 그런데 우리는 지구의 한계에 빠르게 접근하고 있다. 빈부에 상관없이 모든 국가가 환경을 파괴하는 현재의 경제 활동은 전 세계의 생태계가 돌이킬 수 없을 정도로 훼손될 위기를 안고 있으며, 더 이상 계속되어서는 안 된다."[73]

'새천년 생태 평가 사업The Millennium Ecosystem Assessment'은 전 세계의 과학자 1,360명과 전문가들이 4년에 걸쳐 생태계의 상황과 변화의 흐름을 평가하는 사업이었다. 2005년에 활동을 마치면서 이사회는 다음과 같은 성명서를 발표했다.

"전 세계에서 인간이 자연으로부터 받는 혜택의 3분의 2가 쇠퇴 일로에 있다. 사실 우리가 지구로부터 거둬들이는 이익은 천연 자산의 가치를 떨어뜨림으로써 발생했다.

많은 경우에 우리는 (후손으로부터) 빌린 시간을 살고 있다. 이를테면 담수가 채워지는 것보다 쓰는 속도가 더 빨라서 미래의 후손들이 쓸 자산을 써버리고 있다.

만약 우리가 빚을 인정하지 않고 계속 늘려나간다면, 이 세상에서 배고픔, 극심한 가난과 피할 수 있는 질환을 제거하겠다는 사람들의 꿈이 위태로워질 뿐만 아니라 지구의 생명 유지 시스템에 갑작스러운 변화가 증가할 것이다. 그 피해는 아무리 부유해도 피해갈 수 없을 것이다.

우리는 다양한 생명체가 유한해지는 세상으로 진입할 것이다. 인간 활동으로 단순하고 통일되어 버린 풍경으로 수천 개의 종이 멸종 위기에 놓였다. 이런 풍경은 자연의 혜택의 복원력과 정신적 혹은 문화적 가치에 악영향을 미친다."[74]

2007년에 《핵과학자 회보Bulletin of the Atomic Scientists》는 운명의 날 시계 Doomsday Clock를 환경 위협을 고려해 자정에 더 가깝게 돌려놓았다.[75] 운명의 날 시계를 보면 현재 우려할 만한 환경 변화의 결과가 환경에만 국한되지 않는다는 것을 알 수 있다. 환경 변화로 물, 음식, 땅과 에너지를 둘러싼 분쟁이 일어날 수 있다. 환경 난민과 인도적 도움이 필요한 위급 상황, 실패한 국가, 점점 어려워지는 상황으로 촉발된 무장 봉기도 발생할 것이다. 환경 변화로 이 세계의 근본적인 공평함과 정의가 심각하게 훼손될 것이다. 이 상황에서 미래 세대를 담보로 환경 변화가 지속되면 가난하고 힘없는 사람들이 고통받을 수밖에 없다. 게다가 경제적 비용도 어마어마하다. 스턴 보고서의 평가에 의하면, 기후 변화에 대해 통상적인 방식으로 대처하는 데 드는 총비용으로 "1인당 소비는 20퍼센트 감소할" 것이다. 이는 오로지 기후 변화로 발생한 비용만 생각했을 때의 수치이다.[76]

여기서 짚고 넘어가야 할 질문이 있다. 과연 어떤 측정 방법이 인간의 활동이 지구 환경에 미치는 영향을 "집계할 수" 있을까? 이 문제에 대해 지속적인 노력을 기울이고 있는 단체가 바로 글로벌 생태발자국 네트워크Global Footprint Network로 각 나라의 생태 족적Ecological Footprint을 계산했다. 생태 족적은 각 나라가 필요한 생물권을, 그 나라에서 소비하는 자원과 생산하는 쓰레기를 흡수할 수 있는, 생물학적으로 생산력이 있는 토지와 바다의 면적으로 환산한 수치이다. 한 나라의 생태 족적에는 경작지, 목초지, 삼림, 식량을 생산하기 위한 어장, 섬유, 소비하는 목재, 그 나라가 사용하는 에너지를 생산할 때 방출되는 폐기물을 흡수하기 위한 토지, 이를 위해 기간 시설을 설치할 수 있는 공간을 모두 포함한다. 1980년대 후반부터 전 세계의 생태 족적은 지구의 생태 수용력을 능가했다. 2003년에는 25퍼센트가량이나 능가했다. 생태 수용력이란 한마디로 인간이 자연에게 도움이 되기는커녕 자원을 야금야금 갉아먹는 정도를 측정한 것이다. "이런 상태가 얼마나 오래 지속될 것인가?" 사람들은 이렇게 질문한다. "경제와 인구가 느리게 성장하는 미국을 중심으로 현 상태가 지속된다고 볼 때, 21세기 중반에 다다르면 인간은 자연이 줄 수 있는 것보다 2배나 더 필요하게 될 것이다. 생태 적자가 이 정도에 달할 경우, 생태 자산이 고갈되고 대규모 생태계 붕괴가 일어날 가능성이 증가할 것이다."[77]

생태 족적 분석은 지구 환경에 미치는 엄청난 압력에 대해 각 지역마다 어느 정도 책임이 있는지 보여주는 지표이기도 하다. 고소득 국가에 거주하는 수십억의 사람들, 즉 전 세계 인구의 15퍼센트에 해당하는 사람들이 전 세계 생태 족적의 45퍼센트에 책임이 있고 미국은

전체 수치의 절반에 책임이 있다.[78]

지구의 환경에 미치는 압력에 얼마나 책임이 있는지 측정하기 위해 국제 자원 소비 경향을 분석하기도 한다. 1998년 〈인간개발보고서 Human Development Report〉를 위해 진행한 분석 자료를 보면, 가장 부유한 국가에 사는 세계 인구의 20퍼센트가 총 민간 소비 지출의 86퍼센트, 육류와 어류의 45퍼센트, 에너지의 58퍼센트, 종이의 84퍼센트, 전 세계 차량의 87퍼센트를 소비했다.[79] 이 목록은 얼마든지 길어질 수 있다.

우리는 어떻게 대처하고 있는가?

위기 앞에서 우리는 사기가 꺾이고 만다. 이 위기가 반영하는 현실은 끔찍하기만 하다. 사람들은 이에 어떻게 반응하고 있을까? 여러 반응을 추측해 볼 수 있다. 내가 만난 반응들은 이러했다.

체념 : 이제 다 끝장이야.

신의 섭리 : 신의 뜻에 맡겨야지.

부인 : 뭐가 문제야?

마비 : 너무 끔찍해.

대책 없음 : 잘될 거야. 언젠가는…….

삐딱함 : 나하고 상관없는 일이야.

솔루셔니스트 : 분명 어딘가에 해답이 있으니 찾으면 돼.

우리는 대부분 솔루셔니스트이다. 이 책의 취지도 마찬가지이다. 우리는 환경 문제를 부인하지도, 다른 문제를 해결했듯이 이 문제도 해결할 것이라고 낙관하지도 않는다. 우리는 이 문제가 품고 있는 엄청난 영향력에 무턱대고 체념하지도 않는다. 물론 압도되어 전신이 마비되는 일도 없을 것이다. 신이나 다른 사람에게 문제 해결을 떠넘기지도 않을 것이다.

솔루셔니스트들은 때때로 실존주의자의 특징에서 위안을 얻을 수 있다. 알베르 카뮈Albert Camus는 『시시포스의 신화The Myth of Sisyphus』에서 이렇게 말했다. "정상을 향한 노력을 기울인 것만으로도 만족을 느끼기에 충분하다. 사람들은 시시포스가 행복하다고 상상해야만 한다." 현 상황에서 진정 의미 있고 중요한 것은 바로 노력 자체이다. 파우스트를 천국으로 인도하던 천사가 뭐라 말했는지 기억해보라. "전력을 다해 노력하는 사람이라면 우리는 구원할 수 있다."

솔루셔니스트적 사고는 아마 가장 낙관적이겠지만, 세상에는 수많은 솔루셔니스트적 사고가 존재한다. 모든 해결책이 동일하지도 쓸모 있지도 않다. 폴 러스킨Paul Ruskin을 비롯한 여러 저자들이 쓴 『대변화Great Transition』와 각종 책에는 미래에 대한 다양한 시나리오가 나와 있다.[80] 각각의 시나리오는 고유의 해결책을 제시하고 있다. 물론 그에 따라 다양한 세계관을 품고 있다. 즉, 파괴에서 진정한 해결책까지 다양한 선택안을 제시하면서 환경 문제의 해법을 강구하고 있다.

1. 세계의 요새화

이것도 해결책이기는 하지만 결코 매력적이지는 않다. 부유한 사람들이 전 세계의 하층민들을 피해 안전한 은신처와 벽 뒤로 숨을 때 사회가 붕괴되고 그 결과 요새화가 진행된다. 다양한 형태의 요새화된 세계는 수없이 많은 SF소설에 배경으로 등장한다. 하지만 요즘 들어 게이트 커뮤니티gate community, 무장한 민간인들, 사설 경비회사와 용병 부대, 수감자의 증가, 부유한 소수와 가난한 다수 사이의 깊은 골, 오로지 부자들만 감당할 수 있는 수많은 천연·기타 편의시설 등을 보면 요새화된 세계가 결코 소설 속 이야기만은 아닌 것 같다. 이런 가능성이 현실화 될 징후로는 권위주의가 서서히 성장하고 있다는 것이다. 만약 상황이 점점 더 악화되고 이에 대중이 겁을 집어먹기 시작한다면, 가혹한 조치들이 점점 더 용인될 지도 모른다.

2. 시장화된 세계

이 해결책은 독창적이다. 이 해결책을 신봉하는 사람들은 자유 시장과 자유 경쟁이야말로 문제의 해결책이라고 믿는다. 이들은 자연은 무한하며 인간의 행위를 압박할 리 없다고 믿는다. 이들은 경제의 기능에 대해 너무 낙관적이어서 고효율에 더 깨끗한 기술을 개발할 수 있으므로, 환경 문제도 해결할 수 있다고 굳게 확신하고 있다. 그러므로 경제 성장은 전적으로 긍정적인 현상이다. 경제가 성장해야 자원 부족을 해결할 수 있는 기술 혁신을 일으킬 수 있기 때문이다.

3. 정책 개혁 세계

개혁주의자 혹은 제도주의자들은 정책으로 문제를 해결할 수 있다고 믿는다. 이들은 정부, 과학자, 비정부기구와 지역 공동체들 사이의 밀

접한 교류에 바탕을 둔 노련한 정책 가이드로 자원 부족 현상과 그 위
험성을 찾아내 해결책도 고안할 수 있다고 믿는다. 강력하면서 효과적
인 제도, 법과 정책이 국가와 국제적 수준에서 시행된다면 충분히 실행
가능하다는 것이다. 경제 성장도 환경 보존에 도움이 되지만, 규제 · 시
장 교정을 비롯한 다양한 조치로 적절한 도움을 받을 때에만 그렇다.

4. 새로운 지속 가능한 세계

최근에 등장한 이 주장은 자연과 인간 공동체를 보호하고 개선해 전
면적인 가치관, 생활방식과 인간 행동에서 거대한 변혁을 이끌어내려
한다. 그러기 위해서는 사회적 가치관의 심오한 변화가 수반되어야 한
다. 끝없이 증가하는 물질적 소비에서 벗어나 친밀한 공동체와 개인
관계, 사회적 연대와 자연에 대한 강한 귀속감을 추구해야 한다. 이러
한 주장을 하는 사람들은 현재의 환경 문제와 사회적 딜레마를 해결하
려면 새로운 의식을 갖추어야 한다고 본다. 자연 환경의 "수용 능력"
은 정해져 있어서, 자원 소비와 공해의 규모도 한계가 있을 수밖에 없
다. 즉, 재생산율을 초과할 정도로 수확하거나 동화 능력 이상으로 오
염이 발생할 경우 생태계와 자연의 혜택을 더 이상 기대할 수 없다. 이
러한 주장을 하는 사람들은 성장이 우선이라고 생각하지 않는다. 시장
의 역할이 유용하지만 사회가 사용할 수 있는 다양한 도구의 하나에
불과하기 때문이다.

5. 사회주의환경주의Social green의 세계

사회주의환경주의는 진짜 문제는 사회 내의 권력과 자원에 대한 접

근과 배분의 불평등에서 발생한다고 주장한다. 그러므로 환경 문제를 해결하려면 자원 문제를 사회와 정치적 맥락에서 결정하고 (권력 재분배를 비롯해) 재분배 정책에 초점을 맞춰야 한다고 주장한다. 많은 이들이 철저한 탈중심화와 지방의 경제와 공동체를 보호해야 한다고 강력하게 주장한다. 사회주의환경주의는 과연 정부가 전문적 지식을 정치적으로 공정하게 사용하고 분별 있는 행동을 이끌어낼 능력이 있는지 의문을 품고 있다.

최근 몇십 년간 시장 경제를 옹호하는 측은 권력과 의사 결정의 실질적인 수단을 강력하게 통제했다. 그 결과 개혁주의자들에게 힘이 실리게 되고, 현재의 법과 제도가 만들어졌다. 이러한 경향이 국가와 국제적 환경 문제를 다루는 태도에서도 두드러지고 있다.[81] 앞으로 3장에서 다루겠지만, 현재의 환경보호주의는 정책 개혁 위주여서 한 국가나 지역만 아니라 전 세계적 차원의 환경 위기를 해결할 수 있는 개혁안이 봇물처럼 쏟아졌다. 하지만 개혁안을 실행에 옮기기 위해서 다양한 안을 선별하고 보완하는 시스템이 오히려 효율을 떨어뜨리고 변화를 위해 더 중요한 아이디어의 출현을 가로막고 있다.

이 방안이 실효를 거두지 못하기 때문에 새로운 돌파구가 절실하다. 새로운 지속 가능한 세계와 사회주의환경주의는 현 상황을 뛰어넘어 지금 필요한 새로운 비전과 세계관을 제시한다. 문화역사가인 토마스 베리Thomas Berry는 "역사는 인간의 모험이 우주의 더 큰 운명과 연관됨으로써 삶에 형태와 의미를 부여하는 무엇보다 소중한 순간들에 의해 지배된다. 그러한 움직임을 형성하는 것이 인간의 '위대한 과업Great Work'이라고 할 수 있을 것이다."라고 썼다. 그는 그리스 문명과 유럽과 아시아의 여러 문명을 이렇게 설명했다. "'위대한 과업'은 인류가 지구를 황폐화하는 단계에서 인류와 자연이 공존공영하는 단계로 도약하는 것이다. 아마 우리가 미래에 물려줄 가장 소중한 유산은 지구를 황폐화하던 인류가 지구에 이로운 존재로 탈바꿈한 위대한 과업의 의미일 것이다."[82]

이제부터 우리는 이 과업을 전력을 다해 시작해야 한다.

2장

현대 자본주의

통제에서 벗어나다

우리 사회에서 경제 성장보다 더 충실히 믿고 따르는 가치관이 있을까? 경제 성장은 언제나 주목받고 소수점까지 측정되는가 하면, 칭송이나 찬양을 받고 허약하다고 진단을 받거나 건전하고 활력 있다는 평가를 받는다. 신문, 잡지, 케이블 채널들은 쉴 새 없이 경제 상태를 보고한다. 경제는 세계, 국가, 기업 등 모든 수준에서 분석된다. 2006년 여름에 나온 경제면 기사를 약간만 살펴보자. 《파이낸셜 타임스Financial Times》에 따르면, "내년에 세계는 역사상 다섯 번째의 고성장을 누릴 것이다." 《비즈니스 위크Business Week》에 따르면, "석유가 나는 한 '미국'의 성장도 계속될 것이다." 《월 스트리트 저널Wall Street Journal》의 머리기사는 "구글Google은 장기 성장 동력으로 콘텐츠 거래에 주목하고 있다."였다.[1] 사실 21세기 초입에 서 있는 세계는 계속 성장하고 있다.

세계 경제는 연간 약 5퍼센트씩 성장하고 있으며 미국의 성장률은 3.5 퍼센트이다. OECD 국가들은 평균 3퍼센트의 경제 성장률을 보이고 있다. 연간 5퍼센트씩 성장한다면 14년 후에 세계 경제 규모는 지금의 2배가 될 것이다.

성장 필요성Growth Imperative

더 큰 경제적 부와 번영을 위해 성장을 추구하는 것은 오늘날 전 세계에서 가장 광범위하고 강력한 지지를 얻고 있는 대의명분일 것이다. 경제 성장은 "발전하는 산업 사회의 세속 종교"라는 말까지 나올 정도이다.[2] 뛰어난 거시경제학자들은 경제 성장을 자신들이 만들어낼 수 있는 최고의 선善이라고 주장한다.

소비는 성장을 촉진한다. 그래서 소비자들을 계속 자극하기 위해 광고 지출은 세계적으로 세계 경제보다 훨씬 더 빠르게 증가했다. 2006년에 《이코노미스트Economist》는 "새로운 아이디어와 상품에 두려움을 모르는 미국 소비자들을 칭송하기 위해" 사설을 싣기도 했다. 미국인들은 소비에 대한 열의가 감소할 때마다 쇼핑을 멈추지 말라는 간청을 듣는다. 심지어 대통령도 간청을 서슴지 않는다. 가령 조지 W. 부시 George W. Bush 대통령은 9.11테러가 발생한 후와 2006년 크리스마스 직전에 소비를 권장했다. 《비즈니스 위크》는 2007년을 전망하며 독자들에게 "소비를 멈추지 않는 '미국' 소비자들에게 의지할 수" 있을 것이라고 주장했다.[4] 이러한 예측은 보기 좋게 들어맞았다. 2007년 6월 무렵 《파이낸셜 타임스》가 "소비 지출의 급격한 성장으로 미국 경제가

회생하고 있다."고 쓸 수 있었으니 말이다.[5]

　만약 정부의 정책을 폐기시키고 싶다면 경제에 해가 될 것이라고 주장하기만 하면 된다. 부시 대통령이 취임 초기에 국제기후협약인 교토의정서의 인준을 거부하면서 그렇게 주장했듯이 말이다.

　하지만 성장만으로는 충분하지 않다. 각국의 경제는 경제 성장 속도로 평가한다. 경제지의 혹독한 비판을 읽고 나면 사람들은 일본이 최근 장기간에 걸쳐 불황 혹은 후퇴기를 겪었다고 생각할 것이다. 사실 1990년부터 2005년 사이에 일본의 성장률은 연간 1.3퍼센트에 불과했다. 미국과 유럽에서 예상한 2.5퍼센트와 3.5퍼센트는 아니었지만 경제 하강은 아니었다. 사실 일본은 장기간에 느린 성장을 거둬 이런 모델도 가능하다는 것을 보여준 흥미로운 경우이다.[6]

　성장을 이해하고 어떻게 지속적인 성장을 이룰 것인가만을 고민하는 학문이 바로 현대 거시경제학이다. 폴 새뮤얼슨Paul Anthony Samuelson과 윌리엄 노드하우스William Nordhau는 자신들의 유명한 저서인 『거시경제학Macroeconomics』에서 이 점을 명확하게 밝히고 있다. "무엇보다 거시경제학은 경제 성장을 목표로 한다. …(중략)… 거시 경제의 주요 목표는 높은 성장 수준과 빠른 속도의 생산, 낮은 실업율과 안정적 물가이다. …(중략)… 처음부터 거시경제학의 화두였던 두 가지 이슈는 시장 경제의 안정을 도모할 필요성과 국가의 생산과 소비 성장률을 증가시키려는 바람이었다."[7]

　역사가 J.R.맥닐은 『하늘 아래 새로운 것Something New under the Sun』이라는 저서에서 "성장숭배주의"는 20세기의 상상력과 제도에 고착화되어 있다고 썼다. "공산주의는 20세기의 보편적인 신조가 되고자 했지만 공산주의가 무너진 곳에는 더 유연하고 매력적인 종교가 자리를 잡았다. 바로 경제 성장을 향한 노력이다. 자본주의자, 국수주의자, 사실 거의 모든 공산주의자들까지 같은 제단에서 예배를 올린다. 경제 성장이 온갖 죄악을 가려주기 때문이다. 인도네시아와 일본인들은 경제 성장이 지속되는 내내 부패에 시달렸다. 러시아와 동유럽인들은 국가의 무차별적인 감시를 견뎌야 했다. 미국과 브라질인들은 방대한 사회적 불평등을 감수했다. 사회 · 도덕 · 환경의 폐해들은 경제 성장을 위해 참아야 했다. 사실 경제 성장을 주장하는 이들은 더 높은 성장을 해야만 이러한 폐해를 없앨 수 있다고 주장했다. 경제 성장은 전 세계 대다수의 국가들에게 없어서 안 될 이데올로기가 되었다.

성장숭배주의는 공터, 천연의 어족, 광활한 삼림과 튼튼한 오존층이 있는 세상에서는 유용하겠지만 실제로는 세상을 더욱 말도 많고 탈도 많게 만드는 데 일조했다. 생태완충지대가 사라지고 실질 비용이 증가함에도 불구하고 자본주의와 공산주의자들 사이의 이데올로기는 전혀 변하지 않는다. 최우선순위의 경제 성장은 20세기의 가장 중요한 개념이다.”[8]

미국보다는 유럽에서 경제 성장의 상대적 우선권을 놓고 더 많은 논의가 이루어지고 있다. 유럽의 친親경제 성장 개혁파의 주요 비판 대상은 유럽 대륙 국가들의 더 짧은 노동시간과 더 긴 휴가, 직업 안정성과 사회 복지 정책이다. “개혁” 전투는 프랑스를 비롯해 각지에서 벌어지고 있다. 《뉴욕 타임스》는 “대다수 유럽인이 ‘이러한 정책의’ 변화를 접하게 된다면 격렬한 반대를 벌일 준비가 되어 있다.”고 보도한 바 있다.[9]

미국에서는 성장은 반드시 이루어야 하는 것이다. 새무얼슨과 노드하우스는 『거시경제학』에서 이렇게 썼다. "우리 경제는 무자비한 경제 Ruthless Economy이다. 사람들은 점점 더 과거의 기여도보다 현재의 생산성으로 판단한다. 기업이나 공동체에 대한 낡은 충성심은 더 이상 중요하지 않다. 생각해보라. 기업은 1,000명을 해고하거나 생산 기지를 뉴잉글랜드에서 선벨트로, 다시 멕시코로 옮기는 것이 더 이득이라고 생각한다. 이윤을 추구하기 위해 옮길 것이다. …(중략)… 그리고 경쟁적인 이익을 올리면서 다른 회사로부터 (자사를) 보호하기 위해서도 말이다. 시장 지형 경제주의자는 불평등은 우리가 혁신을 위해 지불해야 하는 비용이라고 말할 것이다. 달걀을 깨지 않으면 오믈렛을 만들 수 없다면서 말이다. 효율에만 집중하는 완고한 태도는 비교우위를 잃은 해고 노동자들, 도산한 기업, 영락한 도시, 국가 혹은 지역의 소득은 눈곱만큼도 고려하지 않은 결과이다.

그런데 이런 상황을 자세히 들여다보면 시장의 무자비함의 이면에는 실낱 같은 희망도 보인다. 대공황 이후 증가한 해외 경쟁, 산업의 규제 완화와 세력을 잃은 노조를 배경으로 노동 시장과 생산 시장은 요즘 그 어느 때보다 경쟁적으로 변했다. 치열한 경쟁 속에서 미국의 거시 경제 성과는 눈에 띄게 개선되었다."[10]

성장과 관련해 마지막으로 살펴볼 점은 성장 지역의 지리적 분포이다. 현재 성장률이 가장 높고 세계 경제 확장에 큰 역할을 하는 곳은 아시아 국가들이다. 그러나 아직도 OECD 국가들의 경제가 전체 그림에서 차지하는 비중이 더 크다. 1980~2005년에 세계 경제 성장의 70퍼센트는 OECD 국가에서 이루어졌기 때문이다.

성장 대 환경

맥닐의 말처럼 경제적 이익과 환경 손실은 매우 밀접한 관계에 있다. 경제는 천연자원을 소비하고(재생 가능한 것과 그렇지 못한 것 모두) 토지를 사용하며 공해 물질을 배출한다. 경제가 성장하면서 자원 소비도 늘고 공해 물질도 대단히 다양해진다. 폴 에킨스Paul Ekins는 『경제 성장과 환경 지속 가능성Economic Growth and Environmental Sustainability』에서 이렇게 지적했다. "환경을 담보로 경제 성장을 이루는 것은 …(중략)… 적어도 산업주의가 탄생한 이래로 경제 발전의 한 양상이었다."[11] 우리는 2장에서 그 희생이 어느 정도인지 살펴보았다.

일반적으로 성장은 국내총생산GDP으로 표시한다. 그래서 GDP가 늘면 경제가 성장한 것이다. 경제 성장은 경제가 생산할 수 있고 돈으로 살 수 있는 것들의 증가를 의미하는 물질적 진보를 세계적으로 확산시킨 장본인이지만, 이 번영은 과거나 지금이나 막대한 환경 비용을 대가로 거둔 것이다. 맥닐은 1890년대부터 1990년대 사이에 다음과 같은 증가를 기록했다고 보고했다.[12]

세계 경제	14배 증가
세계 인구	4배 증가
물 사용	9배 증가
아황산가스 배출	13배 증가
에너지 사용	16배 증가
이산화탄소 배출	17배 증가

| 수산물 어획고 | 35배 증가 |

이러한 증가 추세는 지금도 계속되고 있다. 1980~2005년에는 대규모 환경 계획이 수많은 나라에서 마련되어 실행되기 시작했다. 하지만 그런 사실이 무색할 정도로 같은 기간에 10년마다 다음과 같은 평균 증가세가 전 세계적으로 관찰되었다.[13]

세계총생산	46퍼센트
종이와 종이 생산	41퍼센트
수산물 어획고	41퍼센트
육류 소비	37퍼센트
승용차	30퍼센트
에너지 소비	23퍼센트
화석연료 소비	20퍼센트
세계 인구	18퍼센트
곡물 수확량	18퍼센트
이산화질소 배출	18퍼센트
취수	16퍼센트
이산화탄소 배출	16퍼센트
비료 소비	10퍼센트
아황산가스 배출	9퍼센트

이 지표들은 우리가 어떤 식으로든 환경에 미친 영향을 보여주는 척

도이다. 자료를 보면 그 영향은 줄지 않고 오히려 증가하고 있음을 알 수 있다. 주목할 점은 자원 소비와 공해 물질 배출 증가율이 세계 경제 성장보다 낮다는 점이다. 경제의 생태효율성eco-efficiency은 "비물질화 dematerialization", 투입 자원 대비 생산성 증가, 생산품 하나당 발생하는 폐기물 감소 등으로 개선되고 있다. 하지만 경제 활동으로 환경이 받는 영향이 증가하는 것을 막을 수 있을 만큼 빠르게 개선되지는 않는다. 도넬라 메도스Donella Meadows는 이 상황을 이렇게 표현했다.

"상황은 좀 더 느린 속도로 악화될 뿐이다."[14] 정곡을 찌르는 말이다. 게다가 환경에 있어서 중요한 것은 성장 속도가 아니라 자연계가 전체적으로 받는 부담이다. 가령 수산물 어획량을 보자. 그 부담이 1980년에 이미 어마어마했다. 그러므로 10년당 성장률이 미미하다고 해도 이미 환경에 미치는 영향은 대폭 증가한다. 증가하지 않아도 어마어마한 수준인데 말이다. 2004년 무렵 세계는 연간 종이 제품 3억 6,900만 톤, 육류 2억 7,500만 톤, 화석연료(석유 환산) 9조 톤을 소비했다. 인간은 물을 연간 3조 8,000억 리터씩 자연에서 끌어다 쓰고 있다.

이러한 수치 자료의 이면에는 급격한 확대라는 현상이 있다. 현대 경제 활동의 가장 큰 특징이 바로 기하급수적인 성장이다. 일정 시간 동안 같은 양이 증가하면 그것은 선형 성장이다. 만약 대학 등록금이 1년에 3,000달러 오르면 그것은 선형 증가이다. 그런데 기존 양의 일정 비율만큼 증가한다면 그것은 기하급수적 성장이다. 대학 등록금이 매년 5퍼센트씩 인상된다면 바로 그것이 기하급수적 성장이다. 현대 경제는 매년 생산량을 훨씬 더 많은 생산량을 내기 위해 다시 투자하기 때문에 기하급수적으로 성장할 수밖에 없다. 투자량은 경제 활동

규모와 관련이 있다. 식량 생산, 자원 소비와 폐기물 배출량도 덩달아 증가한다. 왜냐하면 인구와 생산량 증가와 직결되기 때문이다.

좋다. 지금까지의 현실이 위와 같은 것이 사실이다. 그렇다면 미래는 어떨까? 세계 경제는 폭발적인 기하급수적 경제 성장을 앞두고 있다. 겨우 15년이나 20년 후면 세계 경제 규모는 2배로 커질 가능성이 농후하다. 환경에 미치는 영향이 급속도로 줄어들어도 모자랄 판국에 재앙에 가까울 만큼 증가할 가능성이 충분하다.

앞으로도 경제 성장이 환경을 파괴하는 형태로 진행될 가능성이 높다고 생각할 이유가 많다. 첫째, 경제 활동과 거대한 경제 성장 추진력이 환경의 관점에서는 "걷잡을 수 없는" 파괴력으로 변모할 수 있다. 이것은 현대적인 환경 계획이 정착되어 있는 선진 산업 경제에서 일어날 가능성이 더 높다. 기본적으로 경제라는 시스템은 환경자원을 보호하면서 돌아갈 수 없다. 게다가 정책 체계는 경제 시스템을 수정하면서는 제대로 작동할 수 없다.

경제학자인 월리스 오티스Wallace Oates는 시장이 환경에 도움이 되지 않는 이유가 "시장의 실패"라고 못 박았다.

"시장은 잠재적인 사용자들에게 자원의 가치(혹은 비용)를 보여주는 신호가 되는 물가를 생산하고 사용한다. 사회의 희귀한 자원을 소비함으로써 그 사회에 비용을 부담 지우는 활동은 가격이 딸려 있다. 이때 이 가격은 사회적 비용과 맞먹는다. 대부분의 재화와 용역(경제학자들은 '민재'라고 부른다.)은 시장의 수요와 공급의 힘이 시장 가격을 형성하고, 이 가격은 자원이 가장 비싸게 사용되도록 한다.

하지만 개별적인 경우로 들어가면 시장 가격이 길잡이가 되지 않을 수도 있다. 특히 다양한 형태의 환경 파괴 활동과 관련될 경우 가격을 믿기 어려운 경우가 종종 발생한다.…(중략)… 기본 아이디어는 명확하다. (깨끗한 공기와 물처럼) 특정한 희귀 자원에 적절한 가격이 정해져 있지 않으면 소비자는 과잉소비를 하게 되어 결국 '시장의 실패'가 발생한다.

이러한 실패의 근원을 경제학자들은 외적 영향이라고 부른다. 좋은 예로 매연을 이웃 동네로 퍼트리는 공장의 공장주에 관한 고전적인 경우가 있다. 공장주는 더러운 공기라는 형태로 실제 비용을 발생시키지만 이 비용은 (공장이 부담하지 않으므로) '외부 비용'이다. 공장주는 자신이 고용하는 노동, 자본과 원자재와 달리 공해에 대해서는 비용을 부담하지 않는다. 공장은 노동과 원자재를 가격에 따라 경제적으로 사용하기 위해 노력하지만, 매연 배출을 억제해서 깨끗한 공기를 유지하도록 하는 데는 그런 동기가 없다. 문제는 희소 천연자원을 공짜로 쓸 때마다 (주로 깨끗한 공기와 물처럼 한정된 자원일 경우) 과도한 양을 쓰곤 한다는 것이다.

환경자원들 중에는 사용을 억제할 수 있도록 적절한 가격으로 보호받지 못하는 자원이 많다. 이런 관점에서 볼 때 환경이 과도하게 소비되고 남용되고 있다는 사실이 전혀 놀랍지 않다. 시장은 이러한 자원을 적절하게 배분하지 못한다."[15]

정치적 실패는 이러한 시장의 실패를 영구화시킨다. 아니 이 경우에는 확대한다고 해야 할 것이다. 정책은 시장의 실패를 바로잡고 시장이 환경에 해를 끼치지 않고 이롭게 작용할 때 제대로 실행될 수 있을 것이다. 하지만 막강한 권력을 지닌 경제와 정치적 이익집단들은 시장을 바로 잡지 않음으로써 이익을 거둔다. 그래서 그들은 시장을 바로

잡지 않거나 바로 잡더라도 부분적인 것에 그칠 뿐이다. 만약 물값에 과소비로 환경에 미칠 손실을 포함시켜 제값을 다 받는다면 수자원을 보존하고 지금보다 효과적으로 사용할 수 있을 것이다. 하지만 정치인들과 농장주들은 힘을 모아 물값을 저렴하게 유지하려고 한다. 공해 유발자들이 환경에 미치는 악영향과 깨끗한 환경 보존을 위한 비용을 모두 물게 해야 하지만 아무도 비용을 물지 않는다. 자연 생태계는 인간에게 어마어마한 가치의 경제적 혜택을 제공하고 있다. 하지만 일개 개발업자의 행위가 이러한 혜택을 훼손할 수도 있다. 이 경우 줄어든 혜택만큼의 비용을 개발업자에게 물게 하는 일은 거의 없다.

정부는 시장의 실패를 바로잡으려 하지도 않고 보조금을 지급하는 관행으로 상황을 더욱 악화시키고 있다. 『뒤틀린 보조금*Perverse Subsidies*』에서 노만 마이어스Norman Myers와 제니퍼 켄트Jennifer Kent는 각국 정부들이 지급하고 있는, 환경에 피해를 주는 보조금의 액수가 연간 8,500억 달러에 달한다는 수치를 제시했다. 두 사람은 이러한 보조금이 환경에 미치는 영향은 "광범위하고 심대하다."는 결론을 내렸다. "농업 보조금은 경작지를 과도하게 사용하도록 하여 토양 침식과 표토의 압밀 작용, 합성 비료와 제초제의 오염 작용, 토양의 탈질소 작용 그리고 온실가스 배출까지 유발한다. 화석연료에 대한 보조금은 산성비, 도시 스모그, 지구 온난화와 같은 공해를 가중시킨다. 한편 핵에너지에 대한 보조금은 반감기가 엄청난 유독성 폐기물을 낳고 있다. 도로 교통에 대한 보조금은 도로의 부담을 가중시킨다. 한쪽에서 도로를 건설해 부담을 완화시키면, 다른 한쪽에서는 새로운 보조금이 지급되어 자동차의 사용을 촉진한다. 여러 종류의 심각한 공해를 유발하는 것은 말할 것도 없다. 수자원 보조금은 물의 낭비를 유발해서 수자원 고갈을 촉진한다. 수산자원에 대한 보조금은 그렇지 않아도 고갈된 수산자원을 더욱 남획하게 만든다. 삼림자원에 대한 보조금은 과도한 벌목, 산성비와 농지 변경 등으로 수많은 삼림이 사라지는 순간에도 과잉개발을 하게 한다."[16]

우리는 물가가 경제 활동의 주요 지표인 시장 경제에서 살고 있다. 가격이 요즘처럼 환경의 가치를 제대로 반영하지 못하면 시장 경제 시스템은 고삐 풀린 망아지처럼 날뛰게 된다. 길게 설명하지는 못하지만 그 외에도 여러 문제들이 존재한다. 오늘날의 시장은 정말 이상한 곳이다. 시장은 가장 근본적인 사실도 알아차리지 못하는 메커니즘에 의해 유지된다. 그 메커니즘은 경제가 작용하는 곳이 바로 살아서 진화하고 지속되는 자연계라는 사실을 모른다. 시장은 그 자체로는 자연계를 이해하고 그에 맞춰 적응할 수 있는 감각 기관이 없다. 그저 맹목적으로 내달릴 뿐이다.

정치적 실패는 세계화와 국제 경쟁이 심화되는 이 시대에 더욱 심각하다. 세계화 문제에 대한 최고 분석가인 토마스 프리드먼Thomas L. Friedman은 "황금 구속복the golden straitjacket"이라는 개념을 제시했다.

"당신의 나라가…… 현대의 글로벌 경제에서 자유 시장의 규칙을 인지하고 그에 따라 살겠다고 결정한다면, 소위 '황금 구속복'을 입기로 한 것이다.…(중략)… 당신의 나라가 황금 구속복을 입으면 두 가지 변화가 발생할 것이다. 우선 경제가 성장하고 정치는 입지가 줄어든다. 경제적인 면에서 황금 구속복은 주로 성장을 촉진하고 평균 소득을 증가시킨다. 더 많은 교역, 해외 투자, 사유화와 세계 경쟁이라는 압력 하에서 효율적인 자원 사용 등을 통해서 말이다. 정치적인 면에서는 정치 및 경제 정책의 선택의 폭이 상대적으로 얼마 되지 않은 변수들로 한정되어 버린다."[17]

《비즈니스 위크》는 2006년에 〈누가 이 경제를 이끄는가?〉라는 제하의 표지 기사에서 비슷한 주제를 다루었다. 기사의 결론은 어땠을까? "세계적인 세력들이 경제를 통제하고 있다. 그리고 정부는 당파를 떠나 그 어느 때보다 영향력이 줄어들었다.…(중략)… 세계화는 경제를 통제하는 워싱턴의 능력을 능가했다."[18] 만약 워싱턴 당국이 고용 창출과 임금 상승과 같은 경제적 목표를 위한 경제조차 통제하기 어렵다면, 경제가 환경에 이득이 되도록 통제하는 것은 얼마나 어려울지 상상이 가지 않는가.

자동 수정?

경제 성장을 걱정하는 또 다른 이유로는, 우리의 경제는 자연적인 자정 능력을 제대로 갖추지 않았기 때문이다. 그나마 기술이 계속 발전하고 있다는 점이 위안이다. 기술이 나날이 변화하고 있으므로 미래의 경제가 반드시 과거와 같으리라는 법은 없다. 기술 발전으로 제품 하나당 사용하는 원자재와 생산되는 폐기물을 줄일 수 있다. 더 가볍고, 작고, 효율적인 신제품과 새로운 분야를 개척할 수도 있다. 분명 이러한 변화가 이루어지고 있다. 더불어 자원 생산성도 증가하고 있다.

이러한 변화를 다룬 문헌이 무척 많다. 여러 변화를 관통하는 흐름은 유럽과 미국의 주요 연구 센터 다섯 곳의 〈보고서 2000report 2000〉의 결론 부분에서 잘 설명되어 있다.

"산업 경제는 점점 효율적으로 원자재를 소비한다. 하지만 폐기물의 양은 여전히 증가하고 있다.…(중략)… 1인당 GDP와 품목당 GDP를 기준으로 발생하는 경제 성장과 자원 처리량을 따로 생각해도 전체 자원 사용량과 폐기물량은 늘어나는 추세였다. 우리는 자원 처리량이 절대적으로 감소하고 있다는 증거를 발견하지 못했다. 산업 경제로 투입되는 연간 자원량의 2분의 1에서 4분의 3은 1년 안에 폐기물로 자연으로 돌아간다."[19]

수많은 나라들을 개괄한 자료에는 "한 가지 경우를 제외하면, 경제가 성장하는 동안 산업에 직접 투입되는 재료의 양이 절대적으로 감소한 사례는 한 건도 없었다. …(중략)… 산업국가에서 원자재 사용 경향은 비교적 꾸준하다."고 나와 있다. 게다가 경제가 성장하면 자국의 자원 개발 압력은 줄어드는 대신 그 압력이 개발도상국의 자원으로 옮겨가는 것이 확인되었다.[20] 그리고 자원이 더 많이 들어가는 제품들은 수입한다.

"탈재료화dematerialization" 연구의 주요 개괄 자료를 보면 "미국 경제가 재료 사용으로부터 '벗어났다'는 가정을 입증할 만한 거시경제적 증거는 어디에도 없다. 게다가 원자재 사용의 다양한 변화가 환경에 전반적으로 어떤 영향을 미치는지 그 실태에 대해서는 아직 파악되지 않은 부분이 훨씬 많다. 우리는 재료 사용에 대해서 전체적인 일반화를 경계한다. 특히 기술 변화, (자원의) 대체와 정보 시대로의 이행 등으로 재료의 집중도와 환경에 미치는 영향이 감소했다는 '때려잡기' 식의 예측을 경계한다.[21]"

기술 전문가인 아널프 그루블러Arnulf Grubler는 이렇게 주장했다. "탈재료화는 기껏해야 재료의 절대 사용량을 높은 수준에서 안정화시킬 뿐이다. …(중략)… 재료의 개선과 환경 생산성의 증대를 통해서 생산량 증가가 환경에 미치는 영향을 본질적으로 줄일 수 있다. 하지만 현재까지는 생산량 증가 수준이 일반적으로 기술 개선 속도를 앞질렀다."[22]

관련 연구 분야를 일명 '환경 쿠즈네츠 곡선Environmental Kuznets Curve'이라고 부른다. 즉, 경제 개발 초기에는 개발과 성장과 더불어 환경오염이 증가하지만 1인당 소득이 어느 수준 이상 넘어가면 감소한다는 가정을 의미한다. 성장주의자들은 이 주장을 계속 옹호했다. 얼핏 보기에는 그럴싸한 주장이다. 소득이 상승하면 쾌적한 환경에 대한 대중의 요구도 덩달아 높아지기 때문이다.

경제 성장이 환경 개선의 만병통치약이라는 주장은 일부 지역별 대기 오염물질의 양이 쿠즈네츠 곡선을 따라 뒤집어진 'U'를 그리는 연구 자료가 나오자 큰 호응을 얻었다. 하지만 이런 자료들을 마구 인용하는 것도 문제가 있다. 이를테면 환경을 치료하는 것보다 오염을 막는 편이 훨씬 비용이 적게 든다는 점을 생각해보면 그렇다. 게다가 환경과 인간이 입을 수 있는 손실 중에는 아무리 돈을 퍼부어도 회복할 수 없는 것도 있다. 현재 쿠즈네츠 패턴은 몇몇 경우에서만 확인된다. 어떤 경우에는 오염물질이 처음에는 증가했다가 후에 감소하지만, 다시 증가하기도 한다. 이산화탄소와 같은 오염물질은 계속 증가하기만 한다. 사실 환경오염 중에는 소득이 높은 수준에서 계속 증가해도 오염이 심해지는 경우가 많다. 쿠즈네츠 곡선의 가정을 철저하게 검토한 자료에는 이 가정은 "모든 환경지표에 명확하게 적용할 수 있는 것은 아니다. 환경 연구에서는 대체적으로 이 가정을…… 채택하지 않는다. …(중략)… 전체적인 영향은…… 관련 소득 범위를 따라 성장한다."[23]

근본 원인들

우리는 경제 성장이 좋고 필요한 것으로 추앙받는 세상에서 살고 있다. 즉, 이 세상은 많이 가지면 가질수록 더 살기 좋은 곳이다. 동시에 환경이 경제 성장으로 치명적인 타격을 입는 곳이다. 그 어느 때보다 높은 성장을 목전에 두고 있는 곳이다. 물가가 환경 비용이나 미래 세대의 필요를 제대로 반영하지 못하는 등 크게 잘못된 시장 신호가 나타나기 시작한 세상이다. 환경에 무엇이 필요한지 걸핏하면 잊어버리는 시장을 실패한 정치로는 제대로 고칠 수 없는 세상이다. 각국의 경제가 환경에 무지했던 시대에 만든 기술을 기계적으로 세상에 내놓는 곳이다. (환경에) 파괴적인 경향들을 쇄신할 만한 숨겨진 손이나 내재적인 메커니즘이라고는 찾아볼 수 없는 세상이다. 그러므로 경제 성장은 환경의 적이라는 결론을 내릴 수밖에 없다. 경제와 환경은 충돌할 수밖에 없다.

상황이 이러하므로 위와 같은 결과에까지 이르게 된 근본 원인을 확실하게 이해하기 위해서 더 노력해야 한다. 그래야만 상황을 바로잡을 수 있기 때문이다.

그렇다면 현재 우리 사회를 이끄는 운영 체제operating system는 무엇인가? 현대는 자본주의의 특징이라고 일컬을 수 있는 정치경제 및 사회 제도가 복합적으로 맞물려 돌아간다. 여기까지 읽은 누군가는 이렇게 생각할 것이다. 공산주의는 환경에 더 나쁘지 않느냐고 말이다. 그 말도 맞다. 공산주의의 권위적인 정치 시스템과 중앙 집중화된 경제 계획이 맞물려 환경 재앙이 연이어 터졌다. 하지만 공산주의가 대부분 붕괴한 지금에 와서 이러한 주장은 의미가 없다. 우리는 다양한 형태의 자본주의가 끌고 가는 세상에 살고 있다. 결국 정부와 소비자가 만든 강화된 규칙과 강력한 인센티브와 벌금 제도가 시행되지 않는다면 어떤 경제도 환경에 도움이 될 수 없다.

그렇다면 이 운영 체제는 무엇으로 구성되어 있을까? 그중 몇 가지는 자본주의의 정의에서 '경제' 체제라고 일컫는다. 공동 저서인 『자본주의 이해하기Understanding Capitalism』에서 새뮤얼 보울스Samuel Bowles는 자본주의를 "고용주들이 이윤을 내기 위해, 시장에서 팔 재화와 용역을 생산하기 위해 노동자들을 고용하는 경제 체제"라고 정의한 바 있다.[24] 고용주는 고용인이 사용하는 자본재를 소유하며, 고용인이 공장에서 생산해 시장에서 파는 재화와 용역, 즉 상품을 소유한다. 시장은 비교적 자유롭고 경쟁적이므로 재화와 용역은 일반적으로 시장에서 정해진 가격으로 팔린다. 이 시장은 고용인의 임금이 정해지는 노동시장도 포함한다.

보울스의 분석에서 핵심 개념은 애덤 스미스Adam Smith의 시절로 회귀하는 잉여 생산물이다. 잉여 생산물은 노동, 재료 등 생산에 사용되는 투입물의 비용을 대기 위해 필요한 것보다 더 많은 경제 생산물을 의미한다. 자본주의에서 잉여 생산물은 이윤의 형태를 띤다. 이윤은 자본주의자들의 소득의 기본이다. 소득의 형태는 이자, 배당금, 지대 혹은 자본이득 등 다양하다. 미래의 생산성을 높이기 위해 이윤을 공장에 새 기계를 들이는 데나 다른 재화와 용역에 쓰는 행위를 투자라고 한다.

『자본주의 이해하기』의 저자들은 이렇게 지적했다.

"이윤 경쟁이 발생하는 것은, 기업이 계속 영업을 하기 위해서는 이윤을 내야 하기 때문이다. 사업주라면 뒤처지지 않기 위해 끝도 없는 경주에 참가하지 않을 수 없다. 남들보다 앞서 나갈 가장 확실한 방법은 더 낮은 가격으로 더 좋은 제품을 생산하는 것이다. 생존을 위해 기업은 생산 과정에서 사용하는 재료와 자본재를 대체해야 할 뿐만 아니라 제품 라인을 확대·개선하고, 새 시장을 개척하며, 신기술을 도입하고, 더 낮은 비용으로 필요한 작업을 수행할 방법도 찾아야 한다.

그러므로 경쟁을 위해 사업주들은 자신들이 버는 이윤의 대부분을 투자(소비가 아니라)하게 된다. 이윤 경쟁의 일환으로 이루어지는 투자 과정을 '축적'이라고 한다.

그러므로 기업은 이윤을 내지 못하면 성장할 수 없다. 이윤이 제로라는 말은 성장이 제로라는 뜻이다. 기업이 성장하지 않으면 성장하고 있는 다른 기업에 뒤처지게 된다. 자본주의 경제에서는 생존이 곧 성장이요, 성장이 곧 이윤이다. 이것이 곧 자연 선택을 통해 종이 진화한다는 찰스 다윈Charles Darwin의 진화론과 비슷한 자본주의의 적자생존의 법칙이다. 차이점이라면 다윈의 진화론에서는 '적자'가 '자손을 생산할 수 있는 개체'라는 뜻이라면 자본주의에서는 적자가 '이윤을 생산할 수 있다'는 것이다.

자본주의는 축적하고, 변화를 추구하며, 확장하려는 경향이 내재되어 있다는 점에서 다른 경제 체제들과 다르다."[25]

이러한 분석을 이해하면 왜 경제와 환경이 충돌할 수밖에 없는지 알 수 있다. 첫째, 자본주의 경제는 성공적으로 진행되는 동안은 본질적으로 기하급수적으로 성장하는 경제이다. 뛰어난 경제학자인 윌리엄 보몰William Baumol은 이러한 관계를 다음과 같이 정리했다. "창의적인 활동이 다른 경제 체제였다면 행운이고 선택이겠지만, 자본주의에서는 기업의 생사가 걸린 의무이다. 신기술 도입도 다른 경제라면 느리게, 즉 몇십 년이나 몇 세기에 걸쳐 진행되겠지만, 자본주의에서는 그 속도가 훨씬 빠르다. 이유는 간단하다. 시간이 돈이기 때문이다. 바로 이것이 자유 시장 경제가 거둔 기적 같은 성장의 비밀이다. 자본주의 경제는 주요 생산품이 경제 성장인 기계라 할 수 있다. 게다가 이 기계가 성장을 생산하는 효율은 타의 추종을 불허한다."[26]

둘째, 이윤이라는 동기는 자본주의자의 행동에 강력한 영향을 미친다. 잉여 생산물, 즉 이윤은 오티스가 설명했던 시장의 실패를 보존하고 영속화함으로써 증가시킬 수 있다. 또한 환경에 해로운 보조금과 각종 혜택을 통해서도 증가시킬 수 있다. 오늘날의 기업들은 "외연화된 기계Externalizing machines"라고 부른다. 그래서 활동에 들어가는 실제 비용을 외부화하려고 애쓴다. 또한 "초과 이윤을 추구하는" 기계이기도 해서, 언제나 보조금, 세제상 특혜 및 정부 규제의 허점을 찾는 데 혈안이 되어 있다. 물론 그 결과 고생하는 쪽은 늘 정부다.

셋째, 오래전 칼 폴라니Karl Polanyi가 『대변혁Great Transformation』에서 설명한 것처럼, 시장이 효율과 계속 확장되는 상품화commodification에 중점을 두고 새로운 지역으로 확대되는 과정은 환경과 사회에 큰 비용을 유발한다. 정말이지 이 책을 읽다 보면 유쾌하기 짝이 없다. 그는 1944년에 이미 고삐 풀린 자본주의 때문에 어떤 비용을 치러야 할지 명확하게 꿰뚫고 있었다. 하지만 그는 자신이 "19세기 체제"라고 이름 붙인 자본주의가 붕괴할 것이라고 확신했다. 그에게 자체 조절되는 시장은 "삭막한 유토피아"일 뿐이었다. "그러한 제도는 존재하는 동안 인간과 자연을 파괴할 것이다. 인간을 물리적으로 파괴시키며 주변을 황무지로 바꾸어 놓을 것이기 때문이다.

시장이라는 메커니즘이 인류와 자연의 운명을, 좀 더 구체적으로 말하자면 구매력의 크기와 사용을 결정하는 유일한 존재가 된다면 사회는 붕괴되고 말 것이다. 자연은 산산이 파괴되고, 주변 풍경은 더럽혀지고, 강물은 오염되고, 안보는 위기에 빠지며, 식량과 원자재를 생산할 능력도 파괴될 것이다.

상품 허구Commodity fiction는 토양과 사람의 운명을 시장의 손에 맡기면 그들을 죽이는 것이나 마찬가지라는 사실을 도외시했다."[27]

물론 폴라니가 그렇게 두려워한 확장 지향적이며 자가 조절을 하는 시장은 아직까지 붕괴하지 않았다. 시장은 2차대전이 끝난 후 다시 활기를 되찾아 더욱 확대되어 공포를 더하고 있다. 어쨌든 폴라니의 경고는 실현되고 있는 중이다. 풍경은 더럽혀지고 강은 오염되었다. 아마도 폴라니는 무자비한 앵글로-아메리카 자본주의의 패권과 유럽 자본주의의 사회주의 민주주의의 침몰에 놀라기도 하고 소름이 끼치기도 할 것이다.

오늘날 금융 시장의 역동성은 기업의 관리자들에게 높은 수익 성장을 올리라는 압력을 가중시키고 있다. 투자자들이 기업의 성공도를 판단하는 주요 잣대는 시장 자본화와 주가의 상승이다. 시장 가치는 여러 요소들과 연관되어 있는데, 그중에서도 가장 영향력 있는 것은 이윤 증가율 기대치다. 설령 한 분기라도 성장이 기대치를 만족시키지 못하면 주가는 폭락할지 모른다. 주당 이익에 따라 금융 분석가들이 주식을 사거나 팔라고 권고를 할 것이다. 이런 상황에서 경영자들의 선택은 정해져 있다. 시장을 확대하고 수익을 올리는 것이다. 한마디로 '성장'이다.

　마지막으로 자본주의의 근본적인 성향을 생각해 보아야 한다. 바로 미래보다 현재를, 공공보다 개인을 우선하는 태도이다. 미래에 태어날 사람들은 현재 시장에 참여할 수 없다. 환경을 생각하면 그런 사고방식은 심각한 문제이다. 왜냐하면 지속 가능한 발전의 핵심이 바로 미래 세대에 대한 공평함이기 때문이다. 공공보다는 개인을 우선시하는 태도(개인 지출 대 공공 지출, 사유 재산 대 공공 재산 등)에 대해서도, 경제학자들은 정부 지출과 공공재라는 이론을 만들어서 공공 부문의 존재를 정당화했다. 공공 부문에 더 중점을 둔다면 환경을 더 잘 보존할 수 있을 것이다. 가령, 미국에서는 토지 보존, 환경 교육, 연구개발 R&D, 환경친화적인 신기술 개발을 촉진하는 인센티브를 제공하기 위해 대규모 공공 투자가 한시바삐 시행되어야 한다.

　그런데 오늘날의 지속 불가능한 성장을 이끄는 체제에는 앞서 설명한 것들 외에도 살펴볼 것들이 더 있다. 첫째, 이 체제에는 현대적 기업이라는 현실이 있다. 기업은 현대 자본주의에서 가장 중요한 제도이자 구성원으로 몸집도 권력도 거대해졌다. 현재 6만 3,000개가 넘는 다국적 기업이 활동하고 있다. 1990년만 해도 그 수는 반에도 미치지 못했다. 세계에서 가장 큰 100대 경제 중 53개가 기업일 정도이다. 엑슨 모빌Exxon mobil Corporation의 경제 규모는 180개국의 경제 규모를 합친 것보다 크다.[28] 기업은 법을 따르고 소유주와 주주의 이익을 위해 자신의 화폐 가치를 높이려는 이기주의에 의해 움직인다. 빠른 결과를 보여 달라는 압력이 계속해서 증가했다. 기업 부문에는 막강한 정치 권력과 경제력이 유착되어 있다. 기업은 상황을 개선하려는 정부의 움직임을 막기 위해 막강한 권력을 휘두른다.[29] 기업은 경제의 세계화를 위한 발판으로 다국적 자본의 형성을 촉진했다. 투자, 구매와 판매를 수행하는 국제적 시스템이 단일한 글로벌 경제를 이루고 있다. 안타깝게도 우리의 현실은 시장 실패의 세계화이다.

둘째, 이 사회의 현실이 있다. 오늘날 가치라고 하면 물질적·인간 중심적·현대적인 것과 결부된다. 오늘날의 소비만능주의는 물질적인 제품을 구입하는 행위를 통해서 인간의 필요를 충족시키는 것을 매우 중요시한다. 사람들은 "인생에서 가장 좋은 것들은 공짜"라고 말하면서도 그 말을 실천하지는 않는다. 우리가 자연에 속하는 것이 아니라 자연이 우리에게 속한다는 인간 중심적 관점이 팽배하다보니 자연을 마구 써버리게 되었다. 미래를 도외시한 채 현재에만 집중하는 행태는 장기적인 결과에 대한 심사숙고한 판단과 우리가 만들어가는 세상으로부터 사람들을 멀어지게 할 뿐이다.[30]

셋째, 정부와 정치의 현실이 있다. 성장을 거두면 지지율이 치솟고, 까다로운 사회 정의를 유지하며, 경제 외의 까다로운 이슈들의 우선순위를 뒤로 미루고, 세율을 높이지 않더라도 세수를 더 늘려주는 등 정부에게 이익이다. 자본주의 정부는 상당 규모의 국가 부문이 있지만 경제를 소유하지는 않는다. 그러므로 정부가 성장하려면 기업이 성장하는 데 필요한 것을 제공해야만 한다. 현재 미국 정부는 제 기능을 하지 못하고, 돈에 물들어 있으며, 주로 경제적 이익을 위해서만 움직인다. 또한 대선 주기에 따라 근시안적으로 행동하며, 형편없는 환경 정책, 정보를 제대로 접하지 못하는 대중과 눈물이 나올 정도로 한심한 환경 관련 공개적 담론에 끌려가고 있다. 마지막으로 오늘날의 민족 국가들은 다양한 수준으로 경제적 민족주의를 행사하려 한다. 이러한 국가들은 부분적으로는 경제력과 경제 성장을 통해 권력을 강화하고 강성이든 연성이든 권력을 만들어내려고 한다.[31]

경고나 조건을 덧붙이지 않고 그대로 제시한 특징만으로도 현대 세계가 운영되는 체제의 핵심적인 특징을 잘 그려볼 수 있다. 앞에서 제시한 내용은 모두 현대 자본주의의 특징이다. 이 특징들은 서로 연결되어 있으면서 서로를 지탱하고 강화해준다. 이 모든 특징들이 모여서 몸집이 커졌고, 환경의 측면에서는 통제가 불가능해 더욱 파괴적인 경제 현실이 만들어졌다. 우리가 아는 모습대로의 자본주의로는 환경을 지킬 수 없다.

이 강력한 제도와 사상의 복합체와 이 복합체가 인류와 지구에게 하고 있는 짓에 당당히 맞서 근본적인 질문을 던지는 사람들도 있다. 세계화 학자인 얀 숄트Jan A. Scholte는 이렇게 말했다. "현대 세계화 연구는 중요한 문제에 직면해 있다. 땜질하기 식으로 조금씩 고쳐나갈 것인가? 아니면 총체적으로 모든 것을 뜯어고칠 것인가? 전자를 선택한다면 훨씬 간단하고 덜 힘들 것이다. 그러나 개혁 자유주의가 내건 약속은 이전에도 들어본 적이 있었다. 세계화를 연구하는 학생들은 현대 (지금은 세계화된) 세계 질서를 구성하고 있는 구조들, 즉 자본주의, 국가, 산업주의, 민족과 합리주의와 더불어 이 구조들을 지탱하는 정통 담론이 중요한 점에서 돌이킬 수 없을 정도로 파괴적일 수 있다는 가능성을 진지하게 받아들여야 한다."[32]

정치학자 존 드라이젝John Dryzek의 지적은 더욱 날카롭다. "나는 현재 서구 세계를 지배하고 있는 질서와 그것을 대체할 질서를 집중조명하고자 한다. 이 질서는 자본주의, 자유 민주주의와 행정국가의 결합체로 특징지을 수 있다. 그렇다면 이 제도들은 혼자든 함께든 생태 위기를 어느 정도까지 처리할 수 있을까?" 드라이젝은 "자유 민주주의"로 표현하고자 한 것은 금융 이익에 좌우되며 경제 성장에 집착하는 대표적인 이익집단 정치라고 한다. 그는 앞에서 지적한 세 가지 제도가 "생태 문제에 관한 한 하나같이 문제 해결 능력이 없으며, 그 셋을 어떻게 조합해도 실패할 수밖에 없고, 단점을 보충하는 특징이라고 해도 세 제도가 다른 형태로 변형할 수 있는 가능성과 다름없다."라고 결론을 내렸다.[33]

정치 철학자 리처드 포크Richard Falk는 자신의 저서 『세상 끝에서의 탐구Explorations at the Edge of Time』에서 오늘날의 "현대주의" 정치와 "현대 세계의 폭력·가난·환경 파괴·압제·부정·세속주의를 초월할 수 있는 인류의 능력"을 반영하는 포스트모던 정치를 구별하고 있다. 포크는 포스트모던 정치로 옮겨가려면 무엇보다 미래에 대한 자신감이 있어야 한다고 믿고 있다. "이러한 자신감은 바람직한 것에 대한 비전과 그것을 얻기 위해 어떤 위험도 감수하겠다는 의지를 바탕으로 한다. 희생, 헌신, 위험이 없다면 자신 밖에 모르는 종교, 제도와 관행에 맞서기 힘들기 때문이다. 그런 점에서 정치적 충성심을 집중시키는 국가, 이데올로기를 결집시키는 민족주의, 자원 분배의 근본인 시장, 국제 정세 안정의 지렛대 역할을 하는 잠재적인 전쟁 가능성 등의 복원력과 계속되는 성공을 잘 평가해야 할 필요가 있다. …(중략)… 모더니즘의 근간이 되는 이 주요 특성들을 고치지 않는 한 포스트모더니즘으로 진입할 수 없다."[34]

포크는 모더니즘에 가해지는 도전을 다음과 같이 정의했다. "주로 모더니즘이 한계에 달할 때만 발현하는 반대적 심상oppositional imagery으로, 일종의 비판적 반성의 일종으로 모더니즘의 뒤꿈치를 무는 것과 별반 다르지 않다. 구체적인 예로는 폭력에 반대하는 움직임, 관료주의, 집중화 기술, 계급, 가부장제, 생태에 대한 무관심 등이 있다. 한편으로는 이러한 사상이 새로운 의식들이 출현하는 계기가 되기도 한다. 비폭력, 참여 단체들, 소프트 에너지 방침과 젠틀 테크놀로지, 민주화된 정치, 여성적 리더십과 전술, 정신적으로 생각하는 자연, 환경 의식과 같은 것들이다. 혁신적인 사회 운동과 같은 다양한 구체적 행동 속에 이 핵심 요소들이 녹아들면 영감을 제공할 것이며 중요한 순간이 도래하고 있음을 알려줄 것이다."[35]

이러한 평가는 무척 고무적이다. 한편으로는 우리가 무엇을 할 수 있는지 고민하게 한다. 이 책에서 그것이 무엇인지 탐구해 보고자 한다. 이 탐구에서 한가지 확실한 것은, 많은 해결책을 환경 분야 밖에서 찾아야 한다는 것이다. 다시 말해, 환경 이외 분야의 집단들과도 협력해야 한다. 그렇다면 다음과 같은 질문이 떠오를 것이다. '현재의 체제가 (환경이 아닌) 다른 분야에 대해서는 기대에 부응하고 있다고 하지 않았는가?' 만약 현재의 성장과 자본주의가 높은 수준의 삶의 질, 진정한 안녕과 행복을 사회에 광범위하게 보장하고 있다면 진정한 변화가 일어날 여지는 별로 없다. 하지만 우리가 "풍요의 시대에 영적인 굶주림"에 빠져 있다면 희망의 여지는 많다.[36] 사람과 자연에게 행복을 안겨주지 못하는 체제는 큰 곤란에 빠져 있다. 그러므로 변화를 위한 아이디어와 행동이 자꾸 발생하는 것이다.

나는 미국 역사에서 획기적인 발상을 찾을 때마다 리처드 호프스태터Richard Hofstadter의 훌륭한 저서 『미국의 정치적 전통The American Political Tradition』을 떠올린다.

"공화국이 건립된 후부터 미국인들이 누려왔던 자기 계발, 자유 기업, 경쟁과 유익한 탐욕과 같은 이데올로기를 대체할 개념이 필요하다는 이야기가 끊이지 않는다. 하지만 그에 상응할 만한 개념은 뿌리를 내리지 못하고 그 많은 정치가들 중에 새로운 개념을 제시하는 사람은 아무도 없다.

현재의 헌법을 바탕으로 한 미국 역사는, 근대 산업 자본주의의 부흥과 확산 시기와 거의 일치한다. 물질적 권력과 생산력에서 미국은 엄청난 성공을 구가했다. 손발이 척척 맞는 사회에는 일종의 조용한 유기적 일관성이 있다. 그러므로 사회가 잘 운영되도록 하는 근본적인 질서에 대해 적대적인 사상은 별로 출현하지 않는다. 설령 나온다 하더라도 천천히 그러나 철저하게 격리된다. 마치 굴이 이물질을 감싸 진주를 키워나가듯이 말이다. 주류에 적대적인 사상을 옹호하는 사람들은 소규모의 반대자이자 재야 지식인으로 밀려나 혁명이라도 일어나지 않으면 정치에 참여할 수 없다."[37]

오늘날 미국을 비롯한 세계 각지에서는 호프스태터가 언급한 물질적 권력과 생산력은 더 이상 "성공을 구가하기" 위한 충분조건이 아니다. 그리고 우리 사회는 이제 더 이상 "잘 돌아가지" 않는다. 근본적인 질서를 뜯어고치자는 제안이 새삼 그리운 때이다.

3장
오늘날 환경보호주의의 한계

환경운동가들도 수많은 종류가 있다. 워싱턴에서 환경을 위해 로비
활동을 하고 법정에서 활동하는 인사이더들이 있는가 하면, 자신들이
몸담고 있는 공동체에서 환경 정의를 위해 싸우는 풀뿌리 조직의 구성
원들도 있다. 기업의 친환경화와 반세계화를 위해 뛰고 있는 운동가
들, 상류사회 환경운동가들과 소비를 지양하는 다운시프트족downshifts
들, 환경 보존주의자들과 생태 사회주의자들(적어도 유럽에는)이 있다.
정부를 위해 일하는 환경주의자들도 있고 그런 일은 꿈도 꾸지 않는
환경주의자들도 있다.

어떤 이들은 "환경단체"와 이들의 노력 그리고 최근 힘겹게 거둔 승
리가 없다면 이 세상이 어떤 상태일지 생각하는 것조차 몸서리를 친
다. 환경 위기가 아무리 심각해도 환경운동가들의 노력이 없었다면 지

금보다 훨씬 심각할 것이다. 그러므로 이 사회에는 지금 그 어느 때보다 다양한 환경보호주의자들이 필요하다.

이번 장에서는 미국에서 볼 수 있는 환경 사상과 운동 중에서 어떤 것을 그 주체主體로 보아야 할지를 생각해 보려 한다. 이 주체는 정부의 안팎에서 활동하는 미국의 주요 환경주의자들의 활동, 전국적인 환경단체가 벌이는 (다는 아니지만) 수많은 활동과 최근 들어 국제 분야까지 적용 범위를 넓힌 법규를 포함해 주요 연방 환경법과 각종 계획에 반영되어 있는 환경보호주의이다.[1]

모두스 오페란디modus operandi

오늘날 환경보호주의의 세계는 많은 이들이 잘 알아야 할 세계이다. 이 세계는 환경 효과 성명서와 온갖 형태의 환경 규제로 구성되어 있다. 즉, 나쁜 보조금(화석연료)과 균형을 맞추기 위해 하원이 제정한 좋은 보조금(풍력), 비용 대 이익 분석과 위기 분석, 화학물질 배출량 조사 제도 같은 환경 정보 공개 규칙, 시민 소송과 정부의 강제조치, 국제 협력, 협약과 의정서, 공원과 보호구역과 보호종, 환경마크Eco-Label와 생산품 인증, 대형 은행의 정책에 영향을 미친 운동과 같은 녹색 소비운동, 기업의 환경보호와 사회적 책임, 지속 가능한 개발과 경제 · 사회 · 환경의 세 가지 축 등으로 구성된 세계인 것이다. 특히 환경 목표를 달성하기 위한 수단으로 시장 유인市場誘引을 사용하는 세계이다. 많은 미국인들이 이 세계를 알고 있으며, 현관 앞에 놓인 신문처럼 바로 지척에 있다.

이 세계는 의식 있는 환경 운동을 하자는 훌륭한 제안으로 넘쳐난다. 약 20년 전인 1989년에 우리는 세계자원연구소WRI, the World Resources Institute에서 기후 변화, 에너지 안보, 산성비와 생물 다양성 감소에 초점을 맞춘 의제를 마련하겠다는 보고서와 함께 조지 H.W. 부시George H. W. Bush 행정부와 새 하원의 취임을 환영했다. 우리는 세계 대기의 보호를 최우선 국정 과제로 선정해 줄 것을 독촉했다. 우리는 "적절하고 감당할 수 있는 에너지 공급, 국가 안보, 이산화탄소와 각종 온실가스 배출 감소를 비롯한 환경보호에 균형 잡힌 관심을 쏟을" 새로운 국가 에너지 정책을 세워 달라고 요구했다. 우리는 탄소 세금을 요구했으며, 행정부에 기후협정으로 이어질 국제적인 작업을 시작할 것을 요구했다.[2] 그후 1991년에 열대우림을 보호하기 위해서 전 세계 협력 관계를 위한 국제적 협상을 요구했다.[3] 1993년에 클린턴 행정부가 들어서자 우리는 10가지 안으로 구성된 의제를 행정부에 제출했다. 이 의제에는 유엔 환경계획UNEP, United Nations Environment Program을 세계적인 환경기구로 만들자는 제안도 포함되어 있었다.[4] 가장 인상 깊었던 때는 1996년 세계자원연구소가 '국가 지속 개발위원회Council on Sustainable Development'를 이끌었던 때이다. 환경운동가들뿐만 아니라 최고 경영자들과 고위 행정 관료들이 대거 참여했던 이 위원회는 환경과 사회 분야에서 혁신적인 사고를 이끌어낼 수 있는 합의된 권고안을 정부와 민간 부문에 제공하기 위해 발족되었다.[5]

이런 이야기를 늘어놓는 것은 이 세계가 의도는 좋지만 정부가 싹 무시해 버린 환경을 위한 각종 제안으로 가득하다는 것을 보여주기 위해서만은 아니다. 각각의 제안을 살펴보면, 기존의 환경보호주의에는,

문제를 찾아내면 주로 체제 내에서 새로운 정책을 입안해야 하고 최근에 들어서는 기업 부문과 연계해야 문제를 해결할 수 있다는 인식이 반영되어 있음을 알 수 있다. 즉, 정부의 실행 효과, 법제화와 규제화의 유용성, 체제 내에서의 환경 단체와 환경 보호의 효과를 믿고 있다. 또한 선의와 법이 결합하는 것이 정상이고 기업을 행동으로 이끌 수 있으며 기업이 점점 더 기업 전략과 환경 목표를 결합시키고 있다고 믿고 있다. 오늘날의 환경보호주의는 이런 문제에 언제나 낙관적이다. 게다가 완고하고 끈덕지며 과감하기도 하다.

환경보호주의의 주요 특성으로 실용적이며 점진적인 경향도 들 수 있다. 환경 운동은 문제를 해결하는 것이 목표로, 주로 한 번에 한 가지 문제에만 매달린다. 틀이 되는 고무적인 메시지를 전달하는 것보다 참신한 정책적 해결책을 제안하는 편이 훨씬 편하기 때문이다. 이런 특징은 근본적인 원인보다 효과에 치중하는 경향인 세 번째 특징과도 밀접한 관계가 있다. 예를 들어 주요 환경법과 협약들을 보면 대부분 원인보다 그 결과로 발생한 환경 파괴를 다루고 있다. 결국 환경보호주의는 챙길 수 있는 것만 챙기자며 타협을 받아들인 것이다.

다음 특징으로는 오늘날의 환경보호주의는 생활방식의 현격한 변화나 경제 성장에 대한 위협이 선행되지 않고, 무난한 경제적 비용과 종종 순純 경제적 이득만으로도 해결할 수 있다고 믿는다. 환경에 피해를 주는 설비나 개발을 몰아내는 데는 굼뜨지만 스스로를 긍정적인 경제적 힘으로 보는 것이다.

또한 환경보호주의는 주로 환경 부문 내에서 나온 해결책을 중시한다. 환경보호주의자들도 정책의 여러 문제점과 부패에 대해 걱정할 수도 있지만 그것이 주요 관심사는 아니다. 그런 걱정은 코먼 코즈 (Common Cause, 1970년에 결성된 시민단체로 국민의 요구에 따른 행정 개혁을 목적으로 조직됨 – 옮긴이)이나 다른 단체가 해야 할 일이라고 간주하기 때문이다.

다음 특징으로 오늘날의 환경보호주의는 정치 활동이나 풀뿌리 운동을 조직하는 데는 별로 관심이 없다. 선거 정치와 녹색정치운동을 이끄는 일은 로비 활동, 법적 투쟁, 정부 관청과 기업 등과 협력하는 일에 비해 뒤로 밀려나 있다. 시민권 운동은 길거리 운동이다. 여성 운동은 남녀평등 헌법 수정안을 쟁취하기 위해 정치권에서 운동을 벌이고 있다. 그런데 환경 운동은 처음부터 정치적으로 길들여져 있었다.

마지막으로 오늘날의 환경보호주의는 주요 활동을 환경보호청, 내무부의 토지 관리자들과 UNEP의 전문가들과 같은 전문 관료들에게 위임하고 있다. 이런 기관이 선한 의도로 행동하는 것은 당연하다는 믿음 때문이다. 그래서 정도正道에서 벗어난 경향은 대중에 노출시키고, 소송에 대중이 참여하며, 시민 소송으로 해결할 수 있다고 믿는다. 그리고 이 소송은 편견 없고 공명정대한 판사가 다룰 것이라고 믿는다.[6]

다시 말해, 오늘날 환경보호주의를 관통하는 중심 사상은 환경을 보호할 수 있는 시스템을 만들 수 있다는 것이다. 먼저 문제를 인식한다. 주로 언론과, 근래에는 활동가 연결망으로 행동에 필요한 지지를 확보한다. 합당하고 확실한 교정 조치를 만든다. 이들을 옹호한다. 결국에는 원하는 것을 쟁취할 수 있으리라 희망한다. 이런 식으로 말이다.

물론 모든 환경 운동이 이와 같은 것은 아니다. 언제나 예외는 있기 마련이다. 게다가 최근에 들어서는 접근법이 더 다양해지는 추세도 나타나고 있다. 그린피스Green Peace는 확실히 체제 밖에서 활동한다. 환경보전유권자연맹the League of Conservation Voters과 시에라 클럽(Sierra Club, 비영리환경운동단체 – 옮긴이)은 정치에 계속 관여하고 있다. 한편, 자연자원보호위원회Natural Resources Defense Council와 환경보호협회Environmental Defense는 전국에 흩어져 있는 환경운동가들을 효과적으로 묶는 연결망을 구축하고 풀뿌리 운동에 더욱 박차를 가하고 있으며, 세계자원연구소는 현재 진행 중인 지속 가능한 개발 프로젝트와 연계된 정책 작업을 더욱 확대했다. 환경 정의에 대한 관심과 다가오는 기후 위기는 풀뿌리 노력이 확산되고 학생 (운동) 조직이 증가하는 계기가 되었다.

결과

주류 환경보호주의는 지난 40년간 미국 정치의 소용돌이치는 급류 속에서도 앞으로 전진했다. 이로 인해 환경은 어떤 대가를 지불했을까? 여기서 하고 싶은 이야기가 두 편이 있다. 그중 하나는 나의 전작인 『아침의 붉은 하늘』에서 이야기한 적이 있다. 이 이야기는 가장 심각한 환경 이슈, 즉 전 지구적 규모의 환경 문제들을 처리한 국제 공동체의 기록과 그 속에서 미국이 수행한 역할에 관한 이야기이다.[7]

오존층 보호에도 꽤 진전이 있었고 산성비 문제 해결도 진척을 보이고 있지만, 25년 전에 집중 조명되었던 위협적인 환경 문제의 상태는 더욱 악화되었다. 1장에서 살펴보았듯이 전 지구적 규모의 문제는 그 어느 때보다 심각하고 시급하다. 지금까지 노력의 초점이었던 국제 협약과 행동 계획으로 우리가 필요한 정책과 프로그램이 마련되어 마침내 문제를 해결할 수 있게 되었다고 생각하면 마음이 편할지도 모른다. 하지만 이것은 사실이 아니다. 온갖 회의와 협상에도 불구하고 국제 공동체는 신속하고 효과적인 행동을 취할 수 있는 기반조차 마련하지 못했다.

지난 20년간 환경 분야의 국제 협상 결과는 심히 실망스러웠다. 다시 말해, 현재 체결된 협약과 관련 협정 및 의정서들로는 필요한 변화를 이끌어낼 수 없다. 주요 협약의 문제는 집행력이나 순응성이 약하다는 것이 아니다. 문제는 협약 자체가 약하다는 것이다. 일반적으로 이러한 협의안들은 정부가 무시하기 쉽다. 왜냐하면 협약의 목표는 인상적이지만 강제력이 없으므로 명확한 이행 조건, 주요 처리 대상과 이행 일정이 제시되지 않기 때문이다. 설령 구체적인 처리 대상과 이행 일정이 제시되어도 처리 대상이 종종 부적합하고 필요한 조치를 강제할 방법이 부족하다. 그 결과 기후 협약은 기후를 보호하지 못하고, 생물 다양성 협약은 생물 다양성을 보호하지 못하며, 사막화 협약은 사막화를 막지 못하고 이들보다 더 오래되고 강력한 해양법에 관한 국제연합 협약조차 해양자원을 보호하지 못한다. 이와 비슷한 상황이 세계 삼림에 관한 국제적 논의에서도 이루어지고 있는데, 이 분야에서는 협약 체결에조차 이르지 못했다.

한마디로 전 세계의 환경 문제는 설상가상으로 악화되고 있지만 각국 정부는 이 문제를 해결할 준비조차 되어 있지 않다. 게다가 현재 가장 중요한 국가들을 비롯해 많은 국가는 협약 체결의 준비 작업을 이끌 리더십도 결여되어 있다.

어떻게 국제적인 수준에서조차 환경 관리가 제대로 이루어지지 않는 것일까? 2장에서도 살펴보았지만 강력한 잠재적 세력이 환경 파괴를 유발하고 있다. 이에 대응하기 위해서는 복합적이고 폭넓고 다각적인 조치가 필요하지만, 국제적 행동을 취하기 위한 정치적 기반이 본질적으로 취약하다. 이런 노력쯤은 경제적 반대와 주권 주장과 같은 장애물에 부딪히면 금세 흐지부지되는 것이 현실이다. 미국은 기후, 열대 목재 생산국은 삼림, 주요 수산업국은 수산자원을 보호하려는 효과적인 국제 조치를 방해했다. 이 모든 경우를 비롯해 여러 경우에서 각국 정부는 국민의 환경 이익이 아니라 기업의 이익을 훨씬 더 잘 대변했다. 정치 분석가인 데이비드 레비David Levy와 피터 뉴웰Peter Newell의 연구 내용을 보면 꼭 들어맞는다. "유럽과 미국 정부가 협상하는 태도를 보면 핵심 사안과 관련 있는 산업의 입김에 좌우되는 경향이 있다. 그러므로 재계가 반대하면 국제적 환경협약은 절대 만들 수 없다."[8]

사실 국제 공동체는 잘못된 노력을 쏟아 붓기만 했다. 그 결과 환경 파괴의 근본 원인이 제대로 해결되지 못했다. 의도적으로 아무런 강제력도 없는 다자간 제도가 설립되었다. 가령, 환경 분야에는 세계무역기구WTO의 권력과 비견할 만한 것은 아무것도 없다. 힘없고 만장일치를 기반으로 한 협상 과정만 남았다. 협약이 준비되고 이행되어야 할 틀인 경제 및 정치적 배경은 대개 무시되기 마련이다. 주권 국가가 200여개국이나 되는 이 세상에서 모든 국가가 순순히 따를 법을 제정하려면 여간 힘들지 않지만 이를 개선하려는 노력은 거의 이루어지지 않았다.

이런 상황은 계산 착오에서 비롯된 것이기도 하지만, 『아침의 붉은 하늘』에서도 지적했다시피 대부분 부유한 산업국가, 특히 꾸물거리기만 하는 미국이 책임져야 한다. 만약 미국과 주요 국가들이 강력하고 효과적인 국제적 조직을 원했다면 벌써 만들었을 것이다. 그들이 진짜 실효성을 가진 협약을 원했다면 벌써 마련되었을 것이다. 전 세계의 환경을 보호할 수 있는 더 강력한 조치가 취해지지 않았다는 사실은 미국과 여러 나라들이 대부분 실효성도 없으며, 대개 경제적 이익을 우선하는 국제 협약에 만족하기로 했다는 뜻이다. 물론 이데올로기적 반목도 존재했을 것이다. 정부가 "욕조에 빠져죽을 수" 있을 정도로 축소되기를 원하는 사람은 국제적 행동에 훨씬 더 반감을 가진다. 하지만 강력한 국제무역기구와 미국이 이 기구에 보내는 지지를 보면 경제적 이익이 배경으로 작용했다는 사실을 확실히 알 수 있다.

국제 무대에서의 성적이 이렇게 초라하다면 국내 문제는 어떨까? 첫째, 1970년대 미국이 제정한 대기 및 수질오염법이 환경보호에 대단한 영향을 미쳤다는 점을 지적하지 않을 수 없다. 공기는 더 깨끗해지고 물은 더 맑아졌다. 1980년 이후 미국의 일산화탄소 배출량은 74퍼센트나 감소했으며 산화질소 배출량도 41퍼센트나 감소했다. 이산화항 배출량은 66퍼센트 감소했다.[9] 이러한 소득은 막대한 경제적 확대 노력에 맞서 거둔 것이다. 이로 인해 막대한 국민 보건 악화를 예방할 수도 있었다.

하지만 전 세계에서 가장 강력한 오염방지법을 시행해도 대기와 수질 문제는 여전히 심각하다는 사실에 마음이 무거워진다. 미국은 수질을 1983년까지 낚시를 하고 수영을 할 수 있는 수준으로 끌어올리기 위해 1972년에 청정수질법을 제정했다. 그러나 그런 노력을 기울인 지 30년이 지난 2002년에 환경보호국Environmental Protection Agency은 조사를 진행한 하천의 3분의 1 이상과 호수의 반이 기준에도 못 미칠 정도로 여전히 오염되어 있다고 발표했다.[11] 환경보호국이 미국의 강어귀 수역의 환경 상태를 조사한 2007년 보고서를 보면, 조사 대상의 37퍼센트가 "열악한" 상태(물고기 조직으로 인한 오염의 존재와 다른 요소들로 측정한)에 처해 있었다. "좋은" 상태로 남아 있는 곳은 32퍼센트에 불과했다.[12] 환경보호국 자료를 분석한 천연자원보호협의회Natural Resourse Defense Council의 2007년 보고서를 보면 2006년에 폐쇄된 해변의 수가 추적을 시작한 지 17년 만에 가장 높은 수치를 기록했다.[13] 오대호는 한때 환경 회복 사례로 언급되기도 했지만, 이곳을 연구한 전문가들은 오대호의 일부 지역에서는 생태계가, 불가능은 아니지만 회복이 무척 어려운 수준에서 더욱 오염된 상태로 옮겨가기 바로 직전까지 다다랐다고 2006년에 의회에서 보고했다.[14]

대기 오염 상태는 어떨까? 2007년에 환경보호국은 미국인 3명 중 1명은 주무관청이 정한 기준에 못 미치는 대기 오염 수준을 보이는 주에서 살고 있다고 발표했다.[15] 미국 폐협회American Lung Association가 환경보호국의 데이터를 분석해 철저하게 작성한 2006년 보고서를 보면, 대기 상태는 개선되고 있지만 미국인 5명 중 1명은 가장 위험한 오염군의 하나인 미세오염물질이 일년 내내 건강을 위협하는 지역에서 거주하고 있다. 환경보호국이 주로 규제하는 대기 오염군을 비롯해 다환방향족 탄화수소와 같은 각종 오염물질은 천식, 만성 기관지염, 심혈관 질환과 태아의 발달장애를 유발할 수 있다. 보고서는 스모그와 미

세오염물질 모두 "미국 대부분 지역에서 지속적인 위험 요인"이라고 결론 내렸다.[16]

2004년에 발표된 또 다른 보고서를 보면, "북미에서는 주요 오염물질들의 배출량이 전반적으로 감소하는 추세지만 여전히 존재하는 지역별 편차는 국가 평균에 가려 종종 드러나지 않는다. 미세오염물질과 지표면 오존층[스모그]의 감소는 미미한데다 북동부 해안과 캘리포니아에 위치한 여러 주들에서 이 수치는 시종일관 환경보호국의 기준을 상회하고 있다."[17]

과거와 달리 산성비가 더 이상 새로운 소식은 아니지만 과학자들은 여전히 이 문제에 관심을 가지고 있다. 미국에서 산성비로 삼림이 입는 피해가 생각보다 더 심각할 수도 있다는 연구 결과가 최근 발표되었다. 산성비의 원인이 되는 이산화황과 질소산화물의 배출량이 감소했음에도 불구하고 산성비로 피해를 입은 호수 1천여 곳의 환경은 별로 회복되지 않았다. 따라서 과학자들은 배출량을 대폭 줄일 것을 요구하고 있다.[18]

현재 우리의 오염방지법을 평가하기 위한 포괄적인 노력이 미래를 위한 자원Resources for the Future의 테리 데이비스Terry Davis 연구진에 의해 이루어졌다. 연구 결과는 다음과 같다.

"시스템은 부분적으로 심각하게 붕괴된 수준이다. 그러므로 당면한 문제들을 얼마나 효과적으로 처리할지 의문이다. 시스템 자체가 비효율적이며 업무가 과도하게 중첩되어 있다. 이것이 바로 근본적인 문제점이다.

환경 문제는 행정 절차, 파일럿 프로그램이나 문제가 생길 때마다 반응하는 임시변통 식의 조치로는 해결할 수 없다. 환경 문제는 의회가 지난 30년 동안 마련한 법과 제도에 밀접하게 연관되어 있다. 미국 정부 내에서 근본적이고 혁신적인 변화를 이끌어내기가 얼마나 어려운지 알고 있다. 하지만 변화하지 않으면 우리가 밝혀낸 문제조차 결코 해결할 수 없을 것이다."[19]

대기와 수질오염은 미국 정부가 1970년대 초기부터 엄격한 법률로 관리하기 시작한 부문이다. 하지만 당시 세운 목표들은 여전히 목표로 남아 있다. 다른 환경 분야에서도 미국 정부가 거둔 성과는 형편없다. 미국의 에너지 소비는 1970년 이래로 50퍼센트나 상승했으며 이와 더불어 이산화탄소 배출량도 급성장했다. 2007년 미국은 하루에 2,100만 배럴의 석유를 소비했는데, 이 수치는 일본, 독일, 러시아, 중국과 인도의 소비량을 합친 것과 맞먹는다. 미국의 에너지 개발이 환경친화적으로 바뀔 수 없다는 점이 가장 큰 실패이다.

소중한 습지를 포함해 토지를 지키지 못한 것도 중대한 실패이다. 최근 몇십 년 동안 미국인들은 캘리포니아 만한 면적을 "영구 야생forever wild" 황무지로 지정해 보호했다. 이것만 해도 대단한 성과이지만, 1982년부터 교외에는 도로와 건물이 생기고 한때 농촌이었던 3,500만 에이커가 개발되었다. 이는 뉴욕 주와 맞먹는 면적이다. 미국에서는 하루에 6,000에이커씩 매년 200만 에이커의 공터가 사라지고 있다. 농지의 경우 120만 에이커가 사라지는데, 주요 농지는 평균보다 30퍼센트나 빠르게 사라지고 있다. 미국의 총 삼림 면적은 정체해 있거나 소폭 상승했지만, 이 수치에는 가장 울창하고 접근이 용이한 삼림의 일부가 개발로 사라졌다는 사실이 가려져 있다. 35곳의 대도시 지역

내부 혹은 인접해 있는, 웨스트버지니아 만한 야생 생물 서식지가 25년 안에 개발로 사라질 위험에 처해 있다.[20] 습지, 갯벌, 늪과 각종 습지의 순수 소실을 막기 위한 연방 정책이 마련되어 있지만 연간 10만 에이커의 속도로 계속 사라지고 있다.[21]

미국에는 풍부한 야생 생물이 있지만, 수십 년 동안 기울인 보호 노력도 아무 보람도 없이 대부분이 멸종할 위험에 처해 있다. 현재 추정치에 따르면 미국 어종의 40퍼센트는 멸종이나 생명의 위험에 처해 있다. 또한 양서류와 종자식물의 35퍼센트, 조류 · 포유류 · 파충류의 15~20퍼센트가 같은 운명에 처해 있다.[22]

1970년에서 2003년 사이에 미국의 포장도로의 총연장은 53퍼센트를 넘었다. 차량 주행거리는 177퍼센트나 증가했다. 평균적인 새 1인 가구의 규모는 50퍼센트 상승했다. 도시의 1인당 고체 쓰레기 배출량은 33퍼센트 증가했다.[23] 도시 주변에 거대한 쓰레기 산이 속속 생기는 셈이다.

미국 토지의 파괴는 위와 같은 통계 자료를 통해 보고할 수 있다. 하지만 그런 통계 자료가 사람이 사는 터전과 집의 소실까지 말해주지는 못한다. 인간의 비극은 멜리사 홀브룩 피어슨Melissa Holbrook Pierson의 『당신이 사랑하는 곳이 사라지고 있다The Place You Love Is Gone』, 베티나 드류Bettina Drew의 『소비되는 풍경을 횡단하며Crossing the Expendable Landscape』와 제임스 하워드 쿤슬러James Howard Kunstler의 『아무도 모르는 곳의 지리학Geography of Nowhere』 등에 상세하게 나와 있다.

미국인들이 화학물질 칵테일에 노출되어 있다는 이야기는 1장에서도 했다. 이 문제는 유독물질관리법이 제정된 지 30년이 지난 지금도 심각한 걱정거리이다. 현대 화학 산업의 주요 생산품인 살충제는 바로 유독성 물질이기 때문에 자연에 살포되고 있다. 정치학자인 존 와고 John Wargo가 밝힌 살충제 위기의 규모는 다음과 같다. "21세기에 들어 살충제, 제초제, 살균제, 쥐약 등 각종 살생물질이 225억～270억 킬로 그램에 달하며 이 중 대략 4분의 1이 미국에서 배출 혹은 판매되고 있 다."[25] 그런데 실제로 해충을 죽이는 양은 전체의 1퍼센트에도 훨씬 못 미친다고 한다.[26] 한편, 산업시설에서 방류하는 해로운 화학물질의 양은 여전히 어마어마하다. 환경보호국의 유해 화학물질 배출목록에 따르면, 2005년에 (법으로 금지된) 화학물질 650종 15억 5,300만 킬로 그램이 처리나 재활용되지 않고 그대로 폐기되었으며 이 중에서 40퍼 센트는 대기나 하천으로 유입되었다.[27]

유독성 물질로 인한 수많은 위험 중에는 성을 교란시키는 오염물질 인 내분비계 교란 물질도 있다. 그런데 의회가 이 문제의 심각성에 마 침내 눈을 뜬 것 같다. 그 이유를 짐작게 하는 기사가 최근 신문에 실 렸다.

"이번 주 미국 지질연구소United States Geological Survey의 발표에 의하면 암컷과 수컷의 특성을 모두 지닌 입작은민농어와 입큰민농어가 포토 맥 강과 메릴랜드와 버지니아 지방의 지류에서 발견되었다. 2003년에 는 생식기관에서 미성숙한 난자를 생산할 수 있는 수컷 어류가 웨스트 버지니아에서 발견되면서 과학자들이 반복적인 수질 검사에서도 발견 할 수 없는, 수질을 오염시키는 내분비계 교란 물질이 존재하는 것이 아니냐는 논란이 빚어지고 있다. …(중략)… 미국 지질연구소 어류 병 리학자인 비키 블레이저Vicki Blazer는 (포토맥 강으로 흘러드는) 메릴랜드의 모노카시 강과 버지니아의 셰넌도어 강에 서식하는 입작은민농어를 검사한 결과 수컷 민농어의 80퍼센트 이상에서 난자가 발견되었다고 밝혔다."

이 기사를 읽은 의원들은 곧장 환경보호국에게 필요한 조치를 취하라고 재촉했던 것이다.[28]

환경과 관련해 실패를 거두고 있는 분야가 바로 인구 문제이다. 미국은 인도, 중국과 더불어 세계 3대 인구 대국이다. 현재 미국 인구는 3억 명에 달하며 2050년까지는 4억 2,000만 명으로 증가할 것이다. 이 정도면 엄청난 증가세다. 이 중 60퍼센트는 자연적인 증가이고 나머지는 이민이 원인이다. 문제는 미국인 한 명당 환경에 미치는 영향이 세계 1위로 엄청나다는 것이다. 미국 인구 증가는 당연히 심각한 환경 문제다. 하지만 이 문제는 환경 문제 의제에서 거의 찾아볼 수 없다. 미국은 이 문제를 가장 진보적인 관점에서조차 논의할 준비가 되어 있지 않았다. 과거 1970년대에는 아이를 "둘만" 가지는 붐이 일었다. 나도 그런 부류에 속했다. 셋째가 생기기 전까지는 말이다. 환경주의자들과 관련자들은 남쪽 국경에 자경단 순찰을 강화할 것이 아니라 인구 문제를 재검토하는 방안을 마련해야 한다.

정치학자인 리처드 앤드루스Richard Andrews는 미국의 환경 정책에 대해 다음과 같이 전반적인 평가를 내렸다.

"현대적인 '환경의 시대'가 시작된 지 벌써 30년이 지났지만 '미국 환경 정책'은 국내와 전 세계의 인구 성장 속도, 풍경의 변화, 자연자원 사용과 쓰레기 배출과 같은 문제들을 겨우 선별적으로 미미하고 일시적으로만 억제할 뿐이었다……. '이 정책들은' 애초에 계속되는 도시화와 이로 인한 생태계 파괴와 1인당 에너지와 재료 소비 증가와 같은 인간 행동 패턴과 경제 활동에 스며들어 있는 일상적인 요소들을 처리하도록 만들어지지 않았다. 그러므로 정책이 이 문제들을 제대로 처리할 수 없다고 해도 전혀 놀랍지 않다."[30]

환경에 관여하고 있는 우리는 지난 수십 년 동안 이 문제를 국내뿐만 아니라 국제무대에서도 제기하려고 노력했다. 그렇게 하고도 아무런 결실을 거두지 못했다. 심지어 현대의 환경보호주의가 제대로 작용하지 못하고 있다는 증거들도 속속 나타나고 있다. 거대한 실험을 끝냈다. 증거는 모두 그 안에 있다. 지금의 접근법은 지난 40년간 지겹도록 써먹은 것들이다. 그 결과는 어떤가? 우리는 많은 승리를 거두었지만 결국 지구는 우리 손을 떠나고 있다. 이제 그 이유를 고민해야 할 때이다.

제한된 성공

미국의 최근 역사에서 환경 정책이 실패한 구체적인 상황을 검토해보면 그 이유를 찾을 수 있다. 예를 들어, 언론인 로스 겔브스팬Ross Gelbspan 등은 언론이 중요한 이슈들을 제대로 부각시키지 못했기 때문이라고 지적했다.[31] 1970년대만 해도 환경 문제는 신선한 주제였다. 기자들은 우리 같은 환경주의자들을 계속 찾아댔고 특종이라도 나올라치면 겔브스팬, 《뉴욕타임스》의 네드 캔워시Ned Kenworthy, 데이비드 번햄David Burnham과 필 셰이브코프오Phil Shabecoff 같은 일류 기자들이 달려들었다. 월터 크롱카이트Walter Cronkite와 CBS 방송국의 심층 취재 시리즈 〈지구를 구할 수 있을까?〉도 있었다. 하지만 이 주제에 사람들이 식상하게 되자 기자들의 관심도 멀어져갔다. 특종이라고 항상 일류 기자들이 달려들게 되지도 않았다. 다행히도 요즘은 상황이 바뀌고 있다. 적어도 기후 문제에 있어서는 그렇다. 사실 기후 문제를 다루는 표지 기사, 텔레비전 특집 방송과 영화를 보면 언론의 힘이 얼마나 대단한지 누구라도 알 수 있다. 그리고 무엇을 빠뜨렸는지도 쉽게 알 수 있다.

겔브스팬은 언론과 관련해 고려해야 할 두 가지 측면을 제시했다. 하나는 미국 언론인들이 설령 일방적인 측면밖에 없는 내용이라고 해도 어떻게든 상반되는 입장을 보도함으로써 "균형"을 맞추려 한 것이 실제로는 선입견을 줄 수 있다는 것이다. 겔브스팬은 "공정 보도 기조를 무작정 대입하다보니 기후 위기에 대한 조치를 취하는 데 있어서 미국이 다른 나라들보다 몇 년이나 뒤처지게 되었다."고 성토했다.[32]

나머지 하나는 소수의 대기업이 언론사들을 대부분 인수해버린 것이다. 겔브스팬은 다음과 같이 주장한다. (언론사들이 대기업에 흡수되면서) "비즈니스의 방향이 이윤만 좇는 월 스트리트에 좌우되기 시작했다. 그로 인해 마케팅 전략이 보도 내용을 대체하게 되었다. 한편 신문사들이 직원들을 줄이고 기자들에게 복합적인 사건을 철저하게 취재할 수 있는 시간을 넉넉하게 줄 수 없게 되었다. 동시에 진정한 보도의 기능을 잊은 채 독자와 광고를 늘이기 위해 유명 인사들의 가십, 자기계발 기사와 시시한 의료 기사들을 전면에 싣고 있다."[33]

헐뜯기 게임의 두 번째 목표물은 바로 환경단체 자신이다. 마크 도위Mark Dowie는 자신의 저서 『루징 그라운드Losing Ground』에서 이렇게 지적했다. "국내 환경단체들은 행정 당국과 연방정부의 선의를 기반으로 의제를 마련하고 전략을 추구했다. 바로 거기에 환경 운동의 태생적인 약점과 취약성이 들어 있다. 행정 당국과 환경에 대한 선의는 워싱턴에서 이상한 돌연변이를 만들어낼 뿐이었다." 도위는 국내 환경단체들이 "맞상대의 분노를 잘못 읽고 과소평가했고 지금도 그렇다."고 주장한다.[34]

주류 환경단체들은 2004년에 유명한 책 『환경보호주의의 종말*Death of Environmentalism*』에서 다시 도전을 받았다. 이 책에서 마이클 쉘렌버거 Michael Shellenberger와 테드 노드하우스Ted Nordhaus는 미국의 주류 환경주의자들이 "위기의 심각성에 걸맞은 미래의 비전을 만들어낼 수" 없다고 지적했다. "대신 공해 관리와 더 높은 주행거리 기준과 같은 기술적인 정책에만 매달리고 있다. 즉, 공동체가 환경 문제를 해결하기 위해 필요한 대중적인 영감이나 정치적 연계 활동과는 전혀 관계없는 제안만 하는 것이다.

정치가 이루어지는 전체적인 배경은 지난 30년간 급격하게 변화했다. 그러나 환경 운동을 보면 '건전한 과학(비현실적이거나 가상적인 위험을 강조해서 엄격한 환경 및 보건 기준을 적용하자는 입장을 비판하는 경향, 학자나 시민단체가 사실을 왜곡하고 위험을 과장하는 정크 과학Junk Science과 반대 개념 – 옮긴이)'에 근거한 제안이면 이데올로기적 반대나 산업 부문의 반대를 이겨낼 수 있다고 생각하는 듯하다. 환경주의자들은 우리가 좋아하든 아니든 문화 전쟁에 참여하고 있다. 이 전쟁은 미국인으로서의 핵심 가치와 미래를 향한 비전을 둘러싼 전쟁이다. 이 전쟁은 우리의 집단적인 이기심을 이성적으로 생각해보라고 하소연하는 것만으로는 이길 수 없다."[35]

내가 걱정스러운 것은 비판자들이 비난의 화살을 문제의 일부인 환경주의자들에게 돌린다면 되려 피해자들을 비난하는 꼴이 될지도 모른다는 점이다. 물론 비판에도 일리가 있다. 비판하는 사람들도 분명 반드시 일어나야 했지만, 그렇지 못한 일들에 대해 많이 알고 있을 것이다. 하지만 환경 운동을 위해 법정 투쟁을 하고 로비를 하거나, 정교한 정책을 연구하기 위해 만들어진 단체들이라고 풀뿌리 운동을 동원하거나, 선거 정치를 위해 힘을 모으거나 사회적 마케팅 운동을 위해 대중을 자극하는 것 같은 일까지 제일 잘하리라는 법은 없다. 지금 언급한 이런 일들은 반드시 실행되어야 한다. 어쩌면 이를 위해서 이런 분야에 특별히 강점이 있는 새로운 단체나 사업을 시작해야만 할지도 모른다.

또한 이 나라의 환경단체가 "워싱턴을 신뢰하고" 체제 내에서 활동하는 것이 과연 잘하는 것인지 자문해 보아야 한다. 과거에는 이런 방법을 통해 많은 성과를 올렸다. 오늘날 환경보호주의가 채택한 방법과 방식이 잘못이라기보다, 포괄적인 접근법에 너무 한정되어 있다는 것이 문제다.[36] 이 책에서 여러 차례 강조할, 변화를 이끌어낼 '다른' 접근법 마련을 위해 막대하고 보완적인 시간과 에너지를 투자하지 않았다는 점도 문제였다. 그러므로 주요 환경단체들이 그러한 투자를 하기 위해 더 노력하지 않았다는 점에 대해서는 비난을 면하기 어려울 것이다.

언론과 주류 환경단체의 문제보다 더 중요한 문제가 있다. 바로 최근 미국 정치에서 현대적인 우익이 등장했다는 점이다. 오늘날의 환경

보호주의는 1960년대와 1970년대 초에 발생한 행동주의에 기반을 두고 있다. 이 행동주의는 규제를 통해 경제를 간섭하려 했다. 때로는 성장에 한계를 두어야 한다는 논의도 진행되었다. 환경보호주의가 등장하자 올린 재단Olin Foundation이나 "뉴라이트NewRight" 계열의 단체들이 속속 등장했다. 아마 이들에게 환경보호주의는 저주였을 것이다. 환경 단체들이 지지를 얻자 미국 기업연구소American Enterprise Institute, 헤리티지 재단Heritage Foundation, 카토 연구소Cato Institute, 태평양법률재단Pacific Legal Foundation을 비롯해 다양한 우익 성향의 단체들도 인기를 얻기 시작했다.[37] 시장근본주의도 더불어 힘을 얻기 시작했다.

주목은 받지 못했지만 무척 훌륭한 책인 『묵시록에서 삶의 방식으로From Apocalypse to Way of Life』에서 프레더릭 뷰엘Frederick Buell은 과거를 이렇게 기록했다.

"1970년대에 그토록 필요불가결하다고 여겨졌던 환경 '운동'을 종식시키기 위해 뭔가가 진행되고 있다. 환경보호주의의 적들이 환경보호주의자들에게 불안정한 경고자와 악의적인 선지자라는 오명을 씌울수 있는 뭔가가 일어났다. 그들의 경고가 히스테리에 다름 아니며 최악의 날조된 거짓말이라고 소리치면서 말이다. 심지어 환경보호주의자들이 환경에 가장 충실한 종복이라는 상식적인 가정에 (바보처럼 보이지 않으면서) 의문을 제기하도록 하는 뭔가가 일어났다.

이런 상황에 대한 가장 중요한 설명은 쉽게 찾을 수 있다. 위기 상황이 수십 년간 지속된 데 대한 반동으로 반환경 허위 정보 산업이 발생해 막강한 세력으로 성장했기 때문이다. 이들의 활동이 어찌나 성공적이었는지 미국 환경정치학의 역사에 새로운 장이 열리도록 도울 정도였다. 즉, 환경에 대한 그 많은 관심이 그만큼의 반환경 논쟁에 의해 거의 완벽하게 차단된 시대가 열린 것이다. …(중략)… 1980년대가 되자 환경 변화를 위한 대중의 열기는 '중화'되었다. 점점 더 조직화되고 교묘한 기업과 보수주의 진영의 반대에 가로막힌 것이다.

우익의 만행이 반환경주의자들을 대할 때처럼 독창적인 분야가 여럿 있었다. 그렇다면 우익은 환경주의자들을 어떻게 비난할까? 보수주의 측의 주요 두뇌집단인 헤리티지 재단은 자체적으로 발행하는 《폴리시 리뷰Polish Review》에서 환경 운동을 '단일 분야로는 미국 경제 최대의 위협'이라고 썼다."

뷰엘은 또 다른 방향에 대해서도 지적했다. "과거 '환경' 개선의 1라운드가 끝났을 때…… 성장에 맞서서 환경 파괴를 통제하는 것은 훨씬 더 많은 발가락을 훨씬 더 세게 밟는 것을 의미했다. …(중략)… 시간이 가자 사람들은 자신들이 영위했던 조건들이 과거 환경 운동으로 거둔 성과의 결과였다는 사실을 모두 망각하고 말았다. 사람들은 허위 정보를 받아들일 만반의 준비를 갖추었다."[38]

근본적인 문제점들

앞서 설명한 상황들이 변할 수도 있다. 우익 세력이 상황에 대한 통제력을 잃거나 언론이 정신을 차릴 수도 있다. 적어도 기후 변화 문제에 있어서는 그렇게 했으니 말이다. 환경단체들이 자신들의 비판자들과 정치에 좀 더 적극적으로 대응할 수도 있다. 이미 그런 변화가 보인다. 하지만 오늘날의 환경보호주의에는 더욱 영구적이고 심각한 한계들이 존재한다. 지금부터 이 한계들을 살펴보도록 하자.

첫째, 오늘날의 자본주의 세계가 환경에 퍼붓는 모욕은 점점 증가하고 있다. 그것이 자본주의의 본성이기 때문이다. 그 본성에서 강력한 기술로 무장한 강력한 기업들이 태어났다. 이 기업들은 투명성도 통찰력도 없고 오로지 이익과 성장에만 눈이 멀었다. 그 결과 기존의 분야들도 존속하면서 유전공학과 나노기술과 같은 새로운 분야들이 생겨나고 있다.[39] 미국은 전 세계적으로 문제가 가시화되자 비로소 지역과 전국적인 차원에서 '지구의 날'을 다루기 시작했다. 이미 망각의 늪으로 사라진 핵문제, 노천 채굴 행위와 처녀지에서의 광물 개발과 같은 문제들에 관심을 다시 기울이고 있다. 관심거리 목록은 점점 길어지고 있다. 한편 세계는 경쟁하듯 연달아 찾아오는 위협에 대응하고 있다. 가장 최근에 발생한 위협은 테러와의 전쟁과 이라크 전쟁일 것이다. 이처럼 그 무엇보다 즉각적인 대응이 필요한 것처럼 보이는 문제들 때문에 환경을 비롯한 다른 문제들은 정치적 논의 대상에서 우선순위가 뒤로 밀려날 수 있으며 실제로도 그런 경우가 잦다.

이윤과 성장을 추구하는 경향은 환경오염의 가능성을 최대한으로 열어둔다. 『지구 오디세이*Earth Odyssey*』에서 마크 허츠가드Mark Hertsgard는 이 문제를 잘 설명했다.

"이윤 동기는 자본주의를 움직이는 동인이다. 그런데 이 체제가 돌아가기 위해 너무나 당연한 동인이기 때문에 다른 사회적 목표들을 짓밟는 경향이 있다. …(중략)… 이론적으로 정부는 기업의 탐욕을 단속해서 공중보건과 안전을 위협하는 요인을 제거해야 한다. 하지만 규제는 확실한 방안이 아니다. 기업은 정부에게 환경 규제를 완전히 없앨 수 없다면 느슨하게 풀어달라는 압력을 지속적으로 행사한다. 이러한 압력은 종종 뇌물을 수반하기도 한다. 가장 일반적이고 합법적인 뇌물이 바로 선거 자금으로, 이걸 받은 미국의 수많은 정치인들은 자신에게 먹이를 주는 손은 물려고 하지 않는다. …(중략)… 자본주의는 쉬지 않고 확장해야 하고 확장을 조장한다. 하지만 인간 활동이 지구의 생태계를 압도하고 있다는 증거는 곳곳에 널려 있다."[40] 또 압도된 것이 있다. 이 상황에 대처하기 위한 환경 운동의 능력이다.

둘째, 환경 문제는 점점 복잡해지고 과학적으로 해결하기 힘들어진다. 게다가 만성적이고 때때로 서서히 진행되기 때문에 문제라는 것이 명확해지기까지 시간이 오래 걸리기도 한다. 1970년대에 접했던 문제는 문제라고 인식하기가 훨씬 쉬웠다. 하지만 최근에 등장한 문제들은 그렇지도 않을뿐더러 대중은 이 문제들로 더 고통을 겪고 있다. 점점 더 복잡해지는 문제는 여러 차원으로 검토해야 한다. 환경을 보호하기 위한 노력의 결과, 거대하고 완고한 규제와 관리 기구가 탄생했다. 오늘날의 환경 규제들은 말 그대로 이해가 불가능하다. 우리들 중에 누구라도 서부의 대자연을 보호하기 위한 "상당한 파괴를 막기 위한" 규제들이나, 청정수질법의 "수질 오염 총량" 규제나, 발전소의 "신규 오염원 심사"나, 습지 보호를 위한 연방대법원 결정의 실행이 무엇인지 아는 사람이 있을까? 물론 이것들은 명확한 입장을 가지고 있는 중요한 문제임에 틀림없다. 하지만 일반인들이 이해하기에는 너무 까다롭다. 설령 환경 전문가들이라고 해도 전문 분야를 벗어나면 우리와 마찬가지일 것이다. 국제적으로도 마찬가지이다. 교토 의정서의 복잡한 규정들을 제대로 이해하려면 죽음도 막을 수 없는 기술과 의지가 필요하다. 환경 문제는 기술적으로도 복잡하지만 국제 무대로 옮겨가게 되면 정치 문제도 만만치 않게 복잡하다. 왜냐하면 협정의 틀을 짜려면 남과 북의 분열, 발전 대 환경, 북부의 소비 성장 대 남부의 인구 성장, 시민단체로부터 의미 있는 역할을 배제하는 문제를 조율해야 하기 때문이다. 전 세계에 200개가 넘는 국가들이 자신의 주권을 주장하며 자신들의 말에 귀 기울일 것을 요구하고 자국의 이익만을 추구하기 때문이다. 점차 증가하는 복잡성이 그렇지 않아도 약한 환경 운동의 정치적 입지를 더욱 취약하게 만들고 있다.

셋째, 규제 편차 문제가 존재한다. 이는 오늘날 정책 개혁의 접근법에 내재된 문제이다. 규제 하나가 문제를 커버하는 부분이 80퍼센트에 불과하다면 어떨까? 그런데 규제에 걸린 사람들 중에서 따르는 사람이 80퍼센트에 불과하다면? 그리고 이런 노력의 80퍼센트만이 성공적이라면? 식으로 표현하자면 $0.8 \times 0.8 \times 0.8$이 된다. 즉, 환경보호국은 문제의 50퍼센트는 놓치고 있는 것이다. 그런데 문제는 경제 확대와 더불어 점점 더 커져만 간다. 만약 규제로 폐수의 50퍼센트를 처리할 수 있다면 폐수원은 2배로 늘어날 것이며 오염이 규제를 앞서가게 될 것이다. 문제는 이것만이 아니다. 2003년에 스티브 파칼라Steve Pacala는 공동 저서인 『사이언스Science』에서 환경 문제를 대부분 제대로 관리할 수 없는 또 다른 이유를 제시했다. "경고 신호를 감지하면 관련된 이해관계를 극복해야 하기 때문에 결국 규제 제정은 지체된다. 이로 인해 환경 경고에 대해 더 민감하게 반응해야만 막을 수 있는 피해들이 발생하게 될 것이다."[41]

넷째, 현대 환경보호주의의 실용적이고, 타협적이며, 결과를 중시하는 접근법에서 비롯된 한계들이 존재한다. 이런 접근법은 종종 섣부른 조치와 손쉬운 결과를 추구하는 경향으로 이어진다. 섣부른 조치는 근본적인 원인이 아닌 징후들만 처리한다.[42] 이런 조치는 문제의 핵심에 도달하지 못하기 때문에 정작 필요한 조치를 가려버린다. 건축 법규로 집을 더욱 효율적으로 만들 수 있다. 하지만 소비자와 건축업자가 훨씬 더 큰 집을 원한다면 어떨까? 자동차 효율 기준을 더 강화할 수 있다. 하지만 더 빠른 통행 수단이 없기 때문에라도 운전자들이 운전을 더 많이 하게 되면 어떨까?

손쉬운 결과를 취하는 것은 정치적으로 편하고 경제적으로 매력적인 이득을 챙기는 것이다. 그런데 상황이 지금의 미국처럼 표면적으로는 호전되고 좀 더 참을 만하게 보이는 것 같은데다 앞으로 엄청난 개선 비용이 들 경우, 환경보호에 쏠린 지지는 눈 녹듯 사라지고 환경운동가들은 할 일은 반 밖에 못한 채 덫에 갇혀 나아갈 수 없는 처지를 깨닫게 될 것이다. 환경주의자들이 (다른 이해집단도 마찬가지지만) 자기들끼리만 일하는 경향을 감안해 볼 때, 그들이 덫에 갇혔을 때 꺼내줄 구원의 손을 내미는 친구는 거의 없을 것이다.

현대의 환경주의는 체제가 환경을 위해 작동하게 만들려고 노력하고 있다. 하지만 《워싱턴 포스트Washington Post》의 기자인 윌리엄 그라이더William Greider를 비롯한 수많은 논평가들은 이 상황을 무척 비관적으로 보고 있다. 그는 『자본주의의 영혼The Soul of Capitalism』에서 이렇게 지적했다. "규제 국가는 심각한 결함을 지닌 엉망진창의 통치 기구이다. 법을 집행하는 기관들 중 다수가 그들이 규제하는 산업에 의해 확실하게 붙잡혀 있다. 일부는 산업이 제기하는 끝없는 소송과 정치적 반격이라는 효과적인 조치에 의해 봉쇄되어 있다. 더 강력한 법은 시행하기가 어렵고 효과적인 집행을 몇 년 혹은 몇십 년 동안 지연할 목적으로 만들어진 법의 허점에 발목이 잡혀 있다."[43]

결국 증가하는 환경 위협과 이 위협을 조종하는 현대 자본주의의 강력한 세력을 통제해야만 하는 모든 책임이, 정부의 안팎에서 활동하는 환경단체에 떨어졌다. 현대 자본주의 체제가 계속 지금처럼 운영된다면 환경에 엄청난 피해를 줄 것이며, 이를 저지하려는 노력은 감히 그 결과를 따라잡을 수 없을 것이다. 이 체제는 환경을 지키려는 노력을 훼손하고 협소한 한계 안에 가둘 방법을 모색할 것이다. 환경보호운동은 주로 체제 안에서 이루어진다. 하지만 체제 안에서만 일한다면 환경 파괴의 근본적인 원인을 바로잡기 위한 노력을 오히려 막아서게 될 것이다. 앞으로 논의할 변화를 이끌어내지 못하는 것은 말할 것도 없다. 언젠가 체제를 혁신적으로 바꿔야 할 때가 오면, 환경 운동은 지금과 같은 방식으로는 결코 성공할 수 없을 것이다.

제2부

거대한 변화

4장

시장

시장이 환경을 위해 작동하도록 만들기

우리는 시장의 세계에 산다. 동네 슈퍼, 주식시장, 노동시장, 건설시장 등 온통 시장 천지이다. 경쟁이 이루어지는 시장은 자본주의의 핵심이다. 시장에서는 구매자와 판매자가 수요와 공급에 의해 정해진 가격으로 상품을 거래한다. 다양한 목적에 의해 시장과 가격 메커니즘은 제조나 소매 등 다양한 분야에서 호흡이 잘 맞는다. 시장만큼 희소한 자원을 잘 분배하는 제도는 아직까지 등장하지 않았다. 앞으로도 한동안은 시장을 능가할 제도가 나올 것 같지 않다.

민주 정부는 지금까지 시장의 주요 견제 세력이다. 철저한 자유방임주의자가 아니라면 대부분 다양한 목적으로 다양한 분야에서 이루어지는 정부의 시장 개입 필요성을 인정한다. 현재 미국에서는 비즈니스와 금융 분야는 증권거래위원회Securities Exchange Commission와 법무부의 보호를 받고 있다. 소비자들은 미국 식품의약국Food and Drug Administration 과 소비자제품안전위원회Consumer Product Safety Commission의 보호를 받는 다. 환경은 환경보호국과 내무부의 보호를 받고 있다. 이런 식으로 시 장의 각 분야는 해당 주무관청의 관리를 받는다.

오늘날 시장의 힘은 막강하다. 가격은 잠재적인 징후이며, 비즈니스 는 새로운 제품 시장과 새 시장을 만들어낼 방법을 끊임없이 고민한 다. 그러므로 만약 시장이 환경에 도움이 되지 않는다면 그 결과 환경 이 입는 피해는 막대할 수밖에 없다. 지금 이 세상을 보면 알 수 있듯 이 말이다. 왜 이렇게까지 되었고 우리가 무엇을 할 수 있는지 생각해 보아야 한다. 먼저 우리가 해야 할 일은 두 가지로 정리해 볼 수 있다.

첫째, 시장을 환경 보호와 복원을 위한 강력한 도구로 바꾸어야 한다.

둘째, 로버트 커트너Robert Kuttner가 '시장제국주의'라고 부른 현상을 막아야 한다. 커트너는 『판매를 위한 모든 것Everything for Sale』에서 "자본 주의 경제조차도 시장은 사회가 결정을 내리고, 가치를 결정하고, 자 원을 분배하고, 사회조직을 유지하고, 인간관계를 맺는 유일한 방법" 이라고 지적했다.[1] 경제학자인 아서 오쿤Arthur M. Okun은 "시장은 장소 를 필요로 하지만 자리의 분수를 지켜야만 한다."고 했다.[2] 폴 호큰, 애모리 로빈스와 헌터 로빈스가 『자연 자본주의Natural Capitalism』에서 상 황을 정확하게 분석했다. "시장은 도구일 뿐이다. 시장은 좋은 하인이 되어야 하는데, 나쁜 주인과 더 나쁜 종교가 된다."[3]

환경경제학은 시장이 환경보호에 실패한 이유를 연구한 현대 경제 학자들이 찾은 해답이다. 좀 더 구체적으로 설명하자면 신고전주의 거 시경제학을 환경에 적용한 학문이다. 환경경제학은 학문으로서도 확고한 입지를 다져놓았다. 이 책에서 알아본 방안들 중에서도, 환경경제학을 많이 가르치고 있고 이론적으로 가장 정확하다. 또한 시장경제와 가장 잘 부합하기도 한다.

월리스 오티스를 비롯한 여러 환경경제학자들은 환경경제학이 크게 세 가지 기여를 하고 있다고 주장한다.[4]

첫째, 시장의 실패를 바로잡기 위해 자유 시장에 공공이 개입해야한다는 설득력 있는 실례를 보여준다.

둘째, 환경보호의 목표와 기준을 규정할 때 정부는 얼마만큼 개입해야 하는지 길잡이를 제시한다. 일반적으로 느슨한 관리에서 엄격한 관리로 이해할 경우, 제일 첫 번째 단계가 가장 비용이 적게 든다. 하지만 관리가 점점 더 강력하게 이루어질수록 납세 이행 비용cost of compliance은 더 증가하기 마련이다. 한편 더 강력한 간섭으로 거둘 수 있는 사회적 잉여 이익은 감소할 것이다. 예를 들어, 공해 정도가 더 참을 수 있는 수준까지 떨어진다고 상상해보라. 환경경제학은 정부가 (상승하는) 납세 이행 비용이 (감소하는) 사회적 이익과 같아지는 지점까지 환경보호에 의무적으로 투자해야 한다고 주장한다.

마지막으로 환경경제학자들은 환경경제학이 한번 목표나 기준을 세우면 무슨 일이 있어도 이 목표를 달성할 수 있는 최소비용과 최대효과의 방법을 제시할 수 있다고 한다.

지금부터 이 세 가지 사항에 대해 차례로 알아보기로 하자.

공적 개입의 필요성에 대한 근거

경제학자들은 정부가 '적절한' 수준으로 개입해야 한다고 주장한다. 나도 그렇게 생각한다. 왜냐하면 정부가 잘못된 방향으로 개입할 경우 그렇지 않아도 환경에 해를 미치고 있는 물가를 더욱 왜곡하는 잘못된 보조금을 만들곤 하기 때문이다. 보조금이 문제인 것은 생산품에 진짜 가격을 반영할 수 없기 때문이다. 기업은 외부적인 비용인 부정적 외부효과negative externalities를 (가격에서) 제외해 버린다. 게다가 정부 보조금은 상황을 더 악화시킬 수도 있다.

경제학자인 테오 파냐오토Theo Panayotou는 그 결과 어떤 상황이 발생하는지 이렇게 설명했다. "제도, 시장, 정책의 실패, 이 삼박자가 맞으면 결국 희소한 천연자원과 환경 자산의 가격이 낮게 책정된다. 이 상황은 다시 자원을 기반으로 하고 환경 집약적인 재화와 용역의 가격을 낮추는 결과로 이어진다. 확실한 재산권의 부재와 같은 제도적 실패, 환경 외부효과와 같은 시장의 실패 및 왜곡된 보조금과 같은 정책의 실패는 생산과 소비의 민간 비용과 사회 비용 사이의 조화를 깨뜨린다. 그에 대한 직접적인 결과로 생산자와 소비자는 자신들이 사용하는 자원이 얼마나 희귀한지 제대로 파악할 수 없거나, 자신들이 환경에 끼치는 피해의 비용을 정확하게 알 수 없다. 결국 생산의 왜곡이 발생한다. 즉, 자원을 감소시키고 환경을 더럽히는 제품이 과잉생산되어 과잉소비되는 반면, 자원을 절약하고 환경친화적인 제품은 저생산되고 저소비된다. 이런 상황에서 나타나는 경제 성장 패턴과 경제 구조는 자원 기반을 파괴하고 자원의 희소성을 중시하지 않기 때문에 결국 지속 불가능할 수밖에 없다."[5]

『시장과 환경*Market and Environment*』에서 환경경제학자인 나다니엘 쾨헤인Nathaniel Keohane과 쉴라 옴스테드Sheila Olmstead는 환경 파괴의 관점에서 시장 실패의 세 가지 유형을 살펴보았다. 첫째, 앞에서 지적한 부정적 외부효과가 발생한다. 예를 들면, 환경오염의 모든 간접 비용을 오염자의 판매 부문 혹은 일반 대중에 부과하는 것으로, 오염원이 부담해야 할 비용을 보조 받지 않는 시장이 떠맡는 셈이다. 나머지 두 가지 유형은 공공재와 공유 재산의 비극이다. "생물 다양성과 같은 일부 환경 쾌적성은 사람들이 이에 대해 비용을 지불하든 아니든 많은 사람들이 애용하고 있다. 경제학자들은 이러한 재화를 공공재public goods라고 부른다. 시장의 실패는 일부 개인들이 불로소득을 보려고 하기 때문에 발생한다. 즉, 자신은 비용을 부담하지 않고서 다른 사람이 비용을 부담한 공공재의 과실만 챙기려 하는 것이다.

"마지막으로 '공유 재산의 비극'이 있다. 수산자원이나 지하수층과 같은 천연자원은 누구나 사용할 수 있다. 그런데 이 경우 적정 수준 이상으로 자원을 개발하려는 사람들이 나타나기 마련이다. 이 문제는 공공의 선을 무시하려는 사람들의 욕심 때문에 발생한다. 이 상황이 비극인 것은 조금만 덜 이기적으로 행동하면 모든 사람들이 더 잘살 수 있는데도 그렇게 행동하지 않기 때문이다. 그러므로 개인의 합리적인 행동이 모였을 때 사회적으로 바람직한 결과를 낳을 수 있다는 점을 명심해야 한다."[6]

환경경제학자들은 정부의 개입으로 시장의 실패와 잘못된 보조금 관행을 바로잡을 수 있다고 강력하게 주장하고 있다. 하지만 안타깝게도 환경경제학자들이 강력한 세력을 지니고 있다는 말은 아니다. 시장의 실패와 친비즈니스적 보조금은 아직도 곳곳에서 관찰되고 있다.

시장 유인

이제 국가의 개입 기준을 어떻게 세워야 하는지 환경경제학의 주장을 살펴보자. 그러기 위해 먼저 설명한 세 번째 주장에 대해 잠시 살펴보자. 즉, 환경보호 기준과는 별도로 시장 유인과 시장 메커니즘을 활용해 효율적이고, 최소 비용이 드는 결과에 도달할 수 있는 방법부터 살펴보도록 하자. 바로 이 주장을 통해 환경경제학이 제대로 평가를 받게 되었다.

물론 늘 그랬던 것은 아니다. 나는 이 글을 쓰면서 30년 전 친구인 프레드 앤더슨Fred Anderson과 워싱턴의 두뇌집단인 미래를 위한 자원의 경제학자들이 쓴 『경제적 인센티브를 통한 환경 개선Environmental Improvement Through Economic Incentives』이라는 작은 책자를 참조했다.[7] 앤더슨은 그 책을 내게 헌정해 주었지만, 솔직히 말해서 30년 전의 나와 환경운동가 대부분은 그 책에서 옹호한 방법이 별로 마음에 들지 않았다. 우리의 주요 대기 오염 방지법들이 마련된 1970년대는 일종의 지적 전쟁이 진행되던 시기였다. 한편에서 변호사와 과학계의 동지들이 힘을 합쳤고, 그 결과 우리는 승기를 잡았다. 당시 우리는 "지휘와 통제command and control" 규제라는 경멸적인 이름으로 불리던 방법을 선호했다. 이러한 규제는 주로 당시에 가장 활용하기 쉬운 오염방지 기술을 기반으로 했다. 그러다보니 의무 배출량을 정하고 온갖 기준, 즉 실천 기준을 남발해 기업에게 비용을 감당할 수 있는 최선의 오염 관리 기술을 채택하도록 강제했다. 하지만 새로운 오염원은 빈틈을 더 잘 찾아냈다. 이를테면 오염원은 생성 과정에서 쉽게 변화했다. 이를 방지하기 위해 더 최신 기술을 활용한 기준을 오염원에 적용해야 했다. 환경보호국은 각 산업이 적용할 수 있는 기술을 바탕으로 폐기물을 배출할 수 있는 한계를 마련했다. 그리고 이 한계를 개별적인 오염자들이 지켜야만 하는 허가증에 명시했다. 종종 대기 오염 규제법의 핵심 조항에 근거해서 오염 관리 기준을 최고의 기술이 아니라 보건과 환경을 지키기 위해 필요한 수준에서 정하기도 했다.

이 전쟁의 다른 전선에는 경제학자들이 싸우고 있었다. 이들은 기술이 아니라 시장 메커니즘과 경제적 인센티브를 활용해야 한다고 주장했다. 당시 그들의 목소리에 귀 기울이는 사람들은 없었다. 우리는 그들의 의견에 별로 관심을 보이지 않았다. 왜냐하면 가령 기업에게 오염물을 배출할 권리를 사게 하는 것처럼 공해 부과금 제도가 더 중요하다고 생각했기 때문이다. 또 공해물질 배출 한계를 허가증에 확실하게 못 박아두지 않을 경우 발생할 불확실한 상황이 더 걱정스럽기도 했다.

돌이켜보면 당시 경제학자들의 의견을 무시했던 것은 우리의 실수였다. 물론 오염물질 허용 기준도 나름대로 성과를 올렸다. 하지만 좀 더 일찍 시장 메커니즘에 눈을 돌렸더라면. 하는 후회를 금할 수가 없다. 그랬다면 환경 계획들을 사업 계획으로 통합하고 환경운동가들과 경제학자들 사이의 동맹을 좀 더 공고히 할 수 있었을 것이다.

시장을 바탕으로 한 접근법을 무시하던 경향은 1980년대에 들어 수정되기 시작했다. 당시 이미 시장 메커니즘이 일반화되고 환경운동가들과 산업 부문 모두 그 역할을 이해했기 때문이다. 환경보호재단과 세계자원연구소의 경우 시장 접근법을 적극적으로 옹호하고 있다. 경제학자인 폴 포트니Paul Portney는 시장 접근법은 아직도 환경 정책으로 제대로 자리 잡지 못했다고 주장한다.[8] 2001년에 OECD는 이렇게 지적했다.

"지난 10년간 OECD 국가들의 환경 정책에서 경제적 도구의 역할이 점점 더 커졌다. 이런 상황에서 환경 관련 세금의 역할이 증가하는 것을 주목해야 한다. 모든 국가들이 정도는 다르지만 모두 환경세를 도입했다. …(중략)… OECD 국가들이 환경 관련 세금으로 거둬들인 수입은 평균적으로 GDP의 2퍼센트 가량 된다."[9]

가장 희망적인 발전이라고 할 수 있는 변화는 독일을 위시한 여러 유럽 국가들이 채택한 조세 이동tax shift 아이디어다. 독일은 1999년부터 4단계 계획을 바탕으로 장려했으면 하는 것(일과 그에 대한 임금)에서 없앴으면 하는 것(에너지 소비와 그로 인한 공해)로 조세 부담을 이전시켰다.

유럽에는 환경을 비롯해 각종 요금이 무척 잘 발달해 있다. 미국에서는 전체적인 최고 한도를 정해 놓는 "제한 – 거래cap and trade" 제도가 등장했다. 가령, 어떤 지역에서 황의 배출 한도를 정해놓으면 그 지역의 오염자들이 배출 상한선에 대해 전체적으로 최소비용을 부담하기 위해 배출권이나 배출 허용량을 거래할 수 있도록 한 제도이다. 상한선은 오염물질의 배출량에 대한 수적 한계를 의미한다.

미국에서는 1990년 대기 오염 규제법이 개정되자 '제한 – 거래' 제도가 시행되기 시작했다. 당시 산성비 문제를 해결하기 위해 발전소에서 배출되는 황의 배출 상한선을 지정했다. 미국의 산성비 프로그램을 포함해 '제한 – 거래' 제도로 절약할 수 있었던 경제적 비용의 기록만 보아도 그 성과가 현실적이며 실효성이 있다는 것을 알 수 있다. 비용을 절약할 수 있었던 이유는 경제 수단이 보전비용(compliance cost, 환경 정책 수단이 무역 및 경쟁력에 미치는 효과를 논의하는 과정에서 추가비용 부담 요인을 부담할 때 사용하는 용어로, 수입업자가 상대 국가의 각종 환경 규제 기준에 적합하도록 제품을 제조하기 위해 소요되는 비용을 의미함 – 옮긴이)에서 다양한 이익을 볼 수 있기 때문이었다. 제한 – 거래 제도를 따르면, 비용이 더 싸게 먹히는 분야는 더 많은 비용을 삭감할 수 있다. 실제로 2007년에 하원에 상정된 기후 보호 법안은 모두 제한 – 거래 제도로 이산화탄소 배출량을 규제하는 내용을 담고 있었다. 아마도 거래가 가능한 허가증과 기타 시장 메커니즘을 활용해 환경 문제를 해결하려는 움직임은 당분간 지속될 것 같다. 이것은 경제학자들의 주장이 옳았다는 사실을 다시 한 번 뒷받침하는 증거일 것이다.

경제적 인센티브와 시장 메커니즘을 활용하려는 노력은 앞으로 환경보호 프로그램의 능률과 효과를 개선시킬 것이다. 환경경제학자들은 이를 위해 다양한 시장 수단을 찾아내기 위해 적극적으로 움직였다. 공공재산의 비극을 극복하기 위해 재산권을 확립하고, 배출량과 각종 한계 허용량을 거래할 수 있는 시장을 창출하고, 공해세나 비용을 부과하고, 환경오염에 대한 비용을 부과하지만 환경에 도움이 되는 행동을 할 경우 적용하는 "피베이트Feedbate"와 환불 제도를 마련하는 등 다양한 방안을 마련했다. "피베이트" 제도란 오염자들에게 오염물질의 양에 따라 비용을 물리되, 생산량에 비례해서 오염자에게 환불하는 제도이다. 그러므로 법을 잘 지킬수록 더 많은 금액을 환급받을 수 있다.

적정한 가격

환경경제학자들은 정부 개입을 지지하는 지적인 방법과 경제적 인센티브를 활용하는 실용적인 방법을 성공적으로 보여주었다. 하지만 오티스가 틀을 마련하는 데 기여한, 한계비용과 이익을 동일하게 만들어서 환경 기준을 세우는 두 번째 방안은 크게 진전이 없었었다. 이 방안은 생산 활동에서 발생하는 한계 환경 비용을 생산되는 생산품의 가격에 포함시키자는 것이다. 그런데 일반적으로 환경 비용은 기업의 외부 비용이다. 즉, 기업이 이 비용을 부담하지 않기 때문에 당연히 제품의 가격에도 포함되지 않는다. 이러한 시장의 실패를 해결하기 위해 환경을 오염시키는 생산 활동에 세금이나 비용을 물리는 방법도 있다. 그 경우 세금을 환경에 손해를 입은 비용과 동일하게 맞추면 된다. 가령, 대기 오염물질의 경우 오염자에게 부과하는 비용을 추가로 오염물질을 배출할 때마다 발생하는 피해 비용과 같이 맞추면 된다. 경제학자들은 이런 방법을 "가격을 바로잡는" 것이라고 말한다. 이 방법으로 오염물질의 배출 한계를 최적의 수준으로 제한하고 가격을 결정하기 위해 세금보다 배출량 거래를 허가하는 것과 같은 효과를 거둘 수 있다.[10]

환경 기준을 설정하자는 주장이 미국에서 큰 지지를 받지 못한다면 우선 그 이유부터 찾아보아야 한다. 우선 정치적 지지 기반에 이 방안이 잘 알려지지 않은 것을 이유로 들 수 있다. 물론 다른 이유도 있다. 더 중요하고 근본적인 이유는 가치 평가의 문제이다. "가격을 바로 잡으려면" 환경에 끼친 피해를 화폐 가치로 환산해야 한다. 그런데 이 과정에서 많은 문제가 발생한다.

무엇보다 화폐 가치를 환산할 때 순전히 기술적이고 분석적인 어려움이 발생한다. 톰 티텐버그Tom Tietenberg는 자신이 쓴 환경경제학 저서에서 환경세를 어떻게 한계비용과 이익과 동등하게 설정할 수 있는지를 설명한 후 이렇게 지적했다. "이 정책 수단의 효율을 원칙적으로 설명하는 일은 간단하다. 하지만 실행에 옮기는 것은 무척 어려운 일이다. 실행에 옮기려면 먼저 오염물질 배출자마다 두 개의 한계 비용 곡선이 교차하는 지점에서 공해 수준이 얼마나 되는지부터 밝혀야 한다. 그것은 무척 어려운 과제이다. 관리 당국이 비현실적으로 많은 양의 정보를 확보해야 하기 때문이다. 그런데 일반적으로 관리 당국은 '오염자의' 관리 비용에 대한 정보가 별로 없으며 '환경에 피해를 끼치는' 행위에 대해 믿을 만한 정보를 확보하지 못한다.

"정보 부담이 비현실적인 수준으로 높다면 어떻게 환경 당국이 오염 관리 책임을 오염자들에게 합당하게 물릴 수 있겠는가? 그래서 요즘 미국을 비롯한 여러 나라에서는 보건과 생태적 안전을 위해 합당한 안전율과 같은 다양한 기준을 바탕으로 법적으로 구체적인 오염 수준을 선별하고 있다. 일단 이런 한계를 설정하고 나면 어떤 식으로든 문제의 50퍼센트는 해결되었다. 나머지 50퍼센트는 수많은 오염자들에게 정해진 오염 수준에 맞추어야 하는 책임을 어떻게 배분할지를 통해 해결한다."11

즉, "가격을 바로잡으려면" 각각의 오염자가 배출하는 오염물질의 양이 증가할 때마다 발생하는 추가 환경 피해 규모를 정확하게 파악해야 한다. 가령, 복합적인 보건 문제가 발생한 지역에서 황과 질소 배출자들이 추가로 배출하는 양이나 산성비가 토질과 수질에 미치는 영향을 계산해야 한다.

다른 학자들도 티텐버그와 비슷한 결론을 내리고 있다. 데이비드 피어스David Pearce와 에드워드 바비어Edward Barbier는 "가격 바로잡기"를 강력하게 옹호하는데, 『지속 가능한 경제를 위한 청사진Blueprints for a Sustainable Economy』에서 이렇게 주장했다.

"우리는 '이전 책에서' 환경 자산과 서비스를 화폐 가치로 환산하는 것이 얼마나 중요한지 강조한 바 있다. 그 책이 언론과 논단에서 인기 있는 토론 주제였다는 점에서 이 문제가 얼마나 큰 논란을 일으킬 수 있는지 증명한 셈이다. 이런 논란이 사람들의 관심을 사실에서 돌려놓았을 수도 있지만, '그 책에서는' 환경 문제를 해결하기 위해 시장을 활용하는 접근법이 가치 환산을 하든 안 하든 상관없이 정당화될 수 있다는 사실 또한 명확하게 했다."[12]

다시 말해, 심지어 환경경제학자들조차 이렇게 주장하고 있다. 환경 목표나 기준을 세울 때는 화폐로 환산하기 까다로운 오염의 한계 비용을 기준으로 삼지 말고 환경을 충분히 보호하기 위해 필요한 것, 혹은 정치적 상황이 허락하는 수준을 기준으로 삼으라. 그런 후 그 기준을 가장 효율적이고 최소 비용으로 달성하려면 시장 수단과 경제적 인센티브를 사용하라. 사실 이런 주장은 환경경제학이 "두 번째 방안"을 버리는 것과 같은 것이다.

환경 자산과 인간의 생명과 건강을 돈으로 바꾸는 과정에 내재된 어려움은 점점 커지고 있는 비용 - 편익 분석cost-benefit analysis에서도 관찰할 수 있다. 이 분야에서 경제학자들은 더욱 과감하고 독창적이며 더 많은 논쟁을 벌이고 있다. 비용 - 편익 분석은 새로운 댐을 건설하는 계획을 평가하거나 대기 오염 규제법과 같은 정책이나 프로그램을 평가할 때 적용할 수 있다. 이러한 분석을 하려면 먼저 비용과 편익을 비교할 수 있는 단위, 즉 화폐 단위로 바꾸어야 한다. 즉, 비용 - 편익 분석은 가치 평가 과정이 필요하다.

프랭크 액커만Frank Ackerman과 리자 하인철링Lisa Heinzerling은 『프라이스리스Priceless』에서 비용 - 편익 분석법을 호되게 비판했다. "보건과 환경 보호를 경제적 가치로 따지는 행위가 안고 있는 근본적인 문제는 인간의 생명, 건강, 자연은 화폐 가치로 따질 수 없다는 것이다. 이것들은 '가격을 매길 수 없을 만큼 소중하기' 때문이다. 어떤 사람에게 다른 사람에게 피해를 주도록 혹은 자연자원을 파괴하도록 허용해야 하는지가 의문일 때, 생명이나 자연의 풍경을 다른 것과 바꿀 수 있는지를 결정해야 할 때, 피해가 몇십 년 혹은 몇 세대에 걸쳐 계속될 때, 결과가 불확실할 때, 위험을 나누거나 자원을 공동으로 사용해야 할 때, 피해를 '파는' 사람들이 실제로 피해를 당하는 사람들과 아무런 관계가 없을 때, 이럴 때 우리는 시장 가치로는 위기에 처한 사회적 가치를 전혀 표현할 수 없는 '값을 따질 수 없는' 영역에 있는 것이다.

인간의 생명과 건강 그리고 자연을 돈으로 바꾸는 과정, 즉 복잡한 숫자에서 해답을 구할 수 있다고 생각할 이유는 어디에도 없다. 오히려 이런 방법을 적용하는 과정에서 이익보다 더 많은 피해를 보고 있다.

본질적으로 경제학자라면 모든 것은 적당한 값어치를 가지고 있다고 생각한다. 그러나 대부분의 사람들이 경제적 계산을 떠나 정의와 원칙의 문제라고 여기는 것도 있다. 시장의 경계를 정하는 것은 우리가 누구이며, 어떻게 살기를 원하고, 무엇을 신봉하는지에 대한 답을 구하는 데 도움이 된다. 하지만 어떤 값어치로도 표현할 수 없는 활동도 무수히 있다.

우리가 소중히 여기는 모든 것을 화폐 가치로 따지는 행위는 정부 입장에서도 전혀 실용성이 없는 계획이다. 사람들의 공통적인 우선권을 애매하게 만들어 우리를 온갖 가정이 난무하는 상황으로 몰아갈 것이기 때문이다. 게다가 사람들이 의견 일치를 보지 못하는 상황의 가치를 수치로 표현해야 하는 불가능한 문제도 발생할 것이다. 가령, 낙태 클리닉의 '존재 가치'를 양수로 볼 것인가, 음수로 볼 것인가? 그것은 개인의 판단에 달려 있다. 낙태를 선택할 권리를 사회가 정한 평균적인 화폐 가치로 결정해야 한다면 좋아할 사람은 아무도 없을 것이다."[13]

이들의 비판은 화폐 가치로 환산하는 과정이 얼마나 까다로운지에서 그 때문에 발생하는 윤리와 정치적 문제로까지 옮아간다. 태아의 발달 장애, 아디론댁 호수 면적의 감소, 종의 멸종, 미국의 남서부나 아마존 유역의 사막화 같은 문제를 생각해보라. 그렇다면 자연을 이렇게 잃는 것을 돈으로 따지는 행위가 윤리적으로 얼마나 불쾌한지 실감이 날 것이다. 즉, 환경경제학자들은 우리가 규제에 드는 비용이 얼마이며 얼마나 많은 생명을 구할 수 있는지 따지는 한, 좋든 싫든 환경 규제는 통계적인 삶에 대해서도 가치를 매기려고 들 것이라고 재빨리 지적할 것이다.

화폐 가치 환산을 둘러싼 논란은 신고전주의 경제학의 지배적인 패러다임을 환경의 현실과 필요성에 부합하는 패러다임으로 바꾸려는 노력을 둘러싸고 벌어지는 논란의 하나일 뿐이다.[14] 환경 문제에 대한 선택을 하기에 적합한 이기적이고, 인간본위이며, 합리적이기도 한 계산을 바탕으로 한 모델이 있을까? 미래에까지 영향을 미칠 수 있는 비용과 편익을 평가할 때 할인율은 얼마로 정해야 할까? 경제적인 의미에서 "가격 바로잡기"가 자연 유산을 있는 그대로 후손에게 물려줄 수 있다고 장담할 수 있을까? 모두 반드시 검토해 보아야 할 중요한 문제들이지만, 이 책의 목적이 환경경제학이 직면한 위기 목록을 작성하는 것은 아니다. 내 목표는 실행할 경우 시장을 (환경에) 호의적이고 (환경을) 복원할 수 있는 힘으로 바꿀 수 있는 핵심 개념을 설명하는 것이다.

새로운 시장

그렇다면 그 핵심 개념이란 무엇일까? 첫째, 우리는 가격에 따라 결정을 내리고 환경 자산이 점점 희소하고 사라질 위기에 처해 있는 시장 경제에서 살고 있다. 경제적으로 관련된 자연자원이 아니라 환경을 마구 써버리고 있다. 이런 세상에서는 환경에 해를 미치는 행위는 매우 비싸고, 반대로 환경에 해가 없거나 환경을 복원시키는 일은 상대적으로 저렴하다. 과거 소련의 계획 경제가 실패한 것은 물건의 가격이 시장의 현실을 제대로 반영하지 못했기 때문이라는 사실을 우리는 잘 알고 있다. 그런데 우리가 살고 있는 시장 경제도 실패의 위험을 안고 있다. 환경의 현실을 제대로 반영하지 못하기 때문이다. 현실을 제대로 반영하도록 하려면 제일 먼저 두 가지 조치를 취해야 한다. 정부가 환경에 해로운 보조금을 만들어 입힌 피해를 원래대로 되돌려야 한다. 그리고 경제에 개입해서 일반적으로 받아들여지고 있는 "오염자 부담" 원칙을 철저하게 실시해야 한다.

지속 가능한 사회가 되기 위한 최초의 발판으로 보조금 문제를 확실하게 해결해야 한다. 2001년 출판된 『뒤틀린 보조금*Perverse Subsidies*』에서 노만 마이어스와 제니퍼 켄트는 농업, 에너지, 교통, 수자원, 수산업 및 임업 분야에서 보조금의 규모를 정한 수백 건의 연구 결과를 분석했다. 그리고 경제와 환경에 모두 부정적인 결과를 가져온 보조금을 "뒤틀린" 보조금으로 분류했다. 그들은 막대한 이해관계에 의해 각국 정부가 시장에 개입해 지급하는 뒤틀린 보조금의 규모는 매년 총 8,500억 달러에 달한다고 했다. 대략적으로 계산해 보아도 이 정도 액수면 세계 경제의 2.5퍼센트에 해당하니 환경을 파괴할 만한 경제적 동기가 되고도 남는다.[15] 미의회조사국Congressional Research Service은 에너지 분야에서만 미국이 교부하는 보조금 규모가 2003년에 370~640조 달러였으며 '에너지 정책 법안 2005'의 조항에 의거해서 그 규모는 매년 20~30조 달러씩 증가하고 있다고 추산했다.[16]

대개 오염자 부담 원칙은 오염을 유발하는 측(실제로는 환경소비자 혹은 파괴자)이 인간이나 자연에 미치는 환경오염의 비용이나 정화 작업과 개선 비용을 모두 부담해야 하며, 지속 가능한 수준에 미치는 영향을 줄이는 비용을 모두 부담해야 한다는 원칙이다. 기본적으로 환경 규제에는 세 가지 철학이 있다. 세 가지 철학은 각각 표방하는 바가 다르지만 모두 오염자 부담 원칙을 진일보시키는 데 도움을 준다.

기술 바로잡기, 규제의 기준은 사용할 수 있는 기술과 실질적인 관리법으로 성취할 수 있는 수준에 맞춰서 정해야 한다. 그러므로 사용할 수 있는 최고의 기술을 채택해야 한다.

가격 바로잡기, 손해를 끼치는 사람이 비용을 다 지불하도록 기준을 세워야 한다. 피해보상제도나 환경 정화와 복원 작업을 시키는 것도 괜찮다. 세금, 비용이나 거래할 수 있는 허용치로 외부 비용을 내부화하는 것도 한 가지 방법일 것이다. 그러므로 모든 환경 비용을 내부화시켜야 한다.

환경 바로잡기, 환경을 오염 전 수준으로 회복시키기 위해 필요한 것을 바탕으로 규제의 기준을 세워야 한다. 그러므로 인간의 건강을 완벽하게 보호하고, 장기간에 걸쳐 지속 가능한 규모 이상으로 자원을 개발하지 않고, 자정 능력을 넘어서도록 폐기물을 만들지 않으며, 생태계 구조와 기능을 철저하게 보호할 수 있어야 한다.

이 세 방법을 실천할 때 경제적 인센티브와 시장 메커니즘을 활용하면 비용 면에서 더 효율적일 수 있다. 그 결과 환경을 파괴하는 제품의 시장 가격을 그만큼 더 상승시키는 결과를 이끌어낼 수 있다. 위의 세 가지 황금률을 실천하면, 특정한 첨단 기술을 활용할 수 있거나, (휘발유에 들어간 납, CFC나 DDT와 같은) 특정 유해 물질을 단계적으로 제거해야 하는 분야에서는 배출물이나 환경에 미치는 영향이나 부산물이 전혀 발생하지 않을 수도 있다.

규제에 관한 세 가지 접근법 중에서 마지막 방법은 결국 "공중보건과 생태적 수량ecological quantities을 바로잡으라"는 것으로, 최근에 여러 경우에서 가장 선호하는 접근법일 것이다. 이 방법은 나머지 방법에 비해 시장 가격을 바로잡을 확률이 높으며, 과학자와 경제학자의 재능을 모두 활용할 수 있으며, 기술 혁신을 유발하고, 환경을 가장 잘 보호할 수 있고 대중이 가장 이해하기 쉽다.

환경경제학자들은 효율적이고 효과적인 결과에 도달하기 위해 문제에 따라 적합한 "수단을 선택하는" 문제에 관한 방대한 자료를 축적했다.[17] 예를 들어, 제한－거래 제도를 활용할 경우 오염물질의 양은 정해진다. 이 사실이 무척 중요할 때도 있지만 배출이 어느 지역에서 일어날지 불확실한 경우도 있다. 오염이 발생하는 위치가 별로 중요하지 않은 경우(이산화황, 프레온 가스, 이산화탄소 등)에는 이 제도가 좋은 선택안일 수 있다. 한편 배출량을 측정하기 어렵거나, 환경 조건이 급격하게 변화할 수 있을 때(가령, 유수량이 감소하거나 대기 역전이 일어날 수 있을 때)는 오염 비용을 비롯해 여러 경제적 인센티브 프로그램은 바람직하지 않다. 또한 특히 해로운 물질이나 활동이 관계되어 있을 때나, 제한－거래 제도나 배출세로 인해 오염물질이 "집중적으로 증가"할 때에도 적합하지 않다. 위와 같은 경우에는 직접 규제가 최선의 방법이다.[18]

어떤 기준을 적용하든, 어떤 경제적 수단이나 접근법을 선택하든 목표는 하나이다. 모든 형태의 환경 파괴에 대한 가격을 엄청나게 높이는 것이다. 이를 위해서 우선적으로 재화와 용역이 중간재든 최종재든 상관없이 환경에 가장 큰 영향을 미치는 제품을 골라내야 한다. 유럽의 산업생태학자들은 이미 이 프로젝트를 훌륭하게 진행하고 있다.[19]

생산 라인을 거꾸로 훑으면서 환경에 가장 큰 피해를 주는 활동에 대해 배출량을 정하고 각종 세금과 사용자 비용을 부과하며 기타 이행 사항을 설정할 수 있다. 이러한 비용은 민간 부문과 공공 부문의 생산비의 차이를 줄이려는 노력에서 차차 증가할 수 있다.

시장을 변화시킬 수 있는 두 번째 핵심 개념으로 『자연 자본주의』에서 저자들이 제시한 내용이다. 서문에서 설명했다시피, 이 책은 기업과 정부가 추진하는 자연 투자 전략을 옹호하는데, 이 전략은 자원 생산성을 급격하게 증가시키고 대규모로 자연자본을 재생산할 것을 주장한다. 연방 세제의 개정으로 이런 전략을 실행할 수 있다. 또한 초기 재료 추출에 비용을 부담시키거나, 정부와 민간 연구개발 프로그램을 마련하고, 환경 복원 제안에 정부가 대대적인 지원을 하는 것도 도움이 된다.

시장의 변화를 이끌어낼 세 번째 개념은 경제학자인 리처드 노가드 Richard Norgaard와 리처드 호워스Richard Howarth의 저서에서 찾을 수 있다.[20] 두 사람은 지금 세대만으로는 "가격을 바로잡는 것"으로 지속 가능성을 확신할 수 없으며 결국 이 문제는 모든 세대가 공평하게 떠안아야 한다고 했다. 지속 가능성을 지키기 위해서는 각각의 세대가 의식적으로 풍부한 자원은 후손들을 위해 재분배하기로 결정해야 한다. 이때의 재분배 과정은 현 세대가 자원을 재분배하는 것과 흡사하다. 이를 위해서는 자원 사용세를 채택하고, 선물시장을 설립하고, 미래를 위해 광물과 각종 자원들을 공공신탁으로 묶어두며, 자원의 개발과 고갈 속도를 늦추기 위해 자원의 소유주에게 보조금을 지급하도록 촉구해야 한다. 재생 불가능한 자원을 개발해서 번 소득의 일부(일반

적인 이윤을 초과하는 부분)는 재생 가능한 대체에너지 개발에 재투자하
도록 하는 조치도 있다.

정부가 시장을 변화시킬 수 있는 네 번째 방안은 현실에서는 가격이
이론대로 움직이는 것이 아니라는 사실과 관련이 있다. 어느 수준에
도달하면 가격을 구성하는 일부 요소들이 가격 신호를 가려버린다. 이
현상에 대해서는 경제학자들이라면 잘 알고 있다. 예를 들어, 맥킨지
앤 컴퍼니McKinsey & Company, Inc.가 작성한 〈에너지 시장에 대한 2006 연
구 보고서2006 Study of Energy Markets〉를 보면 전 세계의 에너지 생산성 증
가 잠재력은 대단하다. 하지만 이 잠재력을 현실로 바꾸기 위해서는
막대한 에너지 가격을 상회하는 비용이 필요할 것이다.[21] 왜 그럴까?
일부 부문은 가격 탄력성이 너무 낮아서 가격이 더 높아져도 그만큼의
이익을 거둘 수 없기 때문이다. 소비자들은 에너지 생산성을 높일 수
있는 정보와 자본이 부족하다. 그러므로 가격이 높으면 소비자의 가격
반응은 편리함, 안락함, 스타일 혹은 안정성과 같은 요소를 우선함으
로써 묻히고 만다. 기업도 가격이 낮거나 분산되기 때문에 귀중한 에
너지 생산성 투자를 중단한다. 정부는 거래 비용을 삭감하고, 정보와
자본을 제공하고, 위기를 줄여 나감으로써 경제 구성원의 행위와 제도
적 장애물을 넘을 수 있다.

마지막으로 정부가 시장의 변화를 촉진하기 위해서는 오해를 불러
일으키거나, 적어도 오용되고 과용되는 경제 신호인 국내총생산GDP을
개선해야 한다. 요즘은 한 국가의 경제적 부를 국가의 생산량으로 표
시하는 GDP가 부적합하다는 인식이 널리 퍼져 있다. GDP의 한계와
이를 대신할 만한 지표에 대해서는 6장에서 다루도록 하겠다.

위에서 설명한 여러 노력을 바탕으로 역사적인 패턴을 역전시켜 시장이 환경에 도움이 되도록 만들어야 한다. 하지만 시장 진출에 대한 한계와 경계를 인정해야 할 때도 있다. 가령, 비시장재nonmarketed goods 가 시장에 나와 특정 가격으로 팔릴 때 상품화가 일어난다. 자연자산이 상품화가 될 때 자연을 인간에 이로운 것으로 보는 관점이 강화된다. 즉, 자연은 인간이 사용하고 이익을 얻기 위해 존재하며 사고 팔 수 있는 물건이라는 관점이 득세하게 된다.

가난한 사람들을 옹호하는 사람들은 식수를 마실 권리는 정부 등이 인정해야만 하는 기본 인권으로 선언되도록 노력하고 있다. 그러나 이런 노력에도 불구하고 물은 막대한 국가적 상품이 되었다. 그래서 거대 기업들이 상하수 처리 서비스, 생수 판매에 달려든다. 소비자들에게 물의 제 값어치를 요구하는 것은 너무나 당연한 일이다. 하지만 가난한 사람이 지불할 수 없는 높은 가격을 붙이는 것도 말이 안 된다.

이와 관련해 살펴보아야 할 경향이 바로 민영화이다. 한때 공공의 책임이자 역할이었던 부문을 시장 원리를 따르는 민간 기업에게 매각하는 일은 비일비재해졌다. 2007년 《비즈니스 위크》에는 투자자들이 미국의 고속도로, 다리와 공항을 인수하려고 안달이라는 기사가 실렸다.

"국가와 지역의 지도자들이 단기적인 재정 문제를 해결할 방법을 찾기 위해 발버둥 치자 그 어느 때보다 매각과 매입이 활발하게 이루어질 수 있는 조건이 무르익었다. 지난 2년간 70억 달러에 못 미쳤던 공공재의 민영화 규모는 앞으로 2년 동안 총 1,000억 달러로 치솟을 것이다."[22]

한편 연방 정부는 아웃소싱Outsourcing에 박차를 가할 것이다. 지난 6

년 동안 워싱턴이 민간 용역 업체와 계약한 금액은 2배로 증가했다. 이제 미국 정부에는 공무원보다 계약직이 더 많다.[23] 국립공원까지 민영화해야 한다는 주장이 나오고 있는 실정이다. 물론 공공부문의 민영화를 통해 얻을 수 있는 이점도 있다. 자원과 서비스의 가격이 이전보다 훨씬 정확하게 매겨질 것이다. 하지만 환경과 일반 대중의 입장에서 보자면 엄청나게 불리한 것도 사실이다.

로버트 커트너Robert Kuttner는 시장의 침략 현상은 대부분 "시장의 덕목이 아니라 시장이 건드릴 필요가 없는 영역까지 침범하는 경향"을 보여주는 징표라고 지적했다.[24] 실제로 시장이 개입해서는 안 되는 분야가 있다. 상품화 되어서는 안 되는 활동과 자원이 있다. 가격을 따질 수 없을 만큼 소중한 것이기 때문이다. 칼 폴라니가 지적했듯이, 우리는 우리의 삶, 공동체와 자연에서 자율적인 공간을 보호해야만 한다.[25]

마크 사고프Mark Sagoff는 『지구의 경제Economy of the Earth』에서 시장이 실패할 수도 있고 실제로 실패를 해도 사회는 시장이 실패를 바로잡기 위해 아무런 개입도 하지 않는다고 지적했다.

"소비 제품, 일터와 환경에서 안전을 담보하기 위한 사회적 규제는 역사적으로 시장을 더욱 인간적으로 만들기 위한 필요에 따라 변화한다. 이때 반드시 시장을 더욱 효율적으로 바꿀 필요는 없다. …(중략)… 사회적 규제는 우리가 무엇을 믿고, 우리가 어떤 사람이며, 우리 국가가 어떤 가치를 대표하는지를 보여준다. …(중략)… '힘든 결정'을 내리고 '교환 협정'을 맺는 방법론이 따로 있지 않다. 우리는 심사숙고의 덕목, 즉 개방된 사고, 세부적인 것에 관심을 기울이기, 유머와 분별력 등을 생활 속에서 실천해야 한다."[26]

사고프는 시장을 변화시키는 것은 경제가 아니라 정치의 문제라는 현실을 정확하게 지적했다. 시장이 변화하려면 극도로 까다로운 정치적 결정을 내려야 한다. 즉, 보조금을 근절하고, 다른 나라에 비해 반밖에 되지 않는 자동차 연료와 식품 가격을 정상화하고, 미래 세대를 위해 자원을 비축하고, 시장이 침해할 수 있는 영역을 제한해야 한다. 하지만 시장을 변화시키는 것은 기본적인 일일 뿐이다. 시장 경제에는 가격이 환경비용을 정확하게 반영할 수 있는 대안도, 전반적으로 시장이 환경에 도움이 될 제안도 없다. 하지만 부분적이기는 하나 변화를 이루기 위한 진지한 노력이 이미 시작되었다. 시장의 변화를 위해 한 시바삐 더 많이 노력한다면 우리 자식과 손자들은 더 좋은 세상에서 살 수 있을 것이다.

5장

경제 성장

후기 성장 사회로 이행하기

경제 성장은 현대 자본주의의 원칙이자 가장 뿌듯한 성과이다. 성장에 한계가 있거나, 혹은 한계를 두어야 한다는 주장은 어김없이 조롱의 대상이 된다. 그러나 모든 경제학자들이 자본주의의 미래에 비관적인 것만은 아니었다. 80년 전, 케인스John M. Keynes가 쓴 글을 보면 "경제 문제"가 과거의 일이 되는 세상을 기대하고 있다. 그의 글은 그 자체로 보물이다.

"지금부터 100년 후면 우리가 8배나 더 잘살게 될 거라고 상상해 보라. 대규모 전쟁이나 폭발적인 인구 증가가 일어나지 않는다면 '경제 문제'는 해결할 수 있을 것이다. 즉, 미래를 생각해 보면 경제 문제는 '인류가 영원히 풀지 못할 숙제가 아니라는' 말이다.

그것이 뭐 그리 놀랄 일이냐고 물을지도 모르겠다. 이 일은 당연히 놀라운 일이다. 왜냐하면 경제 문제, 즉 생존을 위한 투쟁은 지금껏 인류에게 가장 중요한, 다시 말해 가장 절박한 문제였기 때문이다. 이제 인류는 이 땅에 태어난 후 한 번도 접하지 못한 현실적인 문제를 해결해야 할 영원한 과제를 떠안게 될 것이다. 절박한 경제 문제로부터 벗어나면서 얻게 된 자유를 어떻게 활용할 것인가? 남아도는 시간을 어떻게 주체할 것인가? 어떻게 하면 더 현명하고 즐겁게 잘살 수 있을까?

생활의 여러 분야에서 이전에는 경험하지 못한 변화들이 우리를 찾아올 것이다. 부의 축적이 더 이상 사회적으로 중요한 목표가 아니게 되면 그 사회의 도덕률에서 대변화가 일어날 것이다. 삶을 살고 즐기기 위한 수단이 아닌 소유의 대상으로 돈에 집착하는 태도는 그 모습 그대로 받아들여질 것이다. 다시 말해, 사람들이 어깨를 으쓱하면서 정신과 의사에게나 넘겨 버릴 범죄적이고, 병리학적인 경향이라 할 수 있는 일종의 독특한 병적 상태로 말이다.

그러므로 사람들은 가장 믿을 수 있고 확실한 종교와 전통의 덕목에 다시 의지하게 될 것이다. 탐욕은 죄악이고, 고리대금업은 몹쓸 짓이며, 돈에 대한 집착은 혐오스럽고, 진심으로 도덕과 건전한 지혜의 길을 걷는 사람들은 내일에 대한 걱정을 전혀 하지 않는다는 교훈을 따를 것이다. 우리는 수단보다 목적을 더 중시하게 될 것이며, 유용한 것보다 선한 것을 더 우위에 놓을 것이다. 우리는 시간을 고결하고 훌륭하게 사용하는 법을 가르쳐주는 사람들, 실을 만들지도 짜지도 않는 들판의 백합화 같은 사물을 보더라도 있는 그대로의 즐거움을 만끽할 줄 아는 사람들을 존경할 것이다.

하지만 경계하라! 그런 시대는 아직 찾아오지 않았다. 적어도 앞으로 100년은 자신과 남들에게 공정한 것이 반칙이고 반칙이 공정한 것인 양 살아야 한다. 즉, 반칙이 유용하고, 공정한 것은 쓸데없는 것으로 여기고 살아야 한다. 조용하게 오래 살고 싶다면 탐욕, 고리대금과 보신保身을 신봉해야 한다. 이것들만이 우리를 경제적 궁핍이라는 터널에서 환한 빛으로 빠져나가도록 도울 수 있기 때문이다.

그때까지 우리의 운명을 조금씩 준비하고, 목적이 있는 행동과 삶의 기술을 익히려 노력하고 실험한다 한들 손해될 것은 없을 것이다.

하지만 경제 문제의 중요성을 과대평가하지는 말자. 가난해질 수도 있다는 상상만으로 훨씬 더 중요하고 불변의 의미를 지니는 문제들을 희생하지는 말자. 아픈 이는 치과의사가 치료하듯 경제 문제도 전문가들의 문제이다. 만약 경제학자들이 치과의사들만큼만 분수를 알면 정말 좋을 텐데!"[1]

케인스는 사회가 필요 이상으로 성장한 세상을 예상했다. 그리고 그 성장을 위해 환경이 희생하는 사회가 아니라 성장을 추구함으로써 인간이 덕성과 도덕을 왜곡하는 사회를 예측했다. 우리는 이미 케인스가 말한 "그로부터 100년"이 지난 "8배나 잘사는" 세상을 앞두고 있다. 그렇다면 이제 끝도 한계도 없이 경제 성장만을 우선시하는 가치관에 의문을 제기해 보아야 할 때이다. 경제 문제가 해결된 시점에 도달하기 오래전부터 경제 성장에 집착하는 것만이 진정한 행복이자 모든 문제의 해결책인지 자문해 보아야 했다.

예를 들어, 유엔개발계획UNDP은 〈1996 인간개발보고서1996 Human Development Report〉에서 회원국의 경제 성장을 분석해 다음과 같은 유형으로 분류했다.

- 고용 없는 성장 : 전반적으로 경제는 성장하지만 고용의 기회는 확대되지 않는다.
- 무자비한 성장 : 경제 성장의 열매를 대부분 부자들만 누린다.
- 무언의 성장 : 경제에서의 성장이 민주주의나 (권력의) 위임으로 이어지지 않는다.
- 뿌리 없는 성장 : 경제 성장으로 사람들은 고유의 문화적 정체성을 상실한다.
- 미래 없는 성장 : 현재의 세계가 후손이 써야 할 자원까지 모두 낭비해 버린다.[2]

당시 UNDP에서 일했던 우리는 평등, 고용, 환경과 위임을 전제로 한 성장인 좋은 성장과 다른 형태의 온갖 성장을 접했다. 게다가 경제 성장과 빈곤 감소 사이의 관계는 결코 완벽하지 않다는 사실도 알게 되었다. 특히 "절대적 빈곤"을 해결하기 위해 개인이 하루에 얼마를 번다는 전통적인 소득 이외의 빈곤 대책을 세운다 해도 둘 사이의 관계가 더 가까워지지 않았다.[3] 우리는 빈곤 퇴치라는 국가적 전략을 성공적으로 수행하고 있는 나라는 경제 성장에만 몰두하지 않는다는 사실을 알게 되었다.[4] 물론 개발도상국에서는 경제 성장이 시급하다는 점에는 동의했다. 경제가 성장하지 않으면 빈곤 문제 또한 해결할 수 없기 때문이다.

개발도상국이 앞에서 언급한 좋은 성장을 추구하는 것은 지금 세계가 직면한 가장 큰 도전의 하나이다. 하지만 여기서는 일단 케인스의 여정에서 목적지에 도착했거나 곧 도착할 나라들만 살펴보도록 하겠다. 북미와 유럽의 여러 국가들, 일본, 호주, 뉴질랜드, 싱가포르와 멕시코만 연안 5개주의 몇 곳처럼 부유한 지역에서는 빈곤 이외에도 다양한 문제에 직면해 있다.

부자 나라는 앞으로의 성장을 고민할 때 다음의 세 가지 개념을 고려해야 한다.

- 생산의 성장 : 생산 혹은 산출량의 성장은 일반적으로 경제 성장과 같은 의미로 쓰인다. 이 성장은 화폐 생산과 비화폐성 생산을 모두 포함한다. 국민경제계산체제System of National Accounts는 이 생산의 부분집합, 거래되는 재화와 용역 및 정부 지출을 달러로 환산해 국내총생산GDP이라고 부른다.

- 경제의 생물물리학적 처리량의 성장 : "처리량"은 자연계에서 얻어서 경제에서 사용하며 조만간 폐기물로 나타나는 모든 재료를 포함한다. 주요 비축분을 재활용하고 늘리면 처리되는 재료가 폐기물이 되는 속도를 늦출 수는 있지만 완전히 멈출 수는 없다. 그러므로 처리량은 화폐가 아니라 양의 집합이다. 그렇다고 단순히 처리량을 합쳐서는 계산이 맞지 않다. 왜냐하면 다양한 활동이 환경에 미치는 영향과 그 잔여물은 매우 다르기 때문이다. 처리량으로 경제의 물리적 규모 혹은 크기를 측정할 수 있다. 적어도 경제 규모를 상징한다고 할 수 있다. 그러므로 처리량과 처리량의 증가는 경제가 환경에 미치는 부담의 근본 원인이다. 오늘날 경제의 특징과 GDP를 측정하는 방법을 고려할 때 처리량 증가는 경제 생산량 증가와 밀접한 상관관계에 있다는 점에 주목해야 한다. 또한 자원을 절약하는 기술을 활용하면 주어진 처리량으

로 생산성을 더욱 높일 수 있고 실제로 그렇게 하고 있다는 점을 명심하라.

- 인간 복지의 성장 : 인간이 행복하려면 경제 성장이나 소비만으로는 부족하다. 부를 측정하는 척도는 수없이 많다. 그중에는 지속 가능한 경제복지지수Index of Sustainalbe Economic Welfare와 인간개발지수Human Development Index가 있다.[5]

GDP는 주로 처리량을 대신하는 개념으로 쓰인다. 1인당 GDP가 복지를 대신하는 개념으로 쓰이는 것과 같은 이치이다. 하지만 이런 개념으로 인간의 복지나 처리량을 완벽하게 측정할 수 없다. 환경과 인간의 복지가 결코 조화를 이룰 수 없다는 인상을 주기 때문이다. GDP가 상승하면 인간의 복지가 증가한다. 하지만 처리량이 증가하면 반대로 환경은 피해를 입을 뿐이다. 우리가 환경과 인간의 복지 모두를 올릴 수 있다면 그 반대도 가능할 것이다.

그렇다면 다음의 네 가지 질문을 순서대로 생각해보기로 하자.

1. 경제 성장에 직접적으로 문제를 제기하는 것이 과연 말이 되는가?
2. 그러한 문제 제기의 근거는 무엇인가?
3. 그러한 문제 제기에 대해 어떤 정책이나 처방을 실행할 수 있을까?
4. 경제 성장을 향한 도전이 발생할 정치적 및 실질적 가능성은 얼마나 될까?

성장할 것인가 성장하지 않을 것인가

경제 성장에 직접적으로 문제를 제기하는 것이 과연 말이 되는가? 사람들은 대부분 '말이 안 된다'고 대답할 것이다. 그리고 그렇게 대답한 사람들은 두 부류로 나눠볼 수 있다. 첫째, 경제 성장을 진정한 행복으로 생각하는 부류이다. 1장에 나온 시장 세계의 세계관을 떠올려보라. 이런 세계관을 가진 사람들은 시장 경제와 경쟁으로 문제를 해결할 수 있다고 믿는다. 또한 자연이 무한하기 때문에 인간의 행동에 심각한 제약을 가할 리 없다고 확신하고 있다. 그들이 생각하기에 경제 성장은 긍정적인 목표이다. 경제 성장으로 기술이 발전하면 천연자원 부족도 해결할 수 있다고 생각한다.

나는 2장에서 다룬 성장과 현대 자본주의에 대한 논의로 이러한 관점이 얼마나 비현실적인지 충분히 설명되었기를 바란다. 최근이 아니라 지금도 경제 성장으로 심각한 환경 문제가 발생하고 있다. J.R.맥닐이 20세기의 환경사에 관해 쓴 글에서도 지적했다시피, 성장은 "공터, 천연의 어족, 광활한 삼림과 튼튼한 오존층이 있는 세상"에서는 유용했지만 지금은 "심각한 생태 혼란"의 원인일 뿐이다.[6]

경제 성장에 대한 문제 제기를 회피하는 또 다른 부류는 정책 개혁세상을 지지하는 사람들로, 이들 중에는 주류 환경주의자들도 많이 포함되어 있다. 이들은 성장을 추구하면서 환경도 보존할 수 있다고 믿는다. 물론 규제, 시장 교정, 정부의 각종 활동이 잘 진행된다는 전제 하에서 말이다.

지금보다 훨씬 환경친화적인 경제 성장을 할 수 있다는 이들의 주장은 틀리지 않았다. 전통적이고 혁신적인 환경 정책은 환경친화적인 성장을 할 수 있는 방법을 많이 제시하고 있다. 실제로 현재 실시 중인 정책들은 이전보다 훨씬 환경친화적인 성장을 이뤄내고 있다. 하지만 이미 살펴보았듯이 이 접근법에도 많은 한계가 있다.

만족할 만한 수준에서 환경친화적인 성장을 할 수 있기 때문에 경제 성장을 걱정할 필요가 없다는 사람들이 믿는 구석이 있다. 이들은 환경을 보호하는 기술 혁신 속도가 무척 빠르기 때문에 성장이 경제에 추가로 미치는 영향을 보상하고도 남는다는 것이다. 하지만 유명한 "IPAT 방정식"으로 이런 주장을 검토해볼 수 있다.[7]

I = PAT

환경 영향Environmental Impact＝인구Population × 풍요도Affluence × 기술Technology

이 방정식은 실제로 항등함수이다.

$$영향 = 인구 \times \frac{GDP}{인구} \times \frac{영향}{GDP}$$

또는

$$영향 = GDP \times \frac{영향}{GDP}$$

여기서 1인당 GDP는 부의 척도이며, GDP의 1달러당 환경 영향(혹은 생산 단위)은 경제에서 사용하는 기술을 반영한다.

만약 GDP가 일 년에 3퍼센트씩 증가하는데 환경 영향을 대폭 줄이고 싶다면, GDP 1달러당 환경 영향과 각각의 경제 생산 단위는 연간

3퍼센트를 초과해서 감소해야만 한다. 경제가 성장하는 속도보다 더 빨리 환경 영향을 줄이고 싶다면, 기술 혁신이 빠른 속도로 이루어져야 한다. 그래서 나를 비롯한 많은 사람들이 환경을 위해 기술 혁신을 촉진하는 정책이 필요하다고 주장했던 것이다. 기술 혁신과 사업성으로 기존의 비축분을 변화시키고 환경친화적인 새로운 산업, 상품과 서비스를 창조할 수 있는 경제의 생태적 현대화를 시급히 추진해야 한다고 말이다.[8] 공해와 자연자원의 소비를 줄이면서 경제 성장까지 거둘 수 있는 확실한 방법은 현재 제조, 에너지, 건설, 교통과 농업 분야에서 사용하는 기술을 전면적으로 바꾸는 것이다. 현재 우리가 안고 있는 문제의 근원인 20세기 기술은 하루빨리 퇴출시키고, 환경의 지속 가능성과 복원을 염두에 둔 21세기식 기술을 도입해야 한다. 경제는 자연자원의 소비와 경제 생산 단위당 배출하는 잔여물을 급격하게 줄일 수 있는 차세대 기술을 통해 최대한 "비물질화"되어야 한다.

일례로 이러한 변화가 지구 온난화와 화석연료 사용에 어떤 결과를 가져올지 상상해보라. 대기 중 온실가스의 농도를 "안전한" 수준으로 안정화시키기 위해 미국은 앞으로 40년 안에 화석연료 사용으로 인한 이산화탄소 배출량을 80퍼센트나 감축해야 한다. "이산화탄소 배출 집약도intensity of production"는 다음과 같이 구할 수 있다.

$$\frac{\text{이산화탄소}}{\text{GDP}} = \frac{\text{이산화탄소}}{\text{화석연료에서 배출된 총 Btu}}$$

$$\times \frac{\text{화석연료에서 배출된 총 Btu}}{\text{총 Btu}} \times \frac{\text{총 Btu}}{\text{GDP}}$$

*Btu(British Thermal Unit, 1lb(파운드)의 물의 온도를 화씨 1도 올리는 데 필요한 열량 – 옮긴이)

이 공식은 어떤 경제의 이산화탄소 배출 집약도(이산화탄소/GDP)가 혼합 화석연료(석탄 대 석유 대 천연가스로 생산하는 에너지의 비율), 총 에너지 생산에서 화석연료가 차지하는 중요성과 에너지 효율에 따라 달라진다는 것을 일목요연하게 보여준다.

위와 같은 가정이 가능하려면 미국 경제는 급격한 변화를 통해 40년 동안 매년 7퍼센트씩 이산화탄소 배출 집약도를 낮추어야 한다. 이런 목표가 과연 가능할까? 석탄과 석유 대신 천연가스를 쓰면 앞으로 40년 동안 화석연료의 Btu당 이산화탄소 배출량을 1퍼센트씩 감축할 수 있을까? 대체에너지를 사용하면 앞으로 2010년에서 2050년 사이에 미국의 에너지 소비에서 화석연료가 차지하는 비율을 매년 2퍼센트씩 낮출 수 있을까? 미국의 에너지 효율이 이 기간 동안 매년 4퍼센트씩 개선될 수 있을까? 이러한 질문에 긍정적인 대답을 내릴 가능성에 엄청난 변화가 일어날 수도 있다.[9] 미국의 에너지 효율은 에너지 가격이 높았던 1980년대 초기에는 연간 3.5퍼센트씩 개선되었다. 그러나 1970년부터 2000년까지 전체적인 개선 속도는 연간 2퍼센트 남짓이었다.

그러므로 필요한 기술 개선 속도는 높을 수 밖에 없으며 이를 위해 지속적으로 기술 발전이 이루어져야 한다. 이산화탄소 배출량에 영향을 미치는 기술 외에도 한시바삐 혁신이 일어나야 하는 분야가 수없이 많다. 농업, 건설, 제조, 교통 등 우리 생활 전반이 다 해당된다. 이산화탄소의 경우 요구되는 변화 속도의 반 정도는 경제 성장의 효과를 보상하기 위해 필요하다. 마치 내려오는 에스컬레이터를 뛰어서 올라가는 것과 같다. 엄청난 속도로 내려오는 에스컬레이터를 말이다. 과연 올라갈 수 있을까? 물론 쉽지는 않겠지만 간신히 올라갈 수 있을 것이다.[10] 핵심은 그것이 아니다. 이러한 과제는 결코 당장 이루어질 수 없다. 게다가 국내외에 필요한 규모로 그린 테크놀로지green technology를 보편적이고, 신속하고 지속적으로 도입하기 위해 체계적이고 적절하게 노력을 기울이는 정부는 내가 아는 한 어디에도 없다. 오히려 각국 정부는 경제 성장을 위해서 모든 것을 바치려 할 뿐이다.

기술이 성장을 한참 앞지르기 위해서는 혁신 속도가 중요하다. 하지만 급격한 기술 변화를 촉진할 수 있는 사회적, 정치적 제도들은 해당 과학과 기술과 마찬가지로 반응이 느릴 수도 있다. 예를 들어, 국제환경법과 규제는 한 번 제정되려면 엄청난 시간이 걸린다. 하지만 세계 경제와 도시화는 사회가 반응할 수 있는 속도보다 훨씬 빠르게 앞서 나가고 있다. 과학자들은 프레온 가스가 배출된 지 몇십 년이 지난 후에야 비로소 우려를 표명하기 시작했다. 이 물질을 퇴출시키기로 합의하는 데만 10년이 걸렸고, 이 결정을 실행하는 데는 또 10년이 걸렸다. 그래도 이 문제는 다른 문제들에 비해 비교적 간단했다. 그래서 국제적인 대처도 비교적 신속하게 이루어졌다. (환경 문제를) 예상하고 효과적으로 대응하는 능력은 지금도 예전에 비해 별로 나아지지 않았다. 하지만 현재의 대학생이 지도자의 위치에 올라갈 때면 세계 경제의 규모는 지금의 2배가 되어 있을 것이다.

경제 성장에 의문을 제기해야 할 필요가 있는지를 확인하려면 4장에서 설명한 처방들이 성장을 (환경에) 친화적이고 (환경을) 복원할 수 있도록 만들어서 성장 자체에 대한 도전을 불필요하게 할 수 있는지 자문해 보면 된다. 이론적으로는 앞에서 내린 처방들을 채택해 신속하고 적극적이고 철저하게 실행한다면 대답은 군말없이 '예스'이다. 경제는 아직도 열려 있는 길을 따라 움직일 것이다. 그 결과 사회적 병리현상이 일부 발생할 수도 있겠지만 환경은 살아남을 것이다. 처리량이 더 이상 증가하지 않고 오히려 감소할 것이다. 하지만 이론은 이론일뿐 현실이 아니다. 현실에서는 4장에서 설명한 중요한 방법들이 매우 느리게 그리고 분명 부분적으로만 채택될 것이다. 만약 여전히 성장이 우선된다면 이런 방안들이 채택될지는 미지수이다. 경제와 환경의 충돌을 유발하는 강력한 힘들은 여전히 유효할 것이다. 그렇다면 이런 힘들, 즉 성장, 소비만능주의, 기업행동 등을 해결해야만 한다. 그러므로 경제 성장과 성장우선주의에 의문을 제기하는 것은 너무나 당연한 일이다. 지금부터 당분간은 경제와 환경이 거래를 할 수밖에 없다. 지구는 지금 상태로의 자본주의를 더 이상 견딜 수 없다.

비경제적 성장

그러므로 우리는 이제 두 번째 질문을 할 수밖에 없다. 성장에 대한 도전은 어떻게 이루어질까? 먼저 역사적 기록부터 검토해보도록 하자. 일찍이 성장에 대한 문제 제기가 어떤 식으로 이루어졌는지는 존 케네스 갈브레이스John Keneth Galbraith의 글에서 찾아볼 수 있다. 그는 1956년에 "조만간 생산된 상품의 수, 즉 국가총생산GNP의 증가율에 대한 관심은 성장으로 인한 삶의 질의 문제로 옮겨갈 것이다."라고 쓴 바 있다.[11] 그 뒤를 이어 1966년에는 케네스 볼딩Kenneth Boulding의 『미래의 우주선 지구의 경제학Economics of the Coming Spaceship Earth』이, 1967년에는 E.J.미샨Mishan의 『경제 성장의 비용Costs of Ecomic Growth』이 발표되었다.[13] 하지만 폭풍 같은 반응을 이끌어낸 것은 데니스Dennis와 도넬라 메도우즈Donella Meadows의 『성장의 한계The Limits to Growth』였다.[14] 사실 나는 지금도 이 책이 별로 마음에 들지 않는다. 이 책은 원자재를 소비할 수 있는 기회의 물리적 한계성에 역점을 두고 있다. 즉, 경제가 한계에 도달해 무너지고 마는 한계 말이다. 하지만 진짜 중요한 문제는 우리가 성장을 할 수 있느냐 없느냐가 아니라 꼭 성장을 해야만 하느냐는 것이다. 이 책은 출판된 지 몇 년 만에 400만 부나 팔렸다. 이 책은 경제학자들의 손쉬운 먹잇감이 되었다. 일부는 저자의 예상 모델을 약간 수정해서 성장은 고통스럽고 급격한 물리적 한계를 맞이할 리가 없다고 주장하기도 했다.

1970년대 이후 성장에 대한 관심은 서서히 사라졌다. 그러더니 약 20년 동안은 아무도 성장에 대해서 논하지 않았다. 그런데 이제 와서 다시 성장에 대한 관심이 불붙고 있다. 이런 관심은 주로 두 진영에서 나오고 있다. 첫째, 사회비평가들은 성장이 사회적 선善에는 조금도 기여하지 않는다고 주장한다. 소득은 늘어나도 개인과 사회적 복지는 개선되지 않았으며, 심지어 일부 지표들을 보면 더 나빠지고 있음을 알 수 있다. 이런 주장에 대해서는 다음 장에서 다시 논의하도록 하겠다. 성장에 문제를 제기하는 새로운 움직임은 여기서도 살펴보았다시피, 성장으로 인해 환경이 피해를 보고 있으며 기존의 환경보호 방안들이 점점 더 제 몫을 다하지 못한다고 생각하는 사람들에서 찾아볼 수 있다.

최근 사상의 움직임은 호주의 클라이브 해밀턴Clive Hamilton이 2003년에 쓴 『성장 숭배주의Growth Fetish』에 잘 요약되어 있다. 이 책에서 해밀턴은 다음과 같은 문제를 제기했다. "동화처럼 근사한 경제 성장을 눈앞에 둔 21세기의 초입에서 우리는 끔찍한 사실에 직면하고 있다. 서구에서는 지난 50년 동안 높은 수준의 경제 성장이 지속되었다. 평균 실질소득이 몇 배나 증가한 것이다. 하지만 사람들 대부분의 삶의 만족도는 이전에 비해 더 나아지지 않았다. 우리가 더 나은 삶을 살기 위해 성장을 추구하는 것일 뿐이라면 우리는 실패했다. …(중략)… 현대 사회에서 성장의 역할을 분석하면 할수록 성장에 대한 우리의 집착은 물신숭배처럼 보인다. 마법의 힘을 지녔다며 생명도 없는 물체를 경배하는 것이다.

최근의 여러 사건들을 생각해볼 때 신자유주의가 여전히 굳건하다는 사실은 놀랍기 짝이 없다. 왜냐하면 자유방임주의의 자본주의가 엄청난 실패를 겪었기 때문이다. …(중략)… 게다가 경제 성장의 대가는 주로 시장 이외의 부문에서 부담해야 하기 때문에 국민경제계산체제에는 고려되지도 않는다. 하지만 그 대가는 불을 보듯 뻔하다. 생태계가 파괴되고 있다는 두려운 징조들, 성장이 해결할 수 없는 사회 문제들, 전염병처럼 퍼지는 실업, 과로와 불안 등의 형태로 말이다.

자본주의는 19세기 사회주의가 제기한 문제들을 대부분 해결했다. …(중략)… 하지만 이 과정에서 시장의 조작marketer, 물질주의에 대한 집착, 환경 파괴, 병적인 소외와 고독 등 사회적 불안을 야기하는 근본 원인은 더욱 심화되고 말았다. 즉, 시장 사회에서 우리는 성취감을 추구했지만 결국 풍요에 안주하고 말았다. 풍요의 노예들인 우리는 소비의 자유를 위해 이 세상에서 우리의 위치를 추구할 수 있는 자유를 포기해버리고 만 것이다."[15] 해밀턴의 주장은 무척 설득력 있게 들린다. 그의 비판에는 우리가 귀담아 들어야 할 점들이 많다.

새로운 학파인 "생태경제학ecological economics"을 연구하는 사람들 중에도 성장에 문제를 제기하는 사람들이 많다. 그중에서도 이 학문의 창시자들 중 한 명인 허먼 달리Herman Daly가 대표적이다. 그런데 생태경제학은 급격한 성장을 누렸다는 점을 지적하지 않을 수 없다.

2004년 허먼 달리와 조슈아 팔리Joshua Farley는 『생태경제학Ecological Economics』에서 경제와 경제 성장에 대한 기존의 개념에 문제를 제기했다. "이제 성장을 끝내야 한다는 생태경제학의 주장이 뜨거운 논쟁을 불러일으키고 있다(게다가 무척 중요하다). 우리는 성장을 처리량의 증가라고 정의한다. 이 처리량이 무엇인가. 환경에서 추출한 자연자원이 경제를 통과한 후 폐기물이 되어 다시 환경으로 돌아가는 흐름이다. 성장은 경제가 물리적 차원에서 양적으로 증가하는 것이다. 혹은 경제활동으로 만들어진 폐기물의 흐름이기도 하다. 당연히 이런 식의 성장은 언제까지고 계속될 수 없다. 왜냐하면 지구와 자원이 무한하지 않기 때문이다. 성장을 끝내야 한다고 해서 개발까지 끝내야 한다는 뜻이 아니다. 우리가 정의하는 개발은 양적 변화, 잠재력의 실현, 구조나 체제의 몸집을 불리는 것이 아니라 질적 개선 등을 의미한다. 즉, 주어진 처리량으로 재화의 용역의 질을 높이는 것이다(여기서 질이란 인간의 복지를 향상시킬 수 있는 능력을 의미한다).

기존의 경제학이 영원한 성장을 신봉하는 곳에서 생태경제학은 최적의 규모에서 안정 상태를 유지하는 경제를 꿈꾼다. 사람들은 각자의 전 분석적 목표 속에서는 누구나 논리적이다. 그래서 다른 사람의 관점에서 보면 어리석기 마련이다. 그 차이는 그 무엇보다 기본적이고 기본적이며 양립할 수 없는 사실이다."[16]

달리와 팔리는 우리가 "경제가 계속해서 물리적 팽창을 추구한다면 돌이킬 수 없는 대가를 치러야 할, 최고에 달한 세상에서" 살고 있다고 주장한다.[17] 두 사람은 경제 성장의 발목을 가장 강하게 붙잡는 요소가 지금까지 주범으로 지목되었던 자원 고갈이 아니라 환경의 폐기물 흡수 능력일 것이라고 주장한다.

생태경제학은 10년 이상 정교한 분석 체계를 발전시켜 왔다. 이 분야 전문가들의 견해에 따르면, 신고전주의 경제학은 지금의 환경 위기를 헤쳐 나갈 능력이 없다. 왜냐하면 지속 가능한 규모가 아니라 최적의 분배만 생각하기 때문이다. 생태경제학자들은 모든 생태계 환경에는 최적의 경제 규모가 존재한다고 주장한다. 만약 경제의 물리적 성장이 이 규모를 넘어서면 성장에는 인간의 복지 증진을 위해 필요한 수준 이상의 비용이 발생하기 시작한다는 것이다. 그들은 소비자들의 기본적인 욕구가 충족될 때 성장에 대한 수확 체감이 발생한다고 주장한다. 어느 지점에서 소비자의 싫증이 한계에 도달한다는 것이다. 게다가 잉여성장의 비용이 증가하면, 그중에서도 특히 환경 비용이 차지하는 비율이 증가한다. 결국 사회는 더 이상의 성장이 의미가 없는 수준에 도달한다. 실제로 달리를 비롯한 많은 사람들이 우리가 이미 이 지점에 도달했거나 지나쳤다고 생각한다. 달리의 표현을 빌리면, 지금은 "비경제적 성장"을 하는 단계인 것이다.

성장에 고삐 물리기

성장에 대한 도전이 의미 있는 일이라면 정책적으로 어떤 처방이 가능할까? 정책 처방은 두 가지 유형으로 나누어볼 수 있다. 첫째, 생태경제학이 옹호하는 환경정책이 있다. 둘째, 환경 이외의 분야와 관련한 정책이 있다.

생태경제학자들은 "생태학으로 적절한 양"이라는 접근법으로 환경을 보호하자고 주장한다. 이에 대해서는 이미 앞 장에서 설명했다. 간단히 설명하자면 배출해도 되는 오염물질의 양이나 개발해도 되는 천연자원의 양을 미리 정해놓자는 것이다. 오염물질의 경우, 환경이 오염물질을 자정할 수 있는 능력을 넘어서는 배출량이 얼마인지 알아낸 후에 그 수준 이하로 배출량을 정하고자 한다. 수산자원이나 목재처럼 재생 가능한 자원을 개발할 경우, 자원이 고갈되지 않고 지속 가능하려면 어느 정도의 양까지 개발해도 되는지 먼저 알아내려고 한다. 그러면 해당 자원이 재생산되는 속도를 초과하지 않고 개발할 수 있기 때문이다. 생태경제학에서 지속 가능성이란 환경의 자정 능력과 자원의 재생 능력을 초과하지 않는 수준을 의미한다. 그러므로 생태경제학에서는 환경을 보호하려면 생물물리학적 양부터 바로잡아야 한다고 주장한다. 그러면 전반적인 처리량을 지속 가능한 규모에서 통제할 수 있기 때문이다.

이러한 양적 한계는 4장에서 논의했듯이 세금이나 제한-거래 제도로 시행할 수 있다. 거래할 수 있는 오염물질 배출 허가와 자원 개발 허가와 같은 제도를 시행할 수 있으며 공해와 원자재에 대한 세금을 물릴 수도 있다. 이렇게 시장을 기반으로 하는 접근법을 여러 가지 복합적으로 적용할 수 있다. 이 방법은 전통적인 환경경제학자들이 옹호하는 방법과 동일하다. 생태경제학자들은 양적 한계를 두어야 환경과 인간의 건강을 완벽하게 보호할 수 있다고 주장한다. 바꿔 말해서 생태경제학자들은 자연자본이 완전하게 보호되어 재생산되기를 원한다. 그런 점에서 이들은 "강력한 지속 가능성"이라는 입장을 취한다. 강력한 지속 가능성이 지켜진다면 환경도 지속될 수 있다. 자연자본도 마찬가지이다. 하지만 장기적인 경제 성장이 지속된다면 우리를 기다리고 있는 것은 "허약한 지속 가능성weak sustainability"이다. 허약한 지속 가능성이 지속된다면 자연자본은 사람이 만든 자본처럼 대체할 것이 있는 한 계속 소비될 것이다. 환경경제학자들을 비롯해서 전통적인 경제학자들은 대부분 허약한 지속 가능성 접근법을 선호한다. 위의 두 가지 방법은 매우 다르다. 하지만 둘 다 지속 가능성이라는 전제를 하고 있다. 바로 그 점에서 혼란이 일어난다. 지속 가능성을 싫어하는 사람들은 아무도 없다. 하지만 사람마다 지속 가능성에 대한 정의는 다르다.[18]

아마도 고삐 풀린 경제 성장에 대한 도전들 중에서 가장 중요한 처방은 환경 이외의 분야와 관계되어 있을 것이다. 다음 장들에서 다음과 같은 조치들을 좀 더 자세하게 다룰 것이다. 미리 살펴보자면 다음과 같다. 단축된 근무시간과 더 길어진 휴가를 비롯한 여가의 증가, 은퇴와 의료 혜택을 비롯한 각종 혜택과 노동 보호 강화와 고용 보장, 광고 제한, 기업을 위한 새로운 기본 원칙, 무역 협정에 강력한 사회 및 환경 조항 삽입, 소비자 보호 강화, 부자에 대한 진보적인 세제와 빈곤층의 소득 증가 지원을 비롯한 소득 증가와 사회적 평등, 공공부문의 서비스와 환경 편의시설에 대한 지출 증대, 생태적 현대화와 노동생산성을 급격하게 향상시켜 줄어든 노동력과 노동 시간을 상쇄할 수 있도록 교육·기술 및 신기술 개발에 투자 증대 등이다. 사람들은 더 많은 여가, 더 확실한 안전과 사람을 사귀고 공부를 계속할 수 있는 기회를 누릴 자격이 있다. 사람들은 사무엘슨과 노드하우스가 설명한 '모든 것을 희생한 성장' 패러다임과 무자비한 경제로부터 자유로워질 자격이 있다.

그러므로 후기성장사회는 정체된 곳이 되어서는 안 된다. 이 사회는 인간을 행복하게 해주는 것을 인정하는 역동적인 창의성이 활발한 곳이어야 한다. 클라이브 해밀턴은 이렇게 썼다. "후기 성장 사회는 개인과 공동체의 복지를 실제로 증진시킬 수 있는 사회적 구조와 활동을 의식적으로 촉진할 것이다. 이 사회는 명품과 획일적인 생활방식을 소비하면서 확보한 사이비 개인성이 아닌 진짜 개인성을 추구할 수 있는 사회적 환경이 조성될 것이다."[19]

전망

후기 성장 사회는 현실과 정치에서 어떤 모습을 하고 있을까? 확실히 성장 숭배주의를 버릴 수 있는 시대는 빨리도 쉽게도 오지 않을 것이다. 다니엘 벨Daniel Bell이 주장했듯이, 성장은 세속 종교와 다름없다.[20] 하버드 대학의 벤자민 프리드먼Benjamin Friedman은 자신의 저서 『경제 성장의 도덕적 결과The Moral Consequences of Economic Growth』에서 이렇게 주장했다. "다양성에 대한 관용, 사회적 이동성, 공정성을 위한 노력과 민주주의에 대한 헌신"의 실현은 경제 성장을 확고하게 추진할 수 있느냐에 달려 있다.[21] 나는 과연 그럴까 싶지만 프리드먼의 의견에 동의하는 사람들이 많다.

또 다른 제약은 자본주의 자체에 대한 분석에서 비롯된다. 우리는 이미 성장 드라이브가 자본주의에 내재된 특성임을 살펴보았다. 볼스는 이렇게 주장했다. "자본주의 경제에서 살아남으려면 성장을 해야 한다. …(중략)… 자본주의는 부를 축적하려는 힘과 확장하려는 경향이 내재되어 있다는 점에서 다른 경제 시스템과 다르다." 바우몰은 이렇게 말했다. "자본주의 경제는 주력 상품이 경제 성장인 기계라고 볼 수 있다."[22] 그러므로 성장에 도전한다는 것은 결국 자본주의에 도전한다는 말이 된다.

그런데 희망의 빛을 로버트 콜린스Robert Collins의 책 『더 많이 : 전후 미국의 경제 성장 정치학More: The Politics of Economic Growth in Postwar America』에서 찾을 수 있다. 콜린스는 이 책에서 다음과 같이 지적했다. "어떻게 해서 2차 대전 종전 후 반세기 동안 경제 성장이 미국 공공정책의 중심이자 주요 특성이 되었을까. 1950년대 논평가들은 '경제 성장 우선주의growthmanship'라는 용어를 만들었다. 모두가 경제 성장에 몰두했고, 그 결과 경제 성장이 서구 산업 세계 전역에서 정치적 의제와 공론을 지배하게 된 상황을 한 단어로 집약한 것이다. 그리고 이런 현상은 과도한 물질주의의 보루인 미국에서 그 어느 곳보다 극적으로 이루어졌다.

전후의 경제 성장 추구가 이전과 유난히 달랐던 것은 새로운 국가

권력과 거시경제적 관리를 성장을 위해 활용할 수 있었기 때문이다. 그리고 이 성장은 과거 그 어느 때보다 활발하고, 연속적이고, 지속적이고, 총체적으로 수량화가 가능해졌고, 더 정확하게 측정할 수 있었다. 아마도 경제 성장 우선주의가 발생한 배경을 살펴보면 전후에 이런 분위기가 출현한 이유를 가장 잘 이해할 수 있을 것이다. 왜냐하면 경제 성장 우선주의의 출현이 인상적인 출발처럼 보였던 것은 뉴딜경제정책으로 인한 혼란이었기 때문이다."[23]

현재의 성장 마니아가 전후 세계의 산물이 맞다면 성장이 경제의 영원한 혹은 불가피한 특징이 아니라는 희망이 생긴다. 하지만 콜린스는 성장에 대한 도전의 규모에 대해서는 현실적인 태도를 취했다. 그는 이렇게 주장했다. "성장 추구의 한계를 인정하면 고통스러운 결과를 맞게 된다. 성장은 종종 미국의 핑곗거리가 되었다. 즉, 사람들은 (성장이) 국가가 어떻게든 불가능한 일을 하고 자유에 대한 사랑과 암묵적인 평등주의의 요구를 화해시킬 수 있는 방법이라고 생각했다. 미국 내부에 존재하는 이런 긴장감을 해결하기 위해 급격한 성장을 약속하지 않는다면 국가적으로 아무리 뛰어난 재능과 위대함을 갖추고 새 천년을 맞이한다 하더라도 세기말의 우리 앞에는 이겨내기 힘든 과제가 버티고 있을 것이다."[24] 그나마 좋은 소식이라면 빠른 성장이 아니더라도 "이러한 긴장을 해소할 수 있는" 방법이 많이 있다는 것이다. 그리고 그 방법에 대해서는 다음 장에서 다루도록 하겠다.

만약 성장에 도전하기가 어렵다면 밀턴 프리드먼의 주장을 떠올려 보라. "진짜든 허구든 위기만이 진짜 변화를 이끌어낸다. 위기가 발생하면 어떤 행동을 취할지는 주변의 아이디어에 달려 있다. 그것이 바로 우리가 해야 할 일이다. 기존의 정책을 대체할 수 있는 대안을 개발해야 한다. 정치적으로 불가능한 일이 정치적으로 필연적인 일이 될 때까지 그 대안을 생명력 있고 언제든지 적용할 수 있도록 유지해야 한다."[25] 이것이 바로 다가오는 위기를 준비할 수 있는 한 가지 철학이다. 마하트마 간디Mahatma Gandhi는 더욱 적극적인 방안을 제시했다. "처음에는 그들이 당신을 비웃을 것이다. 그런 후에는 당신을 무시할 것이다. 그러다가 당신에게 싸움을 걸 것이다. 그러면 당신이 이긴다."

경제 성장 속도가 저절로 느려질 수 있을까? 2005년 10월, OECD는 한 보고서에서 급격히 감소하는 출산율을 대신하기 위해 고령 인구가 더 많이 일하지 않으면 앞으로 30년 간 세계의 경제성장률은 떨어질 수 있다고 주장했다. OECD는 이 보고서를 통해 연금과 복지 혜택을 삭감해서 고령 인구가 은퇴를 더 미루도록 해야 한다고 주장했다. 이 권고안은 일하는 시간은 늘고 여가는 줄어든다는 점에서 완전히 잘못된 방향을 제시하고 있다. 다행스럽게도 이러한 제안을 받아들이는 국가는 없을 것 같다. 그런데 같은 해 10월 11일자 《파이낸셜 타임스》에는 다음과 같은 기사가 실렸다.

"지난 금요일, 벨기에 전역이 멈춰 섰다. 수천 명에 달하는 노동자들이 정부의 연금 수령 연령 연장 안에 항의해 거리를 봉쇄하고 시위를 벌였기 때문이다. 벨기에 노동자들의 강력한 항의는 이웃 국가에서도 많은 지지를 얻었다. 하지만 많은 국가들이 고령 인구를 보살펴야 할 필요성으로 흔들리고 있는 복지제도를 전면적으로 개혁할 것을 검토 중에 있다."[26]

전 세계적으로 출산율은 감소하고 있다. 특히 아시아와 남미의 출산율은 가파른 곡선을 그리며 떨어지고 있다. UN은 2050년 무렵이면 50개 국가의 인구가 지금보다 감소할 것이라고 보고한 바 있다. 2030년이면 중국도 인구가 감소하기 시작할 것이라는 예측도 많다.[27] 미국의 경우, 인구 증가와 이민은 유럽에 비해 높겠지만 전체 노동력에서 차지하는 경제활동인구의 비율은 이미 정점을 지난 것 같다. 이러한 추세가 역전될 가능성은 없다. 왜냐하면 여성 인구가 대규모로 미국의 노동 시장으로 유입되는 속도가 느려졌기 때문이다. 일부 분석가들은 이러한 경향이 성장 전망마저 흐리게 할 것이라고 예측하고 있다.

노동력 증가 속도는 느려지고 여가에 대한 선호가 증가한다면 성장 속도는 느려질 수밖에 없다. 아마 이런 현상은 부유한 국가에서 먼저 일어날 것이다. 하지만 이런 결론에 수긍하지 않는 분석가들도 있다. 인구 증가 속도가 느리거나 아예 인구가 증가하지 않은 국가들 중에도 완만하거나 높은 경제 성장률을 보인 예가 많다는 점이 그 근거이다. 게다가 출산율이 감소했다가 다시 "회복"된 선진국들도 있다.[28]

고령 인구가 증가한 경제에서 노동력이 부족해진다면 투자는 노동력이 풍부하면서 인건비는 싼 지역으로 이전할 수 있다. 또한 이민 증가와 산업인력프로그램에 대한 필요성도 대두될 수 있다. 이러한 변화가 어떤 식으로 이루어질지 예측하기는 어렵다. 하지만 선진국에서는 느린 경제 성장이 해결책이라는 잘못된 믿음이 큰 지지를 얻을 것이 분명하다.

결국 점점 줄어들고 있는 환경 자본과 사회 자본을 소비해야만 하는 경제 성장을 위해 무제한적인 노력을 기울이는 태도를 수정해야만 한다. 동시에 미국을 위시한 여러 나라가 인간 복지를 계속 증진할 수 있는 다양한 차원의 성장을 추구해야 한다. 즉, 안정적인 일자리와 빈곤층의 소득 증가, 의료서비스의 효율과 수혜자의 확대, 교육과 기술훈련의 확대, 질병·전업·고령과 장애의 위험에 대비한 안정성 증가, 도시와 도시 간 교통·상수도·폐기물 관리 및 각종 도시 지역의 공공 서비스에 대한 투자 증대, 환경기술 개발을 최대한 가속화하기, 미국의 구시대적 에너지 시스템 대체, 생태계 복원 노력의 증대, 군비를 줄임으로써 민간부문에 대한 정부 지출의 증가, 지속 가능하고 인간 중심의 발전에 대한 국제적 지원의 증가 등을 우선적으로 생각해볼 수 있을 것이다. 우리는 경제의 처리량을 줄이고 복지를 증진시킬 수 있는 일에 노력을 더 기울여야 한다. 그러므로 후기 성장 사회는 결코 성장이 없는 사회가 되어서는 안 된다. 해밀턴은 이렇게 주장했다. "경제 성장률을 높이기 위해 노동환경, 자연환경과 공공부문이 더 이상 희생되어서는 안 된다."[29]

이 책에서 주장하는 방법들은 모두 미국의 GDP 성장률을 큰 폭으로 떨어뜨릴 것이 틀림없다. 아마 미국의 경제가 노동력과 노동 시간이 줄어드는 대신 생산성이 늘어나 안정적인 상태로 진화할지도 모른다.[30] 케인스, 갈브레이스, 달리를 비롯한 많은 학자들은 그러한 상황은 세상의 종말이 아니라 새로운 세상의 시작이라고 했다. 오래전 존 스튜어트 밀John Stuart Mill은 이렇게 주장했다. "온갖 종류의 정신문화와 도덕적·사회적 진보를 이룰 여지도, 삶의 기술을 개선할 여지도, 삶의 기술이 개선될 가능성도" 여전히 남아 있을 것이다.[31]

2006년 독일과 프랑스의 1인당 GDP는 연간 35,000달러였다. 영국은 39,000달러였으며 미국은 44,000달러였다. 돈의 부족은 문제가 아니다. 미국에 정말 필요한 것은 새로운 우선순위이다. GDP 성장이 구세주라도 되는 것처럼 굴지 말자. 우리가 안고 있는 문제에 직접적으로 다가갈 수 있는 방법을 찾자. 정말로 문제 해결에 도움이 되는 방법을 말이다. 이 방법이야말로 우리가 지금 당장 착수해야 할 새로운 접근법이다.

6장

진정한 성장

사람과 자연의 복지 증진

　미국의 성장 추구와 그 어느 때보다 막대한 물질적 부가 과연 진정한 행복과 삶의 만족을 느끼게 해 주었던가? 사실 행복은 복잡한 감정이다. 사람이라면 누구나 행복하고 만족스러운 삶을 살고 싶어 하지 않을까? 하지만 불멸의 예술 작품이나 가장 심오한 통찰력은, 실은 불행하고 심지어 고뇌에 찬 영혼의 산물일 때가 많다. 게다가 행복은 다양한 의미를 지닐 수 있고 실제로도 그렇다. 행복이라는 개념은 천박하고 일시적인 쾌락을 추구하는 것에서부터 욕망을 끊고 자신을 버리는 데서 행복을 찾는 부처의 가르침까지 무척 다양하다. 유사 이래 위대한 철학자들은 대부분 행복이라는 개념을 규명하기 위해 씨름해왔다. 진정한 행복의 근원은 어디에 있는가? 인류가 추구할 만한 가치가 있는 목적의 판테온Pantheon 어디쯤에 행복이 있을까?

대린 맥마흔Darrin McMahon은 자신의 뛰어난 저서인 『행복의 역사 Happiness: A History』에서 수 세기 동안 사람들이 던진 위와 같은 질문의 궤적을 추적했다. 맥마흔은 계몽 사상에서 "행복한 권리"의 기원을 찾았다. 그는 이렇게 주장한다. 계몽 사상은 "지구에 행복의 공간을 만들기 위해 노력했다. 춤추고, 노래하고, 맛있는 음식을 즐기고, 육욕肉慾을 즐기며 사람과 사귀는 것, 즉 각자가 만든 세상에서 기쁨을 느끼는 것은 신의 뜻을 거스르는 것이 아니라 자연이 의도한 대로 사는 것일 뿐이다. 이것이 세속을 사는 우리의 목적이다. …(중략)… '모두에게 행복할 권리가 있는 것이 아닌가?' 디드로D. Diderot가 쓴 프랑스 백과사전의 행복에 관한 표제어는 이렇게 묻고 있다. 그보다 앞선 1,500년 동안의 기준으로 판단해 볼 때 이 질문은 무척 독특하다. 행복할 '권리'라니? 수사학적인 표현이기는 하지만 계몽주의에 심취한 사람들이 수긍하리라는 자신감으로 가득 차 있다."[1]

독립선언문이 발표된 1776년에 제레미 벤덤Jeremy Bentham은 그 유명한 공리의 원리를 서술했다. "옳고 그름의 기준은 최대 다수의 최대 행복이다."

1776년 6월, 토마스 제퍼슨Thomas Jefferson이 독립선언문의 초안을 작성할 때 "행복의 추구"라는 표현은 그에게 무척 자연스러운 표현이었다. 그러므로 그 표현은 6월과 7월 동안 벌어진 토론에서 반대 없이 채택되었다. 맥마흔은 모두가 이의 없이 받아들인 것은 "행복의 추구"라는 표현이 매우 동떨어진 두 가지 의미를 동시에 의미할 수 있기 때문이기도 했을 것이라고 보았다. 즉, 행복이 개인적 쾌락을 추구하는 것이라는 존 로크John Locke와 제레미 벤덤의 주장과 공공의 선을 위해 적극적으로 헌신하고 시민정신을 지키는 데서 행복이 유래한다는 스토아학파의 주장이 결합되어 있었다. 사실 두 번째 주장은 개인적 쾌락과는 조금도 관계가 없다.

맥마흔은 이렇게 주장했다. "'행복의 추구' 개념은 같은 표현 안에 개인적 쾌락과 공공의 복지가 공존함으로써 처음부터 서로 다른 방향으로 향하고 있었고, 언젠가는 충돌할 운명을 안고 있었다. 이 문제에 있어서 본질적으로 계몽주의적 사고방식을 지녔던 제퍼슨은 상반된 가치의 공존을 대수롭게 여기지 않았다." 하지만 이 표현에서 이중적인 의미는 금세 사라지고 개인의 이익과 즐거움을 추구하는 시민의 권리가 살아남았다고 맥마흔은 전한다. 이러한 승리는 미국에 몰아친 이민자의 물결로도 확인할 수 있다. 그들에게 미국은 기회의 땅이었으니 말이다. "그런 땅에서 행복을 추구하는 것은 번영과 쾌락과 부를 추구하는 것이었다."²

맥마흔은 행복의 추구와 19세기와 20세기에 미국에서 자본주의가 부흥한 현상과의 관계를 자신의 쾌락만을 위해 시민정신에서 찾을 수 있는 행복의 의미를 내팽개친 데서 찾았다. 행복은 "노동과 희생의 정당화, 서구 민주주의의 지평선에서 흐릿하게 보이기만 하는 의미와 희망의 근거를 제공하며 사람들을 계속해서 사로잡았다." 맥마흔은 다니엘 벨이 지금까지 발생한 대변화를 잘 설명했다고 평가했다. "생산에서 소비로의 이행은 자본주의의 기틀로써 '대중에게 사치스러운 생활'을 맛보게 해주었고, '마케팅과 쾌락주의를 자본주의의 원동력으로 만들었다.'" "만약 성장이 세속 종교가 되었다면 행복의 추구는 여전히 그 종교의 핵심 교리이다. 게다가 지금은 윤택함과 물질을 통해 쾌락

을 만끽할 수 있는 기회가 그 어느 때보다 많다."[3] 막스 베버Max Weber
는 이러한 변화를 직접 목격했다. 그는 『프로테스탄트의 윤리와 자본
주의 정신The Protestant Ethic and The Spirit of Capitalism』에서 "물건은 힘이 점점
커져 역사상 그 어느 때보다도 인간에 대한 냉혹한 권력을 행사하게
되었다."[4]

　　미국에서 행복을 추구하는 행위는 결국 자본주의, 소비주의와 밀접
하게 관련되어 있다. 그러나 최근 들어 이 관계를 잘못된 만남이라고
생각하는 연구자들이 많다. 물질적 풍요를 추구해서 과연 미국인들이
행복해졌는가? 이것은 철학보다 과학이 해결해야 할 문제이다. 그나
마 다행인 것은 사회과학자들이 최근에 이 주제를 적극적으로 연구하
고 있다는 사실이다.[5] 긍정심리학이라는 새로운 학문이 탄생했다. 이
학문은 행복과 주관적인 안녕의 개념을 연구한다. 최근에는 긍정심리
학의 전문잡지인 《행복학 저널Happiness Studies》도 나온다.[6]

　　행복학의 등장이 왜 "희소식"일까? 부유한 사회에는 성격이 상반되
는 두 가지 대안이 존재한다고 상상해보라. 한 가지 대안은 경제 성장,
번영과 부가 점진적으로 인간의 행복, 복지와 만족을 증진시켜준다.
나머지 대안은 부와 행복이 서로 관련되어 있지 않다. 오히려 부가 어
느 수준에 다다르면 사회적으로 심각한 병리 현상의 증가와 관련되고
만다. 만약 첫 번째 시나리오가 현실과 더 가깝다면 자본주의와 성장
과 소비에 대항해 환경을 보호할 수 있는 가능성은 미약하다고 보아야
할 것이다. 환경 보존과 인간의 행복 증진이 조화를 이루지 못할 것이
기 때문이다. 반면 두 번째 시나리오가 현실에 더 잘 맞는다면 희망을
기대해도 좋다. 왜냐하면 이 경우에는 환경 보존과 인간의 행복 추구

가 상충하지 않을 것이기 때문이다.

그런 점에서 긍정심리학자들이 우리에게 들려주는 이야기는 무척 중요하다. 이제 그들이 어떤 사실들을 알아냈는지 알아보도록 하자. 긍정심리학의 대가인 에드 디너Ed Diner와 마틴 셀리그만Martin Seligman은 2004년 논문 〈돈을 넘어서 : 행복의 경제를 향하여Beyond Money : Toward on Economy of Well-Being〉에서 행복에 관한 수많은 문헌을 검토했다.[7] 지금 부터 이 논문의 내용을 바탕으로 다른 연구들도 살펴보도록 하겠다.

행복과 돈

연구자들이 대부분 인정하는 전체적 개념은 "주관적 행복"이다. 이 것은 사람들이 자신의 행복에 대해 가지고 있는 개인적 생각이다. 디 너와 셀리그만은 행복의 조건이 즐거움, 몰입, 그리고 의미라고 주장 한다.[8] 즐거운 삶의 특징은 긍정적인 감정과 생각이다. 몰입은 말 그대 로 지금 하는 일에 빠져드는 것으로 '플로우flow'라고도 한다. 지루함 은 몰입의 반대말이다. 의미는 자신보다 더 큰 무엇에 속해 있고 그것 에 봉사하는 것이다. 만족스러운 인생을 영위하는 데는 이 세 가지가 큰 역할을 한다. 연구 참가자들에게는 여러 차례에 걸쳐 자신의 삶에 얼마나 만족하는지 1에서 10까지의 숫자로 표시해보라고 했다. 최근 의 행복 연구를 보면 대부분 개인에게 하는 질문은 다음과 같다. 전반 적으로 지금의 삶이 얼마나 행복한가? 혹은 삶에 얼마나 만족하는가? 구체적인 상황에(예를 들어, 일이나 결혼 생활 등) 얼마나 만족하고 있는 가? 타인을 얼마나 신뢰하는가? 등이다.

개인적인 행복에 관해 활용할 수 있는 자료는 생각만큼 완전하거나 체계적이지는 않다. 하지만 자료의 범위가 방대하며 그 자료를 바탕으로 알아낸 내용들은 확고하고 내적 일치성을 갖추고 있다.[9] 연구 결과에 의하면, 응답자가 대답한 행복과 삶의 만족도를 한 축으로 하고 나머지 한 축을 심리적 건강 지표Psychological well-being index라고 할 때 이 둘은 매우 밀접한 상관관계를 맺고 있다. 여기서 심리적 건강 지표란 삶의 목적, 자율성, 긍정적 관계, 개인적 성장과 자기 수용 등을 포함한다. 그러므로 사회과학자들은 행복과 삶의 만족도를 측정할 때, 피상적인 것이 아니라 중요한 사항들을 측정한다.

먼저 경제 발전 단계가 다 다른 국가들의 행복과 삶의 만족도를 비교한 연구들부터 살펴보도록 하자. 연구 결과 더 잘사는 나라의 국민들이 삶의 만족도가 더 높다고 응답한 것으로 나타났다. 물론 이런 상관관계는 비교적 빈약하다. 정치의 질과 같은 요소들을 통계적으로 관리할 경우 그 관계는 더욱 빈약해진다. 게다가 국가적 행복과 1인당 국민 소득 사이의 정관계positive relation는 연간 1인당 GDP가 1만 달러를 넘는 국가에서는 실질적으로 의미가 없다.[10] 다시 말해, 소득이 적정한 수준에 도달하면 경제 성장은 더 이상 심리적 행복을 크게 증진시켜주지 않는다는 것이다(그림 1).[11]

디너와 셀리그만은 행복 수준이 높은 사람들은 가장 잘사는 국가의 국민이 아니라, 정치적 제도가 효과적으로 운영되고 인권이 잘 보호되며, 부패 수준이 낮고 상호신뢰도가 높은 나라의 국민이라는 결과를 발표했다. 국가적 수준에서 행복감에 긍정적인 영향을 미치는 그 외의 요소들로는 낮은 이혼율, 활발한 봉사 활동, 깊은 신앙심 등이 있다.[12]

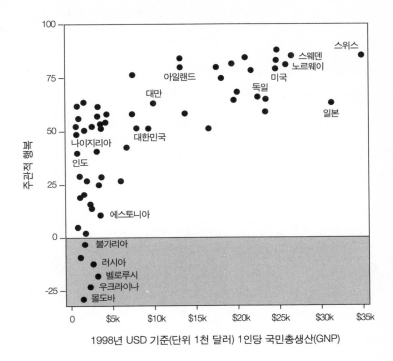

세로축(위에서 아래로): 주관적 행복 100, 75, 50, 25, 0, -25

그래프 라벨: 스위스, 스웨덴, 노르웨이, 미국, 독일, 아일랜드, 대만, 대한민국, 일본, 나이지리아, 인도, 에스토니아, 불가리아, 러시아, 벨로루시, 우크라이나, 몰도바

가로축: 0 $5k $10k $15k $20k $25k $30k $35k

1998년 USD 기준(단위 1천 달러) 1인당 국민총생산(GNP)

그림 1 1998년 기준 각국의 심리적 행복 대 GNP (출처 : 레저위츠Leiserowitz 외, 『지속 가능성 가치, 태도와 행동Sustainability Values, Attitudes and Behaviors』, 2006)

소득이 증가해야 행복해진다는 생각을 더욱 의심하게 하는 자료도 있다. 2차 대전 이후부터 지속적으로 진행한 관찰연구 결과를 보면, 미국을 비롯한 여러 선진국에서 소득은 하늘 높이 치솟았지만 삶의 만족도와 행복 수준은 이전과 별로 다르지 않거나 소폭 떨어지기까지 했다(그림 2).[13] 경제 수준이 높은 국가들에서 위의 결과와 일치하는 연구 결과가 나온다는 사실이 더욱 충격적이다.

연구 결과는 이것이 다가 아니다. 디너와 셀리그만은 이렇게 주장했다. "불행ill-being 척도를 고려하면 '소득과 행복'의 불일치는 더 잘 나타난다. 가령, 우울 정도는 2차 대전 후 50년 동안 10배나 늘었고 불안 정도도 증가하고 있다. …(중략)… 1980년대의 평균적인 미국 아동의 불안 정도는 1950년대에 심리 치료를 받은 평균 아동보다 더 높다는 보고가 있었다. 게다가 타인과 정부 제도에 대한 신뢰도가 떨어짐에 따라 사회적 소속감도 희미해지고 있다. 신뢰란 사회의 안정성과 삶의 질을 보여주는 중요한 지표이므로 위와 같은 현실에 깊은 우려를 표하지 않을 수 없다."[14]

그런데 위와 같은 사실과는 배치되는 연구 결과도 있다. 일부 연구를 보면, 한 나라 안에서는 더 부유한 사람들이 더 가난한 사람들보다 행복감이 더 높은 경향이 있다. 『행복 : 새로운 과학에서 배운 교훈 *Happiness: Lessons From a New Science*』을 쓴 리차드 라야드Richard Layard는 이 책에서 미국의 경우 소득 수준이 가장 높은 25퍼센트 중에서 자신이 "매우 행복하다"고 대답한 사람은 45퍼센트인 반면, 소득이 가장 낮은 25퍼센트 중에서 그렇다고 대답한 사람이 33퍼센트에 불과했다고 밝혔다. 영국의 경우 그 비율은 각각 40퍼센트와 29퍼센트였다.[15]

이런 현상을 어떻게 받아들여야 할까? 먼저, 이 사실은 더 행복한 사람이 성공할 확률이 더 높고 돈도 더 잘 벌 수 있다는 것을 보여준다. 물론 뒤집어서 생각할 수도 있다. 다음으로는 부유한 사람들은 욕망을 돈으로 해결하기가 더 쉽다는 사실을 생각해 볼 수 있다. 하지만 사회는 부유해질수록 행복해지지 않는 반면, 그 사회 내에서는 부자인 사람이 더 행복한 현상은 어떻게 된 것일까? 여기에는 두 가지 요소가 관계되어 있다. 바로 사회적 지위와 습관화이다. 사람들은 항상 다른

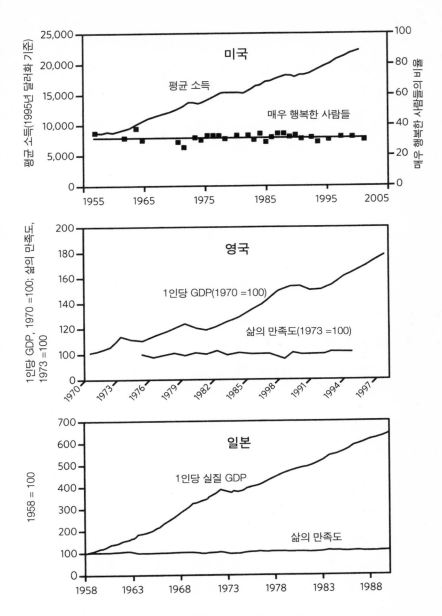

그림 2 선진국에서 삶의 만족도와 행복 대 1인당 소득의 관계 (출처 : 미국, 포리트Porritt, 『온 세상이 중요한 것 같은 자본주의Capitalism as If the World Matters』, 2005 ; 영국, 도노반Donovan과 할펀Halpern, 『삶의 만족도Life Satisfaction』, 2002 ; 일본, 프레이Frey와 스투처Stutzer, 『행복과 경제학Happiness and Economics』, 2002)

사람과 자신을 비교한다. 만약 모든 사람이 경제적으로 더 잘살게 되면 아무도 더 행복하지 않을 것이다. 만약 중요한 것이 절대소득이 아니라 상대적 상황(조건, 지위)이라면 소득이 증가해도 여전히 비교로 인해 불행할지도 모른다. 당신은 닷지Dodge를 새 차로 살 수 있는데, 당신의 이웃이 렉서스Lexus를 샀다. 당신이 더 큰 집으로 이사를 갈 예정인데, 다른 사람들도 그렇다. 이렇게 사람이 남과 끊임없이 비교하는 습성은 유머 작가들이 즐겨 사용하는 주제였다. 앰브로스 비어스 Ambrose Bierce의 『악마의 사전Devil's Dictionary』은 행복을 "타인의 불행을 생각할 때 일어나는 유쾌한 감정"이라고 정의하고 있다. 이런 농담도 있다. 옛날 러시아에 한 농부가 있었다. 그런데 그는 소가 없었지만 이웃에게는 소가 있었다. 어느 날 하나님이 그에게 소원이 뭐냐고 묻자 그는 냉큼 이렇게 대답했다. "그 소를 죽여주세요!" 이처럼 행복도가 이웃의 경제적 수준에 반비례한다는 경향을 확인해 주는 연구 결과는 수없이 많다.[16]

두 번째 요인은 습관화 혹은 '쾌락의 쳇바퀴hedonic treadmill'라고 부르는 것이다. 사람들은 새로운 소득 수준에 적응 혹은 습관화된다. 라야드는 『행복』에서 이렇게 설명했다. "내가 새 차나 집을 장만하면 처음에는 기분이 너무 좋다. 하지만 새 집이나 차에 익숙해지면 한껏 고조되었던 감정은 이전으로 되돌아가고 만다. 그러면 이제 더 큰 집이나 더 좋은 차가 '필요'하다고 생각하게 된다. 원래 집이나 헌 차로 돌아가게 되면 더 좋은 집이나 차를 경험하지 않았던 시절보다 훨씬 덜 행복하다. …(중략)… 상황이 다시 안정되면 당신은 행복의 '세트 - 포인트Set-point'로 돌아가게 된다.

우리가 가장 쉽게 익숙해지고 가장 당연하게 여기는 것들은 집이나 차처럼 물질적인 소유물이다. 이 점을 누구보다 잘 알고 있는 광고회사들은 점점 더 많은 소비로 '중독의 허기를 달래라고' 우리를 꾄다. 하지만 즐거움이 쉽게 빛바래지 않는 경험들도 있다. 가족과 친구들과 보내는 시간이나 직업의 질과 안전성 같은 것들이다."[17]

지금까지 살펴본 내용을 어떻게 정리하면 좋을까? "돈으로는 행복을 살 수 없다고 말하는 사람들은 어디서 쇼핑을 하면 좋을지 모르는 사람들이다." 이런 농담도 있다. 하지만 부자들도 돈으로 행복이나 삶의 만족을 살 수 없다는 진실을 데이터가 보여주고 있다. 늘어난 소득의 한계효용이 급격하게 떨어진다는 사실을 입증하는 연구들도 줄을 잇고 있다. 디너와 셀리그만은 이렇게 표현했다. "선진국에서는 경제성장이 더 많은 행복을 만들어내는 능력이 정점에 달한 것 같다. … (중략)… 부자 나라들이 소득을 올리기 위해 아무리 노력하고 온갖 정책을 실시해도 행복도까지 높일 수는 없을 것이다. 게다가 알찬 행복을 만들기 위해 더 도움이 되는 요소들(가치 있는 사회적 관계나 여러 소중한 가치)을 훼손할 수도 있다.

그러므로 각종 경제학과 행복이 정면으로 맞설 때는 종종 충돌하기도 한다. 만약 행복의 연구 결과가 돈과 소득을 위한 것들만 보여준다면, 즉 더 부유한 사람들이 더 가난한 사람들보다 언제나 훨씬 더 행복하다는 결과만 보여준다면 행복도를 측정하거나 행복을 직접적으로 증진시키기 위해 정책을 마련할 필요도 없다. 하지만 과거 기본적인 욕구가 충족되지 않았을 때는 소득이 행복을 대신했지만 지금은 선진국의 행복을 위해서는 별 역할을 하지 못한다."[18]

행복의 원천

더 부유한 사회에서 소득이 행복의 주요 원천이 아니라면 도대체 행복과 불행은 어디에서 비롯될까? 가장 중요한 원천은 각자의 유전자에 들어 있다. 우리들 중에는 행복하거나 불행하게 타고난 사람들이 있다. 사람이 느끼는 행복의 반은 유전자와 관련되어 있다고 한다.

유전자와 달리 바뀔 수 있는 것을 살펴보자. 이를테면 실직 상태는 행복감을 크게 훼손한다. 설령 다시 직장을 구한다 해도 이전 수준의 행복감을 회복하지 못하는 사람들도 많다. 자신이 건강하다고 생각하는 것도 행복과 관련이 있다. 그래서 정신질환은 불행의 씨앗으로 점점 더 비중이 커지고 있다. 디너와 셀리그만은 인간관계의 중요성도 강조한다. "사회관계의 질도 사람들의 행복에 무척 중요하다. 사람들은 자신을 지지해주는 긍정적인 인간관계와 사회적 소속감이 필요하다. 이런 것들이 행복을 지켜주기 때문이다. …(중략)… 어떤 관계에 속하고 싶고, 친근하고 장기적인 관계를 맺고 싶은 마음은 인간의 기본적인 욕구이다. …(중략)… 사람이 행복을 경험하려면 타인과의 단순한 관계가 아니라 헌신적인 관계를 통해 사회적 유대를 맺어야 한다."[19]

라야드는 행복에 영향을 미치지 않는 요소들을 깔끔하게 정리했다. "중요하지 않은 것들, 즉 행복에 미치는 영향을 일반적으로 무시해도 좋은 특성들을 다섯 가지로 정리해 볼 수 있다. 먼저 나이이다. 사람들의 삶을 계속 추적해 보면 수입의 변화나 노화로 인한 건강 악화에도 불구하고 평균적인 행복은 놀랍도록 안정적이었다. 두 번째는 성별이다. 거의 모든 나라에서 남자와 여자의 행복도는 대략 비슷하다. 거의 차이가 없는 것 같다. IQ 지수도 행복과는 별로 관계가 없다. 육체와 (자가 측정한) 정신적 활력도 마찬가지다. 마지막으로 교육이 행복에 미치는 직접적인 영향은 미미하다. …(중략)… 그렇다면 행복에 진짜 영향을 미치는 것은 무엇일까? 가족 관계, 재정 상황, 일, 인간관계와 친구들, 건강, 개인적 자유와 개인적인 가치관 일곱 가지로 정리해 볼 수 있다. 건강과 돈을 제외하면 나머지 다섯 가지는 모두 인간관계의 질과 직결된다."[20]

디너와 셀리그만의 초기 연구 결과도 가장 행복한 학생들에게서 공통적으로 관찰되는 가장 중요한 특징이 가족과 친구들과의 강한 연대감임을 보여준다.[21]

우리가 더 행복해지기는커녕 더 우울하고 불안한 이유를 더 명확하게 설명한 권위자들도 있다. 사회학자인 로버트 래인Robert Lane은 제약과 과장 패턴을 그 이유로 들었다. 그는 『시장민주주의에서의 행복의 상실The Loss of Happiness in Market』에서 "우리는 주로 사람들로부터 행복을 얻는다. 우리의 기분을 가장 좌우하는 것은 사람들의 다음과 같은 것들이다. 나를 좋아하는지 싫어하는지, 사람들이 나를 어떻게 생각하는지, 사람들이 나를 받아들이는지 거부하는지 여부 말이다.

나는 온기 있는 대인관계, 사이 좋은 이웃, 회원을 포함하는 사교 활동 및 가족 공동생활이 기근이라고 표현할 정도로 사라지고 있다고 가정한다. 사람들이 이런 종류의 사회적 지지를 받지 못할 때 실직으로 인한 충격은 훨씬 심각하며, 질병은 더 치명적이 되고, 자식에 대한 실망은 더 견딜 수 없으며, 우울증은 더 오래가는 등 모든 종류의 실망과 좌절의 충격은 더욱 크게 다가온다.

상황은 잘못된 길로 빠져들었다. 역사상 어느 시점까지는 미국인들을 부유하고 행복하게 만들었던 경제지상주의가 지금은 사람들을 잘못된 길로 인도하고 있다. 어쩌면 더 큰 행복을 줄 더 많은 인간관계 대신 행복을 주지 않는 더 많은 돈을 제공하고 있다.

서구 사회는 너무 오랫동안 한 방향으로만 전진했다. …(중략)… 천년 동안 '주관적 행복'을 증진시킨 경제적 발전은 미국에서는 더 이상 행복의 주요 원천이 아니다. 다른 재화들처럼 돈과 돈으로 살 수 있는 물건은 한계효용이 감소하는 반면 그 순간 인간관계의 한계효용은 올라갔다.

이때 길잡이가 되어 줄 원칙이 정말 중요한 목적을 다시 생각해보도록 깨우쳐 주지 못하면 상황은 더 나빠진다. 사상이 잉태되는 오랜 세월 동안 인간의 가장 중요한 가치는 생존과 가난으로부터의 탈출이었다. 이 기간 동안 행복이 무엇인지에 대한 생각을 경제학이 담당했다는 것은 사상사에서 특별한 사실도 아니다. 경제학뿐만 아니라 기술 발전 덕분에 선진국들은 첫 번째 문제를 해결하고 서둘러 두 번째 문제로 전진하고 있다. 이런 성공 덕분에 가장 시급한 선善인 인간관계의 가치에 생존에 버금가는 중요성을 부여하게 되었다. 하지만 이러한 가치는 시장 경제의 외부 효과에 불과하다. 왜냐하면 이 인간관계의 장점은 돈으로 살 수 없기 때문에 시장은 이 가치의 변화에 둔감하다."[22]

미국의 현실을 날카로운 시각으로 관찰하고 있는 학자로는 피터 와이브로우Peter Whybrow도 있다. 그는 UCLA의 신경과학과 인간행동연구소의 소장이자 정신과의사이다. 그는 『미국의 조울증*American Mania*』에서 미국이 행복을 추구하는 방식이 왜곡되어 있음을 보여주었다. "미국인들 중에는 신성해야 할 행복의 추구를 불쾌하고 열광적인 활동으로 잘못 생각하고 있는 사람들이 많다. 정신과 개업의로서 나는 이런 열광적인 추격전에서 많은 것이 보인다. 이 추격전은 마치 조울증과 비슷하다. 처음에는 흥분과 높은 생산성으로 기쁨에 겨워하다가 감정이 격해져 무모한 열정, 성급함과 혼란으로 빠져들어 결국 깊은 우울증으로 빠져드는 증세 말이다. …(중략)… 정신과 용어로 조울증은 '디스포리아(dysphoria, 정신 불안)'라고 한다. 즉, 처음에는 행복감이 찾아오지만 그 이면에는 불안, 경쟁심, 사회적 분열의 소용돌이가 숨어 있다. 미국이라는 나라가 디스포리아와 비슷한 상태로 빠져드는 증거로 점점 늘어나는 광란의 상태를 보면 된다. 모르는 사이에 우리는 집요하게 행복을 좇으면서 과녁을 한참 빗나간 것도 모르고 아무리 먹어도 배가 고픈 조울증 사회를 만들고 말았다. 유토피아적 사회질서에 대한 미국의 꿈은 물질적 성공을 개인적인 만족과 동일시하는 믿음과 사회적 진보의 핵심인 기술 발전으로 커진 조증의 욕망과 울증의 불안이 마구 뒤섞인 수렁에 빠졌다."[23]

최근 몇십 년 동안 미국의 1인당 경제 생산은 급격하게 성장했다. 하지만 삶의 만족도는 조금도 오르지 않고 오히려 불신과 우울증만 깊어졌다. 래인과 와이브로우를 비롯한 학자들은 미국 사회가 길을 잃고 헤매고 있다고 본다. 한때 행복을 가져다 준 것들이 지금은 그 반대가 되었다. 가장 통찰력 있는 관찰자로 알려진 작가 빌 맥키븐Bill McKibben도 이와 비슷한 결론을 내렸다. 그는 "오로지 부의 축적에만 집착하는 바람에 더 행복해지지도 못했으면서 지구의 생태계마저 파괴 직전으로 내몰았다."고 했다. 그는 어쩌다 이 지경이 되었는지 묻는다. "해답은 자명하다. 우리는 효과가 나타나는 한계를 지나쳤는데도 그만두지 못했다. 과거에는 소득이 늘면 행복도 커졌기 때문에 미래에도 그럴 것이라고 믿어버린 것이다." 하지만 우리는 정말로 원한 것보다 훨씬 더 개인적으로 변해버렸고, 동시에 사회적 고립감은 늘어나고 공동체 정신은 사라지고 있다.[24] 맥키븐은 이렇게 목소리를 높였다.

심리학자인 데이비드 마이어스David Myers는 부가 증가하면서 정신이 사라지는 현상을 "미국인의 역설"이라고 표현했다. 그는 21세기가 시작되자 미국인들은 "커다란 집과 박살 난 가정, 높은 소득과 낮은 도덕 수준, 권리 수호와 사라진 시민정신만 남았음을 깨달았다. 종종 우리는 먹고사는 데 급급해서 인생을 사는 데는 실패했다. 우리는 우리가 이룬 부를 찬양했지만 목적을 갈망하게 되었다. 우리는 자유를 소중히 여기지만 관계를 그리워하게 되었다. 풍요의 시대에 우리는 정신적 기갈이 들었다. 이런 현실이 우리를 놀라운 결론으로 이끈다. 물질적 부를 이룬다고 정신까지 풍요로워지는 것은 아니다."[25]

미국의 행복

미국 사회는 GDP가 제시하는 나침반을 따라가다 결국 길을 잃었다. 그러므로 많은 논평가들이 GDP의 단점을 찾아내 인간과 환경의 행복을 더 정확하게 측정할 수 있는 방법을 새로 개발했다는 사실이 전혀 놀랍지 않다. 첫째, GDP를 산출할 수 있는 국민경제계산체제는

GDP가 국부를 측정하는 체제로서도 자격 상실이라고 믿는 분석가들의 공격을 받았다.[26] 그들은 현재 사용되는 GDP의 문제점을 줄줄이 열거한다. 실제로 이 문제점들은 널리 인정받고 있다.

GDP는 팔릴 수 있는 것 혹은 화폐 가치를 가지는 것이라면 모두 포함한다. 인간의 행복이나 복지에는 아무런 도움이 되지 않아도 상관없다. GDP의 20퍼센트가 감옥과 경찰제도 유지, 공해 정화와 교통사고 뒤처리에 쓰이는 사회를 상상해보라. 이제 위와 같은 방어지출이 들지 않는 사회를 상상해보라. 아마도 그 사회의 시민들이 환경은 오염시키지 않고 운전은 조심하고 법을 잘 준수하기 때문일 것이다. 이런 사회는 방어지출에 들어가는 GDP의 20퍼센트를 더 좋은 학교를 만들고, 기대수명을 연장하고, 빈곤층 문제를 해결하는 데 쓴다. 두 사회의 GDP는 동일하지만 복지 수준은 두 번째가 훨씬 높을 것이다.

둘째, GDP는 시장 밖에서 발생하는 비용과 이익을 고려하지 않는다. 예를 들어, 국가는 자신이 보유한 천연자원을 소비할 수 있다. 그러나 그 경우는 국민경제계산체제에서 자본의 감가상각이 아니라 소득으로 나타난다. 경제학자 로버트 로페토Robert Repetto는 이렇게 주장했다. "국가는 천연자원을 다 써버리고, 숲의 나무를 모두 베고, 토양을 침식시키고, 수역을 오염시키고, 야생생물과 수산자원을 멸종할 정도로 잡아들일 수 있다. 하지만 이렇게 자산이 사라져도 측정된 소득은 영향을 받지 않는다. …(중략)… 천연자원과 여타의 무형자산을 처리하는 방법에 따라 귀중한 자원의 고갈과 소득 발생을 혼동할 수 있다. …(중략)… 그 결과는 허상일 뿐인 소득 증가와 부의 영원한 손실로 이어진다."[27] 게다가 GDP는 자원봉사와 가사노동으로 발생하는 실질적인 복지도 무시한다.

세 번째, GDP로는 측정된 소득이 어떻게 분배되는지 알 수 없다. 대부분 사회에서는 부자들의 가처분 소득이 소득의 한계효용이 확실히 더 높은 극빈층으로 이전됨으로써 복지가 향상될 수 있다.

사회와 환경의 상태를 측정하는 도구로써 GDP가 여러 단점을 안고 있기 때문에 실제 상황을 더 잘 이해하기 위해 온갖 측정법과 지표들이 출현했다. 측정법들 중에는 주로 국민경제계산체제에 환경에 관한 제반 문제점들을 고려하려고 시도하는 것들도 있다.[28] 구매력 측정과 건강과 교육 지표를 혼합해서 국민복지를 측정하려는 시도도 있다. 우리가 UNDP에서 작성한 인간개발지수도 이러한 접근법을 채용한다. 이 지수에 따르면 1인당 GDP가 비슷하더라도 인간 개발과 복지의 수준은 상당히 차이가 날 수 있다.[29]

지금까지 GDP를 포괄적으로 대체할 수 있는 측정법을 개발하기 위해 다양한 노력을 기울였다. 그런 노력이 처음으로 성과를 거둔 것이 바로 지속 가능한 경제복지지수ISEW, Index of Sustainable Economic Welfare이다. ISEW는 일단 국가 개인 소비 지출을 구한 후 분배 불평등에 맞춰 조정한다. 그런 후에 무급 가사노동처럼 비시장 영역이지만 복지에 기여하는 부분을 더한 후, 경찰의 보호와 공해 관리와 같은 방어지출과 천연자원과 환경자산의 감가상각을 차감한다.

위의 측정법을 세계의 주요 산업국가 6개국에 대입해보면 다음과 같은 결과가 나온다.[30](그림 3) 일정기간 동안 ISEW는 GDP와 같이 증가하지만 어느 지점에 도달하면 정체하다가 감소할 수도 있다. 하지만 GDP는 지속적으로 증가한다. ISEW가 멈추는 지점을 지나면 GDP 성

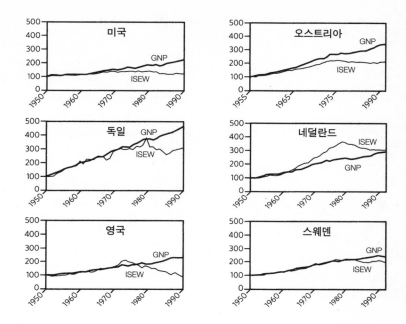

그림 3 1인당 풍요로운 사회에서의 지속 가능한 경제 복지와 1인당 GNP의 변화 경향(출처 : 잭슨Jackson과 스타임Stymne, 〈스웨덴의 지속 가능한 경제 복지Sustainable Economic Welfare in Sweden〉, 1996)

장은 늘어난 환경 및 사회적 비용에 추월당하고 결국 성장이 복지를 감소시키는 꼴이 된다. 즉, 성장이 더 이상 삶의 질을 개선시킬 수 없는 한계에 도달한 것이다. [31]

ISEW는 진정진보지수GPI, Genuine Progress Indicator로 이름을 바꾼 후에도 계속 발전했다. 미국의 GPI를 검토해보면, 미국의 1인당 GDP가 1950년 이후 엄청난 폭으로 성장했지만 평균적인 미국인들은 1970년보다 더 잘살지 못한다는 것을 알 수 있다.[32](그림 4)

ISEW와 GPI 같은 새로운 경제 지표들이 채택한 방법과 데이터에

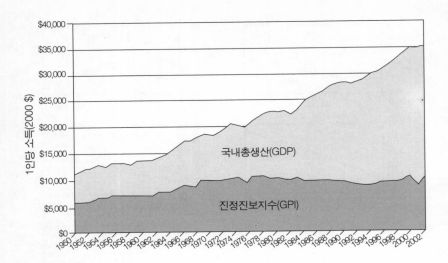

그림 4 미국의 1인당 GPI와 1인당 GDP(출처 : 베네톨리스Venetoulis와 코브Cobb, 〈진정진
보지수The Genuine Progress Indicator〉, 2004)

관한 가정들이 논쟁의 불씨가 될 수도 있고, 이를 통해 개선될 여지도
있다. 그러나 대안적인 경제 지표는 제임스 토빈James Tobin과 윌리엄
노드하우스와 같은 최고의 경제학자들의 선구자적인 연구를 토대로
한다. 이 지표들은 진지한 노력의 결실이며 우리가 귀담아 들어야 할
점이 분명 있다.[33] 다시 말해, GPI는 1970년대 초부터 성정이 미국인
들의 복지에 미치는 긍정적인 영향은 GDP로 판단할 수 있는 것보다
훨씬 빈약하다는 점을 알려준다.

경제 지표에 대해 사회의 여러 조건을 더 이상 화폐가치로 표시하지
말자는 움직임도 있다. 대신 객관적으로 측정한 사회 및 환경 상황을
바탕으로 한 복합적인 지표를 만들자고 한다. 물론 이 방법도 부족한
부분이 있다. 그러나 우리는 여전히 중요한 것들을 배울 수 있다. 다니

엘 에스티Daniel Esty가 이끄는 연구진은 국가의 환경 성과를 평가하는 지표를 개발했다. 에스티의 평가에 따르면, 미국은 133개국 중에서 28위라는 저조한 순위를 기록했다. 뉴질랜드가 1위였는데, 영화 〈반지의 제왕Load of the Rings〉을 본 사람이라면 고개를 끄덕일 것이다.[34] 미국이 소유한 막대한 부도 뛰어난 환경 성과로 치환될 수 없다.

이제 사회적 조건을 생각해보자. 마크 미링고프Marc Miringoff와 마끄-루이자 미링고프Marque-Luisa Miringoff는 1970~2005년에 미국의 최신 동향 정보를 수집해 종합지수로 만들었다. 이들이 만든 지수는 사회적 안녕social well-being을 측정하는 방법 16가지를 결합한 것이다. 여기에는 영아 사망률, 고교 중퇴자, 빈곤, 아동 학대, 10대 자살, 범죄, 평균 주급, 약물 중독, 알코올 중독, 실직율과 같은 분야의 자료가 포함된다. 미링고프의 사회적 건강 지표Index of Social Health는 1인당 GDP가 비약적으로 성장했지만 사회적 조건들은 오히려 나빠지고 있음을 보여준다.[35](그림 5)

펜실베이니아 대학의 리처드 이스티스Richard Estes는 사회 진보의 가중지표Weighted Index of Social Progess를 개발해 163개국의 1970년으로 거슬러 올라갔다. 이 지표는 사회와 환경의 상태를 모두 객관적으로 평가한다. 이스티스의 보고에 따르면, 미국의 사회적 개발 속도는 1980년부터 "답보" 상태에 빠졌다. 전반적인 등수를 보면 미국은 폴란드와 슬로베니아와 함께 상당히 낮은 27위를 기록했다. 미국이 부유하다고 해서 환경이나 사회적 성과 또한 뛰어난 것은 아니다.[36]

세 번째 대안적 복지 지표는 디너, 셀리그만과 노벨상 수상자인 프린스턴 대학의 다니엘 카네만Daniel Kahneman과 같은 긍정심리학자들이

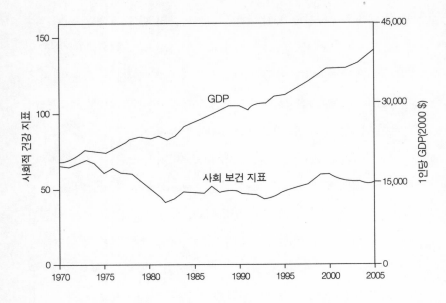

그림 5 미국의 사회적 건강 지표와 1인당 GDP의 변화, 1970-2005 (출처 : 미링고프와 옵다이크, 〈미국의 사회적 건강 : 사회적 이슈를 공공의제로America's Social Health : Putting Social Issues Backon the Public Agenda〉, 2007)

적극 추천하는 것이다. 이들은 국민의 주관적인 행복과 불행을 정기적으로 알려주는 국가적 지표를 마련할 것을 촉구하고 있다. 디너와 셀리그만은 이렇게 결론 지었다. "돈뿐만이 아니라 경제적 지표도 경제 개발 초기 단계에서는 무척 중요했다. 당시에는 기본적인 욕구를 충족하는 것이 급선무였기 때문이다. 그러나 사회가 부유해지면서 행복의 차이는 소득과 점점 더 관계가 멀어진다. 오히려 사회적 관계와 즐거운 직장생활과 같은 요소에 더 많이 좌우된다. …(중략)… 정책을 입안할 때 행복 결과well-being outcomes를 더 잘 활용할 수 있도록 우리는 인구의 표본집단에 대해 핵심적인 행복 변수를 체계적으로 측정하는 국민행복지수National well-being index를 개발할 것을 제안한다. 측정하는 변수에는 긍정 및 부정적 감정, 몰입, 목적과 의미, 낙관주의와 신뢰, 삶의 만족도에 대한 광범위한 측정 등을 반드시 포함시켜야 한다."[37] 이러한 지표가 얼마나 필요한지는 이 책에 서술한 사실들만 보더라도 십분 이해가 될 것이다.

나의 호기심을 자극하는 지표가 있는데, 영국의 신경제재단New Economics Foundation에서 만든 행복한지구지수HPI, Happy Planet Index이다. HPI는 객관적인 자료와 주관적인 자료를 모두 활용한다. 이 지표는 국가의 삶의 만족도 점수와 기대수명을 곱해서 행복 수준을 측정한다. 이때 나온 수치는 그 나라의 생태 족적(1장에서 설명한)으로 나눈다. 즉, 이 지표는 한 나라가 지구의 유한한 자원을 국민의 행복으로 얼마나 잘 바꾸는지 보여준다. 한 나라의 국민들이 환경에는 최소한의 영향을 미치면서 행복한 삶을 오랫동안 영위할수록 HPI는 올라간다. 현재 대부분의 나라의 HPI 지수를 알 수 있다. 미국은 서유럽 국가들, 아시아와 라틴 아메리카보다 아래인 최하위권에 위치해 있다. 코스타리카의 순위는 정상에 가까우며 짐바브웨가 가장 낮다.[38] 한편 부탄은 HPI가 매우 높은데, 세계에서는 13위며 아시아에서는 2위이다. 부탄은 국민총생산GNP의 대안인 국민총행복Gross National Happiness에 쏟는 노력의 성과를 거두게 할 객관적이고 주관적인 지표 체계를 발전시키기 위해 진지하다.[39] HPI는 휴가를 어디에서 보낼지 고민할 때도 좋은 참고 자료가 된다.

행복의 우선 조건

지금까지 나온 결론들을 볼 때 행복의 우선순위에 대한 생각을 바꾸고 순위를 다시 짜야 한다는 생각이 들 것이다. 지금 사회의 지배적인 정책 방향과 사람들의 인식에는 사회적 요구를 충족시키고 더 행복하고 잘사는 삶에 도달하는 방법은 성장, 즉 경제를 확대시키는 것이라는 인식이 박혀 있다. 생산성, 봉급, 이윤, 주식시장, 고용과 소비는 무조건 성장해야 한다. 성장은 좋은 것이다. 모든 것을 희생시킬 수도 있을 만큼 좋다. 무자비한 경제는 가족, 직업, 공동체, 환경, 장소감과 영속성, 심지어 정신건강마저도 훼손할 수 있다. 왜냐하면 모든 문제를 '그래도 잘살 수는 있다.'는 말로 무마해버리기 때문이다. 우리는 국가의 GDP와 기업의 판매고와 이윤을 계산해서 성장 정도를 측정한다. 그래서 측정한 것을 얻는다.

하지만 지금까지 검토한 각종 자료며 분석 결과를 보면 그것이 다가 아니라는 것을 알 수 있다. 종합적인 경제 성장, 즉 GDP의 성장은 더 이상 우리를 행복하게 해주지 않는다. 오히려 자료를 보면 환경, 사회, 심리적으로 우리를 더 불행하게 만들고 있다. 우리는 GDP 성장률과 더 많은 소비에만 집착해 우리를 진짜 행복하게 해 줄 수 있는 실질적인 문제들을 등한시하고 있다. 성장의 복음을 전파하려드는 사람들은 자신들의 복음이 틀릴 수도 있다는 생각은 조금도 하지 않는다. 하지만 정부, 기업과 언론에서 우리에게 GDP의 제단에 경배하라고 외치는 사람들이 그 어느 때보다 종합적인 성장을 쉴 새 없이 떠드는 것은 대개는 이기적인 이유 때문이다. 그렇기 때문에 이들은 분기별 경제

보고서를 유심히 검토해 무엇을 빠뜨렸는지 알아보려 하지 않는다. 그 결과 사회는 말 그대로 길을 잃고 헤맨다.

이 책에서 검토한 분석 자료를 보면 공공정책을 수립하기 위해 명심 해야 할 교훈들이 무척 많다. 미국은 이제 새로운 진로를 마련해야 한 다. GDP 성장은 사회 문제 해결에 별 도움이 되지 못한다. 종종 역효 과를 낼 때도 있다. 이제부터라도 사회 문제를 직접적이고 철저하게 그리고 연민과 관대함을 품고 해결할 방법을 찾아야 한다. 새롭고 강 력한 정책 체계가 필요하다. 그리하여 가족과 공동체를 강화하고, 사 회적 유대감의 붕괴에 대처하고, 사회적 이동성보다 뿌리를 우선하게 만들 수 있는 방안이 필요하다. 월급이 많고 좋은 일자리를 보장하고, 노동자의 만족도를 증가시키고, 해고와 고용 불안을 최소화하고, 은퇴 후 적절한 소득을 제공할 수 있는 방안이 필요하다. 직장에서는 직원 들의 가정을 더욱 배려하는 정책을 도입해야 한다. 이를테면 근무시간 을 조정하거나 질 높은 보육시설을 이용하기 쉽게 하는 것 등이다. 여 가, 전인교육, 미술, 음악, 연극, 운동, 각종 취미생활, 자원봉사, 공동 체의 일, 야외 활동, 자연을 즐기고 놀 수 있도록 더 많은 여유를 만들 어 줄 수 있는 방안이 필요하다. 전 국민에게 의료를 보장하고 정신질 환의 비참한 결과를 줄여줄 수 있는 방안이 필요하다. 생산성과 인생 을 위해 전 국민이 좋은 교육을 받고, 만성질환 환자와 장애인들도 적 절한 보살핌과 관심을 받을 수 있는 방안이 필요하다. 편견, 배척과 따 돌림을 뿌리 뽑고 세계 인구의 반이 빈곤에 허덕이는 현실에 대한 나 머지 사람들의 의무, 즉 새천년개발계획Millenium Development Goals에 반영 되어 있는 의무를 확인시켜줄 수 있는 방안이 필요하다. 광고를 규제하고, 아동에 대한 광고는 금지하고, 광고가 사라진 방송시간에는 시청자와 청취자의 이야기를 들을 수 있는 방안이 필요하다. 소득 분배를 확실하게 개선하고 사치품 소비, 과도한 노동시간과 환경오염에는 세금을 물려 그 수익으로 빈약한 공공부문을 살찌우고 하위계층에 대한 소득 지원과 사회프로그램을 강화할 수 있는 방안이 필요하다.[40]

이것들이 모두 미국이 추구해야 할 목표이다. 또한 공공 투자를 비롯한 여러 부문에서 명심해야 할 방향이기도 하다. 지금 우리가 가고 있는 파괴의 길에 대한 대안을 이루는 중요한 부분이기도 하다. 그러므로 사회를 살리는 방안이기도 하지만 환경을 살리는 방안으로 생각할 수도 있다. 나는 환경을 생각하는 미국인들 모두가 공동체와 훌륭한 사회를 만들어나갈 수 있는 위의 내용을 지지해, 언젠가는 돈이 아니라 지속 가능성과 공동체를 향해 나아가기를 소망한다. 사람들을 지속시키는 것과 자연을 지속시키는 것은 결코 뗄 수 없는 하나의 목표이므로.

7장

소비

자족하는 삶, 항상 더 많은 것을 추구하는 것은 아니다

소비주의는 현대 자본주의의 한 축을 담당하고 있다. 소비주의는 시장에서 재화와 용역을 점점 더 많이 구입하기 위해 사회적으로 용인된 막강한 노력을 기울이고 있다. 이런 점에서 소비주의는 사람과 사회의 행복을 위해 삶의 물질적 조건을 정신과 사회적 차원보다 더 우선시하는 물질주의와 찰떡궁합이다.

소비자 사회는 소비주의와 물질주의가 사회를 지배하는 문화에서 중추적인 역할을 담당하는 곳이다. 즉, 이곳은 기본적인 욕구를 충족하기 위해서뿐만 아니라 자신의 정체성과 삶의 의미를 확실히 하기 위해 재화와 용역을 소비하는 곳이다. 소비자 사회라는 말을 들으면 소비자의 주권이 최우선시 되는 곳이라고 생각할 수 있다. 그러나 그것은 명칭이 부른 착각이다. 소비 패턴은 개인의 기호로만 형성되는 것

이 결코 아니다. 여기에는 광고, 문화적 규범, 사회적 압력, 심리적 연상작용과 같은 강력한 힘들이 작용한다.

소비자 지출은 환경 파괴에 주도적인 역할을 해 왔다. 이것은 어쩔 수 없는 일이다. 미국은 개인 소비 지출이 GDP의 약 70퍼센트를 차지한다. 그러므로 소비자의 지출은 경제 성장과 확대를 위해 가장 중요한 동력원이다. 《뉴욕 타임스》는 "왜 미국인들은 계속 소비하는가"를 취재해 소비의 이중적 현실을 다음과 같이 정리했다. "가정은 끊임없이 흐르는 필요의 물줄기를 인식하고 경제는 그 물줄기에 의존한다."[1]

《파이낸셜 타임스》는 "쇼핑객의 정력이 세계의 경제 성장을 좌우할 것"이라고 주장하며 경제가 소비자에게 도움이 되는 것이 아니라 그 반대임을 강조했다.[2] 특히 미국 소비자들의 정력은 전 세계의 기업들로부터 찬사를 받고 있다. 실질임금은 그대로인데도 미국인들은 소비 지출을 계속 늘리고 있다. 덩달아 가계 부채도 늘고 있다. 미국의 가계 부채는 1970년의 5,250억 달러에서 2004년 2조 2,250억 달러로 증가했다. 미국인들은 가계 적자를 내고 집을 잃고 있는데, 2007년을 기준으로 그들은 여전히 소비를 멈추지 않고 있다.

일부 새로운 소비는 선택적인 것이지만 소비가 큰 폭으로 상승한 것은 기초 생계비가 늘었기 때문이다. 주택, 의료비, 식비와 교육비에 들어가는 비용이 2001~2004년에 11퍼센트나 상승했는데 소득은 전혀 상승하지 않았다.[3] 이러한 상황은 고삐가 풀린 듯 흥청망청 써대는 소비 행태를 바로잡기 위한 노력과 "악착같이 절약할 수밖에 없는" 미국 저소득층의 실질적인 필요를 충족시키기 위한 확실한 노력이 병행되어야 함을 다시 한 번 일깨워준다.

현대는 환경시대이지만 환경 운동의 초점이 소비에 맞춰져 있지 않다. 물론 상황은 변화하고 있지만 주류 환경주의자들은 자신들이 옹호하는 주장을 따르면 생활방식이 대대적으로 바뀔 것이라는 인상을 주고 싶어 하지 않았다. 게다가 환경경제학자들은 환경 문제를 소비와 직결시키는 것은 쓸데없는 짓이라고 여겼다. 이들은 소비와 성장 문제를 해결하려면 "가격을 바로잡으면" 된다고 생각한다. 그렇게 되면 사람들은 환경을 크게 훼손하는 제품과 서비스 대신 환경에 이로운 제품을 구입할 것이라는 주장이다. 물론 맞는 말이다. 하지만 앞에서도 이야기했지만 이 방법이 아무리 좋다고 해도 완전하지는 않다.

소비 문제를 직접적으로 건드리지 않으려는 태도는 대단히 잘못된 것이다. 미국이 부를 위해 치러야 하는 막대한 환경 및 사회비용을 생각해보면 이해가 갈 것이다. 1970년부터 새로 지은 주택의 크기는 약 50퍼센트나 커졌으며, 1인당 전기 소비량은 70퍼센트 이상 증가했다. 도시 주민 한 명이 배출하는 고형쓰레기의 양도 33퍼센트나 늘었다. 1994년 이후에 출현한 새 가정의 80퍼센트가 교외에 살며, 주택의 반 이상이 10에이커가 넘는 면적을 소유하고 있다. 그러나 집이 커지고 면적이 넓어져도 점점 더 늘어나는 세간을 들여놓기엔 부족하다. 1970년대 초만 해도 창고 임대업이란 것이 없었다. 하지만 그 이후로 급속도로 성장해서 지금은 창고 건물이 들어선 면적이 182평방킬로미터가 넘는다. 이는 맨해튼과 샌프란시스코의 면적을 합친 것과 맞먹는다.[4]

하지만 미국의 소비 성향이 모두 부정적인 것은 아니다. 1인당 취수량은 1975년을 정점으로 계속 감소했다. 석유 사용량은 인구 증가율과 같은 속도로 증가하고 있다. 하지만 물, 석유와 각종 자원들의 사용량은 여전히 매우 높아서 낭비가 무척 심하다. 1970년에 새로운 환경 시대의 막이 열렸지만 미국의 경제 성장과 결함이 있는 정책이 맞물려 전국에 걸쳐 환경을 서서히 파괴해왔다.[5]

이렇게 현실은 암울하지만 희소식도 있다. 소비를 성역으로 보던 관점이 서서히 변화하고 있다. 소비주의를 타파하려는 노력이 두 가지 양상으로 진행되고 있다. 둘 다 "지속 가능한 소비"라는 슬로건을 내걸고 열심히 진행 중이며 지금보다 더 많은 지지가 필요하다. 그중 한 가지는 내가 '녹색소비자운동green consumerism'이라고 부르는 운동이다. 녹색소비자운동은 전반적으로 소비를 줄이라고 하지 않는다. 대신 소비자들에게 녹색제품을 소비하고 기업에게 환경친화적인 제품을 생산하라고 촉구한다.

다른 한 가지는 좀 더 근본적인 해결책을 제시한다. 즉, 현재의 소비 수준은 환경과 사회에 모두 해가 되므로 더 나은 삶과 환경을 위해서는 소비를 줄여야 한다는 것이다. 과거에는 환경 운동이라고 하면 대부분 투입되는 자원과 생산품과의 관계를 끊어서 좀 더 효율적인 자원 사용을 기반으로 한 경제의 "비물질화"를 꾀했다. 지금은 환경 운동의 관심이 사회복지와 생산품의 관계를 끊는 데로 쏠리고 있다.

'녹색green'을 사다

녹색소비자운동은 상당한 잠재력을 가지고 있다. 하지만 소비자들이 제대로 된 정보를 접할 수 있고, 돈을 더 주더라도 꾸준히 환경친화적인 제품을 구입할 의지가 있어야 하고, 정부의 강력한 지원도 필요하다. 소비자 개개인과 가계는 시장에서 실질적인 파워를 행사한다. 이들의 관심은 놀라운 속도로 바뀌고 있다. 패션 경향이나, 우울하게도 레저를 위한 다목적 차량의 인기가 높아지는 것만 보아도 알 수 있다. 만약 소비자들이 지속 가능한 에너지를 선호하게 되면 에너지 생산 판도에도 변화가 생김과 동시에 기후 변화를 막는 데도 도움이 될 것이다. 가정과 작업장에서 유독물질을 없애기 위해 노력한다면 화학산업이 좀 더 안전한 신제품을 생산하도록 유도할 수 있다.

설령 소비가 계속 증가한다고 해도 소비자들은 두 가지의 녹색운동을 실천할 수 있다. 첫째, 제품을 생산하고 사용하는 과정이 훨씬 환경친화적인 제품과 서비스를 구입한다. 둘째, 소비한 제품을 재활용하고 재사용할 수 있는 여건이 갖추어지도록 요구한다. 소비자들이 TV, 냉장고, 가스레인지나 컴퓨터를 버리면, 제조사는 해당 제품을 수거해 환경에 책임을 질 수 있는 과정을 통해 재사용, 재활용 및 폐기 처분해야 한다. 이러한 시스템을 "생산자 책임 활용제Extended Producer Responsibility"라고 부른다. 이런 제도는 미국보다 유럽에 훨씬 잘 갖춰져 있다. 지금 설명한 두 가지 방법은 소비자 운동과 법제적 노력이 동시에 이루어질 때 더욱 효과적이다.

최근 들어 환경단체와 소비자단체에서 위와 같은 해결책을 지지하는 분위기가 고조되는 것은 고무적인 현상이다. 환경마크와 생산이력제가 그 시발점이 되고 있다.[6] 삼림관리협의회는 목제품에 대해 지속적으로 관리되고 있는 삼림으로 생산했다는 인증서와 마크 제도를 정착시키기 위해 노력하고 있다. 해양관리협의회도 지속 가능한 방식으로 수자원을 어획했다는 인증서 제도를 시행하고 있다. 모두 괄목할 만한 발전이다. 친환경건물위원회가 신축 건물의 환경 성과에 따라 인증서를 발급하는 제도도 점점 더 많은 호응을 얻으며 시행되고 있다. 시장에서 환경친화적인 제품을 선택하는 소비자들이 바로 변화를 이끌어내는 원동력이다. 유럽과 일본에서는 "요람에서 요람으로" 돌아가듯, 제품이 생산자에게 돌아갈 것을 요구하는 생산자 책임 활용제법이 시행되어 생산자들은 아예 생산 단계에서 부품과 자재를 재사용할 방안을 적극적으로 찾기 시작했다.[7] 유럽의회는 생산자가 전기면도기, 냉장고, 컴퓨터와 같은 가전제품의 재활용에 비용을 지불하도록 강제하는 법을 채택했다. 2002년 델Dell은 소비자의 압력에 굴복해 컴퓨터 재활용 기부프로그램을 실시해 새로운 지평을 열었다. 현재 워싱턴과 캘리포니아를 포함한 4개 주에서 전자폐기물e-waste 재활용법을 시행하고 있다.

미국의 여러 재단의 모임인 '환경기부금조성자연합Environmental Grantmakers Association'을 위해 2003년에 마련된 중요한 보고서가 있다. 이 보고서는 녹색소비운동을 장려하기 위해 5개 분야의 투자를 늘려야 한다고 주장했다. 이 보고서는 민간 재단을 위해 작성되었지만 정부와 환경단체를 비롯해 다른 분야의 조직도 이 권고사항을 따를 필요가 있다.

• 소비자들의 인식을 재고하고 선택의 폭을 넓히라.

기부금 조성자들은 시민과 소비자들의 인식을 재고하고 환경 운동에 동참할 수 있도록 커뮤니케이션 캠페인, 학교의 커리큘럼과 문화적 화폐(cultural currency, 자본주의 사회에서 화폐가 주요 가치가 되듯이, 한 사회에서 개인의 학벌이 개인의 가치를 결정하고 화폐적 기능을 한다는 것 - 옮긴이)에 기울이는 투자 등에 관심을 기울여야 한다. 소비자들도 환경친화적인 제품을 구입하고 녹색소비자들의 지지기반이 점점 커지고 있음을 생산자들에게 알릴 수 있는 방법을 강구해야 한다.

• 혁신적인 정책을 장려하라.

이를 위해서는 지속 가능성을 위한 각종 제안에 대한 정치적 지지가 확대되어야 한다. …(중략)… 인센티브를 제공하거나, 가격을 더욱 정확하게 평가하고(세금 정책), 낭비나 지속 가능성을 저해하는 관행에 제공되는 보조금을 철폐하는 등 다양한 정책들이 있다.

• 녹색제품에 대한 수요를 높이라.

기업, 정부, 대학을 비롯한 각종 단체는 재화와 용역의 주요 소비자이다. 이들의 구매력은 변화를 이끌어낼 힘이 있다. 공급자들이 고객의 말에 귀를 기울일 것이기 때문이다. …(중략)… 정부, 대학, 기업에서 나온 수십억 달러가 지속 가능한 방식으로 수확 및 생산된 제품으로 흘러간다면 시장도 이에 반응할 것이고 생산자는 기존의 방식을 탈피할 수밖에 없다.

• 기업의 책임을 요구하라.

변화를 유도하기 위해 기업이 사회적으로 책임감 있는 투자자와 소비자들에게 책임감을 느낄 수 있도록 촉구하는 최근의 기업 캠페인과 각종 계획에 초점을 맞추는 것도 주효하다. 소비자 운동, 불매 운동과 주주 행동주의는 기업의 행동에 효과적으로 영향을 미칠 수 있다. 왜냐하면 기업은 자신들의 브랜드 가치와 명성을 어떻게든 지키려 들기 때문이다.

• 지속 가능한 기업 경영을 장려하라.

비정부기구NGO, 정부와 각종 단체들은 기업이 '환경친화적'으로 제품과 서비스를 생산하도록 도울 수 있다. 기업들의 환경 발자국environmental foot-prints 지도를 작성하거나, 자원의 개발과 소비 및 재활용에 대한 인식을 재고하도록 하거나, 제품을 지속 가능한 디자인으로 다시 만들거나, 공급망과 이것이 환경에 미치는 영향을 분석하는 등 다양한 방법을 모색해 볼 수 있다.[8]

위의 권고사항들은 훌륭한 실천안으로 단지 기부금 조성 단체들만이 아니라 다양한 분야에서 광범위한 지지를 받을 만하다.

미국의 소비자들이 변하고 있다는 증거가 있다. 환경을 위해 상당한 희생, 즉 시간과 돈 혹은 노력을 포기할 의향이 있다고 응답한 미국인들의 비율이 2000년 45퍼센트에서 2006년에는 61퍼센트로 증가했다. 하이브리드카의 판매는 2004년에 비해 2005년에는 267퍼센트나 성장했다. 소비자들은 에너지스타(Energy Star, 에너지 절약 제품의 보급 및 확산을 위해 환경보호국이 주관하는 제도 – 옮긴이) 인증을 받은 제품을 구입해 광열비 지출을 120억 달러 이상 절약했다. 소형 형광등의 판매는 2005년에 전년 대비 22퍼센트 상승했다. 유기농 산업의 규모가 매년 50억 달러씩 증가하면서 유기농 시장도 2001~2006년에 2배나 증가했다.[9]

이러한 소득에도 불구하고 "녹색제품"이 시장 점유율과 소비자 선호도에서 차지하는 비율은 매우 낮다. 환경을 생각해 불편함을 감수하겠다고 말하는 미국인이 증가하고는 있다. 하지만 미국인의 83퍼센트가 환경친화적인 삶의 방식을 적극적으로 실천하고 있지 않다. 녹색제품의 브랜드명을 단 하나도 모르는 미국인도 64퍼센트나 된다. 지속

적으로 녹색제품을 구입하는 미국인은 전체의 12퍼센트에 불과하다.[10]

녹색소비자운동은 유럽에서 더 활발하게 진행되고 있다. 하지만 그곳에서조차도 한계는 존재한다. 날카로운 논평가이자 환경운동가인 조너선 포리트Jonathan Porritt는 이렇게 지적한다. 영국의 〈윤리적 소비 보고서Ethical Consumerism Report〉에 따르면, 2003년에 윤리적 제품과 서비스에 지출된 비용은 고작 90억 파운드로 시장에서 차지하는 비율은 미미했다. 포리트는 "오늘날 변화를 유도할 수 있는 다양한 잠재적 요인들 중에서 소비자가 가장 문제가 많다."고 확신한다. 왜냐하면 소비자 운동은 좋은 일을 만들어내는 일보다 나쁜 일의 발생을 막는 문제에 가장 효과적이기 때문이다. "전자보다 후자에 동원할 수 있는 소비자들이 훨씬 더 많다."

포리트는 다음과 같이 주장한다. "소수의 관심 있는 소비자들을 제외한 대부분의 소비자들에게는 환경을 파괴하는 활동과 상품이 훨씬 더 매력적으로 여겨진다. 대중의 소비 욕구에 불을 붙이는 '화려한 소비'라는 사치품 소비 부문에서는 환경친화적인 기술로는 국경을 넘나드는 부유한 중산층의 커지는 기대에 부응하는 속도, 패션, 변화, 다양성과 사치스러움을 겸비한 방대한 선택안을 제시하기 힘들 것이다. 좀 더 일상적인 대중 소비 부문에서도 쾌적함, 편리함, 낮은 가격과 같은 기존의 소비 기준을 버리고 환경이나 사회 기여도가 더 높은 제품을 구입하려는 소비자들은 아직까지는 극소수에 불과하다. 환경의 지속 가능성과 경제 성장을 동시에 추구하는 일이 기술적으로는 가능하다 하더라도 소비자들이 아직 환경보호를 내포하는 경제 성장을 선택할 준비가 되어 있지 않다."[11]

『아침의 붉은 하늘』에서 나는 이렇게 주장한 바 있다. "기본적인 욕구가 충족되면 사람들은 소비를 통해 즐거움을 얻고 고통을 피하고, 무엇보다 지루함과 단조로움에서 벗어날 수 있다. 소비는 자극적이고, 재미있으며, 빠져들 수 있고, 특징을 부여하고, 힘을 주며, 긴장을 풀어주고, 성취감을 주고, 교육적이고, 보상감을 맛보게 해 준다. 솔직히 털어놓으라면 나 자신도 돈을 쓸 때마다 진심으로 즐겁다는 사실을 고백하지 않을 수 없다."[12]

녹색소비자운동의 정착을 방해하는 근본적인 한계는 수없이 많다. 앞에서도 다른 관점에서 살펴보았지만, 선진적이고 좀 더 환경친화적인 소비로 인한 이익이 소비 자체의 증가와 심지어 소비주의의 강화로 소비자들의 주목을 끌지 못하는 점을 들 수 있다. 존 린토트John Lintott는 논문 〈더 많이 경제학Economics of More〉에서 "환경주의의 정착"은 환경친화적인 신상품을 도입하고 환경 정화와 관련된 산업을 일으키는 등 환경 문제로 이윤을 창조하는 문제라고 주장했다. "소비 욕구는 고사하고 소비를 줄이는 것은 결코 계획에 없다. 사람들은 그 이유 혹은 변명으로 소비를 줄이면 복지가 축소되므로 정책적으로 실행불가능이라고 한다. 물론 일부에서는 개선 효과가 구체적으로 나타나기도 하겠지만 결국에는 소비 사회와 더 큰 환경 피해를 초래하는 경향이 강화될 것이다."[13] 사회의 일각에서는 녹색제품이 유행일 때도 있었지만 환경친화적인 재화와 용역마저도 환경비용을 초래하고 처리량이 발생한다.

두 번째 한계는 개인의 소비 결정이 더 큰 문제에 직면할 때 골칫거리가 될 수 있다는 것이다. 마이클 마니아테스Michael Maniates는 이러한 결과를 명확하게 설명했다. "환경보호의 차원에서 소비 문제를 바라보려는 사람들에게 불쑥 두 갈래 길이 나타났다. 평탄한 길이 향한 미래는 환경에 바람직하지 않은 형태의 '소비'가 논란에 휩싸여 있다. 환경단체는 환경친화적인 제품을 사고 소비를 줄여야 하는 필요성을 시민들에게 열심히 '홍보'하지만 환경 문제에 대한 책임과 이 문제를 지배하는 힘은 여전히 애매하다. 환경 위기를 민간에게 알리며 소비가 '녹색'인 한 계속 소비를 하라고 격려하기 때문에 역설적이게도 소비는 계속 증가할 것이다. 그러므로 이 길을 따라가면 달라지는 것이 아무것도 없다. 나머지 길은 험난한 바윗길이 미래를 향해 꼬불꼬불 이어진다. 이 길을 따라 가면 환경에 관심 있는 시민들이 활발하고 생기 넘치는 토론과 대화를 통해 '소비의 문제'를 이해하게 될 것이다. 이들은 소비자 개인의 선택이 환경에 매우 중요한 영향을 미친다는 것을 알게 될 것이다. 그러나 선택에 대한 통제력은 제도나 정책의 힘으로 제한되고 형성되며 틀이 잡히는데, 이 힘은 소비자 개개인의 행동과 반대되는 시민의 단체 행동으로만 바꿀 수 있다는 사실도 깨닫게 될 것이다."[14]

녹색소비자운동을 방해하는 세 번째 문제점은 "반동효과(기술 발전으로 이용 비용이 감소함으로써 이용의 증가를 야기하는 현상)"이다. 반동효과는 다음과 같은 상황에서 발생한다. 예를 들어, 에너지 효율이 개선되어 광열비를 절약했다고 치자. 그러면 소비자는 절약한 돈으로 난방을 더 많이 하거나 전자제품을 더 많이 구입해 환경보호로 얻은 혜택을 오히려 훼손하게 된다.

마지막으로 환경친화적인 소비자를 조작하고 그 과정을 왜곡시킬 수 있는 가능성이 너무 높다. "그린워시Greenwash"는 이미 광고와 홍보 캠페인에서 일반적으로 사용되는 전략이다. 폴 호큰을 비롯한 여러 학자들은 환경이라는 옷을 입은 뮤추얼펀드 대부분이 그렇지 않은 것과 별반 다를 것이 없다고 지적한다.[15] 만약 녹색소비자운동에 관심이 많다면 이 점을 꼭 명심하라. '당신은 전문적인 마케터들의 표적이 될 것이며 그들은 너무나 영리하다.' 당신은 이미 표적인구집단이 되어 있다. 마케팅리더십위원회가 발행한 〈로하스LOHAS 그룹의 표적화 Targeting the LOHAS Segment〉에는 다음과 같은 내용이 나온다. "성인들 중에는 단순한 건강 원칙과 생태적 지속 가능성을 바탕으로 한 대안적 생활방식을 추구하는 인구가 많다. 이름 하여 로하스(the Lifestyle of Health and Sustainability, 건강한 생활방식과 지속 가능성)족에 속하는 사람들은 전반적인 건강, 환경보존, 사회정의, 개인적 성취감과 지속 가능한 삶 등에 높은 가치를 부여한다.

이러한 잠재력에도 불구하고 로하스족은 공략하기가 매우 까다롭다. 이들 대다수가 기존의 언론을 불신하고, 기업이 로하스족의 가치를 악용해 이윤을 올리려한다는 의심을 숨기지 않기 때문이다. 이번 이슈 브리프에서는 로하스족의 인구 및 사이코그래픽적 특성, 선호하는 의사소통 수단과 로하스족을 효과적으로 공략할 수 있는 기업 전술 등을 알아보았다."[16] 미국광고업계는 환경친화제품을 더 많이 팔 수 있는 방법을 알아내기 위해 노력을 아끼지 않는다.[17]

이러한 상황에서 녹색제품과 녹색소비자운동이 뿌리내릴 수 있는 장기적인 잠재력은 어떻게 될까? 모든 것은 정부의 태도에 달려 있다.

정부가 적극적으로 나오느냐 방관자로 머무르느냐에 따라 잠재력은 커질 수도 작아질 수도 있다. 예를 들어, 경제학자들(환경경제학자들과 생태경제학자들)이 주장하는 (에너지 효율 준수 조건과 대체 에너지 사용과 같은) 신기술을 활용한 더 직접적인 방안과 생산자 책임 활용제와 같은 방안을 정부가 실시할 경우 커다란 차이를 만들 수 있다. 명확하고 강제적인 준수 조건을 제정하고 모두에게 똑같이 공평하게 적용한다면 녹색소비자운동은 더욱 효과적이고 광범위한 지지를 얻을 수 있다. 하지만 소비자 개개인의 자발적인 선택이 거대한 변화의 물꼬를 트는 출발점이 될 것이라고 기대한다면 너무 무모할 것이라는 것이 시장의 의견이다.

몸집 줄이기

녹색소비자운동 외에도 매우 중요한 실천 분야가 있다. 바로 소비 진작이 아니라 감소를 위해 노력을 기울이는 것이다. 개인 소비 지출은 GDP의 3분의 2를 차지한다. 그러므로 환경을 위해 선진국에서 전체 소비를 줄여야 한다는 것은 처리량을 줄여야 한다는 것과 비슷한 의미를 지닌다.

소비는 비용이 들지만 이익도 있다. 시장 가격을 매길 수 없는 분야의 소비에 드는 총비용은 계산하기도 어렵지만 그런 것이 있는지 알아차리기도 힘들다. 그래서 과소평가되는 경우가 대부분이다. 대조적으로 소비의 이득은 즉각적이고 구체적이기 때문에 과대평가되는 경우가 대부분이다. 부분적으로는 막대하고 무척 정교한 마케팅 장치들 때문이다. 이러한 불균형은 과잉 소비를 조장한다.

하지만 소비에는 수확체감이 적용되어, 기본적인 필요가 충족되면 소비자는 싫증을 내게 된다. 그런데 상승하는 비용이 있다. 경제적 비용만 아니라 사회 및 환경 비용도 상승한다. 그래서 소비는 계속되다가 상승하는 비용이 한계지점에서 줄어드는 이익과 일치할 때 비로소 멈춘다. 우리가 비경제적인 성장을 할 수 있는 것처럼 소비자로서의 삶이 삶의 다른 분야에 너무 깊이 개입한 영역인 과잉 소비도 할 수 있다. 미국은 멈춰야 할 지점을 이미 지났다. 물론 다 그런 것은 아니지만 일반적으로 그렇다.

6장에서 이미 살펴보았듯이 시장을 기반으로 한 소비가 반드시 인간의 행복과 삶의 만족도를 높여주는 것은 아니라는 연구가 쏟아지고 있어 그나마 다행이다. 그래서 이중효과double dividend의 가능성도 기대할 수 있다. 만약 오늘날의 과잉 소비가 사람의 정신과 환경에 피해를 준다면 덜 소비함으로써 우리의 삶과 환경의 질을 개선할 수 있다. 하지만 여전히 도처에서 사람들은 소비라는 강력한 꿈에 취해 있거나 중독되어 있다. 말 그대로 코가 꿰인 것이다. 소비를 줄이고 소비와 물질만능주의의 영향을 덜 받는 방법을 탐색해보기 전에 먼저 우리는 어떻게 그리고 왜 소비와 물질이라는 강력한 힘에 단단히 발목을 잡히는지부터 알아보아야 한다.

현대의 소비만능주의의 근원은 《산업생태학 저널Journal of Industrial Ecology》 2005년호에 팀 잭슨Tim Jackson이 기고한 소비에 관한 논문에 잘 정리되어 있다.[18] 같은 주제를 다룬 자료는 많지만 잭슨은 네 가지 방향으로 분석을 전개했다.

첫째, 소비 문화를 사회적 병리학의 한 가지로 보는 시각이 있다. 톨스텐 베블렌Thorsten Veblen, 에릭 프롬Eric Fromm, 이반 일리치Ivan Illich, 티보 스치토프스키Tibor Scitovsky, 허버트 마르쿠제Herbert Marcuse와 어니스트 베커Ernest Becker 등이 대표적인 학자들이다. 잭슨은 이렇게 지적했다. "프롬은(1976) 현대인들의 삶에 만연해 있는 소외감과 수동성에 놀랐으며, 증가하는 소비 수준을 기반으로 한 경제체제에 그 책임을 물었다. 일리치는(1977) 진보를 부와 생필품에 대한 필요와 동일시하는 이데올로기를 공격했다. '부가 빠른 속도로 유례없는 규모로 늘어났음에도 그 수혜자들이 여전히 만족을 느끼지 못하는' 이유를 규명하려는 시도에서 스치토프스키는(1976) 소비 행동에 내재된 중독성과 소비가 인간의 복잡한 동기와 경험을 반영하기에 역부족임을 강조했다."[19] 보고된 행복 수준과 소득 증가를 결부지어 생각할 수 없음을 보여주는 수많은 연구 결과도 위와 같은 주장에 경험적 지지를 보태준다.[20]

팀 카서Tim Kasser 연구진은 물질만능주의의 근원을 소비와 물질적 가치를 신봉하는 사회 모델에 노출된 현실과 개인적 불안을 증가시키는 경험에서 찾는다. 악순환이 계속되고 있다. 개인적 불안과 사회적 압력으로 사람들은 점점 더 물질에 집착하게 된다(아, 우울해. 쇼핑이나 하자). 하지만 쇼핑을 해도 기본적인 심리적 욕구는 충족시킬 수 없다. 그에 대한 보상 심리로 더 많이 소유하려 든다. 소비는 증가하지만 개인의 행복은 아니다. 카서는 현대 자본주의가 개인의 불안감과 사회의 소비우선주의를 증가시키고 있다고 주장한다. 그러므로 자본주의는 물질만능주의를 촉진한다. 그는 물질적 가치에 집착하는 사람들일수록 광고에 취약하고 환경보호에는 더 관심이 없다는 사실도 지적했

다.[21]

　"물질만능주의는 행복에는 독이다." 에드 디너는 이렇게 믿는다.[22] 하지만 물질만능주의는 미국에서 더욱 확산되고 있다. 미국교육위원회가 대학 신입생 250만 명을 대상으로 한 조사에서 "경제적으로 매우 부유한 삶"을 무척 중요하게 여긴다고 생각한 신입생의 비율은 1970년대부터 증가하기 시작하더니 1980년대에는 40퍼센트에서 74퍼센트로 훌쩍 뛰었다. 반면 "의미 있는 삶의 철학을 키우는" 것이 매우 중요하다고 응답한 신입생의 수는 급격하게 감소했다.[23]

　『죽음의 부정Denial of Death』을 비롯한 여러 책에서 어니스트 베커는 우리 모두가 죽음을 부정하고 죽을 운명을 초월하려고 애쓴다고 주장한다. 자식을 낳고, 학생을 키우고, 책을 읽거나 신앙에 의지하는 사람도 있지만 대부분은 물질과 부와 권력을 탐하는 데서 죽음을 잊으려한다. 이런 관점에서 본다면 소비에 대한 집착은 죽음의 공포를 통제하려는 병리학적 현상으로 보아야 할 것이다.[24] 퍼시 비시 셸리Percy Bysshe Shelley는 「오지만디어스Ozimandias」에서 부와 권력으로 죽음을 부정하는 것이 얼마나 허망한 것인지 잘 보여준다.

　　나는 고대의 나라에서 온 나그네를 만났네.
　　그는 내게 이런 이야기를 들려주었네 :
　　몸통이 없는 거대한 돌다리 두 개가 사막에 서 있다.
　　다리 근처 모래에는 부서진 두상이 묻혀 있는데,
　　찡그린 표정, 주름진 입술과 싸늘한 멸시가 담긴 조소는
　　조각가가 그 격정을 얼마나 잘 포착했는지 말해줄뿐더러

생명 없는 물체에 각인되어

그 격정을 비웃은 손과 그 격정을 키운 심장보다

더 오래 살아남았다.

그리고 받침대에는 이런 글귀가 새겨져 있다.

'내 이름은 오지만디어스. 왕 중의 왕이니라,

너희 위대한 자들이여, 나의 업적을 보고 절망하라!'

거대한 폐허의 잔해 주변에는 아무것도 남아 있지 않다.

외롭고 평평하게 끝도 없이 뻗은 황량한 모래사막밖에는.

심리학자들은 원래 사람들이 안전감을 느끼기 위해 "눈에 띄기"와 "조화 이루기"를 활용하도록 되어 있다고 주장한다. 그런데 소비는 이 두 가지 목적에 잘 맞는다. 자본주의와 물질만능주의 문화는 재산과 재산의 과시를 통해 이 두 가지를 강조한다. 이러한 문화 속에서 평형추는 공동체에 속하기, 사회적 연대감과 자연과의 교감 등을 통한 "조화 이루기"에서 점점 멀어진다.

소비자 행동을 진화적 적응으로 분석하는 학자들도 있다. 진화심리학에서는 소비에 대한 애착이 인류 조상의 유전적 성공에 핵심이었다고 믿는다. 이들은 특히 인간이 이성과의 관계에서 자신을 과시하고 지위, 권력과, 사회적 지위를 확립하려고 애쓰도록 조건화되어 있다고 주장한다. 가시적인 소비 행태는 이러한 욕구를 충족시킨다. 사람들은 "지위재Positional goods"를 통해 자신의 경쟁 상대가 될지도 모르는 사람에게 자신의 지위를 더 잘 과시할 수 있다. 물론 광고주들은 이 사실을 너무나 잘 알고 있다. 성sex이 팔린다.

소비 지출의 대부분이 실제로는 사회적 관습과 기업의 조작에 매여 있다는 사실을 주장하는 학자들도 있다. 이들은 이러한 소비를 베블런r. Veblen의 "화려한 소비inconspicuous consumption"와 대조하기 위해 "무미건조한 소비conspicuous consumption"라고 부른다. 모기지morgage가 그렇고 건강보험이 그렇다. 교육과 에너지 가격도 그렇다. 이들의 주장에서 병리적 현상은 개개인이 아니라 매일매일 일어나는 선택의 제도적 틀 안에 있다.

마지막으로 소비재의 상징적인 역할에 주목한 연구자들도 있다. 우리가 소유한 재산이 우리에게 정체성과 의미를 부여한다는 것이다. 재산은 우리 자신과 타인에게 강하게 어필한다. 잭슨은 이렇게 주장한다. "이 거대한 연구에서 배울 수 있는 가장 중요한 교훈은 비교적 명확하다. 즉, 우리가 물질적인 상품을 중요시하는 것은 그것들의 기능 때문이 아니다. 그것들이 우리 자신뿐만 아니라 타인에게도 (우리 자신과 우리의 삶, 사랑, 욕망, 성공과 실패를) 보여주기 때문에 중요하다. 물질은 단순히 사람이 만든 물건이 아니다. 상품은 우리에게 기능적인 편리함만을 제공하는 것이 아니다. 상품의 중요성은 설령 부분적이라도 개인적 · 사회적 · 문화적 의미를 중개하고 알려주는 상징적 역할에 있다."[25]

클라이브 해밀턴은 마가린의 마케팅에 대해 이렇게 설명했다.

"마가린을 마케팅 할 때, 해당 제품의 소비자 웰빙에 대한 기여도는 그 제품이 가진 물리적 특성과는 전혀 상관이 없다. 상품이 실제로 얼마나 쓸모가 있는지는 관계가 없다는 말이다. 왜냐하면 소비자는 빵에 발라먹을 것을 사는 것이 아니라 이상적인 가족 관계를 연상시키는 일련의 감정을 구입하는 것이기 때문이다. 복잡하고도 영악한 광고의 상징주의는 보는 이들로 하여금 다른 수많은 브랜드와 똑같은 저 식물성 버터가 정말 특별한 무엇, 우리가 정말 필요한 어떤 것을 준다고 믿게 하도록 만들어졌다. 사회가 붕괴하는 이 시대의 소비자들은 가족의 온기를 절실히 필요로 한다. 그래서 파블로프의 개처럼 사람들은 무의식적으로 연상을 한다. 충족되지 못한 감정적 욕구와 무의식적인 연상은 마케팅 사회를 떠받치는 쌍둥이 기둥이다."[26]

그런데 문제는 이것만이 아니라는 것이 이미 밝혀졌다. 마가린 생산자들은 자신들이 파는 트랜스 지방이 인체에 미치는 영향을 지금까지 무시해왔다.

소비에 도전하기

소비를 바라보는 학자들의 주장은 다 일리가 있다. 지금까지 살펴본 이유들 때문에 소비에 대한 애착은 강력할 수밖에 없다. 그렇다. 강력하다. 그렇다고 난공불락일까? 소비라는 요새를 공격하기는 쉽지 않겠지만 결코 함락할 수 없는 것은 아니다.

이렇게 생각해보라. 사회병리학파가 강조했듯이 현대의 소비는 사회와 심리적 요구를 충족시키지 못하고 있다. 만약 그 반대라면, 즉 여분의 소비가 정말 삶의 만족도와 행복을 증진시킨다면 우리는 심각한 환경 문제에 직면할 것이다. 하지만 이 가정은 참이 아니다. 게다가 광고라는 점토로 만들어져 쉼 없이 바뀌는 정체성이 얼마나 천박한지 깨닫는 사람들이 점점 늘고 있다. 사람들은 더 진실하고 오래 지속되며 진짜인 뭔가를 찾고 있다. 가끔 엉뚱한 곳을 뒤질 때도 있겠지만 어쨌든 노력은 이미 시작되었다. 사람들은 무의미한 경쟁에 넌더리가 나고 '이웃'에 뒤지지 않으려고 기를 쓰는 것도 질렸다. 『부자병Affluenza』이라는 책에는 재미있는 이야기가 나온다. "당신은 지금 TV를 보고 있다. 정규 방송 중에 갑자기 화면이 순간 까맣게 변하면서 속보가 방송되기 시작한다. 화면에는 멋진 고급 자동차들이 앞쪽에 주차되어 있는 으리으리한 저택이 나타난다. 저택 바깥에는 군중들이 모여 있다. 근사하게 차려 입은 네 가족이 계단에 서서 활짝 웃고 있다. 아이 한 명이 백기를 들고 있다. 기자가 다급한 목소리로 상황을 전하기 시작한다. '지금 '이웃'의 저택에 와 있습니다. 지금껏 우리가 지지 않으려고 기를 썼던 바로 그 가족입니다. 그런데, 이제 그럴 필요가 없습니다. '이웃'이 항복을 선언했기 때문입니다. 잠시 이 가족의 말을 들어보도록 하겠습니다.' 화면은 지친 표정의 이웃 '안주인'과 그녀의 어깨에 손을 얹고 있는 남편을 비춘다. 안주인의 목소리는 갈라져 있다. '이건 무의미한 짓입니다. 우리는 더 이상 사람들을 만날 수 없습니다. 우리는 개처럼 일만 합니다. 우리는 항상 아이들을 걱정하느라 바쁘고 빚이 너무 많아 몇 년 동안 갚아도 다 못 갚습니다. 이제 관두겠어요. 그러니까 여러분들도 우리에게 뒤지지 않으려고 애쓰지 마세요.' 저택 앞에 모인 군중들이 소리를 지른다. '그럼 이제 어떻게 할 생각인가요?' '우리는 더 적게 가지고도 더 잘살 수 있도록 노력할 생각입니다.' 안주인이 대답한다. '그렇게 될 겁니다. 이웃이 항복했습니다. 광고 후 다시 전해드리도록 하겠습니다.' 기자가 말한다."[27]

삶의 에너지를 엉뚱한 곳에 쏟고 있음을 깨닫는 사람들이 점점 늘고 있다. 지금까지 우리의 욕망, 불안감, 자신의 가치와 성공을 과시하고 싶은 욕구, 조화를 이루고 점점 더 튀고 싶은 마음을 큰 집, 비싼 차, 온갖 가전제품과 비싼 휴가와 같은 물질적인 것에 맞추었다. 하지만 "인생에서 가장 좋은 것은 자유"라거나 "돈으로는 사랑을 살 수 없다."는 사실들을 깨닫지 않을 수 없었다. 우리는 시장이 공급할 수 없는 소중한 것들, 인생을 정말 가치 있게 만들어주는 것들을 무시하고 있다. 그것도 뻔히 알면서 말이다. 우리는 인생을, 개인과 사회적 자율을, 그리고 자연마저도 모두 도려내고 있다는 것을 느끼고 있다. 만약 우리가 지금 눈을 뜨지 않으면 되돌아갈, 우리 자신과 지금껏 무시되었던 사회와 만신창이가 된 세계를 회복할 기회마저 사라지리라는 것을 알고 있다. 왜냐하면 우리가 지금 조심하지 않으면 돌아갈 곳도 회복할 것도 아무것도 남지 않을 것이기 때문이다.

우리는 이런 가능성에 벌벌 떨고 있다. 우리는 현실을 부정하거나 잊기 위해 가장 좋은 순간을 꿈꾸기도 한다. 어떤 조사를 보면 응답자의 83퍼센트가 이 사회가 추구하는 우선순위가 잘못되었다고 대답했다. 미국이 소비에 집착하고 있다고 대답한 응답자도 81퍼센트나 되었다. 응답자의 88퍼센트는 미국 사회가 너무 물질적이라고 대답했고, 74퍼센트는 과도한 물질만능주의가 환경에 피해를 준다고 대답했다.[28] 이 자료가 믿을 만한 것이라면 우리는 새로 시작할 든든한 기반을 확보한 셈이다.

서점에 가보면 "인생을 되찾는" 방법, "풍요의 시대에 영적 굶주림을" 채우는 방법, "자연결핍증후군"을 극복하는 방법, 더 단순하고 더 느리게 사는 방법 등을 가르쳐준다는 책들로 가득하다. 인터넷에는 환경친화적인 생활, 다운시프트, 지구를 보호하고 지구 온난화를 막는

법 등을 가르쳐준다는 웹사이트가 넘쳐난다.[30]

내가 아직도 신뢰를 보내고 있는 기업인 파타고니아Patagonia의 말에 귀를 기울이라. 이 회사의 CEO인 이본 취나드Yvon Chouinard는 이렇게 말한다. "이 셔츠가 필요 없으면 사지 마세요. 풍요의 경제에서는 충분합니다. 너무 많지도 적지도 않고 충분합니다. 무엇보다 중요한 일들을 할 시간은 언제나 충분하다는 사실이 가장 중요합니다. 인간관계, 맛있는 음식, 예술, 게임과 휴식을 즐길 시간 말이죠. 미국인들은 대부분 풍요롭다고 생각되는 환경에서 살고 있습니다. 우리 주변의 모든 것이 풍요롭습니다. 하지만 이것은 환상일뿐 현실이 아닙니다. 우리가 사는 경제는 '충분하지 않아'가 트레이드 마크입니다. …(중략)… 풍요의 경제에서는 야생 연어를 살던 강에 풀어줍니다. 나무는 자랄 수 있을 때까지 자랍니다. 물은 깨끗합니다. 이 세상은 다시 신비로움과 마법으로 가득합니다. 우리 인간은 분수에 맞게 삽니다. 무엇보다 우리가 가진 것을 즐길 여유가 있습니다."[31]

소비주의와 상업화에 반기를 드는 사람들이 점점 증가하고 있다.[32] 이들은 우리에게도 새로운 삶의 방식과 투쟁에 동참하자고 손을 흔든다. 그들은 이렇게 말한다. 소비에 대항하세요. 충분함을 즐겨보세요. 일은 줄이세요. 시간을 되찾으세요. 모두 당신이 이미 가지고 있는 것들입니다. 기술은 버리세요. '쇼핑 안 하는 날'에 동참하세요. 아무것도 사지 마세요. 광고도 보지 마세요. 명상을 하고 즐거움을 만끽하세요. 자연에서 사세요. 자연이 무럭무럭 자라도록 내버려두세요. 과잉소비를 멍청하고, 낭비이며, 겉치레로 여기는 사회적 분위기를 만드세요. 광고 없는 구역을 만드세요. 현지 제품을 구입하세요. 슬로우 푸드를 드세요. 인생을 단순하게 사세요. 가진 것을 버리세요. 느리게 사세요. 동네 화폐를 만드세요. 소비자가 운영하는 조합을 만드세요. 우리 모두 미국을 되찾아요.[33]

웬델 베리Wendell Berry의 "선언문"에 서명하세요.[34]

그들은 당신이 뭔가를 사기를 원하면 당신을 부를 것이다.

그들은 당신이 이윤을 위해 죽기를 원하는 때가 되면 당신에게 알려줄 것이다.

그러니 동지들이여, 매일 계산할 수 없는 뭔가를 하라. 신을 사랑하라.

세상을 사랑하라. 공짜로 일하라.

가진 것 전부를 없애고 가난뱅이가 되라.

사랑받을 가치가 없는 사람을 사랑하라.

정부를 비난하고 깃발을 품어라. 그 깃발이 상징하는 자유로운 공화국에 살기를 희망하라······.

세상의 종말을 기원하라. 웃으라.

웃음은 헤아릴 수 없는 것. 모든 사실을 다 알더라도 기뻐하라.

여자들이 권력을 위해 치사하게 굴지 않는 한 남자보다 여자들을 더 대접하라.

자문하라 : 아이를 낳는 것에 만족하는 여자를 이것으로 만족시킬 수 있을까?

군인과 정치꾼들이 당신 마음의 움직임을 예측할 수 있는 순간

마음을 잊어라. 그 마음을 당신이 결코 가지 않았던 길, 거짓된 흔적을 표시하는 표지판으로 내버려 두어라.

필요한 것보다 더 많은 흔적을 만들면서

그중 몇 개는 엉터리로 표시하는 여우처럼 굴어라.

부활을 살라.

8장

기업
근본적인 역학을 변화시키는

기업은 자본주의라는 무대의 주인공이다. 기업은 자본주의와 우리 시대에서 가장 중요한 제도이다. 만약 자본주의가 성장 기계라면 기업은 성장을 담당한다. 자본주의가 환경을 파괴한다면 기업은 파괴의 대부분을 담당한다. 미국에서 성장과 자본주의를 비난하는 사람은 거의 없다. 이와 달리 기업은 집중 포화의 대상이다. 그들은 오래전부터 사회비평가들의 공격 대상이었다. 물론 그럴 만한 이유가 있었다.

기업도 좋은 면이 있다. 좋은 일도 많이 한다. 기업이 없었다면 티보 TiVO도, 하이브리드카도, 내가 산 광전지 에너지 장치는 누가 만들었겠는가. 기업 덕분에 이런저런 정보도 얻고, 은행 업무도 하고, 혈압약도 사 먹을 수 있다. 이처럼 우리를 편리하게 만들어준 것에 대해서는 감사한다. 게다가 오늘날에는 환경친화적인 경영을 하는 기업들이 많아졌다. 1970년만 해도 나는 학생들에게 환경에 관한 분야에서 일해보라고 충고할 생각이 없었다. 지금은 사정이 달라졌다. 하지만 여전히 환경이 큰 위기에 처해 있으며, 기업이 막강한 세력을 등에 업고 있는 세상에서는 뭔가 대단한 변화가 이루어지지 않으면 안 된다.

현대 기업

현대적인 형태의 기업은 비교적 최근인 19세기 중반에 등장한 제도이다. 하지만 등장하자마자 급속도로 성장하기 시작했다. 기업(법인)은 미국 회사의 20퍼센트에 불과하다. 회사는 대부분 개인기업과 합명회사이다. 하지만 기업 부문은 미국의 회사 수익의 85퍼센트를 차지한다. 전 세계적으로 보자면 가장 큰 기업 1천 개가 세계 생산의 80퍼센트를 담당한다. 기업에는 몇 가지 특성이 있는데, 이 특성들이 기업 행동에 지대한 영향을 미친다.

1. 소유권과 경영권의 분리. 기업은 주주들의 소유다. 하지만 기업의 경영은 주주들이 고용한 경영진이 맡는다. 오래전 아담 스미스는 경영진은 "다른 사람들의 돈을 관리하는 사람들이므로……. 이들이 자신의 돈을 걱정하는 만큼 타인의 돈을 돌볼 것이라고 기대할 수 없다."고 했다.[1]

2. 유한 책임. 개인기업과 합명회사와 달리 기업의 소유주는 투자금을 잃을 수도 있다. 하지만 손해라면 그것뿐이다. 소유주인 주주들은 개인적으로 회사의 채무자들에게 책임을 지지 않는다. 유한 책임은 기업이 정부당국의 설립 허가를 받아야 하는 이유이다. 미국의 경우는 주정부이다. 그

리고 허가를 해준 당국은 기업을 감독하고 규제할 권리가 있는 이유이기도 하다. 물론 실제로는 그런 권리를 제대로 행사하지 않지만 말이다.

3. 인간적 특징. 기업이 개인의 권익을 보장하기 위한 헌법 조항의 보호를 받는 '사람'이 되었는지에 관한 이야기는 흥미진진하다. 1886년 '산타클라라 주 vs 남태평양 철도회사'의 대법원 판결에서 재판장은 최종판결에서 남태평양 철도회사에게 수정헌법 제14조의 보호를 받을 자격이 있다고 말했다. 판사의 이 발언은 이 사건에 대한 법정의 의견과 상관없이 판결이 아니라 사건에 관한 서기의 기록에 남았다. 그리고 나머지는 모두가 다 아는 사실이다. 비슷한 판결은 계속 이어졌다. 2007년 6월 대법원은 정치적 광고를 제한하는, 2002년 맥케인 페인골드 선거 자금법의 조항을 폐지했다. 그 근거는 이 조항이 기업의 수정헌법 제1조에 의거한 기업의 권익을 해친다는 것이었다. 2007년 2월에 대법원은 담배회사의 패소를 결정한 배심원단의 판결을 기각했다. 법원이 제시한 근거는 가혹한 손해배상은 헌법이 기업에게 보장한 '정당한 법의 절차'를 받을 권리를 침해한다는 것이었다.

4. "기업의 최고 이익" 원칙. 이 원칙은 기업법의 핵심을 이루는 것으로 경영진과 관리자들은 기업이 최고의 이익을 올리도록 노력할 의무가 있다. 이 말은 곧 주주들의 부를 극대화할 의무로도 해석할 수 있다. 주주중심주의 원칙은 기업이 사회를 위해 책임감 있는 제도로 변모하는데 가장 큰 장애물이다. 조엘 바칸Joel Bakan은 『기업The Corporation』에서 그 결과를 이렇게 설명했다. "기업은 자신에게 이로울 때만 좋은 일을 한다. 이것은 좋은 일을 더 많이 할 수 있는 기업에게 심각한 제약이 된다. …(중략)… 기업의 경영자들은 대부분 선하고 도덕적인 사람들이다. 그들은 어머니이고 아버지이고, 연인이고 친구이며, 사회의 훌륭한 시민들이다. …(중략)… 하지

만 개인적인 품성과 목표가 뭐든 기업을 이끄는 경영진으로서의 의무는 명확하다. 언제나 기업의 최고 이익을 최우선에 놓고 다른 사람이나 다른 목적을 위해서는 결코 움직이지 않아야 한다.(하지만 기업의 이익을 높일 수 있다는 명분만 선다면 다른 사람이나 목적을 위하기도 한다.)"[3]

5. 비용의 외부화. 우리는 앞부분에서 자본주의 시스템에서 이윤의 극대화가 기업을 움직이는 막강한 동기라는 것을 알아보았다. 바로 위의 조항에서 살펴보았듯이 기업의 동기는 법적 지지를 받고 있다. 바칸은 이러한 동기 때문에 기업이 외연화된 기계externalizing machine로 변하는 과정을 설명했다. "그 어떠한 법률도 기업이 이기적인 목적을 추구하는 과정에서 남에게 행사할 수 있는 한계를 정해두지 않는다. 그래서 비용보다 이윤이 더 클 때는 남에게 해를 끼치는 한이 있더라도 이윤을 추구하게 된다. 오로지 자신의 이익에 대한 현실적인 관심과 토지법만이 기업의 포식자적 본능을 막을 수 있다. 하지만 이것만으로는 기업이 사람들의 삶을 파괴하고, 공동체에 해를 입히고, 결국 이 지구 전체를 위험에 빠뜨리는 일을 막을 수 없을 때도 있다. …(중략)… 기업이 무자비하고 법적으로 보장된 자기 이익 추구의 결과 사람과 환경에 발생하는 모든 나쁜 일을 경제학자들은 외부효과라고 부른다. 말 그대로 다른 사람의 문제라는 말이다. …(중략)… 기업에 내재되어 있는, 비용을 외부화하려는 강박관념은 온 세상에 만연한 사회와 환경 문제의 근본적 원인이라고 해도 과언이 아니다. 그러므로 기업은 무척 위험한 제도이다."[4]

기업자본주의의 주요 특성은 민주적 관리에 대한 제약이다. 기업과 시민이 파워를 놓고 줄다리기를 한다는 사실을 모르는 사람은 아무도 없을 것이다. 게다가 정치의 세계에서는 일반적으로 이 줄다리기는 결코 양쪽이 대등한 경기가 될 수 없다.

첫째, 기업 총수들은 정치에 엄청난 권력을 직접적으로 행사할 수 있다. 이를 위해 로비나 선거 자금 기부와 같은 다양한 방법이 존재한다. 1968년만 해도 워싱턴에서 활동하는 로비스트는 1천 명도 되지 않았다. 하지만 지금은 약 35,000명이 활동하고 있다.[5] 기업의 정치활동위원회Political Action Committee의 지출은 지난 30년 동안 거의 15배나 증가하여, 1974년에 1,500만 달러에서 2005년에 2억 2,200만 달러로 증가했다.[6] 1998~2004년에 워싱턴에서 이루어진 100대 로비 활동 중 92건은 기업과 기업의 동업자 단체가 한 것이었다. 로비 활동을 가장 활발하게 벌인 곳은 상공회의소였다.[7]

둘째, 기업은 여론을 형성하고 정책 토론을 이끌어낼 수 있다. 기업은 방송 매체를 소유하고 있으며, 심지어 공영방송도 기업의 기부금에 좌우되고 있다. 비싼 광고, 기업 지향 씽크탱크에 대한 지원, 자금 지원이 탄탄한 연구, 정책기업가policy enterpreneurs는 모두 기업의 무기이다. 기업의 경영진들은 이런 단체의 비영리 이사진에 들어가 기금을 모으는 데 큰 도움을 준다. 기업은 대학과 대학의 연구를 지원한다. 기업의 영향력은 클 수도 있고 미미할 수도 있지만 결코 사라지지 않는다.

셋째, 경제적 파워가 있다. 노동자들은 파업을 할 수 있다. 그것은 자본도 마찬가지이다. "기업 환경"이 적당하지 않다고 판단된다면 자본은 떠나거나 투자를 거부할 수 있다. 지역이나 국가가 기업의 투자를 끌어들여 성장하기 위해 혈안이 되어 있다면, 다른 지역과 경쟁을 벌여 기업의 이익에 도움이 될 것이다.

마지막으로 정보 접근의 불균형이 있다. 기업은 종종 자신의 이익을 위해 필요하다면 정부와 대중이 접근하기 어려운 정보를 감추기도 한다. 그 결과 기업은 지배적인 경제주체에 그치지 않고 지배적인 정치주체의 자리까지 차지했다. 도발적인 내용을 담은 유명한 책 『누가 미국을 지배하는가? *Who Rules America?*』의 다섯 번째 개정판 작업을 진행 중인 윌리엄 돔호프William Domhoff는 이 질문에 기업 공동체라고 대답했다. 그는 "기업의 소유주와 최고 경영진이 지배적인 파워 그룹으로서의 위치를 유지하기 위해 협력하는" 과정을 분석했다. "경쟁 관계에 있는 기업들은 불꽃 튀는 정책 충돌을 보여주기도 하지만…… 공통적인 부에 관한 정책을 위해 금세 협력한다. 가령 노조, 자유주의자들이나 강력한 환경주의자들이 정치적 도전을 해오는 경우 그들은 매우 끈끈한 협력관계를 보여준다."

돔호프는 "기업 공동체는 경제력을 정책 영향력과 정치적 접근으로 바꾸는 능력과 기업이 중산층의 사회 및 종교적 보수주의자들을 자신의 편으로 끌어들이는 능력을 활용해 연방 정부에 가장 중요한 영향력을 행사할 수 있다."고 본다. 그는 기업의 최고 경영진들이 계속해서 행정부의 고위직에 임명되고, 의회가 기업 전문가의 정책 권고사항을 경청하는 점을 지적했다. "경제력, 정책 전문성, 지속적인 정치적 성공이 결합하면 기업의 소유주와 경영진은 그 사회의 지배계급이 된다. 그런데 완전하고 절대적인 권력을 지닌 지배계급이라는 의미가 아니라 자신들이 아닌 다른 그룹과 계층이 활동해야 하는 경제 및 정치적 틀을 마련할 수 있는 권력을 차지하게 된다는 점에서 지배계급이다."[8]

지금까지 설명한 상황은 2007년 6월에 미국 상원이 포괄적에너지법안을 통과시키는 과정에서 여실히 증명되었다. 《뉴욕 타임스》는 법률 상정으로 자동차 업계, 정유사, 전기회사, 석탄 생산업자와 옥수수 농장 등 반목관계에 있던 분야의 기업들까지 합세한 거대산업단이 최대 규모의 로비전쟁을 시작했다고 전했다.[9] 결국 상원은 전통적인 타협안을 채택했다. 자동차 연비를 높인 기준을 채택하기는 했지만, 부분적으로 전기회사의 반대에 부딪혀 재생에너지 목표는 결국 달성하지 못했다.

기업과 세계화

수많은 기업이 거인으로 성장해 하나뿐인 지구에 대한 지배력을 넓혀가고 있다. 전 세계에서 가장 큰 경제권 100개 중에 53개가 기업이다. 엑슨Exxon 하나가 180개국을 합친 것보다 더 크다. 다국적 기업의 수는 1970년에 7,000개였지만 2007년까지 그 수는 63,000개로 늘었다. 이 다국적 기업들이 직접적으로 고용한 직원의 수는 약 900만 명이며 세계총생산의 4분의 1을 담당하고 있다. 바로 이 기업들이 경제의 세계화를 적극 추진하고 있다. 1975년에 세계 교역 규모는 3조 달러에 미치지 못했다. 하지만 2000년에는 5조 달러가 넘었다. 1975년 외국인 직접투자 규모는 2,000억 달러였지만 2005년에는 6조 달러가 넘었다. 2006년 OECD의 30개 회원국의 해외 직접투자 규모는 3조 달러가 넘었다. 해외 기업의 인수 합병 규모도 급격히 성장해 2000년에 1조 달러를 넘었다. 이렇게 세계 기업global corporation이 국가에 속속 등장하면서 다국적 기업을 대체했다. 마치 세계 경제가 국가의 교역 네트워크를 대체했듯이 말이다. 다국적 기업이 세계 환경에 미치는 영향력도 대단하다. 이들이 배출하는 온실가스가 전 세계 온실가스의 반을 차지할 정도이다. 전 세계에서 생산 및 가공되는 원유, 천연가스, 석탄의 50퍼센트를 이들이 장악하고 있다.[10] 세계화는 현재진행형으로 일어나는데, 그것은 곧 시장 실패의 세계화를 의미한다.

경제의 세계화와 세계 기업의 등장은 기업의 파워를 강화했지만 그 파워를 통제하는 능력은 오히려 약화되었다. 어떤 분석 결과를 보면, "방대한 자원과 기술력은 보유하고 있지만 국가에 대한 책임이 없으므로 기업은 느닷없이 발생한 도전이나 기회에 재빨리 반응할 수 있다. 국가 혹은 국제법, 생태적 이해 혹은 사회적 책임에서 벗어나 있기 때문에 이 자유가 엄청나게 파괴적인 활동으로 이어질 수 있다. 동시에 기업은 순발력과 자본과 자원에 대한 접근성을 활용해 스스로를 혁신하고, 재화와 용역을 생산하고, 세계적인 규모로 세계가 한 번도 경험하지 못한 속도로 파급 효과를 낼 수 있다."[11]

최근에 들려오는 기업에 대한 비판은 주로 다국적 기업과 세계화 과정에 집중되어 있다.[12] 존 카바나John Cavanagh와 제리 맨Jerry Mander 등 여러 저자가 쓴 『경제 세계화의 대안 : 더 나은 세상은 가능하다Alternative to Economics Globalization: A Better World Is Possible』에서는 저자들이 "기업 세계주의자"라고 부르는 사람들에 대해 일관된 비판을 가하고 있다.[13] 세계화에 관한 국제포럼International Forum on Globalization을 계기로 한 자리에 모인 저자들은 반세계화 운동을 이끄는 지성인들이다. 이들의 의견에 동의하든 아니든 간에 저자들은 무엇이 잘못되었고, 왜 환경이 위기에 처했는지, 환경을 위해 무엇을 해야 하는지에 대해 조리 있는 시각을 제시한다. 반세계화 운동을 바라보는 시각은 다양하다. 혼란스럽게 보는 이도 있고, 자기모순적이거나 무정부주의적이라는 의견도 있다. 나 또한 2002년에 나온 그들의 책과 다양한 저술을 읽어보았다. 하지만 그들의 의견은 앞의 평가와 전혀 맞지 않다. 그들의 의견 중에는 내가 동의하는 것도 있고 아닌 것도 있다. 하지만 그들의 실제 모습은 이상적이고 그건 그렇게 나쁜 것만은 아니다.

그들은 현대의 경제와 정치를 이루는 지배적인 구조를 집중적으로 공격한다. "2차 대전 종전 후 경제의 세계화를 뒤에서 조종한 진짜 세력은 수백 개의 세계 기업과 은행들로, 이들은 국경을 넘나드는 생산, 소비, 금융과 문화 네트워크를 점점 더 촘촘히 짜고 있다.

이러한 기업들은 지난 반세기 동안 국제 무대에 등장한 세계 기구의 지원을 받고 있으며, 그 결과 각국 정부, 사람 혹은 지구까지도 책임지지 않는 경제력과 정치력을 장악하게 되었다.

기업들은 산업혁명 이후 지구의 사회, 경제, 정치 질서를 근본적으로 다시 쓰는 작업을 진행 중이다. 그들은 엄청난 규모의 권력인 실질적인 경제력과 정치력을 국가, 주州와 지역 정부, 공동체로부터 세계 기업, 은행과 국제기구로 집중시키는 유례없는 작업을 진행 중이다.

세계화 설계의 첫 번째 규칙은 그 어느 때보다 빠르게 끝도 없이 기업경제를 성장시키는 것, 즉 하이퍼성장의 달성이다. 그리고 이 성장의 연료는 새로운 자원, 더 싼 노동력과 새 시장을 계속해서 찾아내는 것이다. …(중략)… 하이퍼성장을 달성하려면 이러한 성장 모델의 핵심적 이데올로기인 자유무역과 기업 활동의 규제 철폐를 달성해야 한다. 결국 기업 활동 확장에 방해가 되는 걸림돌은 최대한 많이 제거해야 한다는 것이다."[14]

환경 악화와 세계화 세력들 사이의 관계는 명확하다. "경제의 세계화는 본질적으로 환경에 해롭다. 왜냐하면 세계화가 증가하는 소비, 자원 개발, 폐기물 처리 문제를 수반하고 있기 때문이다. 세계화의 가장 주요한 특징 중 하나인 수출지향생산이 특히 환경오염의 주범이다. 이러한 수출로 인해 해외 수송이 늘었기 때문이다. (게다가) 수출을 위해 항만, 공항, 댐, 수로 등 고비용에 생태계에 피해를 주는 기간시설을 새로 건설해야만 한다."

스스로를 사회주의환경주의자social greens라고 생각하는 이들은, 현대 사회에서 경제력과 정치력이 분배되는 방식에 혁신적인 변화가 일어나지 않으면 부정적인 환경 변화를 막기 위해 우리가 할 수 있는 일은 별로 없다고 주장한다. 그러므로 세계화에 대한 비판도 본질적으로 정치적이다. "앞으로 인류의 행복은 사회 내부와 여러 사회들 사이의 권력 관계를 변모시켜 좀 더 민주적이고 서로 책임을 나누어지는 방식으로 인류의 문제를 해결하도록 만들 수 있느냐에 달려 있다."[15]

이를 위해 사회주의환경주의자들은 다양한 비전을 제시한다. "개인의 이익을 위해 기업의 세계화의 진로를 정하는 화려한 자리에서 만나는 기업세계주의자들과 민주주의의 이름으로 그들을 방해하기 위해 조직된 시민운동은 가치관, 세계관, 진보의 정의 면에서 철저히 다르다. 어떨 때 보면 두 집단은 완전히 다른 세상에 사는 것 같다. 사실 여러 면에서 실제로 그렇다.

시민운동은 현실을 매우 다르게 본다. 이들은 사람과 환경에 초점을 맞추기 때문에 이 세상이 문명의 구조와 종의 생존 자체가 위협받을 정도로 위기에 처해 있다고 생각한다. 불평등이 빠른 속도로 확대되고, 신뢰와 보살핌의 관계가 사라지고, 지구의 생명 유지 시스템이 망가지고 있기 때문이다. 기업세계주의자들이 민주주의와 활발한 시장 경제가 확산되고 있다고 보는 곳에서, 시민운동가들은 통치권이 사람과 공동체에서 금융 투기 세력과 세계 기업으로 옮겨가 사람들의 민주국가가 돈의 민주국가로, 스스로 움직이는 시장이 중앙집중화된 기업 경제로, 다양한 문화가 탐욕과 물질주의의 문화로 대체되었다고 생각한다."[16]

『경제 세계화의 대안』의 저자들과 이들에 동조하는 비판가들은 위와 같은 우려에 대해 다음과 같은 태도를 명확히 했다. 기업은 변혁의 주요 대상이 되어야 한다. "갓 시작된 21세기에서 세계 기업은 지배적인 제도적 권력으로 인간 활동과 지구의 중심에 서 있다. …(중략)…우리는 상장법인이자 유한책임회사인 세계 기업을 완전히 뜯어고쳐야 한다. 전 세대들이 왕정을 제거하거나 통제하기 위해 위대한 과업을 시작한 것처럼 말이다."[17]

이런 의견은 오늘날 기업자본주의를 향해 쏟아진 강력한 비판이다. 어조를 누그러뜨려도 강력한 비판이라는 핵심은 변하지 않는다. 물론 다른 비판도 많다.[18] 그렇다면 이제 기업을 길들이기 위해 무엇을 해야 할까? 기업을 환경을 파괴하는 세력이 아니라 보호하는 제도로 바꾸기 위해서 말이다. 앞에서 살펴본 권력 관계가 변하지 않는다면 과연 이런 노력이 승산이 있을까?

변화를 위한 노력은 세 가지 단계로 나눌 수 있다. 세 분야에서 이루어야 할 변화는 이전보다 훨씬 더욱 원대하다. 먼저 자발적인 기업의 변화를 유도하는 조치를 취해볼 수 있다. 다음으로 국내 및 국제적 수준에서 규제와 정부의 각종 관리 방안을 통해 기업의 책임을 증진시킬 수 있다. 마지막으로 기업의 속성을 바꿀 수 있다.

기업의 친환경화

먼저 기업의 자발적인 조치부터 살펴보자. 기업은 확실히 친환경적으로 작업하고 제품을 생산하기 위한 조치를 취하고 있다. 그것도 정부가 강제하지 않은 방식으로 말이다. 어떤 이들은 기업의 조치가 유례없는 수준이라고 한다. 환경단체들 덕분에 이러한 변화가 진행되고 있다고도 한다. 오늘날 경제신문에는 다음과 같은 기사들로 도배가 되어 있다.

《비즈니스 위크》, "친환경이 사업에도 좋다." (2006년 5월 8일)

《파이낸셜 타임스》, "기업들이 친환경의 이점에 눈뜨다." (2006년 10월 2일)

《뉴욕 타임스》, "이제 친환경이 대세다." (2006년 12월 28일)

친환경 트렌드를 이끄는 요소들은 많지만 그중에서도 결과를 예측하는 현실적인 태도가 가장 두드러진다. 현재 친환경 소비자들의 수는 계속 늘고 있다. 그러므로 '녹색green'은 기업 이미지와 브랜드 상품에도 이롭다. 《파이낸셜 타임스》에 따르면, "GE, 월마트와 유니레버 같은 기업들은 이미 적어도 시장의 부유층 고객들을 모으기 위해 자신들이 친환경기업임을 과시할 준비를 갖추었다. …(중략)… 영국의 식품 공급협회의 보고에 따르면, 일반 제품의 판매가 매년 4.2퍼센트씩 성장하는 반면 '윤리적' 상품의 판매는 매년 7.5퍼센트씩 성장하고 있다."[19] 《비즈니스 위크》는 2007년에 "세상에 대한 기여로 좋은 성적을 거두고" 있는 기업들의 이야기를 주요 기사로 싣기도 했다.[20]

새로운 해결책 지향 기술에 대한 수요도 증가하고 있다. GE의 윈드 머신wind machine 사업은 '에코메지네이션Ecomagination' 계열의 사업이 다 그렇듯이 호황을 구가하고 있다.[21] 다니엘 에스티Daniel Esty와 앤드류 윈스턴Andrew Winston은 2007년에 발표한 『그린에서 골드로Green to Gold』에서 이러한 발전을 소상하게 분석했다. "자연자원은 한정되어 있고 공해가 심각한 세상에서 기업은 환경에 대한 책임을 점점 더 깊게 통감하고 있다. 기업을 향한 압력은 과격한 생태주의자뿐만 아니라 전형적인 은행가들과 환경의 위기와 책임에 대해 현실적인 질문을 던지는 개인들 사이에서도 나오고 있다. 이 사회의 환경 문제를 해결할 방법을 제안하는 사람들은 자신들에게 쏟아질 잠재적인 비난을 잠재울뿐만 아니라 새로운 시장까지 확보하고 있다."[22] 공공정책과 규제의 위기에서 어떤 출구가 등장할지 제대로 예측하는 기업들은 경쟁을 선도하며 신상품과 서비스의 초기 시장을 선점하고 변화하는 환경에 필요한 제도적 노하우를 축적할 것이다.

에스티와 윈스턴이 지적한 대로, 비판가들과 정부의 규제를 저지하는 것도 한 가지 요소이다. 이 문제에 대한 기업의 우려는 일리가 있다. 최근에 20개국에서 진행된 설문조사 결과를 보면, 미국을 포함한 대부분의 국가가 환경을 보호하기 위해 더 강력한 규제를 선호했다. 20개국에서 더 많은 규제에 찬성하는 비율은 평균적으로 75퍼센트에

달했다. 미국인의 3분의 2가 주요 기업들의 영향력이 줄어들기를 희망했으며, 대기업을 "미국의 미래에 가장 위협적인 존재"로 생각한다는 미국인들의 비율도 지난 48년 동안의 설문조사에서 가장 높은 수치(38퍼센트)를 기록했다. 물론 큰 정부를 두려워하는 사람들은 더 많았지만 말이다.[23]

변화를 선도하는 또 다른 요소로는 "새로운 자본가"의 출현이다. 1970년에는 비교적 소수의 부유한 개인이 기업을 통제했다. 지금은 연기금이나 뮤추얼 펀드 등 수많은 펀드들이 미국 주식의 반 이상을 소유하고 있다. 1970년에는 그 비율이 19퍼센트에 불과했다. 이러한 제도적 투자가는 최고의 수익을 추구하지만 동시에 책임 경영과 지속 가능성 문제에 대해서도 자신들의 주장을 확고히 했다.[24]

경제, 환경, 그리고 사회가 세 축을 이루는 "지속 가능한 기업" 개념을 추구하는 기업의 트렌드를 반영한 "기업의 사회적 책임Corporate Social Responsibility"은 이미 유행어가 되었으며, 약어인 CSR도 잘 알려져 있다.[25] CSR은 비영리 기업 정책과 회 및 환경적 요소가 강한 영리 목적의 기업 정책을 모두 포함한다. 이 분야에는 자발적인 행동강령과 국내 및 국제무대에 적용하는 제품증명제가 급증하고 있다. 지구보고구상GRI, Global Reporting Initiative의 지속 가능성에 대한 기업의 보고에 관한 가이드라인, 친환경건축물에 대한 LEED 인증, 삼림과 수산물에 대한 인증과 환경마크를 발급하는 산림관리협의회와 해양자원관리협의회, 대형 은행에서 채택한 환경 성과 원칙들이 있다. 또한 UN 글로벌 컴팩트는 노동, 환경, 인권 문제에 대해 전향적인 기업행동을 이끌어내려 한다. ISO 14000 프로그램을 비롯해 다 열거할 수 없을 정도로 많다. 환경단체, 기타 비정부기구와 고용된 대학연구소들이 이런 제도들을 열심히 연구했다.

지구 온난화 위기도 기업이 친환경정책을 실시하고 다양한 변화를 시작하는 데 중요한 역할을 한 요소이다. 기업들은 국내와 국제적 규제가 점점 더 강력해지고 새 기준을 만족시킬 신상품이 쏟아질 것을 예견하면서 재앙의 전조를 읽었다. 기업은 이미 기후 문제로 촉발된 압력을 느끼고 있다. 투자자, 은행가, 보험회사에서 압력을 가하고 있다. 기업들은 기후 변화로 인한 피해에 책임을 지우려는 법적인 움직임이 이미 시작되었음을 알고 있다. 적어도 일부 기업 총수들은 기후 변화를 억제할 수 없는 세상이 기업의 활동에 매우 파괴적인 영향을 미칠 것이라는 사실도 알고 있다.[26]

기업의 친환경화를 이끄는 주체로 녹색소비자운동도 빼놓을 수 없다. 환경 문제가 환경과 금융에 가져올 위기를 걱정하는 대출기관과 투자자와 보험회사들의 압력, 비정부기구의 비난과 불명예 운동, 기존의 정부 규제와 국내외에 신설될 규제에 대한 전망, 기업의 입지를 향상시켜야 할 전반적인 필요성 등도 기업의 변화를 유도한다. 과거에는 상황이 단순했다. 정부가 규제를 하고 기업은 따랐다. 지금은 기업에 압력을 행사하는 이해관계자들이 복잡해졌다. 그들은 단순한 복종 외에도 더 나은 결과를 이끌어낼 가능성을 찾아냈다. 가령, 규제를 부르는 문제를 줄이는 것, 지속 가능성 시장을 위한 신상품, 정책과 정치 분야에서 더 나은 기업 행동과 같은 것들이다.

이제 기업 부문에서도 변화를 추구하고 있다. 하지만 이런 변화가 얼마나 확실하고 광범위하게 진행될 것인가? 기업의 자발적인 변화와

CSR에 대한 두 건의 연구가 그 가능성에 회의를 품게 한다. 버클리대 경영학 교수 데이비드 보겔David Vogel은 『기업은 왜 사회적 책임에 주목하는가Market for Virtue』에서 다음과 같은 결론에 도달했다.

"도덕의 수요에는 중요한 한계가 있다. 시장이 기업의 사회적 책임의 공급을 늘릴 수 있는 능력을 제한하는 것은 바로 시장 자체이다. CSR에 힘을 실어주는 사업방식도 있다. 하지만 그것은 수많은 지지자들이 생각하는 것보다 훨씬 덜 중요하거나 영향력이 미미하다. CSR은 일반적인 전략이라기보다 틈새로 가장 잘 이해된다. 즉, CSR은 특정 상황에 처한 특정 분야의 특정 기업에게만 사업성이 있다.

CSR은 시장자본주의의 장단점을 모두 지니고 있다. 한쪽에서는 기업이 새로운 정책, 전략 및 제품을 채택하도록 장려하면서 기업이 사회와 환경 분야의 혁신을 일으킬 수 있도록 자극한다. 그 결과 사회적 이득이 창출되고 경비 절감, 새로운 시장 개척 혹은 고용주의 도덕성 개선과 같은 성과를 올리기도 한다.

그러나 다른 한쪽에서는 CSR이 자발적이고 시장주도적이기 때문에 기업의 입장에서는 사업적으로 이득이 될 때만 CSR을 채택하려 들 것이다. CSR 덕분에 '일부' 기업들이 자신들의 경제활동의 '일부'와 관련된 부정적인 외부효과의 '일부'를 내면화하도록 유도할 수 있다는 사실은 이미 증명되었다. 그러나 CSR은 시장의 실패를 어느 정도 줄여줄 뿐이다. 민간이나 자기 규제의 효과를 떨어뜨리는 '무임승차'와 같은 기회주의적 행동들을 효과적으로 처리하기에는 역부족일 때가 많다. 정부 규제와 달리 CSR은 이윤은 거두지 못하지만 사회에 혜택이 돌아가는 결정을 내리도록 기업에게 강제할 수 없다. 대부분 CSR은 고결한 기업 행동에 드는 비용이 그리 높지 않을 경우에만 사업성이 있다."[27]

미래를 위한 자원의 경제학자들은 최근에 발표한 『현실 체크Reality Check』에서 미국, 유럽, 일본에서 장기간 연속해서 진행된 자발적인 환경프로그램의 결과를 평가했다.

"자발적인 프로그램이 기업의 행동에 영향을 미치고 환경에도 도움을 줄 수 있지만 제한적이다. …(중략)… 사례 연구자들은 환경이 대대적으로 개선된 확실한 증거를 단 한 건도 찾을 수 없었다. 그러므로 행동의 확실한 변화를 희망한다면 자발적인 프로그램이 도움이 될 것이라고 결코 말할 수 없다."[28]

신뢰할 만한 '그린green'

보겔 교수와 미래를 위한 자원의 경제학자들의 경고대로 CSR과 기업의 자발적인 참여를 너무 기대해서는 안 된다. 이 의견에 동의하는 사람들은 더 있다.[29] 환경 문제 해결의 관건은 기업의 친환경화를 이끌 수 있는 동기를 지속적으로 강화하는 것이다. 과거에도 미래에도 기업의 친환경화를 이끄는 주된 동력은 국내외 정부가 취하는 태도와 조치다.[30] 기업의 행동을 바꾸려면 정부는 전면적인 조치를 취해야 한다. 정부가 한시바삐 취해야 할 조치에 대해서는 이미 앞에서도 살펴보았다. 정부의 주요 표적은 물론 기업이다. 신뢰할 만한 친환경 기업은 법으로 강제해야만 한다. 아무리 좋은 의도를 가진 경영자라 할지라도 양심도 없는 기업과 경쟁을 해야 한다면, 바람직하지만 비용이 많이 드는 방침을 밀고 나가지는 않을 것이다. 정부의 환경 규제와 각종 단속은 국내의 중앙정부와 지방정부뿐만 아니라 국제적인 수준에서도 시행되어야 한다. 나의 전작인 『아침의 붉은 하늘』에도 전 세계 각국이 모여서 환경 협약과 의정서를 체결해야만 하는 필요성에 대해 언급한 바 있다. 당시 조속한 시행을 촉구했던 방안이 세계환경기구 World Environment Organization의 설립이었다. 최근 프랑스를 위시한 40개국이 지지를 표명하면서 이 주장에 큰 힘이 되고 있다. 그러나 안타깝게도 미국은 기구 설립을 즉각적으로 반대했다.

정부의 조치가 필요한 분야에는 엄밀히 말해 환경과는 관계가 없지만 꼭 필요한 것들이 있다.

1. 기업의 설립 허가를 취소하라. 회사법들을 보면, 대부분 기업이 공익을 크게 침해한 경우에 정부가 설립 허가를 취소할 수 있다는 조항이 들어 있다. 이 조항을 엄격하게 시행한다면 좋은 결과를 얻을 수 있을 것이다. 구체적으로는 정기적으로 공개 검토를 하거나 설립 재허가와 같은 방법이 있다.

2. 바람직하지 않은 기업을 퇴출시켜라. 이런 방법은 이미 인도에서 광범위하게 실현되고 있다. 농부와 소비자들이 주축이 된 "몬산토, 인도를 떠나라."와 같은 운동이 벌어지고 있다. 미국에서는 다양한 지역에서 월마트와 여러 거대 소매기업의 불매 운동이 벌어진 바 있다.

3. 한정 책임을 타도하라. 기업의 임원과 최고경영진은 기업의 중과실을 비롯한 막대한 실패에 대해 개인적으로 책임을 져야 한다. 경우에 따라 주주들도 함께 책임을 져야 할 것이다. 이렇게만 된다면 사람들은 어떤 기업

의 주식을 살지 신중하게 생각할 것이며, 경영진도 환경, 노동, 인권문제를 더 많이 생각하며 기업을 경영하게 될 것이다.

4. 기업에게 부여한 인간의 지위를 철회하라. 이미 미국에서는 이런 움직임이 서서히 나타나고 있다. 현지 기업의 권리 남용과 정당한 법의 절차와 수정헌법 제1조에 명시된 권리 요구로 촉발된 움직임이 펜실베이니아 주의 포터 파운쉽과 캘리포니아 주의 아카타에서 구체적인 행동으로 나타났다. 이 두 곳에서는 (비록 상징적이기는 하나) 법적으로 기업에 부여된 인간의 지위를 박탈해서 인간성을 부여한 헌법의 권리를 주장할 수 있는 능력을 박탈하는 조치를 통과시켰다. 연방대법원의 수많은 결정을 완전히 파기하는 것은 제쳐놓고라도, 기업의 말과 광고를 보호하는 연방대법원의 판결을 수정하는 것조차도 너무 늦었다.

5. 정경유착을 분쇄하라. 가장 좋은 방법은 공공재정으로 선거를 시행하는 것이다.[31] "깨끗한 선거"라는 명분은 점점 지지를 얻고 있다. 그 다음으로 정부와 기업의 유착을 제한하고, 정치권 임명자를 인준하는 과정을 철저하게 진행함으로써 양측의 이해가 상충할 때 더 엄격한 제한 조치를 취하는 것이다.

6. 기업 로비를 개혁하라. 환경경제학자 로버트 레페토는 이를 위해 몇 가지 조치를 한시바삐 실행해야 한다고 주장한다. "기업의 경영진은 사회적으로 큰 영향을 미치는 공공정책에 대해 이사회의 주주 대리인의 감독도 없이 주주의 돈으로 로비를 해야만 하는가?" 레페토는 자신의 논문에서 이렇게 질문하고 있다. "만약 공공정책에 대한 로비 활동이 기업 경영을 하기 위해 당연한 것이고 중요한 측면이라면, 이사진은 자신들에게 위탁된 '관리의 의무'의 일환으로 기업의 로비 활동과 입장에 대해 주주에게 통보하

고 감독을 받을 책임이 있다." 레페토는 기업 이사진이 기업의 정책 입장과 로비 지출을 감독하기 위해, 이사진은 대부분 "경제와 정치권에서 다양한 의견을 지닌 사외 이사들로" 구성되어야 한다고 주장한다.[32]

이러한 주장들이 주목을 받기 시작했다. 2006년에는 기업의 로비 활동에 대한 주주결의안 30건이 발의되었다. 연례 주주총회에서 주주 결의문은 평균적으로 21퍼센트의 지지를 획득했다. 이는 그 전해에 비해 2배나 높은 수치였다. 그 외에도 다루어야 할 문제는 종종 지저 분한 일은 동업자 조합들에게 시킨 채 말과 행동이 따로 노는 기업들 이다.

미래의 기업

위의 6개 사항이 큰 변화를 이끌어 낼 의제가 된다. 여기에 다른 사 항을 추가할 수도 있다. 가령, 증권거래위원회에게 금융과 환경에 관 련해서 매우 소상한 정보공개를 강제할 수도 있을 것이다.[33] 특정한 경우에 개인에게 책임을 지우거나 기업의 인격화를 폐지하는 조치들 은 변혁을 일으키기에 충분하기 때문에 마지막 세 번째 행동 범주로 넣을 수도 있다. 즉, 이런 변혁으로 기업의 속성 자체가 변할 수 있기 때문이다. 하지만 기업의 속성 중에서 현재와 미래를 위해서 반드시 바꾸어야 하는 것은, 기업이 자신의 이익만을 추구하며 주주의 부를 극대화하기 위해 노력해야만 한다는 법적인 의무이다. 바칸의 표현을 빌리자면, 기업은 반드시 "자신과 주주보다 더 폭넓은 사회 영역에 봉

사하고, 개선하고, 신뢰받을 수 있도록 재조직"되어야 한다.[34]

텔러스 연구소Tellus Institute의 알렌 화이트Allen White는 "주주 중심주의야말로 기업이 지금보다 더 공정하고, 인간적이고 사회에 도움이 되는 제도로 발전하는 데 방해가 되는 가장 큰 장애물"이라고 확신한다. 나도 그 점에 동감한다. 화이트는 이렇게 주장한다.

"자본 제공자에게 주어지는 특권과 기득권을 지킬 수 있는 현재의 법, 규제와 금융시장의 구조를 개혁해야 한다. 경쟁적 이익, 효율, 그리고 무엇보다 주주의 수익만을 추구하는 '승자의 문화'는 '지속 가능한 경제와 인간적인 사회'와 어울리는 기업문화가 결코 아니다. 이런 문화에서 나타나는 기업의 행동과 사회적 결과는 대중이 재계에 품고 있는 높은 불신감과 낮은 존경심에서 비롯한 것이다."[35]

화이트를 비롯해 여러 학자들이 기대하는 미래의 기업은, 기업이 창출한 부는 자원을 제공한 주주, 직원, 노조, 미래 세대, 정부, 소비자, 각종 공동체와 공급자들이 함께 노력한 산물이라는 생각을 바탕으로 설립되어야 한다. 각각은 자신이 보유한 자원을 일정 기간 기업에 제공한다. 그러므로 그에 대한 보답을 받을 권리가 있다. "기업을 여러 자원 공급자들의 수혜자로 보는 시각을 통해 주주 중심주의를 버릴 수 있는 대변혁의 길이 열릴 것이다. 이런 새로운 시각에서 보면, 자신의 자원을 기여해서 재화와 용역을 창출하도록 하는 다양한 구성원들은 결코 생산과정에 부차적이거나 없어도 되는 존재가 아니다. 오히려 이들은 기업의 이사진과 경영진에게 책임과 더불어 기업이 창출한 이윤을 요구할 권리가 있다. 그들은 단지 자본을 제공한 이들에 종속된 존재가 아닌 동등한 존재이다. 기업 속성의 재해석은 기업의 부의 분배 방법뿐만 아니라 경영, 설립 허가, 담보법에 대해 많은 점을 시사한다.

이전에는 규모, 성장, 이윤 극대화가 기업 본연의 상품이자 핵심적인 목표로 간주되었다. 그러나 새로운 기업의 원칙은 이와 다르다. 즉, 공익, 지속 가능성, 평등, 인간의 권익을 인정하고 존중하는 것과 같은 원칙을 신봉한다. 기업은 장소, 분야 혹은 규모와 상관없이 기업의 활동을 관리하는 세계적 규범을 따르는 풍요로운 다원주의에 일조한다. '기업은 다원주의를 포용해야만 한다'."

화이트는 기업의 미래를 이렇게 그리고 있다. (기업은) "전 세계, 국가와 지역에서 활동하고 규범과 능력을 지닌 다층적 구조로 변모할 것이다. 그리고 이 구조를 통해 시민권을 보호하고 기업을 민주적으로 관리할 수 있다. 기업이 지니고 있는 공공목적이 '더욱 부각되어야' 하고, 민주적 절차를 기업 경영의 최우선 원칙으로 만들 정책과 절차와 제도로 뒷받침해야 한다."[36]

이런 미래가 과연 가능할까? 물론 지금 당장은 화이트와 여러 학자들이 꿈꾸는 미래는 현재 미국의 정책으로는 불가능하다. 하지만 기업과 세계화를 향해 쏟아지는 불만은 지금보다 앞으로 더 증가할 것이다. 불만이 점점 커지다보면 언젠가는 수많은 기업 총수들이 덫에 빠져 당황한 채 우리들처럼 미래를 걱정하게 될 것이다.

이 시대가 직면한 위기 상황을 해결할 좋은 방법이 보이지 않는다는 말을 종종 듣는다. 하지만 이번 장에 변화를 이끌어낼 다양한 방안이 제시되어 있다. 다른 장에서도 마찬가지이다. 기업에 대한 불신과 이미 가시적으로 드러난 혼란을 바탕으로 변화를 요구하는 분위기가 형성되고 있다. 우리가 필요한 것은 변화의 기회이다. 위기로 치닫고 있

는 세계와 기업 행동을 통제하는 역학을 고려해 볼 때, 기회는 곧 나타
날 것이다. 그리고 시민의 요구가 얼마나 강력한가에 따라 기회는 생
각보다 빨리 우리 앞에 등장할 것이다.

9장

자본주의의 핵심

오늘날의 자본주의를 넘어서

　오늘날의 자본주의는 난공불락의 요새처럼 보인다. 마르크스의 사회주의, 사회주의의 비극적인 부산물들, 공산주의, 전체주의와 에두아르 번스타인Eduard Bernstein 등이 주장한 온건한 사회주의 등은 오늘날 완전히 사라졌거나 빠른 속도로 역사의 뒤안길로 사라지고 있다. 하지만 자본주의에 대한 도전의 역사도 길고 풍부하다. 아직도 그 역사는 한참이나 계속될 것 같다. 가르 알페로비츠Gar Alperovitz가 『미국, 자본주의를 넘어서America beyond Capitalism』에서 서술했듯이, "근본적인 변화, 즉 급진적인 체제 변화는 세계 역사에서 흔히 볼 수 있다."[1] 과거에도 그랬듯이, 자본주의는 계속 진화할 것이다. 그러다보면 완전히 새로운 종으로 진화할지도 모른다.

　로버트 헤일브로너Robert Heilbroner는 『자본주의의 본성과 논리The Nature

and Logic of Capitalism』에서 위대한 경제학자들 중에는 자본주의가 지금과 다른 형태로 진화할 것이라고 예상한 사람들이 많았다는 점을 지적했다. "자본주의의 수명을 정확하게 예측할 수는 없다. 그러나 언젠가는 소멸하거나 다른 사회질서로 대체될 것이라는 데는 이견이 없다. 애덤 스미스는 부의 축적이 '완전해'지는 정점에 달하면 자본주의가 길고 괴로운 몰락의 길을 걷게 될 것이라고 주장했다. 존 스튜어트 밀은 부의 축적이 멈추고 자본주의가 일종의 결사체주의 사회주의associationalist socialism가 들어설 무대가 되는 일시적인 '정체 상태'가 찾아올 것이라고 예측했다. 마르크스는 부의 축적 과정의 내부적 모순으로 생성된 위기가 계속 이어질 것이라고 예상했다. 이 위기가 닥치면 장애물이 제거되는 것 같지만 결국 자본주의 체제 내에서 생성된 긴장을 자본주의가 해결할 수 없는 순간을 앞당길 뿐이다. 케인스는 미래에는 '일종의 투자의 포괄적인 사회화'가 필요할 것이라고 보았다. 한편, 슘페터는 자본주의가 경영사회주의managerial socialsim로 진화할 것이라고 생각했다."2

미래를 바라보며

현대의 학자들 중에도 종국에는 자본주의가 종말을 맞이할 것이라고 예상하는 사람들이 많다. 적어도 지금 상태로의 자본주의는 사라질 것이라고 생각한다. 그렇다면 그들은 왜 그렇게 생각할까. 사무엘 바울즈Samuel Bowles 등이 쓴 『자본주의 이해하기Understanding Capitalism』에는 자본주의가 완만하게 몰락해가는 과정이 나와 있다. 저자들은 "과학과 기술의 발전이 자본주의라는 제도에 근본적인 변화를 몰고 오거나…… 질적으로 완전히 다른 경제 체제를 출현시킬 것"이라고 주장한다. "앞으로 몇십 년 동안 일어날 기술 변화와 인간이 자연환경에 미치는 영향의 급속한 증가로 인해 우리는 지금껏 경험하지 못한 위기에 직면할 것이다. 그런 점에서 특히 정보 혁명과 지구 온난화에 주목해야 한다."[3]

하지만 바울즈는 이 체제에서 필요한 변화가 반드시 일어난다고 생각할 수는 없다고 경고한다. "전 세계에는 현 상태의 자본주의 체제 하에서 부를 누리며 사는 사람들이 많다. 이들은 굳이 기득권을 잃을 위험을 감수하면서까지 정보 경제의 위기를 해결하는 데 더 적합할 새로운 제도적 구조를 실험한다거나, 자연환경에 미치는 인간의 침략을 통제한다거나, 국가들 사이의 빈부 격차를 해소하려는 노력을 기울일 것 같지 않다. 만약 기존의 엘리트 계급이 제도적 변화에 저항한다면, 역사 여행의 다음 역은 환경 위기로 촉발된 경제적 부조리가 만연하고, 가진 자와 그렇지 않은 자들 사이의 적대감이 커져가는 세상이 될 것이다."[4]

세계 체계 분석World System Analysis의 대부인 임마누엘 월러스틴Immanuel Wallerstein은 현대자본주의가 이 세상을 선택의 순간으로 몰고 가고 있다고 주장한다. "자본주의 세계 경제의 생존 능력에 최후의 일격을 가할 수 있는 값비싼 환경 대책들"과 자본주의의 속성인 끝없는 자본 축적과 성장으로 야기된 "각종 환경 재앙" 중에서 선택해야 할 것이다. "현 상황의 정치경제학은 현재의 딜레마를 해결할 적절한 방법을 찾지 못했기 때문에 역사적 자본주의가 위기 상황에 빠져 있으며, 생태 파괴를 해결할 능력이 없는 것은 자본주의가 안고 있는 유일한 문제는 아니지만 중차대한 문제임에 틀림이 없다." 월러스틴은 "현재의 역사적 체계는 마지막 위기에 봉착해 있다. 우리는 이 위기 다음에 무엇이 올 것인지 논쟁을 벌이게 될 것이다. 앞으로 25~50년 동안은 정치적 논쟁의 주요 쟁점이 될 것이다. 생태 파괴 문제는 유일한 논쟁거리는 아니더라도 핵심적인 주제이다."라고 확신하고 있다.[5]

정치이론가인 존 드라이젝John Dryzek의 분석도 대동소이하다. 바울즈와 월러스틴처럼 드라이젝도 환경 문제가 변화의 주요 동인이 될 것이라고 확신한다. "환경 문제는 세계 곳곳에서 발생하고 있으며, 그 정도도 심각하다. 그러므로 기존의, 혹은 학자들이 제안하는 정치경제 질서와 점진적이든 혁신적이든 제도적 개혁과정의 실효성을 확인하는 까다로운 시험이 될 것이 분명하다." 드라이젝은 자본주의, 이익집단 정치interest group politics, 관료주의 국가가 결합하면 "생태 문제에 관한 한 아무짝에도 쓸모가 없다."는 것을 증명할 뿐이며, "이런 무능력을 보충하려면 스스로 변화하려는 노력을 기울일 수밖에 없다."고 주장한다.[6]

드라이젝은 새로운 체제가 필요하다고 주장하면서도 다음과 같은 경고도 잊지 않았다.

"역사적으로 혁명의 결과는 혁명가들의 의도와는 동떨어진 것이 일반적이었다. …(중략)… 체제를 완전히 뒤바꿀 대단한 기회를 노리기보다 정치경제의 취약한 부분을 변화시킬 수 있는 가능성을 찾는 것이 더 현명하다. 그러한 가능성은 지배적인 구조와 그 구조의 명령에 단호하게 맞설 수 있는 곳이나, 지배 구조의 모순과 혼란 때문에 새로운 제도적 질서를 만들 수 없는 곳에 존재한다."[7]

드라이젝은 다양한 문제와 압제 하에 있는 그룹에서 단호하게 맞설 힘이 나올 것이며, 국가와 기업의 권력에 대항하는 것만이 자본주의의 변화를 이끌어낼 주요 힘이 될 것이라고 확신한다.

윌리엄 로빈슨William Robinson은 『글로벌 자본주의 이론*A Theory of Global Capitalism*』에서 글로벌 자본주의가 위기로 치닫고 있다고 주장했다. "21세기로 넘어가는 시점에서 글로벌 자본주의가 직면한 위기는 네 가지 측면을 지니고 있으며, 이들은 서로 관련되어 있다. 첫째, 과잉 생산 혹은 소비 부족(과잉 축적이라고도 부른다), 둘째, 전 세계적인 사회 양극화 현상, 셋째, 국가의 적법성과 정치적 권위의 위기, 넷째, 지속 가능성의 위기. 특히 네 번째 측면은…… 인류에 있어서 중대한 이론적, 역사적, 현실적 문제를 제기한다."[8]

로빈슨은 유기적 위기가 발생하면 근본적인 변화가 가능할 것이라고 주장한다. "유기적 위기란, 체제가 구조적(객관적) 위기와 적법성 혹은 헤게모니(주관적)의 위기에 직면한 상태를 말한다. 유기적 위기는 '그 자체로' 사회적 질서 내에 근본적이고 발전적인 변화를 이끌어낼 수 없다. 오히려 과거에는 사회적 붕괴, 권위주의, 파시즘을 낳았다. 유기적 위기가 '긍정적인' 결과를 낳는다고 하더라도, 우세한 패권을 지닌 실용적인 대안이 필요하다. 즉, 사회의 대다수가 실용적이며 바람직하다고 생각하는 기존의 질서를 대체할 수 있는 대안이 필요한 것이다." 로빈슨은 다음과 같은 결론을 내렸다. "글로벌 자본주의는 21세기 초에는 유기적 위기에 처하지 않았지만, 그러한 위기가 발생할 가능성은 1968년 이후 세기가 바뀌려는 이 시점이 그 어느 때보다

높다."⁹

　다른 학자들처럼 로빈슨도 전 세계에서 사회 운동과 저항 운동이 성장하면서 변화의 가능성 또한 증가한다고 확신하고 있다. 미국의 주류 언론들은 이러한 움직임이나 문제에 대해서는 별로 다루지 않는다. 그러므로 미국인 대다수는 이 세상에 어떤 일들이 벌어지고 있는지 알 길이 없다.¹⁰ 소위 "전 지구적 정의 운동global justice movement"에 동참하는 사람들은 매년 브라질의 포르투 알레그레Porto Alegre에 모여 스위스에서 열리는 세계경제포럼World Economic Forum에 대항하는 세계사회포럼World Social Forum을 개최한다. 여기 실린 2001년과 2002년의 최종성명문의 발췌문을 읽어보면 이들의 입장을 조금이나 알 수 있을 것이다.

　"우리는 인권, 자유, 안전, 고용과 교육을 받을 권리를 쟁취하기 위해 남반구와 북반구에서 모인 여자와 남자, 농부, 노동자, 실업자, 전문직 종사자, 학생, 흑인과 원주민들이다. 우리는 다국적 기업과 반민주적 정책으로 야기된 금융 헤게모니, 전통문화의 파괴, 지식의 독점, 언론, 통신, 자연과 삶의 질 파괴에 맞서 싸우고 있다. 포르투 알레그레에서 성취한 민주적 경험을 통해 우리는 실현 가능한 대안이 존재한다는 사실을 똑똑히 보았다. 우리는 금융과 투자자의 요구보다 인권, 생태권과 사회적 권리가 더 소중하다는 사실을 재확인한다."

　"사람들의 삶의 조건이 점점 하락하는 상황에 직면한 우리 전 세계의 사회운동가 수만 명이 포르투 알레그레에서 개최된 제2회 세계사회포럼에 참가했다. 우리는 우리의 연대를 파괴하려는 온갖 방해를 물리치고 이곳에 모였다. 우리는 다시 힘을 합쳐 신자유주의와 전쟁을 반대하는 투쟁을 계속하고, 지난 포럼에서 채택한 협정들을 확인하고,

새로운 세상이 가능하다는 사실을 다시 확인하기 위해 이곳에 모였다.

우리는 전 지구적인 연대운동이다. 부의 집중, 가난과 불평등의 확대, 지구의 파괴를 막기 위해 싸우겠다는 결심으로 연대했다. 우리는 대안 체제를 만들고 있으며, 창의적인 방법을 활용해 그 체제들을 발전시켜 나갈 것이다. 우리는 성차별주의와 인종차별주의, 폭력을 토대로 세워진 체제에 투쟁하고 저항하기 위해 거대한 연대를 구축하고 있다. 우리가 맞서 싸우는 체제는 사람들의 필요와 영감보다 자본과 계급의 이익을 더 우선한다.

이 체제에서 여자들, 아이들과 노인들은 굶주림, 열악한 의료상황과 죽지 않아도 되는 질병으로 죽어가며 힘든 나날을 보내고 있다. 가족들은 전쟁과 '개발'로 토지를 빼앗기고, 환경 재난으로, 실직과 공공서비스 붕괴 및 사회적 연대의 파괴로 정든 고향을 떠나야만 한다. 남반구와 북반구에서 삶의 존엄성을 수호하기 위한 열렬한 투쟁과 저항이 활발하게 벌어지고 있다."[11]

나는 아직 포르투 알레그레에 가보지 못했다. 하지만 내가 가르치는 학생들 중에는 세계사회포럼에 다녀온 학생들이 많아서 그들과 많은 이야기를 나누었다. 적어도 이 말은 나도 할 수 있다. 참가자들은 자신들의 슬로건을 실현하기 위해 진지하게 노력하고 있다. "다른 세계는 가능하다." 그들은 이 세상을 바꾸기 위해 진심으로 노력하고 있다.

알페로비츠는 미국이 "체제의 위기, 즉 현재의 정치경제체제가 옹호하는 가치와 현실이 충돌하기 때문에 현 체제가 서서히 적법성을 상실하는 시대"에 진입했다고 확신한다. 그는 대다수의 사람들은 이 상황을 제대로 인식하기 어렵다는 점을 인정하고 있다. 하지만 그는 새로운 사상과 제안들을 다양하게 검토하고 있다. 이 사상과 제안들은 "언론의 관심이 미치는 곳 바로 아래에서" 싹을 틔우고 있으며, "근본적으로 다른 정치-경제 모델을" 제안하기 시작했다. 알페로비츠는 이러한 체제 위기를 유발한 문제들 중에서도 "생태적 지속 가능성이 가장 두드러진다."고 생각한다.[12]

확실히 앞에서 거론한 학자들은 자본주의가 환경을 유지할 수 없다는 점이 미래에 직면할 가장 큰 위협의 하나, 아니 가장 큰 위협이라고 주장하고 있다. 이들은 모두 현재의 환경 위기가 이를 해결할 수 없는 기존의 질서체제가 적법성을 상실할 위기에 일조를 했다고 생각한다. 이들 중에 이 위기의 결과를 단정 지을 수 있다고 생각하는 사람은 아무도 없다. 실제로 최종적인 결과를 놓고 논쟁과 투쟁이 벌어질 것이다. 하지만 월러스틴의 말대로, 그 투쟁이 제시하는 전망은 "우리가 기대할 수 있는 최고의 것"이다.[13]

자본주의의 대안에 대한 논의가 안고 있는 큰 문제점은 특별한 대안이 없다는 것이다. 냉전 시대에는 대안으로 국가사회주의나 공산주의가 떠올랐다. 하지만 이들은 빠른 속도로 사라지고 있다. 오늘날 사람들에게 자본주의의 대안이 뭐냐고 물으면 자신의 의견이 있는 일부 사람들을 제외하면 십중팔구 아무 말도 못 할 것이다. 그러므로 텔어스 연구소가 지적한 것처럼 자본주의와 사회주의 내에 존재하는 다양한 경제체제를 검토해 볼 필요가 있다.[14] 자본주의 내에는 다양한 국가 경제체제가 존재한다. 이 체제에서 주요 변수는 경제의 우선순위와 사회적 조건을 결정할 때 정부의 개입 정도이다. 스펙트럼의 한쪽 끝에 위치한 앵글로 아메리칸 모델은 자유방임주의와 흡사하다. 여기에서는 시장이 국가를 지배하는 경향이 있다. 스칸디나비아를 비롯해 유럽 대륙에서는 사회민주주의자본주의가 다양하게 변형된 형태를 찾아볼 수 있다.[15] 사회적 민주주의 국가들은 자본 투자보다 공공의 통제에 더 힘을 쓴다. 또한 좀 더 포괄적인 사회프로그램을 마련해서, 최소 임금과 실업 급여 수준을 높이고, 해고로부터 노동자를 보호하고, 의료와 교육을 무상 혹은 최소 비용으로 받을 수 있게 하는 등 다양한 노력을 한다. 이런 나라에서는 시장과 국가가 파트너의 관계에 있다. 일본과 아시아 각국의 체제는 일명 국가자본주의이다. 이 지역에서는 경제에 정부가 강력하게 개입해 국가가 시장을 지배하는 경향이 있다.

자본주의도 여러 형태가 있듯이, 사회주의도 크게 두 가지 형태로 나눌 수 있다. 하지만 강력한 국유제를 실시한다는 점에서는 동일하다. 사회주의를 대안으로 생각한다고 해도 사회주의 국가로 회귀하고 싶어 하는 사람은 거의 없다. 민주적 시장사회주의 대안은 여전히 유럽에서는 정치적 담론이지만 성공을 거두지 못했다. 로렌스 피터 킹 Lawrence Peter King과 아이반 젤레니Ivan Szelenyi는 현 상황을 이렇게 요약했다. "새로운 사회주의 사상에 대해 이론적 관심이 다시 일고 있고, 다양한 사회민주주의 정당이 선거에서 승리하는 것도 사실이다. 하지만 사회주의 운동이 일어나려는 조짐이 없다는 사실을 우리는 확실히 알고 있다. 다양한 사상이 출현하고 있지만 이들을 현실로 바꿀 수 있는 정치적 세력이 현재로서는 없다."[16]

이제 중요한 문제는 사회주의의 미래가 아니다. 오히려 현재의 자본주의를 변화시킬 수 있는 새로운 '비사회적nonsocialist' 운영체제의 특성을 알아내는 것이다. 바로 이러한 새 체제를 클라이브 해밀턴은 자신의 저서 『성장 숭배주의*Growth Fetish*』에서 제시했다. 해밀턴은 새로운 체제에 생명을 불어넣는 것은 자본주의를 사회주의로 대체하려는 낡은 투쟁이 아니라고 주장한다. "자본주의라는 명칭은 생산과 사회조직의 원동력이 개인자본의 소유인 데서 유래했다. 한편 사회주의는 생산수단을 사회가 소유하기 때문에 사회주의라고 부른다. 지난 200년 동안 세계 역사를 규정하기 위해 경쟁하는 정치철학들도 가장 중요한 사회 문제가 물질적 부의 생산 및 분배 방식이라는 점에는 이견이 없다. 하지만 선진국은 이미 경제적 문제를 해결했기 때문에, 정치 논쟁과 사회 변화의 축은 생산 분야와 생산수단의 소유 형태에서 옮겨 가야 한다."[17]

해밀턴은 이렇게 주장한다. 정책은 "우선 행복의 근원을 제대로 평가함으로써 인간의 잠재력을 완전하게 실현하는 데 초점을 맞추어야 한다. '그러한 정책 프로그램이' 실행된다면 현재의 자본주의에 중대한 도전이 되겠지만 그렇다고 이것을 사회주의라고 할 수 없다. 이로써 공유제public ownership의 필요성을 재확인할 수 있지만 사유재산의 몰수를 주장하는 것은 아니다. 하지만 사회와 정부가 자본 소유자들의 목적이나 도덕적 주장에 특별한 의미를 부여해서는 안 된다고 주장한다는 점에서 반자본주의이다."

해밀턴은 현대의 "성장 숭배주의"에 대해 위와 같이 비판하고 인간과 환경을 행복하게 하는 원칙을 강화하자고 주장하면서, 현대 자본주의의 대안인 비사회주의의 중요한 특성을 명확히 밝혔다. "우리는 현대 이전 사회의 안전과 통합을 회복해야 한다. 그렇게 되면 노동과 삶, 사회와 공동체, 개인과 집단, 문화와 정치, 경제와 도덕이 다시 조화를 이룰 것이다."[18]

변화의 씨앗

최근에 미국의 유능한 사상가 두 명도 새로운 운영체제가 갖출 만
한 형태에 대해 관심을 가지기 시작했다. 바로 『미국, 자본주의를 넘
어서America beyond Capitalism』를 쓴 가르 알페로비츠와 『자본주의의 영혼
The Soul of Capitalism』을 쓴 윌리엄 그리더이다. 두 사람의 사상은 여러 면
에서 닮았다. 게다가 위의 두 책은 본질적으로 미국적이다. 두 사람은
낙관적이고 변화에 대해 구체적인 제안을 했다. 무엇보다 두 사람의
사상은 실제로 미국에서 일어나고 있는 일에 기반을 두고 있다. 흥미
롭게도 해밀턴의 의견에 동의하지 않는다는 점도 비슷하다. 이들은
여전히 자본의 소유와 기업이 중요하다고 보기 때문이다. 알페로비치
는 이렇게 주장했다. "체제의 변화에는 무엇보다 재산을 어떻게 소유
하고 관리하느냐의 문제들이 동반되기 마련이다. 재산이야말로 대부
분의 정치경제에서 실세가 활동하는 영역이기 때문이다."[19] 하지만
이러한 의견 차이는 실제보다 더 뚜렷할지도 모른다. 해밀턴이 비난
하는 것은 낡은 자본주의 대 사회주의의 논쟁의 연속이지 재산의 소
유와 관리를 확대하며 시민의 요구에 더욱 민감하게 반응하는 혁신적
인 조치들이 아니다.

두 사람은 이미 오늘날의 자본주의 체제에 변화의 씨앗이 뿌려졌다
고 본다. 게다가 이 씨앗이 자라서 체제를 변화시킬 수도 있다고 확신
한다. 그리더의 주장을 살펴보자. "미국의 자본주의를 재창조한다는

발상은 억지스럽게 들린다. …(중략)… 게다가 기존의 사상을 지배하는 시장 중심의 정설을 고려한다면 가능한 것 같지도 않다. 그럼에도 불구하고 미국인들 중에 산발적으로(의도를 대대적으로 발표하는 일은 없지만) 이런 사상을 실현하기 위해 노력하는 사람들이 많다. 이들은 한정된 지역을 대상으로 실험을 하며 (체제가 운영되는 방식을 이리저리 고쳐보면서) 자본주의의 대안으로 유토피아적 체제가 아니라 더 광범위한 목적에 도움이 되는 이기적이고 실용적인 변화가 가능할 것이라고 확신하고 있다. 이러한 접근 방식은 현재 '큰 정치'와 '큰 기업'들이 몰두하고 있는 일과는 꽤 동떨어져 보인다. 하지만 과거 미국에서 사회의 가장 뿌리 깊은 개혁은 주로 이런 접근 방식에서 출발했다."[20]

오랫동안 미국 정치를 관찰해 온 그리더는 워싱턴이 거대한 변화를 이끌 가망이 없다고 생각한다. "무엇보다도…… 법과 늘 변화하는 정치적 감수성에도 불구하고 사회와 자본주의의 충돌은 오랫동안 이어지고 있다. 그 이유는 이 충돌이 서로 다른 가치체계의 충돌이기 때문이다. 정부는 이러한 충돌을 조정할 능력이 없다. 정부가 기업이 준수해야 할 각종 규제와 규칙을 만들어내기는 하지만, 자본주의의 행동을 규정하는 기본적인 가치관까지 바꾸려들지는 않기 때문이다. 변화가 지속되려면 동물이나 식물의 유전자체계를 바꾸는 것처럼 자본주의 내부에서 변화가 일어나야 한다."[21]

바울즈가 내린 자본주의의 정의를 떠올려보라. 그가 생각하는 자본주의는 자본을 소유한 고용자가 노동자를 고용해 재화와 서비스를 생산해 자신의 이윤을 올리는 경제 체제이다. 그리더와 알페로비츠는 새로운 소유와 관리 형태가 출현하면 기존의 체제가 부식하기 시작할 것이라고 주장한다. 두 사람은 이러한 발전을 의식적으로 촉진할수록 체제 부식 속도는 더욱 빨라질 것이라고 생각한다.

한 가지 방법이 종업원 소유제이다. 즉, 사람들이 자신의 직장을 소유하는 것이다. "21세기 초 미국에서 약 11,000개에 달하는 종업원 소유 기업에서 일하는 사원 주주는 1천만 명에 달한다."[22] 이런 종업원 소유제의 기원은 1958년에 루이스 켈소Louis kels가 제안한 종업원 지주제Employee Stock Ownership Plans이다. 종업원 지주제는 LBO식 기업 매수와 비슷하다. 즉, 종업원들이 자본을 빌려 회사의 주식을 구입해 지배적 지분을 확보한 후 기업의 이윤으로 채무를 갚는 것이다. 미국에서 종업원이 소유한 주식은 2002년에 8천억 달러에 달했는데, 이는 미국 기업 주식의 8퍼센트에 해당하는 규모이다.

제프 게이츠Jeff Gates는 혁신적인 주장을 소개한 『오너십 솔루션Ownership Solution』에서 종업원 지주제 개념을 좀 더 확장했다. 종업원 지주제는 더 작은 기업의 종업원들이 더 크고 건실한 기업의 소유 지분을 획득할 수 있는 관계회사 주식 소유 제도Related Enterprise Share Ownership Plans와 소비자들이 새로 발행하는 주식을 획득할 수 있는 고객 지주 제도Customer Stock Ownership Plans로까지 확대할 수 있다.[23]

고객 지주 제도는 증가 추세에 있는 또 다른 소유제인 조합co-op과도 비슷하다. 알페로비츠는 "미국에 48,000개가 넘는 조합이 활동 중이라는 사실을 아는 사람은 별로 없다. 1억 2,000만 명의 미국인들이 조합의 회원이다. 대략 1만 개의 소비자신용조합(총자산은 6,000억 달러가 넘는다)이 83,000만 명에 달하는 회원들에게 금융 서비스를 제공하고 있다. 3,600만 명의 미국인이 지방 전기조합에서 전기를 구입한다.

1천 개가 넘는 상호보험회사(자산은 800억 달러가 넘는다)가 보험 계약자의 소유이다. 농산물의 약 30퍼센트가 조합을 통해 팔려나간다."[24]

좀 더 규모를 확대해 보자. 주와 국가가 소유한 기금인 공공신탁은 시민과 환경 모두에게 혜택이 돌아가게 운영할 수 있다. 이러한 기금들은 신탁적 신뢰 원칙fiduciary trust principle에 근거해서 운영한다. 자본은 천연자원의 판매 수익(가령, 알래스카 영구기금의 원유 판매 수익)이나 이산화탄소 배출권의 경매 수익이나 켈소-타입kelso-type의 대출 보장 전략 등으로 형성된다. 피터 반즈Peter Barnes는 이런 주장들을 자신의 새 책 『자본주의 3.0Capitalism 3.0』에서 독창적으로 발전시켰다.[25]

요즘 등장하고 있는 혁신적인 소유권 및 관리 형태들 중에서 주목할 만한 것들이다.

- 미국의 최상위 연기금 1천 개가 소유한 자산은 5조 달러에 달한다. 그러므로 신탁자본주의에 참여하고 있는 구성원들은 사회 문제와 환경 문제에 좀 더 적극적으로 행동하게 될 것이다.[26]
- 기업 부문에서 도시와 주가 소유주와 직접적인 주체가 되고 있다. 시영개발기업을 임대하고, 의료 서비스와 환경 관리를 제공하는 등 각종 수익 창출 활동을 진행하고 있다.
- 자선단체와 각종 비영리조직들도 기업화되고 있다. 영리를 목적으로 하는 부문과 그렇지 않은 부문의 경계가 점점 모호해지고 있기 때문이다. 미국의 최대 비영리조직 14,000개가 매년 벌어들이는 소득은 60억 달러가 훨씬 넘는다. 사업과 비영리활동이 다양한 형태로 결합하는 사례가 늘고 있다.[27]

알페로비츠가 "부의 민주화democratization of wealth"라고 부르는 이런 경향들은 전통적인 자본주의 패턴을 탈피했다. 이런 경향에는 종업원 소유제, 공공 소유제, 전통적인 방식으로 이윤을 추구하지 않는 민간 및 공공 부문의 기업 등이 있다. 이들은 지방의 통제를 강화하고, 종업원, 공공 및 소비자의 이익에 더 민감하게 반응하며, 환경 성과도 두드러진다. 이들은 새로운 부문의 출현을 예고한다. 공공 부문일 수도 있고 독립 부문일 수도 있지만, 오늘날의 자본주의의 권력의 핵심을 무효화할 수 있는 잠재력을 지녔다는 점에서 동일하다.[28]

오늘날의 자본주의를 대체할 수 있는 비사회주의의 대략적인 형태는 이 책의 앞부분에서도 설명했으며 그리더, 알페로비츠, 반즈 등 여러 학자들의 사상으로도 접할 수 있다. 시장과 소비주의를 변화시키고, 기업을 재조직하고, 성장 대신 인간과 환경의 필요를 우선적으로 보살필 수 있는 수많은 제안들을 살펴보기도 했다. 이런 방안을 실천한다면 현대의 자본주의를 근본적으로 뜯어고칠 수 있다. 그렇게 되면 지금과 완전히 다른 자본주의가 탄생할 것이다. 새롭게 등장한 체제가 자본주의를 넘어선 것인지 아니면 자본주의를 개량한 것인지는 더 이상 중요하지 않다.

앞으로 이 모든 예측이 흥미로운 추측에 불과할 것인가 혹은 우리가 자본주의로 알고 있는 이 체제가 생각보다 훨씬 취약한가와 같은 문제를 해결해야 한다. 가까운 미래는 아니지만 언젠가는 출현할 수 있는 최고의 시나리오를 가정해 보자면 이렇다.

가정 1 : 이 책에서 현대자본주의라고 부르는 오늘날의 정치경제체제는 환경을 파괴하며 매우 심각한 수준으로 이 지구의 생존을 위협하고 있다. 사람들은 해결책을 요구하기에 이르렀다. 현재의 체제로는 앞으로 환경 문제를 감당할 수 없기 때문이다. 그 결과 체제는 변화하지 않을 수 없게 되었다. 그것도 환경의 위기나 붕괴와 같은 불행한 상황에서 말이다.

가정 2 : 부유한 사회들은 케인스의 주장대로 경제 문제를 해결했거나 곧 해결할 수 있는 수준까지 도달했다. 온갖 역경과 빈곤을 극복하기 위해 노력한 기나긴 시대는 이제 곧 저물 것이다. 부는 모든 사람들에게 돌아갈 만큼 충분하다.

가정 3 : 가정 2의 단계보다 더 부유한 사회에서는 현대자본주의가 더 이상 인간의 객관적 행복도 주관적 행복도 강화하지 않는다. 오히려 자본주의로 인해 사회에는 스트레스와 불만족이 가득하다. 사람들은 점점 만족을 구하지 못해 좀 더 의미 있는 것을 추구하려 한다. 이러한 불만이 점점 커지면 변화를 이끌어낸다.

가정 4 : 변화를 위한 국제적인 사회 운동이 그 어느 때보다 강력하며 점점 더 강력해진다. 이런 사회 운동은 스스로를 "글로벌 반자본주의의 거부할 수 없는 성장"이라고 부른다. 평화, 사회정의, 공동체, 생태학, 여성 운동과 같은 세력들이 힘을 모은다. 온갖 운동들이 모여 하나의 운동이 된다. 한편, 미국의 약화된 민주주의와 실패한 환경 정책은 변화가 출현하기 알맞은 환경이 된다.

가정 5 : 사람들과 여러 단체들이 바쁘게 변화의 씨앗을 뿌리고 있다. 이들이 추구하는 변화는 자본주의를 대체하는 질서를 도입해 거둘 수 있다. 게다가 새로운 체제로 성장하기 위한 매력적인 방안들이 속속 개발되었다. 이러한 혁신적인 방법들은 현재의 체제를 개혁하면서 성장해 갈 것이다.

가정 6 : 냉전이 끝나고 공산주의에 대항한 서구의 오랜 투쟁이 막을 내리자 오늘날의 자본주의에게 질문을 던질 수 있는 문이 열렸다. 정치적 공간이 만들어진 것이다.

위의 여섯 가지 가정은 대변화의 가능성을 보여준다. 위의 내용이 다가 아니다. 저 정도로 만족하는가? 아니면 더 나은 미래를 원하는가? 우리가 세운 가정들이 결국에는 실현될 수 있을까? 나는 그러리라 확신한다. 그리고 이 세상의 젊은이들을 위해서라도 꼭 그렇게 되기를 희망한다.

제3부

변화의 발판

10장

새로운 의식

이 책을 쓰면서 나는 자연과 인류를 지키기 위해 필요한 중대한 변화들을 살펴보았다. 변화는 공공 정책에서도 개인과 사회의 행동에서도 수반되어야 한다. 이러한 변화는 대부분 현재의 기준으로는 실행하기도 어렵고 너무 대대적이다. 당장 변화를 일으키기에는 역부족일 만큼 말이다. 그러므로 지금은 환경보호주의자들이 제안하는 다양한 방안을 토대로 기후 변화 문제와, 지금부터 진지하게 매달린다고 해도 이미 많이 늦어버린 위기 상황들부터 해결해야 한다. 하지만 앞에서 설명한 조치들을 지금 당장 실현할 수는 없다. 밀턴 프리드만의 표현을 빌리자면, 어떤 새로운 상황이 발생해야 이 "불가능한" 조치들을 "필연적인" 것으로 만들 수 있을까? 이 질문에 확답할 수 있는 사람은 아무도 없다. 다만 특별하면서 서로 흡사한 변화 두 가지가 수반될 것이다. 바로 의식의 변화와 정치의 변화이다.

뛰어난 사상가들과 우리가 직면한 위기의 규모에 대해 가장 잘 알고 있는 사람들은, 지금 당장 필요한 변화는 내가 '새로운 의식new consciousness'이라고 부르는 것이 일어나지 않는 한 불가능하다고 입을 모아 주장한다. 새로운 의식이란 다양하게 이해할 수 있다. 어떤 이들은 인간의 마음이 변화한 영혼의 각성으로 받아들일 것이다. 또 어떤 이들은 세상을 새로운 시각으로 바라보고, 새로 출현한 환경 윤리와 자신을 사랑하듯 이웃을 사랑하라는 오래된 윤리를 모두 포용하는 지적인 과정으로 받아들일 수도 있다. 하지만 거대한 문화적 변혁이면서 이 사회의 가치관의 재정립을 의미한다는 면에서는 모두 동의할 것이다.

변화를 외치는 목소리들

바클라프 하벨Vaclav Havel은 지금 필요한 근본적인 변화를 이렇게 표현했다. "요즘 사람들이 재앙이 다가온다는 생각에 얼마나 사로잡혀 있는지, 곧 닥쳐올 위기를 담고 있는 책들이 베스트셀러가 되면서도 일상생활에서 환경을 위협하는 일들을 왜 아무렇지도 않게 저지르는지, 내게는 정말 흥미진진한 이야기가 아닐 수 없다. …(중략)… 지금 문명의 진로를 어떻게 하면 바꿀 수 있을까? 나는 유일한 해답이 정신 분야의 변혁, 인간의 인식 변혁에 있다고 확신한다. 새로운 기술, 새로운 규제, 새로운 제도를 만들어낸다고 문제가 끝나는 것이 아니다. 우리가 왜 지구에 존재하는지 다시 생각하고 그 해답을 찾아야 한다. 근본적인 의식의 변화가 선행되어야지만 지구를 위한 새로운 행동모델과 가치체계를 확립할 수 있을 것이다."¹ 하벨을 비롯해서 많은 사람들이 환경의 위기는 (기술이나 제도가 아닌) 정신의 위기라고 믿고 있다.

대지윤리Land Ethic의 대부인 알도 레오폴드는 "산업 시대의 철학과 보수주의 철학 사이에는 근본적인 적대감이 존재한다."고 믿게 되었다. 놀랍게도 그는 친구에게 "새로운 인류가 출현하지 않는 한" 보수주의에 대해서 무엇을 할 수 있을지 회의를 품게 되었다고 쓴 적이 있다.²

스탠포드대의 폴 이를리히Paul Ehrlich, 도널드 케네디Donald Kenedy 같은 뛰어난 과학자들은 "'환경' 딜레마의 중심에는 개인의 집단행동이 자리 잡고" 있으므로 "개인의 가치관과 동기 분석은 환경 문제 해결에 반드시 필요하다."고 주장했다. 두 사람은 〈인간행동의 새천년평가 Millennium Assessment of Human Behavior〉에서 "인간의 문화(특히 윤리)가 어떻게 발전하고, 어떤 변화가 생태학적으로 지속 가능하고, 평화롭고, 평등한 글로벌 사회를 만들어낼 수 있을지에 관한 지식을 지속적으로 검증하고 대중에 홍보할 것"을 요구한 바 있다. "우리가 지금 요구하는 것은 문화의 변화이다. 문화는 계속해서 변화한다. 그러므로 토론 과정을 통해 변화를 가속화하고 이왕이면 긍정적인 방향으로 변화를 진행시킬 수 있다는 희망을 품어볼 수 있다."²

폴 러스킨Paul Raskin과 글로벌 시나리오 그룹Global Scenario Group은 세계의 다양한 경제, 사회 및 환경 조건에 따라 수많은 시나리오를 만들었다. 여기에는 의식과 가치관이 근본적으로 변화하지 않는 상황을 상정한 시나리오들도 있다. 이런 시나리오들의 결말은 언제나 엄청난 재앙이다. 그래서 이들은 '새로운 지속 가능성 세계관New Sustainability worldview을 선호한다. 이러한 세계관이 주도하는 사회는 "비물질적인 측면의 성취감…… 삶의 질, 인류 연대의 질과 지구의 질을 추구한다. 지속 가능성은 새로운 의제를 추진하는 강력한 동기 이다. 충만한 삶의 질, 인류의 강력한 연대와 자연과 공감하는 삶을 살고픈 바람이 이 사회를 위와 같은 미래로 이끄는 견인차가 된 다."4 러스킨과 동료들이 꿈꾸는 혁명은 가치관과 의식의 혁명에 다름아니다.

피터 생Peter Senge과 동료들은 『프레전스Presence』에서 이렇게 주장했 다. "미래가 지금과 달라지려면 우리는 단편적이고 미미한 제스추어 를 벗어나 우리가 부속품으로 살고 있는 이 체제를 바라보아야 한다. 전체를 바꾸려면 어떻게 해야 할까? …(중략)… 할 수 있는 논의와 행 동을 모두 다 해보았을 때, 변화를 위해 우리가 기댈 수 있는 유일한 방법은 인간의 정신을 변화시키는 것이다."5

각각 종교와 생태학에서 뛰어난 권위자로 인정받고 있는 메리 이블 린 터커Mary Evelyn Tucker와 존 그림John Grim은 환경 위기에 대처하기 위 해 우리가 할 일은 이것이라고 확신한다. "우리는 세대를 초월한 새로 운 의식과 양심이 필요하다. 가치관과 윤리, 종교와 영성은 지속 가능 한 미래를 낳기 위해 인간의 의식과 행동을 바꾸는 데" 없어서는 안 될 중요한 요소이다.6

에리히 프롬Erich Fromm은 유일한 희망은 "신인류New Man"이며, 이를 위해 "인간 의식의 급진적인 변화"가 필요하다고 강조했다. "인간의 의식에 대대적인 수술을 가해야 할 필요성은 다만 윤리나 종교적 차원에서 나온 말이 아니다. 현대 사회가 내포한 병리적 특성에서 기인한 심리학적 요구이기도 하며 인류가 살아남기 위한 생존의 조건이기도 하다. 인간의 본성이 소유가 아니라 존재의 방식을 더 중요시 여길 때 비로소 우리는 구원받을 수 있다."[7]

문화역사가인 토마스 베리Thomas Berry는 새로운 인식을 벼리는 과정을 "위대한 과업Great Work"이라고 표현했다. "현재의 황폐함을 일으킨 근본적인 원인은 인간과 다른 존재양식 사이의 급격한 단절과 모든 권리를 인간에게만 주어버린 의식구조에 있다.

우리는 인간이 지구라는 공동체를 구성하는 일부분이라는 사실을 좀처럼 받아들이려 하지 않는다. 인간은 스스로를 초월적인 존재로 본다. 인간은 진심으로 지구에 속해 있지 않다. 만약 우리가 뭔가 미심쩍은 운명에 의해 이곳에 살게 되었다면 인간이 모든 권리와 가치관의 근원일 것이다. 지구상의 다른 존재는 인간의 편의를 위해 이용할 수 있는 도구이거나 착취할 수 있는 자원에 불과할 것이다."

베리는 "인간이 자신과 주변의 우주를 바라보는 시간이 근본적으로 뒤바뀌어야 한다."고 역설한다. "지금 우리는 기본적인 문화적 패턴에 너무나 깊숙이 녹아 있어서 존재의 본성 자체를 좌우하게 된 기존의 사고방식부터 바꾸어야 한다."[8]

인간 사회에 만연한 가치관과 앞에서 언급한 세계관부터 철저하게 바꾸어야 한다는 의견은 이미 한둘이 아니다. 이와 관련해서 내 경험이 설명에 도움이 될 것 같다. 1960년대 후반 예일 대학에서 법을 전공하고 있는 학생이었던 나는, 당시 『젊어지는 미국The Greening of America』을 집필 중이시던 찰스 라이히Charles Reich 교수님의 조교로 일하는 즐거움을 맛보고 있었다. 이 책은 1970년에 뉴요커 출판사에서 나와 곧 베스트셀러가 되었다. 라이히 교수님은 당시 의식Ⅰ, 의식Ⅱ, 의식Ⅲ이라는 신조어를 만드셨다. 의식Ⅰ은 "성공하려고 애쓰는 미국 농부, 중소 기업인이나 노동자의 전통적인 시각"이다. 교수님은 이 의식은 미국에서 점점 사라지는 소도시, 직접적인 인간관계와 개인 기업에게 가장 적당한 의식이라고 보셨다. 의식Ⅱ는 "인간의 실질적인 필요는 깡그리 배제된 채, 기술사회와 기업사회에 의해 형성된 것으로 조직사회의 가치관을 반영"한다.

라이히 교수님은 이렇게 생각하셨다. 이 두 가지 의식이 결합하자 "그동안 축적된 엄청난 기술과 미국이 세운 조직을 전혀 통솔하거나 지도 혹은 통제할 수 없다는 사실만 증명했다. 결과적으로 두 의식이 결합해 탄생한 거대한 권력기구는 마음 없는 괴물이 되어 환경을 파괴하고, 인간의 가치를 말소시키고, 괴물로 전락한 인간의 삶과 정신까지 지배하게 되었다. 마침내 생존의 위협까지 느낀 미국인들은 오늘날의 현실에 적합한 새로운 의식을 발전시키기 시작했다. …(중략)… 의식Ⅲ은 젊은이들을 대상으로 급속도로 확대되고 있으며, 점차 구세대를 파고들고 있다. 그러면서 우리 사회의 구조를 혁명적으로 변화시키기 시작했다. …(중략)… 만물의 중심에는 의식의 변화라는 것이 존재한다. 의식의 변화란 새로운 삶의 방식을 의미한다. 그래서 신인류로 변모하는 것이나 마찬가지이다. 이것이야말로 새 세대가 추구해야 할 목표이며, 이미 노력의 성과가 나타나기 시작했다."

미래를 낙관적으로 보는 사회비평가들처럼, 라이히 교수님도 의식Ⅲ의 확산은 필연적이며 이 나라를 바꿀 수 있을 것이라고 확신하셨다. "의식Ⅲ은 기업국가를 변모시키고 파괴시킬 수도 있다. 하지만 그 과정에서 어떠한 폭력과 정치권력의 탈취와 사람들의 그룹이 전복되는 일은 발생하지 않는다. 새 세대는 오늘날의 후기 산업 사회에 알맞은 변화의 방법을 보여주었다. 바로 의식에 의한 혁명이다. 현재 미국에서는 그 어떤 정치적 혁명도 일어날 수 없다. 하지만 그러한 혁명은 필요하지도 않다.

"의식에 의한 혁명은 두 가지 기본 조건이 갖추어져야 한다. 첫째, 의식의 변화는 대중이 주도해야 한다. 그리고 변화의 과정에 대다수의 사람들이 참여할 때까지 지속되어야 한다. 둘째, 기존의 질서체제는 자신의 권력을 유지하기 위해 이전의 의식에 의지할 수밖에 없다. 하지만 변화하는 의식의 물결을 이겨낼 수 없을 것이다. 현재 미국은 이 두 조건이 갖추어져 있다."[9]

라이히 교수님은 훌륭한 멘토이자 유쾌한 친구 같은 분이셨다. 수줍음이 많고, 명석하시고, 열정적이셨던 교수님은 로스쿨이 너무 틀에 박혀 있다고 생각하셨다. 그래서 시작한 강의는 예일 대학의 최고 인기 강좌가 되었다. 나는 교수님의 사상에서 어느 부분이 옳고 그른지 고찰해 볼 기회가 많았다. 나는 새로운 의식의 출현이 가능하며 필요하다는 데는 동감한다. 미국을 세 가지 의식이라는 틀로 보신 것은 우리가 안고 있는 복잡한 현실을 제시하는 데 유용했다. 의식의 변화가 미국 사회와 문화를 변화시킬 수 있다는 핵심 사상은 틀리지 않았다. 하지만 60년대 젊은이들의 문화를 너무나 좋게만 생각하신 나머지 그 문화가 널리 확산되고, 심화되고, 성숙할 것이라고 결론지은 것은 잘못된 판단이었다. 이런 오판은 결국 변화에 대한 근거 없는 낙관주의로 이어졌다. 로버트 달의 말대로, 60~70년대 젊은이들의 반체제 문화Counterculture의 인기는 서서히 사라졌고, 이 사회에 만연한 소비주의 문화는 조금도 바뀌지 않았다.[10]

앞에서 언급한 저자들을 비롯해 수많은 학자들이 오늘날 인류가 위기를 헤쳐 나가려면 새로운 의식이 필요하다고 입을 모아 주장한다. 이것은 절대명제이다. 그런데 이 위기는 현재의 사고방식으로는 해결할 수 없다. 우리에게는 숨 돌릴 시간이 필요하다. 사람의 사고방식을 바꾼다는 것은 느리고 힘든 과정이 될 수도 있기 때문이다. 학자들의 이러한 주장에 대해 지금보다 훨씬 철저하고 광범위한 연구와 조사가 필요하다. 어떤 심리학자들은 가치관의 변화는 개선된 환경(친화적) 행동을 이끌어내기 위해 필요하지도 않고, 그것만으로는 충분하지도 않다고 주장한다. 하지만 이들이 연구하는 행동 변화는 앞에서 언급한 학자들이 추구하는 심오한 변화까지 포괄하지 않는다.[11] 그러므로 하벨, 러스킨과 여러 학자들이 추구하는 새로운 의식의 필요성은 결코 의심할 수 없다. 오늘날 우리 사회를 지배하는 세계관은 인간중심주의, 물질만능주의, 자기중심주의, 동시대중심주의, 환원주의, 합리주의와 국수주의에 너무나 심하게 편중되어 있어서 변화를 이끌어내지도 지속해 가지도 못한다. 그렇다면 먼저 두 가지 문제를 살펴보아야 한다. 첫째, 오늘날의 상황을 고려할 때 시급한 의식 변화는 어떤 특성이 있는가? 둘째, 우리에게 필요한 형태와 규모의 문화 · 인식 변화를 이끌어갈 힘은 어떤 것들일까?

새로운 세계관

폴 러스킨은 그레이트 트랜지션 이니셔티브GTI, Great Transition Initiative를 위한 연구에서 지금 우리에게 필요한 문화적 변화의 여러 측면을 일목요연하게 잘 집어주었다.[12] 러스킨은 21세기 후반부를 사는 누군가가 앞서 일어난 지배적 가치관의 전환을 회고하는 방식을 취했다. 다시 말해, 그의 글은 미래의 역사이다. "새로운 가치체계의 출현은 지구라는 사회의 전체 건물을 떠받치는 토대이다. 과거의 지배적인 가치관이었던 소비주의, 개인주의와 자연의 지배는 삶의 질, 인류의 연대와 생태학적 감수성ecological sensibility, 이 삼총사에게 자리를 내주었다.

"'삶의 질'의 강화가 발전을 위한 기본 토대가 되어야 한다는 생각은 지금은 너무나 자명하지만 오랫동안 빈곤과 생존의 문제가 생존을 좌우했다는 사실을 잊어서는 안 된다. 그래서 가진 자들은 흥청망청 써대고 추방된 자들은 절망에 차 있는 산업사회의 풍요로움으로 인해 빈곤이 사라진 지구 문명이 들어설 역사적 가능성이 발생했다. 사람들은 언제나처럼 패기만만하다. 하지만 성공의 주요한 척도이자 행복의 근원은 부가 아니라 성취가 되었다.

두 번째 가치인 '인류의 연대'는 지금 우리가 멀리 떨어져 사는 사람과도 먼 미래에 태어날 후손과도 감정적으로 이어져 있음을 의미한다. 이런 유대감은 인간의 정신과 영혼 깊숙한 곳에 있는, 타인과의 상생을 추구하고 공감할 수 있는 능력을 의미한다. 전 세계의 수많은 종교를 하나로 잇는 '황금률'이기도 하다. 세속적인 관점에서 보자면, 민주주의적 이상과 관용, 존중, 평등과 권리를 쟁취하기 위한 위대한 사회적 투쟁의 근거라 할 수 있다.

'생태학적 감수성'이 매우 발달한 우리의 후손들은 조상들이 자연계에 어떻게 그 정도로 무관심할 수 있었는지 놀라움과 의아함을 동시에 드러낸다. 과거에는 자연을 지배할 권리가 신성불가침이었다면, 지금의 사람들은 깊은 존경심을 갖고 자연계를 대하며 그 속에서 끝없는 경이와 즐거움을 발견한다. 자연을 향한 사랑에는 삶이라는 그물망 속에 인류가 차지하는 위치에 대한 깊은 이해와 자애로운 자연에 대한 신뢰가 더해져 있다. 지속 가능성은 이 시대의 세계관에서 핵심적인 위치를 차지한다. 그러므로 인류의 보금자리인 지구의 보전이라는 가치관을 놓고 어떤 식으로든 타협한다면, 그것만큼 우스꽝스러울 정도로 어리석고 타락할 일도 없을 것이다."[13]

러스킨의 견해에 따르면, "글로벌 사회를 지탱하는 이 보편적인 원칙들은 하늘에서 그냥 뚝 떨어지지 않았다. 이 원칙들은 우리의 조상들이 인권, 평화, 발전과 환경을 지키기 위해 역사적인 계획을 세워 만들어냈다."[14] 실제로 세계인권선언, UN이 1990년대에 개최한 주요 국제회의에서 채택한 다양한 성명문들, UN의 새천년개발목표, 〈지구 헌장Earth chart〉, 자연을 위한 세계 헌장과 국제적으로 합의된, 인류의 가치관과 목표에 관한 성명서들을 읽으면 그 내용에서 전해지는 열정에 마음 깊이 감동을 받지 않을 수 없다.(제대로 이행된 계획이 없다는 데 생각이 미치는 그 감동만큼 우울해진다.)

러스킨처럼 데이비드 코튼David Korten도 『대전환The Great Turning』에서 인류가 역사의 중심인 전환점에 와 있으며, 최전방에 새로운 가치관을 내세웠다고 주장했다. "대전환은 문화와 영적 각성과 함께 시작된다. 즉, 문화적 가치가 돈과 과도한 물질에서 삶과 영적 충실로, 우리의 한계에 대한 믿음에서 가능성에 대한 신뢰로, 우리의 차이에 대한 두려움에서 다양성에 대한 기쁨으로 바뀌는 것이다. 이를 위해서 우리가 인간의 본성, 목적과 가능성을 정의하는 데 필요한 문화적 구조들을 다시 만들어야 한다.

우리의 문화가 신봉하는 가치관이 바뀌면서 우리는 부를 재조명하게 되었다. 즉, 가정, 공동체와 자연환경의 건강으로 부를 측정하게 된 것이다. 또한 상류층 사람들을 위한 정책에서 낮은 곳에 있는 사람들을 위한 정책으로, 축적에서 공유로, 소유의 집중에서 분배로, 소유에 대한 권리에서 책임으로 우리는 나아간다.[15]

지구의 미래를 위해 존경할 만한 윤리적 비전을 제시하려는 세계인들의 노력 중에서 지금까지 가장 진지하고 지속적인 노력이 바로 〈지구 헌장〉이다. 〈지구 헌장〉은 전 세계에서 폭넓은 공감과 지지를 받고 있다. 〈지구 헌장〉은 "자연에 대한 경외심, 보편적인 인권, 경제적 정의와 평화의 문화라는 토대 위에 지속 가능한 글로벌 사회를 세우기 위해" 필요한 윤리적 원칙을 일목요연하게 정리한 성명서이다. 2005년에 1천만 명의 사람들을 대표하는 2,000개가 넘는 기구들이 〈지구헌장〉에 서명했다. 헌장의 핵심적인 내용이 여기에 실려 있다.[16]

현재 우리에게 필요한 가치관과 세계관을 다른 식으로 표현하려면 오늘에서 내일로 성공적으로 가기 위해 필요한 변화들을 규명하면 된다.

〈지구 헌장〉 서문

인류는 현재 우리의 미래를 결정해야 할 역사적 순간에 서 있다. 세계가 점점 상호의존적이고 나약해져 감에 따라, 우리의 미래는 커다란 위험과 희망의 약속을 동시에 지니게 되었다. 전진을 위해 우리는, 삶과 문화의 다양성 속에서도 공동의 운명을 지닌 하나의 가족이며, 하나의 지구 공동체임을 명심해야 한다. 우리는 자연에 대한 존엄성, 인권, 경제적 정의, 평화의 문화를 근거로 한 지속 가능한 인류를 위해 힘을 합쳐야 한다. 이 목표를 위해 우리는 개인과 사회, 그리고 미래의 후손들에게 우리의 책임을 선언해야 한다.

지구, 우리의 보금자리

인류는 진화하는 우주의 한 부분이다. 우리의 보금자리인 지구는 독특한 생명 공동체로 생존하고 있다. 자연의 힘은 불확실한 현상들을 만들어 내지만, 지구는 생명의 진화에 기본이 되는 요소들을 제공하고 있다. 생명의 탄력성과 인류의 복지는 생태계, 풍부한 동식물, 비옥한 토양, 맑은 물, 깨끗한 공기를 가진 이 지구를 어떻게 보전하느냐에 달려 있다. 한정된 자원을 가진 지구 환경은 우리 모두의 공통 관심사이다. 지구의 생명력과 다양성과 아름다움을 지키는 것이 우리의 신성한 믿음이다.

지구의 상황

생산과 소비의 지배적 형태들이 지구의 파괴와 자원의 낭비, 그리고 엄청난 생물종의 사멸을 유발하고 있다. 우리는 점점 파괴되고 있다. 개발의 이익은 공평하게 분배되지 않고, 빈부 차는 심해지고 있다. 불의와 가난, 무지, 그리고 폭력이 점점 만연하고 있으며 더 큰 고통을 유발하고 있다. 급격한 인구의 증가는 생태적 사회적 체제에 과중한 부하를 가하고 있다. 지구적 안보의 근간이 점점 위협받고 있는 것이다. 이러한 경향은 위험하나 결코 피할 수 없는 것은 결코 아니다.

앞으로의 도전

선택은 우리의 몫이다. 서로와 지구를 지키기 위해 파트너십을 형성해야 한다. 우리의 가치관과 제도와 삶의 방식에서 변화가 필요하다. 기본적 필요에 직면해 온 우리에게 인간 발전은 얼마나 많이 소유했나 보다 얼마나 많은 의미를 가졌느냐는 것이다. 우리는 지구에 미치고 있는 영향을 줄일 수 있는 지식과 기술이 있다. 지구적 시민사회의 출현은 민주적이고 인간적인 사회를 만들 수 있는 새로운 기회를 만들고 있다. 우리의 환경적, 경제적, 정치적, 사회적, 그리고 정신적 도전은 서로 연결되어 있으며 통합적인 해결안을 향해 나가고 있다.

보편적 책임

이러한 열망들을 실현하려면 우리는 지역 사회뿐 아니라 전 지구를 우리 자신과 동일시하는 보편적 책임감으로 살아야 한다. 우리는 서로 다른 나라의 시민이자 나라와 나라들이 연결되어 있는 한 세계의 시민이다. 우리 모두는 인류와 지구 공동체의 현재와 미래에 대해 책임감을 공유해야 한다. 생명의 신비에 대해 경외심과 삶이라는 선물에 대해 감사함, 그리고 자연 속에서 인간의 정주공간에 대한 겸손으로 우리의 삶을 살 때 비로소 모든 생명과의 연대와 결속이 확장된다.

우리는 도래하는 지구 공동체의 윤리적 근간을 제공할 기본적 가치들을 공유할 수 있는 비전이 필요하다. 모든 개인과 기관, 사업체, 정부, 다국적 기업의 행동에 적용할 수 있는 공통의 기준으로서, 다음에 제시될 지속 가능한 삶의 방식을 위한 상호의존적 원칙들이 우리 앞에 펼쳐질 것이며 평가될 것이다.

- 인류를 자연과 동떨어지고, 자연을 초월하고, 지배하는 존재가 아니라 자연의 일부이고, 자연의 진화의 산물이고, 자연의 동물과도 밀접하며, 전적으로 자연의 생명력과 자연이 제공하는 유한한 자원에 의지하는 존재로 본다.
- 자연을 전적으로 실용적 관점에서 경제와 다른 목적을 위해 인류가 마음대로 쓸 수 있는 자원이 아니라, 사람과 별개인 내재적 가치와 생태적 관리의 의무를 요구할 수 있는 권리를 동시에 지닌 존재로 본다.
- 미래를 근시안적으로 보지 않고 후손들의 경제적 · 정치적 · 환경적 권리를 인정하고, 아직 태어나지 않은 후손과 자연에 대한 의무를 인정한다.
- 초개인주의, 나르시즘, 사회적 고립에서 벗어나 지방에서 대도시까지 연결된 강력한 공동체적 유대감을 형성하고, 한 나라의 국민들도 국가들도 서로 의지해야 한다는 점을 인정한다.
- 파벌주의, 성차별주의, 편견, 인종중심주의를 탈피하고 관용, 문화적 다양성, 인권을 중시한다.
- 물질만능주의, 소비주의, 부의 축적, 소유 중심 사상과 끝없는 향락주의를 버리고 개인과 가족 관계, 여유 즐기기, 자연을 경험하기, 영성, 나눔, 분수를 아는 삶을 추구한다.
- 경제, 사회와 정치 부문의 총체적 불평등을 분쇄하고 평등, 사회정의와 인류의 연대를 추구한다.[17]

인간이 한번 멀어진 자연으로 다시 돌아가려면 자연의 매력을 깨달아야 한다. 자연이 인간에게 다시 경이로운 장소이며 우리 눈앞에서 일상의 삶이 펼쳐지는 훌륭한 무대라는 점을 깨달아야 한다. 막스 베버는 인류와 과학과 합리성을 중시하면서 세상에 대한 환상을 깨게 되었다고 주장했다. 참으로 유감스러운 일이다. 하지만 조지 르바인George Levine은 『다윈은 당신을 사랑한다Darwin Loves You』에서 이렇게 밝혔다. 자연에 대해 그 어떤 환상도 품지 않았던 찰스 다윈Charles Darwin조차도 "온갖 고통, 질병과 상실을 겪고서도 여전히 지구와 평생토록 글로 옮긴 자연을 사랑했다. 다윈은 자연에서 가치와 의미를 찾았다. 다윈은 자신이 이 세상 최고의 성과라고 불렀던 인간의 가치관조차 이 지구에서 나왔으며, 유전학은 그 자연을 천하게 대하는 것이 아니라 고귀하게 대하는 것이라고 생각했다."[18]

자연에서 인간이 차지하는 위치를 가장 잘 아는 사람은 시인과 원주민뿐인 듯하다.

일어나라 친구야, 책을 치워 ;
그렇지 않으면 허리가 구부러질 거야 :
일어나라 친구야, 얼굴을 펴 ;
왜 그 고생이냐?

산 위에 솟은 태양이,
싱그럽고 달콤한 햇살을
키 큰 풀이 자라는 푸른 들판에 펼쳐 놓았어,
저녁의 달콤하고 노란 첫 햇살을.

책이란 지루하고 끝없는 싸움이다 :

이리 와, 숲 속에서 홍방울 새 노래를 들으렴,

얼마나 아름다운 음악인가!

내 결단코 말하지만 그 속에 더 많은 지혜가 있다.[19]

오논다가족Onondaga의 선지자인 오렌 라이언스Oren Lyons는 UN의 대표단에게 이런 연설을 했다. "네발짐승의 대표단은 보이지 않는군요. 독수리들을 위한 자리도 없고요. 우리는 까맣게 잊은 채 스스로를 우수한 존재로 생각하지만, 결국 창조물의 일부분일 뿐입니다. 그러므로 우리가 어디에 있는지 이해하려는 노력을 게을리해서는 안 됩니다. 우리는 저 산과 개미 사이의 어딘가 바로 그곳에 창조물의 중요한 부분으로 존재할 뿐입니다. 우리는 지성을 지니고 태어났으므로 다른 창조물을 보살피는 것은 우리의 책임입니다."[20]

변화를 이끄는 힘

이제 매우 현실적이면서 동시에 매우 까다로운 문제를 살펴보자. 도대체 무엇으로 인간의 의식을 앞에서 말한 방향으로 돌려놓을 수 있을까? 오늘날의 세상을 떠올려볼 때 머릿속이 온통 인종 간의 증오, 국가 내부의 투쟁, 만연한 폭력, 군국주의, 테러리즘에, 앞에서 언급한 것처럼 제 기능을 다하지 못하는 가치관만으로 가득하다면 인간의 본성을 바꾸려는 과제는 대책 없는 이상론으로 보일 것이다. 사실 이 문제점들이 얽히고설켜 있기 때문에 우리는 희망을 품고 문제의 해답을 열심히 찾아야 한다.

　문화의 변화와 진화를 다룬 자료는 엄청나게 많다. 그렇다면 우리는 변화를 이끌어내는 문제에 어떤 식으로 접근해야 할까? 무엇보다 변화를 기다릴 것이 아니라 적극적으로 변화를 만들어야 한다. 그런 의미에서 다니엘 패트릭 모니핸Daniel Patrick Moynihan의 통찰력은 시사하는 바가 많다. "보수주의적 진실에 따르면, 정치가 아니라 문화가 사회의 성공을 결정한다. 한편 자유주의적 진실에 따르면, 정치가 문화를 바꿀 수도 있고 정치로부터 문화를 구할 수도 있다."[21] 역사가인 하비 넬슨Harvey Nelsen은 정곡을 찌르는 질문을 던졌다. "정치는 어떻게 자신으로부터 문화를 구할 수 있을까?" 그는 이렇게 답한다. "한 가지 방법이 있다. 새로운 의식을 발전시키면 된다."[22] 사람들은 개종 체험과 통찰을 가지고 있다. 그렇다면 사회 전체도 개종 체험을 할 수 있을까?

　불행하게도 사회 전반에 퍼진 문화의 변화에 이르는 가장 확실한 길은 사회구성원이 공유하는 가치관에 지대한 영향을 미치며 현상 유지 분위기와 기존의 리더십을 파괴하는 대격변이다. 대공황the Great Depression이 전형적인 예이다. 나는 9·11 테러나 허리케인 카트리나로 인해, 실제로 미국에서 긍정적인 쪽으로 문화 변화가 일어났다고 확신한다. 하지만 아쉽게도 이런 변화를 이끌어갈 만한 깨어 있는 리더십이 미국에는 없다.

　이 책과 같은 관점으로 이 문제를 가장 철저하게 분석한 책이 토마스 호머-딕슨Thomas Homer-Dixon의 『업사이드 오브 다운The Upside of Down』이다. 호머-딕슨은 "오늘날 우리의 상황이 핵심적인 측면에서 로마와 놀랍도록 닮았다."고 주장한다. "각국의 사회가 점점 복잡하고 완고해진다는 점도 비슷하다. 이렇게 된 부분적인 이유로는 사회 내부에서 형성되는 스트레스를 조절하려고 별 소득도 없이 애만 쓰고 있기 때문이다. 이 스트레스에는 에너지를 확보하려는 우리의 열성에서 비롯된 것도 있다. 결국 로마에서처럼 스트레스는 점점 극단으로 치닫지만 사회는 너무 경직되어 있어 제대로 반응하지 못할 것이다. 그러다가 경제나 정치가 붕괴할 것이다.

사람들은 '붕괴'와 '몰락'을 같은 의미로 사용할 때가 많다. 물론 붕괴와 몰락 모두 체제를 급격하게 단순화시킨다. 하지만 장기적인 결과는 판이하게 다르다. 붕괴는 심각한 문제이지만 재앙은 아니다. 붕괴한 후에도 살아남는 것이 있을 수 있으며, 전보다 더 좋게 재건될 가능성도 있다. 하지만 몰락의 결과는 훨씬 치명적이다.

앞으로 초기 미동은 점점 커지고 더 잦아질 것이라고 나는 확신한다. 어떤 미동은 기후 변화, 에너지 가격의 폭등, 국경을 초월한 신종 전염병의 창궐이나 국제 금융 위기처럼 재앙의 서막을 알리는 사건들의 형태를 할 수도 있다."[23]

호머-딕슨은 초기 미동과 붕괴는 대비만 잘한다면 긍정적인 변화로 이어질 수 있다고 주장한다. "우리는 설령 사회가 붕괴하더라도 그것을 유리하게 활용할 수 있도록 미리 준비해야 한다. 왜냐하면 반드시 붕괴는 일어날 것이기 때문이다."[24] 호머-딕슨의 주장은 무척 중요하다. 물론 모든 붕괴가 긍정적인 결과를 낳는 것은 아니다. 독재 체제나 요새사회로 이어질 수도 있다. 붕괴를 오히려 기회로 만들려면 무엇보다 깨어 있는 리더십과 그 사회가 가진 가치관과 역사 중에서 가장 훌륭한 것을 바탕으로 긍정적인 미래를 창조할 새로운 구상이 필요하다.

어떤 하원의원이 시민단체에게 이렇게 말했다고 한다. "여러분이 이끌면 여러분의 리더들이 따라올 것입니다." 하지만 반드시 그럴 필요는 없다. 하버드대의 하워드 가드너Howard Gardner 교수는 『체인징 마인드Changing Minds』에서 진정한 리더십의 잠재력을 이렇게 강조했다. "한 나라의 수반이든 미국의 고위 관료이든, 온갖 사람들이 모인 다수의 대중을 이끄는 리더들은 사람들의 마인드를 바꿀 수 있는 엄청난 잠재력을 보유하고 있다. …(중략)… 그리고 그 과정에서 리더는 역사의 물줄기마저 바꿀 수 있다.

나는 어중이떠중이들이 모인 대중의 관심을 끌 수 있는 방법 한 가지를 제안했다. 마음을 확 끄는 스토리를 만들어서 그 스토리에 자신의 삶을 체화한다. 이 스토리가 문화에 이미 존재하는 모든 카운터스토리를 능가할 수 있도록 다양한 형식으로 널리 소개한다. …(중략)… 스토리는 단순하고, 감정이입이 쉽고, 공감할 수 있어야 하며, 긍정적인 경험을 환기시킬 수 있어야 한다."[25]

미국인들이 새로운 스토리를 실현할 마음의 준비가 되어 있다는 증거가 있다. 이미 대다수의 미국인들이 선거에서 지금의 삶의 방식에 환멸을 표시했으며, 이 책에서 논의된 것과 흡사한 가치관에 지지를 보냈다.[26] 하지만 이러한 가치관들은 다른 가치관과 잘 어울리기도 하지만 충돌할 때도 있다. 그래서 우리 모두는 오래된 습관, 두려움, 불안, 사회적 압력 등에 굴복하고 만다. 지금의 혼란과 부조화에서 벗어날 방법을 가르쳐 줄 새로운 이야기만이 진짜 변화를 이끌어낼 수 있다.

그래서 가드너가 강조한 스토리와 서사는 매우 중요하다. 미국에서 긍정적인 영향력을 행사하는 빌 모이어스Bill Moyers는 이렇게 썼다. "미국은 이제 다른 스토리가 필요하다. …(중략)… 고개를 돌리는 곳마다 자신들의 삶이 스토리를 실현한 것이라고 믿는 사람들로 가득하다. 고개를 돌리는 곳마다 수백 만 명의 미국인들이 꿈을 상실한 상황에서, 미국의 자유는 부자가 더 부자가 되는 수단으로 전락했다는 씁쓸한 두려움에서 비롯된 불안감이 팽배해 있다. 이 상황에 대해 나는 이렇게 생각한다. 그 스토리를 솔직하게 말하고 스토리에 담긴 종교와 도덕적 가치관을 열정적으로 이야기하는 지도자와 사상가와 행동가들은 뉴딜 정책 이후 사람들에게 권력을 되돌려 주는 최초의 정치적 세대가 될 것이다. …(중략)… 21세기가 막 시작된 지금, 미국의 지배적인 서사가 될 스토리는 우리의 집단적인 상상력을 이룬 후 정치마저 만들어낼 것이다."[27]

모이어스가 새로운 서사가 필요한 이유를 사회적인 측면에서 찾았다면, 다른 학자들은 자연과 인간의 관계에 관한 새로운 스토리를 만들어내기 시작했다. 토마스 베리의 『지구의 꿈the Dream of Earth』, 캐롤라인 머천드Carolyn Merchant의 『에덴 다시 만들기Reinventing Eden』, 에반 아이젠버그Evan Eisenberg의 『에덴의 생태학The Ecology of Eden』, 빌 맥키븐의 『심층 생태학Deep Ecology』 등 수많은 책들이 자연과의 관계를 재조명하고 있다.[28] 또 한 가지 주목할 만한 이야기가 있다. 바로 여행을 떠난 사람들의 이야기이다. 이들은 시간여행을 떠나 자신과 후손들을 위해 더 나은 세상을 만들고자 했다. 여행을 갓 떠났을 때는 고결한 이상과 희망으로 가득 차 많은 성과를 거둘 수 있었다. 하지만 시간이 갈수록 이들은 자신들의 성공에 심취한 나머지 새로운 방향을 알리는 길잡이를 미처 보지 못했다. 결국 그들은 길을 잃고 말았다. 이제 그들은 바른

길로 돌아갈 수 있는 길을 찾아야 한다.[29]

가치관의 변화를 이끌어낼 수 있는 원천으로는 사회운동도 있다. 사회운동은 처음부터 끝까지 사람들의 의식을 재고하기 위해 애쓴다. 그 노력이 성공하면 새로운 의식을 미리 알릴 수 있다. 우리는 환경 운동에 대해서는 무심코 말을 한다. 우리는 진정한 (환경) 운동이 필요하다. 어떤 이들은 커티스 화이트Curtis White의 책 『불복종 정신The Spirit of Disobedience』에서 라이히의 반향을 들을 지도 모른다. "60년대의 반체제 문화가 해롭고 평판도 좋지 않았지만, 그래도 지금까지도 우리에게 절실히 필요한 것을 주려고 시도는 했다. 그것은 이 세상에 판치고 있는 죽음의 기업 문화에 반대하는 거절의 정신이 살아 있는 문화이다. 이제 와서 반체제 문화로 회귀할 필요는 없다. 하지만 그 문화가 시도한 도전을 다시 시작해야 한다. 우리가 하는 일이 나쁘고, 추하고, 파괴적인 것들만 만들어낸다면 거꾸로 그것들이 우리를 그런 이미지로 재창조할 것이다.

우리가 창조할 인류의 미래에 관심이 있다면 우리는 현재 어떤 식으로 살고 있는지부터 관심을 가져야 한다. 불행하게도 현재의 삶의 방식은 모든 길을 똑같이 바꾸어 버리고, 모든 미국인의 머릿속에 똑같은 공허한 음악과 영화와 TV 장면들이 울리도록 만든 기업과 언론 재벌들의 관심과 흡사하다. 바로 이런 상황에서 정신적인 불복종이 가장 큰 의미를 지닌다."[30]

새로운 인식을 이끌어내고 싶다면 전 세계의 종교를 살펴보는 것도 한 가지 방법이다. 메리 이블린 터커는 "인간이 만든 어떤 제도도 종교가 가지는 특정한 도덕적 권위를 행사할 수 없다."고 했다. 그리고

"환경 위기는 전 세계의 종교에게 더 큰 지구 공동체 속에서 자신의 목소리가 울리도록 하라고 외치고 있다. 그렇게 함으로써 종교는 자신들의 생태적 단계로 진입해 지구의 표정을 발견하게 될 것이다."라고도 했다.[31] 종교단체의 잠재력은 엄청나다. 지구인의 약 85퍼센트가 신앙이 있으며, 그 수는 1만 개가 넘는다. 지구 인구의 3분의 2는 기독교, 이슬람교 혹은 힌두교 신자이다. 종교는 노예제 폐지, 시민권 운동, 남아프리카공화국의 인종차별정책 종식 등을 이끌어내는 데 핵심적인 역할을 했다. 그리고 지금은 환경에 대한 관심을 나날이 키워가고 있다.[32]

마지막으로 교육에 지속적인 노력을 기울여야만 한다.[33] 교육 중에서도 제도적인 교육뿐만 아니라 일상에서 이루어지는 경험적 교육도 무척 중요하게 다루어야 한다. 무엇보다 풍부하고 다양한 자연을 개인적으로 경험하면서 얻는 교육도 포함된다. 내 동료인 스티브 켈러트 Steve Kellert는 특히 어린이들이 자연을 직접 체험하는 것이 행복과 인간의 발전에 매우 중요한 역할을 한다고 강조한다.[34] 넓은 의미에서 교육은 사회적 마케팅이라는 급속도로 성장하는 분야도 포함한다. 사회적 마케팅은 흡연이나 음주 운전과 같은 나쁜 행동을 근절하는 데 큰 성공을 거두었다. 그러므로 이 방법은 더 큰 목적을 위해 응용할 수도 있을 것이다.[35]

지금까지 살펴본 힘들은 잠재적으로 상호보완적이다. 즉, 재앙이나 붕괴(실제로 일어나는 것보다 다양한 경고와 발생 가능성을 보여주는 증거로 대중이 언제라도 붕괴가 일어날 수 있다고 생각하는 경우가 가장 바람직하다.)가 현명한 리더십과 사람들이 상황을 제대로 이해하고 긍정적인 비전을 꿈꿀 수 있도록 돕는 새로운 서사가 있는 사회에서 발생하고, 사회적 및 환경적 명분에 바탕을 둔 깐깐한 시민운동에 의해 강조되고, 잘 구상된 사회적 마케팅에 의해 사람들에게 알려지고 확산되며, 여기에 길을 안내하는 현실의 예가 전염병처럼 확산된다. 이렇게 복합적인 상황이 저절로 일어나기는 힘들다. 결국 재난을 제외한 나머지는 시민의 힘으로 일어나게 만들 수 있다.

1969년에 캘리포니아 주의 산타바바라에서 재앙이 발생했다. 유니언 오일 사가 연안에서 석유 채굴 작업을 하던 중 기름이 유출된 것이다. 해변은 순식간에 시커먼 기름으로 뒤덮였고 생태계는 파괴되었다. 이런 재앙이 계속해서 발생하자 1970년대에 환경 운동이 큰 성과를 올리게 되었다. 산타바바라 시민들은 자신들의 도시에서 일어난 재난을 통해서 새로운 인식에 도달하였고, 그 결과 산타바바라 환경권리 선언문을 작성하기에 이르렀다.

"그러므로 우리는 이제 행동에 나선다. 우리는 우리에게 반기를 들기 시작한 환경에 대한 태도를 혁명적으로 바꾸기를 제안한다. 오랫동안 당연하게 생각했던 사상과 제도는 쉽게 바뀌지 않는다. 그러나 오늘은 이 지구에서 인류에게 남은 날의 첫 번째 날이다. 우리는 새롭게 시작할 것이다."

11장

새로운 정치

현대자본주의가 바뀌려면 근원적이고 효과적인 정부의 행동이 수반되어야 한다. 시장이 환경을 파괴하지 않고 보호하려면 어떻게 해야할까? 어떻게 하면 기업 행동을 바꾸거나 인간과 사회의 필요를 충족시킬 수 있는 프로그램을 만들 수 있을까? 정부는 이 세상을 더 좋은곳으로 만들기 위해, 시민들이 집단적으로 책임을 다하도록 하기 위해사용할 수 있는 가장 중요한 수단이다. 그렇다면 변화의 동인은 정치무대로 이어질 것이며, 그곳에서는 정보를 잘 갖추고 깨어 있는 시민들이 이끄는 생기 있고 활력이 넘치는 민주주의가 필요하다.

하지만 미국인들은 이런 식으로 말하는 것조차 극악무도한 도전을떠올린다. 오늘날 미국의 민주주의는 큰 난관에 봉착했다. 나약하고,천박하고, 위험하고, 부패한 미국의 민주주의는 돈으로 살 수 있는 최고의 민주주의이다. 시장근본주의와 반규제주의 및 반정부 이데올로기가 부상하면서 현 상황은 더욱 큰 두려움을 불러일으킨다. 하지만 이렇게 극단적인 주장을 지나가면 더 뿌리가 깊고 오래된 문제가 나타난다. 지금의 미국 정치가 시급한 획기적인 변화를 이끌어내리라고는 상상조차 할 수 없다.

미국 정부가 해결책보다 더 많은 문제를 안고 있는 이유는 여러 가지가 있다. 미국 정부는 GDP의 환상에 발목이 잡혀 있다. 세수稅收를 위해서, 유권자들을 위해서, 해외에서의 영향력을 위해서 말이다. 정부는 자신이 규제하고 쇄신해야 할 기업들과 부의 집중에 발목을 잡힌 꼴이 되었고, 지금 그 정도는 불안한 수준까지 도달했다. 게다가 대통령을 선출하는 방식부터 시작해서 기능 부전의 제도들 때문에 제 구실을 다하지 못한다.

윌리엄 그리더는 『자본주의의 영혼The Soul of Capitalism』에서 오늘날의 정치가 과연 자본주의의 근본적인 문제들을 해결할 수 있을지 회의를 표했다. "만약 행동주의자인 대통령이 잘 해보려고 자본주의의 엔진 배선을 다시 설치하려 한다고 생각해 보자. 즉, 자본주의의 중심 가치관을 다른 것으로 교체하거나 고용과 투자의 조건을 개혁하는 등 중요한 특성을 손보려는 것이다. 하지만 대통령이 주도한 개혁은 정치에 의해 박살날 것이다. 현상 유지만 하려는 강력한 이해관계자들과 끈끈한 관계라는 점은 차치하고라도, 현대 정부에서 일반적인 입법부의 관행을 고려해 볼 때, 결과는 잘 해봐야 한계 조정이고 상황은 더 나빠질 수도 있다."[1]

피터 반즈는 『자본주의 3.0Capitalism 3.0』에서 이 문제를 적나라하게 밝혔다. "자본주의가 민주주의를 왜곡하는 이유는 단순하다. 민주주의는 열린 시스템이다. 그래서 경제력이 민주주의를 쉽게 오염시킬 수 있다. 하지만 자본주의는 폐쇄적인 시스템이다. 자본주의라는 요새는 대중이 쉽게 접근할 수 없다. 그러므로 자본의 우위는 우연도 아니고 조지 W. 부시의 잘못도 아니다. 작금의 상황은 자본주의가 민주주의에 살고 있기 때문에 발생했다." 반즈는 규제 당국은 자신들이 규제하려던 산업의 머슴이 되었다고 주장한다. "산업에게 붙잡힌 곳은 규제 당국만이 아니다. 의회는 여러 관청을 감독하고 그들을 통제하는 법을 만드는 곳이다. 그런 곳조차 심하게 오염되어 있다. 공직자윤리감시센터에 따르면, 워싱턴에 '영향력이 있는 산업'은 일 년에 60조 달러를 쓰며 35,000명이 넘는 로비스트를 고용한다. …(중략)… 자본주의 민주주의에서 국가는 값비싼 경품을 잔뜩 품고 있는 자판기이다. 누구라도 가장 강력한 정치력을 확보하면 제일 비싼 경품을 딴다. 그 보상에는 재산권, 호의적인 단속자, 세금 우대 조치, 공짜나 헐값으로 사용하는 공유지도 있다. 국가가 공익을 위한다는 생각은 불쌍할 정도로 순진하다. …(중략)… 우리는 마음을 무겁게 하는 곤란한 지경에 처해 있다. 이윤 극대화에 눈이 먼 기업이 우리의 경제를 지배하고 있다. …(중략)… 유일하고 확실한 평형추는 정부이다. 그런데 견제해야 할 정부가 견제 대상인 기업에 지배당하고 있다."[2]

　우리의 정치를 오랫동안 분석한 알페로비츠는 기업이 영향력을 휘두르는 방법을 설명했다. 알페로비츠는 『미국, 자본주의를 넘어서』에서 이렇게 주장했다.

"대기업은 정기적으로

1. 로비를 통해 법률 제정과 의제 설정에 영향을 준다.

2. 직간접적인 압력을 통해 규제 행정에 영향을 준다.

3. 막대한 선거 자금 기부로 선거에 영향을 준다.

4. 대대적인 언론 광고로 여론에 영향을 준다.

5. 위에서 언급한 방법을 모두 동원해 지역 정부의 결정에 영향을 준다. 그것도 모자라 공장, 설비와 일자리를 특정 지역에서 철수하겠다는 무언의 혹은 노골적인 협박까지 한다."[3]

정부의 긍정적인 행보에 찬물을 끼얹는 것은 정치적 공간과 관심을 얻기 위한 과도한 경쟁이다. 내가 예일대 학생이었을 당시 내 은사셨던 로저 매스터스Roger Masters 교수님은 『국가는 괴롭다Nation Is Burdened』라는 책을 쓰셨다. 제목만 봐도 무슨 내용인지 짐작할 수 있다. 사람처럼 정부도 한 번에 많은 문제를 해결할 수 없다. 지난 25년 동안 정부는 미국의 정치 협의에서 가장 큰 골칫거리인 대규모 환경 문제를 해결하기도 벅차다는 사실을 증명했다. 그나마 기후 문제는 마침내 그리고 뒤늦게 정치권의 관심을 받는 것 같다. 정치적 공간의 선점 문제는 특히 "테러와의 전쟁"과 이라크 전쟁 같은 문제들과 경쟁할 때 더욱 심각하다. 국가는 정말 괴롭다.

정치 개혁이나 행동을 하게 하려면 결코 쉽지 않을 것이다. 일단은 워싱턴을 직접 공격하지 않고 다른 분야에서 사회 내에 소규모 역모델을 만드는 것부터 집중할 수도 있다. 하지만 그런 식으로 우회적인 방법을 택하는 것이 더 큰 실수가 될 것이다. 이 문제에서 내가 얻은 결론은 우리 모두가 환경을 걱정하므로 서둘러 새로운 정치를 만들어야 한다는 것이다. 2부에서 다룬 변화를 위한 필요 조건은 바로 미국 정치의 변화이다.

새로운 민주주의의 형태

정치를 변화시키려면 우선 우리가 어떤 민주주의를 필요로 하는지부터 생각해 보아야 한다. 커크패트릭 세일Kirkpatrick Sale은 자신의 유명한 저서 『대지의 주민들 : 생태지역 구상Dweller in the Land: A Bioregional Vision』에서 이렇게 주장했다. 지속 가능한 환경을 무엇보다 중요하게 생각하는 사람들은 지역과 공동체 혹은 생태지역 수준에서 삶과 민주주의의 활성화를 강조했다.[5] 지역에 대한 선호는 반세계주의자들이 쓴 『세계화의 대안 : 더 좋은 세상은 가능하다Alternatives to Globalization A better world is possible』에 나오는 프로그램에서도 잘 알 수 있다.[6]

윌리엄 슈트킨William Shutkin은 『될 수 있는 땅The Land That Could be』에서 "시민 환경주의"에 대해서 논했다. 시민 환경주의란 특정 지역이나 정치 공동체의 회원들이 힘을 모아 해당 지역에서 환경이 건강하고 경제는 활성화된 미래를 건설하는 것이다. "시민 환경주의는 환경보호와 민주주의의 쇄신을 위해 다양한 그룹의 이해관계자들이 시민의 참여와 공동체 계획을 장려할 목적으로 참여 과정, 공동체와 지역 계획, 환경 교육, 산업 생태학, 환경 정의와 장소 같은 핵심 개념들을 수반한다."[7] 장소감과 지리적 연속성은 이러한 개념에서 중요한 위치를 차지한다.

『글로벌 환경정치학*Global Environmental Politics*』을 쓴 로니 립슈츠Ronnie Lipschutz는 이 책에서 성공 가능성이 높은 글로벌 환경보호방법을 모색 했다. 그는 기존의 여러 분야로는 성공 가능성이 극히 제한적이라고 본다. "글로벌 환경정치학을 실행하려면 국가 시스템, 국제회의, 각종 기구, 관료정치와 기업의 자금이 들어간 센터들을 배제한 채 다른 곳에서 방법을 찾아야 한다." 그는 언급한 곳들을 문제의 일부로 보고 있다. 그는 주류 환경단체에 대해서도 불만이 많다. "목적을 위해 일반적인 방법을 사용하는 환경운동가들은 애초에 환경 문제를 만들어내는 제도와 관행을 바꿀 수 없다."[8]

결국 립슈츠는 지역에서 실천할 수 있는 새로운 환경정치학의 근원을 모색한다. "환경운동가들은 반드시 사회적 관계가 (살고 있는) 지역에 거의 집중되어 있는 진짜 사람들의 신념과 행동을 바꿀 수 있어야 한다. 좋은 생각은 하늘에서 떨어지거나 어느 날 갑자기 떠오르는 것이 아니다. 앞에서 말한 진짜 주민들이 자신들이 살고, 일하고, 노는 곳을 잘 이해하고 있을 때 그곳을 지킬 수 있는 좋은 생각들이 떠오를 것이다. 바로 그런 곳에서 정치, 행동주의, 사회적 파워가 가장 큰 힘을 발휘하며 사람들의 공감을 얻을 수 있다."[9] 립슈츠는 어떤 운동이 전 세계적인 호응을 받으려면 지역에서부터 시작되어야 한다고 확신한다. 지역과 지역이 지식, 경험, 인력을 교류하면서 전 세계가 하나로 연결되는 과정은 하버드대의 쉴라 야사노프Sheila Jasanoff 교수의 분석에서도 중요한 위치를 차지한다.[10]

벤자민 바버Benjamin Barber가 강력한 민주주의라고 부른 심의민주주의 Deliberative Democracy 혹은 담론민주주의Discrusive Democracy는 민주주의의 미래를 책임질 뛰어난 모델로 많은 사람들의 기대를 받고 있다. 그런데 이 민주주의는 지역이나 공동체에서 가장 쉽게 실현될 수 있다. 심의민주주의는 직접민주주의로, 시민들이 여러 선택안을 토론하고, 함께 배우고, 차이를 극복해 결론을 도출한다. 현재의 이익단체가 주도하는 대표민주주의와는 차원이 다르다. 월터 바버Walter Barber와 로버트 바틀렛Robert Bartlett은 『심의 환경정치학Deliberative Environmental Politics』에서 심의민주주의에 대한 지지가 증가하고 있다고 썼다.

"심의민주주의 운동은 이 시대의 자유주의가 경제적 지속 가능성을 위해 민주적 성격을 외면하고 있다는 인식이 확산됨에 따라 속속 출현하고 있다. 현대 민주주의는 문화적 다원주의, 사회적 복합성, 극심한 부의 불평등과 그 영향 및 편향된 이데올로기에 직면해 있다. 이런 특성들은 모두 근본적인 변화를 저해하는 요인이다. 따라서 현대 민주주의 하에서는 정치 제도가 진정한 심의가 도저히 불가능한 전략적 권모술수의 장이 되었다. 시민들이 사리사욕에만 눈이 멀어 타인을 경쟁자로만 생각하는 사회에서는 진정한 민주주의도 환경보호운동도 꽃피우기 힘들다.

심의민주주의자들은 민주주의의 정수가 투표, 이익 집약interest aggregation이나 권익이 아니라 심의라고 믿는다. 심의민주주의가 신봉하는 핵심 가치는 구성원들의 정치적 평등, 지도적인 정치적 과정으로서의 대인관계 추론, 여러 논거를 대중이 주고, 판단하고, 수용 혹은 거부하는 것이다."[11]

현재 심의민주주의 이론을 실생활에 적용할 수 있는 방법이 연구되고 있다. 무엇보다 시민이 직접 참여하고 민주주의 과정에서 활용할 수 있는 다양한 대화 메커니즘이 필요한 제도적 장치부터 마련해야 한다. 심의민주주의에 대한 심각한 비판도 있다. 이 제도를 비판하는 사람들은 본래의 권력 불균형이 성과를 왜곡할 수 있으며, 행동파들의 방법(시위, 보이콧, 연좌데모 등)이 여전히 필요하다고 주장한다. 두 가지 접근법이 모두 중요한 역할을 수행한다고 본다.[12]

『강력한 민주주의 : 새 시대를 위한 참여정치*Strong Democracy: Participatory Politics for a New Age*』를 쓴 바버는 이 책에서 참여민주주의는 그리스의 폴리스Polis와 같은 "케케묵은 공화주의"나 마을 회의를 하는 것 같은 "대면 파벌주의"가 필요 없다고 주장한다. 대신 "시민을 대표하는 대의정치보다 시민에 의한 자치가 필요하다. 자치정치에서는 적극적인 시민들이 스스로를 다스린다. 물론 모든 경우나 모든 수준에서가 아니라 기본적인 정책을 결정하고 막강한 권력을 행사해야 할 때에 시민들이 참여한다. 자치정치는 시민이 지속적으로 의제 설정, 심의, 법제화와 정책 이행('공동 작업'의 형태로)을 할 수 있도록 만들어진 제도를 통해 실현된다. 강력한 민주주의는 개인이 스스로를 다스릴 능력에 무한한 믿음을 보내지 않는다. 하지만 대체로 대중은 왕들만큼 혹은 그 이상으로 현명하다는 마키아벨리Machiavelli의 주장과 '소수의 사람들이 모여 평범한 다수를 다스릴 때보다 평범한 다수가 매일매일 스스로를 다스리는데 실수를 덜 할 것'이라는 테오도어 루즈벨트Theodore Roosevelt의 주장을 다시 한 번 확인해 준다."[13]

이러한 목표들을 달성하고 "모든 시민을 정치가로 만들 수 있는 방법으로" 바버는 강력한 민주주의를 오늘날의 상황에 맞춰 제도화하는 혁신적인 제도(절차)를 설명하고 있다. 즉, "개인이 동네의 문제만 아니라 국가적 문제에서도 함께 토론, 의사 결정 및 정치적 판단을 내리고 실천하도록" 고안된 제도들이다. 바버는 최우선적으로 전국적으로 국민이 지역의 일에 참여할 수 있는 시스템을 만들어야 한다고 주장했다. "강력한 민주주의의 토대를 만들기 위해 가장 중요한 개혁적 조치는 '동네 의회' 시스템을 미국 전역의 시골, 교외와 도시 지역에 갖추어야 한다. 정치의식은 동네에서 시작된다."[14] 그는 오늘날 많은 서구 국가에서 더 개선된 형태로 시행되고 있는 국민발의와 국민투표제도에 높은 점수를 주었다.

정리하자면, 현재의 민주주의를 심사숙고한 사람들이 시민에게 공통적 관심사가 걸린 문제들을 논의하고 그 결과를 법제화할 수 있는 힘을 주는 것은 더 나은 결정을 내리기 위해서만이 아니라 더 나은 시민이 되기 위해서도 꼭 필요하다. 시민에게 권한을 부여함으로써 미국 정치를 바꿀 수 있다.

좀 더 세계적 차원의 문제들을 접한 사람들은 세계주의Cosmopolitanism를 발전시켜야 한다고 본다. 데이비드 헬드David Held와 그의 동료들이 『글로벌 트랜스포메이션Global Transformations』에서 설명했듯이, "세계주의 프로젝트"는 정치적 책임과 민주적 통제를 국제적인 문제에도 적용할 수 있는 방법을 모색한다. 결국 이 책의 저자들은 "세계 시민"이 필요하다는 결론을 내렸다. 민족적, 지역적, 세계적 시민권을 동시에 누릴 줄 아는 시민이 필요하다. 그들은 이렇게 확신한다. "민주주의에 대한 인식을 '양면 과정'으로 바꾸어야 한다. 양면 과정 혹은 이중 민주화 과정은 국가라는 공동체에서 민주주의가 심화됨과 동시에……민주주의의 형태와 과정이 국경을 초월해서 확정되어 나간다는 의미이다. 새천년을 위한 민주주의는 반드시 세계 시민이 전통적인 국경과 경계를 초월해 이루어지는 사회적 · 경제적 · 정치적 과정과 흐름을 책임질 수 있도록 해야 한다."[15]

앞에서 살펴본 것처럼 정치의 지역화를 옹호하는 의견도 있고 정치의 세계화를 옹호하는 의견도 있다. 상반된 의견처럼 보이지만 실제로는 상호보완적이다. 다양한 설명이 따라붙는 세계화는 국가의 주권을 부식시킨다. 흔히들 말하길, 민족국가는 큰 것을 위해서는 너무 작고 작은 것을 위해서는 너무 크다. "글로칼리제이션Glocalization" 개념이 등장하고 있다. 행동을 지역과 세계 수준으로 옮겨 놓은 개념이다. 유럽을 비롯한 여러 지역에서 민족국가에 회의를 느끼고 지역과 국적을 초월한 시민권을 다지는 모습을 볼 수 있다.

세계와 지역을 어떻게 하나의 정치적 틀에 통합할 수 있을까? 이번에도 폴 러스킨과 GTI가 작성한 〈미래로부터의 보고서report from the future〉에서 지혜를 얻을 수 있다. 21세기 후반기에서 보내 온 편지인 이 보고서에서 러스킨은 이렇게 시작한다. "정체성과 시민권이 온 지구에 퍼졌다. 이제 글로벌리즘globalism은 한때 민족주의가 그랬던 것처럼 깊이 뿌리를 내렸다. 어쩌면 그 이상일지도 모른다." 러스킨은 어떻게 세계적 관점과 지역적 관점을 결합했는지도 설명하고 있다. "'대변화' 정치철학은 일명 제한된 다원화 원칙에 기반을 두고 있다. 이 원칙은 환원 불가능성, 보완성, 이질성을 지니며, 이 셋은 서로 보완관계에 있다. 환원 불가능 원칙이란 특정한 문제는 전 지구적 통치 수준에서 판결하는 것이 필요하고 적절하다는 뜻이다. 세계 사회는 보편적인 권리, 생물권의 보전, 공동 자원의 공정한 사용을 위해 노력할 책임이 있다. 또한 지역으로 떠넘길 수 없는 문화와 경제적 문제를 해결하기 위해 노력을 기울일 책임이 있다. 보완성 원칙에 따른다면 환원 불가능한 세계 권위의 범위를 극도로 제한해야만 한다. 효율성, 투명성, 시민 참여, 의사 결정을 증진시키려면 통치 수준을 지역으로 낮추어야 한다. 이질성 원칙은 지역이 다양한 형태의 개발과 민주적 의사 결정을 추구할 권리를 주어야 하며, 이 권리는 권리를 행사할 때 전 지구적 책임과 원칙에 부합해야 한다는 의무에만 제한을 받는다는 내용이다. 이 원칙들은 세계헌법에 명시되어 있으며, 이 원칙을 반대할 만한 사람은 찾아보기 힘들다."[16] 이러한 형태의 미래 세계에 대해 찬반 투표를 한다면 나는 결코 반대하지 않을 것이다.

그곳에서 이곳으로

바버와 러스킨을 비롯한 수많은 학자들은 의사 결정의 탈중앙화와 강력한 세계 시민권, 상호 의존성과 책임 공유 의식을 바탕으로, 정치에 활기를 불어넣을 수 있는 정치적 변화가 진행되는 장기적이고 희망적인 미래를 보여준다. 일단 이렇게 밝은 미래를 상정한 다음에는 미래를 향한 기나긴 여정의 첫 발을 어떻게 떼어야 할지 고민해야 한다. 러스킨의 비전은 오늘날의 젊은이들이 언젠가는 실현할 수 있을지도 모른다. 하지만 지금 당장이나 앞으로 몇십 년 동안 우리는 미국의 환경정치를 전면적으로 쇄신할 수 있는 실천방안을 마련해야 한다. 전면적 쇄신을 위해 세 가지 측면의 변화가 수반되어야 한다.

첫째, 새로운 환경정치학의 폭을 더 넓혀야 한다. 환경에 대한 관심과 보호 활동뿐만 아니라 관련 문제를 모두 포함할 수 있어야 한다. 물론 현재의 환경보호주의의 틀 안에서 진행되는 노력도 지속해야 한다. 아니 더 강화해야 한다. 하지만 환경 문제가 다루어야 할 의제는 소비주의와 상업주의 및 이로 인해 형성된 생활방식을 탈피하기 위한 진지한 노력, 성장마니아에 대한 건전한 회의주의, 사회가 정말 성장해야 할 부분에 역량 집중하기, 기업의 지배에 대한 도전과 기업의 정의와 목표의 재정립, 시장의 기능과 범위에 대한 전면적인 변화, 알페로비츠가 "부의 민주화"라고 불렀으며 반즈가 "민주주의 3.0"이라고 한 사상을 실현시키기 위한 노력 등을 모두 포함해야 한다.

새로운 의제는 인권 보호를 중심 목표로 삼아야 한다. 환경정의는 이제 미국의 환경보호주의에 뿌리를 확실히 내렸다. 하지만 아직도 최우선적으로 대접받지 못하고 있다. 세계 전역에서 사회정의와 환경에 대한 관심이 하나의 원인으로 뒤섞이면서 수많은 환경운동가들이 박해, 투옥, 살해로 고통 받고 있다. 그들은 우리들의 형제이자 자매들이다. 삶, 언론, 민주주의에 대한 그들의 권리는 확실하게 지켜져야 한다. 수많은 중요한 환경 문제들을 인권 문제의 연장선상에서 보아야 한다. 깨끗한 물에 대한 권리, 지속 가능한 발전에 대한 권리, 문화적 생존에 대한 권리, 기후 혼란과 파멸을 겪지 않을 자유, 유독물질이 없는 환경에서 살 자유, 미래 세대의 권리 말이다.[17]

새로운 환경정치는 반드시 미국의 사회 문제를 직접적이고 광범위하게 다루어야만 한다. 앞에서 사회적 행복을 강화하기 위해 시급한 조치들을 살펴보았다. 이를테면 좋은 일자리, 안정된 수입, 사회 및 의료보험을 제공할 수 있는 조치들을 말이다. 나는 이 조치들이 환경 문제를 해결할 조치와 직결되어 있다고 했다. 왜냐하면 환경 문제 해결법이 이 문제를 위해 끝없이 환경을 파괴하는 현실의 대안으로 인간의 복지를 향상시키기 때문이다.[18] 특히 환경운동가들은 다른 분야의 전문가들과 협력해 현재 미국 사회에 만연해 민주주의를 갉아먹고 있는 불평등 위기를 해결하는 것이 급선무이다. 성장은 역사상 유례가 없고, 경영진의 봉급은 치솟고, 부는 점점 소수에 집중되는 반면 빈곤율은 지난 30년 동안 최고이며, 생산성은 올라도 서민의 봉급은 제자리이고, 사회적 이동성과 기회는 줄어들고, 건강보험이 없는 사람들의 수가 최고를 기록하고, 학교를 중퇴하고, 직업 불안정성이 증가하고, 사회의 안전망이 흔들리며 선진국 중에서 가장 긴 노동시간을 자랑하고 있는 것이 바로 미국의 위기이다.[19]

미국에서 사회 및 경제적 불평등이 점점 심화되는 현실은 민주주의에 대한 심각한 위협이다. 정치과학자 로버트 달에 의하면, "국내외의 여러 세력이 우리의 정치적 불평등 수준을 돌이킬 수 없을 정도로 악화시킨다는 주장은 매우 타당하다. 그리고 이 불평등은 민주주의의 이상과 정치적 평등을 완전히 무관하게 만드는 현재의 민주적 제도와 너무나 잘 어울린다."[20] 로버트 달은 정치 분석가인 로렌스 제이콥스Lawrence Jacobs와 테다 스콕폴Theda Skocpol과 함께 『불평등과 미국의 민주주의Inequality and American Democracy』에서 악순환이 출현할 것이라고 주장했다. 즉, 소득 불균형 때문에 정치적 접근성과 영향력이 부유한 유권자와 기업으로 넘어가면 심화되는 불균형을 바로잡을 수 있는 민주주의의 잠재력이 위협을 받게 된다.[21] 악순환으로 인한 수많은 부작용 중에서도 특히, 민주주의의 위협은 미국 정치에서 환경정책의 성공을 방해할 수 있다.

새로운 환경정치학은 선거 자금, 각종 선거, 로비 규제 등 시급한 정치 개혁에도 관심을 기울여야 한다. 정치학자인 제이콥 해커Jacob Hacker와 폴 피어슨Paul Pierson은 공동으로 쓴 『중심에서 떨어진Off Center』에서 정치 개혁을 진행하기 위해 의미 있고 혁신적인 계획을 마련해 두었다. 이 계획에는 시민에게 정치 과정에 참여할 수단을 더 많이 제공하는 대규모 회원 조직의 활성화, 유권자들의 투표 참여를 늘일 수 있는 방책, 공개적인 대통령 선거인 예비 선거, 초당파적인 선거구 재편, 모든 연방 선거 후보들에게 선거 운동을 위해 기본적으로 필요한 최소한의 시간만큼 무료로 TV와 라디오 광고 시간 배정하기, 재직 기간 중의 특권 축소, 서로 대립하는 정치적 입장을 밝힐 방송시간을 공평하게 나눠주는 '공정의 원칙' 되살리기 등이 있다.[22] 해커와 피어슨은 시중의 자금이 정치권으로 흘러들어가는 관행을 고치기 힘들 것이라고 본다. 하지만 코먼코즈Common Cause와 여러 단체들이 공공재정을 통해 깨끗하고 공정한 선거를 치를 수 있다는 강력한 주장을 계속해 왔다.[23] 메사추세츠 공대의 로렌스 서스킨드Lawrence Susskind 교수는 헌법상 우리가 현재 알고 있는 형태의 하원의원 선거구는 필요 없다고 주장한다. 그는 유럽에서 일반적인 비례대표제와 흡사한 선거 절차를 지닌 전체 주州 대표의 대선거구제를 시행하면 더 나은 결과와 더 많은 책임감을 기대할 수 있다고 주장한다.[24] 『미국의 민주주의를 고치는 10단계10 Steps to Repair American Democracy』에서 스티븐 힐Steven Hill은 헌법을 개정하지 않고도 대통령을 직접 선거로 선출할 수 있는 혁신적인 방법을 설명했다.[25] 끔찍할 정도로 통합된 언론의 소유권을 해체하는 방안도 필요하다. 다시 말해서, 미국의 정치를 개혁하고자 하는 인상적인 사상들이 이미 출현했다. 그러므로 우리는 이 사상들을 지원하고 실천에 옮겨야 한다.

새로운 환경정치학의 첫 번째 표어가 "의제를 확대하자"라면, 두 번째 표어는 "정치적이 되자"이다. 변호사 업무와 로비는 중요한 일이다. 하지만 새로운 환경주의는 지금 당장 선거 정치에서 힘을 키워야 한다.[26] 필요한 힘을 키우려면 무엇보다도 풀뿌리 조직을 키워야 한다. 국가와 공동체 수준에서 활동하는 그룹들을 활성화하고, 사람들이 동화될 수 있는 메시지, 호소와 영감과 동기를 부여하는 스토리를 만들고, 미국의 전통과 공공의 가치관 중에서도 가장 좋은 것과 부합하는 것을 찾고, 가족과 아이들을 위해 가치 있는 미래상을 제시해야 한다. 아마도 새로운 환경정치학은 무엇보다 노조와 노동자의 가정, 소수자와 유색인종, 종교단체, 여성운동과 상호보완적인 이해관계와 같은 운명을 지닌 여러 공동체들을 함께 품에 안아야 한다. 환경 운동 커뮤니티가 국내 정치 개혁, 자유주의 사회 의제, 인권, 국제 평화, 소비자 운동, 세계 보건과 인구 문제, 세계 빈곤과 저개발 문제 등을 해결하기 위해 애쓰는 사람들과 협력하지 못하게 하는 '사일로 효과(Silo Effect, 조직 장벽과 부서 이기주의 - 옮긴이)'를 극복하기 위해 더 강력한 동맹을 맺어야 한다는 것도 안타깝지만 엄연한 현실이다.

환경정치는 좁은 의미의 환경 지지 기반만으로는 성공할 수 없다.[27] 새로운 환경주의는 다양한 공동체를 포용해야 한다. 또한 그들의 명분을 지지해야 한다. 그렇게 해야 나도 지지를 얻을 수 있다거나 그들의 목표가 존중할 만하다는 단순한 이유 때문만이 아니다. 다른 운동들이 성공하지 못하면 환경 목표도 성취할 수 없기 때문이다. 결국 환경이든 다른 사회운동이든 목표는 한 가지이며, 함께 살거나 함께 죽는 운명공동체이다. 이렇게 말하는 사람들이 있다. "미국인들부터 먼저 신경을 써야 하기 때문에 외국까지 도울 수 없다." 이렇게 생각하기 전에 이 점만은 명심하라. 그들도 미국인들이 힘들 때 도와주지 않을 것이다.

새로운 환경정치학의 마지막 목표는 "운동을 조직하라"이다.[28] 미국의 선거제도에서 환경이 힘을 키우고 시야를 넓혀 다양한 의제들을 다루면서 지지 기반이 더 넓은 세력과 힘을 합하는 노력을 통해 변화를 일으킬 수 있는 강력한 시민운동을 시작할 수 있다.

지금 우리는 지속 가능한 사회로 변하기 위해 필요한 정치 및 개인적 행동을 증가시킬 수 있는 시민과 과학자들의 국제적 운동이 필요하다. 우리는 노예제를 폐지하기 위해 운동을 벌였다. 수많은 사람들이 시민권을 획득하고, 인종차별주의와 베트남 전쟁을 막기 위해 운동에 참여했다. 환경운동가들은 종종 "환경 운동"의 일부일 뿐이라는 말을 듣는다. 우리는 진짜 환경 운동이 필요하다. 이제 시민이자 소비자인 우리가 직접 나서야 할 때이다.

변화를 이끌어 낼 새로운 힘은 시민단체, 과학단체, 환경단체, 종교단체, 학생들과 각종 단체들과 깨어 있는 기업인들, 관심이 많은 가족들과 열성적인 공동체들과 다 함께 힘을 모아 정부와 기업을 반대하고 그들에게서 행동과 책임을 요구하고, 소비자와 공동체의 일원으로서 일상생활에서 지속 가능성을 실천하는 것이다. 우리가 기댈 언덕이라고는 이것뿐이다.

젊은 사람들은 진정한 변화를 위해 어떤 운동이라도 열심히 참여할 것이다. 그들은 언제나 그랬다. 이 세상을 신선한 시각을 바라보고 끊임없이 의문을 제기할 때 새로운 꿈이 나타난다. 인터넷의 등장으로 신세대는 과거에는 생각도 못할 방법으로 세력을 키워가고 있다. 정보에 접근하는 것도 쉬워졌지만, 타인과 공유하거나 더 넓은 세상에 다가갈 수도 있기 때문이다.

목표를 세우면 급격한 변화를 이끌어낼 불꽃을 찾아야 한다. 마치 1970년대 초기에 국내의 환경 문제에 관심이 집중되었던 것처럼 말이다. 결국 우리는 역사적으로 21세기의 혁명으로 기록될 반응에 방아쇠를 당겨야 한다. 그러한 반응만이 거대하고 재앙에 가까운 환경 파괴를 되돌릴 수 있다.

앞의 네 단락에 나온 구절들은 『아침의 붉은 하늘』에서 발췌했다. 이 책을 쓰면서 내 의견은 두 가지 중요한 측면에서 변화했다. 나는 이제 환경 문제만 아니라 사회정의까지도 보듬을 수 있는 폭넓은 지지기반의 시민운동이 출현할 희망과 기회가 더 커졌다고 본다. 그렇다면 이제부터 미국의 시민운동을 세계적인 운동의 출현이라는 맥락에서 살펴보아야 한다. 이 내용은 폴 호큰의 『축복받은 불안 : 세계 최대 운동의 탄생 이야기와 아무도 그 사실을 알아차리지 못한 이야기 *Belssed Unrest: How the Largest Movement in the World Came into being and Why No One Saw It Coming*』 에서 소상하게 다루고 있다. 호큰은 이 운동에서 주로 비영리조직의 수를 파악하려고 노력했다. 그는 마침내 전 세계적으로 "생태학적 지속 가능성과 사회정의를 위해 활동하는 기구가 100만 어쩌면 200만 개가 넘는다."는 결론을 내렸다. 이런 조직에서 세상을 변화시키기 위해 헌신하는 사람들의 수는 1천만 명에 달한다. "이 운동의 목적은 무엇인가? 만약 당신이 그 운동의 가치관, 임무, 목표와 원칙 등을 살펴본다면, 모든 조직의 핵심에는 떠벌이지는 않지만 두 가지 원칙이 있다는 사실을 알게 될 것이다. 첫째가 황금률이고, 둘째가 동물이든 아이든 문화든 모든 생명체는 신성하다." 호큰은 시민운동의 파급 효과에 대해 희망적이다. "나는 이 운동이 전 세계로 퍼질 것을 확신한다. …(중략)… 운동의 목표를 잘 알고 있는 사상이 확산될 것이다. 그 사상이 모든 제도를 채우게 될 것이다. 하지만 그전에 먼저 자기파괴적 행동으로 점철된 지난 몇백 년을 되돌릴 수 있을 만큼 많은 사람들이 변하게 될 것이다."[30]

초기 징조들

미국에서 진정한 시민운동이 출현할까? 아마 찰스 라이히 교수님처럼 나도 너무 희망적일 수도 있겠지만 나는 그럴 것이라고 생각한다. 오늘날 대학생들이 운동을 조직하고 이들을 동원할 수 있다는 점에서 희망적인 면을 볼 수 있다. 게다가 대부분 에너지행동연합Energy Action Coalition에 의해 조직되었다.[31]

종교단체의 활동이 점점 활발해지는 현상에서도 희망이 보인다. 특히 "천지만물 돌보기Creation Care"라는 구호 아래 복음주의 단체들의 활동과[32] 환경보호를 가치로 급속도로 생겨난 다양한 공동체들을[33] 보고 있으면 마음이 든든하다. 노조, 환경단체와 진보적 성향의 기업인들이 힘을 모아 "아폴로 동맹Apollo Alliance"이라는 단체를 만들었으며,[34] 시에라 클럽Sierra Club's collaboration이 미국 최대의 산업노조인 미국철강노조와 협력하는[35] 모습에서도 희망을 꿈꿀 수 있다. 그뿐이 아니다. 앨 고어의 『불편한 진실』을 계기로 시작된 노력과[36] 녹색소비자운동과 미국의 주요 은행들의 정책을 친환경적으로 바꾸려는 열대우림행동네트워크Rainforest Action Network의 노력을 지지하는 소비자들을 봐도 미래는 어둡지 않다.[37] 다양한 토론회, 시위, 행진, 저항 운동 등도 점점 증가하고 있어서 미래에 대한 전망을 밝게 해준다. 특히 빌 맥키븐이 지구온난화에 반대하기 위해 시작한 "스텝 잇 업Step It Up!" 운동으로 2007년 한 해 동안 미국 전역에서 14,000건의 행사가 개최되기도 했다. 칼 안소니Carl Anthony, 제롬 링고Jerome Ringo, 마조라 카터Marjora carter, 반 존스Van Jones, 도체타 테일러Dorceta Taylor, 미첼 겔롭터Michel Gelobter와 스티브 커우드Steve Curwood와 같은 미국 흑인들이 추축이 된 소수 환경운동단체들이 점점 지지 기반을 닦아가는 모습도 흐뭇함을 더해준다.[38] 세계사회포럼과 2007년에 처음으로 미국사회포럼을 개최한 미국의 비영리단체들의 활약도 희망의 증표로 볼 수 있을 것이다.[39] 물론 이런 움직임은 변화를 꽃피울 씨앗에 불과하다. 하지만 변화의 씨앗은 이미 뿌리를 내렸으며 앞으로 쑥쑥 자랄 것이다. 환경 운동의 새로운 추진력은 대부분 기후 문제로부터 비롯된다. 예를 들면, 1Sky(2007년에 지구 온난화를 막자는 취지로 미국에서 설립된 환경운동단체 – 옮긴이)의 운동 조직 구축movement-building 운동이 대표적이다.[40]

반가운 소식은 환경 운동의 방향이 위에서 서술한 세 가지 방향으로 확실히 전환되고 있다는 것이다. 좀 더 구체적으로 보면, "의제 확장"이나 "운동 조직"보다는 "정치적이 되자"는 쪽에 더 힘이 쏠리고 있다. 지역과 주의 환경단체들은 수적으로나 질적으로 계속 성장해왔다. 자연보전유권자동맹League of Conservation Voters을 비롯한 여러 단체의 활동을 통해 환경친화적인 후보들을 끌어오고, 권위 있는 단체들을 통해 유권자들의 정치적 의사를 더 잘 전달할 수 있도록 활발하게 활동하고 있다. 주요 전국단체들은 지역과 주 단위의 단체와 연계를 강화하고 그들의 로비 활동을 지원하기 위해 활동가들의 네트워크를 구축하는 데 힘을 쏟았다. 환경친화적인 새로운 정치를 미국에 꽃피우기 위해 아직도 먼 길을 가야만 한다. 마크 허츠가르드Mark Hertsgaard는 우리가 얼마나 더 가야 목표에 도달할 수 있는지 계산해보기까지 했다. 그의 결론에 따르면, 환경단체에 대한 지원의 겨우 10퍼센트가 지역단체에게 돌아가며 그나마도 대부분 토지 신탁운동Land Trust에 돌아간다.[41]

현재 미국의 정치는 환경뿐만 아니라 미국 국민들과 세계에 전혀 도움이 안 되는 실정이다.[42] 리처드 포크가 지적했듯이, 사람과 자연을 모두 지킬 수 있는 변화를 끌어내려면 부단한 노력을 기울이는 수밖에 없다. 미국의 역사에서 벤치마킹을 할 만한 모델을 찾아보자면, 1960년대에 발생한 민권혁명Civil Rights Revolution을 들 수 있다. 당시에는 모두가 불만을 품고 있었다. 무엇이 그런 불만을 야기했는지도 알고 있었다. 체제는 적법성을 잃었으므로 모두가 힘을 모으면 불만을 없앨 수 있다는 사실도 알고 있었다. 당시의 혁명은 대립과 불복종이었다. 하지만 폭력에 의지하지 않았다. 당시에는 꿈이 있었다. 그리고 마틴 루터 킹Martin Luther King Jr이 있었다.

킹 목사는 1968년에 암살당했다. 같은 해 로버트 케네디Robert B. Kennedy도 같은 운명을 맞았다. 『1968년 : 세상을 뒤흔든 해1968: The Year

That Rocked The World』에서 저자 마크 컬란스키Mark Kurlansky는 이렇게 썼다. "1968년은 끔찍한 해였지만 지금도 그때를 그리워하는 사람들이 많다. 베트남에서 수천 명이 죽고, 비아프라에서 수백만 명이 아사하고, 폴란드와 체코슬로바키아의 이상주의는 군화에 짓밟혔던 해였다. 대학살로 멕시코가 피로 물들고, 전 세계에서 체제에 반대하는 사람들이 두들겨 맞고 잔인한 고문을 당했으며, 온 세상을 희망으로 환하게 밝혔던 미국인 두 명이 총탄에 쓰러진 해였다. 하지만 그래도 많은 사람들은 1968년을 거대한 가능성의 시대로 기억하며 지금도 그리워한다. 알베르 카뮈Albert Camus는 『반항하는 인간*The Rebel*』에서 평화로운 시대를 갈망하는 사람들은 '불행이 줄어드는 것이 아니라 불행이 잠잠해지기를 갈망하는 것이다.'라고 했다. 1968년을 생각하면 전율을 느끼는 것은 그 당시 전 세계에서 수많은 사람들이 세상을 불행하게 만드는 부조리에 침묵하는 것을 거부했기 때문이다. 사람들은 더 이상 침묵할 수 없었다. 그때는 그런 사람들이 너무 많았다. 그래서 다른 방법이 없다면 그들은 거리로 몰려나와 부조리를 외칠 수밖에 없었다. 그런 행동이야말로 전에는 느낄 수 없었던 희망을 온 세상에 불어넣었다. 세상이 잘못된 길을 가더라도 언제나 그것을 폭로하고 현실을 바꾸려는 사람들이 있다는 희망을 말이다."[43]

시민들이 일어나서 킹 목사의 뒤를 따라 행진에 나선다면 너무나 멋진 일들이 이루어질 것이다. 이 세상에 다시 한 번 희망을 불어넣어야 할 때이다.

12장

세상 끝에 세운 다리

우리 세대는 이 책에서 설명한 위기를 해결할 방법을 모색할 수 있는 시간이 얼마 남지 않았다. 하지만 젊은 사람들의 시대는 이제 막 시작되었다. 지금 우리는 후손들이 쓸 땅을 빌려 쓰고 있다. 우리 세대가 후손에게 지구를 지금보다 훨씬 나은 상태로 돌려줄 것이라고 말할 수 있다면 얼마나 좋을까. 사실 우리는 자연계와 인류의 연대에도 막대한 희생을 치르며 부를 사들이고 있다.

하지만 지나간 일은 지나간 일이다. 잘못한 것은 다시 고치고 새로 만들 수 있다. 물론 미래는 쉽게 고칠 수 있는 대상이 아니다. 하지만 다시 만들 수 있다. 우리가 아무것도 하지 않았을 때의 미래와 완전히 다른 모습의 미래를 만들 수 있다. 그러기 위해서 '위대한 과업Great Work'에 매진해야 한다.

인류가 직면한 위기들을 머릿속에서 지워버리기는 쉽다. 편안한 삶을 영위하고 있는데, 무엇하러 그런 골치 아픈 일로 사서 고생을 하겠는가. 사실 사람들에게 동기를 부여하려면 이 책에 나온 것처럼 우울하고 불길한 현실을 굳이 강조할 필요가 없다는 말은 지금도 자주 든다. 『환경보호주의의 종말Death of Environmentalism』을 쓴 마이클 쉘렌버거Michael Shellenberger와 테드 노드하우스Ted Nordhaus도 이렇게 말했다. 킹목사가 "나에겐 늘 꾸는 악몽이 있습니다."라고 말하지는 않았다고. 나는 그 두 사람에게 이렇게 대답해 주고 싶다. 킹 목사는 그런 말을할 필요가 없었다고 말이다. 당시 이미 수많은 사람들이 악몽 같은 삶을 살고 있었다. 그들에게는 꿈이 필요했다. 하지만 우리는 지금 꿈 같은 생활을 살고 있다. 나는 그 점이 오히려 더 두렵다. 우리를 기다리고 있는 악몽을 알아야 한다. 내가 아는 진실은 바로 이것이다. 우리가어떤 곤궁에 처해 있는지 정확하게 알지 못하면 아무도 행동에 나서지않을 것이다.

눈앞의 파멸과 대면한 후에는 해결책이 아직은 많이 존재한다는 사실을 깨달아야만 한다. 이 책에 소개한 해결책은 맛보기에 불과하다. 훨씬 더 많은 방법들이 존재한다. 게다가 미래를 밝게 만들어 주는 희소식도 있다. 인류의 과학 지식은 놀라울 정도로 발전하고 있다. 인구증가 속도는 느려지고 있으며, 빈곤층의 숫자도 전 세계적으로 감소추세에 있다. 제조 분야, 에너지, 교통, 건축과 농업에 활용할 수 있는친환경기술이 이미 개발되어 있으며 앞으로도 속속 출현할 것이다. 환경단체와 각종 시민사회단체들은 리더십과 운동의 효율성을 재고할수 있는 역량을 키워왔으며, 오랫동안 신경 쓰지 못했던 분야에서도 힘을 키워가기 시작했다. 기업들은 친환경사업에서 돈을 벌 기회를 발견하고 있다. 세계 각국에서 같은 취지의 시민단체들이 협력함에 따라 글로벌 시민 사회Global civil society도 곧 출현할 것이다.

사람들은 곧 닥쳐올 환경 위기의 심각성에 대해 서서히 깨달아가고 있다. 주로 기후 문제와 다양한 시나리오의 붕괴와 파멸이 현실이 될 수도 있음을 지적하는, 봇물을 이룬 서적과 기사들 덕분이다. 이런 분위기를 잘 활용하면 환경으로 인한 위기와 재앙에서 긍정적인 변화를 유도할 수도 있다. 허리케인 카트리나가 바로 그런 예이다. 다운시프트와 환경친화적인 소비를 추구하려는 소비자들, 일부 공동체가 시작한 반기업 운동, 새로운 형태의 기업 소유와 경영을 추구하려는 활발한 시도들을 보면, 이미 이 사회가 변화하고 있구나 싶다. 여론조사 결과를 보면 대중은 이 세상을 지배하는 물질만능주의에 혐오를 느끼고 있다. 학생운동이 다시 시작되고, 종교단체들이 환경 문제에 관심을 가지기 시작한 것이 바로 그 증거이다. 우리는 종교를 통해 우리 앞에 놓인 위기가 도덕적이고 영적인 문제이며, 인간이 개인의 차원이 아니라 사회적이고 제도적인 결함으로 죄악을 저지른다는 사실을 새삼 깨달을 수 있다. 또한 종교를 통해 우리는 반성하고 회개하고 저항할 수 있다.

폴 호큰의 저서 『축복받은 불안Blessed Unrest』에는 세계적으로 사회운동이 힘을 키워가는 상황이 잘 나와 있다. 대형 비영리단체부터 동네에서 시작된 운동까지 사회운동 단체들은 독창적이고 영향력 있는 세력으로 성장했다. 젊은이들도 우리에게 희망을 던져준다. 이들은 대학을 환경친화적인 곳으로 만들기 위해 헌신하고, 학생운동과 정치동원political mobilization을 키워나가고 있다. 요즘 신세대는 "조용한 세대"라느니, 인터넷에만 빠져있다느니 걱정하는 사람들도 많다. 하지만 기후 문제와 사회정의는 젊은이들이 변화를 위한 새로운 운동을 시작하는 계기가 되고 있다.

과거에는 리더십이 과학자, 경제학자와 나와 같은 변호사들에게서 비롯했다. 하지만 지금은 설교자, 철학자, 심리학자와 시인들의 리더십이 필요하다. 요즘 들어 알도 레오폴드와 그의 글에 대한 관심이 급증하고 있다. 나는 이 책을 쓰던 2007년에 위스콘신의 시골에 있는 알도 레오폴드의 오두막집으로 순례여행을 떠났다. 1940년대에 『모래군의 열두 달A Sandy County Almanac』이 쓰였고, 환경윤리학이 탄생한 바로 그 오두막으로 말이다. 켄 브로워Ken Brower는 "그 오두막집은 땅에 대한 경외심이 발전해가는 분기점인, 위스콘신 강 지류의 모래로 된 범람원 바로 위에 서 있었다."고 했다.[1] 내가 갔을 때, 그 오두막집은 그곳에 여전히 서 있었다. 새로운 의식이 탄생한 장소로 말이다. 우리는 점점 더 많은 사람들로부터 새로운 의식을 듣고 있다. W. S. 머윈Merwin의 시에는 이런 구절이 있다. "이 세상 마지막 날/나는 나무를 심고 싶네." 이런 구절도 있다. "숲이 어떤 모습인지 말해주고 싶어요/나는 잊힌 언어로 말해야 해요." 무엇보다 전 세계에서 〈지구 헌장〉에 서명하고, 채택하는 사람들이 증가하고 있는 현실만 보아도 새로운 의식이 꿈이 아님을 알 수 있다.

마지막으로 우리는 불가능한 일을 이루려면 시간이 걸린다는 자명한 이치를 명심해야만 한다. 앞으로 해야 할 일은 무척 많다. 물론 결코 쉽지 않을 것이다. 리처드 포크가 주장했듯이, 지금 말한 변화는 이제 겨우 체제의 뒤꿈치를 문 정도이니 말이다. 혁신적인 변화를 일으키자는 제안은 비웃음을 살 것이며, 힘을 얻을 때마다 사방에서 저항에 부딪힐 것이다. 당연히 기득권자들이 저항할 것이다. 우리 자신도 저항할 것이다. 우리는 소비자이자 고용인이므로 쉽게 유혹당할 수 있다. 후손들이 물려받을 지구는 여전히 위태롭다. 우리는 말 그대로 지구를 구해야 한다.

우리는 두 세계 사이에 난 길을 따라 여행을 했다. 곧 두 갈래 길에 다다를 것이다. 분기점에 도달하기 전, 우리는 거대하고 서로 관련된 두 개의 투쟁을 진행했다. 우리의 기나긴 역사는 빈곤과 자연을 정복하려는 투쟁으로 점철되었다. 여기서 승리하기 위해 우리는 강력한 기술을 창조하고, 이 기술을 광범위하고 신속하고 필요하다면 무자비하게 활용하기 위해 사회경제 제도를 발전시켰다. 결국 우리는 자연을 굴복시키고 과거에는 꿈도 꾸지 못할 막대한 부를 거머쥐었다. 이러한 제도들이 너무나 성공적이고 그 성과는 대단했기에, 어느새 우리는 제도 속에서 영혼을 잃고 최면에 걸렸으며, 사로잡힌 것도 모자라 중독되고 말았다. 이러한 혼란은 그후로도 계속 되었다. 우리는 한때는 대단해 보였지만 이제는 의미를 잃은 일에 매달려 더 장엄하고, 더 크고, 더 부유해지려고 애쓰고 있다. 이미 경고등이 켜졌지만 우리는 보지 못했다. 설령 봤다고 한들 아무도 신경 쓰지 않았다. 경고등에는 이런 글귀들이 반짝거릴 것이다.

소유가 아닌 존재하기
받지 말고 주기
욕심내지 말고 필요한 것만

부가 아닌 행복

개인이 아닌 공동체

내가 아닌 남

따로따로가 아닌 함께

경제가 아닌 생태

자연과 별개가 아닌 자연의 일부

초월한 존재가 아닌 서로 기대야 할 존재

오늘이 아니라 내일

앞에서 살펴본 것처럼, 무엇보다 소중한 것들을 잃을 위기가 닥쳐오고 있다는 사실을 알려주는 이러한 경고들을 무시했다. 대신 빠른 속도로 자연과 우리 자신과 이 사회를 텅 빈 곳으로 만들고 있다.

두 갈래 길의 한쪽 끝에는 우리가 알고 있는 이 세상의 종말이 기다리고 있다. 우리가 지금 하던 짓을 계속한다면 그 길을 따라가게 될 것이다. 대통령 과학자문위원인 존 깁슨John Gibbons은 씁쓸하게 미소 지으며, 우리가 방향을 바꾸지 않으면 우리 앞은 파멸뿐이라고 말하곤 했다. 지금 우리는 지구의 종말을 향해 나아가고 있다. 이 길을 따라가면 지금 현 상태의 지구가 종말을 맞아 끝없는 심연으로 추락할 것이다.

하지만 나머지 길이 하나 더 있다. 그리고 그 길은 심연 위에 걸린 다리로 향한다. 우리는 세상의 끝에서 이 다리와 이 다리를 건너기 위해 무엇이 필요한지 연구해 보았다. 물론 두 갈래 길이 나타나면 또 한 차례의 투쟁을 치러야 할 것이다. 다리 너머에 무엇이 있는지도 모른

채 반드시 이겨야만 하는 투쟁 말이다. 하지만 그 투쟁을 하고 다리를 건너는 동안 우리에겐 희망이 있다. 더 나은 세상이 가능하며 우리가 그 세상을 만들 수 있다는 희망이다. 아룬다티 로이(Arund hati Roy, 인도 출신의 소설가. 『작은 것들의 신』으로 부커상을 받았으며 현재 반핵, 반세계화 운동을 이끌고 있다 - 옮긴이)는 이렇게 말했다. "다른 세상은 그저 가능한 것이 아니다. 그 세상은 이미 다가오고 있다. 평온한 날이면 나는 그 세상의 숨소리를 들을 수 있다."

주

〈머리글〉
1. 《타임》지 인용문은 책 표지에 나와 있다.
2. 세계자원연구소(WRI), 자연자원보호위원회(NRDC)와 환경보호기금(EDF)는 선도적인 기업들과 손을 잡고 획기적인 연합체인 미국기후행동파트너십(the United States Climate Action Partnership)을 창설했다. 이 단체는 "무리 없이 도달할 수 있는 최단시간 내에 온실가스 배출량의 증가를 늦추고, 멈추며 종국에는 감소시킬 것을 촉구한다." 다음 웹사이트를 참조하시오 .www.us-cap.org
3. 이 책을 쓰면서 비슷한 내용을 담고 있는 폴 러스킨 등의 *Great Transition* (Boston : Stockholm Environment Institute, 2002)의 도움을 많이 받았다.
4. John Maynard Keynes, *The General Theory of Employment, Interest and Money*(New York : Harcourt, Brace, 1936), 383쪽.
5. Milton Friedman, *Capitalism and Freedom*(Chicago : University of Chicago Press, 1962), introduction.
6. 다음을 참조하시오. Speth, *Red Sky at Morning*, 152-157, 173-175쪽, Afterword. 선진국과 극빈국 사이에는 신흥경제권이 급속도로 성장하고 있다. 대표적인 국가가 바로 인도와 중국으로, 이 지역에서는 앞으로 수십 년간 급격한 경제성장과 함께 환경압력이 가중될 것이다. 『아침의 붉은 하늘』의 상당 부분과 이 책 곳곳에는 책을 써도 될 만큼 시급한 환경 문제들에 대해 이런 국가들이 건설적으로 대처하도록 하는 최선의 방안들이 나와 있다. 더 많은 정보를 얻고 싶다면 다음을 참조하시오. Joseph Kahn and Jim Yardley, "As China Roars, Pollution Reaches Deadly Extremes," New York Times, August 26, 2007, A1.

서문
1. 도표는 다음 자료에서 참조했다. W. Steffen et al., *Global Change and the Earth System:A Planet under Pressure*(Berlin : Springer, 2005), 132-133쪽 (본문에 도표의 출처 명기).
2. Millennium Ecosystem Assessment(MEA), *Ecosystems and Human Well-Being:Synthesis*(Washington, D. C. : Island Press, 2005), 31-32쪽.
3. Food and Agriculture Organization, *Global Forest Resources Assessment 2005* (Rome : FAO, 2006), 20쪽. 이 계산에는 남미, 중미, 아프리카, 남아시아와 동남아시아의 삼림지역에서 발생한 순손실 면적을 고려했다. 2000-2005년 사이에 매년 소실면적은 총 2,800만 에이커에 달한다.
4. MEA, *Ecosystems and Human Well-Being*, 2 : MEA, *Ecosystems and Human Well-*

Being, vol.1 : *Current State and Trends* (Washington, D.C. : Island Press, 2005), 14-15
쪽. 다음 자료도 참조하라. N. C. Duke et al., "A World without Mangroves?" Science
317(2007) : 41쪽. Carmen Revenga et al., *Pilot Analysis of Global Ecosystem:Freshwater
Systems* (Washington D.C. : WRI, 2000), 3. 21-22쪽 ; World Resources Institute et at.,
World Resources, 2000-2001(Washington, D.C. : WRI, 2000), 72, 107쪽 ; and Lauretta
Burke et al., *Pilot Analysis of Global Ecosystem:Coastal Systems* (Washington
D.C. : WRI, 2000), 19쪽.

5. Food and Agriculture Organization, *World Review of Fisheries and Aquaculture*
(Rome : FAO, 2006), 29쪽 (online at http : //www.fao.org/docrep/009/
A0699e/A0699e00.htm) ; Ranson A. Myers and Boris Worm, "Rapid World-wide
Depletion of Predatory Fish Communitues," Nature 423 (2003) : 280쪽. 다음 자료도
참조하시오. Fred Pearce, "Oceans Raped of Their Former Riches," New Scientist, 2
August 2003, 4쪽.

6. MEA, *Ecosystems and Human Well-Being* : Synthesis, 2쪽.

7. MEA, *Ecosystems and Human Well-Being* : Synthesis, 5, 36쪽.

8. Tim Radford, "Scientist Warns of Sixth Great Extinction of Wildlife," Guardian
(U.K.), 29 November 2001. 다음을 참조하시오. Nigel C. A. Pitman and Peter M.
Jorgensen, "Estimating the Size of the World's Threatened Flora," Science 298
(2002) : 989쪽 ; and F. Stuart Chapin Ⅲ et al., "Consequences of Changing
Biodiversity," Nature 405 (2000) : 234쪽.

9. U.N. Environmental Programme, *Global Environment Outlook, 3* (London : Earthscan,
2002), 64-65쪽. 건조지역은 지표면의 40퍼센트를 차지한다. 현재 건조지역의 10-20퍼센
트에서 "극심한" 토지 파괴가 일어나고 있다. James F. Reynolds et al., "Global
Desertification : Building a Science for Dryland Development," Science 316
(2007) : 847쪽. 다음 자료도 참조하시오. "Key Facts about Desertification,"
Reuters/Planet Ark, 6 June 2006, summarizing U.N. estimates.

10. Fred Pearce, "Northern Exposure," New Scientist, 31 May 1997, 25쪽 ; Martin
Enserink, "For Precarious Populations, Pollutants Present New Perils," Science 299
(2003) : 1642쪽. 다음 책에 나온 데이터도 참조하시오. Joe Thornton, *Pandora's Poison*
(Cambridge, Mass. : MIT Press, 2000), 1-55쪽.

11. U.N. Environmental Programme, Global Outlook for Ice and Snow, 4 June 2007. 이
자료는 다음 웹사이트에서도 볼 수 있다. http : //www.unep.org/ geo/geo_ice. 다음
웹사이트도 참조하시오. http : //www.unep.org.geo. unizh.ch/wgms. 일반적으로 다
음을 참조하시오. William Collins et al., "The Physical Science behind Climate
Change," Scientific American, August 2007, 64쪽.

12. "UN Reports Increasing 'Dead Zones' in Oceans," Associated Press, 20 October
2006. 다음을 참조하시오. Mark Shrope, "The Dead Zones," New Scientist, 9
December 2006, 38쪽 ; and Laurence Mee, "Reviving Dead Zones," Scientific
American, November 2006. 79쪽. 질소 공해에 관해서는 다음을 참조하시오. Charles

Driscoll et al., "Nitrogen Pollution," Environment 45, no. 7 (2003) : 8쪽.

13. Peter M. Vitousek et al., "Human Appropriation of the Products of Photosynthesis," Bioscience 36, no. 6 (1986) : 368쪽 ; S. Rojstaczer et al., "Human Appropriation of the Products of Photosynthesis Product," Science 294 (2001) : 2594쪽. 다음 자료도 참조하시오. Helmut Haberl et at., "Quantifying and Mapping the Human Appropriation of Net Primary Production in Earth's Terrestrial Ecosystems," Proceedings of the National Academy of Sciences (2007), 이 자료는 다음 웹사이트에서도 볼 수 있다. http : //www.pnas.org/cgi/ doi/10.1073/pnas.0704243104.

14. U.N. Environmental Programme, "At a Glance : The World's Water Crisis," 이 자료는 다음 웹사이트에서도 볼 수 있다. http : //www.ourplanet.com/ imgversn/141/glance.html.

15. MEA, Ecosystems and Human Well-Being : Synthesis, 32쪽.

16. William H. MacLeish, The Day before America:Changing the Nature of a Continent(Boston : Houghton Mifflin, 1994), 164-168쪽.

17. 다음 자료에서 인용했다. Stephen R. Kellert, Kinship to Mastery:Biophilia in Human Evolution and Development (Washington, D.C. : Island Press, 1997), 179-180쪽.

18. 다음 자료에서 인용했다. Kinship to Mastery, 181-182쪽.

19. Angus Maddison, The World Economy:A Millennial Perspective(Paris : OECD, 2001).

20. J. R. McNEeill, Something New under the Sun:An Environmental History of the Twentieth-Century World(New York : W. W. Norton, 2000), 4, 16쪽.

21. 경제, 환경과 사회가 대규모로 붕괴할 가능성을 점치고 있는 책으로는 다음이 있다. Jared Diamond, Collapse:How Societies Choose to Fail or Succeed(New York : Viking, 2005) ; Fred Pearce, The Last Generation:How Nature Will Take Her Revenge for Climate Change(London : Transworld, 2006) ; Martin Rees, Our Final Hour:A Scientist's Warning : How Terror, Error, and Environment Disaster Threaten Humand's Future(New York : Basic Books, 2003) ; Richard A. Posner, Catastrophe:Risk and Response(New York : Oxford University Press, 2004) ; James Lovelock, The Revenge of Gaia:Why the Earth Is Fighting Back— and How We Can Still Save Humanity(London : Penguin, 2006) ; Thomas Homer-Dixon, The Upside of Down:Catastrophe, Creativity, and the Renewal of Civilization(Washington, D.C. : Island Press, 2006) ; Mayer Hillman, The Suicidal Planet:How to Prevent Global Climate Catastrophe(New York : Grove Press, 2005) ; Richard Heinberg, Power Down:Options and Actions for a Post-Carbon World(Gabriola Island B.C. : New Society, 2004) ; Ronald Wright, A Short History of Progress(New York : Carroll and Graf, 2004) ; John Leslie, The End of the World:The Science and Ethics of Human Extinction(London : Routledge, 1996) ; Colin Mason, The 2030 Spike(London : Earthscan, 2003) ; Michael T. Klare, Resouce Wars:The New Landscape of Global Conflict(New York : Henry Holt, 2001) ; and Roy Woodbridge, The Next World War:Tribes, Cities, Nations, and Ecological Decline(Toronto : University of

Toronto Press, 2004).

22. Rees, *Our Final Hour*, 8쪽.

23. Robert A. Dahl, *On Political Equality*(New Haven and London : Yale University Press, 2006), 105-106쪽.

24. Paul Hawken et al., *Natural Capitalism:Creating the Next Industrial Revolution*(Boston : Little, Brown, 1990), 10-11쪽.

25. 10-12장을 참조하시오.

1장

1. 다음 자료에서 인용했다. Shierry Weber Nicholson, *The Love of Nature and the End of the World:The Unspoken Dimensions of Environmental Concern* (Cambridge, Mass. : MIT Press, 2002), 171쪽.

2. U. S. Council on Enviromental Quality and U. S. Department of State, *The Global 2000 Report to the President—Entering the Twenty-first Century, 2* vols.(Washington, D.C. : Government Printing Office, 1980).

3. 다음 책의 서문. Robert Repetto, ed., *The Global Possible :Resource, Development, and the New Century*(New Haven and London : Yale University Press, 1985), xii-xiv.

4. 전 지구적인 환경 상황과 변화의 경향을 개괄하는 유익한 자료들이 많이 있다. 다음과 같은 자료들을 참조하라. World Resources Institute et al., *World Resources* (Washington, D.C. : WRI, biennial series) ; W. Steffen et al., *Global Chnage and the Earth System:A Planet under Pressure* (Berlin : Springer, 2005) ; U.N. Environment Programme, *Global Environmental Outlook 3* (London : Earthscan, 2002) ; Donald Kennedy, ed., *State of the Planet:2006-2007* (Washington, D.C. : Island Press, 2006) ; Ron Nielso, *The Little Green Handbook:Seven Trends Shaping the Future of Our Planet* (New York : Picador, 2006) ; Worldwatch Institute, *State of the World* (New York : W. W. Norton, annual series) ; and speth, *Red Sky at Morning:America and the Crisis of the Global Environment*, 2nd ed. (New Haven : Yale University Press, 2005). 다음 자료도 참조하시오. "Crossroads for Planet Earth," Scientific American, September 2005 (special issue) ; U.N. Environment Programme et al., *Protecting Our Planet, Securing Our Future* (Washington, D.C. : World Bank, 1998) ; John Kerry and Teresa Heinz Kerry, *This Moment on Earth:Today's New Environmentalists and Their Vision for the Future* (New York : Public Affairs, 2007) ; and Paul R. Ehrlich and Anne H. Erlich, *One with Nineveh:Politics, Consumptions, and the Human Future* (Washington, D. C. : Island Press, 2004).

　　다음 책에 나오는 논의 내용도 참조하시오. James Gustave Speth and Peter M. Haas, *Global Environmental Governance* (Washington, D.C. : Island Press, 2006), 17-44쪽. 이 장의 몇 가지 주장은 그 토론회에서 저자가 한 프리젠테이션을 참고로 했다.

5. David A. king, "Climate Chang Science : Adapt, Mitigate, or Ignore," Science 303(2004) : 176쪽.

6. Richard B. Alley et al., *Contribution of Working Group I to the Fourth Assessment Report of the Intergovernmental Panel on Climate Change:Summary for Policymakers* (Intergovernmental Panel on Climate Change, 2007), 5, 7-10쪽. 이 자료는 다음 웹사이트에서도 볼 수 있다. http : //www.ipcc-wg1.ucar.edu/wgi/ wgi-report.html.

7. Neil Adger et al., *Working Group II Contributions to the Intergovernmental Panel on Climate Change Fourth Assessment Report:Summary for Policymakers* (Intergovernmental Panel on Climate Change, 2007), 5-8쪽. 이 자료는 다음 웹사이트에서도 볼 수 있다. http : //www.ipcc-wg2.org. IPCC 실무그룹의 보고서는 이 웹사이트에서 모두 볼 수 있다.

8. Adger et al., *Working Group II Contributions*, 7쪽.

9. Alley et al., *Contribution of Working Group I*, 9쪽.

10. Adger et al., *Working Group II Contributions*, 7쪽.

11. Aretic Climate Impact Assessment, *Impact of a Warning Aretic*(Cambridge : Cambridge University Press, 2004) ; Deborah Zabarenko, "Aretic Ice Cap Melting Thirty Years Ahead of Forecast," Reuters, 1 May 2007 ; Gilbert Chin, ed., "Aretic Ice Free Arctic," Science 305(2004) : 919쪽.

12. U.N. Environmental Programme, Global Outlook for Ice and Snow, 4 June 2007,12쪽. 이 자료는 다음 웹사이트에서도 볼 수 있다. http : //www.unep.org/ geo/geo_ice. 다음 자료도 참조하시오. Ian M. Howat et al., "Rapid Change in Ice Discharge from Greenland Outlet Glaciers" Science Express, 8 February 2007. 이 자료는 다음 웹사이트에서도 볼 수 있다. http : //www.scienceexpress.org/8February2007/Page I /10.1126/science.1138478. 다음 자료도 참조하시오. Diana Lawrence and Daniel Dombey, "Canada Joins Rush to Claim the Arctic," Financial Times, 9 August 2007, 1쪽.

13. World Health Organization, "New Book Demonstrates How Climate Change Impact on Health," Geneva, II December 2003 ; World Health Organization et al., *Climate Change and Human Health*(Geneva : WHO, 2003) ; Andrew Jack, "Climate Toll to Double within Twenty-five Years," Financial Times/FT.com, 24 April 2007.

14. 다음을 참조하시오. Douglas Fox, "Back to the No-Analog Future," Science 316 (2007) : 823쪽.

15. U.S. National Assessment Synthesis Team, *Climate Change Impacts on the United States:The Potential Consequences of Climate Variability and Change* (Cambridge : Cambridge University Press, 2000), 116-117쪽. 다음 자료도 참조하시오. L.R. Iverson and A.M. Prasad, "Potential Changes in Tree Species Richness and Forest Community Types following Climate Change," Ecosystems 4 (2001) : 193쪽.

16. Richard Seager et al., "Model Projections of an Imminent Transition to a More Arid Climate in Southwestern North America," Science 316(2007) : 1181쪽.

17. Jessica Marshall, "More Than Just a Drop in the Lake," New Scientist, 2 June 2007, 8쪽.

18. 일반적으로 다음을 참조하시오. Michael Kahn, "Sudden Sea Level Surge Threatens One Billion—Study," Reuters/Planet Ark, 20 April 2007 ; Richard Kerr, "Pushing the Scary Side of Global Warning," Science 316(2007) : 1412쪽 ; J. E. Hansen, "Scientific Reticence and Sea Level Rise," Environmental Research Letters 2 (2007), 이 자료는 다음 웹사이트에서도 볼 수 있다. http : //www.stacks. iop.org/ERL/2/024002

19. 다음을 참조하시오. Kevin E. Trenberth, "Warmer Oceans, Stronger Hurricanes," Scientific American, July 2007, 45쪽.

20. John Vidal, "Climate Change to Force Mass Migration," Guardian(U.K.), 14 May 2007 : Jeffrey D. Sachs, "Climate Change Refugees," Scientific American June 2007, 43쪽 ; Elisabeth Rosenthal, "Likely Spread of Deserts to Fertile Land Requires Quick Response, U. N. Report Says," New York Times, 28 June 2007, A6.

21. 다음과 같은 자료들을 참조하시오. Tom Athanasiou and Paul Baer, *Dead Heat:Global Justice and Global Warming*(New York : Seven Stories Press, 2002) ; Nicholas D. Kristof, "Our Gas Guzzlers, Their Lives," New York Times, 28 June 2007, A23.

22. National Research Council, *Abrupt Climate Change:Inevitable Surprise*(Washington, D.C. : National Academy Press, 2002), 1쪽.

23. Jim Hansen, "State of the Wild : Perspective of a Climatologist," 10 April 2007, 이 자료는 다음 웹사이트에서도 볼 수 있다. http : //www.giss.nasa.gov/~jhansen/preprints/Wild.070410.pdf

다음 자료도 참조하시오. E. Fearn and K. H. Redford, eds, *The State of the Wild 2008:A Global Portrait of Wildlife, Wildlands, and Oceans*(Washington, D.C. : Island Press, 2008). J. Hansen et al., "Climate Change and Trace Gases," Philosophical Transactions of the Royal Society A365(2007) : 1925쪽 ; J. Hansen et al., "Dangerous Human-Made Interference with Climate : A GISS ModelE Study," Atmospheric Chemistry and Physics 7(2007) : 2287쪽 ; and James Hansen, "Climate Catastrophe," New Scientist, 28 July 2007, 30쪽.

24. 다음을 참조하시오. Al Gore, *An Inconvenient Truth*(Emmaus, Pa. : Rodale, 2006) ; Speth, Red Sky at Morning, 55-71, 203-229쪽 ; Eugene Linden, W*inds of Change:Climate, Weather, and the Destruction of Civilization*(New York : Simon and Schuster, 2007) ; Eugene Linden, "Cloudy with a Chance of Chaos," Fortune, 17 January 2006 ; Fred Pearce, *With Speed and Violence:Why Scientists Fear Tipping Points in Climate Change*(Boston : Beacon Press, 2007) ; Harvard Medical School, *Climate Change Futures*(Cambridge, Mass. : Harvard Medical School, 2005) ; Scientific Expert Group on Climate Change, *Confronting Climate Change*(Washington, D.C. : Sigma Xi and United Nations Foundation, 2007) ; Elizabeth Kolbert, *Field Notes from a Catastrophe:Man, Nature, and Climate Change*(New York : Bloomsbury, 2006) ; Joseph Romm, *Hell and High Water:Global Warming—the Solution and Politics—and What We Should Do*(New York : William Morrow, 2007) ; Tim Flannery, *The Weather Makers:How Man Is Changing the Climate*

and What It Means for Life on Earth(New York : Grove Press, 2006) ; George Monbiot, *Heat:How to Stop the Planet from Burning*(Cambridge, Mass. : South End Press, 2007) ; Mark Lynas, *Six Degrees Our Future on a Hotter Planet*(London : Fourth Estate, 2007) ; Ross Gelbspan, *Boiling Point*(New York : Basic Books, 2004) 그리고 Kirstin Dow and Thomas E. Downing, *The Atlas of Climate Change:Mapping the World's Greatest Challenge*(Berkeley : University of California Press, 2006). 또한 다음 자료를 참조하시오. Stephen H. Schneider and Michael D. Mastrandrea, "Probabilistic Assessment of 'Dangerous' Climate Change and Emission Pathways," Proceedings of the National Academy of Sciences 102(2005) : 15728 ; Camille Parmesan, "Ecological and Evolutionary Responses to Recent Climate change." Annual Review of Ecology, Evolution, and Systematics 37(2006) : 637쪽. and Stefan Rahmstorf et al., "Recent Climate Observation Compared to Projections," Science 316(2007) : 709쪽.

25. Michael Raupach et al., "Global and Regional Drivers of Accelerating CO2 Emissions," Proceedings of the National Academy of Sciences (2007). 이 자료는 다음 웹사이트에서도 볼 수 있다. http : //www.pnas.org/cgi/doi/10.1073/pnas. 0700609104.

26. International Energy Agency, *World Energy Outlook, 2006*(Paris : OECD/IEA, 2006), 493, 529쪽.

27. 위의 주 23을 참조하시오. 다음 자료도 참조하시오. Speth, *Red Sky at Morning*, 205-212쪽.

28. Terry Barker et al., *Climate change, 2007:Mitigation of Climate change, Working Group Ⅲ Contribution to the IPCC Fourth Assessment Report, Summary for Policymakers*(Intergovernment Panel on Climate Change, 2007), 23쪽. Working Group Ⅲ reports can be accessed at http : //www.ipcc-wg2.org.

29. Nicholas Stern, *The Economics of Climate change*(Cambridge, Cambridge University Press, 2007), xvi.

30. Stern, *Economics of Climate Change*, x vii. 또한, 다음 두 자료의 교환 내용을 참조하시오. William Nordhaus, "Critical Assumptions in the Stern Review on Climate change," Science 317(2007) : 201쪽. 그리고 Nicholas Sternr과 Chris Taylor, "Climate change : Risk, Ethics, and the Stern Review," Science 317(2007) : 203쪽.

31. 다음과 같은 자료들을 참조하시오. Wallace S. Broecker, "CO2 Arithmetic," Science 315(2007) : 1371쪽, and the comments at Science 316(2007) : 829쪽 ; Oliver Morton, "Is This What It Takes to Save the World?" Nature 447(2007) : 132쪽.

　　기후보호전략에 관한 전반적인 내용을 알고 싶으면 다음을 참조하시오. California Environmental Associates, *Design to Win*(San Francisco : California Environ-mental Associates, 2007).

32. 서문의 주 2와 3을 참조하시오.

33. International Tropical Timber Organzation, *Status of Tropical Forest Management, 2005:Summary Report*(Yokohama : ITTO, 2006), 5쪽.

34. Roddy Scheer, "Indonesia's Rainforests on the Chopping Block," MSNBC, 8 August 2006 ; Lisa M. Curran et al., "Impact of El Niño and Logging on Canopy Tree Recruitment in Borneo," Science 286(1999) : 2184쪽.

35. Adhityani Arga, "Indonesia World's No.3 Greenhouse Gas Emitter—Report," Reuters/Planet Ark, 6 May 2007.

36. Tansa Musa, "Two-thirds of Congo Basin Forests Could Disappear," Rueters, 15 December 2006. 이 논문은 콩고분지의 삼림손실에 관한 세계야생생물기금의 보고서를 논하고 있다.

37. G. P. Asner et al., "Selective Logging in the Brazilian Amazon," Science 310(2005) : 480쪽.

38. Food and Agriculture Organization, *Global Forest Resources Assessment, 2005*(Rome : FAO, 2006), 20쪽.

39. 서문의 주 9를 참조하시오. 다음 자료도 참조하시오.

40. John Mitchell, "The Coming Water Crisis," Environment : Yale, Spring 2007,5쪽. 일반적으로 다음을 참조하시오.
    World Water Assessment Programme, *Water:A Shared Responsibility*(Paris : UNESCO, 2006) ; Fred Pearce, *When the Rivers Run Dry: Water—The Defining Crisis of the Twenty-First Century*(Boston : Beacon Press, 2006) ; Sandra Postel and Brian Richter, *River for Life:Managing Water for People and Nature*(Washington, D.C. : Island Press, 2003) ; and Jeffrey Rothfeder, *Every Drop for Sale:Our Desperate Battle over Water*(New York : Penguin, 2004).

41. Nels Johnson et al., "Managing Water for People and Nature," Science 292(2001), 1071-1072쪽.

42. 서문의 주 14를 참조하시오. 다음 자료도 참조하시오. Peter H. Gleick, "Safeguarding Our Water : Making Every Drop Count," Scientific American, February 2001, 41쪽.

43. 서문의 주 14를 참조하시오.

44. Fred Pearce, "Asian Farmers Suck the Continent Dry," New Scientist, 26 February 2006, 32쪽. 또한 다음 자료도 참조하시오. Michael Specter, "The Last Drop," New Yorker, 23 October 2006, 60쪽.

45. John Vidal, "Running on Empty," Guardian Weekly(U.K.), 29 September 2006, 1쪽. 다음 자료도 참조하시오. Fiona Harvey, "Shortage of Water Growing Faster Than Expected," Financial Times, 22 August 2006, 3쪽.

46. Celia Dugger, "The Need for Water Could Double in Fifty Years, U.N. Study Finds," New York Times, 22 August 2006, A12. 다음 자료도 참조하시오. Rachel Nowak, "The Continent That Ran Dry," New Scientist, 16 June 2007, 8쪽.

47. "World Likely to Miss Clean Water Goals," Environmental News Service, 6 September 2006 ; Alana Herro, "Water and Sanitation 'Most Neglected Public Health Danger,'" Worldwatch, September—October 2006, 4쪽 ; Anna Dolgov, "Two in Five People around the World without Proper Sanitation," Associated Press, 29

September 2006.

48. Claudia H. Deutsch, "There's Money in Thirst," New York Times, 10 August 2006. 다음 자료도 참조하시오. Abby Goodnough, "Florida Slow to See the Need to Save Water or to Enforce Restrictions on Use," New York Times, 19 June 2007, A18.

49. 서문의 주 5와 다음을 참조하시오. Reg Watson and Daniel Pauly, "Systematic Distortions in World Fisheries Catch Trends," Nature 144(2001) : 534쪽. 다음 자료도 참조하시오. "Fishy Figures," Economist, 1 December 2001, 75쪽. 전반적인 내용을 알고 싶으면 다음 논문과 논문의 참고문헌을 참조하시오. Daniel Pauly and Reg Watson, "Counting the Last Fish," Scientific American, July 2003, 42쪽.

50. Ransom A. Myers and Boris Worm, "Rapid Worldwide Depletion of Predatory Fish Communities, Nature 423(2003) : 280쪽.

51. Boris Worm et al., "Impacts of Biodiversity Loss on Ecosystem Services," Science 314(2006) : 787쪽. 다음 자료도 참조하시오. Richard Ellis, The Empty Ocean(Washington, D.C. : Island Press, 2003).

52. "Marine Environment Plagued by Pollution, UN Says," Environment News Service, 4 October 2006.

53. 서문의 주 6을 참조하시오.

54. Aaron Pressman, "Fished Out," Business Week, 4 September 2006, 56쪽. 다음을 참조하시오. "More Species Overfished in U. S. in 2006—Report," Reuters/Planet Ark, 25 June 2007 ; and Robby Scheer, "Ocean Rescue : Can We Head Off a Marine Cataclysm?" E—The Environment Magazine, July‐August 2005, 26쪽.

55. 일반적으로 다음을 참조하시오. Paul Molyneaux, Swimming in Circles(New York : Thunder's Mouth Press, 2007).

56. Center for Children's Health and the Environment, Mount Sinai School of Medicine, "Multiple Low-Level Chemical Exposures," 이 자료는 다음 웹사이트에서도 볼 수 있다. http : //www.childenvironment.org/position.htm.

57. Nancy J. White, "A Toxic Life," Toronto Star, 21 April 2006, E1.

58. 다음을 참조하시오. International Scientific Committee, "The Faroes Statement Human Health Effects of Developmental Exposure to Environment Toxicants," International Conference on Fetal Programming and Developmental Toxicity, May 20-24, 2007 ; March Cone, "Common Chemicals Pose Danger for Fetuses, Scientists Warn," Los Angeles Times, 25 May 2007. 다음 자료도 참조하시오. Maggie Fox, "Studies Line Up on Parkinson's‐Pesticide Link," Reuters/Planet Ark, 23 April 2007 ; Marla Cone, "Comon Chemicals Are Linked to Breast Cancer," Los Angeles Times, 14 May 2007 ; Erik Stokstad, "New Autism Law Focuses in Patients, Environment, : Science 315(2007) : 27쪽. Paul D. Blanc, How Everyday Products Make People Sick:Toxins at Home and in the Workplace(Berkeley : University of California Press, 2007).

59. Center for Children's Health and Environment, Mount Sinai School of Medicine,

"Endocrine-Disrupting Chemicals Act like Drugs, but Are Not Regulated as Drugs," 이 자료는 다음 웹사이트에서도 볼 수 있다. http : //www.childenvironment.org. EDSs 문제를 처음으로 대중에 알린 책은 다음과 같다. Theo Colborn et al., *Our Stolen Future:Are We Threatening Our Fertility, Intelligence, and Survival? A Scientific Detective Story* (New York : Dutton, 1996). 이 문제는 다음과 같은 자료에서도 다루고 있다. Sheldon Krimsky, "Hormone Disruptors : A Clue to Understanding the Environmental Cause of Disease," Environment 43, no.5(2001) : 22쪽 ; Darshak M. Sanghavi, "Preschool Puberty, and Search for Cause," New York Times, 17 October 2006.

60. Worldwatch Institute, *Vital Sign 2002*(New York : W. W. Norton, 2002), 112쪽.

61. Stephen M. Meyer, *The End of the Wild*(Cambridge, Mass. : MIT Press, 2006), 4-5쪽.

62. U.N. Secretariat of the Convention on Biodiversity, *Global Biodiversity Outlook, 2* (Montreal : Secretariat of the Convention on Biodiversity, 2006), 2-3쪽. 다음 자료도 참조하시오. Worldwide Fund for Nature(WWF), *Living Planet Report, 2006*(Gland, Switzerland : WWF, 2006).

63. Stuart L. Pimm and Peter H. Raven, "Extinction by Numbers," Nature 403(2000) : 843쪽.

64. 더 상세한 내용을 알고 싶으면 다음을 참조하시오. Speth, *Red Sky at Morning*, 30-36쪽.

65. 서문의 주 7을 참조하시오.

66. Duncan Graham – Rowe, "From the Polers to the Deserts, More and More Animals Face Extinction," New Scientist, 6 May 2006, 10쪽.

67. Constance Holden, ed., "Racing with the Turtles," Science 316(2007) : 179쪽.

68. Joseph R. Mendelson III et al., "Confronting Amphilbian Declines and Extinctions," Science 313(2006) : 48쪽.

69. Erika Check, "The Tiger's Retreat," Nature 441(2006) : 927쪽 ; James Randerson, "Tigers on the Brink of Extinction," Guardian Weekly(U.K.), 28 July—3 August 2006, 8쪽.

70. Greg Butcher, "Common Birds in Decline," Audubon, July—August 2007, 58쪽 ; Felicity Barringer, "Meadow Birds in Precipitous Decline, Audubon Says," New York Times, 15 June 2007, A19.

71. 서문의 주 12와 다음을 참조하시오. Federico Magnani et al., "The Human Footprint in the Carbon Cycle of Temperate and Boreal Forests," Nature 447(2007) : 848쪽.

72. Jane Lubchenco, "Entering the Century of the Environment," Science 279(1998) : 492쪽.

73. 이 내용은 다음에도 나와 있다. Renewable Resource Journal, Summer 2001, 16쪽.

74. Millennium Ecosystem Assessment, Statement from the board, Living beyond Our Means : Natural Assets and Human Well-Being, March 2005. 다음 자료도 참조하시오. Jonathan A. Foley at al., "Global Consequences of Land Use," Science 309(2005) : 570쪽.

75. "The Clock Is Ticking," New York Times, 17 January 2007, A19. 이 자료는 다음 웹

사이트에서도 볼 수 있다. http : //www.thebulletin.org.

76. Nicolas Stern, *Economics of Climate Change*, 162쪽. 위의 주(30)에서 참조한 Stern과 William Nordhaus 내용을 참조하시오.

77. WWF, *Living Planet Report, 2006*, 2-3쪽.

78. WWF, *Living Planet Report, 2006*, 28-29쪽.

79. U.N. Development Programme, *Human Development Report, 1998*(New York : Oxford University Press, 1998), 2쪽.

80. 여기에 실은 시나리오와 세계관은 다음과 같은 책에서 설명되어 있다. Paul Raskin et al., *Great Transition* (Boston : Stockholm Environment Institute, 2002), 13-19쪽 ; Jennifer Clapp and Peter Dauvergne, *Paths to a Green World:The Political Economy of the Global Environment* (Cambridge, Mass. : MIT Press, 2005), 1-19쪽 ; and Allen Hammond, *Which World? Scenarios for the Twenty-first Century* (Washington, D.C. : Island Press, 1998), 26-65쪽. 다음 자료도 참조하시오. John Dryzek, *The Politics of the Earth:Environmental Discourses* (Oxford : Oxford University Press, 2005).

81. Speth and Haas, Global Environmental Governance, 126-127쪽.

82. Thomas Berry, *The Great Work:Our Way into the Future* (New York : Bell Tower, 1990), 1-7쪽.

2장

1. Javier Blas and Scheherazade Daneshkhu, "IMF Warns of 'Severe Global Slowdown,'" Financial Times, 6 September 2006 ; James C. Cooper, "If Oil Keeps Flowing, Growth Will, Too," Business Week, 31 July 2006, 21쪽 ; Kevin J. Delaney, "Google Sees Content Deal as Key to Long-Term Growth," Wall Street Journal, 14 August 2006, B1.

2. Daniel Bell, *The Cultural Contradictions of Capitalism* (New York : Basic Books, 1978), 237-238쪽. 다음 책에는 성장의 사회 · 정치적 역할에 관한 흥미로운 관점이 나와 있다. Benjamin M. Friedman, *The Moral Consequences of Economic Growth* (New York : Alfred A. Knopf, 2005).

3. "Economic Focus : Venturesome Consumption," Economist, 29 July 2006, 70쪽. 광고 비 지출에 대해서는 다음을 참조하시오.

4. James C. Cooper, "Count on Consumers to Keep Spending," Business Week, 1 January 2007, 29쪽.

5. Alex Barker and Krishna Guha, "Sharp Rise in Consumer Spending Heralds Strong Rebound in U.S. Growth," Financial Times, 14 June 2007, 6쪽.

6. 다음을 참조하시오. "Time to Arise from a Great Slump," Economist, 22 July 2006, 65 쪽 ; and "What Ails Japan," Economist, 20 April 2002, 3쪽 (special section). 하지만 다음 자료도 참조하시오. Ian Rowley and Kenji Hall, "Japan's Lost Generation," Business Week, 28 May 2007, 40쪽.

7. Paul A. Samuelson and William D. Nordhaus, *Macroeconomics*, 17th ed.

(Boston : McGraw-Hill Irwin, 2001), 69-70, 221쪽.

8. J.R. McNeill, *Something New under the Sun:An Environmental History of the Twentieth-Century World* (New York : W. W. Norton, 2000), 334-336쪽(emphasis added).

9. Richard Bernstein, "Political Paralysis : Europe Stalls on Road to Economic Change," New York Times, 14 April 2006, A8.

10. Samuelson and Nordhaus, *Macroeconomics*, 409쪽.

11. Paul Ekins, *Economic Growth and Environmental Sustainability* (London : Routledge, 2000), 316-317쪽. 가장 열렬한 성장 옹호자들조차도 잠재적인 환경비용을 인정하고 있으며, 일부는 누구보다 잘 이해하고 있다. 다음과 같은 자료들을 참조하시오. Benjamin M. Friedman, *The Moral Consequences of Economic Growth*, 369-395쪽 ; and Martin Wolf, *Why Globalization Works* (New Haven and London : Yale University Press, 2004), 188-194쪽.

12. McNeill, *something New under the sun*, 360쪽.

13. 여기에서 제시한 수치 자료는 세계자원연구소(www.earthtrends.wri.org), 월드와치 연구소(www.worldwatch.org/node/1066/print) 및 미국 인구통계국(www.census.gov)에서 진행하는 시계열 데이터에서 인용했다. 이 자료들은 두 기간(1960-1980, 1980-2004) 동안 18개 지표를 기준으로 진행된 조사 결과의 일부이다. 이 자료는 다음 웹사이트에서도 볼 수 있다. http : //environment.yale.edu/post/5046/global_trends_1960_2004_table/.

14. Donella Meadows, "Things Getting Worse at a Slower Rate," Progressive Populist 6, no. 14(2000) : 10쪽.

15. Wallace E. Oates, "An Economic Perspective on Environmental and Resource Management," in Wallace E. Oates, ed., *The RFF Reader in Environmental and resource Management* (Washington, D.C. : RFF, 1999), xiv.

16. Norman Myers and Jennifer Kent, *Perverse Subsidies:How Tax Dollars Can Undercut the Environment and the Economy* (Washington, D.C. : Island Press, 2001), 4, 188쪽. 보조금 문제가 얼마나 심각한지 보여주는 실례로 2007년 5월에 전 세계 125개국의 해양 과학자들이 국제무역기구(WTO)에 어업 부문의 정부보조금을 대폭 삭감하라고 촉구했다.
다음 자료도 참조하시오. Doug Koplow and John Dernbach, "Federal Fossil Fuel Subsidies and Greenhouse Gas Emissions," 이 자료는 다음 웹사이트에서도 볼 수 있다. http : //www.earthtrack.net/earthtrack/library/Fossil%20and%20 Transparency.pdf.

17. Thomas L. Friedman, *The Lexus and the Olive Tree:Understanding Globalization* (New York : Farrar, Straus and Giroux, 1999), 86-87쪽.

18. Michael Mandel, "Can Anyone Steer This Economy?" Business Week, 20 November 2006, 56-58쪽.

19. Emily Matthews et al., *The Weight of Nations:Material Outflows from Industrial Economies* (Washington, D.C. : World Resources Institute, 2000), xi.

20. Stefan Bringezu et al., "International Comparison of Resource Use and Its Relation

to Economic Growth," Ecological Economics 51(2004) : 97, 99쪽.

21. 이 연구는 강철을 대신하는 알루미늄이나, 목재를 대신하는 플라스틱처럼 "적게"라는 개념이 환경의 관점에서는 결코 적지 않을 수도 있는 경우를 여럿 제시하고 있다. 다음 자료도 참조하시오. Ester van der Voet et al., "Dematerialization : Not Just a Matter of Weight," Journal of Industrial Ecology 8, no. 4(2004) : 121쪽.

22. Arnulf Grubler, "Doing More with Less," Environment, March 2006, 29, 35쪽. 비물질화와 자원 생산성 증가 등은 정책적 목표로 추진할 수 있다. 이 문제는 4장과 5장에서 다루고 있다.

23. Paul Ekins, Economic Growth, 210쪽 (emphasis added). 다음 자료도 참조하시오. D.I. Stern et al., "Economic Growth and Environmental Degradation : The Environmental Kuznets Curve and Sustainable Development," World Development 24, no. 7(1996) : 1151쪽 ; William R. Moomaw and Gregory C. Unruh, "Are Environmental Kuznets Curves Misleading Us? The Case of CO2 Emissions," Environment and Development Economics 2(1997) : 451쪽 ; M.A. Cole et al., "The Environmental Kuznets Cure : An Empirical Analysis," Environment and Development Economics 2(1997) : 401쪽 ; S.M. deBruyn et al., "Economic Growth and Emissions : Reconsidering the Empirical Basis of Environmental Kuznets Curves," Ecological Economics 25(1998) : 161쪽 ; Scott Barrett and Kathryn Graddy, "Freedom, Growth, and the Environment," Environment and Development Economics 5(2000) : 433쪽 ; Neha Khanna and Florenz Plassmann, "The Demand for Environmental Quality and the Environmental Kuznets Curve Hypothesis," Ecological Economics 51(2004) : 225쪽 ; and Soumyananda Dinda, "Environmental Kuznets Curve Hypothesis : A Survey," Ecological Economics 49(2004) : 431쪽.

24. Samual Bowles et al., Understanding Capitalism:Competition, Command, and Change (New York : Oxford University Press, 2005), 4쪽. 다음 자료도 참조하시오. Peter A. Hall and David Soskice, eds., Varieties of Capitalism (Oxford : Oxford University Press, 2001) ; and Colin Cronch and Wolfgang Streeck, Political Economy of Modern Capitalism (London : Sage, 1997).

25. Bowles, Understanding Capitalism (London : sage, 1997).

26. William J. Baumol, The Free Market Innovation Machine:Analyzation the Growth Miracle of Capitalism (Princeton, N.J. : Princeton University Press, 2002), 1쪽. 다음 자료도 참조하시오. William J. Baumol et al., Good Capitalism, Bad Capitalism, and the Economics of Growth and Prosperity (New Haven and London : Yale University Press, 2007) ; Richard Smith, "Capitalism and Collapse : Contradic- tions of Jared Diamond's Market Meliorist Strategy to Save the Humans," Ecological Economics 55(2005) : 294쪽.

27. Karl Polanyi, The Great Transformation (Boston : Beacon Press, 1944), 3, 73, 131쪽.

28. Medard Gabel and Henry Bruner, Global Inc.—An Atlas of the Multinational Corporation (New York : New Press, 2003), 2-3쪽. 다음 자료도 참조하시오. Richard J.

Barnet and Ronald E. Muller, *Global Reach* (New York : Simon and Schuster, 1974).

29. 8장을 참조하시오. 다음 자료도 참조하시오. Peter Barnes, *Capitalism 3.0:A Guide to Reclaiming the Commons* (San Francisco : Berrett-Koehler, 2006), 33-48쪽.

30. 7장과 10장을 참조하시오.

31. 다음을 참조하시오. S. Nye, Jr., *Soft Power:The Means to Success in World Politics* (New York : Public Affairs, 2004) ; and Robert Gilpin, *The Political Economy of International Relations* (Princeton, N.J. : Princeton University Press, 1987). 자본주의, 성장과 민족주의에 관한 흥미로운 토론 내용에 대해서는 다음을 참조하시오. Liah Green-feld, *The Spirit of Capitalism:Nationalism and Economic Growth* (Cambridge, Mass. : Harvard University Press, 2001).

32. Jan Aart Scholte, "Beyond the Buzzword : Towards a Critical Theory of Globalization," in Eleonore Kofman and Gillian Youngs, eds., *Globalization: Theory and Practice* (London : Pinter, 1996), 55쪽.

33. John S. Dryzek, "Ecology and Discursive Democracy : Beyond Liberal Capitalism and the Administrative State," in Martin O'Connor, ed., *Is Capitalism Sustainable? Political Economy and the Politics of Ecology* (New York : Guilford Press, 1994), 176쪽.

34. Richard Falk, *Explorations at the Edge of Time:The Prospects for World Order* (Philadelphia : Temple University Press, 1992), 9쪽.

35. Richard Falk, *Explorations at the Edge of Time*, 13쪽. Peter G. Brown도 다음 책에서 정치적 변화에 대한 전반적인 비전을 제공하고 있다. *Ethics, Economics and International Relations* (Edinburgh : Edinburgh University Press, 2000).

36. 다음과 같은 자료들을 참조하시오. David G. Myers, *The American Paradox:Spiritual Hunger in an Age of Plenty* (New Haven and London : Yale University Press, 2000).

37. Richard Hofstadter, *The American Political Tradition and the Men Who Made It* (New York : Vintage Books, 1948), vii-ix.

3장

1. 다음을 참조하시오. James Gustave Speth, *Red Sky at Morning:America and the Crisis of the Global Environment*, 2nd ed. (New Haven and London : Yale University Press, 2005), 91-108쪽.

2. World Resources Institute, *The Crucial Decade:The 1990's and the Global Environmental Challenge*(Washington, D.C. : WRI, 1989).

3. Evironmental and Energy Study Institute Task Force, *Partnership for Sustainable Development:A New U.S. Agenda for International Development and Environmental Security* (Washington, D.C. : EESI, 1991).

4. World Resources Institute, *A New Generation of Environmental Leadership:Action for the Environment and the Economy* (Washington, D.C. : WRI, 1993). 다음 자료도 참조하시오. *National Commission on the Environment, Choosing a Sustainable Future* (Washington, D.C. : Island Press, 1993).

5. President's Council on Sustainable Development, *Sustainable America:A New Consensus* (Washington, D.C. : U.S. GPO, 1996).

6. 환경보호에 관한 전반적은 내용에 대해서는 다음을 참조하시오. John S. Dryzek, *The Politics of the Earth:Environmental Discourses*, 2nd ed. (Oxford : Oxford University Press, 2005), 73-120쪽.

7. Speth, *Red Sky at Morning*, 77-116쪽.

8. David Levy and Peter Newell, "Oceans Apart : Business Responses to Global Environmental Issues in Europe and the United States," Environment 42, no. 9(2000) : 9쪽.

9. U.S. Environmental Protection Agency, "Air Quality and Emissions-Progress Continues in 2006," 30 April 2007(online at http : //www.epa.gov/airtrends/ econ-emissions.html), 1쪽.

10. 환경보호국(EPA)은 대기오염규제법(Clear Air Act)을 시행해 1970~1990년에 거둔 순이익이 200조 달러에 육박하는 것으로 평가하고 있다. http : //yosemite.epa.gov/ ee/epa/eerm.nsf/vwRepNumLookup/EE-0295?opendocument.

11. John Heilprin, "EPA Says One-Third of Rivers in Survey Too Polluted for Swimming, Fishing," Associated Press, 1 October 2002. 미국의 하천과 작은 강의 42퍼센트의 환경 상태가 "열악하다"고 밝힌 EPA의 다음 보고서도 참조하시오. "The Wadeable Streams Assessment," May 2005.

12. U.S. Environmental Protection Agency, "National Estuary Program Coastal Condition Report," June 2007(online at http : //www.epa.gov/owow/oceans/ nepccrcpc-cr/index.html).

13. Lucy Kafanov, "Record Number of U.S. Beaches Closed Last Year," E+E News, 7 August 2007, 이 자료는 다음 웹사이트에서도 볼 수 있다. http : //www. eenews.net/eenewspm/print/2007/08/07/3.

14. Lucy Kafanov, "Great Lakes Problems Nearing a 'Tipping Point,' Experts Say," Environment and Energy Daily, 14 September 2006 ; Andrew Dtern, "Great Lakes near Ecological Breakdown : Scientists," Reuters/Planet Ark, 12 September 2005 ; John Flesher, "Lake Superior Shrinking, Warming," Associated Press, 7 August 2007.

15. EPA, "Air Quality and Emissions," 2쪽.

16. American Lung Association, *State of the Air:2006*(New York : American Lung Association, 2006), 5-13쪽.

17. John Eyles and Nicole Consitt, "What's at Risk? Environmental Influences on Human Health," Environment 46, no. 8(2004) : 32쪽.

18. Cheryl Dorschner, "Acid Rain Damage For Worse than Previously Believed, USA," Medical News Today, 17 July 2005 ; Charles T. Driscoll et al., "Acid Deposition in the Northeastern United States," Bioscience 51, no. 3(2001) : 180쪽 ; Kevin Krajick, "Longterm Data Show Lingering Effects from Acid Rain," Science 292(2001) : 195쪽 ; Charles T. Driscoll et al., Acid Rain Revisited, Hubbard Brook Research Foundation,

Science Links Publications, 2001. 다음 자료도 참조하시오. John McCormick, "Acid Pollution : The International Community's Continuing Struggle," Environment 40, no. 3(1998) : 17쪽.

19. J. Clarence Davies and Jan Mazurek, *Pollution Control in the United States:Evaluating the System* (Washington, D.C. : Resources for the Future, 1998), 269쪽.

20. 여기에서 제시한, 파괴적인 경향을 보여주는 각종 데이터는 미국 정부 자료와 다음과 같은 자료에 이미 다양하게 나와 있는 데이터에서 수집했다. Jorge Figueroa, Yale School of Forestry and Environmental Studies, in "Threats to the American Land," 3 May 2007, available online at http : //environment.yale.edu/post/4971/threats_to_the_american_land/.

21. 다음을 참조하시오. Felicity Barringer, "Fewer Marshes + More Manmade Ponds = Increased Wetlands," New York Times, 31 March 2006, A16에 따르면, 미 어업 및 야생동물보호청은 1998~2004년에 52만 4,000에이커에 달하는 천연습지가 소실되었다고 밝혔다. 하지만 이 수치는 대략적인 추정지이다. 미국 내 지하수도 과도한 취수와 공해로 위험한 상태에 처해 있다. 다음과 같은 자료들을 참조하시오. William Ashworth, *Ogallala Blue: Water and Life on the High Plains* (New York : W. W. Norton, 2006).

22. 다음을 참조하시오. Bruce A. Stein et al., *Our Precious Heritage: The Status of Biodiversity in the United States* (New York : Oxford University Press, 2000). 미국의 어류와 조류의 개체수 감소에 관한 우울한 통계자료는 1장을 참조하라.

23. James Gustave Speth and Peter M. Haas, *Global Environmental Governance* (Washington, D.C. : Island Press, 2006), 17쪽. 다음 자료도 참조하시오. Grist, 22 April 2005 (online at www.grist.org with original sources cited).

24. 일반적으로 다음 자료에서 인용한 논의와 연구 내용을 참조하시오. Speth and Haas, *Global Environmental Governance*, 37-39쪽 ; and Speth, *Red Sky at Morning*, 46-50쪽.

25. John Wargo, *Our Children's Toxic Legacy:How Science and Law Fail to Protect Us from Pesticides* (New Haven and London : Yale University Press 1998), 3쪽.

26. Paul R. Ehrlich and Anne H. Ehrlich, *Betrayal of Science and Reason:How Anti-Environmental Rhetoric Threatens Our Future* (Washington, D.C. : Island Press, 1996), 163-165쪽.

27. U.S. Environmental Protection Agency, 2005 TRI Public Data Release Report, March 2007, 1-5쪽, 이 자료는 다음 웹사이트에서도 볼 수 있다. http : //www.epa.gov/tri/tri-data/ tri05/index.htm.

28. "Fish with Male and Female Characteristics Found in the Potomac River," Greenwire, 6 September 2006 ; Deborah Zabarenko, "Intersex Fish Raises Pollution Concerns in U.S.," Reuters/Planet Ark, 9 August 2006 ; Brian Westly, "EPA Chided over 'Intersex' Fish Concerns," Associated Press, 5 October 2006.

29. Victoria Markham, "America's Supersized Footprint," Business Week, 30 October 2006, 132쪽.

30. Richard N.L. Andrews, "Learning from History : U.S. Environmental Politics, Policies,

and the Common Good," *Environment* 48, no. 9 (November 2006) : 30, 33쪽. 다음 자료도 참조하시오. Richard N.L. Andrews, *Managing the Environment, Managing Ourselves:A History of American Environment Policy* (New Haven and London : Yale University Press, 2006).

31. Ross Gelbspan, *Boiling Point* (New York : Basic Books, 2004), 67-85쪽.

32. Gelbspan, *Boiling Point*, 81쪽.

33. Gelbspan, *Boiling Point*, 82쪽.

34. Mark Dowie, *Losing Ground:American Environmentalism at the Close of the Twentieth Century* (Cambridge, Mass. : MIT Press, 1995), xiii.

35. Michael Shellenberger and Ted Nordhaus, *The Death of Environmentalism: Global Warming Politics in a Post-Environmental World* (New York : Nathan Cummings Foundation, 2004), 6-7, 10쪽. 이들의 비판은 풀뿌리 환경단체가 아니라 전국적으로 활동하는 주요 환경단체를 직접 겨냥한 것이다. 다음과 같은 자료들을 참조하시오. The Soul of Environmentalism at www.rprogress.org/soul. 11장을 참조하시오.

36. 자연보전유권자동맹을 비롯해 전국, 주, 지역에서 활동하는 환경단체의 정치참여가 최근 성장하고 있다는 점이 희망적이다. 11장을 참조하시오.

37. 다음을 참조하시오. Richard J. Lazarus, *The Making of Environmental Law* (Chicago : University of Chicago Press, 2004), 94-97쪽. 다음을 참조하시오. Jason Deparle, "Goals Reached, Donor on Right Closes up Shop," New York Times, 29 May 2005, A1 ; and John J. Miller, *The Gift of Freedom:How the John M. Olin Foundation Changed America* (San Francisco : Encounter Books, 2006). 미국인의 권리 신장 역사를 담은 책들이 매우 많다. 다음과 같은 자료들을 참조하시오. Daniel Bell, ed., *The Radical Right* (Garden City, N.Y. : Anchor, 1963) ; Alan Crawford, *Thunder on the Right: The "New Right" and the Politics of Resentment* (New York : Pantheon, 1980) ; John Micklethwait and Adrian Wooldridge, *The Right Nation: Conservative Power in America* (New York : Penguin, 2005) ; and Jacob Hacker and Paul Pierson, *Off Center: The Republican Revolution and the Erosion of American Democracy* (New Haven and London : Yale University Press, 2005).

38. Frederick Buell, *From Apocalypse to Way of Life:Environmental Crisis in the American Century* (New York : Routledge, 2004), 3-4, 10, 18쪽. 다음을 참조하시오. Sharon Begley, "Global Warming Deniers : A Well-Funded Machine," Newsweek, 13 August 2007.

39. 다음 자료도 참조하시오. William Ruckelshaus and J. Clarence Davies, "An EPA for the Twenty-First Century," Boston Globe, 7 July 2007, A9 ; and Sakiko Fukuda-Parr, ed., *The Gene Revolution: GM Crops and Unequal Development* (London : Earthscan, 2007).

40. Mark Hertsgaard, *Earth Odyssey* (New York : Broadway Books, 1999), 273-277쪽. 다음 자료도 참조하시오. Edmund L. Andrews, "As Congress Turns to Energy, Lobbyists Are Out in Force," New York Times, 12 June 2007, A14.

41. S.W. Pacala et al., "False Alarm over Environmental False Alarms," Science 310 (2003) : 1188쪽.

42. 다음을 참조하시오. Thomas Sterner et al., "Quick Fixes for the Environment : Part of the Solution or Part of the Problem," Environment 48, no. 10 (December 2006) : 22 쪽 ; and Richard Levine and Ernest Yanarella, "Don't Pick the Low-Lying Fruit," 29 November 2006 (online at http : //www.uky.edu /~rlevine/don1.html1).

4장

1. Robert Kuttner, *Everything for sale: The Virtues and Limits of Markets* (Chicago : University of Chicago Press, 1999), 4쪽. 다음 자료도 참조하시오. Douglas S. Massey, *Return of the "L" Word:A Liberal Vision for the New Century* (Princeton University Press, 2005), 37-63쪽.

2. 다음 자료에서 인용했다. Kuttner, *Everything for Sale*, 39쪽.

3. Paul Hawken et al., *Natural Capitalism: Creating the Next Industrial Revolution* (Boston : Little, Brown, 2005), 37-63쪽.

4. Wallace E. Oates, ed., *The RFF Reader in Environmental and Resource Management* (Washington, D.C. : Island Press, 2007), 65-66쪽.

5. Theodore Pantayotou, *Instruments of Change: Motivating and Financing Sustainable Development* (London : Earthscan, 1998), 6쪽.

6. Nathaniel O. Keohane and Sheila M. Olmstead, *Markets and the Environment* (Washington, D.C. : Island Press, 2007), 65-66쪽.

7. Frederick R. Anderson et al., *Environmental Improvement though Economic Incentives* (Baltimore : Johns Hopkins University Press, 1977).

8. Paul R. Portney, "Market-Based Approaches to Environmental Policy," Resources, Summer 2003, 15, 18쪽.

9. Originasation for Economic Co-operation and Development, *Environmentally Related Taxes in OECD Countries: Issues and Strategies* (Paris : OECD, 2001), 9쪽.

10. 다음과 같은 자료들을 참조하시오. Keohane and Olmstead, *Markets and the Environment,* 140쪽.

11. Tom Tietenberg, *Environmental Economics and Policy* (Boston : Pearson Addison Wesley, 2004), 248쪽.

12. David Pearce and Edward Berbier, *Blueprint for a Sustainable Economy* (London : Earthscan, 2000), 7쪽. 다음 자료도 참조하시오. Maureen L. Cropper and Wallace E. Oates, "Environmental Economics : A Survey," in Robert N. Stavins, ed., *Economics of the Environment* (new York : W.W. Norton, 2000), 62쪽.

13. Frank Ackerman and Lisa Heinzerling, *Priceless: On Knowing the Prince of Everything and the Value of Nothing* (New York : New Press, 2004), 8-9, 164, 177쪽. 다음 자료도 참조하시오. Mark Sagoff, *The Economy of the Earth:Philosophy, Law, and the Environment* (New York : Cambridge University Press, 1988) ; and Douglas A.

Kysar, "Climate Change, Cultural Transformation and Comprehensive Rationality," Boston College Environmental Affairs Law Review 31, no. 3 (2004) : 555쪽.

14. 다음과 같은 자료들을 참조하시오. Daniel W. Bromley and Jouni Paavola, eds., *Economics, Ethics and Environmental Policy* (Oxford : Blackwell, 2002).

15. Norman Myers and Jennifer Kent, *Perverse Subsidies: How Tax Dollars Can Undercut the Environment and the Economy* (Washington, D.C. : Island Press, 2001), 188쪽.

16. Congressional Research Service to Representative Diana Degette, memorandum, 26 May 2007.

17. 다음과 같은 자료들을 참조하시오. Panayotou, *Instruments of Change*, 15-116쪽 ; Keohane and Olmstead, *Markets and Environment*, 125-206쪽 ; Robert Repetto, *Green Fees:How a Tax Shift Can Work for the Environment and the Economy* (Washington, D.C. : WRI, 1992).

18. 다음과 같은 자료들을 참조하시오. Willian J. Baumol and Wallace E. Oates, *Economics, Environmental Policy, and the Quality of Life* (Englewood Cliffs, N.J. : Prentice Hall, 1979), 307-322쪽.

19. 다음을 참조하시오. "Special Issue : Priorities for Environmental Product Policy." Journal of Industrial Ecology 10, no. 3 (2006).

20. Richard B. Howarth and Richard B. Norgaard, "Intergenerational Resource Rights, Efficiency and Social Optimality," Land Economics 66, no. 1 (1990) : 1쪽 ; and Richard B. Howarth and Richard B. Norgaard, "Environmental Valuation under Sustainable Development," American Economic Review 82, no. 2 (1992), 473쪽. 다음 자료도 참조하시오. Richard B. Norgaard, "Sustainability as Intergeneration Equity," Environmental Impact Assessment Review 12 (1992) : 85쪽.

21. McKinsey Global Institute, Productivity of Growing Global Energy Demand, November 2006.

22. Emily Thornton, "Roads to Riches," Business Week, 7 May 2007, 50쪽.

23. Daniel Brook, "The Mall of America," Harper's, July 2007, 62쪽. 미국의 아웃소싱은 이제 군대까지 확대되고 있다. 다음을 참조하시오. Jeremy Scahill, *Blackwater:The Rise of the World]s Most Powerful Mercenary Army* (New York : Nation Books, 2007).

24. Kuttner, *Everything for Sale*, 49쪽. 다음 자료의 논의 내용도 참조하시오. Peter G. Brown, *Ethics, Economics, and International Relations* (Edinburgh : Edinburgh University Press, 2000), 90-98쪽 ; and Ronnie D. Lipschutz, *Global Environmental Politics* (Washington, D.C. : CQ Press, 2004), 108-121쪽.

25. 2장을 참조하시오.

26. Sagoff, *Economy of the Earth*, 15-17쪽.

5장

1. John Maynard Keynes, "Economics Possibilities for Our Grandchildren," in Keynes, *Essays in Persuasion '1933'* (New York : W.W. Norton, 1963), 365-373쪽 (emphasis in

original).

2. United Nations Development Programme, *Human Development Report*, 1996 (New York : Oxford University Press, 1996), 2-4쪽. 다음 자료도 참조하시오. Todd J. Moss, "Is Wealthier Really Healthier?" Foreign Policy, March-April 2005, 87쪽.

3. 다음을 참조하시오. Jan Vandemoortele, "Growth Alone Is Not the Answer to Poverty," Financial Times, 13 August 2003, 11쪽.

4. 다음과 같은 자료들을 참조하시오. James Gustave Speth, *Red Sky at Morning:America and the Crisis of the Global Environment* (New Haven and London : Yale University Press, 2004), 154-157쪽.

5. 다음을 참조하시오. Paul Ekins, *Economic Growth and Environmental Sustainability:The Prospects for Green Growth* (London : Routledge, 2000), 57쪽. 에킨스는 이 목록에 환경 성장을 추가했다.

6. J.R. McNeill, *Something New under the Sun:An Evironmental History of the Twentieth-Century World* (New York : W.W. Norton, 2000), xxiv, 336쪽.

7. 다음을 참조하시오. Marian R. Chertow, "The IPAT Equation and Its Variants," Journal of Industrial Ecology 4, no. 4 (2000), 13쪽.

8. Speth, *Red Sky at Morning*, 157-161쪽.

9. "이산화탄소 포집 및 저장" 기술을 광범위하게 보급하면 이산화탄소 배출량을 낮출 수 있을 것이다.

10. 2장에서 다룬 GDP 성장과 환경파괴와의 관계를 참조하시오.

11. 다음 자료에서 인용했다. Robert M. Collins, *More:The Politics of Economic Growth in Postwar America* (Oxford : Oxford University Press, 2000), 63쪽. 다음 자료도 참조하시오. John Kenneth Galbraith, *The Affluent Society* (Boston : Houghton Mifflin, 1958).

12. Kenneth E. Boulding, "The Economics of the Coming Spaceship Earth," in Henry Jarrett, ed., *Environmental Quality in a Growing Economy* (Baltimore : Johns Hopkens University Press, 1966).

13. E.J. Mishan, *The Costs of Economic Growth* (Harmondsworth, U.K. : Penguin, 1967). 다음 자료도 참고하시오. Fred Hirsch, *Social Limits to Growth* (Cambridge, Mass. : Harvard University Press, 1976) ; and Garrett Hardin, *Living within Limits:Ecology, Economics, and Population Taboos* (New York : Oxford University Press, 1993).

14. Donella H. Meadows et al., *The Limits to Growth* (New York : Signet, 1972). 가장 최근의 기고문은 다음을 참조하라. Donella Meadows et al., *Limits to Growth:The Thiry-Year Update* (White River Junction, Vt. : Chelsea Green, 2004).

15. Clive Hamilton, *Growth Fetish* (London : Pluto Press, 2004), 3, 10-11, 112-113쪽. 다음 자료도 참조하시오. Robert A. Dahl, *On Political Equality* (New Haven and London : Yale University Press, 2007), 106-114쪽.

16. Herman E. Daly and Joshua Farley, *Ecological Economics* (Washington, D.C. : Island Press, 2004), 6, 23쪽. 다음 자료도 참조하시오. Herman E. Daly, *Beyond Growth*

(Boston : Beacon Press, 1996). 생태경제학에 관해서는 다음을 참조하시오. Robert Costanza, ed., *Ecological Economics* (New York : Columbia University Press, 1991) ; and Robert Costanza et al., *An Introduction to Ecological Economics* (Boca Raton, Fla. : St. Lucie Press, 1997). 다음 자료도 참조하시오. John Gowdy and Jon Erickson, "Ecological Economics at a Crossroads," Ecological Economics 53 (2005) : 17쪽 ; and Stefan Baumgartner et al., "Relative and Absolute Scarcity of Nature," Ecological Economics 59 (2006) : 487쪽. 다음을 참조하시오. Philip A. Lawn, *Toward Sustainable Development:An Ecological Economics Approach* (Boca Raton, Fla. : Lewis, 2001) ; Philip A. Lawn, "Ecological Tax Reform," Environment, Development and Sustainability 2 (2000) : 143쪽 ; and Mohan Munasinghe et al., eds., *The Sustainability of Long-Term Growth* (Cheltenham, U.K. : Edward Elgar, 2001).

17. Daly and Farley, *Ecological Economics*, 121쪽.

18. 경제학자 파르타 다스굽타는 자연자본은 약한 지속가능성에서도 큰 차이를 보일 수 있다는 근거를 제시한 바 있다. 다음을 참조하시오. Partha Dasgupta, *Economics: A Very Short Introduction* (Oxford : Osford University Press, 2007), 126-138쪽.

19. Hamilton, *Growth Fetish*, 209쪽. 「아침의 붉은 하늘」에서 나도 비슷한 주장을 했다. "현대의 여러 국가들 중에서 국민들의 구매력, 건강, 수명, 학력이 최상위인 국가들을 상상해보라. 이런 나라에서는 사회의 최상위층과 최하위층의 소득 불평등 수준이 낮으며, 실질적으로 가난은 해결된 상태일 것이다. 또한 출산율은 인구보충출생률 수준이거나 그 이하이므로 문제는 실업률이 아니라 최신 기술을 경쟁력 있게 배치하고 줄어드는 노동력의 생산성을 증가시키거나는 것이다. 이런 나라들이 경제 성장 전선에서 승리를 거두는 데 몰두할 것이 아니라 현재의 삶의 수준을 유지하고(오늘날 빠르게 변화하는 세상에서 이미 얻은 명예에 만족하는 것은 별개의 문제이다) 평화, 경제적 안정, 교육, 자유, 환경의 질과 같은 비물질적인 것을 즐기도록 만들 수 있을까?" Speth, *Red Sky at Morning*, 192쪽.

20. Daniel Bell, *The Culural Contradictions of Capitalism* (New York : Basic Books, 1978), 237-238쪽.

21. Benjamin M. Friedman, *The Moral Consequences of Economic Growth* (New York : Alfred A. Knopf, 2005), 4쪽. 성장을 옹호하는 사람들은 물론 많다. 그중에서도 프리드먼과 마틴 울프가 가장 뛰어나다. 다음을 참조하시오. Friedman and Martin Wolf, *Why Globalization Works* (New Haven and London : Yale University Press, 2004).

22. 2장에서 인용했다.

23. Collins, *More*, x-xi.

24. Collins, *More*, 240쪽.

25. 서문에서 인용했다.

26. Andrew Taylor, "Global Growth to Fall Unless People Work Longer," Financial Times, 11 October 2005 ; and "Aging Populations Threaten to Overwhelm Public Finances," Financial Times, 11 October 2005.

27. Phillip Longman, "The Depopulation Bomb," Conservation in Practice 7, no. 3 (2006) : 40-41쪽.

28. 다음과 같은 자료들을 참조하시오. Victor Mallet, "Procreation Does Not Result in Wealth Creation," Financial Times, 4 January 2007, 11쪽; and "Suddenly the Old World Looks Younger," Economist, 16 June 2007, 29쪽.

29. Hamilton, *Growth Fetish*, 225쪽.

30. 위의 주 19를 참조하시오.

31. John Stuart Mill, *Principles of Political Economy* (London : Longmans, Green, 1923), 751쪽.

6장

1. Darrin M. McMahon, *Happiness: A History* (New York : Atlantic Monthly Press, 2006). 200쪽.

2. McMahon, *Happiness*, 330-331쪽.

3. McMahon, *Happiness*, 358-359쪽.

4. Max Weber, *The Protestant Ethic and the Spirit of Capitalism* (New York : Charles Scribner's Sons, 1976), 181쪽.

5. 행복에 관한 뛰어난 책들이 많이 나와 있다. 다음을 참조하시오. Robert E. Lane, *The Loss of Happiness in Market Democracies* (New Haven and London : Yale University Press, 2000), and Robert E. Lane, *After the End of History:The Curious Fate of American Materialism* (Ann Arbor : University of Michigan Press, 2006) ; Jonathan Haidt, *The Happiness Hypothesis:Finding Modern Truth in Ancient Wisdom* (New York : Basic Books, 2006) ; Daniel Gilbert, *Stumbling on Happiness* (New York : Vintage Books, 2005) ; Richard Layard, *Happiness: Lessons from a New Science* (New York : Penguin, 2005) ; Daniel Nettle, *Happiness: The Science behind Your Smile* (Oxford : Oxford University Press, 2005) ; Avner Offer, *The Challenge of Affluence: Self-Control and Well-Being in the United States and Britain since 1950* (Oxford : Oxford University Press, 2006) ; Bruno S. Frey and Alois Stutzer, *Happiness and Economics: How the Economy and Institutions Affect Human Well-being* (Princeton, N.J. : Princeton University Press, 2002) ; Peter C. Whybrow, *American Mania:When More Is Not Enough* (New York : W.W. Norton, 2005) ; Robert H. Frank, *Luxury Fever:Money and Happiness in an Era of Excess* (Princeton, N.J. : Princeton University Press, 1999) ; Daniel Kahneman et al., *Well-Being:The Foundations of Hedonic Psychology* (New York : Russell Sage, 1999) ; and Mihaly Csikszenmihalyi, *Flow* (New York : Harper and Row, 1990). 다음 자료도 참조하시오. Tibor Scitovsky, *The Joyless Economy:The Psychology of Human Satisfaction* (Oxford : Oxford University Press, 1976).

6. Springer Netherlands에서 출판되었다.

7. Ed Diener and Martin E.P. Seligman, "Beyond Money : Toward an Economy of Well-Being," Psychological Science in the Public Interest 5, no. 1 (2004), 1쪽. 디너와 셀리그먼은 행복을 커버스토리로 다룬 《타임》에 행복한 표정으로 사진이 실리기도 했다. "The Science of Happiness," Time, 17 January 2005, A4-A5.

8. Diener and Seligman, "Beyond Money," 4쪽.

9. 다음의 논의 내용을 참조하시오. Daniel Kahneman and Alan B. Krueger, "Developments in the Measurement of Subjective Well-Being," Journal of Economic Perspective 20, no. 1 (2006) : 3-9쪽; Richard A. Easterlin, "Income and Happiness : Toward a Unified Theory," Economic Journal 111 (July 2001) : 465-467 쪽; David G. Myers and Ed Diener, "The Pursuit of Happiness," Scientific American, May 1996, 54-56쪽; and Carol Graham, "The Economics of Happiness," in Steven Durlauf and Larry Blume, eds., *The New Palgrave Dictionary of Economics*, 2nd ed. (London : Palgrave Macmillan, 2008).

10. Diener and Seligman, "Beyond Money," 5쪽; Offer, Challenge of Affluence, 15-38 쪽.

11. 표1은 다음 자료에서 참조하였다. Anthony Leiserowitz et al., "Sustainability Values, Attitudes and Behaviors : A Review of Multi-National and Global Trends," Annual Review of Environment and Resources 31 (2006) : 413쪽, 이 자료는 다음 웹사이트에 서도 볼 수 있다. http : //arjournals.annualreviews.org/doi/ pdf/10.1146annurev. energy.31.102505.133552.

12. Diener and Seligman, "Beyond Money," 507쪽.

13. 표2의 출처 : Unitied States, Jonathon Porritt, *Capitalism as If the World Matters* (London : Earthscan, 2005), 54쪽; United Kingdom, Nick Donovan and David Halpern, Life Satisfaction : The State of Knowledge and the Implications for Government, U.K. Cabinet Office Strategy Unit, December 2002, 17쪽; Japan, Bruno S. Frey and Alois Stutzer, *Happiness and Economics: How the Economy and Institutions Affect Human Well-Being* (Princeton, N.J. : Princeton University Press, 2002), 9쪽.

14. Diener and Seligman, "Beyond Money," 3쪽.

15. Layard, *Happiness*, 31쪽.

16. 다음을 참조하시오. Layard, *Happiness*, 43-48쪽; Diener and Seligman, "Beyond Money," 10쪽; and Andrew Oswald, "The Hippies Were Right All Along about Happiness," Financial Times, 19 January 2006, 17쪽. 다음 자료도 참조하시오. Gary Rivlin, "The Millionaires Who Don't Feel Rich," New York Times, 5 August 2007, 1A.

17. Layard, *Happiness*, 48-49쪽.

18. Diener and Seligman, "Beyond Money," 10쪽.

19. Diener and Seligman, "Beyond Money," 18-19쪽.

20. Layard, *Happiness*, 62-63쪽.

21. 다음 기사에는 이렇게 나와 있다. Claudia Walls, "The New Science of Happiness," Time, 17 January 2005, A6.

    최근에 나온 행복에 관한 문헌들 중에 야외 활동이나 자연과의 관계를 다룬 것이 거의 없다는 사실이 놀라울 따름이다. 이러한 상황은 행복 설문조사에서 환경에 관한 항목이 없다는 점에서도 그 원인을 찾을 수 있다. 사회학자인 Stephen Kellert의 Building for

Life는 관련 자료를 검토한 후 다음과 같은 결론을 내렸다. "현대처럼 도시화가 증가하는 도시화 시대(urban age)에서도 인간의 육체적·정신적 행복은 자연환경에서 얻은 경험의 질에 크게 좌우된다."

다음 자료도 참조하시오. Peter H. Kahn, Jr., and Stephen R. Kellert, eds., *Children and Nature: Psychological, Sociocultural, and Evolutionary Investigations* (Cambridge, Mass. : MIT Press, 2002) ; Richard Louv, *Last Child in the Woods: Saving Our Children from Nature Deficit Disorder* (Chapel Hill, N.C. : Algonquin Books, 2005) ; and Gary Paul Nabhan and Stephen Trimble, *The Geography of Childhood* (Boston : Beacon Press, 1994).

22. Lane, *Loss of Happiness in Market Democracies*, 6, 9, 319-324쪽.

2006년에 사회학자들은 미국인의 25퍼센트가 중요한 문제를 함께 상의할 만한 사람이 아무도 없다고 응답했으며, 이 수치는 1985년에 비해 3배나 증가한 것이라고 보고했다. Miller McPherson et al., "Social Isolation in America," American Sociological Review 71 (2006) : 353쪽. 일반적으로 다음을 참조하시오. Robert D. Putnam, *Bowling Alone: America's Declining Social Capital* (New York : Simon and Schuster, 2000).

23. Whybrow, *American Mania*, 4쪽 (emphasis in original). 미국에서 1996~2004년에 정신질환 판정을 받은 아동이 50퍼센트나 증가한 것은 양극성장애 진단이 늘었기 때문이다. 다음을 참조하시오. Andy Coghlan, "Young and Moody or Mentally Ill?" New Scientist, 19 May 2007, 6쪽.

24. Bill McKobben, "Reversal of Forturn," Mother Jones, March-April 2007, 39-40쪽. 다음 자료도 참조하시오. Bill McKibben, *Deep Economy: The Wealth of Communities and the Durable Future* (New York : Henry Holt, 2007).

25. David G. Myers, "What Is the Good Life?" Yes! A Journal of Positive Futures, Summer 2004, 15쪽. 다음 자료도 참조하시오. David G, Myers, *The American Paradox: Spiritual Hunger in an Age of Plenty* (New Haven and London : Yale University Press, 2000).

26. 다음과 같은 자료들을 참조하시오. Jean Gadrey, "What's Wrong with GDP and Growth? The Need for Alternative Indicators," in Edward Fullbrook, ed., *What's Wrong with Economics* (London : Anthem Press, 2004), 262쪽; and Paul Elkins, *Economic Growth and Environmental Sustainability* (London : Routledge, 2000), 165쪽.

27. Robert Repetto et al., *Wasting Assets: Natural Resources in the National Accounts* (Washington, D.C. : WRI, 1989), 2-3쪽.

28. National Research Council, *Nature's Numbers; Expanding the National Income Accounts to Include the Environment* (Washington, D.C. : National Academy of Sciences, 1999).

29. 다음과 같은 자료들을 참조하시오. U.N. Development Programme, *Human Development Report, 1998* (New York : Oxford University Press, 1998), 16-37쪽.

30. 표3은 다음 자료에서 발췌하였다. Tim Jackson and Susanna Stymne, *Sustainable*

Economic Welfare in Sweden: A Pilot Index, 1950-2002 (Stockholm : Stockholm Environment Istitute, 1996), 이 자료는 다음 웹사이트에서도 볼 수 있다. http : //www.sei.se/dload/1996/SEWISAPI.pdf. ISEW에 관한 전반적인 정보와 이 개념에 대한 비판에 대해서는 다음을 참조하시오. John Talberth and Alok K. Bohara, "Economic Openness and Green GDP," Ecological Economics 58 (2006) : 743-744, 756-757쪽. 다음 자료도 참조하시오. Philip A. Lawn, "An Assessment of the Valuation Methods Used to Calculate the Index of Sustainable Economic Welfare (ISEW), Genuine Progress Indicator (GPI), and Sustainable Net Benefit Index (SNBI)," Environment, Development and Sustainability 7 (2005) : 185쪽.

31. 다음과 같은 자료들을 참조하시오. Pilip A. Lawn, *Toward Sustainable Development* (Boca Raton, Fla. : Lewis, 2001), 240-242쪽.

32. 표4는 다음 자료에서 참조하였다. Jason Venetoulis and Cliff Cobb and the Redefining Progress Sustainability Indicators Program, The Genuine Progress Indicator, 1950-2002 (2004 Update), March 2004,
이 자료는 다음 웹사이트에서도 볼 수 있다. http : //www.rprogress.org/publica-tions/2004/gpi_march2004update.pdf. 다음 자료도 참조하시오. Clifford Cobb et al., "If the GDP Is Up, Why Is American Down?" Atlantic Monthly, October 1995, 59쪽.

33. William D. Nordhaus and James Tobin, "Is Growth Obsolete?" in Milton Moss, ed., *The Measurement of Economic and Social Performance* (New York : Columbia University Press, 1973).

34. Daniel C. Esty et al., Pilot 2006 Environmental Performance Index, Yale Center for Environmental Law and Policy (2006), 이 자료는 다음 웹사이트에서도 볼 수 있다. http : //www.yale.edu/epi.

35. 표5는 다음 자료에서 참조하였다. Marque-Luisa Miringoff and Sanda Opdycke, *America's Social Health: Putting Social Issues back on the Public Agenda* (Armonk, N.Y. : M.E. Sharpe, 2007), 74쪽.

36. University of Pennsylvania News Bureau, "U.S. Ranks 27th in 'Report Card' on World Social Progress ; Africa in Dire Straits," 21 July 2003, 이 자료는 다음 웹사이트에서도 볼 수 있다. http : //www.sp2.uppenn.edu/~restes/world.html.
다양한 흥미로운 측정법에 대해서는 다음을 참조하시오. Deutsche Bank Research, "Measures of Well-Being," 8 September 2006, 이 자료는 다음 웹사이트에서도 볼 수 있다. http : //www.dbresearch.com.

37. Diener and Seligman, "Beyond Money," 1쪽. 다음 자료도 참조하시오. Ed Diener, "Guidelines for National Indicators of Subjective Well-Being and Ill-Being," University of Illinois, 28 November 2005.

38. New Economics Foundation, *The Happy Planet Index* (London : New Economics Foundation, 2006). 이 자료는 다음 웹사이트에서도 볼 수 있다. http : //www.happy-planetindex.org.

39. 다음을 참조하시오. Andrew C. Revkin, "A New Measure of Well-Being from a

Happy Little Kingdom," New York Times, 4 October 2005, F1 ; and Karen Mazurkewich, "In Bhutan, Happiness Is King," Wall Street Journal, 13 October 2004, A14.

40. 이곳에서 제시한 방안들은 미국의 사회적 불평등이 야기한 위기와 관련이 깊다. 다음을 참조하시오. Kathryn M. Neckerman, ed., *Social Inequality* (New York : Russell Sage Foundation, 2004) : Lawrence Mishel et al., *The State of Working America, 2006-2007* (Wasington, D.C. : Economic Policy Institute, 2007) ; Mark Robert Rank, *One Nation, Underprivileged* (Oxford : Oxford University Press, 2004) ; David K. Shipler, *The Working Poor: Invisible in America* (New York : Alfred A. Knopf, 2004) ; Barbara Ehrenreich, *Nickeled and Dimed: On (Not) Getting by in America* (New York : Henry Holt, 2001) ; Barbara Ehrenreich, *Bait and Switch: The (Futile) Pursuit of the American Dream* (New York : Henry Holt, 2005) ; Louis Uchitelle, *The Disposable Americans: Layoffs and Their Consequences* (New York : Vintage, 2007), Jacob S. Hacker, *The Great Risk Shift: The Assault on American Jobs, families Healrh Care and Retirement—and How You Can Fight Back* (Osford : Oxford University Press, 2006) ; Jonathan Cohn, *Sick: The Untold Story of America's Health Care Crisis—and the People Who Pay the Price* (New York : HarperCollins, 2007), National Urban League, *The State of Black Amerca, 2007* (Silver Spring, Md. : Becjham, 2007) ; Frank Ackerman et al., *The political Economy of Inequality* (washington, D.C. : Island Press, 2000) ; Julite B. Schor, *The Over-worked American: The Unexpected Decline of Leisure*(New York : Basic Books, 1992) ; Juliet B. Schor, *The Overspent American: Why We Want What We Don't Need* (New York : HarperCollins, 1998) ; and Katherine S. *Newman and Victor Tan Chen, The Missing Class: Portraits of the Near Poor in America* (Boston : Beacon, 2007).

다음 보고서도 참조하시오. Report of the Task Force on Poverty, *From Poverty to Prosperity* (Washington, D.C. : Center for American Progress, 2007) ; Ross Eisenbrey et al., "An Agenda for Shares Prosperity," EPI Journal, Economic Policy Institute, Winter 2007, 1쪽 ; American Prospect, Special reports, "Bridging the Two Americas," September 2004, and "Why Can't America Have a Family Friendly Workplace?" March 2007 ; and Robert Kuttner, "The Road to Good Jobs," American Prospect, November 2006, 32쪽.

Richard Layard는 과도한 노동으로부터 벌어들인 소득에 대해 세금을 물릴 필요가 있다고 주장한다. *Happiness*, 152-156쪽. Robert H. Frank는 *Luxury Fever*, 207-226쪽에서 급진적인 소비세를 부과해야 한다고 주장했다. 하버드 대학의 Howard Gardener는 개인이 연봉으로 평균적인 노동자의 연봉보다 100배 이상을 벌게 해서는 안 되며, 최대 연봉의 50배가 넘는 재산을 소유하게 해서는 안 된다고 주장했다. 다음을 참조하시오. Howard Gardner, Foreign Policy, May-June 2007, 39쪽.

7장

1. Louis Uchitelle, "Why Americans Must Keep Spending," New York Times, 1 December 2003, 1쪽 (Business Day).
2. Christopher Swann, "Consuming Concern," Financial Times, 20 January 2006, 11쪽.
3. Kristin Downey, "Basics, Not Luxuries, Blamed for High Debt," Washington Post, 12 May 2006, D1.
4. 데이터는 다음을 참조하였다. Grist, 22 April 2005 (www.grist.org), and Mother Jones, March-April 2005, 26, and July-August 2007, 20쪽.
5. 3장에 나온 미국의 환경변화 경향에 대한 논의를 참조하시오.
6. 다음을 참조하시오. Benjamin Cashore et al., *Governing through Markets: Forest Certification and the Emergence of Non-State Authority* (New Haven and London : Yale University Press, 2004) ; and Benjamin Cashore, "Legitimacy and the Privatization of Environmental Governance," Governance 15 (2002) : 504쪽. 다음 자료도 참조하시오. Frieder Rubit and Paolo Frankl, eds., *The Future of Eco-Labelling* (Sheffield, U.K. : Greenleaf, 2005).
7. 다음을 참조하시오. William McDonough and Michael Braungart, *Cradle to Cradle: Remaking the Way We Make Things* (New York : Farrar, Straus and Giroux, 2002).
8. Joel Makower and Deborah Fleischer, *Sbstainable Consumption and Production:Strategies for Accelerating Positive Change* (New York : Environmental Grantmakers Association, 2003), 2-3쪽.
9. Wendy Gordon, "Crossing the Great Divide : Taking Green Mainstream" (presentation), Green Guide, 22 February 2007. 다음 자료도 참조하시오. Jerry Adler, "Going Green," Newsweek, 17 July 2006, 43쪽 ; and John Carey, "Hugging the Tree Huggers," Business Week, 12 March 2007, 66쪽.
10. Gordon, "Crossing the Great Divide."
11. Jonathon Porritt, *Capitalism as If the World Matters* (London : Earthscan, 2005), 269쪽.
12. James Gustave Speth, *Red Sky at Morning: America and the Crisis of the Global Environment* (New Haven and London : Yale University Press, 2004), 125쪽.
13. John Lintott, "Beyond the Economics of More : The Place of Consumption in Ecological Economics," Ecological Economics 25 (1998) : 239쪽.
14. Michael F. Maniates, "Individualization : Plant a Tree, Buy a Bike, Save the World?" Global Environmental Politics 1 (2001) : 49-50쪽.
15. 다음과 같은 자료들을 참조하시오. Thomas Koellner et al., "Environmental Impacts of Conventional and Sustainable Investment Funds," Journal of Industrial Ecology 11, no. 3 (2007) : 41쪽.
16. Corporate Executive Board, Marketing Leadership Council, "Targeting the LOHAS Segment," Issue Brief, July 2005, 1쪽. 다음 자료도 참조하시오. "New Green Advertising Network Launched," 이 자료는 다음 웹사이트에서도 볼 수 있다.

http : //www.greenbiz.com/news/news_third.cfm?NewsID=34985.

17. 다음과 같은 자료들을 참조하시오. Claudia H. Deutsch, "Now Looking Green Is Looking Good," New York Times, 28 December 2006 ; "More Firms Want to Market to Green Consumer," Reuters, 5 March 2007 ; and Carlos Grande, "Consumption with a Conscience," Financial Times, 19 June 2007, 16쪽.

18. Tim Jackson, "Live Better by Consuming Less? Is There a 'Double Dividend' in Sustainable Consumption?" Journal of Industrial Ecology 9 (2005) : 19쪽.

19. Jackson, "Live Better by Consuming Less?" 23쪽.

20. 6장을 참조하시오.

21. Tim Kasser et al., "Materialistic Values : Their Causes and Consequences," in Tim Kasser and Allen D. Kanner, eds., *Psychology and Consumer Culture: The Struggle for a Good Life in a Materialistic World* (Washington, D.C. : American Psychological Association, 2004), 11쪽.

22. 다음 자료에서 인용하였다. Marilyn Elias, "Psychologists Know What Makes People Happy," USA Today, 10 December 2002. 다음 자료도 참조하시오. Tim Kasser, *The High Price of Materialism* (Cambridge, Mass. : MIT Press, 2002).

23. David G. Myers, "What Is the Good Life?" Yes! A Journal of Positive Futures, Summer 2004, 14쪽.

24. Sheldon Solomon et al., "Lethal Consumption : Death-Denying Materialism," in Kasser and Kanner, eds., Psychology and Consumer Culture, 127쪽. 다음 자료도 참조하시오. Ernest Becker, *The Denial of Death* (New York : Free Press, 1973).

25. Tim Jackson, "Live Better by Consuming Less?" 30쪽. 다음 자료도 참조하시오. Gary Cross, *An All-Consuming Century: Why Commercialism Won in Modern America* (New York : Columbia University Press, 2000). 다음을 참조하시오. Lizabeth Cohen, *A Consumers' Republic: The Politics of Mass Consumption in Postwar America* (New York : Alfred A. Knopf, 2003)

26. Hamilton, *Growth Fetish*, 84-85쪽.

27. John de Graaf et al., *Affluenza: The All-Consuming Epidemic* (San Francisco : Berrett-Koehler, 2005), 173-174쪽.

28. Center for a New American Dream, "New American Dream : A Public Opinion Poll," 2004, 이 자료는 다음 웹사이트에서도 볼 수 있다. http : //www.newdream.org/about/PollResults.pdf.

29. 다음과 같은 자료들을 참조하시오. Duane Elgin, *Voluntary Simplicity*, rev. ed. (New York : William Morrow, 1993) ; David G. Myers, *The American Paradox: Spiritual Hunger in an Age of Plenty* (New Haven and London : Yale University Press, 2000) ; Carl Honoré, *In Praise of Slowness: Challenging the Cult of Speed* (San Francisco : HarperCollins, 2004) ; Rick Warren, *The Purpose-Driven Life* (Grand Rapids, Mich. : Zondervan, 2002) ; and Richard Louv, *Last Child in the Woods: Saving Our Children from Nature Deficit Disorder* (Chapel Hill, N.C. : Algonquin Books,

2005).

30. Speth, Red Sky at Morning, 231-256쪽에 나오는 "Resources for Citizens"에서 수집한 방대한 자료를 참조하시오. 다음 자료도 참조하시오. www.CoopAmerica.org ; www.Eco-Labels.org ; www.TheGreenGuide.com ; www.responsibleshopper.org ; www.Treehugger.com ; www.stopglobalwarming.org ; and www.campusclimatechallenge.org.

31. Yvon Chouinard and Nora Gallagher, "Don't Buy This Shirt Unless You Need It," 이 자료는 다음 웹사이트에서도 볼 수 있다. http : //metacool.typepad.com/ metacool/files/10.02.DontBuyThisShirt.pdf.

   Anna White, "What Does Not Buying Really Look Like?" In Balance : Journal of the Center for a New American Dream, Winter 2006-2007, 1쪽.

32. 소비학에 관한 뛰어난 저서로는 다음이 있다. Thomas Princen, *The Logic of Sufficiency* (Cambridge, Mass. : MIT Press, 2005) ; Thomas Princen, Michael Maniates, and Ken Conca, eds., *Confronting Consumption* (Cambridge, Mass. : MIT Press, 2002) ; Paul R. Ehrlich and Anne H. Erhlich, *One with Nineveh:Politics, Consume?* (Berkeley : University of California Press, 2006).
이 주제를 더 광범위하게 다룬 책으로는 다음을 참조하시오. Benjamin R. *Barber|s Consumed:How Markets Corrupt Children, Infantilize Adults, and Swallow Citizens Whole* (New York : W.W. Norton, 2007).

33. 위의 주 26-33에 인용한 저서와 다음을 참조하시오. Naomi Klein, *No Logo* (New York : KarperCollins, 2000) ; Juliet B. Schor, *The Overspent American:Why We Want What We Don't Need* (New York : HarperCollins, 1998) ; Barry Schwartz, *The Paradox of Choice:Why More Is Less* (New York : HarperCollins, 2004) ; James B. Twichell, *Branded Nation: The Marketing of Megachurch, CollegenInc., and Museumworld* (New York : Simon and Schuster, 2004) ; John E. Carroll, *Sustainability and Spirituality* (Albany : SUNY Press, 2004) ; Bill McKibben, *Deep Economy: The Wealth of Communities and the Durable Future* (New York : Henry Holt, 2007) ; David C. Korten, *The Great Turning: From Empire to Earth Community* (San Francisco : Berrett-Koehler, 2006) ; Hazel Henderson, *Ethical Markets: Growing the Green Economy* (White River Junction, Vt. : Chelsea Green, 2006) ; Duane Elgin, *Promise Ahead: A Vision of Hope and Action for Humanity's Future* (New York : HarperCollins, 2000) ; Alan Weisman, *Gaviotas: A Village to Reinvent the World* (White River Junction, Vt. : Chelsea Green, 1998) ; and Carlo Petrini, *Slow Food Nation* (New York : Rizzoli Ex Libria, 2007). 다음 자료도 참조하시오. Dan Barry, "Would You Like This in Tens, Twenties, or Normans?" New York Times, 25 February 2007, 14쪽.

34. Wendell Berry, *Selected Poems of Wendell Berry* (New York : Perseus Book, 1998).

8장

1. Adam Smith, *An Inquiry into the Nature and Couses of the Wealth of Nations,* ed. Edwin Cannan (New York : Modern Library, 1937), 800쪽.

2. 다음을 참조하시오. Thom Hartman, *Unequal Protection* (Emmaus, Pa. : Rodale, 2002), 90-110쪽.

3. Joel Bakan, *The Corporation* (London : Constable, 2005), 50쪽. 좀 더 희망적인 견해가 궁금하다면 다음을 참조하시오. Bruce L. Hay et al., eds. *Environmental Protection and the Social Responsibility of Firms* (Washington, D.C. : Resources for the Future, 2005). 가끔은 이윤을 좇으려는 충동에는 한계가 없는 것 같다. 다음과 같은 자료들을 참조하시오. Brian Grow and Keith Epstein, "The Poverty Business : Inside U.S. Companies' Audacious Drive to Extract More Profits from the Nation's Working Poor," Business Week, 21 May 2007, 57쪽 ; Heather Timmons, "British Science Group Says Exxon Misrepresents Climate Issues," New York Times, 21 September 2006 ; Tom Philpott, "Bad Wrap : How Archer Daniels Midland Cashes in on Mexico's Tortilla Woes," Grist, 22 February 2007 ; Caroline Daniel and Maija Palmer, "Google's Goal to Organize Your Daily Life," Financial Times, 23 May 2007, 1쪽 ; Leslie Saven, "Teflon Is Forever," Mother Jones, May-June 2007, 71쪽 ; and James Glanz and Eric Schmitt, "U.S. Widens Fraud Inquiry into Iruq Military Supplies," New York Times, 28 August 2007, 1A.

4. Bakan, *Corporation*, 60-61쪽. 다음을 참조하시오. John J. Fialka, "Oil Lobbyist Mount Attack on Senate Plan to Curb Emissions," Wall Street Journal, June 21, 2005, A4 ; and Robert Repetto, *Silence Is Golden, Leaden, and Copper: Disclosure of Material Environmental Information in the Hardrock Mining Industry* (New Haven : Yale School of Forestry and Environmental Studies, 2004).

5. Lou Dobbs, *War on the Middle Class* (New York : Viking, 2006), 37쪽.

6. Robert Repetto, "Best Practice in Internal Oversight of Lobbying Practice," 이 자료는 다음 웹사이트에서도 볼 수 있다. http : //www.yale.edu/envirocenter/ WP200601-Repetto.pdf.

7. Lee Drutman, "Perennial Lobbying Scandal," www.TomPaine.com, 28 February 2007.

8. G. William Domhoff, *Who Rules America?* (Boston : McGraw-Hill, 2006), xi, x iii- x iv. 다음 자료도 참조하시오. Jeff Faux, *The Global Class War:How America's Bipartisan Elite Lost Our Future—and What It Will Take to Win It Back* (Hoboken, N.J. : John Wiley and Sons, 2006.

9. Edmund L. Andrews, "As Congress Turns to Energy, Lobbyists Are Out in Force," New York Times, 12 June 2007, A14.

10. 이 데이터는 다음에서 참조하였다. Meder Gabel and Henry Brunner, *Global Inc.:An Atlas of the Multinational Corporation* (New York : New Press, 2003), 2, 7, 12, 28-29, 32-33, 132-133쪽,

11. Gabel and Bruner, *Global, Inc.*, x.

12. 세계화에 관한 문헌은 방대할 정도로 많다. 환경의 관점에서 세계화를 다룬 자료로는 다음을 참조하시오. James Gustave Speth, ed., *Worlds Apart: Globalization and the Environment* (Washington, D.C. : Island Press, 2003) ; Nayan Chanda, *Bound Together: How Traders, Preachers, Adventurers, and Warriors Shaped Globalization* (New Haven and London : Yale University Press, 2007) ; and Thomas L. Friedman, *The Lexus and the Olive Tree: Understanding Globalization* (New York : Farrar, Straus and Giroux, 1999).

13. John Cavanagh et al., *Alternatives to Economic Globalization:A Better World Is Possible* (San Francisco : Berrett-Koehler, 2002), 4쪽.

14. Cavanagh et al., *Alternatives to Economic Globalization*, 17-20쪽.

15. Cavanagh et al., *Alternatives to Economic Globalization*, 61, 68쪽.

16. Cavanagh et al., *Alternatives to Economic Globalization*, 4-5쪽.

17. Cavanagh et al., *Alternatives to Economic Globalization*, 122-124쪽.

18. 다음과 같은 자료들을 참조하시오. Sharon Beder, *Global Spin: The Corporate Assault on Environmrntalism* (White River Junction, Vt. : Chelsea Green, 2002) ; David C. Korten, *When Corporations Rule the World* (San Francisco : Berrett-Koehler, 2001). 다음 자료도 참조하시오. John Perkins, *Confessions of an Economic Hit Man: How the U.S. Uses Globalization to Cheat Poor Countries out of Trillions* (New York : Penguin/Plume, 2004) ; and Carolyn Nordstrom, *Global Outlaws: Crime, Money, and Power in the Contemporary World* (Barkely : University of California Press, 2007).

19. Fiona Harvey and Jenny Wiggins, "Companies Cash in on Environmental Awareness," Financial Times, 14 September 2006, 4쪽.

20. Pete Engardio, "Beyond the Green Corporation," Business Week, 29 January 2007, 50, 53쪽. 다음 자료도 참조하시오. Fiona Harvey, "Lenders See Profit in Responsibility," Financial Times, 12 June 2006. 1쪽.

21. Francesco Guerrera, "GE Doubles 'Green' Sales in Two Years," Financial Times, 24 May 2007.

22. Daniel C. Esty and Andrew S. Winston, *Green to Gold:How Smart Companies Use Environmental Strategy to Innovate, Create Value, and Build Competitive Advantage* (New Haven and London : Yale University Press, 2006), 304쪽.

23. GlobeScan은 University of Maryland's Program on International Policy Attitudes를 위해 국제 연구를 실시했다. 다음을 참조하시오. http : //www.globescan.com/news_archives/pipa_market.html. 미국에서는 갤럽이 조사를 시행했다. 다음을 참조하시오. http : //brain.gallup.com/content/Default.aspx?cs=5248 and http : //brain.gallup.com/documents/questionnaire.aspx?STUDY= P0207027.

24. 일반적으로 다음을 참조하시오. Stephen Davis te al., *The New Capitalists: How Citizen Investors Are Reshaping the Corporate Agenda* (Boston : Harvard Business School

Press, 2006).

25. 다음을 참조하시오. Andrew W. Savitz, *The Triple Bottom Line:How America's Best Companies Are Achieving Economic, Social and Environmental Success—and How You Can Too* (San Francisco : Jossey-Bass, 2006).

26. 다음을 참조하시오. Steven Mufson, "Companies Gear Up for Greenhouse Gas Limits," Washington Post, 29 May 2007, D1 ; Al Gore and David Blood, "For People and Planet," Wall Street Journal, 28 Mach 2006, A20 ; James Gustave Speth, "Why Business Needs Government Action on Climate Change," World Watch, July-August 2005, 30쪽.

27. David Vogel, *The Market for Virtue: The Potential and Limits of Corporate Social Responsibility* (Washington, D.C. : Brookings Institution, 2005), 3-4쪽 (emphasis in original). 좀 더 낙관적인 입장을 알고 싶다면 다음을 참조하시오. Ira A. Jackson and Jane Nelson, *Profits with Principles* (New York : Doubleday, 2004).

28. Richard D. Morgenstern and William A. Pizer, eds., *Reality Check: The Nature and Performance of Voluntary Environmental Programs in the United States, Europe, and Japan* (Washington, D.C. : Resources for the Future, 2006), 184쪽.

29. 다음과 같은 자료들을 참조하시오. William J. Baumol, *Perfect Markets and Easy Virtue: Bisiness Ethics and the Invisible Hand* (Cambridge, Mass. : Blackwell, 1991) ; Bill McKibben, "Hype vs. Hope : Is Corporate Do-Goodery for Real?" Mother Jones, November-December 2006, 52쪽; Aaron Chatterji and Siona Listokin, "Corporate Social Irresponsibility," Democracy Journal. Org, Winter 2007, 52쪽; and John Kenney, "Beyond Propaganda," New York Times, 14 August 2006, A21. 다음 자료도 참조하시오. Thomas P. Lyon and John W. Maxwell, "Greenwash : Corporate Environmental Disclosure under Threat of Audit," 이 자료는 다음 웹사이트에서도 볼 수 있다. http : //webuser.bus.umich.edu/tplyon/Lyon_Maxwell_Greenwash_March_2006.pdf.

30. 다음을 참조하시오. Kel Dummett, "Drivers for Corporate Environmental Responsibility ," Environment, Development and Sustainability 8 (2006) : 375쪽.

31. 다음을 참조하시오. Breaking Tree with fair Elections, March 2007, 이 자료는 다음 웹사이트에서도 볼 수 있다. http : //www.commoncause.org/atf/cf/{FB3C17E2-CDD1-4DF6-92BE-BD4429893665}/BREAKING%20FOR%20F AIR%20ELECTIONS.PDF.

32. Repetto, "Best Practice."

33. 다음을 참조하시오. Robert Repetto and Duncan Austin, *Coming Clean: Corporate Disclosure of Financially Significant Environmental Risks* (Washington, D.C. : World Resources Institute, 2000).

34. Bakan, *corporation*, 160쪽.

35. Allen L. White, "Transforming the Corporation," Great Transition Initiative, Tellus Institute, Boston, 7 March 2006, 7-8. 다음을 참조하시오. www.gtintiative.org. 다음도 참조하시오. www.corporation2020.org. 다음을 참조하시오. David C. Korten, *The*

Post-Corporate World: Life after Capitalism (San Francisco : Berrett-Koehler, 1999).

36. White, "Transforming the Corporation," 12-17쪽.

9장

1. Gar Alperovitz, *America beyond Capitalism:Reclaiming Our Wealth, Our Liberty, and Our Democracy* (Hoboken, N.J. : John Wiley and Sons, 2005), ix.

2. Robert L. Heibroner, *The Nature and Logic of Capitalism* (New York : W.W. Norton, 1985), 143-144쪽.

3. Samuel Bowles et al., *Understanding Capitalism:Competition, Command, and Change* (New York : Oxford University Press, 2005), 531쪽.

4. Bowles et al., *Understanding Capitalism*, 549쪽.

5. Immanuel Wallerstein, *The End of the World as We Know It* (Minneapolis : University of Minnesota Press, 1999), 78-85쪽. 다음 자료도 참조하시오. Immanuel Wallerstein, *World System Analysis: An Introduction* (Durham, N.C. : Duke University Press, 2004), 76-90쪽.

6. John S. Dryzek, "Ecology and Discursive Democracy : Beyond Liberal Capitalism and the Administrative State," in Martin O'Connor, ed., *Is Capitalism Sustainable?* (New York : Guilford Press, 1994), 176-177쪽. 다음 자료도 참조하시오. Matthew Paterson, *Understanding Global Environmental Politics: Domination, Accumulation, Resistance* (Basingstoke, U.K. : Palgrave, 2001).

7. Dryzek, "Ecology and Discursive Democracy," 185쪽.

8. William Robinson, *A Theory of Global Capitalism: Production, Calss, and State in a Transnational World* (Baltimore : Johns Hopkins university Press, 2004), 147쪽.

9. Robinson, *Theory of Global Capitalism*, 1-4, 214쪽.

10. 주목할 만한 예외로는 Link TV를 다룬 Amy Goodman의 "Democracy Now"가 있다. 다음을 참조하시오. www.democracynow.org.

11. 다음 자료에서 인용하였다. Robbinson, *Theory of Global Capitalism*, 170쪽.

12. Alperovitz, *America beyond Capitalism*, 1-4, 214쪽.

13. Wallerstein, *The End of the World as We Know It*, 86쪽.

14. 여기에 나온 논의는 다음을 참조하였다. Richard A. Rosen et al., "Visions of the Global Economy in a Great Transition World," Tellus Institute, Great Transition Initiative, Boston, 22 February 2006. 다음을 참조하시오. www.gtinitiative.org.

15. Mica Panic은 유럽 대륙의 사회주의민주주의 모델(스웨덴과 노르웨이 등)과 "기업가" 모델(네덜란드, 독일, 프랑스 등)을 구별하기가 어려운 것은 이러한 형태 때문이라고 비난할지도 모른다. 다음을 참조하시오. M. Panic, "Does Europe Need Neoliberal Reforms?" Cambridge Journal of Economics 31 (2007) : 145쪽. 다음 자료도 참조하시오. Pranab Bardhan, "Capitalism : One Size Does Not Suit All," YaleGlobal, 7 December 2006. 다음을 참조하시오. Colin Crouch and Wolfgang Steeck, eds., *Political Economy of Modern Capitalism:Mapping Convergence and Diversity*

(London : Sage, 1997).

16. Lawrence Peter King and Ivan Szelenyi, *Theories of the New Class* (Minneapolis : University of Minnesota Press, 2004), 242쪽.

17. Hamilton, *Growth Fetish*, 211쪽.

18. Hamilton, *Growth Fetish*, 212-214쪽.

19. Alperovitz, *America beyond Capitalism*, 5쪽.

20. William Greider, *The Soul of Capitalism: Opening Paths to a Moral Economy* (New York : Simon and Schuster, 2003), 22쪽.

21. Greider, *Soul of Capitalism*, 33쪽.

22. Greider, *Soul of Capitalism*, 65쪽.

23. Jeff Gates, *The Ownership Solution: Toward a Shared Capitalism for the Twenty-First Century* (Reading, Mass. : Addison-Wesley, 1998).

24. Alperovitz, *America beyond Capitalism*, 88-89쪽.

25. Peter Barnes, *Capitalism 3.0: A Guide to Reclaiming the Commons* (San Trancisco : Berrett-Koehler, 2006).

26. 다음을 참조하시오. Stephen Davis et al., *The New Capitalists: How Citizen Investors Are Reshaping the Corporate Agenda* (Boston : Harvard Business School Press, 2006). 연금 수령자의 증가와 연기금 자본주의와 더불어 오늘날 자본주의에서 두드러지는 금융과 소유 형태의 다양한 변화는 위기와 기회를 만들어내고 있다. 다음을 참조하시오. "Caveat Investor," Economist, 10 February 2007, 12쪽 (Private Equity) ; Gerald Lyons, "How State Capitalism Could Change the World," Financial Times, 8 June 2007, 13쪽 (state capitalism, sovereign wealth funds) ; and Martin Wolf, "The New Capitalism," Financial Times, 19 June 2007, 11쪽 ("financial capitalism"). 한편 창업주 가족 소유제는 여전히 중요하다(가령, Standard and Poor's가 선정한 100대 기업의 주가 18퍼센트를 창업주 가족이 소유하고 있다). 가족 기업의 환경 이력이 평균적으로 더 높은 것으로 보고되어 있다. 다음을 참조하시오. Justin Craig and Clay Cibrell, "the Natural Environment, Innovation and Firm Performance," Family Business Review 19, no. 4 (2006) : 275쪽.

27. 다음과 같은 자료들을 참조하시오. Stephanie Strom, "Make Money, Save the World," New York Times, 6 May 2007 ("Sunday Bisiness," 1) ; Mary Anne Ostrom, "Global Philanthropy Forum Explores New Way of Giving," San Jose Mercury News, 12 April 2007 ; Andrew Jack, "Beyond Charity? A New Generation Enters the Business of Doing Good," Financial Times, 5 April 2007, 11쪽.

28. 다음 자료도 여전히 귀중한 사상을 담고 있다. Martin Carnoy and Derek Shearer, *Economic Democracy:The Challenge of the 1980s* (White Plains, N.Y. : M.E. Sharpe, 1980).

10장

1. Vaclav Havel, "Spirit of the Earth," Resurgence, November-December 1998, 30쪽.

2. 다음 자료에서 인용하였다. Verlyn Klinkenborg, "Land Man," New York Times Book Review, 5 November 2006, 30쪽.

3. Paul R. Ehrlich and Donald Kennedy, "Millennium Assessment of Human Behavior," Science 309 (2005) : 562-563쪽. 다음 자료도 참조하시오. Paul R. Ehrlich, *Human Natures: Genes, Cultures, and the Human Prospect* (Washington, D.C. : Island Press, 2000).

4. Paul Raskin et al., *Great Transition*(Boston : Stockholm Environment Institute, 2002), 42-43쪽.

5. Peter Senge et al., *Presence: Human Purpose and the Field of the Future* (New York : Douleday, 2005), 26쪽.

6. Mary Evelyn Tucker and John Grim, "Daring to Dream : Religion and the Future of the Earth," Reflections——The Journal of the Yale Divinity School, Spring 2007, 4쪽.

7. Erich Fromm, *To Have or to Be*(London : Continuum, 1977), 8, 137쪽.

8. Thomas Berry, *The Great Work:Our Way into the Future*(New York : Bell Tower, 1999), 4, 104-105쪽.

9. Charles A. Reich, "Reflections : The Greening of America," New Yorker, 26 September 1970, 42, 74-75, 86, 92, 102, 111쪽. 다음 자료도 참조하시오. Charles A. Reich, *The Greening of America*(New York : Random House, 1970).

10. Robert A. Dahl, *On Political Equality*(New Haven and London : Yale University Press, 2007), 114-116쪽.

11. 행동심리학을 더 알고 싶다면 다음 자료를 참고하시오. Paul C. Stern, "Understanding Individuals' Environmentally Significant Behavior," Environmental Law Repoter 35(2005) : 10785 ; Anja Kollmus and Julian Agyman, "Mind the Gap : Why Do People Act Environmentally and What Are the Barriers to Pro-Environmental Behavior?" Environmental Education Research 8, no. 3(2002) : 239쪽 ; and Thomas Dietz et al., "Environmental Values," Annual Review of Environmental Resources 30(2005), 335쪽.

12. 다음을 참조하시오. Great Transition Initiative, http : //www. gtinitiative.org.

13. Paul D. Raskin, *The Great Transition Today:A Report from the Future* (Boston : Tellus Institute, 2006), 1-2쪽. 이 자료는 다음 웹사이트에서도 볼 수 있다. http : //www. gtinitiative.org/default.asp?action=43.

14. Raskin, *Great Transition Today*, 2쪽.

15. David Korten, "The Great Turning," Yes! A Journal of Positive Futures, Summer 2006, 16. 다음 자료도 참조하시오. David C. Korten, *The Great Turning: From Empire to Earth Community*(San Francisco : Berrett-Koehler, 2006).

16. 지구 헌장은 다음 웹사이트에 나와 있다. http : //earthcharterinaction.org/ ec…splash/. 이 사이트에는 Earth Charter Initiative의 활동 상황이 나와 있다.

17. 다음과 같은 자료들을 참조하시오. Tu Wei-ming, "Beyond the Enlightenment Mentality," and Ralph Metzner, "The Emerging Ecological Worldview," both in Mary

Evelyn Tucker and John Grim, eds., *Worldviews and Ecological: Religion, Philosophy, and the Environment*(New York : Orbis Books, 1994) ; Manfred Max-Neef, "Development and Human Needs," in Paul Ekins and Manfred Max-Neef, *Real-Life Economics: Understanding Wealth Creation*(London : Routledge, 1992), 197쪽 ; Thomas Berry, Evening Thoughts, ed. Mary Evelyn Tucker(San Francisco : Sierra Club Books, 2006 ; Stephen R. Kellert and Timothy J. Farnham, eds., *The Good in Nature and Humanity: Connecting Science, Religion, and Spirituality with the Natural World*(Washington, D.C. : Island Press, 2002) ; Caroyn Merchant, *Radical Ecology: The Search for a Livable World*(New York : Routledge, 1992) ; Mary Mellor, *Feminism and Ecology:An Introduction*(New York : New York University Press, 1998) ; Satish Kumar, You Are, *Therefore I Am:A Declaration of Dependence*(Totnes, U.K. : Green Books, 2002) ; Kwame Anthony Appiah, *Cosmopolitanism: Ethics in a World of Strangers*(New York : W. W. Norton, 2006) ; Bill McKibben, *Deep Economy: The Wealth of Communities and the Durable Future*(New York : Henry Holt, 2007) ; J. Baird Callicott, *In Defense of the Land Ethic: Essays in Environmental Philosophy*(Albany : SUNY Press, 1989) ; J. Baird Callicott, *Earth's Insights:A Multicultural Survey of Ecological Ethics from the Mediterranean Basin to the Australian Basin*(Berkeley : University of California Press, 1994) ; and Victor Ferkiss, Nature, *Technology, and Society:Cultural Roots of the Current Environmental Crisis*(New York : New York University Press, 2006), x vii.

18. George Levine, *Darwin Loves You: Natural Selection and the Re-enchantment of the World*(Princeton, N.J. : Princeton University Press, 2006), x vii

19. William Wordsworth, "The Tables Turned," in *The Poetical Works of William Wordsworth,* ed. Thomas Hutchinson(London : Oxford University Press, 1895), 481쪽.

20. Oren Lyons, address to delegates of the United Nations, 1977, reprinted in A. Harvey, ed., *The Essential Mystics: Selections from the World]s Great Wisdom Traditions*(San Francisco : HarperSanFrancisco, 1996), 14-15쪽.

21. 다음 자료에서 인용하였다. Lawrence E. Harrison, *The Central Liberal Truth: How Politics Can Change a Culture and Save It*(Oxford : Oxford University Press, 2006), x vi.

22. Harvey Nelson, "How History and Historical Myth Sharp Current Polities," University of South Florida(undated).

23. Thomas Homer-Dixon, *The Upside of Down: Catastrophe, Creativity, and the Renewal of Civilization*(Washington, D.C. : Island Press, 2006), 6, 109, 254쪽.

24. Homer-Dixon, Upside of Down, 281쪽.

25. Howard Gardner, *Changing Minds: The Art and Science of Changing Our Own and Other People's Minds* (Boston : Harvard Business School Press, 2006), 69, 82쪽. 다음 자료도 참조하시오. James MacGregor Burns, *Transforming Leadership:A New Pursuit of Happiness*(New York : Grove Press, 2003).

26. 7장을 참조하시오.

27. Bill Moyers, "The Narrative Imperative," TomPanie.CommonSense, 4 January 2007, 2, 5쪽. 다음 사이트에서도 볼 수 있다. http : //www.tompaine.com/print/ the_narrative_imperative.php.

28. Thomas Berry, *The Dream of the Earth*(San Francisco : Sierra Club Books, 1988) ; Carolyn Merchant, *Reinventing Eden: The Fate of Nature in Western Culture*(New York : Routledge, 2003) ; Evan Eisenberg, *The Ecology of Eden*(New York : Vintage Books, 1998) ; McKibben, *Deep Economy*.

29. 6장에서 나온 Robert E. Lane's Loss of *Happiness in Market Democracies*의 논의 내용을 참조하시오.

30. Curtis White, *The Spirit of Disobedience*(Sausalito, Calif. : PoliPoint Press, 2007), 118, 124쪽.

31. Mary Evelyn Tucker, *Worldly Wonder: Religions Enter Their Ecological Phase*(Chicago : Open Court, 2003), 9, 43쪽.

32. 일반적으로 다음을 참조하시오. National Religious Partnership for the Environment, www.nrpe.org. 다음 자료도 참조하시오. Gary T. Gardner, *Inspring Progress: Religions' Contributions to Sustainable Development*(New York : W. W. Norton, 2006) ; James Gustave Speth, "Protecting Creation a Moral Duty," Environment : Yale—The Journal of the School of Forestry and Environmental Studies, Spring 2007, 2쪽 ; Bob Edgar, *Middle Church: Reclaiming the Moral Values of the Faithful*(New York : Simon and Schuster, 2006) ; Steven C. Rockefeller and John C. Elder, *Spirit and Nature: Why the Environment Is a Religious Issue—An Interfaith Dialogue*(Boston : Beacon Press, 1992) ; E. O. Wilson, *The Creation*(New York : W. W. Norton, 2006) ; James Jones, *Jesus and the Earth*(London : Society for Promoting Christian Learning, 2003).

33. 다음을 참조하시오. David Orr, *Earth in Mind: On Education, Environment and the Human Prospect*(Washington, D.C. : Island Press, 2004) ; Orr, *Ecological Literacy:Education and the Transition to a Postmodern World*(Albany : State University of New York Press, 1992).

34. Stephen R. Kellert, *Building for Life:Designing and Understanding the Human-Nature Connection*(Washington, D.C. : Island Press, 2005).

35. 다음을 참조하시오. Alan Andreasen, *Social Marketing in the Twenty-first Century*(Thousand Oakes, Calif. : Sage, 2006).

11장

1. William Greider, *The Soul of Capitalism:Opening Paths to a Moral Economy*(New York : Simon and Schuster, 2003), 29쪽.

2. Perter Barnes, *Capitalism 3.0:A Guide to Reclaiming the Commons*(San Francisco : Berrett-Koehler, 2006), 34, 36, 45쪽.

3. Gar Alperovitz, *America beyond Capitalism: Reclaiming Our Wealth, Our Liberty, and*

Our Democracy(Hoboken, N.J. : John Wiley and Sons, 2005).

4. Roger D. Masters, *The Nation Is Burdened: American Foreign Policy in a Changing World*(New York : Random House, 1967).

5. Kirkpatrick Sale, *Dwellers in the Land: A Bioregional Vision*(Athens University of Geogia Press, 2000).

6. John Cavanagh et al., *Alternatives to Economic Globalization: A Better World Is Possible* (San Francisco : Berrett-Koehler, 2002). 8장을 참조하시오.

7. William A. Shutkin, *The Land That Could Be: Environmentalism and Democracy in the Twenty-First Century*(Cambridge, Mass : MIT Press, 2000), 128쪽.

8. Ronnie D. Lipschutz, *Global Environmental Politics: Power, Perspectives, and Practice*(Washington, D.C. : CQ Press, 2004), 133, 242-243쪽.

9. Lipschutz, *Global Environmental Politics*, 175쪽.

10. 다음을 참조하시오. Sheila Jasanoff and Marybeth Long Martello, eds., *Earthly Politics: Local and Global in Environmental Governance*(Cambridge, Mass : MIT Press, 2004).

11. Walter F. Baber and Robert V. Bartlett, *Deliberative Environmental Politics: Democracy and Ecological Rationality*(Cambridge, Mass : MIT Press, 2004).

12. 다음과 같은 자료들을 참조하시오. James Bohman, ed., *Public Deliberation: Pluralism, Complexity, and Democracy*(Cambridge, Mass : MIT Press, 1996) ; James Bohman and William Rehg, eds., *Deliberative Democracy: Essays on Reason and Politics*(Cambridge, Mass : MIT Press, 1997) ; and Iris Marion Young, "Activist Challenges to Deliberative Democracy" in James S. Fishkin and Peter Laslett, eds., *Debating Deliberative Democracy*(Oxford : Blackwell, 2003), 102쪽.

13. Benjamin R. Barber, *Strong Democracy:Participatory Politics for a New Age*(Berkeley : University of California Press, 2003). 117, 151쪽.

14. Barber, *Strong Democracy*, 152, 261쪽(emphasis in original).

15. David Held et al., *Global Transformations: Politics, Economics, and Culture*(Stanford, Calif. : Stanford University Press, 1999), 449-450쪽.

16. Paul D. Raskin, *The Great Transition Today:A Report from the Future* (Boston : Tellus Institute, 2006), 5-6쪽. 이 자료는 다음 웹사이트에서도 볼 수 있다. http : //www.gtini-tiative.org/default.asp?action=43.

17. 다음과 같은 자료들을 참조하시오. "In the U.S. Ready for Human Right?" Yes! The Journal of Positive Futures, Spring 2007, 17-53쪽 ; George E. Clark, " Environment and Human Right," Environment July-August 2007, 3쪽. 혁신적인 권리를 기반으로 한 접근법을 알고 싶다면 다음을 참조하시오. Peter G. Brown, *Ethics, Economics and International Relations*(Edinburgh : Edinburgh University Press, 2000), 9-29쪽.

18. 6장을 참조하시오.

19. 6장의 주 40에 인용한 자료를 참조하시오.

20. Robert A. Dahl, *On Political Equality* (New Haven and London : Yale University

Press, 2006), x. Dahl은 희망적인 결과가 나올 가능성이 "무척 높다"고 확신한다. 그는 이렇게 썼다. "이러한 미래 중에서 어떤 미래가 현실이 될 지는 미국의 차세대에게 달려 있다."

21. Lawrence R. Jacobs and Theda Skocpol, eds., *Inequality and American Democracy*(New York : Russell Sage Foundation, 2005).

22. Jacob S. Hacker and Paul Pierson, *Off Center: The Republican Revolution and the Erosion of American Democracy* (New Haven and London : Yale University Press, 2005), 185-223쪽. 다음 자료도 참조하시오. Al Gore, *The Assault on Reason*(New York : Penguin, 2007).

23. Common Cause et al., Breaking Free with Fair Elections, March 2007. 이 자료는 다음 웹사이트에서도 볼 수 있다. http : //www.commoncause.org/ atf/cf/"FB3C17E2-CDD1-4DF6-92BE-BD4429893665"/BREAKING%20FREE% 20FOR%20FAIR%20ELEC-TIONS.PDF. 다음 웹사이트도 참조하시오. www.democracy21.org.

24. Personal Communication.

25. Steven Hill, *Ten Steps to Repair American Democracy* (Sausalito, Calif. : PoliPoint Press, 2006). 다음 자료도 참조하시오. David W.Orr, *The Last Refuge: Patriotism, Politics, and the Environment in an Age of Terror*(Washington, D.C. : Island Press, 2004). 다음을 참조하시오. "Imbalance of Power," American Prospect, June 2004 (special report).

26. 일반적으로 다음을 참조하시오. Philip Shabecoff, *Earth Rising: Environmentalism in the Twenty-First Century*(Washington, D.C. : Island Press, 2000) ; Eban Goodstein, "Climate Change : What the World Needs Now Is_Politics," World Watch, January-February 2006, 25쪽.

27. 다음을 참조하시오. Mark Dowie, *Losing Ground:American Environmentalism at the Close of the Twentieth Century*(Cambridge, Mass : MIT Press, 1995), xi-xiv, 1-8, 205-257쪽.

28. 다음을 참조하시오. Sidney Tarrow, *The Transnational Activism*(Cambridge : Cambridge University Press, 2005) ; Doug McAdam et al., eds., *Comparative Perspectives on Social Movements*(Cambridge : Cambridge University Press, 1996).

29. James Gustave Speth, *Red Sky Morning: America and the Crisis of the Global Environment*(New Haven and London : Yale University Press, 2004), 197-198쪽.

30. Paul Hawken, *Blessed Unrest: How the Largest Movement in the World Came into Being and Why No One Saw It Coming* (New York : Viking, 2007), 2, 186, 189쪽. 다음 자료도 참조하시오. Katharine Ainger et al., eds., *We Are Everywhere* (London : Verso, 2003) ; Tom Mertes, ed., *A Movement of Movements: Is Another World Really Possible?*(London : Verso, 2004).

31. 다음을 참조하시오. www.energyaction.net ; www.climatechallenge.org ; www.its-gettinghotinhere.org ; http : //powershift.org.

32. 10장의 주 31과 32를 참조하시오.

33. 다음을 참조하시오. Mark Hertsgaard, "Green Goes Grassroots," Nation, 31 July—7 August 2006, 11쪽.

34. 다음을 참조하시오. www. apolloalliance.org.

35. Joan Hamilton, "Man of Steel," Sierra, July—August 2007, 18쪽.

36. 다음을 참조하시오. www.theclimateproject.org.

37. Nicola Graydon, "Rainforest Action Network," Ecologist, February 2006, 38쪽.

38. 다음과 같은 자료들을 참조하시오. Van Jones, "BeyondEco–Apartheid," Conscious Choice, April 2007. 이 자료는 다음 웹사이트에서도 볼 수 있다. http : //www.con-schoiuschoice.com/2007/04/eco–apartheido704.html ; Michel Gelobter et al., "The Soul of Environmentalism," Grist, 27 May 2005 ; Hertsgaard, "Green Goes Grassroots," 11쪽(regarding Jerome Ringo).

39. Darryl Lorenzo Wellington, "A Grassroots Social Forum," Nation, 13-20 August 2007, 16쪽.

40. 다음을 참조하시오. Jonathan Isham and Sissel Waage, *Ignition: When You Can Do to Fight Global Warming and Spark a Movement*(Washington, D. C. : Island Press, 2007) ; Eben Goodstein, *Fighting for Love in the Century of Extinction: How Passiob and Politics Can Stop Global Warming*(Burlington : University OF Vermont Press, 2007). 특히 다음을 참조하시오. www.stepitup2007.org and www.1skycampaign.org. 다음 자료도 참조하시오. Thomas L. Friedman, "The Greening of Geopolitics," New York Times Magazine, 15 April 2007, 40쪽; Mark Hertsgaard, "The Making of a Climate Movement," Nation, 22 October 2007, 18쪽.

41. Hertsgaard, "Green Goes Grassroots," 14쪽.

42. 일반적으로 다음을 참조하시오. Frances Moore Lappe, *Democracy's Edge: Choosing to Save Our Country by Bringing Democracy to Life*(San Francisco : Jossey – Bass, 2006).

43. Mark Kurlansky, *1968: The Year That Rocked World* (New York : Random House, 2005), 380쪽. 다음 자료도 참조하시오. Jon Agnone, "Amplifying Public Opinion : The Policy Impact of the U.S. Environmental Movement," Social Forces 85, no.4(2007) ; 1593쪽(finding that "a greateramount of federal legislation is passed when protest amplifies, or raises the salience of, public opinion on a given issue").

12장

1. Kenneth Brower, "Introduction," in Aldo Leopold, *A Sand County Almanac*(New York : Oxford University Press, 2001), 9쪽.

2. Arundhati Roy, "Come September," in Paul Rougat Loeb, *The Impossible Will Take a Little While: A Citizen's Guide to Hope in a Time of Fear*(New York : Basic Books, 2004), 240.

찾아보기

인명

책, 보고서, 잡지 목록

민주 정부 135
민주국가 243
민주적 시장사회주의 264
민주주의 35, 56, 242, 243, 271, 298, 300,
302, 306, 309, 310, 310

미래를 위한 경제학
자본주의를 넘어선 상상

초판 1쇄 인쇄일 · 2008년 12월 12일
초판 1쇄 발행일 · 2008년 12월 19일

지은이 · 제임스 구스타브 스페스
옮긴이 · 이경아
펴낸이 · 양미자

편집 · 한고규선, 정안나
본문 디자인 · 이춘희

펴낸곳 · 도서출판 **모티브북**
등록번호 · 제 313-2004-00084호
주소 · 서울시 마포구 동교동 203-30 2층
전화 · 02-3141-6921, 6924 / 팩스 · 02-3141-5822
e-mail · motivebook@naver.com

ISBN 978-89-91195-31-8 03320